# 道路运输信息化探索与实践

## ——湖北省道路运输四级协同管理与服务信息系统开发应用

曹德胜　陶维号◎编著

人民交通出版社股份有限公司
China Communications Press Co.,Ltd.

## 内 容 提 要

本书以道路运输信息化建设为主题,汇集了当前道路运输信息化探索中的新资料、新技术、新方法,结合四级协同思想,全面阐述了道路运输信息化实践与发展的新动态、新思维、新经验。全书分为理论篇和实践篇。理论篇介绍了"互联网+"、云计算与云服务、物联网、车路协同及大数据分析等前沿技术,及其在道路运输中的典型应用;实践篇介绍了湖北省道路运输四级协同管理与服务信息系统的典型示范工程。

本书可供各级道路运输管理机构,各级道路运输信息化建设与管理人员、技术人员,各类信息系统工程设计与建设企事业单位参考;也可作为大中专院校相关专业师生的参考材料。

**图书在版编目(CIP)数据**

道路运输信息化探索与实践 : 湖北省道路运输四级协同管理与服务信息系统开发应用 / 曹德胜, 陶维号编著. —北京 : 人民交通出版社股份有限公司, 2017.2

ISBN 978-7-114-13596-5

Ⅰ. ①道… Ⅱ. ①曹… ②陶… Ⅲ. ①公路运输-交通运输管理-管理信息系统-研究-湖北 Ⅳ. ①U495

中国版本图书馆 CIP 数据核字(2017)第 005982 号

Daolu Yunshu Xinxihua Tansuo yu Shijian

——Hubei Sheng Daolu Yunshu Siji Xietong Guanli yu Fuwu Xinxi Xitong Kaifa Yingyong

**书　　名**: 道路运输信息化探索与实践

——湖北省道路运输四级协同管理与服务信息系统开发应用

**著 作 者**: 曹德胜　陶维号

**责任编辑**: 钟　伟　董　倩

**出版发行**: 人民交通出版社股份有限公司

**地　　址**: (100011)北京市朝阳区安定门外外馆斜街 3 号

**网　　址**: http://www.ccpress.com.cn

**销售电话**: (010)59757973

**总 经 销**: 人民交通出版社股份有限公司发行部

**经　　销**: 各地新华书店

**印　　刷**: 北京市密东印刷有限公司

**开　　本**: 787×1092　1/16

**印　　张**: 26.25

**插　　页**: 4

**字　　数**: 628 千

**版　　次**: 2017 年 2 月　第 1 版

**印　　次**: 2017 年 2 月　第 1 次印刷

**书　　号**: ISBN 978-7-114-13596-5

**定　　价**: 80.00 元

# 编写委员会

主　任：曹德胜　陶维号

副主任：何雄伟　刘　建　沈　刚　李　聪

委　员：王淑芳　赵　勇　赵维祖　周　丹　沈凯龙
张　威　王智勇　孙智胜　陈伟伟　邱　阳
李泽峣　艾文昊　牛文江　张　进　吕浩涵
陈路钰　王　津　陈志飞　钱　烨　赵　正
吴　晨　马志然　郑　烨

# 前　言

如今,道路运输正朝着信息化、高速化、大型化、专业化、网络化和智能化方向发展。信息技术应用程度深刻影响着道路运输的现代化进程。本书以道路运输信息化建设为主题,通过收集和整理当前有关道路运输信息化探索中的新资料、新技术、新方法,重点讨论了道路运输信息化建设中的四级协同思想,从而全面阐述了道路运输信息化实践与发展的新动态、新思维、新经验,旨在为推动我国道路运输信息化建设与发展献出微力。

本书站在全国全行业的角度,反映、总结、提炼全国各级道路运输信息化建设的最新技术、发展趋势、建设与管理方法以及运维做法,力求回答好四个问题:

(1)什么是道路运输信息化的四级协同建设?

(2)道路运输信息化四级协同建设与当前上升为国家战略的“互联网+”战略的关系如何?

(3)当前与将来一段时间内,全国各级道路运输信息化四级协同建设有哪些核心理论与技术趋势?有哪些典型应用?

(4)当前我国道路运输信息化四级协同建设的示范工程和典型现状是怎样的?

为了充分、翔实地回答上述问题,本书分为两个部分:理论篇和实践篇。

理论篇围绕道路运输信息化四级协同建设的概念和核心技术,重点阐述什么是四级协同,为什么要在道路运输信息化建设中贯彻四级协同的概念,并对四级协同与道路运输信息化的核心理论与技术的关系进行详细的讨论。这些核心理论与技术包括:车路协同理论、“互联网+”技术、云计算与云服务技术、物联网技术及大数据技术等。对于每种核心理论与技术的讨论,本书会先阐述该理论或技术的内涵、内容,随后详细讨论其在道路运输信息化中的典型应用。

实践篇围绕道路运输信息化四级协同实践的典型示范工程——“湖北省道路运输四级协同管理与服务信息系统”进行详细的介绍,重点阐述系统构成、系统的设计理念与方法、系统的建设与管理等,并对湖北省示范工程中的“依托一个中心、完善一套网络、打造三个平台、建设五个系统、实现四个对接”进行重点讨论。

需要特别说明的是，我国道路运输的管理与服务职责分属运管、交管、路政等多个部门，各部门的权限又有部分交叉与重叠，在道路运输信息化中明确区分各部门的职责和权利是十分困难的。同时四级协同理念也是顺应各部门的数据与信息融合，实现多级别、多部门协同管理与服务的趋势。所以，在理论篇中的内容讨论将不局限于道路运输管理部门的职责范围，以反映大运输、多部门融合的概念。在实践篇中，将重点讨论湖北省道路运输管理部门在融合其他部门数据与信息，实现四级协同管理与服务中所做的努力。

本书共十二章，其中理论篇共八章，包括：概述、总体规划、"互联网+道路运输"新模式、道路运输云计算与云服务、道路运输融合物联网技术、道路运输中的车路协同建设、道路运输中的大数据分析、道路运输信息化的未来展望；实践篇共四章，包括：系统概述、建设方案、运行实施、总结展望。本书紧贴实际、面向应用、深入浅出、图文并茂、重在实用。本书可供各省(自治区、直辖市)道路运输管理机构，各级道路运输信息化建设与管理人员、技术人员，各类信息系统工程设计与建设企事业单位参考；也可作为大中专院校相关专业师生的参考材料。

由于我国道路运输行业管理与服务涉及的部门众多，涉及的现代信息技术跨门类、跨学科，同时道路运输行业的新动态、新思想不断涌现，我国道路运输信息化建设还将随着行业发展和技术进步而不断完善。在某些方面，限于水平，书中难免会有缺点和错误，恳请同行及读者批评指正并提出宝贵意见，我们将不胜感激。

作者

2016年11月

# 目　　录

## 第一篇　理　论　篇

## 第二篇　实 践 篇

# 第一篇
# 理论篇

# 第一章　概　　述

## 第一节　道路运输信息化四级协同建设的概念

“十三五”时期是我国全面建成小康社会的决战时期、全面深化改革的攻坚时期和全面推进依法治国的关键时期，交通运输发展的内外部环境正在发生深刻变化。现代交通运输正朝着信息化、高速化、大型化、专业化、网络化和智能化方向发展。信息化不仅是交通运输行业发展的一大趋势，也是实现智慧交通的重要载体和手段，更是营造一个国家软环境的主要内容和重要支撑。信息技术应用程度深刻影响着交通运输的现代化进程，是现代交通运输业发展水平的重要标志，对于道路运输行业显得更为重要。

当前信息技术正呈现云计算、智能终端、社会网络化态势，信息共享、信息消费公平将成为公众的普遍追求，信息技术的发展决定着信息化进程。道路运输行业的网络化、移动性和社会服务特性，与信息技术的特征相互促进和影响。道路运输行业将在“互联网＋”、云计算、物联网、大数据、车路协同、智慧交通等概念的影响、渗透、融合下，有效提升运行效率、运行质量、安全性能和服务水平。为做好道路运输服务与管理的全面深化改革，当好国民经济和社会发展的先行官，完善现代综合道路交通运输体系，必须紧紧抓住信息技术高速发展的难得历史机遇，将道路运输信息化建设提高到战略高度，大力推进道路运输管理与服务的信息化建设。

随着社会的进步、经济的发展，道路运输市场迅猛发展，已由20世纪70年代末单一的客货运市场逐步发展为集客运、货运、机动车维修、驾驶员培训、国际运输、运输站场、出租汽车管理、城市轨道交通、城市公共汽电车（以下简称城市公交车）、汽车租赁等多个市场为一体的较完整的市场体系。同时，道路运输的监管也由以交通运输主管部门为主，逐步转变为道路运输管理机构、公安机关、交通管理部门、安全监管部门、公路管理部门、高速公路管理与运营部门、消防部门等多部门依法分职责监督、协同联合管理的新局面。

如今，道路运输行业发展正处于一个大变革、大转折的关键时期，国家实施政府机构改革以来，道路运输管理体制发生重大变化，以道路运输管理机构的职权为例：道路运输开始实行城乡一体化管理，管理工作业务新增了对城市公交车、出租汽车、轨道交通运营、汽车租赁、物流有关的管理，道路运输管理部门原有的行政强制措施被取消。这些变革和进步已成为新时期道路运输业发展的推动力，也给道路运输管理工作提出了新的要求。道路运输管理的模式需要通过机制创新，运用现代化管理手段，严格车辆和人员的准入管理，实现道路运输发展的新突破。原有的“粗放式”的道路运输管理模式及现行的道路运输管理机构设置的多样化，造成了道路运输管理工作业务流程的不一致，跨地区业务办理不规范、经营业户提交和上报的材料不统一、车辆移地转籍要求不统一、跨区域执法无法协同等矛盾进一步凸显，对建设统一的道路运政管理信息系统提出了更迫切的要求。

同时,道路运输行业存在车辆流动分散、监管涉及的层级和部门众多、各级监管基础与水平不一、信息共享困难等业态特点。加强道路运输行业的信息化管理与道路运输行业的业务规范化程度密不可分,实现道路运输信息的互联互通成为我国道路运输信息化服务与管理成败的关键。因此,我国道路运输信息化建设应以《中华人民共和国道路运输管理条例》、《道路运输管理工作规范》、国务院《积极推进"互联网+"行动的指导意见》、《促进大数据发展行动纲要》等文件为指导,充分利用与融合"互联网+"、云计算、物联网、大数据、车路协同、智慧交通等最新技术与理念,建设部、省、市(地、州)、县(区)四级联动的业务应用与协同平台,并在此基础上完善道路运政基础数据、执法数据的不同部门与不同级别之间的交换体系,实现道路旅客运输、货物运输、危险品运输、机动车维修、驾驶员培训、从业资格、车辆技术、外商投资、国际道路运输、交通服务、应急响应与救援等服务与管理的统一化、标准化,为道路运输行业相关管理部门的规范化、高效化、科学化管理提供手段,为提升道路运输行业信息化服务水平提供有力保障。

道路运输信息化四级协同建设,能够实现相关接口、数据的标准化,以便与其他层级、其他部门信息系统预留接口,形成省际联动、部门协同、信息共享、互为支撑的道路运输行业信息资源整合与服务体系,全面提升道路运输行业市场监管水平和服务能力,推动"四个交通"建设发展。

部、省、市(地、州)、县(区)四级协同道路运输管理信息系统的建设和联网,能够为实现全国范围内道路运输信息资源共享和业务协同,大幅度提升道路运输行业监管和信息服务水平奠定基础。四级协同系统涵盖了运管工作中的旅客运输管理、货物运输管理、危险品运输管理、客运班线管理、机动车维修管理、监测站管理、驾驶员培训管理、站场管理、票证管理、从业人员管理、国际道路运输管理、出租汽车管理、公交运输管理、汽车租赁管理、运输服务管理、行政执法管理、交通服务、应急响应与救援等众多业务领域。在保证原有各部门系统相对独立性的情况下,实现各地不同部门间的横向业务协同,以及部、省、市(地、州)、县(区)四级纵向的业务协同,打破资源共享和系统互操作的组织与地域的限制,提升我国道路运输行业整体的服务与管理水平。

道路运输信息化的四级协同建设分为四个阶段实施:

(1)数据整合阶段。实现整体数据的整合与规范化。在建设之初,应制定《数据资源采集接口规范》,实现道路运输相关资源数据格式的规范化。鉴于我国道路运输的监管实际,交通运输部及其数据中心应负起相关的牵头责任,在考虑各省(自治区、直辖市)实际需求的基础上,与公安、工信、安监、消防以及高速公路运营方等进行充分的沟通与协调,制定利于各部门协同的数据规范。在此基础上,各省(自治区、直辖市)的道路运输主管部门根据《数据资源采集接口规范》要求,对原有道路运输管理信息系统进行改造,并完成与部级平台的对接,实现全国道路主管部门内运输行业的人、车、户、线、执法、机构等基础数据在部级层面的有效集中。同时,启动与公安、工信、安监、消防等部门的协调沟通,推进建立部门间驾驶人员、车辆、企业相关信息数据的交换共享制度。

(2)信息服务阶段。实现部级层面信息服务。作为道路运输行业最重要的主管部门,交通运输部部级数据中心制定《数据资源目录服务接口规范》,组织技术支持单位完成部级信息服务平台建设。基于部级层面采集的行业基础数据信息,为各省提供数据查询、数据下载服务功能。各省根据《数据资源目录服务接口规范》和业务需求,进行本省系统改造开发,使用交通运输部提供的相关服务。同时,部级信息服务平台通过与公安、工信、安监、消防等部门的信息协同,力争实现对全道路运输行业的服务。

(3)业务协同阶段。实现跨省业务协同。编制印发《跨省数据交换接口规范》。在建立跨省业务协同机制下,各省按照《跨省数据交换接口规范》进行改造开发,基本实现跨区域执法、异地从业人员备案等业务的协同联动。同时,公安、工信、安监、消防等道路运输相关主管部门,通过信息协同,接入信息服务平台,基本实现跨部门执法、信息查询等业务的联动。

(4)应用提升阶段。实现四级协同联动。进一步完善跨省业务应用,全面实现部、省、市(地、州)、县(区)四级系统在道路运输相关业务的协调联动。同时,在部、省、市(地、州)、县(区)四级层面,实现道路运输相关业务的协同联动。

四级协同真正意义上实现了道路运输信息化的互联互通、资源共享、业务协同,主要表现为"五个一":

(1)"一卡通"。依托道路运输电子证件IC卡的换发与推广,在全国范围内实现道路运输电子证件一卡通行。以"一卡通"为载体,支撑行业管理各系统间以及行政端与企业端之间的数据共享和交换;通过"一卡通"实现道路运输过程人、车、户、线活动的全过程跟踪,并实现移动执法,从而实现全国数据唯一性。

(2)"一网通"。以部、省、市(地、州)、县(区)四级网络为核心,依托有线通信、3G/4G等技术,实现纵向上与部、省、市(地、州)、县(区)四级道路运输管理机构的联网,横向上与道路运输企业、其他相关单位的联网,建立全国道路运输专网,实现全国道路运输统一的网络化管理,为全国道路运输信息交换和共享提供基础网络平台,从而堵住行业监管漏洞,满足各级道路运输行业管理机构行业监管要求和行业发展的需要,实现对道路、车辆、票证、人员、站场、配件、设施的全国联网。

(3)"一点通"。通过简单的鼠标或触屏点击操作,可以获取所需的各类信息。例如在道路综合运输分析与服务系统中,建设道路运输行业的监测、统计查询与综合分析系统。采取多种数据分析技术手段和展现形式,实现道路运输行业数据的综合查询、主题分析、辅助决策等功能,为省厅、运输局层面的客货运输需求结构分析、发展趋势特征分析、市场结构调整、运力投放调控、行业运营数据分析等提供数据支撑。

(4)"一站通"。在道路运输信息化四级协同体系框架下,以提供道路运输政务信息、公共信息、出行信息服务为核心,以统一的道路运输公众信息服务网站和道路运输行业管理机构内部门户网站为特征,建立道路运输综合服务平台。及时发布各类政务信息,逐步实现网上办事功能,实现网上行政申请审批,驾培、车辆检测、行政稽查过程及结果信息及时公布;为社会公众和运输企业提供及时、准确、可靠的客运出行信息服务、货物运输与物流信息服务、车辆维修与救援信息服务等。通过内外网站结合,实现外网申请、内网办理的便捷行政许可模式。

(5)"一数通"。整合部、省、市(地、州)、县(区)四级道路运输行业管理部门和道路运输企业的数据,并与外部相关数据共享交换,建立全省道路运输数据库,实现静态数据与动态数据相结合应用,建立一数一源。

## 第二节 道路运输信息化与四级协同的关系

经过十多年的发展,我国道路运输信息化建设取得了巨大成就,道路运输的相关监管部门均建立起了自己部门内部针对道路运输相关职能的管理与服务信息系统。以道路运政为例,交通部从2006年开始,相继开展了三批部省道路运输信息系统联网工作,目前全国所有省份与交通运输部实现了联网,搭建了部省两级道路运输数据交换平台,建成了包括经营业户、运营车辆、客运线路、从业人员、运政稽查、道路运输管理机构6个方面近200项指标的道路运输基础数据库,为实现跨区域协同监管、提高部级道路运输综合分析决策能力和公众信息服务水平提供了技术支撑。覆盖省、市、县三级道路运输管理日常工作的道路运输管理系统也在全国各个地级市和区县得到推广应用。"十二五"期间,在交通运输部《公路水路交通运输信息化"十二五"发展规划》指导下,各省基本都建立了针对本省实际情况的信息化系统,为道路运输信息化管理提供了有力保障。同时,"十二五"期间,切实加强了部省联动、共建共享的建设,不断提高信息资源开发利用水平,在交通运输动态信息采集与监控、交通信息资源整合开发与利用、交通运行综合分析辅助决策和交通信息服务等多个方面取得了较好的成效,全国道路运输信息化发展开始进入协同应用和综合服务的新阶段。

四级协同理念的提出,可以认为是我国道路运输信息化建设在"十三五"期间的延续与提升。四级协同理念以国务院发布的《中华人民共和国国民经济和社会发展第十三个五年规划纲要》《积极推进"互联网+"行动的指导意见》《促进大数据发展行动纲要》为指导,以交通运输部的道路运输信息化系统为出发点,融合道路运输相关的道路运输管理机构、公安机关、交通管理部门、安全监管部门、公路管理部门、高速公路管理与运营部门、消防部门等不同部门的数据与信息需求,按照"整体规划、统一接入,统一开发、复制推广,重在主体、兼顾个体"的联网思路和"先联后统再提升,边联边用出成果"的工作原则,分步实施与建设。道路运输信息化的建设中,充分贯彻四级协同思想,能够实现全国道路运政基础数据、执法数据、监管数据等在部、省、市(地、州)、县(区)四级运政管理部门,以及公安、工信、安监、消防等道路运输相关主管部门内的无障碍自由、安全协同联动,为构建"省际联动、部际协同、资源共享、互联互通"的道路运输行业信息化体系奠定基础,最终实现跨区域、跨部门数据共享与业务协同,更好提升道路运输行业的服务、监管和决策水平。

四级协同信息系统通过信息与通信技术在部、省、市(地、州)、县(区)道路运输领域各个环节的充分应用,实现全国联网和跨区域、跨部门信息共享。通过四级协同的网络系统,实现运输服务平台、数据中心的互联互通;通过运输监控联网,保障安全性;通过行政审批、车辆管理、人员管理等的全国联网,堵住行业监管方面的漏洞;通过统一调度,提高应急指挥能力;通过道路运输数据分析,为行业决策提供科学依据;通过整合客运票务资源,实现全国联网售票,方便公众出行购票;通过整合道路运输各类资源,面向社会公众提供道路运输公共服务信息;通过加强业务协同,提升安全监管与道路运输应急能力和市场监管能力。

四级协同真正意义上实现了道路运输信息化的互联互通、资源共享、业务协同。

## 第三节 我国道路运输信息化建设的成就

“十二五”时期,我国道路运输信息化发展取得了巨大成就。道路运输行业依据规划要求,全面推进了全国道路交通信息化建设,切实加强了部省联动、共建共享,以示范、试点工程建设为依托,不断提高信息资源开发利用水平,在道路运输动态信息采集与监控、信息资源整合开发与利用、道路运行综合分析辅助决策和交通信息服务等多个方面取得了较好的成效,全国道路运输信息化发展开始进入协同应用和综合服务的新阶段。

### 一、交通基础设施建设成就

2015 年年底,我国公路总里程 457.73 万 km,公路密度 47.68km/100km$^2$。公路养护里程 446.56 万 km,占公路总里程的 97.6%。我国近 5 年的公路里程及公路密度情况如图 1-1 所示。

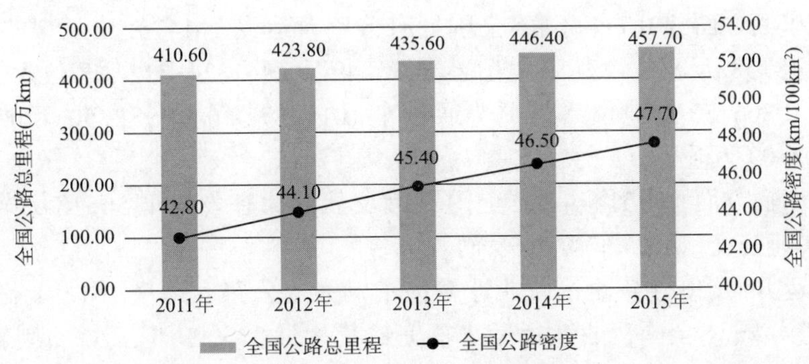


图 1-1 2011—2015 年全国公路总里程及公路密度

全国等级公路里程达到 404.63 万 km,占公路总里程的 88.4%。其中,二级及以上公路里程 57.49 万 km,占公路总里程的 12.6%。截至 2015 年年底,全国各等级公路的构成如图 1-2 所示。

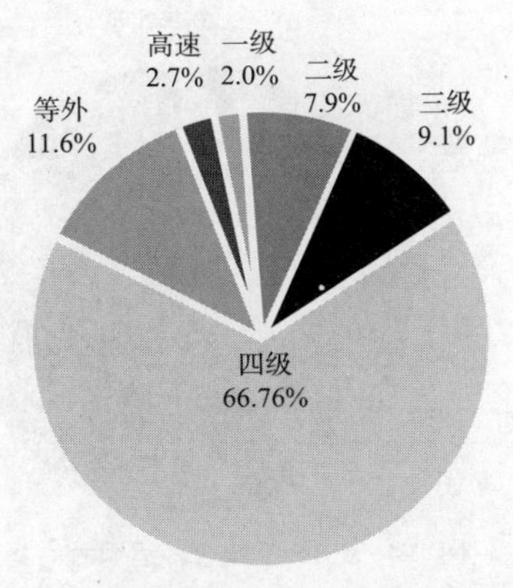


| 公路等级 | 高速 | 一级 | 二级 | 三级 | 四级 | 等外 |
|---|---|---|---|---|---|---|
| 里程(万km) | 12.35 | 9.10 | 36.04 | 41.82 | 305.32 | 53.10 |

图 1-2 2015 年全国各等级公路里程构成

各行政等级公路里程分别为:国道 18.53万 km(其中普通国道 10.58 万 km)、省道 32.97 万 km、县道 55.43 万 km、乡道 111.32 万 km、专用公路 8.17 万 km。全国高速公路里程 12.35 万 km,其中国家高速公路 7.96 万 km。全国高速公路车道里程 54.84 万 km。近 5 年全国高速公路里程变化如图 1-3 所示。

2015 年,全国国道网机动车年平均日交通量为 15424 辆,比上年增长 2.5%。全国国道网机动车日平均行驶量为 194440 万车 km,增长 1.6%。全国高速公路日平均交通量为22334辆，日平均行驶量为125766万车km。其中，国家高速公路日平均交通量为23818辆，日平均行驶量为101422万车km。

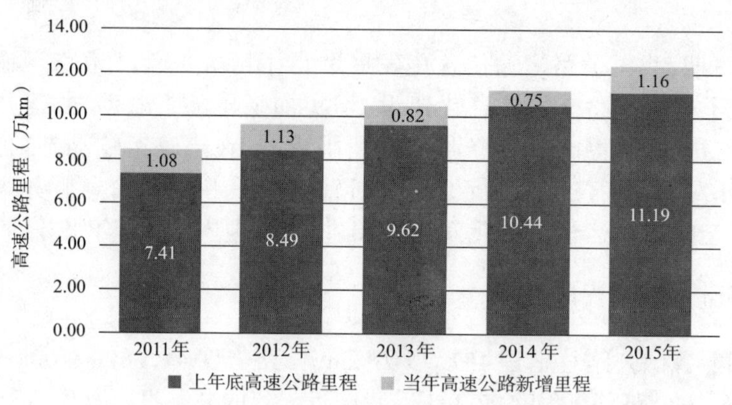

图1-3　2011—2015年全国高速公路里程

道路营运车辆方面，2015年年底，全国拥有公路营运汽车1473.12万辆，拥有载客汽车83.93万辆、2148.58万客位。其中大型客车30.49万辆、1324.31万客位。拥有载货汽车1389.19万辆、10366.50万吨位。其中普通货车1011.87万辆、4982.50万吨位；专用货车48.40万辆、503.09万吨位。

城市客运车辆方面，2015年年底，全国城市及县城拥有公交车56.18万辆、63.29万标台，其中城市快速公交(BRT)车辆6163辆。

公路客货运方面，2015年全国营业性客运车辆完成公路客运量161.91亿人、旅客周转量10742.66亿人km。全国营业性货运车辆完成货运量315.00亿t、货物周转量57955.72亿t·km。

全国拥有公交车运营线路48905条，运营线路总长度89.43万km。其中公交专用车道8569.1km，BRT线路长度3081.2km。全年城市客运系统运送旅客1303.17亿人。2015年全国城市客运系统客运量构成如图1-4所示。

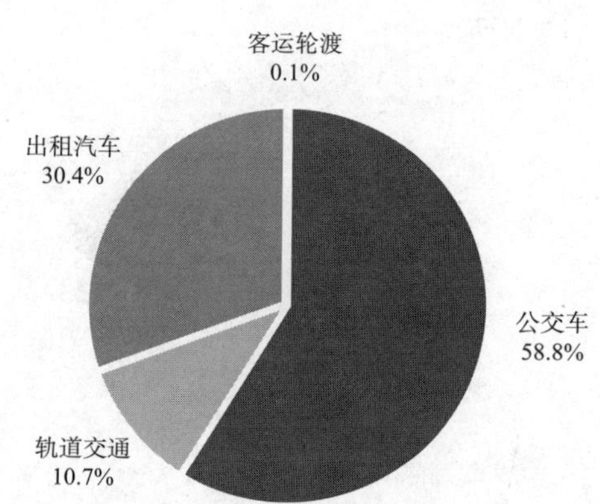

图1-4　2015年城市客运系统客运量构成

“十二五”期间，我国重点加强了高速公路、普通国省干线公路重要路段、大型桥梁、长大隧道、公路客货运输枢纽等基础设施运行监测与监控系统的建设，深化了路网运行和养护管理的信息化应用，有效保障了交通基础设施的通行能力，提高了服务水平，如图1-5所示。

高速公路电子不停车收费系统(ETC)基本实现全国联网。截至2015年10月，全国累计建成ETC专用车道1.2万余条，ETC用户约2171.5万。ETC提高了车辆在收费站的通过效率，降低了油耗，有效缓解了收费口交通拥堵。随着ETC实现全国联网，纵贯南北、互通东西的联网格局已然形成，其让城际间交流贸易更密切，让更多的经济圈相连，有效助推区域经济腾飞。电子不停车收费系统(ETC)如图1-6所示。

a) 普通国省干线公路对于发挥和完善高速公路辐射、连接农村公路，发挥了重要作用。图为湖北兴山县至昭君大桥公路，被称为最美水上公路

b) 我国相继建成一批施工难度大、科技含量高的特大桥梁。图为世界第一高桥——湖北四渡河大桥

c) 高速公路已成为我国交通运输的重要组成部分，通车里程达12.35万km，图为宜昌到巴东高速公路

d) 路网监控与信息采集设备布设逐步加密，部分高速公路重要路段实现了全程监控

图 1-5 道路基础设施通行效果显著

## 二、道路运输信息化建设成就

"十二五"期间，我国交通建设围绕促改革、调结构、惠民生、保安全等重大任务，全面推进行业信息化重大工程和示范试点工程建设，交通运输要素资源数字化、行业管理协同化、运输服务智能化、信息服务便捷化水平稳步提高，发展环境不断优化，信息化成为各级交通运输管理部门平稳运转和高效履职不可或缺的重要手段。政企合力推进信息化取得新进展，交通运输成为移动互联网等新兴技术重点应用领域，新业态不断涌现，交通信息服务产业化发展呈现出前所未有的活力。

图 1-6 电子不停车收费系统(ETC)

1. 要素资源数字化水平稳步提高

"十二五"期间，我国公路交通运输行业基础数据库群基本形成，公路重要交通基础设施、重点运载装备运行状态数据采集率稳步提升。其主要表现在：

(1) 交通基础设施、营运车辆、经营业户、从业人员等行业基础数据库基本建成，部分地市的城市公交、出租汽车、轨道交通、客运枢纽、农村客运等基础数据库初步建成。

(2)国省干线公路网超过40%的重点路段,以及特大桥梁、特长隧道实现了运行状况的动态监测;超过95%的“两客一危”重点营运车辆接入了联网联控系统,如图1-7所示。

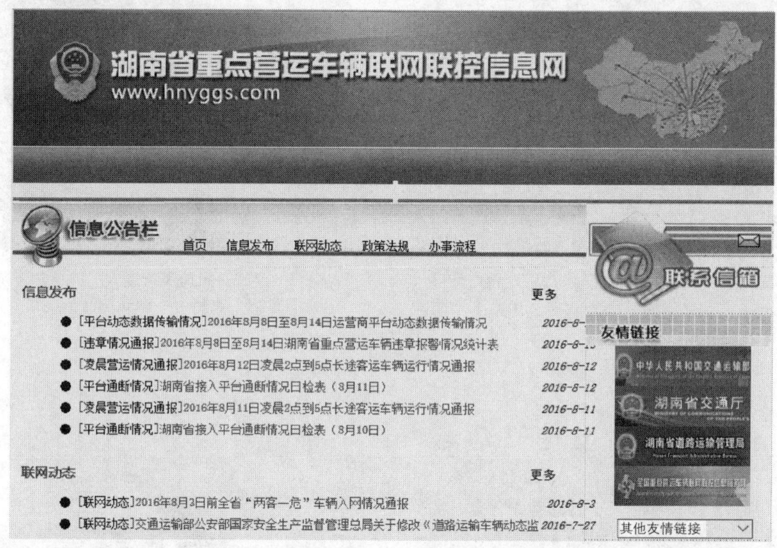


图1-7 重点营运车辆联网联控信息网

2. 行业管理协同化能力有效增强

“十二五”期间,我国依托行业信息化重大工程建设,重要业务领域的信息化应用取得重大进展,跨区域、跨部门业务协同水平明显提升。其主要表现在:

(1)推进了全国道路运政管理信息系统互联互通工作,启动了全国交通运输行政执法综合管理信息系统和建设综合系统建设,交通运输行政管理和执法信息化水平不断提升,图1-8所示为道路运输证件信息查询系统。

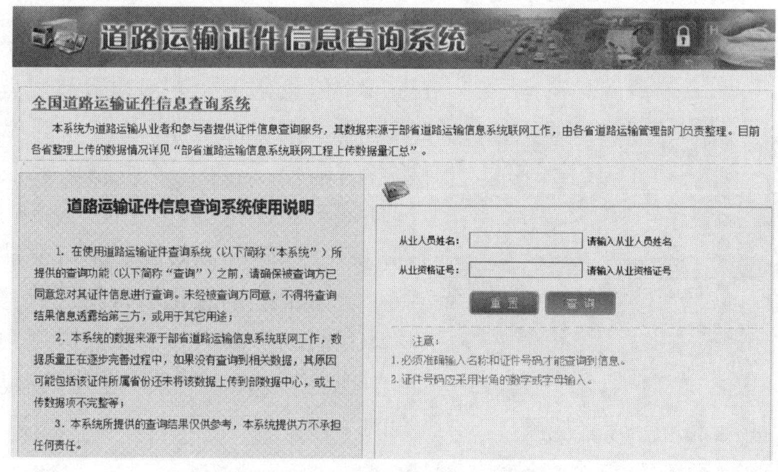


图1-8 道路运输证件信息查询系统

(2)21个省(自治区、直辖市)开展了公路建设和运输市场信用信息服务系统建设,推动了行业信用体系建设。

(3)23个省(自治区、直辖市)开展了公路安全畅通与应急处置系统建设,建成了全国重点营运车辆联网联控系统，推动了全国道路货运车辆公共监管与服务平台建设。6个省开展了危险货物道路运输电子运单试点工作，建成了部级综合运行监测与应急指挥中心，进一步增强了行业运行监测与应急处置能力。

（4）交通运输部和28个省（自治区、直辖市）开展了交通运输统计分析监测和投资计划管理信息系统建设，提高了行业统计和经济运行分析能力。

（5）以世界性和地区性大型活动的召开为契机，北京、上海、广州、深圳等特大城市综合交通信息资源开发利用程度显著提高，交通运输运行协调和应急联动能力明显提升。

3. 运输服务智能化应用不断创新

“十二五”期间，我国依托示范试点工程建设，综合运输、现代物流、城市客运等领域的智能化应用取得新突破。主要包括：

（1）建设了南京南站、上海虹桥等6个综合客运枢纽管理与信息服务系统示范工程，枢纽内多种运输方式之间信息互通与共享取得突破。

（2）国家交通运输物流公共信息平台（LOGINK）（图1-9）以及区域物流公共信息平台建设取得积极进展。

图1-9 国家交通运输物流公共信息平台（LOGINK）

（3）36个城市公共交通智能化应用系统建设顺利推进，提高了城市公共交通运行效率和服务能力，支撑了“公交都市”的创建，如图1-10所示。

（4）30个城市开展了出租汽车服务管理信息系统试点建设，提升了出租汽车智能化运行管理水平。

4. 信息服务便捷化程度显著提升

“十二五”期间，各级交通运输主管部门公共信息服务能力进一步提升，商业化的交通信息服务蓬勃发展，公众信息服务体验不断改善，交通信息服务产业发展环境持续优化。主要表现在：

（1）实现了全国高速公路电子不停车收费系统（ETC）联网运行，开展了京、津、冀、湘、渝等省(市)的中国高速公路交通广播系统建设,普遍提供了高速公路热线电话和网站等服务手段,移动应用服务(APP)和微信公众号等方式得到快速推广,高速公路出行信息服务水平显著提升。

图 1-10 公交都市建设示范工程

(2)27 个省(自治区、直辖市)开展了省域道路客运联网售票系统建设,改善了百姓购票服务体验,方便了百姓出行,图 1-11 为甘肃公众道路客运联网售票运营服务网。

图 1-11 甘肃公众道路客运联网售票运营服务网

(3)全国地级以上城市全部开通了“12328”交通运输服务监督电话,实现了交通运输服务监督“一号通”。

(4)围绕出行导航、订票、约租车、物流、汽车后服务、信息服务等领域,商业化的交通信息服务 APP 呈现爆发式增长,创新了交通信息服务模式,改善了用户服务体验。

5. 发展环境不断优化

“十二五”期间,交通运输信息化体制机制逐步完善,行业信息化发展环境得到进一步改善。主要包括:

(1)印发了《关于推进交通运输信息化智能化发展的指导意见》,制定了交通运输信息化标准体系表和第一批需严格执行的交通运输信息化标准目录,编制了一系列行业信息化标准。

(2)基本完成了全国高速公路信息通信干线传输系统联网工程建设,初步实现了全网贯通。

(3)实施了交通运输部机关通信信息网络机房升级工程,基本形成了部级政务外网虚拟化资源池和数据中心架构,部分省(自治区、直辖市)探索建设了智慧交通云平台,行业数据中心体系建设进一步完善。

(4)基本建成了覆盖部、省两级的信息安全通报预警及安全检查工作机制,行业信息安全等级保护工作全面推进。

当前,交通运输信息化建设正处于从分散转向集约、从孤立封闭转向共享开放、从以政府推动为主转向政企合作推进的重要转型期,即将迈入全面联网、业务协同、智能应用的新阶段。然而,交通运输各业务领域、各地区信息化发展不平衡、不协调、不深入、不可持续等问题仍较为突出,资源共享难、互联互通难、业务协同难等问题没有实质性改善,基础信息能力薄弱、整体性应用缺乏、信息服务品质不高、市场活力激发不够等问题依然突出,行业网络与信息安全形势不容乐观,信息化整体水平和发展质量仍不能适应现代交通运输业发展的需要。

## 三、道路运输公共信息服务平台建设成就

道路运输公共信息服务水平稳步提高,内容逐步丰富,手段更加多样,服务覆盖范围愈加广泛,如图 1-12 所示。

a)公路客运售票系统

b)地铁服务APP

c)电子公交站牌

d)互联网专车服务

图 1-12 公共信息服务能力显著提升

(1)各级交通运输主管部门的交通政务门户网站建设全面推进,逐步扩大了行政许可网上受理和政策法规等政务信息服务,逐步深化和丰富了出行信息服务,得到用户的好评。

(2)交通出行信息服务系统建设全面启动。交通运输部网站提供了全国路况快讯、公路气象预报、航道通告、海事气象等信息服务。在全国23个省(自治区、直辖市)组织实施了交通信息化示范工程和推广工程,推动了各省级交通出行信息服务系统的建设。交通运输部公路出行信息服务网站如图1-13所示。同时,各地交管部门也建立了自己辖区的出行信息服务系统,推动了城市交通出行信息服务的推广。

图1-13　交通运输部公路出行信息服务网页

(3)公路同城、异地客运联网售票系统和港口客运联网售票系统在部分城市得到应用,方便了公众购票。同时,网络购票、手机购票等多渠道购票系统也在各地广泛推广。

(4)部分地区建设了公共物流信息平台,在提高物流效率、降低运输成本、提升服务质量方面进行了有益探索。

(5)依托交通科技信息资源共享平台试点工程建设,重点整合和共享了交通运输行业公益性、基础性、增值性科技信息资源,并面向社会和行业提供了交通科技信息服务。

(6)依托交通统计信息系统工程建成了交通统计数据电子图书馆和统计信息数据库,提高了交通统计工作的服务水平。

## 四、道路运输管理系统建设成就

道路运输经营业户、从业人员、营运车辆、船舶等重要基础数据库的建设得到加强,并在道路建设和运输市场监管信息化应用方面取得了重要进展,市场秩序得到进一步规范。

(1)通过部省道路运输信息系统联网试点工作,目前全国所有省份与交通运输部实现了联网,搭建了部省两级道路运输数据交换平台,为实现跨区域协同监管、提高部级道路运输综合分析决策能力和公众信息服务水平提供了技术支撑,为实现全国范围道路运输信息共享和业务协同奠定了基础,图1-14所示为江苏省运输信息网。

(2)全国绝大部分省(自治区、直辖市)开发应用了省级运政管理系统,并由原有单一许可办证功能向运政协同管理延伸；全国 IC 卡道路运输电子证件的应用试点工作逐步开展；道路运输移动稽查系统在部分地区得到应用，有效提高了执法效率。

图 1-14　江苏省运输信息网

(3)组织开发了部级公路建设市场诚信及工程质量信息服务系统和公路工程评标专家管理系统，部分省市开展了公路建设市场、运输市场信用信息系统建设，对加强工程管理、维护市场秩序、规范市场经营行为发挥了重要作用。

## 五、道路运输安全监管和应急系统建设成就

运用车辆自动识别、全球卫星定位、低极轨道搜救卫星、高频、甚高频、卫星通信、视频监控等多种技术，加强了对道路基础设施和运输装备的监测监控，道路运输安全监管与应急反应能力显著增强，如图 1-15、图 1-16 所示。

图 1-15　北京市交通安全应急指挥中心

图 1-16　移动应急指挥车

(1)以国家公路网管理与应急处置中心建设为依托，初步实现了对全国部分重点公路路段的视频图像、交通流数据的接入、路况阻断信息的汇总分析和气象对区域路网的影响分析，为跨省市公路交通突发事件的协调处置奠定基础。

(2)依托上海世博会入沪营运车辆联网联控专项工程，重点营运车辆动态监管逐步由试

点向全国推广，车辆范围由长途客运、危险品运输车辆逐步向旅游包车、重型载货汽车、半挂牵引车等重点营运车辆延伸，初步建立了全国重点营运车辆动态信息交换平台。

## 第四节　我国道路运输信息化建设过程中存在的问题

虽然我国道路运输信息化建设在“十二五”期间取得了巨大进步，但也存在一些问题，主要包括道路运输监管中固有的问题，以及信息系统建设中存在的一些问题。

### 一、我国道路运输监管面临的问题

#### 1. 道路运输点多、线长、面广，复杂程度高，行业管理难度大

道路运输行业市场主体规模庞大、具有明显的跨区域流动性的特质，经营主体绝大多数为个体经营业户，数量多、较分散、流动性强，给人力有限的行业管理部门带来较大管理难度。另外，由于属地化管理的体制现状，道路运输行业市场管理与主体流动性、网络化经营特征之间的矛盾一直未能得到有效解决，跨区域业务协同等问题较为突出。因此，道路运输市场监管和安全监督难以统一，公众服务不能实现跨区域衔接。

#### 2. 道路运输行业涉及的监管部门众多，职权分散，跨部门行业监管协同能力差

我国道路运输行业的固有特点，造成我国道路运输行业涉及的监管部门众多，职权也较为分散，部门间权力存在部分交叉。以危险品运输车辆的监管为例，其经营业户及车辆的管理职权隶属于交通运输部，但相应危险品运输车辆的具体标准制订又涉及交通运输部、工信部以及公安部等多个部门，而危险品运输车辆的具体运营和监控又由国家安全生产监督管理总局、公安部、交通运输部共同管理。职权分散、部门众多的特点，也为部门间协同管理提出了具体需求。

我国大部分部委已经建立了自己信息系统。但针对道路运输信息化管理仍分布于各部委自有的信息系统中，系统架构各异，难于有效互联，形成了各类信息孤岛。同时，各部委的数据及系统架构差异更加巨大，一体化协同能力薄弱，难以形成有效的沟通处理机制，影响了信息资源的整合与应用，更是影响了多部门业务协同的发展。

#### 3. 道路运输行业管理力量薄弱，社会监督未发挥其应有效用

一直以来，道路运输市场主体呈现出一种“数量多、较分散、流动性强”的特征，而由于业务协同与业务数据应用闭环未实现，当前道路运输行业管理部门只能依靠传统执法手段进行执法，其管理手段较为落后、管理力量较为不足，这些特点给道路运输行业管理部门带来了较大的管理难度，也客观地降低了道路运输行业管理部门的服务水平。

例如，驾驶员培训与维修检测业务在道路运输行业管理职能中占据极其重要的地位。长期以来，由于驾驶员培训与维修检测行业管理手段缺乏、管理部门执法力量不足等问题，这些行业一直存在一些乱象。当前，内部通报、信用评价等依然是行业管理的主要手段，处罚结果往往无关痛痒，无法有效引起有关企业重视；同时，对于受处罚的企业信息，或者是信用评价较低的企业信息等，社会公众的知晓范围非常有限。上述问题导致无法真正从源头上解决乱象。在此情况下，如何引入社会监督力量，发挥社会公众的参与热情，将社会监督引入市场监管，依托社会监督力量加大对违法、违规企业的打击力度显得极为重要。

4. 跨区域监管协同能力差

道路运输行业监管“纵向到底、横向到边”的一体化协同业务能力较差，涉及协同业务各地域间缺乏有效的沟通处理机制。由于地域经济发展的不平衡性，各个区域、部门或单位为保护自身的利益，采取种种非公平的竞争手段，省际、市际、县际之间道路运输相互封锁的现象非常严重，例如：省际客运班线的经营权审批缺少车辆对管理机构的双向业务协同；跨区域营运车辆、从业人员转籍难；在运政执法过程中，异地车辆、企业资质真实性难以保证，同时多头处罚现象严重。

5. 服务手段单一、内容单调、能力不强，难以满足行业转型需要

行业管理与服务是政府部门永恒的话题，经过多年的发展，我国道路运输行业社会服务能力提升速度较快，但总体而言，信息资源缺乏有效的信息整合与共享、信息无法及时更新、实用信息少、服务方式单一、服务内容欠丰富、服务缺乏创新性和灵活性等问题依然存在。随着人民生活水平的不断提升，社会对一站式驾培服务、网络化汽车维修救援等汽车后市场信息服务需求也越来越旺盛，而目前管理部门向社会提供的服务大多以静态信息发布，信息的准确性、及时性无法有效满足公众需求。在移动互联网大行其道的今天，政府部门应深入考虑如何依托行业基础数据平台，借助移动APP、微信等新型交换手段迎合公众需求，从而提升服务能力，打造服务型政府。

6. 配套机制不够健全，行业处罚影响范围有限

当前部分省份道路运输行业主管部门的管理手段仅限于内部通报、信用评价等，其他有效的奖惩措施的实施都缺乏法律法规等配套机制的支撑，其管理手段覆盖面窄、奖惩力度不够等问题较为突出，而丰富的管理手段是行业管理得以有效落实的重要保障，因此建立完善的配套机制，充分引入社会监督与参与机制，从而保障奖惩措施能够做到“有据可依、实时有效”，最终实现“一处违规、处处受限”的管理目标显得极其重要。

## 二、当前道路运输信息系统中存在的问题

1. 部分道路运输信息系统不适应当前行业管理与服务需求

作为道路运输行业管理与服务的核心系统，大部分省份的运输管理部门已经建成了相应的道路运输信息系统。但由于开发时间早晚差异大，各省水平不一，部分省份的道路运输信息系统已不能适应当前行业管理与服务的需求。同时，道路运输相关的不同部门也大都建立了自己的信息系统，针对道路运输的信息化管理分布于各部委自有的信息系统中，其数据格式、接口差距更大，已不能适应当前行业管理要求。

近年来，随着道路运输行业社会化程度的提高，我国道路运输管理部门业务不断变化，对行业管理部门的服务能力要求也不断加强。道路运输行业管理职能由原来的许可打证、规费征收、年审年检向规范市场、安全监管、应急处置和社会服务等方向转变，同时，运输主管部门针对道路运输的管理与服务，与其他相关部门的协调、沟通也越来越多。这就对道路运输信息系统提出了更多功能要求，如联网共享、综合协同、公共服务、综合分析等。部分省份和部门现有的道路运输信息系统由于设计上不完善，缺乏有效的信息整合与共享，普遍存在信息无法及时更新、实用信息少、服务方式单一、服务内容欠丰富、服务缺乏创新性和灵活性等问题，造成系统在适应新变化和新需求的过程中，只能采用“打补丁”方式，系统扩展较

为困难,信息系统的服务水平无法有效满足公众需求。

2. 可资源化利用的道路运输信息采集与储备手段不多

尽管各级交通运输主管部门在信息化建设过程中均积累了规模不等的信息资源,但当前行业成体系、上规模的数据信息还相对较少,部分数据的更新维护持续性较差,总体数据质量不高。目前相当一部分省市的道路运输信息化相关的数据采集主要通过从业企业手工填报(或报送纸质材料)、管理机构审核录入的方式执行。而系统的自动校验功能较少,或者根本无校验功能,使得道路信息的真实性、完整性、及时性无法保证。同时,道路运输相关部门的信息系统众多,不同部门间存在数据采集重复、格式不兼容、对应关系查找困难等问题。总体来说,我国道路运输信息数据的采集与储备,还不能像电力、自来水等一样实现资源化利用,落后于“互联网+交通”新业态的信息资源化水平。

3. 信息系统建设投入差异大,地区发展不均衡

相比于北京、浙江、江苏等经济发达省份,部分内地省份信息化总体发展水平不高。而即使在同一省份内,经济发展较快、信息化发展程度较高的地市,由于其投资较大,也已经先期建立了相对较完善的道路运输信息化基础设施,道路运输行业管理部门也已依据业务需要建立了众多应用系统,而经济发展较慢、信息化发展水平较低的地市发展较为缓慢,总体呈现出一种发展极不平衡、缺乏政府规划引导的现状。道路运输区域信息化水平的差异造成了跨区域道路运输信息化资源的整合困难,迫切需要从省部级层面予以合理的规划和引导,在鼓励各地市完善自身道路运输信息化系统的同时,协调区域发展不平衡的问题,促进全省道路运输信息化水平的均衡发展。

4. 信息资源开放共享水平较低,综合利用难度大

受政策、体制、技术等多方面因素限制,行业信息资源对社会开放程度较低,资源社会增值开发活力还未充分激发,资源价值浪费较大。而且,行业信息资源大多只在有限范围内使用,跨部门、跨区域信息交换共享依然较为困难,导致相关业务应用“无数可用、有数难用、数非所用”,行业信息资源“数到用时方恨少”。

为保证信息化建设的统一性与协调性,交通运输行业各级管理部门都已制定了各种标准规范,这些标准规范对于系统建设的规范性起到了一定的作用。但一方面,由于这些标准规范在制定过程中缺乏统筹和跨部门的沟通,细则与配套措施不尽完善,标准体系不够健全,不同部门间的实施困难;另一方面,由于标准规范执行落实力度不够,很多标准规范依然流于形式,在工程建设过程中未得到真正落实。因此当前各地标准相互之间不统一、系统数据传输接口不一致的现象依然较为严重,影响了信息系统建设进程与应用效果。

5. 维护质量不高,缺乏长期运维队伍

一般来说,各省的道路运输行业各类信息系统的维护工作量大,但缺乏稳定的维护队伍。由于社会与行业的不断发展,出于适应业务需求的目的,道路运输行业主管部门需对业务系统频繁调整,造成系统建成后的维护工作量很大。软件企业出于自身利润的考虑,对于后期的运行维护和产品升级难以保证提供优质服务。不同部门间的数据也出于部门职责的限制,经常出现更新间隔长、数据不同步等问题。可以说,当前全国普遍存在“重建设、轻维护”的问题。

## 第五节 “十三五”期间我国道路运输信息化的发展规划

“十二五”时期末，国务院相继发布了《积极推进“互联网+”行动的指导意见》《促进大数据发展行动纲要》等重要文件，对我国信息化建设做出总体部署，也对道路运输信息化发展提出了新的要求。作为道路运输最重要的监管部门，交通运输部于2016年发布了《交通运输信息化“十三五”发展规划》，在深入贯彻落实党的十八届五中全会精神的基础上，对“十三五”时期我国交通运输信息化发展的总体目标、发展需求、主要任务、重点工程和保障措施等做出了全面的阐述，其中特别对道路运输信息化的发展也做了详细部署。《交通运输信息化“十三五”发展规划》是交通运输部内针对交通信息化的重要文件和指导方针，对道路运输其他相关部门的信息化建设与发展也具有重要的借鉴意义。

### 一、指导思想与基本原则

“十三五”期间，我国道路运输信息化建设的指导思想主要包括：全面贯彻党的十八大和十八届三中、四中、五中全会精神，围绕“十三五”期间道路运输发展的主要任务，坚持需求和问题导向、注重统筹开放、融合创新，大力推进智慧交通建设，不断提高道路运输信息化发展水平。以行业信息化重点工程和示范试点工程为依托，着力落实国家信息化战略任务，对接国家电子政务工程建设，支撑三大战略实施，深化行业信息化应用，完善信息化发展环境，努力实现道路运输信息的上下贯通、左右连通和内外融通，促进现代综合交通运输体系发展。

“十三五”期间，我国道路运输信息化建设的基本原则包括：

(1)统筹协调、互联互通。强化信息化顶层设计，加强道路运输信息化发展方向、建设运行、技术标准等方面的统筹作用。通过一批带动性强的重点工程，大力推进部际、部省、省际、省地间信息资源交换与共享，实现行业重要信息系统的互联互通和协同应用，发挥信息化整体效益。

(2)需求导向、注重实效。紧密结合行业转型升级发展要求，推进信息技术与行业管理和服务的深度融合。把政府履责要求和服务百姓出行需要，作为信息化工作的着力点和出发点，避免造成信息化建设与业务应用“两张皮”。

(3)政企合作、开放共享。大力促进“互联网+”便捷交通、“互联网+”高效物流发展，深化政府与企业间合作，实现政企优势资源的深度融合，共同打造交通信息服务产业新生态，形成政府、市场、公众多方共赢的发展格局。

(4)自主创新、安全可控。积极推动移动互联网、云计算、大数据等新技术在道路运输行业的应用，创新管理模式，催生新业态。高度重视网络与信息安全体系建设，坚持自主可控，强化监测预警，确保行业网络基础设施和重要信息系统安全可靠和稳定运行。

### 二、发展目标

“十三五”期间，我国道路运输信息化发展总体目标是：大幅度提升部际、部省之间信息共享和数据开放水平，显著提高行业主要业务领域运用大数据能力，在利用“互联网+”促进行业转型升级方面取得新突破，基本形成道路运输信息服务政企合作模式，显著增强行业网络信息安全保障能力，进一步优化信息化发展环境，信息化在引领综合运输发展、保障国家战略实施、促进行业治理体系和治理能力现代化方面发挥重要作用。

“十三五”期间,我国道路运输信息化发展的具体目标包括:

(1)要素信息开放共享。全面实现道路运输基础设施、运载装备、经营业户、从业人员等基本要素的数字化,以及道路交通基本要素信息的汇聚、开放、共享、互认。基本实现道路交通基本要素信息在部省两级数据中心的汇聚。

(2)行业管理在线协同。推进道路运输核心业务应用的在线化、协同化、平台化。行政许可网上办理、非现场执法取得积极进展,许可证件电子化、执法案件数字化取得新突破,实现全国异地道路运输行政执法数据交换。

(3)综合运输便捷互联。综合运输服务与新一代信息技术深度融合,不同运输方式信息互联取得重要突破。多式联运单证电子化、标准化取得实质进展。

(4)信息服务提质增效。地市级以上城市提供面向百姓出行和运输服务的交通运输信息服务,“12328”交通运输服务监督电话业务回访满意率不低于85%,政企合作推动交通信息服务产业发展初具规模。

(5)信息安全自主可控。行业重要信息系统的安全防护得到全面加强,统一协调的行业信息安全认证体系基本建成,基本实现行业重要信息系统和关键基础设施的安全可控。

(6)发展环境协调高效。统筹协调、运行维护、绩效考核等机制进一步健全,信息化基础设施和标准规范体系进一步完善,基本形成较为完善的行业信息化发展环境。

## 三、主要任务

继续推进“十二五”时期确定的安全应急、市场信用、出行服务、决策分析四个行业信息化重大工程。在此基础上,“十三五”期间按照国家信息化工作总体部署,结合行业信息化发展实际需求,着力推进落实国家信息化战略任务,全面支撑国家三大战略实施,重点开展“三推进、五提升、两保障”行业信息化工程。

### 1. 推进“互联网+”重点行动

(1)实施“互联网+”便捷交通。政企合力推动“畅行中国”信息服务系统建设。深化推进省域客运联网售票系统建设,提高联网售票二级以上客运站覆盖率,推广普及电子客票、实名制购票,引导第三方综合客运联网售票平台发展,鼓励发展联程运输票务一体化服务,建设全国道路客运信息联网服务工程,推进重点区域客运电子客票系统建设。在京津冀等重点区域率先启动交通“一卡通”互联互通,推动交通“一卡通”在出租汽车、长途客运、停车服务等交通领域的应用。持续推进城市公交智能化建设,支撑公交都市建设示范工程。推进全国地市以上城市整合建设出租汽车监管平台。鼓励企业建设汽车租赁车辆管理服务信息平台。完善全国互联互通的汽车维修救援体系,推动汽车电子健康档案系统和重点汽车维修配件追溯信息系统建设。推进驾驶员培训监管系统建设,实现驾培与考试信息共享。完善“12328”交通运输服务监督电话系统,推进部级电话系统建设,实现公众监督服务“一号通”。扩大中国高速公路交通广播覆盖范围,突出不同区域差异化信息服务。

(2)推进“互联网+”高效物流。进一步制定完善物流信息化相关标准规范,深化国家交通运输物流公共信息平台建设。加强道路运输部门与水路与铁路、民航、邮政、海关、贸易、检验检疫等部门物流相关信息系统对接,推动政府相关公共信息向物流市场的开放和共享。鼓励各地区因地制宜推进区域物流信息服务平台建设和互联应用,并作为交换节点接入国家物流平台。积极推进道路运输与商业化物流信息服务平台广泛合作，融合相关物流信息资源，共建全国物流信息服务网络。引导各地区开展农村物流信息平台建设。积极推进集装箱等公铁、公水等多式联运的信息互联互通。推广使用货运“电子运单”，推动“一单制”多式联运试点示范。

2. 促进大数据发展和应用

推动公共数据资源共享开放。制订道路运输数据资源共享管理办法，明确道路运输数据在相关职能部门间的管理与共享要求。制订完善道路运输数据交换共享标准，强化行业基础性标准执行。完善部省两级数据资源目录体系，加快部省两级统一的数据交换共享平台建设，推动道路运输管理数据资源向部省两级汇聚，利用国家数据统一共享交换平台实现跨部门数据交换。在依法加强安全保障和隐私保护前提下，建立道路运输管理部门数据开放清单制度，落实数据开放和维护责任。制订道路运输数据开放政策意见和相关标准，提升数据开放程度。建立部省两级联动的数据统一开放平台，优先推动道路运输基础要素、民生保障服务等数据向社会开放共享。推动跨部门数据融合的综合道路服务大数据平台建设。鼓励在出行信息服务、规划决策、运行管理领域开展大数据产业化应用。

3. 对接国家电子政务工程

做好跨部门电子政务系统衔接。做好与国家投资项目在线审批监管平台的有效衔接。建设完善道路运输信用信息管理系统，对接国家信用信息共享平台，推动信用信息交换共享。推进道路运输工程建设项目进入国家统一的公共资源交易平台。建设完善交通运输安全生产监管监察系统，对接国家安全生产监管平台。推进交通运输视频监控系统升级改造，与公共安全视频共享平台对接，实现视频资源联网应用。建设完善行政许可网上办理平台，实现行政许可网上“单一窗口”办理。简化优化公共服务流程，完善有关信息系统，方便基层群众办事创业，提升道路运输公共信息服务水平。

4. 支撑国家三大战略实施

(1)“一带一路”建设交通信息化工程。依托国家交通运输物流公共信息平台，充分利用东北亚物流信息共享服务网络的工作机制，面向东盟开展物流信息共享，面向中亚开展陆路跨境物流信息共享，实现中国与东盟、中亚物流信息互联互通，提高物流信息国际合作水平，为“一带一路”国家战略实施提供支撑。开展国际道路运输管理与服务系统建设，形成部、省、市、口岸四级国际道路运输数据中心，促进陆路口岸信息资源交互共享，推动国际道路运输便利化。

(2)京津冀协同发展交通信息化工程。推动京津冀三地重点城市交通“一卡通”互联互通试点工程，实现常规公交、轨道、出租汽车等领域交通“一卡通”，实现区域内互联互通。建设京津冀道路客运信息联网服务工程，实现三地二级及以上客运站联网售票，提供多元化票务服务和电子检票服务。推动京津冀一体化交通出行信息服务平台，为公众提供跨区域、全过程综合交通信息服务。加快三地物流公共信息服务平台交换节点的拓展和连通，实现跨地区、跨方式物流公共信息共享。建设三地交通运输安全畅通与应急处置系统、区域路网运行信息联网工程，提高三地运行管理、应急联动水平。建立健全三地执法联动机制，实现跨区域市场信用信息和执法信息共享共用。提高高速公路 ETC 系统覆盖率。

(3)长江经济带发展交通信息化工程。利用移动互联网，提升综合信息服务能力。加快推进长江经济带高速公路ETC系统建设和联网，提高ETC车道覆盖率。推动跨省市道路客运联网售票和交通一卡通跨区域互联互通。推进省级路网运行监测与应急处置系统建设，着力提升交通运输安全性、可靠性和应急保障能力。

5. 深化行业信息化应用

(1)提高行业运行监测能力。统筹推进综合道路运输运行协调和应急指挥平台建设，实现与公安、安监、气象、国土资源等相关部门的互联互通、信息共享和协调联动，综合运用各类信息资源，加强综合运输服务能力和运行动态监测分析。推动基础设施数字化和运行智能化，重点推进信息采集和监测设施与交通运输基础设施工程同步规划、同步建设和改造，加快国省干线公路运行状态信息监测体系建设，增强网络协同运行能力。加快构建车联网，提升“两客一危”车辆的在线监管能力，重点营运车辆联网联控的入网率和上线率分别达到99%和95%以上，推动行业北斗卫星导航地基增强系统建设和应用。充分利用全国环境监测系统信息资源，完善交通运输环境数据中心。加强对运输企业数据的采集，形成政府公共数据与市场数据相融合的交通运输大数据体系，为运输运行状态监测、行业监管和科学决策提供数据支持。

(2)增强安全生产监管监察能力。升级改造道路运输重点营运车辆联网联控系统，提升道路运输安全协同防控能力。完善危险化学品作业基础数据库，并实现相关管理部门间的及时同步与共享。全面推广道路危险品运输电子运单管理制度，建立部省两级道路危险品运输安全监管平台，实现电子运单交换共享。建设安全生产监督监察和工程质量监督综合管理信息系统，提升安全生产监督监察、危险货物运输安全监管基础信息管理、安全执法、安全生产和与应急管理培训教育等信息化水平，加强对公路工程施工企业安全生产数据的联网分析、智能防控，升级改造企业安全生产标准化管理系统。

(3)提高行业协同执法能力。加快推动行政执法案件电子化改造，实现跨区域、跨部门执法的联防联控以及行政执法案件信息异地交换共享。运用信息化手段稳步推进非现场执法，实现违法行为的综合巡检和自动甄别。积极推进交通执法电子监察，实现执法诚信考核，提高执法公信度。加大交通执法和行政许可管理的信息共享，实现行政执法和行政许可管理的业务协同。加强全国治超现场执法、源头治理、运政管理等方面的联网工作，提高超限超载运输联网联控能力。

(4)提升交通决策支持能力。开展综合道路交通统计信息决策支持系统建设，稳步推进统计信息管理系统与业务管理系统的互联互通。强化互联网数据资源利用和信息服务，加强与政务数据资源的关联分析和融合利用。加强跨部门数据关联对比分析，充分挖掘政府公共数据价值。运用大数据分析技术，开展道路交通运输经济运行分析、政策实施效果评价、交通发展趋势研判等分析工作，提高交通运输宏观掌控能力。充分利用交通运输运行状态数据，开展交通运输运行状态预测预警、趋势分析，并及时向社会发布，增强交通运输运行管理的预见性、主动性和协同性。

(5)强化政务管理服务效能。升级改造道路运输相关部门政务内网，建设机关行政综合业务信息系统，建设完善部长工作平台和行政办公、档案、人事、信访、财务审计等政务信息管理系统，建设党建综合管理系统。

6. 开展信息化示范试点工程

(1)政府监管平台与企业运行平台的融合创新。探索建立道路运输行业企业创新服务平台,为道路运输企业科技创新、技术改造、成果转化、技术交流提供信息服务载体。在城市客运和长途客运等领域,探索开展行业监管与企业运行同平台示范,促进行业管理部门、交通运输企业、社会公众有机互动与共享。

(2)加强高新技术的创新应用。在路网灾害监测与应急救援、交通基础设施核查等领域开展北斗卫星导航、高分辨率对地观测系统应用示范。

(3)开展智慧交通示范工程。在高速公路和中心城市开展新一代交通控制网示范应用,实现交通运输网络化、智能化控制,提高运行效率和交通运输安全水平。推进智慧公路示范应用,实现路网管理、车路协同和出行信息服务的智能化。

7. 完善信息化发展环境

(1)强化网络通信保障能力。充分利用国家电子政务网、公用网络或行业专网等资源,构建各省统一的信息骨干网,并对接全国高速公路信息通信干线传输网络;进一步提升全国高速公路信息通信干线传输系统的网络稳定性和可靠度,研究建立健全市场化运维保障机制。落实国家"宽带中国"战略,支持电信企业充分利用高速公路通信管道资源建设宽带网络,推动汽车客运站等交通站场实现多家宽带运营商网络覆盖,保障用户公平选择权。

(2)统筹交通运输数据中心建设。以交通运输部为核心,完善部电子政务外网应用系统的统一支撑平台,按照现有虚拟化资源池的总体架构,适时升级扩容部级交通运输数据中心,原则上新建部级系统不再单独配置运行支撑系统。根据国家电子政务云平台发展的有关要求,推进道路运输相关部委数据中心云平台建设。适时推动部级数据灾备中心建设。各省因地制宜完善省级交通运输数据中心,有条件的地方可充分利用省级电子政务云平台,实现集约建设。

(3)健全网络与信息安全保障体系。全面评估数据开放、系统互联带来的安全风险,落实信息安全等级保护制度,完善网络数据共享、利用等安全管理措施,推进部省市三级网络和信息安全通报体系建设。深化网络安全防护、态势感知、信息通报、预警预防及应急处置能力建设,建立完善道路运输行业网络与信息安全监测管理平台、网络与信息安全认证系统。采用安全可信的产品和服务,提升基础设施关键设备安全可靠水平。加强国产密码在已建、新建网络和信息系统的应用,组织开展高速公路联网 ETC 等重要信息系统的国产密码算法迁移和应用工作。

(4)健全道路交通电子政务管理体制机制。完善道路运输信息化管理体制,建立职责清晰、分工明确推进组织体系,业务部门负责明确需求、指导实施和应用,信息化主管部门负责技术管控,并不断提升统筹推进信息化工作的能力。落实国家电子政务工程建设管理、项目绩效评价的相关要求,规范道路运输信息化建设项目管理,提高项目应用效能,提升政府投资决策水平和投资效益。在明确事权划分基础上,加快推进信息化工作跨层级、跨部门合作机制。建立信息联盟机制,推动政企、企业间信息交换共享。建立公益性服务政府主导、非公益性服务市场主导的信息化工作和服务机制,形成"政府、社会、市场"共同参与、多方共赢的交通运输信息化治理体系。完善行业信息化标准体系,强化标准贯彻执行。

(5)完善信息化运维保障机制。建立分工明确、流程规范、安全高效的运维管理体系。切实保障运维资金投入,积极争取纳入各级财政预算管理。加强运维管控平台建设,运用技术手段提升运维管控水平。加强运维队伍建设,提升运维人员技术和管理素质。积极探索运维服务外包模式，利用社会化资源提升运维管理水平。

## 四、重点信息化工程

依据上述建设任务，各部委相应设立了道路运输相关重点信息化工程。以交通运输部为例，其列举了以下需要重点开展的“三推进、五提升、两保障”行业信息化工程。

1.“互联网+”便捷交通推进工程

(1)“畅行中国”信息服务系统：政企合力推进覆盖城乡的出行引导综合信息服务示范，通过手机APP、互联网站、电视、可变情报板以及交通服务热线(“四屏一热线”)，提供基于位置的全程、实时交通出行信息服务。鼓励电子支付在交通领域的集成应用。支持各类社会主体基于开放共享数据开展综合交通出行服务产品的创新应用。

(2)客运票务信息服务系统：依托省域道路客运联网售票系统，建设全国道路客运信息联网服务工程，实现全国道路客运信息的互联互通和共享，支持企业提供旅客联程、往返、异地出行票务服务。

(3)汽车电子健康档案系统试点工程：试点开展区域汽车电子健康档案系统平台建设，实现维修企业相关数据的及时、准确上传，并实现与全国平台数据的互联互通。探索建立高效数据上传机制和区域平台的建设与运营方式，完善相关标准。

2. 国家交通运输物流公共信息平台推进工程

(1)国家交通运输物流公共信息平台升级改造工程：升级改造平台基础交换网络及管理服务系统，基本建成平台数据中心，完善平台信息安全保障体系，升级改造门户网站，建成“一站式”数据应用服务窗口。

(2)国家交通运输物流公共信息平台行业交换节点建设工程：推动铁路、民航、邮政等行业物流信息交换节点建设，实现与国家物流平台间的信息互联与共享。

3. 交通运输数据开放共享能力提升工程

(1)交通运输数据资源开放共享平台：建设部省联动的信息资源目录体系、部省统一交换共享平台、部省两级数据协同开放平台，实现部际、部省、政企间数据共享、制度对接、协调开放。

(2)综合交通服务大数据平台：探索政企合作机制，以及交通、旅游等跨领域、跨行业数据融合和协同创新机制，共同利用交通大数据提升协同管理和公共服务能力，吸引社会优质资源，开展出行信息服务、交通诱导等增值服务。

4. 交通运输运行监测与应急处置能力提升工程

(1)交通综合运行协调与应急指挥中心(TOCC)：整合各类运行监测和应急资源，建设完善部级、省级以及中心城市的交通综合运行协调与应急指挥中心，加强部省间应急联动。

(2)公路网运行监测项目：完善各省路网运行监测体系，强化与路政、养护、应急、收费、交通量调查等相关系统衔接，与公安、气象、国土资源等部门的信息共享，拓展ETC应用领域，开展基于大数据的路网运行研判和分析评价，实现跨部门、跨区域的路网协同运行管理。完善部级路网运行监测管理与服务平台，建设国家公路网综合养护管理系统，完善部省两级交通情况调查数据采集与服务系统。

5. 交通运输安全生产监管监察能力提升工程

(1)全国道路危险品运输安全监管系统:建设部省两级道路危险品运输监管基础数据库和安全监管系统,实现全国危险货物运输电子运单的跨区域交换共享及应用。

(2)安全生产监管监察项目:依托国家安全生产监管信息化工程,加快推进交通运输安全生产监管信息化一期工程(含长江危险化学品运输安全监管系统)建设,改造重点营运车辆联网联控系统,建立部省两级道路危险品运输监管平台,建设安全生产监管监察和工程质量监督综合管理系统。

6. 交通运输行业协同执法能力提升工程

(1)交通运输行政执法综合管理系统:推进省级行政执法综合管理信息系统建设,完善部级行政执法综合管理信息系统,实现全国交通运输执法信息交换共享。

(2)全国治超联网管理信息系统:推进省级治超联网管理信息系统,实现现场执法、执法管理、执法监察和信息服务等;建设部级治超联网管理系统,实现全国超限超载信息交换共享和证据移送、跨区域跨部门联网等。

7. 交通运输政务管理效能提升工程

(1)交通运输决策支持项目:建设部级综合交通统计信息决策支持系统,完善省级交通运输统计信息系统,深化开展交通运输经济运行分析监测、交通运输政策实施效果评估等。

(2)交通运输政务信息服务项目:改造升级交通运输部政务内网,建设完善行政办公、档案、人事、信访、财务审计、党建等综合管理系统和部长工作平台。改造升级交通运输部政府网站,建设新媒体平台。

8. 新技术创新应用推进工程

(1)新一代交通控制网示范工程:选取公路路段和中心城市开展示范工程,应用高精度定位、先进传感、移动互联、智能控制等技术,提升交通调度指挥、运输组织、运营管理、安全应急车路协同等领域的智能化水平。

(2)智慧公路示范工程:选取重点区域公路项目或路段,加强路网运行的全面感知能力,提升基础设施建设、管理智慧化水平,开展高速无线通信、车路协同、区域路网协同管理、出行信息服务等智能应用。

9. 交通运输通信信息网络保障工程

全国高速公路信息通信系统升级完善工程:延伸覆盖至西藏、海南等地区;对网管、传输等系统进行升级完善,提升全国高速公路信息通信干线传输系统网络的稳定性和可靠度。各省按照部统一要求,做好高速公路信息通信系统连通保障工作。

10. 交通运输网络安全保障工程

(1)交通运输网络安全评估及监测预警信息平台:建设交通运输等级保护检测评估、网络与信息安全信息报送、门户网站安全监测预警、网络安全大数据分析,以及信息化运维监测管理等系统。

(2)全国高速公路联网 ETC 系统国产密码算法迁移工程:按照国家有关要求,完成国产密码算法选择及测试验证,升级改造部级密钥管理及发行、部级清分结算等系统;各省(自治区、直辖市)升级改造省级密钥管理及发行、清分结算、客服、车道等系统。

# 第二章 总体规划

## 第一节 道路运输信息化建设的战略构想

我国幅员辽阔，总面积达960万$km^2$，公路总里程达450万km。信息化建设贯穿我国各级道路交通发展的全过程，一方面要认识到其必要性和紧迫性，另一方面也要充分认识到其复杂性、艰巨性和长期性。从总体来说，经过多年发展，我国道路运输信息化已经达到一定水平，但发展极其不平衡，不同地区、不同级别的差异很大。高速公路、省级城市道路信息化管理水平达到较高水平，部分市县道路运输信息化水平，特别是部分偏远地区的道路运输信息化水平还较低。与此同时，道路运输涉及部门众多，不同部门信息化水平差异大，信息系统结构各异，部门间协同还存在诸多壁垒。因此，道路运输的信息化，特别是多级别、多部门协同的信息化是一项十分庞大、复杂的系统工程，是一项长期的战略任务。其建设与发展将贯穿我国整个现代化建设过程中。因此，道路运输信息化也应是可持续发展的，因此必须长远规划、有序推进。道路运输的多级别、多部门协同信息化建设发展必须与国家信息化发展的规划相适应。

### 一、我国信息化发展的战略目标与方针

根据党中央、国务院批准的《2006—2020年国家信息化发展战略》，到2020年，我国信息化发展的战略目标是：综合信息基础设施基本普及，信息技术自主创新能力显著增强，信息产业结构全面优化，国家信息安全保障水平大幅提高，国民经济和社会信息化取得明显成效，新型工业化发展模式初步确立，国家信息化发展的制度环境和政策体系基本完善，国民信息技术应用能力显著提高，为迈向信息社会奠定坚实基础。

我国信息化发展的战略方针为：统筹规划、资源共享，深化应用、务求实效，面向市场、立足创新，军民结合、安全可靠。要以科学发展观为统领，以改革开放为动力，努力实现网络、应用、技术和产业的良性互动，促进网络融合，实现资源优化配置和信息共享。要以需求为主导，充分发挥市场机制配置资源的基础性作用，探索成本低、实效好的信息化发展模式。要以人为本，惠及全民，创造广大群众用得上、用得起、用得好的信息化发展环境。要把制度创新与技术创新放在同等重要的位置，完善体制机制，推动原始创新，加强集成创新，增强引进消化吸收再创新能力。要推动军民结合，协调发展。要高度重视信息安全，正确处理安全与发展之间的关系，以安全保发展，在发展中求安全。

### 二、我国道路运输信息化发展构想

我国道路运输信息化发展的目标是：建立更加全面、高效的道路运输运行监测网络，进

一步提升道路运输信息资源的深度开发与综合利用水平，道路运输系统全网联动、多部门协同应用程度进一步提高，部、省、市(地、州)、县(区)四级信息共享和数据开放水平大幅度提升。完善道路运政基础数据、执法数据部省交换体系，实现道路旅客运输、货物运输、机动车维修、驾驶员培训、外商投资、国际道路运输、应急处置与救援等各类业务的行政许可，实现从业人员管理、营运车辆管理、日常监管、运政执法管理的规范化、标准化，为道路运输行业管理部门规范化、高效化、科学化管理提供手段，为提升道路运输行业信息化服务水平奠定基础。

在保障畅通运行方面取得显著实效，在提升运行效率、服务公众出行、部门间协同管理与执法等方面取得明显突破，在规范市场秩序、强化安全应急、服务决策支持方面全面提升，在推进综合运输体系建设、发展现代物流、实现低碳绿色交通方面取得重大进展，为现代道路运输业发展提供坚强支撑与保障。

行业主要业务领域运用大数据技术，实现道路运输相关部门间，以及部、省、市(地、州)、县(区)四级联动数据与信息协同分析的能力明显增强，道路运输信息服务政企合作模式基本形成，行业网络信息安全保障能力显著增强，信息化发展环境进一步优化，信息化在引领综合交通运输发展、保障国家战略实施、促进行业治理体系和治理能力现代化方面发挥重要作用。具体目标包括：

1. 实现道路运输要素信息的开放共享

全面实现道路运输基础设施、运载装备、经营业户、从业人员等基本要素的数字化，以及交通基本要素信息的汇聚、开放、共享、互认。基本实现道路交通基本要素信息在道路运输相关部门间，以及部、省、市(地、州)、县(区)四级道路运输主管部门间的共享与协同操作，实现信息多跑路，人员少跑腿。

2. 提升行业管理的在线协同水平

推进道路运输核心业务应用的在线化、协同化、平台化水平。在行政许可网上办理、非现场执法等方面取得积极进展，许可证件电子化、执法案件数字化取得新突破。在此基础上，实现全国道路交通运输行政执法数据的部门间共享、异地交换。

3. 对接综合运输，实现便捷互联

对接综合运输服务体系，实现道路运输与新一代信息技术的深度融合，在道路运输与其他运输方式信息互联方面取得重要突破。推进多式联运单证的电子化、标准化。实现道路运输信息服务方面提质增效。在各市县，能够提供面向百姓出行和运输服务的交通运输信息服务，道路运输政企合作推动交通信息服务产业发展初具规模。

4. 保证信息安全和自主可控

在全面推进道路运输信息化在道路运输相关部门间，以及部、省、市(地、州)、县(区)四级道路运输主管部门间的共享与协同的同时，保证行业重要信息系统的安全，进一步提升信息系统，特别是多部门、多级别接入信息系统的安全级别。基本建成统一协调的行业信息安全认证体系，在不同部门、不同级别主管部门接入道路运输信息系统的安全权限设计方面做好顶层设计。基本实现全行业重要信息系统和关键基础设施的安全可控。

5. 形成协调高效的道路运输信息化发展环境

进一步健全统筹协调、运行维护、绩效考核机制。进一步完善有利于多部门、多级别协同管理的信息化基础设施和标准规范体系,基本形成较为完善的道路运输行业信息化发展环境。

## 第二节　道路运输信息化四级协同建设的顶层设计

经过十多年的发展,我国道路运输信息化建设取得了丰硕成果,但由于道路运输行业整体的信息化建设缺乏顶层设计,道路运输信息化发展的整体框架仍不明确,发展的思路与路径选择仍不清晰,部际、部省间、省际、道路运输管理部门与其他相关部门间、道路运输管理各业务领域间信息化建设不协调,导致分散开发、重复建设等问题严重,不仅造成资金和人力资源的浪费,还导致应用上信息资源不能共享,业务无法协调,道路运输信息化建设整体效果和综合效益难以充分发挥,对行业管理和服务的有效支撑受到一定程度的制约。为更好地完善道路运输信息化建设,需以道路运输信息化顶层设计为指导。

道路运输信息化四级协同建设是落实国家信息化战略和交通运输战略的必然要求,是道路运输监管部门转型升级的必然要求,是建设服务型政府的必然要求,是强化行业管理的必然要求,是提升行业相关监管部门间协同能力的必然要求,也是提升行业话语权、维护政府形象的必然要求。实施道路运输信息化四级协同建设,通过信息化的手段,综合协调道路运输相关监管部门的职能与管理,引领我国道路运输行业未来更好地发展,更好地支撑综合运输体系的发展。其顶层设计主要包括:总体思路、基本原则和主要目标的确定、道路运输管理与服务业务的梳理、应用分级架构设计以及数据结构设计。

### 一、总体思路

全国道路运输信息化四级协同建设,应根据国家信息化战略和交通运输战略的总体部署和规划,结合各省道路运输行业信息化现状和具体需求,以及各相关监管部门的具体职责和任务,在分析当前各省各部门针对道路运输行业存在的主要问题及其原因的基础上,确定各省及各部门总体的建设思路和方案。

在四级协同信息化的开发与部署上,应采用"统一接口、分步开发、复制推广"的思路。也即交通运输部作为道路运输的核心监管部门,负责调研全国道路运输需求,制订统一的接口、数据格式等,满足行业应用需求,避免重复建设;与此同时,系统应留有足够的个性化与扩展接口,兼顾各地以及其他相关监管部门的个性化需求,便于实施部署。

四级协同信息化建设过程中,应充分调动各参与方积极性,分析各子系统的用户以及各自对不同子系统的业务需求,有针对性地开展工程建设,有效整合道路运输行业静态信息和动态信息,实现道路运输信息的开放共享和应用协同,丰富行业管理和服务手段,提高全行业信息资源整合应用和服务水平,加快行业监管和社会服务的网络化应用,更好地发挥系统对行业监管、企业经营以及公众服务的支撑作用。在建设的同时,各省市及各相关监管部门,应加强配套制度和长效运维机制建设,保障系统长期可持续发展。

### 二、基本原则

为保证工程建设的集约型、高可靠性、高性价比,道路运输信息化四级协同设计与建设应遵循如下原则进行。

1. 明确目标，分步实施

道路运输信息化四级协同建设是一项庞大的系统工程，涉及道路运输相关的多个监管部门及主体，和部、省、市（地、州）、县（区）四级道路运输行业管理部门，以及经营业户、从业人员和社会公众等多类用户对象。在业务上需要面对几大类、几十种道路运输相关业务应用，同时要理清道路运输管理职能设置上的纵向和横向关系、相关业务间数据的往来关系和隶属关系。在技术上要考虑运行在各种不同软、硬件平台上，用不同技术开发的应用系统，做到对异构系统的统一访问和数据共享。因此，道路运输信息化四级协同的建设目标达成不可一蹴而就，需明确近期目标和长远目标，分步骤实施。

2. 统一规范，标准先行

信息化的设计与建设中，建设规范是纲，没有全面完整的业务技术规范作指导，信息化的建设将会陷入无目标、无标准、无组织、无约束的混乱状态。在建设之初，应充分借鉴道路运输行业已有的成果，制定完整、翔实的业务、技术规范策略，包括系统管理的规范策略和信息资源整合的数据组织规范标准。前者就系统内涉及的各类资源——现有业务系统、数据库、应用单位、需求提供人员、各级管理部门领导和工作人员、技术产品提供商、系统运行维护单位、业务分析人员、软件开发人员、测试人员、培训人员等的组织和职责划分、协作模式、过程管理方式及工作内容的标准进行定义；后者则就系统中的数据资源分类、信息源、数据元定义乃至数据样式定义等给出规范。

3. 立足现状，兼顾长远

道路运输信息化四级协同建设涉及面广、面向对象众多，是各类道路运输信息的集中营。因此，建设的重点是构建一个非常基础、具有代表性、可供不同主管部门应用实施的数据平台。构造这样一个基础性的数据平台，要立足现状，注重系统的基本功能，在业务数据对象的抽取、数据采集交换与组织模式、数据总线技术的设计、数据资源分析等支撑技术方面，都要尽可能地满足当前要求，并增加与外部系统的接口标准性，充分考虑系统未来的可扩展性。

4. 摸清需求，顶层设计

由于道路运输四级协同信息化需面对各种不同的用户，所以在建设中，要充分了解和分析用户需求，考虑系统架构、技术选择，利用面向对象的设计原理，做好顶层设计工作。对道路运输管理和服务中的业务流程、数据实体以及关联性进行深入分析，构造出内聚的、层次化的、松耦合的抽象系统模型。同时，在数据交换平台和企业服务总线的设计中需强调基于标准的数据通信总线的设计理念，减少新建系统与外围系统的数据耦合复杂性。

5. 严格管理，措施到位

道路运输行业涉及多个关联的业务部门，包括部、省、市（地、州）、县（区）四级行业管理部门、其他道路运输相关监管部门以及道路运输企业、驾驶员培训机构、检测站、维修企业等单位。从工程的启动、需求调研、数据采集，到业务、技术方案论证、数据平台搭建，应用系统建设乃至最后的长效运行等，都需要周密安排和协调，切实采用有效措施，确保建设工作顺利开展。

## 三、主要目标

全国道路运输信息化的四级协同建设，以《中华人民共和国国民经济和社会发展第十三个五年规划纲要》《国家信息化发展战略纲要》《2006—2020年国家信息化发展战略》《国务院关于积极推进"互联网+"行动的指导意见》《交通运输信息化"十三五"发展规划》为指导，综合动用"互联网+"、云计算与云服务、物联网、车路协同、大数据等新技术与新方法，建设部际间以及部、省、市(地、州)、县(区)四级联动的业务应用与协同平台，完善道路运政基础数据，执法数据部际、部省交换体系，实现道路旅客运输、货物运输、机动车维修、驾驶员培训、外商投资、国际道路运输、出行者服务、应急处置与救援等各类业务的行政许可，实现从业资格管理、车辆技术管理、日常监管、运政执法管理的统一化、标准化，为道路运输行业管理部门规范化、高效化、科学化管理提供手段，为提升道路运输行业信息化服务水平奠定基础。推动交通运输主管部门和企业将服务性数据资源向社会开放，鼓励互联网平台为社会公众提供实时交通运行状态查询、出行路线规划、网上购票、智能停车等服务，推进基于互联网平台的多种出行方式信息服务对接和一站式服务。加快完善汽车健康档案、维修诊断和服务质量信息服务平台建设。同时，积极探索与应用部际间及部、省、市(地、州)、县(区)四级联动道路运输数据与信息的汇总、存储、分析、挖掘技术，构建全国道路运输的大数据处理、分析、发布平台。利用大数据挖掘发现客货等不同营运车辆的跨区域运营、车辆异地运营、运距及运行半径的关联特征、车辆停运情况、交通拥堵情况等知识，为运力调控、交通规划、违规经营、业态监测、应急响应与救援等业务提供技术支撑。

具体目标包括：

1.综合运用"互联网+"思想，推进道路运输要素信息开放与行业管理在线协同

研究探索道路运输中的"互联网+"应用模式，优化建立规范的道路运输管理业务体系，编制全国统一的道路运输管理业务流程。在此基础上，全面实现交通运输基础设施、运载装备、经营业户、从业人员等基本要素的数字化，以及交通基本要素信息的汇聚、开放、共享、互认。基本实现交通基本要素信息在部际间及部省两级数据中心的汇聚。同时，探索利用互联网，推进交通运输核心业务应用的在线化、协同化、平台化。研究建立全国道路运输信息化管理技术体系，编制道路运政管理信息采集、数据交换与共享、业务协同等系列技术标准，实现跨地区、跨部门间的信息资源共享和业务协同，从根本上解决跨区域、跨部门执法及相关业务办理难的问题，提高业务协同服务能力，形成发展合力，促进管理转型。实现精细化管理，提升政府工作效率、决策质量和调控能力。

2.推进部省云平台建设，促进综合运输便捷互联和信息服务提质增效

依托云计算技术，推进部省云平台建设，建立与完善部、省、市(地、州)、县(区)四级联动的道路运政管理服务业务系统，研究开发标准化信息采集终端设备和手机客户端应用产品，形成省际联动、部际协同、信息共享、互为支撑的道路运输行业信息资源整合与服务体系，综合运输服务与新一代信息技术深度融合，不同运输方式信息互联、不同部门数据共享等取得重要突破。多式联运单证电子化、标准化取得实质进展。全面提升道路运输行业市场监管水平和服务能力，推动"四个交通"建设发展。

3.开展物联网与道路运输深度融合，促进物流、汽车配件与两客一危等安全运行

促进物联网技术与道路运输深度融合，升级改造平台基础物联网交换网络及管理服务

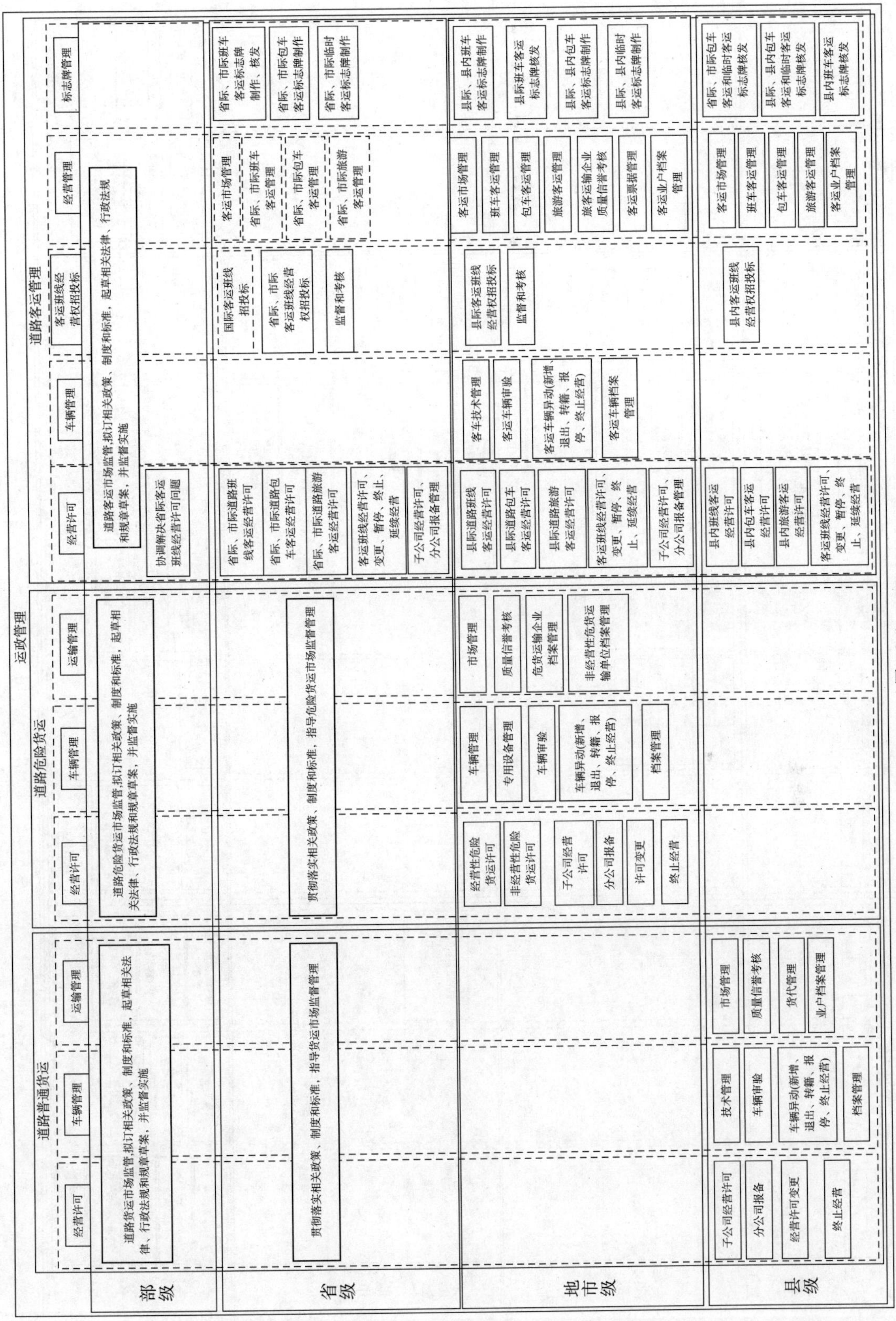

运政管理

| 级别 | 道路普通货运：经营许可 | 道路普通货运：车辆管理 | 道路普通货运：运输管理 | 道路危险货运：经营许可 | 道路危险货运：车辆管理 | 道路危险货运：运输管理 | 道路客运管理：经营许可 | 道路客运管理：车辆管理 | 道路客运管理：客运班线经营权招投标 | 道路客运管理：经营管理 | 道路客运管理：标志牌管理 |
| --- | --- | --- | --- | --- | --- | --- | --- | --- | --- | --- | --- |
| 部级 | 道路货运市场监管,拟订相关政策、制度和标准，起草相关法律、行政法规和规章草案，并监督实施 | | | 道路危险货运市场监管,拟订相关政策、制度和标准，起草相关法律、行政法规和规章草案，并监督实施 | | | 道路客运市场监管,拟订相关政策、制度和标准，起草相关法律、行政法规和规章草案，并监督实施<br>协调解决省际客运班线经营许可问题 | | | | |
| 省级 | 贯彻落实相关政策、制度和标准，指导货运市场监督管理 | | | 贯彻落实相关政策、制度和标准，指导危险货运市场监督管理 | | | 省际、市际道路班线客运经营许可<br>省际、市际道路包车客运经营许可<br>省际、市际道路旅游客运经营许可<br>客运班线经营许可、变更、暂停、终止、延续经营<br>子公司经营许可、分公司报备管理 | | 国际客运班线招投标<br>省际、市际客运班线经营权招投标<br>监督和考核 | 客运市场管理<br>省际、市际班车客运管理<br>省际、市际包车客运管理<br>省际、市际旅游客运管理 | 省际、市际班车客运标志牌制作、核发<br>省际、市际包车客运标志牌制作<br>省际、市际临时客运标志牌制作 |
| 地市级 | | | | 经营性危险货运许可<br>非经营性危险货运许可<br>子公司经营许可<br>分公司报备<br>许可变更<br>终止经营 | 车辆管理<br>专用设备管理<br>车辆审验<br>车辆异动(新增、退出、转籍、报停、终止经营)<br>档案管理 | 市场管理<br>质量信誉考核<br>危货运输企业档案管理<br>非经营性危货运输单位档案管理 | 县际道路班线客运经营许可<br>县际道路包车客运经营许可<br>县际道路旅游客运经营许可<br>客运班线经营许可、变更、暂停、终止、延续经营<br>子公司经营许可、分公司报备管理 | 客车技术管理<br>客运车辆审验<br>客运车辆异动(新增、退出、转籍、报停、终止经营)<br>客运车辆档案管理 | 县际客运班线经营权招投标<br>监督和考核 | 客运市场管理<br>班车客运管理<br>包车客运管理<br>旅游客运管理<br>旅客运输企业质量信誉考核<br>客运票据管理<br>客运业户档案管理 | 县际、县内班车客运标志牌制作<br>县际班车客运标志牌核发<br>县际、县内包车客运标志牌制作<br>县际、县内临时客运标志牌制作 |
| 县级 | 子公司经营许可<br>分公司报备<br>经营许可变更<br>终止经营 | 技术管理<br>车辆审验<br>车辆异动(新增、退出、转籍、报停、终止经营)<br>档案管理 | 市场管理<br>质量信誉考核<br>货代管理<br>业户档案管理 | | | | 县内班线客运经营许可<br>县内包车客运经营许可<br>县内旅游客运经营许可<br>客运班线经营许可、变更、暂停、终止、延续经营 | | 县内客运班线经营权招投标 | 客运市场管理<br>班车客运管理<br>包车客运管理<br>旅游客运管理<br>客运业户档案管理 | 省际、市际包车客运和临时客运标志牌核发<br>县际、县内包车客运和临时客运标志牌核发<br>县内班车客运标志牌核发 |

图　2-1

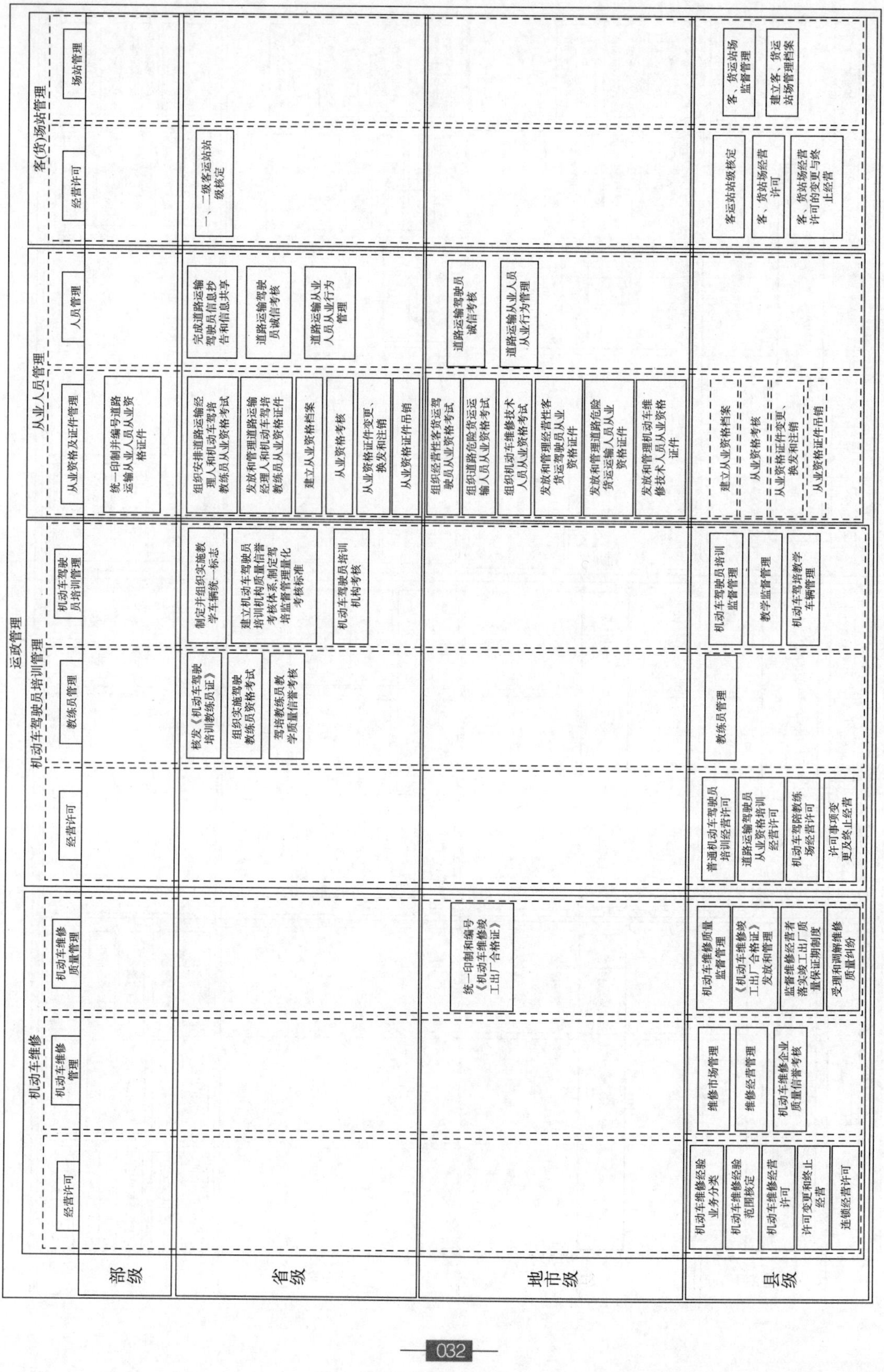

| 运政管理 | 机动车维修 | | | 机动车驾驶员培训管理 | | | 从业人员管理 | | 客(货)场站管理 | |
|---|---|---|---|---|---|---|---|---|---|---|
| | 经营许可 | 机动车维修管理 | 机动车维修质量管理 | 经营许可 | 教练员管理 | 机动车驾驶员培训管理 | 从业资格及证件管理 | 人员管理 | 经营许可 | 场站管理 |
| 部级 | | | | | | | 统一印制并编号道路运输从业人员从业资格证件 | | | |
| 省级 | | | | | 核发《机动车驾驶培训教练员证》<br>组织实施驾驶教练员资格考试<br>驾培教练员教学质量信誉考核 | 制定并组织实施教学车辆统一标志<br>建立机动车驾驶员培训机构质量信誉考核体系,制定驾培监督管理量化考核标准<br>机动车驾驶员培训机构考核 | 组织安排道路运输经理人和机动车驾培教练员从业资格考试<br>发放和管理道路运输经理人和机动车驾培教练员从业资格证件<br>建立从业资格档案<br>从业资格考核<br>从业资格证件变更、换发和注销<br>从业资格证件吊销 | 完成道路运输驾驶员信息抄告和信息共享<br>道路运输驾驶员诚信考核<br>道路运输从业人员从业行为管理 | 一、二级客运站站级核定 | |
| 地市级 | | | 统一印制和编号《机动车维修竣工出厂合格证》 | | | | 组织经营性客货运驾驶员从业资格考试<br>组织道路危险货运运输人员从业资格考试<br>组织机动车维修技术人员从业资格考试<br>发放和管理经营性客货运驾驶员从业资格证件<br>发放和管理道路危险货运输人员从业资格证件<br>发放和管理机动车维修技术人员从业资格证件 | 道路运输驾驶员诚信考核<br>道路运输从业人员从业行为管理 | | |
| 县级 | 机动车维修经验业务分类<br>机动车维修经验范围核定<br>机动车维修经营许可<br>许可变更和终止经营<br>连锁经营许可 | 维修市场管理<br>维修经营管理<br>机动车维修企业质量信誉考核 | 机动车维修质量监督管理<br>《机动车维修竣工出厂合格证》发放和管理<br>监督维修经营者落实竣工出厂质量保证期制度<br>受理和调解维修质量纠纷 | 普通机动车驾驶员培训经营许可<br>道路运输驾驶员从业资格培训经营许可<br>机动车驾陪教练场经营许可<br>许可事项变更及终止经营 | 教练员管理 | 机动车驾驶员培训监督管理<br>教学监督管理<br>机动车驾培教学车辆管理 | 建立从业资格档案<br>从业资格考核<br>从业资格证件变更、换发和注销<br>从业资格证件吊销 | | 客运站站级核定<br>客、货站场经营许可<br>客、货站场经营许可的变更与终止经营 | 客、货运站场监督管理<br>建立客、货运站场管理档案 |

图 2-1

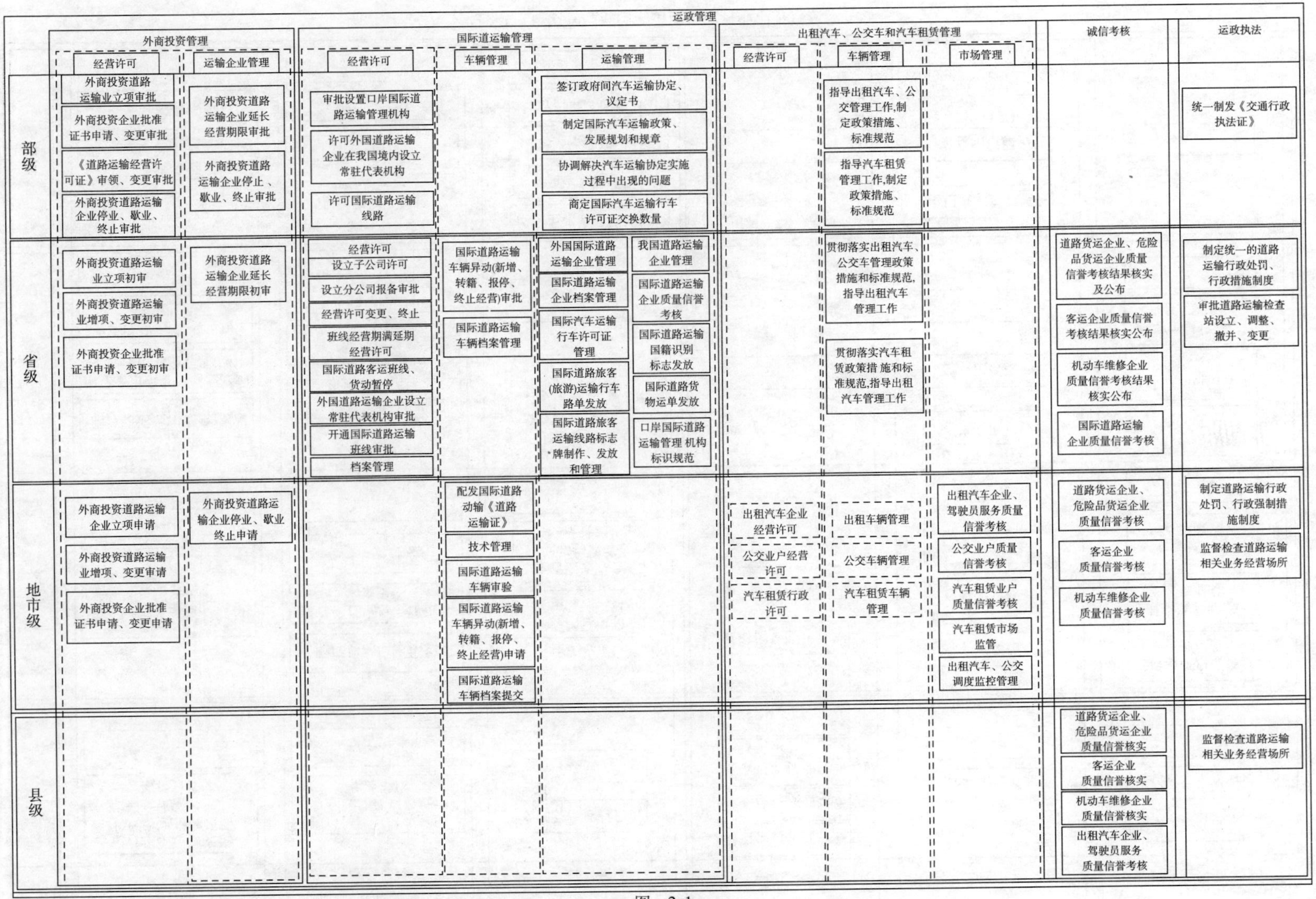

| | 运政管理 | | | | | | | | 诚信考核 | 运政执法 |
|---|---|---|---|---|---|---|---|---|---|---|
| | 外商投资管理 | | 国际道运输管理 | | | 出租汽车、公交车和汽车租赁管理 | | | | |
| | 经营许可 | 运输企业管理 | 经营许可 | 车辆管理 | 运输管理 | 经营许可 | 车辆管理 | 市场管理 | | |
| 部级 | 外商投资道路运输业立项审批<br>外商投资企业批准证书申请、变更审批<br>《道路运输经营许可证》审领、变更审批<br>外商投资道路运输企业停业、歇业、终止审批 | 外商投资道路运输企业延长经营期限审批<br>外商投资道路运输企业停止、歇业、终止审批 | 审批设置口岸国际道路运输管理机构<br>许可外国道路运输企业在我国境内设立常驻代表机构<br>许可国际道路运输线路 | | 签订政府间汽车运输协定、议定书<br>制定国际汽车运输政策、发展规划和规章<br>协调解决汽车运输协定实施过程中出现的问题<br>商定国际汽车运输行车许可证交换数量 | | 指导出租汽车、公交管理工作,制定政策措施、标准规范<br>指导汽车租赁管理工作,制定政策措施、标准规范 | | | 统一制发《交通行政执法证》 |
| 省级 | 外商投资道路运输业立项初审<br>外商投资道路运输业增项、变更初审<br>外商投资企业批准证书申请、变更初审 | 外商投资道路运输企业延长经营期限初审 | 经营许可<br>设立子公司许可<br>设立分公司报备审批<br>经营许可变更、终止<br>班线经营期满延期经营许可<br>国际道路客运班线、货动暂停<br>外国道路运输企业设立常驻代表机构审批<br>开通国际道路运输班线审批<br>档案管理 | 国际道路运输车辆异动(新增、转籍、报停、终止经营)审批<br>国际道路运输车辆档案管理 | 外国国际道路运输企业管理<br>国际道路运输企业档案管理<br>国际汽车运输行车许可证管理<br>国际道路旅客(旅游)运输行车路单发放<br>国际道路旅客运输线路标志牌制作、发放和管理<br>我国道路运输企业管理<br>国际道路运输企业质量信誉考核<br>国际道路运输国籍识别标志发放<br>国际道路货物运单发放<br>口岸国际道路运输管理 机构标识规范 | | 贯彻落实出租汽车、公交车管理政策措施和标准规范,指导出租汽车管理工作<br>贯彻落实汽车租赁政策措施和标准规范,指导出租汽车管理工作 | | 道路货运企业、危险品货运企业质量信誉考核结果核实及公布<br>客运企业质量信誉考核结果核实公布<br>机动车维修企业质量信誉考核结果核实公布<br>国际道路运输企业质量信誉考核 | 制定统一的道路运输行政处罚、行政措施制度<br>审批道路运输检查站设立、调整、撤并、变更 |
| 地市级 | 外商投资道路运输企业立项申请<br>外商投资道路运输业增项、变更申请<br>外商投资企业批准证书申请、变更申请 | 外商投资道路运输企业停业、歇业、终止申请 | | 配发国际道路运输《道路运输证》<br>技术管理<br>国际道路运输车辆审验<br>国际道路运输车辆异动(新增、转籍、报停、终止经营)申请<br>国际道路运输车辆档案提交 | | 出租汽车企业经营许可<br>公交业户经营许可<br>汽车租赁行政许可 | 出租车辆管理<br>公交车辆管理<br>汽车租赁车辆管理 | 出租汽车企业、驾驶员服务质量信誉考核<br>公交业户质量信誉考核<br>汽车租赁业户质量信誉考核<br>汽车租赁市场监管<br>出租汽车、公交调度监控管理 | 道路货运企业、危险品货运企业质量信誉考核<br>客运企业质量信誉考核<br>机动车维修企业质量信誉考核 | 制定道路运输行政处罚、行政强制措施制度<br>监督检查道路运输相关业务经营场所 |
| 县级 | | | | | | | | | 道路货运企业、危险品货运企业质量信誉核实<br>客运企业质量信誉核实<br>机动车维修企业质量信誉核实<br>出租汽车企业、驾驶员服务质量信誉考核 | 监督检查道路运输相关业务经营场所 |

图 2-1

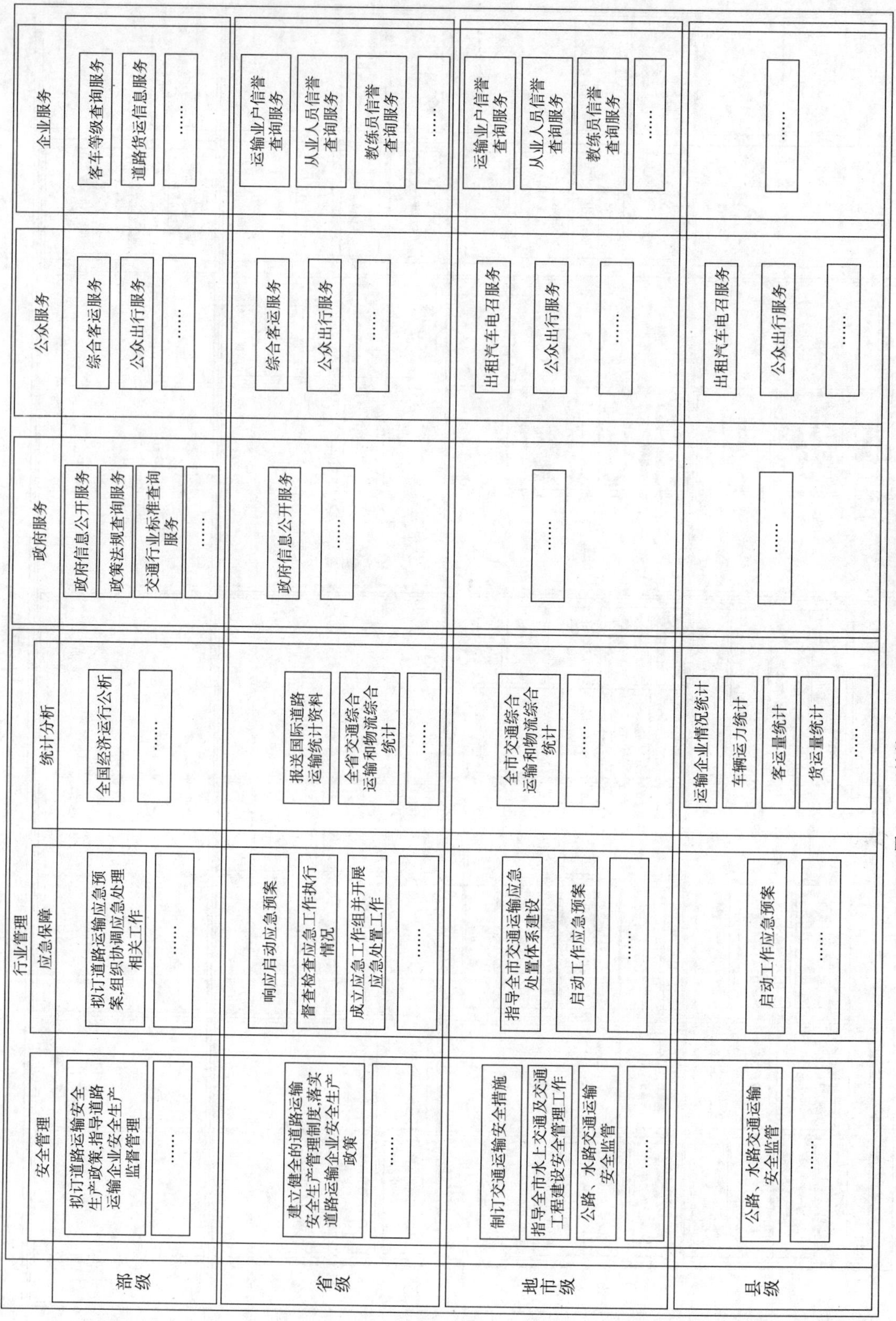

| | 行业管理 | | | 政府服务 | 公众服务 | 企业服务 |
|---|---|---|---|---|---|---|
| | 安全管理 | 应急保障 | 统计分析 | | | |
| 部级 | 拟订道路运输安全生产政策,指导道路运输企业安全生产监督管理<br>…… | 拟订道路运输应急预案,组织协调应急处理相关工作<br>…… | 全国经济运行公析<br>…… | 政府信息公开服务<br>政策法规查询服务<br>交通行业标准查询服务<br>…… | 综合客运服务<br>公众出行服务<br>…… | 客车等级查询服务<br>道路货运信息服务<br>…… |
| 省级 | 建立健全的道路运输安全生产管理制度,落实道路运输企业安全生产政策<br>…… | 响应启动应急预案<br>督查检查应急工作执行情况<br>成立应急工作组并开展应急处置工作<br>…… | 报送国际道路运输统计资料<br>全省交通综合运输和物流综合统计<br>…… | 政府信息公开服务<br>…… | 综合客运服务<br>公众出行服务<br>…… | 运输业户信誉查询服务<br>从业人员信誉查询服务<br>教练员信誉查询服务<br>…… |
| 地市级 | 制订交通运输安全措施<br>指导全市水上交通及交通工程建设安全管理工作<br>公路、水路交通运输安全监管<br>…… | 指导全市交通运输应急处置体系建设<br>启动工作应急预案<br>…… | 全市交通综合运输和物流综合统计<br>…… | …… | 出租汽车电召服务<br>公众出行服务<br>…… | 运输业户信誉查询服务<br>从业人员信誉查询服务<br>教练员信誉查询服务<br>…… |
| 县级 | 公路、水路交通运输安全监管<br>…… | 启动工作应急预案<br>…… | 运输企业情况统计<br>车辆运力统计<br>客运量统计<br>货运量统计<br>…… | …… | 出租汽车电召服务<br>公众出行服务<br>…… | …… |

图 2-1　运输管理部门的道路运输行业业务层级图

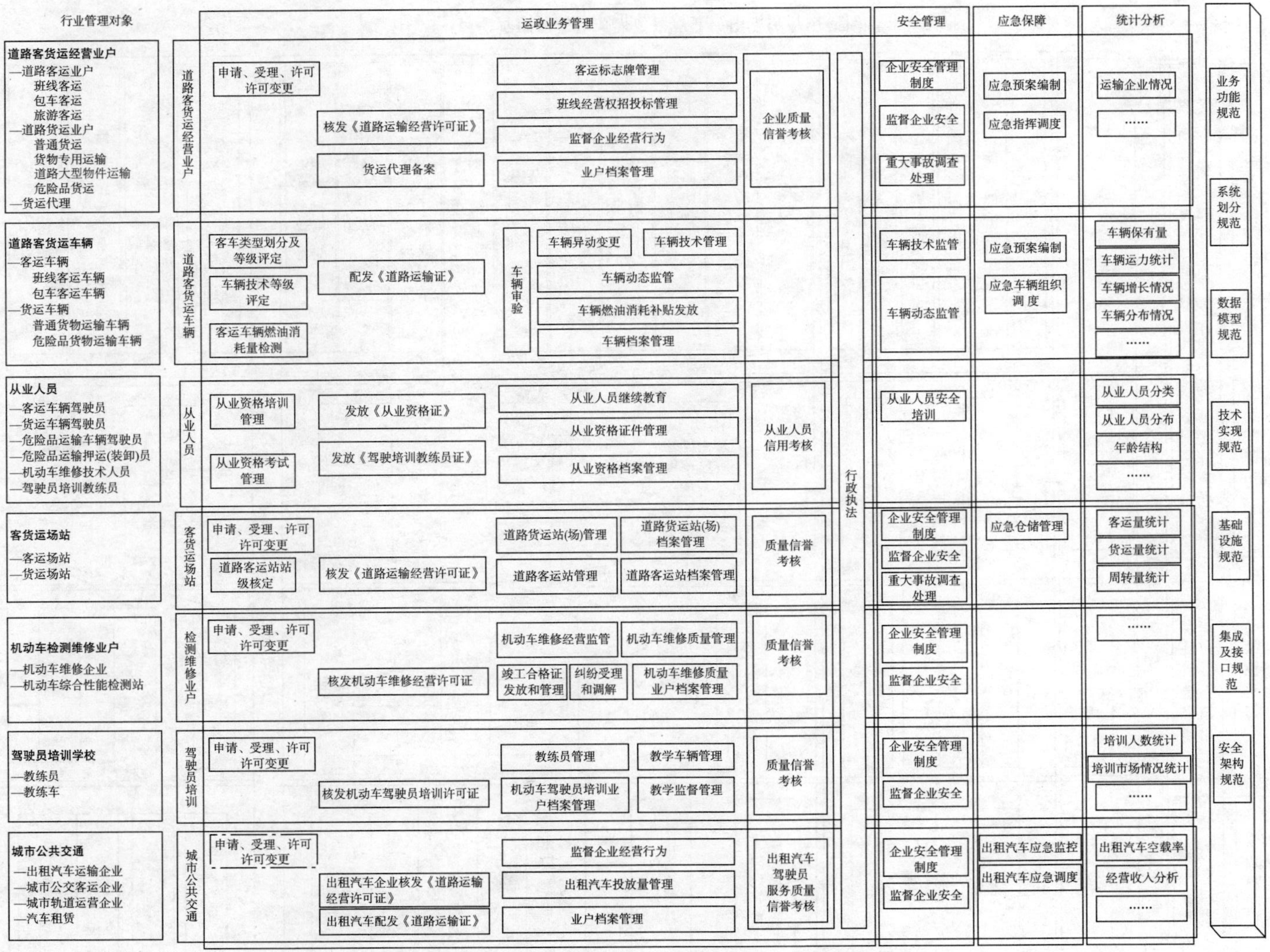

| 行业管理对象 | | 运政业务管理 | 安全管理 | 应急保障 | 统计分析 |
|---|---|---|---|---|---|
| **道路客货运经营业户**<br>—道路客运业户<br>班线客运<br>包车客运<br>旅游客运<br>—道路货运业户<br>普通货运<br>货物专用运输<br>道路大型物件运输<br>危险品货运<br>—货运代理 | 道路客货运经营业户 | 申请、受理、许可许可变更；核发《道路运输经营许可证》；货运代理备案；客运标志牌管理；班线经营权招投标管理；监督企业经营行为；业户档案管理；企业质量信誉考核 | 企业安全管理制度；监督企业安全；重大事故调查处理 | 应急预案编制；应急指挥调度 | 运输企业情况；…… |
| **道路客货运车辆**<br>—客运车辆<br>班线客运车辆<br>包车客运车辆<br>—货运车辆<br>普通货物运输车辆<br>危险品货物运输车辆 | 道路客货运车辆 | 客车类型划分及等级评定；车辆技术等级评定；客运车辆燃油消耗量检测；配发《道路运输证》；车辆审验；车辆异动变更；车辆技术管理；车辆动态监管；车辆燃油消耗补贴发放；车辆档案管理 | 车辆技术监管；车辆动态监管 | 应急预案编制；应急车辆组织调度 | 车辆保有量；车辆运力统计；车辆增长情况；车辆分布情况；…… |
| **从业人员**<br>—客运车辆驾驶员<br>—货运车辆驾驶员<br>—危险品运输车辆驾驶员<br>—危险品运输押运(装卸)员<br>—机动车维修技术人员<br>—驾驶员培训教练员 | 从业人员 | 从业资格培训管理；从业资格考试管理；发放《从业资格证》；发放《驾驶培训教练员证》；从业人员继续教育；从业资格证件管理；从业资格档案管理；从业人员信用考核 | 从业人员安全培训 | | 从业人员分类；从业人员分布；年龄结构；…… |
| **客货运场站**<br>—客运场站<br>—货运场站 | 客货运场站 | 申请、受理、许可许可变更；道路客运站站级核定；核发《道路运输经营许可证》；道路货运站(场)管理；道路货运站(场)档案管理；道路客运站管理；道路客运站档案管理；质量信誉考核 | 企业安全管理制度；监督企业安全；重大事故调查处理 | 应急仓储管理 | 客运量统计；货运量统计；周转量统计 |
| **机动车检测维修业户**<br>—机动车维修企业<br>—机动车综合性能检测站 | 检测维修业户 | 申请、受理、许可许可变更；核发机动车维修经营许可证；机动车维修经营监管；机动车维修质量管理；竣工合格证发放和管理；纠纷受理和调解；机动车维修质量业户档案管理；质量信誉考核 | 企业安全管理制度；监督企业安全 | | …… |
| **驾驶员培训学校**<br>—教练员<br>—教练车 | 驾驶员培训 | 申请、受理、许可许可变更；核发机动车驾驶员培训许可证；教练员管理；教学车辆管理；机动车驾驶员培训业户档案管理；教学监督管理；质量信誉考核 | 企业安全管理制度；监督企业安全 | | 培训人数统计；培训市场情况统计；…… |
| **城市公共交通**<br>—出租汽车运输企业<br>—城市公交客运企业<br>—城市轨道运营企业<br>—汽车租赁 | 城市公共交通 | 申请、受理、许可许可变更；出租汽车企业核发《道路运输经营许可证》；出租汽车配发《道路运输证》；监督企业经营行为；出租汽车投放量管理；业户档案管理；出租汽车驾驶员服务质量信誉考核 | 企业安全管理制度；监督企业安全 | 出租汽车应急监控；出租汽车应急调度 | 出租汽车空载率；经营收入分析；…… |

行政执法（纵贯运政业务管理各项）

业务功能规范　系统划分规范　数据模型规范　技术实现规范　基础设施规范　集成及接口规范　安全架构规范

图 2-2　运输管理部门基于管理与服务对象区分的业务架构图

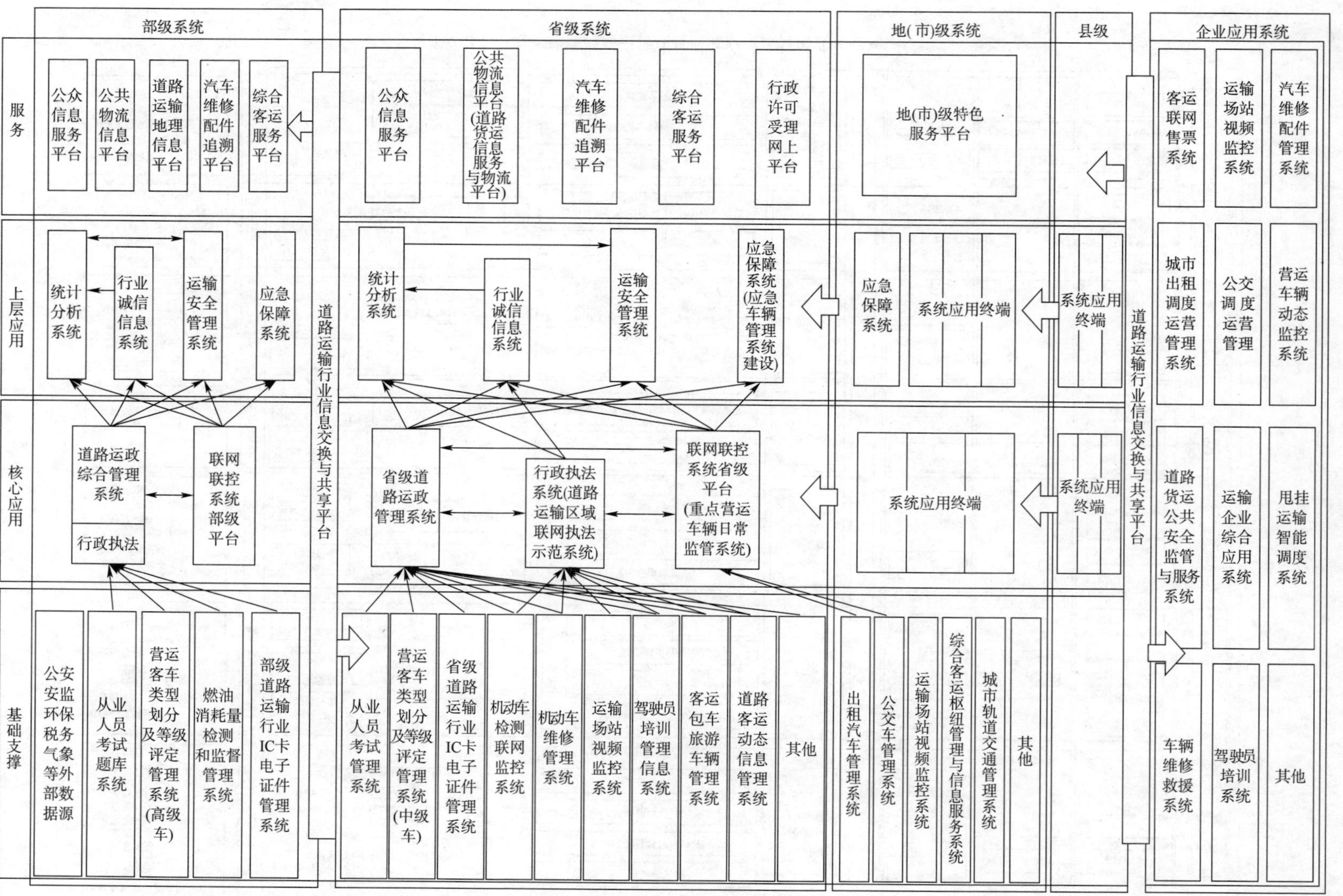


图 2-3 运输管理部门的道路运输行业应用系统分级架构图

系统,建立物联网平台数据中心,实现与国家物流平台间的信息互联与共享。开展汽车电子健康档案系统平台建设,实现汽车配件的可追溯。加快构建车联网,统一协调交通、安监、公安和旅游等部门行动,提升"两客一危"车辆的在线监管能力,提高重点营运车辆联网联控的入网率和上线率,推动行业北斗卫星导航地基增强系统建设和应用,保障道路运输安全可靠运行。

4. 推进车路协同发展,实现路网管理、车辆管理与出行信息服务智能协同发展

运用车路协同技术,在高速公路、国省干道及中心城市开展新一代交通控制网示范应用,实现交通运输网络化、智能化控制,提高运行效率和交通运输安全水平。推进智慧公路建设,实现路网管理、车辆管理和出行信息服务的智能化与协同化。

5. 建设综合道路运输大数据平台,提升协同管理和公共服务能力

实现与重点营运车辆动态监控、道路客运旅游包车、危化品运输电子运单、道路客运联网售票、"12328"交通运输服务监督电话等道路运输相关业务数据的充分融合分析,建立大数据决策分析服务平台,扩展经典数据关联规则,提升道路运输行业决策支持服务能力和水平。

### 四、业务梳理

道路运输监管涉及的部门众多、业务内容复杂,不同部门间职权存在部门交叉,在信息化系统的建设过程中,应认真梳理业务及流程。以运输管理部门为例,其相关道路运输信息化的业务主要包括:道路普通货运、道路危险货运、道路客运管理、机动车维修、机动车驾驶员培训管理、从业人员管理、客(货)场管理、出租汽车公交车和汽车租赁管理、从业人员诚信考核、车辆技术管理、运政执法、行业管理、政府服务、公众服务、企业服务等方面。具体的业务及其与部、省、市(地、州)、县(区)不同层级管理部门的关系如图 2-1 所示。

根据管理与服务的对象分,业务架构如图 2-2 所示。

### 五、应用分级架构设计

基于上述业务,我国道路运输信息化四级协同系统中针对运输管理部门的系统,大致可以分为服务、上层应用、核心应用和基础支撑四个层级。它们在部、省、市(地、州)、县(区)又有不同的应用系统,如图 2-3 所示。

## 第三节　道路运输信息化四级协同建设遵循的政策、规范与标准

### 一、建设应遵循的主要政策、法规

(1)《中共中央关于制定国民经济和社会发展第十三个五年规划的建议》(2015 年 10 月 29 日中国共产党第十八届中央委员会第五次全体会议);

(2)《中国国民经济和社会发展第十三个五年规划纲要》(2016 年 3 月十二届全国人大四次会议);

(3)中共中央办公厅、国务院办公厅关于印发《国家信息化发展战略纲要》的通知(中办

发〔2016〕第23号)；

(4)中共中央办公厅、国务院办公厅关于印发《2006—2020年国家信息化发展战略》的通知(中办发〔2006〕第11号)；

(5)《国务院关于积极推进“互联网+”行动的指导意见》(国发〔2015〕40号)；

(6)《国务院关于印发促进大数据发展行动纲要的通知》(国发〔2015〕50号)；

(7)中共中央办公厅、国务院办公厅转发《国家信息化领导小组关于我国电子政务建设指导意见》的通知(中办发〔2002〕17号)；

(8)中共中央办公厅、国务院办公厅转发《国家信息化领导小组关于加强信息安全保障工作的意见》的通知(中办发〔2003〕27号)；

(9)《中国交通电子政务建设总体方案》(交科教发〔2003〕461号)；

(10)《电子政务标准化指南(征求意见稿)》(国家标准化管理委员会、国务院信息化工作办公室2003年1月印发)；

(11)公安部、国家保密局、国家密码管理委员会办公室和国务院信息化工作办公室《关于信息安全等级保护工作的实施意见》(公通字〔2004〕66号)；

(12)《国家信息化领导小组关于推进国家电子政务网络建设的意见》(中办发〔2006〕18号)；

(13)《中华人民共和国道路运输条例》,中华人民共和国国务院,2012年；

(14)《道路运输行政处罚规定》,中华人民共和国交通部,2001年；

(15)《机动车维修管理规定》,中华人民共和国交通部,2005年；

(16)《道路旅客运输及客运站管理规定》,中华人民共和国交通运输部,2016年；

(17)《道路运输企业质量信誉考核办法》,中华人民共和国交通部,2006年；

(18)《机动车驾驶员培训管理规定》,中华人民共和国交通运输部,2016年；

(19)《道路运输从业人员管理规定》,中华人民共和国交通运输部,2016年；

(20)《出租汽车驾驶员从业资格管理规定》,中华人民共和国交通运输部,2016年；

(21)《道路货物运输及站场管理规定》,中华人民共和国交通运输部,2016年；

(22)《道路危险货物运输管理规定》,中华人民共和国交通运输部,2016年；

(23)《道路运输驾驶员诚信考核办法》(交公路发〔2008〕280号)；

(24)《道路运输驾驶员继续教育办法》(交运发〔2011〕106号)；

(25)《道路运输管理工作规范》,中华人民共和国交通运输部,2014年；

(26)《道路运输车辆动态监督管理办法》(交通运输部2014年第5号令)；

(27)《公路水路交通运输信息化“十二五”发展规划》,交通运输部,2010年；

(28)《道路运输业“十二五”发展规划纲要》(交运发〔2011〕590号)；

(29)《道路运政管理信息系统建设指南》(交办运〔2014〕155号)；

(30)《交通运输部办公厅关于开展全国道路运政管理信息系统互联互通工作的通知》(交办运〔2015〕63号)；

(31)《交通运输部办公厅关于进一步规范道路运输从业人员管理和服务有关事项的通知》(交办运〔2015〕91号)；

(32)《交通运输信息化“十三五”发展规划》(交规划发〔2016〕74号)；

(33)《交通运输部办公厅关于开展道路客运联网售票系统部省联网工作的通知》(交办

运〔2016〕82号）。

## 二、建设应遵循的主要标准、规范

1. 信息系统标准规范

（1）ISO/IEC 11801-9《信息技术互联国际标准》；

（2）ANSI/TIA－942—2005《Telecommunications Infrastructure Standard for Data Centers》（数据中心的通信基础设施标准）；

（3）GB/T 15629—2010《信息技术系统间远程通信和信息交换局域网和城域网特定要求》；

（4）《电子政务标准化指南》（第一版）（电子政务国家标准委、国务院信息办，2002年5月）；

（5）GB 17859—1999《计算机系统安全保护等级划分准则》；

（6）GB 50174—2008《电子信息系统机房设计规范》；

（7）GB/T 3482—2008《电子设备雷击试验方法》；

（8）GB 4943—2011《信息技术设备的安全》；

（9）GB 50303—2015《建筑电气工程施工质量验收规范》；

（10）GB 50348—2004《安全防范工程技术规范》；

（11）GB/T 8567—2006《计算机软件文档编制规范》；

（12）GB/T 9385—2008《计算机软件需求规格说明规范》；

（13）GBS/T 9386—2008《计算机软件测试文件编制规范》；

（14）GB/T 12504—2008《计算机软件质量保证计划规范》；

（15）GB/T 11457—2006《信息技术软件工程术语》；

（16）GB/T 20282—2006《信息安全技术信息系统安全工程管理要求》；

（17）GB/T 14394—2008《计算机软件可靠性和可维护性管理》；

（18）GB/T 25070—2010《信息安全技术信息系统等级保护安全设计技术要求》；

（19）《公路水路交通运输信息化"十二五"发展规划》（交科教发〔2011〕192号）；

（20）《交通电子政务建设标准化指导意见》（交科教发〔2004〕281号）；

（21）《交通运输电子政务网络及业务应用系统建设技术指南（试行）》（交通运输部 2008.12）；

（22）《交通运输信息化标准体系表》（2013）。

2. 道路运输领域相关标准规范

道路运输领域相关标准规范见表2-1。

道路运输领域相关标准规范列表　　表2-1

| 序号 | 标准名称 | 代码及编号 |
|---|---|---|
| 1 | 智能运输系统体系结构服务 | GB/T 20607—2006 |
| 2 | 物流公共信息平台应用开发指南　第1部分：基础术语 | GB/T 22263.1—2008 |
| 3 | 物流公共信息平台应用开发指南　第2部分：体系架构 | GB/T 22263.2—2008 |

续上表

| 序号 | 标准名称 | 代码及编号 |
|---|---|---|
| 4 | 物流公共信息平台应用开发指南 第7部分:平台服务管理 | GB/T 22263.7—2010 |
| 5 | 物流公共信息平台应用开发指南 第8部分:软件开发管理 | GB/T 22263.8—2010 |
| 6 | 物流管理信息系统应用开发指南 | GB/T 23830—2009 |
| 7 | 智能运输系统电子收费系统框架模型 | GB/T 20135—2006 |
| 8 | 交通科技信息资源共享平台系统建设要求 | JT/T 734—2009 |
| 9 | 智能运输系统数据字典要求 | GB/T 20606—2006 |
| 10 | 智能运输系统通用术语 | GB/T 20839—2007 |
| 11 | 道路、水路货物运输基础数据元 | GB/T 26768—2011 |
| 12 | 智能运输系统中央数据登记簿数据管理机制要求 | GB/T 20611—2006 |
| 13 | 物流术语 | GB/T 18354—2006 |
| 14 | 道路运输术语 | GB/T 8226—2008 |
| 15 | 交通信息基础数据元第9部分:建设项目信息基础数据元 | JT/T 697.9—2009 |
| 16 | 交通信息基础数据元第10部分:交通统计信息基础数据元 | JT/T 697.10—2009 |
| 17 | 交通信息资源核心元数据 | JT/T 747—2009 |
| 18 | 交通科技信息资源共享平台系统建设要求第1部分:核心元数据 | JT/T 735.1—2009 |
| 19 | 交通科技信息资源共享平台系统建设要求第2部分:分类与编码 | JT/T 735.2—2009 |
| 20 | 交通科技信息资源共享平台系统建设要求第3部分:数据元 | JT/T 735.3—2009 |
| 21 | 运输货物分类和代码 | JT/T 19—2001 |
| 22 | 物流信息分类与代码 | GB/T 23831—2009 |
| 23 | 商品条码物流单元编码与条码标记 | GB/T 18127—2009 |
| 24 | 运输工具类型代码 | GB/T 18804—2010 |
| 25 | 行政、商业和运输业电子数据交换(EDIFACT)代码表 | GB/T 16833—2011 |
| 26 | 运输方式代码 | GB/T 6512—2012 |
| 27 | 公路水路交通信息资源业务分类 | JT/T 748—2009 |
| 28 | 交通信息资源标识符编码规则 | JT/T 749—2009 |
| 29 | 运输计划及实施信息报文 XML 格式 | GB/T 19948—2005 |
| 30 | 运输设备堆存报告报文 XML 格式 | GB/T 20525—2006 |
| 31 | 运输设备进场/出场报告报文 XML 格式 | GB/T 20526—2006 |
| 32 | 运输指示报文 XML 格式 | GB/T 19947—2005 |
| 33 | 基于 XML 的道路客运结算数据交换 | GB/T 20925—2007 |
| 34 | 交通及出行者信息(TTI)经交通报文编码的 TTI 报文 第1部分:使用 ALERT-C 的广播数据系统——交通报文频道(RDS-TMC)编码协议 | GB/T 20612.1—2006 |

续上表

| 序号 | 标准名称 | 代码及编号 |
| --- | --- | --- |
| 35 | 交通及出行者信息(TTI)经交通报文编码的 TTI 报文 第 2 部分:广播数据系统 - 交通报文频道(RDS - TMC)的事件和信息编码 | GB/T 20612.2—2006 |
| 36 | 交通及出行者信息(TTI)经交通报文编码的 TTI 报文 第 3 部分:ALERT - C 的定位参考 | GB/T 20612.3—2006 |
| 37 | 汽车检测站计算机控制系统技术规范 | JT/T 478—2002 |
| 38 | 营运车辆技术等级划分和评定要求 | JT/T 198—2004 |
| 39 | 汽车维修行业计算机管理信息系统技术规范 | JT/T 640—2005 |
| 40 | 道路运输电子政务平台信息分类与指标 | JT/T 415—2006 |
| 41 | 道路运输电子政务平台编目编码规则 | JT/T 415—2006 |
| 42 | 道路运输电子政务平台数据交换格式 | JT/T 325—2006 |
| 43 | 营运客车类型划分及等级评定 | JT/T 325—2013 |
| 44 | 交通信息资源核心元数据 | JT/T 747—2009 |
| 45 | IC 卡道路运输证件 第 2 部分 | JT/T 825—2012 |
| 46 | 机动车驾驶员培训机构资格条件 | GB/T 30340—2013 |
| 47 | 机动车驾驶员培训教练场技术要求 | GB/T 30341—2013 |
| 48 | 交通信息基础数据元 第 1 部分 | JT/T 697.1—2013 |
| 49 | 交通信息基础数据元 第 2 部分 | JT/T 697.2—2013 |
| 50 | 交通信息基础数据元 第 7 部分 | JT/T 697.7—2014 |
| 51 | 道路运输车辆卫星定位系统平台技术要求 | JT/T 796—2011 |
| 52 | 道路运输车辆卫星定位系统平台数据交换 | JT/T 809—2011 |
| 53 | 道路运输车辆卫星定位系统车载终端技术要求 | JT/T 794—2011 |
| 54 | 北斗一号民用数据采集终端设备技术要求和使用要求 | JT/T 591—2004 |
| 55 | 北斗一号民用车(船)载终端设备技术要求和使用要求 | JT/T 592—2004 |
| 56 | 基础地理信息城市数据库建设规范 | GB/T 21740—2008 |
| 57 | 运输信息及控制系统车载导航系统通信信息集要求 | GB/T 23434—2009 |

## 第四节　道路运输信息化四级协同建设中融入信息技术

现代信息技术发展迅猛,新理念层出不穷。近年来,“互联网 +”“云计算”“物联网”“车路协同”“大数据”的发展引起信息技术的革新,其在国民经济的建设中有广阔的应用前景,也推动了道路运输信息化的进步,促进道路运输信息整合服务体系的发展。道路运输信息化建设中融入信息技术示意图如图 2-4 所示。本节将就上述新技术、新方法进行简要介绍,并对它们在道路运输信息化建设中的应用进行专门讨论。

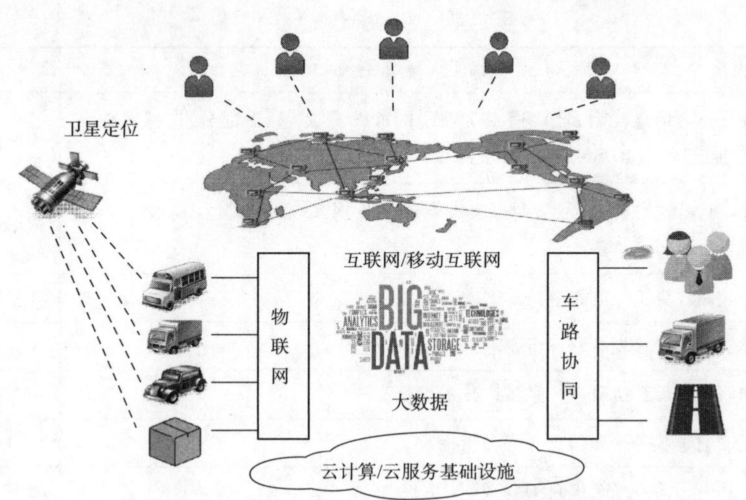


图 2-4　道路运输信息化中融入信息技术示意图

## 一、卫星定位技术

卫星定位技术是当前应用广泛的一种定位方法。它将卫星技术、导航技术与现代通信技术相结合，具有全时空、全天候、高精度、连续实时地提供导航、定位和授时的特点。卫星定位技术在空间定位技术方面引起了革命性的变化，已经在越来越多的领域替代了常规的光学与电子定位设备。用卫星定位技术同时测定三维坐标的方法将测绘定位技术从陆地和近海扩展到整个地球空间和外层空间，从静态扩展到动态，从单点定位扩展到局部和广域范围，从事后处理扩展到定位、授时与导航。同时，卫星定位系统不断升级，部分卫星定位应用已经将精度由米级提高到厘米级，可以广泛用于陆地、海洋、航空航天等领域。

卫星定位技术一般由导航卫星、地面控制和监测站以及卫星定位用户接收机 3 个部分组成(图 2-5)。地面控制和监测站承担着两项任务，一是控制卫星运行状态与轨道参数，二是保证星座上所有卫星时间基准的一致性。卫星定位接收机硬件一般由主机、天线和电源组成。为了准确定位，每一颗导航卫星上都有两台原子钟，用户接收机需要从卫星定位信号中获取精确的时钟信息，通过判断卫星信号从发送到接收的传播时间来测算出观测点到卫星的距离，然后根据到不同卫星的距离通过计算得出自己在地球上的位置。卫星定位用户接收机能够接收的卫星越多，定位的精度就越高。

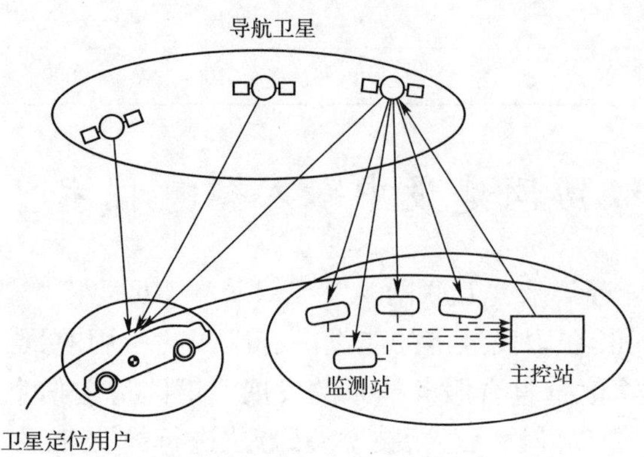


图 2-5　卫星定位系统的组成

目前全球主要的卫星定位系统有四个：美国的“全球定位系统(GPS)”、欧盟的“伽利略(Galileo)”卫星定位系统、俄罗斯的“格洛纳斯(GLONASS)”卫星定位系统与我国的“北斗”卫星定位系统。这四个系统并称为全球四大卫星导航系统。目前，联合国已将这四个系统确认为全球卫星导航系统核心供应商。

(1)美国的“全球定位系统(GPS)”。美国的 GPS 是目前应用最为普遍的定位系统,它使用的是由波音公司与洛克西德·马丁公司制造的一种轨道航天器卫星。全星球导航定位系统由 28 颗轨道卫星组成,24 颗正常工作,4 颗备份,轨道高度为 20200km。第一代系统能够为军队的飞机、舰船与车辆提供高精度的三维速度与时间服务,同时也为民间用户提供精度较低的服务。该系统建设历经 20 年,耗资超过 500 亿美元,是继"阿波罗登月计划"和"航大飞机计划"之后的第三项庞大的空间计划。

(2)欧盟的"伽利略(Galileo)"卫星定位系统。"伽利略"卫星导航系统是由欧盟研制和建立的全球卫星导航定位系统,该计划于 1999 年 2 月由欧洲委员会公布,欧洲委员会和欧空局共同负责。系统由轨道高度为 23616km 的 30 颗卫星组成,其中 27 颗工作星,3 颗备份星。其目的是摆脱欧洲对美国全球定位系统的依赖,打破其垄断。

(3)俄罗斯的"格洛纳斯(GLONASS)"卫星定位系统。"格洛纳斯"是俄罗斯主导建立的卫星定位系统。该系统最早由苏联于 1976 年启动,后由俄罗斯继续该计划。该项目由 1993 年正式启动,并于 2007 年开始运营,当时只开放俄罗斯境内卫星定位及导航服务。到 2009 年,其服务范围已经拓展到全球。该系统主要服务内容包括确定陆地、海上及空中目标的坐标及运动速度信息等。"格洛纳斯"导航系统目前在轨运行的卫星已达 30 颗,24 颗卫星正常工作、3 颗维修中、3 颗备用。

(4)我国的"北斗"卫星定位系统。"北斗"卫星定位系统是中国自行研制开发的全球卫星导航系统,是继美国全球定位系统、俄罗斯"格洛纳斯"卫星导航系统之后第三个成熟的卫星导航系统。北斗卫星导航系统空间段由 5 颗静止轨道卫星和 30 颗非静止轨道卫星组成。2012 年开始,"北斗"系统已能够覆盖亚太地区,并提供定位、导航和授时以及短报文通信服务能力。该项目计划于 2020 年建成覆盖全球的北斗卫星导航系统。

卫星定位技术在道路运输行业发挥了越来越重要的作用。车辆卫星定位监控系统主要由车载终端、通信网络、监控中心三部分构成。车载终端负责接受、发送卫星定位信息,监控中心是整个信息系统的通信核心,负责与智能车载终端的信息交换以及各种内容和控制信息的分类、记录和转发。通信网络则是实现车辆与监控中心信息交换的载体。

现在,车辆卫星定位监控系统技术本身已相当成熟。目前,我国车辆卫星定位技术主要应用于道路运输企业车队的监控与调度管理、危险品运输车辆监控、客运及公共交通车辆跟踪、指挥调度、行驶监控、安全防护、道路交通状况监测等方面。随着车辆卫星定位技术的不断发展,以及"北斗"等卫星定位技术平台新选择的应用与推广,卫星定位技术将在道路运输行业发挥更加重要的作用。

## 二、网络及互联网技术

网络技术是信息化的基础设施,通过广泛的互联功能,实现感知信息的高可靠性、高安全性传送,道路运输中的传感数据、政务数据等的传递都要依托网络通信技术,其中涉及主要是光纤通信技术、无线网络技术、移动通信技术以及互联网技术。

光纤通信是利用光波在光导纤维中传输信息的通信方式。由于激光具有高方向性、高相干性、高单色性等显著优点,光纤通信中的光波主要是激光,所以又叫作激光－光纤通信。光纤通信的原理是:发送端首先要把传送的信息(如话音)变成电信号,然后调制到激光器发出的激光束上,使光的强度随电信号的幅度(频率)变化而变化,并通过光纤发送出去;在接收端,检测器收到光信号后把它变换成电信号,经解调后恢复原信息。与其他网络接入技术相比,光纤通信具有频带宽、损耗低、重量轻、抗干扰能力强、保真度高等优点。光纤通信是现代通信网的主要传输手段,它的发展历史只有一二十年,已经历三代:短波长多模光纤、长波长多模光纤和长波长单模光纤。采用光纤通信是通信史上的重大变革,美、日、英、法等20多个国家已宣布不再建设电缆通信线路,而致力于发展光纤通信。中国光纤通信已进入广泛应用阶段。

无线网络技术主要指Wi-Fi(Wireless Fidelity,无线保真)等,它的最高传输速率大于100Mbit/s,支持视频、音频等多媒体信息的传输,可以广泛应用于物联网传感数据等的传输。Wi-Fi是一种短程无线传输技术,能够在数百米范围内支持互联网接入,可以将个人计算机、手持设备(如手机、平板电脑)等终端以无线方式互相连接。Wi-Fi为用户提供了无线宽带的互联网访问方式,为在家中、办公室或旅途中上网提供了快速、便捷的途径。能够访问Wi-Fi网络的地方被称为热点。大部分热点都位于人群集中的地方,例如车船、港口、旅馆等。Wi-Fi热点是通过在互联网连接上安装访问点来创建的,这个访问点将无线信号通过短程进行传输,一般覆盖范围为100m。但是由于Wi-Fi在大规模应用,Wi-Fi频段间的干扰问题日益严重。如何避免冲突,实现频率间的复用,提升无线网络通信的稳定性和可靠性是亟待解决的问题。

移动通信技术应用于底层感知数据的远程传输,通过不同类型网络最终将数据交付给用户使用,当前主要包括3G/4G移动通信技术。

第三代移动通信技术简称"3G",是指支持高速数据传输的蜂窝移动通信技术。3G服务能够同时支持语音通话信号、电子邮件、即时通信数字信号的高速传输。相对于2G而言,3G能够在全球范围内更好地实现无线漫游,提供网页浏览、电话会议、电子商务、视频等多种信息服务。为了提供这种服务,无线网络必须能够支持不同的数据传输速度。3G可以根据室内、室外和移动环境中不同应用的需求,分别支持不同的传输速率。同时,3G也要考虑与已有2G系统的兼容性。

"4G"是第四代移动通信及其技术的简称,是集3G与WLAN于一体、能够传输高质量视频图像、图像传输质量与高清晰度电视不相上下的技术产品。4G系统能够以100Mbit/s的速度下载,比电话拨号上网快2000倍,上传的速度达到20Mbit/s,能够满足几乎所有用户对于无线服务的需求。

互联网利用上述技术,是网络与网络之间所串连成的庞大网络,这些网络以一组通用的协议相连,形成逻辑上的单一巨大国际网络。这种将计算机网络互相连接在一起的方法可称作"网络互联",在这基础上发展出覆盖全世界的全球性互联网络称互联网,即是互相连接一起的网络结构。近年来,随着互联网的快速普及,人们的生活方式、出行方式、支付方式以及信息获取方式都在发展着改变,特别是移动互联网的诞生与发展,让人们随时随地获取信息、共享信息成为可能。如果结合道路运输的实际需求,充分利用互联网技术,特别是移动互联网技术,提供道路运输技术更好的管理与服务方法,是当前道路运输信息化的一个研究重点。

适应道路运输信息化的业务需求,实现信息安全、可靠的传送,是当前道路运输四级协同信息系统研究的一个重点,对网络与通信技术提出了更高要求,而以IPv6为核心的下一代网络的发展,更为道路运输信息化提供了高效的传送通道。道路运输四级协同信息化建设中的网络层面将不再局限于传统的、单一的网络结构,并最终实现互联网、3G/4G移动通信网、广电网等不同类型网络的无缝化、标准化、协同化融合。

## 三、云计算与云服务技术

云计算是基于网络的一种计算模式，是把存储于 PC、服务器、磁盘阵列等基于网络互联的设备上的海量信息和计算能力集中在一起，协同工作。它使得计算能力和存储能力像煤气、水电一样取用方便、价格低廉。用户在建设 IT 系统时，只需在云计算平台上部署其应用软件即可，由云计算平台向其提供所需的计算和存储资源，而无须关注物理设备配置。

与传统的计算中心或者数据中心相比，云计算与云服务有如下特点：

(1) 超大规模。"云"具有相当的规模，Google 云计算已经拥有 100 多万台服务器，Amazon、IBM、微软、Yahoo 等的"云"均拥有几十万台服务器。企业私有云一般拥有数百上千台服务器。"云"能赋予用户前所未有的计算能力，使得大数据、物联网等应用成为可能。

(2) 虚拟化。云计算支持用户在任意位置、使用各种终端获取应用服务。所请求的资源来自"云"，而不是固定的有形的实体。应用在"云"中某处运行，但实际上用户无须了解、也不用担心应用运行的具体位置。只需要一台笔记本或者一个手机，就可以通过网络服务来实现我们需要的一切，甚至包括超级计算这样的任务。

(3) 高可靠性。"云"使用了数据多副本容错、计算节点同构可互换等措施来保障服务的高可靠性，使用云计算比使用本地计算机可靠。

(4) 通用性。云计算不针对特定的应用，在"云"的支撑下可以构造出千变万化的应用，同一个"云"可以同时支撑不同的应用运行。

(5) 高可扩展性。"云"的规模可以动态伸缩，满足应用和用户规模增长的需要。

(6) 按需服务。"云"是一个庞大的资源池，按需购买；云可以像自来水、电、煤气那样计费。

(7) 极其廉价。由于"云"的特殊容错措施可以采用极其廉价的节点来构成云，"云"的自动化集中式管理使大量企业无须负担日益高昂的数据中心管理成本，"云"的通用性使资源的利用率较之传统系统大幅提升，因此用户可以充分享受"云"的低成本优势，经常只要花费几百美元、几天时间就能完成以前需要数万美元、数月时间才能完成的任务。

在我国道路运输信息化建设中，应积极探索建设"道路运输四级协同信息体系云"，形成一个面向全行业的数据资源云及信息服务云。

(1)基于云计算体系架构的开放式海量交通数据汇聚、处理融合、发布、共享和交换关键技术，包括海量交通数据实时汇聚、智能海量道路运输服务数据处理与融合、基于云计算的出行信息服务体系架构、面向个性化应用的机动车维修、机动车检测与驾驶员培训云服务组合、面向多模异构导航终端的出行信息发布编码、道路交通出行信息共享交换等技术。

(2)面向道路运输及出行的基础云计算工具，包括并行数据挖掘工具、分布式海量数据仓库、弹性计算系统、云存储系统和并行计算与分析执行环境等云基础工具。

(3)建设形成海量异构交通数据聚合管理、交通出行信息处理融合、交通出行服务质量管理、多模式交通信息开放服务等基础服务系统。道路运输基础服务系统提供多源异构海量交通数据汇聚、管理、融合处理、共享和交换等基础服务，支持交通数据、业务处理和出行服务的全方位开放、分布式可扩展、安全隔离和细粒度运行机制，并保障第三方应用服务并发访问的高效性与吞吐量，以及平台运行的稳定性与可靠性。

云计算和服务基础设施提供了云计算硬件环境以及云服务基础架构，如图 2-6 所示。通过集成后台数据中心的高性能计算服务、海量存储系统和异构复杂交通数据，提供分布式文件系统、分布式海量数据仓库、分布式计算框架、集群管理、云存储系统、弹性计算系统、并行数据挖掘工具等关键功能。

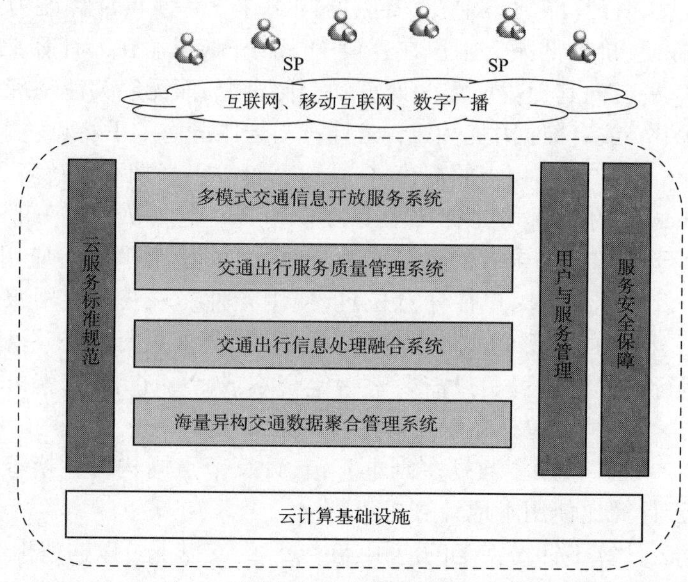


图 2-6　信息资源整合管理与服务云架构

云计算和服务基础设施主要分为三个层次：虚拟资源层、基础工具层、基础服务层，如图 2-7 所示。虚拟资源层构建在海量同质化 PC 与不可靠硬盘的基础上，使用虚拟化技术，最大化利用硬件资源。基础工具层主要提供了分布式计算工具，包括并行计算框架、结构化数据存储工具、分布式海量数据文件存储系统、海量对象存储系统以及云计算平台系统管理。基础服务层提供云服务基础工具，包括数据挖掘工具库、云存储中间件、搜索引擎核等。

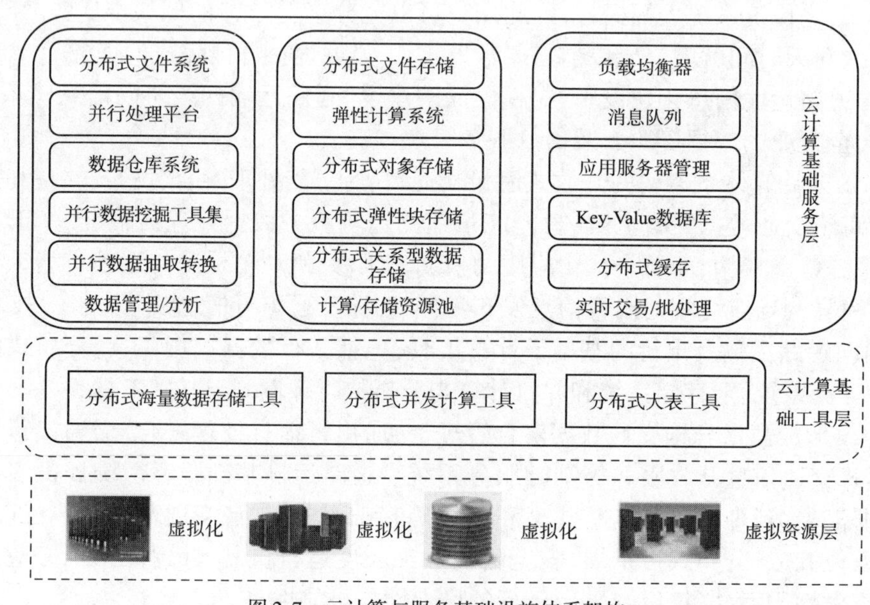


图 2-7　云计算与服务基础设施体系架构

未来的道路运输服务云平台将具有依托移动互联网云服务模式的通用海量交通数据智能处理和服务开放基础体系架构,适用于面向道路运输行业的多种业务模式,提供基于交通数据、业务处理和出行服务的多层次开放式接口;平台具有数据虚拟化、业务虚拟化和架构虚拟化机制,充分支持服务提供商业务应用的安全、可靠、透明运营需求;采用组件式容器,支持分布式封装和热部署,满足覆盖增值业务的生产、测试、服务、运营全生命周期容器式业务管理。基于平台可进行二次开发定制应用,面向不同省市、不同地区、不同子行业的具体需求,提供多模交通信息服务,覆盖面向道路运输及通用业务应用。云计算与云服务的应用,将大大增强我国道路运输信息化的可靠性、稳定性、可用性和灵活性,将不断提升我国道路运输行业信息化水平。

## 四、物联网技术

物联网新技术的应用在我国正方兴未艾,在道路运输信息化建设中,特别是对道路运输"两客一危"车辆监测系统将有广阔的应用前景。需要认真研究、加大力度,把物联网技术逐步引入道路运输信息化四级协同建设中来。

目前,交通运输行业在道路运输动态信息采集与监控方面主要使用车载卫星定位系统、视频监控、车辆自动识别等传统技术实现车辆和道路的动态信息采集。进一步加强对道路基础设施和运输装备的监测监控,进一步加强道路运输信息化中信息资源的整合与协同力度,提高道路交通运输安全监管与应急反应能力,基于物联网技术,建设智慧型道路运输基础设施,应用车联网等新技术,是我国提高道路运输监管水平和运营效率,提升道路运输信息资源整合与协同力度,实现道路交通运输信息化的可持续发展的有效途径和必然选择。

"物联网技术"的核心和基础仍然是"互联网技术",是在互联网技术基础上的延伸和扩展的一种网络技术;其用户端延伸和扩展到了任何物品和物品之间,进行信息交换和通信。因此,物联网技术的定义是:通过射频识别(RFID)、红外感应器、全球定位系统、激光扫描器等信息传感设备,按约定的协议,将任何物品与互联网相连接,进行信息交换和通信,以实现智能化识别、定位、追踪、监控和管理的一种网络技术。

早期的物联网是依托RFID技术的物流网络,随着技术和应用的发展,物联网的内涵已经发生了较大变化。目前物联网是指在物理世界的实体中部署具有一定感知能力、计算能力和执行能力的嵌入式芯片和软件,使之成为"智能物体",通过网络设施实现信息传输、协同和处理,从而实现物与物、物与人之间的互联。物联网的关键环节包括"感知、传输、处理"。物联网所涉及的核心技术包括网络和通信技术、新一代智能传感器与执行器技术、嵌入式芯片与软件、RFID联网技术等。

道路运输行业是物联网应用和发展的重大领域之一,也是"物联网"的重要环节。以RFID技术为代表的物联网技术广泛应用于物流仓储、道路交通运输、危险品运输管理、客运智能化等众多领域,使其在"感知中国"道路上迈出"感知交通"的重要一步,进一步提升和促进了现代道路运输业的信息化水平,在道路运输体系范围内研究物联网技术的应用非常必要,其必要性主要体现在以下几方面:

(1)物联网技术的应用必然加快道路运输设施装备信息化的程度,满足道路运输服务型行业的新需求。随着经济社会发展和科技进步,道路运输是国家的基础产业和服务性行业,道路运输行业也是建立两型社会和低碳社会的重点行业。用现代科技和信息技术改造、提升基础设施和运输装备,适应经济社会发展和人民群众对交通运输安全性、快捷性和多样化、个性化需求,是道路运输文明进步和现代化的重要标志。

物联网技术在道路运输领域的应用,有效地对现有设施装备进行更新改造和优化升级,推进道路运输信息化进程,将实现全行业数据资源的动态采集、准确分析、统一管理、快速发布和共享交换,提高现有道路、站场等基础设施和车辆等运输工具的运营效能和管理水平。物联网技术的应用将为道路运输系统监管者提供实时数据,以便其依据环境因素做出更好的道路运输管理决策;道路交通运输物联网建设促进了绿色交通运输,推动新能源和清洁能源车辆开发应用;还将使车辆在道路上的行驶和停留时间大量减少,并大大降低噪声总量和尾气的总排放量,带来巨大的生态环境效益,满足道路运输行业发展和和谐社会发展的新需求。

(2)物联网技术的应用将加速实现道路运输相关不同部门、不同系统间信息资源共享与业务协同,从而促进道路运输业发展方式的转变。与传统的提高道路运输服务水平的手段相比,依托物联网技术的道路运输体系将不再单纯依靠建设更多的基础设施、消耗大量资源来实现道路运输系统之间的协同和共赢,而是在现有或较完善的设施基础上,将先进的通信技术、信息技术、控制技术有机地结合,综合运用于整个道路运输系统。

通过物联网技术的广泛应用,加快道路运输行业信息资源的整合开发和综合利用。通过建立道路运输信息服务系统平台,可以促进道路综合运输管理和公共信息服务平台的建设,提高道路运输信息资源的共享水平,推进道路信息服务业发展;通过加强综合运输枢纽建设,可以有效地实现各种运输方式“无缝衔接”和“零距离换乘”,优化道路运输结构,推进规模化、集约化、网络化运输,引导营运车辆向专业化、清洁化方向发展,从而提升物联网产业链价值,促进道路运输业发展方式的转变,实现道路运输产业可持续发展。

(3)物联网技术的应用将成为推进综合运输体系发展的必要技术支撑。国家交通运输部把加快发展综合运输体系作为一项战略任务,要求加快行政管理体制改革,形成权责一致、分工合理、决策科学、执行顺畅、监督有力的行政管理体制。综合运输体系是各种运输方式在现代经济条件下共同组成的布局合理、优势互补、分工明确、衔接顺畅的运输系统和服务系统。

物联网利用各种信息技术、传感技术,把各种交通工具、基础设施连接起来,实现全方位的信息沟通。通过信息化提高道路运输产业的整体效率,提升道路运输行业的整体素质,提高行业的综合竞争力,推进综合运输体系的发展建设。

(4)物联网技术的应用在提高道路运输安全监管及应急处置能力方面发挥着重要作用。近些年来,重特大自然灾害、恐怖袭击、重大疫情等突发性事件的增多,对交通运输体系安全构成了严重影响和威胁。加强道路运输安全监管,防范重特大事故发生,提高应急保障能力,有效应对和处置突发事件,既是道路运输科学发展的重要前提,也是转变发展方式、加快发展现代道路运输业的根本保障。

道路运输物联网通过建立基于“感知”的交通运输安全监管和应急管理系统,在道路运输重大风险源的实时监测、危险品运输过程全方位管理监控、交通智能安全监管、道路应急指挥搜救等方面,为应用指挥、搜救提供了辅助决策支持的能力,不断健全道路安全监管和应急保障体系。

在道路运输信息化四级协同建设中,物联网技术也具有重要的地位。如果将道路运输中的车、货物、乘客、驾驶人员、执法人员等都看成“物联网”中的“物”,那么如何充分地利用物联网技术,实现上述元素有机跟踪与信息融合,更好地完成智能化识别、定位、追踪、监控和管理功能,是道路运输四级协同信息系统的一个重要研究内容。

## 五、大数据技术

大数据时代的到来使得有前瞻性的政府和企业都已经认识到“得数据者得天下”,未来,手中握有数据将不啻站在金矿上——基于数据交易能产生很好的效益,基于数据挖掘将诞生许多新的商业模式。对采集的海量原始数据进行挖掘和分析,还需要成百上千个项目的支撑,需要结合物联网、移动互联、大数据、云计算等高精尖技术,实现海量数据的储存和管理。

大数据是指无法在一定时间内用常规软件工具对其内容进行抓取、管理和处理的数据集合。大数据技术是指从各种各样类型的数据中,快速获得有价值信息的能力。适用于大数据的技术,包括大规模并行处理(MPP)数据库、数据挖掘电网、分布式文件系统、分布式数据库、云计算平台、互联网、可扩展的存储系统。

众所周知,大数据已经不简简单单是数据量大的事实了,而最重要的现实是对大数据进行分析,只有通过分析才能获取很多智能的、深入的、有价值的信息。越来越多的应用涉及大数据,而这些大数据的属性,包括数量、速度、多样性等都呈现了大数据不断增长的复杂性,所以大数据的分析方法在大数据领域就显得尤为重要,可以说是决定最终信息是否有价值的决定性因素。基于如此的认识,大数据分析普遍存在的方法理论如下:

(1)可视化分析。大数据分析的使用者有大数据分析专家,同时还有普通用户,但是他们二者对于大数据分析最基本的要求就是可视化分析,因为可视化分析能够直观地呈现大数据特点,同时能够非常容易被读者所接受,就如同看图说话一样简单明了。

(2)数据挖掘算法。大数据分析的理论核心就是数据挖掘算法,各种数据挖掘的算法基于不同的数据类型和格式才能更加科学地呈现出数据本身具备的特点,也正是因为这些被全世界统计学家所公认的各种统计方法(可以称之为真理)才能深入数据内部,挖掘出公认的价值。另外一个方面也是因为有这些数据挖掘的算法才能更快速地处理大数据,如果一个算法得花上好几年才能得出结论,那大数据的价值也就无从说起了。

(3)预测性分析。大数据分析最重要的应用领域之一就是预测性分析,从大数据中挖掘出特点,通过科学的建立模型,之后便可以通过模型代入新的数据,从而预测未来的数据。

(4)语义引擎。非结构化数据的多元化给数据分析带来新的挑战,需要一套工具系统地去分析、提炼数据。语义引擎需要有足够的人工智能以从数据中主动地提取信息。

(5)数据质量和数据管理。大数据分析离不开数据质量和数据管理,高质量的数据和有效的数据管理,无论是在学术研究还是在商业应用领域,都能够保证分析结果的真实和有价值。

以上 5 个方面是大数据分析的基础,而对于更加深入大数据分析,还有很多更加有特点的、更加深入的、更加专业的大数据分析方法。

整个大数据处理的普遍流程至少应该满足以下 4 个方面的步骤,才能算得上是一个比较完整的大数据处理。

(1)采集。大数据的采集是指利用多个数据库来接收发自客户端(Web、App 或者传感器形式等)的数据,并且用户可以通过这些数据库来进行简单的查询和处理工作。比如,电商会使用传统的关系型数据库 MySQL 和 Oracle 等来存储每一笔事务数据，除此之外，Redis 和 MongoDB 这样的 NoSQL 数据库也常用于数据的采集。

在大数据的采集过程中，其主要特点和挑战是并发数高，因为同时有可能会有成千上万的用户来进行访问和操作，比如火车票售票网站和淘宝网，它们并发的访问量在峰值时达到上百万，所以需要在采集端部署大量数据库才能支撑。

(2)导入/预处理。虽然采集端本身会有很多数据库，但是如果要对这些海量数据进行有效的分析，还是应该将这些来自前端的数据导入到一个集中的大型分布式数据库或者分布式存储集群，并且可以在导入基础上做一些简单的清洗和预处理工作。也有一些用户会在导入时使用 Storm 对数据进行流式计算，来满足部分业务的实时计算需求。导入与预处理过程的特点和挑战主要是导入的数据量大，每秒钟的导入量经常会达到百兆，甚至千兆级别。

(3)统计/分析。统计与分析主要利用分布式数据库或者分布式计算集群来对存储于其内的海量数据进行普通的分析和分类汇总等，以满足大多数常见的分析需求，在这方面，一些实时性需求会用到 EMC(易安信公司)的 Green Plum、Oracle 的 Exadata，以及基于 MySQL 的列式存储 Infobright 等，而一些批处理或者基于半结构化数据的需求可以使用 Hadoop。统计与分析过程的主要特点和挑战是分析涉及的数据量大，其对系统资源，特别是 I/O 会有极大的占用。

(4)挖掘。与前面统计和分析过程不同的是，数据挖掘一般没有什么预先设定好的主题，主要是在现有数据上面进行基于各种算法的计算，从而起到预测(Predict)的效果，进而实现一些高级别数据分析的需求。比较典型的算法有用于聚类的 K – means、用于统计学习的 SVM 和用于分类的 Naive Bayes，主要使用的工具有 Hadoop 的 Mahout 等。该过程的特点和挑战主要是用于挖掘的算法很复杂，并且计算涉及的数据量和计算量都很大，常用数据挖掘算法都以单线程为主。

数据应用为社会上的诸多产业带来潜移默化的变革。每一分钟，我国的道路运输业发生了什么？客运方面，有 3 万人通过公路长途汽车出行，有 14.6 万人通过城市公交车出行，有 7.5 万人乘坐出租汽车；货运方面，7.8 万 t 货物开始进入物流环节，有 39 万 t 货物正在道路运输途中。当前，尽管道路运输运行随时都产生着海量数据，但是，这些数据目前却保持着一种混乱状态：标准涣散、条块割据、来源多样、处理缓慢、目标缺失。

将大数据技术应用在道路运输体系中，如何实现数据和信息的交换与集成，并最终实现数据的综合应用，如何通过对大数据的研发应用来改善提高行业竞争力，全面服务于道路运输监管、服务、贸易金融和电子政务等领域，覆盖全产业链，这就涉及道路运输大数据应用的问题。

大数据技术的海量数据存储和高效计算能力，将实现交通管理系统跨区域、跨部门的集成和组合，将会更加有效地配置交通资源，从而大大提高交通运行效率、安全水平和服务能力。交通大数据分析将为交通管理、决策、规划和运营、服务以及主动安全防范带来更加有效的支持。基于交通大数据的分析为公共安全和社会管理提供新的理念、模式和手段。

伴随着移动互联网的步伐及道路运输大数据的应用，通过数据的清洗、整合和挖掘，道路运输数据蕴藏的丰富信息和价值会得到进一步的应用和巨大的价值提升，道路运输信息化为政府部门、营运企业、驾驶人员、出行人员、监管与执法人员等提供全方位、多角度的信息；同时全面提升道路运输相关信息为政府、行业和社会服务的水平。

# 第三章　“互联网 + 道路运输”新模式

## 第一节　“互联网 +”概述

当前国民经济进入改革攻坚期和深水区,“互联网 +”已经成为全社会最为关切的热门话题。国家也高度重视“互联网 +”的发展,国务院于2015 年7 月印发了《关于积极推进“互联网 +”行动的指导意见》(国发〔2015〕40 号,以下简称《指导意见》)。《指导意见》从宏观层面上明确提出,要充分发挥我国互联网的规模优势和应用优势,推动互联网由消费领域向生产领域拓展,加速提升产业发展水平,增强各行业创新能力,构筑经济社会发展新优势和新动能。坚持改革创新和市场需求导向,突出企业的主体作用,大力拓展互联网与经济社会各领域融合的广度和深度。着力深化体制机制改革,释放发展潜力和活力;着力做优存量,推动经济提质增效和转型升级;着力做大增量,培育新兴业态,打造新的增长点;着力创新政府服务模式,夯实网络发展基础,营造安全网络环境,提升公共服务水平。同时从“互联网 +”创业创新、协同制造、现代农业、智慧能源、普惠金融、益民服务、高效物流、电子商务、便捷交通、绿色生态及人工智能等与国家发展、社会经济、民众生活息息相关的 11 个方面指出了明确方向。

道路运输行业作为交通运输领域一个重要组成部分,必将面临如何适应“互联网 +”的发展问题。针对道路运输管理与服务和“互联网 +”相融合的大环境、大趋势,我国道路运输相关企业及各级管理部门如何应对经营模式、供需关系的变化,如何定位发展和管理思路,成为近年来道路运输行业亟待研究与解决的核心问题。

### 一、“互联网 +”含义

所谓“互联网 +”,是指以互联网为主的新一代信息技术(包括移动互联网、云计算、大数据、物联网等)在经济社会各领域扩散、应用和融合发展的过程。它代表了一种新的经济形态,即充分发挥互联网在生产要素配置中的优化和集成作用,模糊和跨越一切阻碍先进生产力发展的传统界线,通过变革重组和重新定义,创造出新的产业链、供应链和价值链。

“互联网 +”代表一种新的经济形态,即充分发挥互联网在生产要素配置中的优化和集成作用,将互联网的创新成果深度融合于经济社会各领域之中,提升实体经济的创新力和生产力,形成更广泛的以互联网为基础设施和实现工具的经济发展新形态。

“互联网 +”将重点促进以云计算、物联网、大数据为代表的新一代信息技术与现代制造业、生产性服务业等的融合创新,发展壮大新兴业态,打造新的产业增长点,为大众创业、万众创新提供环境,为产业智能化提供支撑,增强新的经济发展动力,促进国民经济提质增效升级。

对于政府有关管理部门,“互联网 + ”能够运用现代信息技术加强政府市场监管和公共服务,推动简政放权和促进政府职能转变。其一,转变思维方式:充分运用大数据、云计算等现代信息技术,改变政府决策程序,增强政府决策科学性,提升政府决策水平,提高政府科学决策和风险预判能力,从而提高政府综合服务水平。其二,转变工作方式:通过不断提高运用大数据能力,增强政府服务和监管的有效性;通过推动简政放权和政府职能转变,促进市场主体依法诚信经营;通过提升政府服务水平和监管效率,降低服务和监管成本;通过实现政府监管和社会监督有机结合,构建全方位的市场监管体系。其三,转变服务方式。推进“互联网 + ”,能够加快建立政府统一的信用信息共享交换平台,全面推行政府信息电子化、系统化管理,通过运用大数据完善对市场主体和人民群众的服务。

## 二、“互联网 + ”特点

“互联网 + ”的发展已经超越了单一行业的范畴,逐渐成为国民经济的一个重要的创新引擎。中国的“互联网 + ”是用户行为导向的“互联网 + ”,而不是生产导向的。德国工业4.0和美国工业互联网的出发点都是用互联网做原来的产业;而中国的“互联网 + ”是依靠我国的人口红利,通过掌握用户的核心数据来挖掘用户的行为规律,再反过来重组产业链,拿到对整个产业的定价权,这是具有中国特色的“互联网 + ”的实质,更是我国互联网产业超越发达国家的关键。其主要有以下 6 个特点:

(1)跨界融合。“ + ”就是跨界,就是变革,就是开放,就是重塑融合。敢于跨界了,创新的基础就更坚实;融合协同了,群体智能才会实现,从研发到产业化的路径才会更垂直。融合本身也指代身份的融合,客户消费转化为投资,伙伴参与创新,等等,不一而足。

(2)创新驱动。中国粗放的资源驱动型增长方式早就难以为继,必须转变到创新驱动发展这条正确的道路上来。这正是互联网的特质,用所谓的互联网思维来求变、自我革命,也更能发挥创新的力量。

(3)重塑结构。信息革命、全球化、互联网业已打破了原有的社会结构、经济结构、地缘结构、文化结构。权力、议事规则、话语权不断在发生变化。“互联网 + ”社会治理、虚拟社会治理会是很大的不同。

(4)尊重人性。人性的光辉是推动科技进步、经济增长、社会进步、文化繁荣的最根本的力量,互联网的力量之强大最根本地也来源于对人性的最大限度的尊重、对人体验的敬畏、对人的创造性发挥的重视。

(5)开放生态。关于“互联网 + ”,生态是非常重要的特征,而生态的本身就是开放的。推进“互联网 + ”,其中一个重要的方向就是要把过去制约创新的环节化解掉,把孤岛式创新连接起来,让研发由人性决定的市场驱动,让创业并努力者有机会实现价值。

(6)连接一切。连接是有层次的,可连接性是有差异的,连接的价值是相差很大的,但是连接一切是“互联网 + ”的目标。

我国道路运输业同样具有地域广、用户数量众多、用户行为规律复杂等特点。通过将具有中国特色的“互联网 + ”与道路运输相结合,能够更好地满足道路运输用户的不同需求,挖掘道路运输用户的行为规律,提升道路运输行业的整体服务质量与效率。这对于我国道路运输行业赶超发达国家具有重要的意义。

## 三、"互联网+"的主要内容

1."互联网+"对基础设施的影响

从基础设施层面来看,"互联网+"将倒逼各个行业的基础设施建设者重视其行业中网络与信息化建设、相关互联网应用的创新与发展。

对于包括道路运输行业在内的众多传统行业来说,管理与服务的信息化和互联网化都是不可逆的必然趋势,其发展必然会对传统行业的商业与管理模式产生巨大冲击。直面互联网,拥抱互联网是传统行业的最基本要求。了解互联网,利用互联网,重视行业内信息化建设和互联网应用的创新,是行业继续高速健康发展的前提。道路运输行业的参与者和管理者必须研究:如何利用互联网为行业内的产品与服务提供导流;如何利用互联网打破行业内交易空间与时间的限制;如何利用互联网有效地降低交流成本,实现快速交易;如何利用互联网有效地降低反馈成本,获取用户反馈;如何利用互联网挖掘行业数据,优化服务;如何利用互联网降低管理成本,提升管理效率,实现行业健康快速发展。

2."互联网+"对产业发展的影响

从产业层面来看,"互联网+"将带动新型产业发展,整合社会资源,推动传统产业转型升级,促进社会民生事业发展。

在"互联网+"时代,传统行业如何与互联网相融合,是每个企业乃至行业监管者所面临的最重要的问题。众多企业的转型进程迫在眉睫,进行资源整合是传统企业的唯一出路。对于政府部门,为其监管行业中的企业提供资源整合服务,能够更好地帮助行业中的大小企业进行资源整合,平稳快速发展。同时,也为行业的转型升级提供了保证。

在大众创业、万众创新的时代,传统企业只有改变商业模式与服务方式,才能在改革浪潮中涅槃重生。同时,负有监管和引导责任的各级政府部门,只有创新监管与服务模式,才能促进行业的健康发展。

3."互联网+"对社会发展的影响

从社会层面来看,"互联网+"不仅在基础设施和产业发展方面产生了巨大的影响,也在改变公众与政府机构之间的关系和相处模式中起到了决定性作用。

在《积极推进"互联网+"行动的指导意见》中,益民服务被当作"互联网+"的重要组成部分提出。加快互联网与政府公共服务体系的深度融合,推动公共数据资源开放,促进公共服务创新供给和服务资源整合;加强政府与公众的沟通交流,提高政府公共管理、公共服务和公共政策制定的响应速度;提升政府科学决策能力和社会治理水平,促进政府职能转变和简政放权等方向,这些都被当作创新政府网络化管理和服务的目标。

我国已具备"互联网+政务"的基础。从用户端看,截至2015年12月,中国网民规模达6.88亿,半数中国人已接入互联网,手机网民超过九成。在政府机构方面,按照规划,中央部委和省级政务部门主要业务信息化覆盖率超过85%,地市级和县区级政务部门分别平均达到70%和50%以上。部、省、市(地、州)、县(区)四级政府的信息化、互联网协同发展已具备充分的基础。

基于"互联网+",特别是移动互联网的电子政务被称为政府运行管理最前端的"触角",通过服务创新,能够拓宽已有服务的触达渠道,创新诸多紧贴民生需求的便民服务,实现了与用户的快速连接,也通过位置服务、移动支付、大数据等手段帮助政府更加便捷地触达公众、采集数据和提供服务。"互联网+"将助力政府提高公共服务能力和治理水平,推进政府信息公开以及数据公开。

### 四、"互联网+"的应用模式

1.用户思维

互联网技术的快速发展,其最重要的成果是产生了互联网思维。用户第一思维就是互联网思维的真实反映,主要是通过在归属感、存在感和参与感上全方位满足需求方:一是从用户的消费体验出发,尽可能考虑满足所有消费需求;二是针对无限扩展的用户服务渠道和沟通渠道,实现营销全覆盖;三是建立完善的用户评价机制实现品牌体验感。互联网思维是相对于工业化思维而言,是一种商业民主化的思维,是一种用户至上的思维。其核心就是一句话:让用户一直愉快地消费。

在道路运输四级协同信息化建设中,必须充分利用与融合互联网思维。充分考虑出行人员、人民群众及道路运输的参与企业与从业人员等"用户"的体验。通过利用互联网、大数据、云计算等先进技术,协同好不同级别道路运输管理部门,以及与道路运输相关的其他政府管理部门,从而更好地为"用户"服务,提升道路运输管理与服务水平。

2.数据应用

大量数据资产将成为"互联网+"的核心竞争力,但是大量数据资产的真实意义不单单是在于其大,而是在于如何去挖掘其产生的衍生需求信息,以及如何通过创新运营管理,实现数据价值最大化,形成数据应用的增值体系。例如:某出行服务平台,通过掌握大量社会群众日常打车消费数据,按照用车时间、行驶距离、使用频率等系列指标划分客户群体类别,就对不同用户针对性推出一系列出行产品,致力于建立一个综合型同时又满足用户个性化的出行平台,受到社会广泛欢迎。其核心也是一句话:满足用户一切出行需求。

对于道路运输的管理与服务,其相关部门众多,部门职责复杂且交叉。应充分利用不同部门在不同地域、不同范围内的数据优势,通过建设多部门、多级别协同的道路运输信息系统,收集与共享多部门、多级别来源的道路运输数据,并从中挖掘规律,满足行业需求。

## 第二节 "互联网+"道路运输新趋势

### 一、"互联网+"对传统道路运输行业的影响

"互联网+道路运输"就是要借助移动互联网、云计算、大数据、物联网等先进技术和理念,将互联网产业与传统道路运输和物流业进行有效渗透与融合,重点解决乘客、货物、运输工具、站场枢纽、运输从业人员等运输活动各要素之间在移动过程中的高效互联和最佳匹配问题,形成具有"线上资源合理分配,线下高效优质运行"的新业态和新模式,满足公众更便捷出行、更人性服务和行业更科学决策的需求,加快推进道路运输由传统产业向现代服务业转型升级。"互联网+"上升为国家战略,意味着这一新的经济形态,将成为推动我国经济发展的新引擎,并以此推动我国的改革开放和市场化进程,同时也成为道路运输行业在新常态

下的新亮点，将为道路运输业带来深刻变革和深远影响。

1. 对运输服务模式的影响

客运服务更加个性化、多样化。适应公众不同层次类型的出行需求，各类出行服务APP应用不断涌现，从地图导航、互联网专车、网络包车，到出行信息一键查询、车票在线预定、车辆租赁网上预约、汽车共享通借通还等，异彩纷呈，为公众出行提供了极大便利。依托网络平台的“专车”服务满足了中高端个性化出行需求，定制公交（班车）丰富了通勤交通手段，车辆共享方便了随时随地用车。同时，通过手机信令等大数据分析，能够科学把握出行交通特征，既可以为公众出行提供精确指引，又有利于提高交通规划的精准性。

货运物流更加组织化、平台化。各种服务于车货匹配的APP产品快速发展，依托物流园区和零担专线的各类网络平台风起云涌，电子商务井喷式发展推动快递物流与电商平台深度融合，O2O成为物流行业提质增效的主导模式。一批轻资产型平台化企业加快成长，对整合零散社会物流资源发挥了重要作用。一批基于互联网、瞄准细分市场的专业化服务企业也浮出水面，如专门提供车辆融资租赁的管理企业、专门为车辆和驾驶员提供后勤保障的企业等。同时，物联网技术发展更加便利了车辆和货物的实时追踪，大数据应用提高了物流精益化管理水平、丰富了诚信管理的技术手段。

此外，在汽车维修与驾驶员培训方面，基于O2O模式的个性化、定制化服务也在不断发展：客户在线上平台提出服务预约，线下可以实现上门保养、精准维修、远程测试、陪练陪驾等多种服务。从2013年开始，一批创业公司纷纷踏入上门保养维修的行列，开始冲击并颠覆传统4S店服务模式。

2. 对企业经营组织的影响

市场结构不断演进。企业组织结构进一步细分，大型企业向虚拟化、综合化发展，中型企业向专业化、平台化发展，小型企业向个性化、实体化发展。伴随着本地化服务、个性化需求的大量增多，小微型企业得到了更多发展机会。过去追求企业大而全，移动互联网时代市场更需要众多小而美、专而精的企业。众包模式逐渐显露头角，虚拟的轻资产化企业在拥抱互联网过程中将有更强大的市场生命力。

商业模式加快创新。一方面，传统企业正在实现从线下服务向线下与线上紧密衔接的O2O服务模式转变，衍生出B2B、B2C、C2B、C2C等多样化经营业态。另一方面，运输服务正向高端化、个性化转变，与旅游、电子商务、金融等多个领域相互交叉融合，提供多元化服务，逐渐向供应链、信息流、资金流服务方向综合发展。

运营组织更加敏捷。物流企业和货主间以及跨运输方式、跨行业部门、跨行政区域间的信息对接更为直接，“去中间化”“去中心化”的特征愈发明显，信息不对称状况将全面缓解，在大大压缩市场各类代理和“黄牛”生存空间的同时，客货移动中的信息传递更加迅捷，经营组织结构扁平化、企业资源管理平台化以及运输生产流程可视化、联程联运服务透明化成为新趋势，企业组织创新、管理再造、文化重塑成为快速回应市场、寻求竞争优势的“必修课”。

3. 对政府监管的影响

技术更加丰富。随着二维码、条形码应用的普及，卫星定位、GIS以及大数据、云计算等技术日趋成熟，客货运输监管向实时监管、视频监管、远程监管、平台监管发展有了更便利技术手段，监管成本逐步降低，监管内容可大大拓展，监管信息更加透明化，监管力度可望全面加强。

监管重心转移。政府监管由对集体的标准统一的监管向对个体的分散个性化监管转移,由对实体认证、审批监管向对虚拟认证、备案监管转移,由政府主导的资质监管向市场主导的信用监管转移。

监管难度加大。信息的开放、平台的共享导致政府监管更为棘手。政府既要规范各种APP有序发展,又要对线上平台运作、线下服务水平进行必要的监管;既要重视信息安全的监管,又要与时俱进完善新兴业态的市场规制。尤其是针对新兴服务业态的"灰色"地带亟待强化法制规范,如各种网络"专车"服务、"拼车"出行、车辆共享等。

## 二、"互联网+"道路运输需求分析

近年来,互联网对道路运输行业发展的促进效应已经逐步体现,成为创新道路运输管理和服务的重要手段。以互联网手段提高道路运输效率,提升道路运输质量,降低物流成本,促进道路运输发展,已成为全行业的普遍共识。在新时期道路运输行业发展的特定背景下,需要进一步将互联网与行业发展需求有效结合,最大限度地发挥其对行业管理的支撑、推动和改造作用。

### 1.加快行业发展方式转变,需要以互联网为途径

目前,我国道路运输有效供给能力仍显不足,结构性矛盾依然突出,增长方式依然粗放,能源环境压力依然巨大,运输效率和质量依然有待提高。为进一步推动道路运输向组织化、专业化、集约化、规模化方向发展,实现道路运输由外延式的粗放型增长向内涵式的集约型增长转变,由以生产增长为导向的发展向以服务质量为导向的发展转变,需要以互联网为途径,加快道路运输传统产业的改造与升级。

(1)运用互联网技术,提高运输组织效率。通过利用电子商务技术、射频识别技术、全球卫星定位系统、地理信息系统、电子数据传输技术、运输系统优化技术等信息化手段,实现客源、货源、运力等信息的采集和共享,对运输过程实现全方位、全流程控制,促进信息流、物资流、资金流的整合,进一步提高运输调度和组织管理水平,减少无效出行、空驶运输、重复运输、迂回运输,实现道路运输的高效连接、快速响应、准时精确、合理组织,从而提高运输效率、降低运输成本、提升服务质量。

(2)运用互联网技术,提高运输资源利用率。改进和优化道路运输企业业务流程,使企业经营管理更加系统化、高效化,全面提升企业集约化水平;通过互联网技术应用,充分发挥已有基础设施的功能,提高运营效率,减少能源消耗,降低环境污染,综合利用资源,保护生态环境,发展循环经济。建设低能源消耗、低资源占用、低环境污染、低成本使用的道路运输系统,走资源节约和环境友好的发展之路。

### 2.提高运输市场监管能力,需要以互联网为依托

在新时期道路运输行业发展的特定背景下,为建立健全全国统一、规范、开放、有序的道路运输市场,要求道路运输管理相关部门进一步积极推进管理职能的转变,切实改变"重收费、重罚款、轻教育、轻监督"的趋向,规范执法行为,严格依法行政,提高市场监管能力,提供优质服务,创造公平竞争的市场环境。借助互联网手段在服务中加强管理,在管理中体现服务,以强化市场监管为重点,全面、及时、准确掌握道路运输市场信息,科学决策,严格市场准入和退出,以更加科学机动和人性化的方式监管市场。

(1)利用互联网技术,全面掌握信息。全面、实时、准确掌握道路运输市场业户、营运车辆、从业人员静态基本信息和动态营运信息,严格市场准入。通过整合业务管理数据和市场统计数据,为道路运输结构调整、运力调控、行业监管等综合运行分析和宏观调控提供科学决策。

(2)利用互联网技术,加强运政稽查工作。严格打击非法营运,实现营运车辆移动稽查和异地联网稽查,对营运车辆、从业人员的道路运输违章处罚信息实行联网查询和处理,将企业信誉考核信息、从业人员诚信信息作为准入和退出市场的重要考核指标。

3.加强道路运输安全监管,需要以互联网为支撑

近年来,我国地方各级交通主管部门陆续建设基于卫星定位技术的车辆动态监控系统,并接入全国重点营运车辆联网联控系统,在加强重点运营车辆的监控、减少道路交通事故中发挥了重要作用,提高了运输车辆监管能力,保障了道路运输安全。但是,在当前互联网发展背景下,道路运输安全监管体系仍不完善,能力有待提高。

(1)利用互联网技术,加强重点监管和应急保障。利用大数据、云计算等技术,对道路运输数据进行科学分析。对区域客货运输的人、车、货流量流向等数据进行实时查询汇总分析,统计、分析道路运输事故类型和原因,利用多维度的数据进行大数据分析,形成多种分析结果,评价安全措施效果,确定安全监管重点,以及科学制订应对性较强的应急保障预案。

(2)充分利用互联网技术,推进安全管理便捷化。借助移动互联网技术,提供多终端、多平台、多渠道的监管方式,为行业管理人员和执法人员提供运政基础数据查询、现场取证、接收调度指挥信息等服务,方便日常监管及对异常情况的及时处置,提高监管效率。

4.增强公众信息服务能力,需要以互联网为手段

在构建和谐社会、打造服务型政府的新形势下,要求各道路运输管理单位增强服务意识,实现工作重心由“行政管理”转变到“服务管理”,在服务中加强管理,在管理中体现服务,积极提高服务能力和水平。

(1)通过互联网技术的应用,推进政务公开,提高管理效率和服务水平。创新管理方式,推动政府由管理型政府向服务型政府的转变,推进政务公开和信息公开,推进公众办事网上受理、公示和审批,简化办事程序,开展便民服务,让社会公众切实感受到信息化建设带来的便利。

(2)利用多种互联网手段,为公众提供出行信息服务。随着道路运输需求的爆炸式增长,公众对道路运输服务的品质提出了更高的要求,公众信息服务需求更加多样化。要充分利用网站、手机短信、热线电话等方式,为公众提供内容更加丰富、范围更加广泛、手段更加经济和便捷、能够满足个性化和多样化需求的出行信息服务,包括向公众及时提供公交、换乘、客运线路、班次、票务、气象、路况、维修救援等出行相关信息,以及铁路、民航、水运等其他运输方式的换乘信息。

5.推进综合运输体系发展,需要以互联网为助力

交通运输部的组建,公路、民航、水运和城市客运管理将逐步实现统筹,为综合运输体系的构建和发展扫除体制障碍。推进综合运输体系的发展,需要整合运输通道和运输枢纽中的信息资源,以互联网为助力,充分发挥道路运输在综合运输体系中的比较优势,加强和铁路、水路、航空、管道等运输方式的有效衔接,实现客运“零距离换乘”和货运“无缝隙衔接”。

(1)充分发挥互联网技术的作用,以综合客运枢纽建设为依托,开发建设综合客运枢纽信息服务平台。进一步改善公众出行信息服务,加强枢纽辐射重点区域的交通信息交换和共享,进行枢纽周边区域交通诱导和人性化的枢纽换乘信息服务,促进各种运输方式的有效衔接,实现客运"零距离换乘"。

(2)充分发挥互联网技术的作用,以加快发展现代物流为契机,加快区域公共物流信息平台建设。促进各种运输方式之间信息资源的整合、对接和共享,以推动各种运输方式的协同运转,提高交通运输管理效能和应急联动能力,实现道路运输与其他运输方式的协调发展、高效衔接、协同运转,实现货运"无缝隙衔接"。

综上所述,当前正处于道路运输业大转型、大发展的环境之中,对行业的发展提出了更高的要求,沿袭过去传统的管理模式和手段已不能有效适应时代的需求,必须创新发展理念,顺应互联网发展潮流,把握"互联网+"发展新机遇,借助互联网技术应用,革新管理和服务手段,在新的历史起点上,进一步积极推动和深化道路运输行业的发展。

## 三、"互联网+"道路运输政策导向

国务院《关于积极推进"互联网+"行动的指导意见》中的重点行动明确指出要推动"互联网+"便捷交通。加快互联网与交通运输领域的深度融合,通过基础设施、运输工具、运行信息等互联网化,推进基于互联网平台的便捷化交通运输服务发展,显著提高交通运输资源利用效率和管理精细化水平,全面提升交通运输行业服务品质和科学治理能力。《指导意见》对于"互联网+"与道路运输相结合重点行动,作了如下要求:

### 1.提升交通运输服务品质

推动交通运输主管部门和企业将服务性数据资源向社会开放,鼓励互联网平台为社会公众提供实时交通运行状态查询、出行路线规划、网上购票、智能停车等服务,推进基于互联网平台的多种出行方式信息服务对接和一站式服务。加快完善汽车健康档案、维修诊断和服务质量信息服务平台建设。

### 2.推进交通运输资源在线集成

利用物联网、移动互联网等技术,进一步加强对公路、铁路、民航、港口等交通运输网络关键设施运行状态与通行信息的采集。推动跨地域、跨类型交通运输信息互联互通,推广船联网、车联网等智能化技术应用,形成更加完善的交通运输感知体系,提高基础设施、运输工具、运行信息等要素资源的在线化水平,全面支撑故障预警、运行维护以及调度智能化。

### 3.增强交通运输科学治理能力

强化道路运输信息共享,利用大数据平台挖掘分析人口迁徙规律、公众出行需求、枢纽客流规模、车辆行驶特征等,为优化交通运输设施规划与建设、安全运行控制、交通运输管理决策提供支撑。利用互联网加强对交通运输违章违规行为的智能化监管,不断提高交通运输治理能力。

早在2014年,交通运输部就提出要大力建设"四个交通",即综合交通、智能交通、绿色交通、平安交通。综合交通排在首位,其为核心;智能交通排在次位,其为关键。"互联网+"道路客运的健康稳定发展,既是建设综合交通的基本要求,又是建设智能交通的根本途径。

"十三五"时期,全球信息技术革命持续迅猛发展,"互联网+"和大数据上升为国家战略,互联网成为交通运输的重要基础设施,智能化成为交通运输系统的显著特征,这对行业治理体系和服务模式产生广泛而深刻的影响,行业信息化发展面临前所未有的重大机遇。2016年,交通运输部在《交通运输信息化“十三五”发展规划》中更是明确提出要推进交通运输业的“互联网+”重点行动。通过推行“畅行中国”信息服务系统、公路水路客运票务信息服务系统、汽车电子健康档案系统等工程,推进实施“互联网+”便捷交通;通过推行国家交通运输物流公共信息服务平台等工程,推进实施“互联网+”便捷物流。《发展规划》中要求,充分利用信息技术改造传统交通运输业,使得“互联网+”成为交通运输行业新的经济发展新引擎,“连接一切、跨界融合”,持续催生交通运输新模式、新业态,在提升交通运输要素生产率的同时,对行业转型升级形成倒逼机制。同时,在交通运输管理强化互联网思维,搭建政企合作平台,大力推动互联网与行业融合创新发展,打造全新的交通运输服务升级版。

## 四、“互联网+”道路运输发展趋势

没有传统的企业,只有传统的思维,传统思维只有一条,就是捍卫信息不对称带来的既得利益。互联网技术降低了社会信息共享的成本,包括时间成本和经济成本。对于道路运输行业而言,通过利用互联网技术,主要集中为供需关系相关数据信息逐步对称、透明、精确。

### 1. 提供对称信息覆盖,满足大众需求

(1)供需信息逐步趋于对称。随着互联网技术的发展,针对运输相关企业和社会大众而言,供给信息发布主体将由运输企业转换为广大群众;供给信息发布渠道将由官方媒体转换为社会化媒体;供给信息传递方式将由传统媒介转换为移动互联网;供给信息发布内容将由单一内容传达转换为自由意志表达;供给信息传播速度将由月、天为单位转换为分、秒为单位;供给信息发布平台将由传统手段转换为移动终端设备;供给信息传递逻辑将由垂直关系转换为水平关系。

客运方面,例如由同一区域一定数量的乘客发布同一出行需求信息(某一时间范围内从甲地到乙地),这就将促使运输企业主动通过运输资源调配来满足这些信息,而将不再是由运输企业简单地在汽车客货运站发布运输供给信息,即可以由乘客的需求信息来决定供给。这种订单式、零库存的生产模式将是信息化发展的更高水平的真实体现。其既能满足社会出行需求,又可减少运输车辆的低效运行。

货运方面,货主都希望能够在最短的时间内将自己的货物快速、方便、廉洁、安全地运送到目的地,这也可以理解为道路货运行业多年来一直想解决最后一公里的运输需求,同时还可以理解为社会群众“门”到“门”的运输需求。在保证安全的前提下,大力发展基于互联网的物流信息平台,根据货运需求提供更多更丰富的运输服务产品,通过鼓励和提升货主与运输企业在供需信息上的对称与匹配,来提升货主的满意度,同时大大地降低货运企业的空驶率,节约物流成本。

又如在驾驶员培训方面,随着经济的发展,汽车已进入千家万户,“学车热”的迅速升温带动着驾考市场的空前火爆。随着学车人数的暴增,个别驾校的管理和人性化服务水平却相对滞后;此外,价格战也从未停歇。个别驾校除存在“吃拿卡要”问题外,大部分驾校都是教练一带多的教学方式,教练素质不高、教学质量参差不齐、课程安排不合理、练车时间受限等都成为驾校遭诟病的普遍原因。2015年年底,国务院办公厅转发了《关于推进机动车驾

驶人培训考试制度改革的意见》,公安部、交通运输部联合出台了27项改革措施,这一文件的出台推动了我国驾驶人培训考试制度全面改革。据了解,改革中提出试点自学直考、约考不再依赖驾校、可自主选择考试时间和考场等内容。通过大力推广"互联网+驾培"新模式,大力发展驾培信息平台,串联驾考用户、驾校、陪驾以及驾驶后市场,形成完整的生态闭环,创新移动互联网驾考体系、陪驾体系和供需体系。通过实现学车人与驾校的信息对称与匹配,提升广大群众学车的满足度,提升驾驶员培训行业的服务水平。

综合来说,通过互联网技术,可以将社会群众、服务需求者与运输企业的供需信息数据进行分析整合,达到逐步对称的目的,以期实现真正意义上的供需平衡。

(2)供需信息逐步趋于透明。供需信息不透明在道路行业来说显得尤其突出。对于一个普通产品,一般要求要标注生产主体、规格、标准、日期、原材料等相关基本信息。而在道路运输行业,还提供不了运输服务的详细信息,包括所属运输公司、车辆品牌、型号、车龄、座位数、吨位数、到达参考时间等。

在道路客运方面,可以看到现有的各类网络售票信息平台,能够提供的信息还是只有车站信息和时刻表,而乘无法去主动选择提供运输服务的主体,这就存在信息不透明。其主要原因在于,当前一些具体信息的发布会触碰到传统行业部分利益。例如现有汽车客运站对班次调整、客票销售等拥有较大自主权,假想如果客票大部分都是由广大社会乘客通过网络平台以及消费习惯和用户评价来自主选择,这样就会使得行业原有既得利益受到损害。但随着需求信息的逐步提升,需求信息与供给信息不对称的矛盾将会逐步激化,可以预见乘客想了解的运输服务信息将会逐步实现透明化。

在道路货运方面,货运线路、班次、吨位数、价格等信息也更为零散,当前几乎没有统一、集中的发布渠道,信息不透明更为严重。在信息社会和大数据时代下,"互联网+"是建立现代物流的基础,"互联网+"不仅能够方便货主发货,实现货物运输全程跟踪服务,更主要是在互联网时代,一切都透明了许多。建立物流信息平台,货主能够通过互联网了解货运线路、班次、吨位等信息,企业在货比三家后,自觉选择最优的运输方式,从而实现企业与货运企业的双赢。同时,货运企业通过互联网了解当地特色产业,掌握这些特色产业的销路等,将货场、线路建立在农区、矿区及企业门口,提供修改化服务,从而提升货运企业的服务质量与个性化水平。

在机动车维修方面,汽车配件与维修市场鱼龙混杂、信息不透明,一直是困扰广大车主经营的一大难题。在传统配件采购模式中,汽车配件流通环节过多,不仅费时费力,也给假冒伪劣产品可乘之机。在维修过程中,汽车维修企业也往往利用车主不了解车辆状况、维修行情等情况,漫天要价,扰乱市场正常秩序。通过大力发展机动车维修的互联网信息平台,发展"互联网+机动车维修"新模式,解决机动车维修市场信息不透明问题,车主通过互联网就能够了解离自己最近的维修企业在哪里、企业和技师水平与质量如何、价格水平如何等信息。

互联网技术将会促使道路运输及服务行业信息逐步透明化,让乘客、货主、车主以及群众通过结合自身运输与服务需求去选择更加适合自己的服务。

(3)供需信息运用逐步趋于精确。通过联网售票以及实名制的推行,将可以逐步掌握每年超过100亿人次客运量中一定比例的有效出行数据信息,如此巨大的数据信息,将为我们挖掘其中的潜在信息带来坚实基础。

其实大数据运用最广泛的,而恰恰是人们所熟知的道路客运、道路货运、驾驶员培训、车辆维修与检测等传统行业,他们所能拥有的是每个人生活中不可或缺的移动出行、消费等信息。例如道路客运企业,可以通过分析每一个乘客的出行需求信息,量身定制客运服务,从而提升自身服务水平,例如当前众多城市开展的定制公交就是如此;再例如货运企业,也可以通过分析出发地与目的地的货运需求与联系等信息,量身定制专线货运服务,有的放矢地提升服务水平与价值。

互联网技术将会通过对道路运输行业大数据的精确分析、准确定位,尽量促使供需信息能够趋于对等,并针对性地满足各种运输服务需求。

2. 合理定位,加强自身建设

"互联网+道路运输"的另一发展趋势是互联网通过促进行业自身资源的重组,通过紧贴互联网发展趋势,充分利用行业数据信息,改革创新传统客运业务,积极开拓新兴的道路运输及服务业务,促使行业探索运输衍生服务,发挥自身比较优势,满足社会日益增长的多元化、高品质、定制化出行需求,构建起综合道路运输体系。

(1)改革创新传统道路运输业务。利用互联网,能够优化现有道路运输的客货源资源,积极调整经营思路。通过全国广大客运企业的密切协作、优势互补,并将车辆、车站、网络、团队等线下资源有效集聚,以用户出行需求为导向进行流程再造、改革创新。同时利用数据信息,促进道路客运小件快运发展网上预约流程化、行李舱标准化、装卸机械化、运输网络化、结算标准化、揽货派货便捷化,做好与快递物流业的有效衔接。

(2)积极开拓新兴道路运输业务。通过积极地利用互联网,提供多层次、多级别、高协同的道路运输服务,是当前道路运输行业的一种重要发展思路。

客运方面,做好定制道路客运服务,条件成熟的条件下,在城市和乡镇之间开通舒适便捷、票价合理的城乡定制班线;在县域之间开通"门到门"直达的县际定制班线;在城市之间开行覆盖面广、运营组织优化的市际定制班线;在毗邻省份之间,尤其针对未通高铁、动车的地区,开行毗邻省际定制班线;利用渠道收集员工、学生的出行需求,设计合理出行线路,将零散、分散的出行需求整合起来;通过线上约定、订单确定、上门接送或准时接机、直达机场出发区或目的地,定制机场接送服务。另外还可以积极主动做好公车改革配套服务,实现公务出行统一网上预约、出行过程全记录、出行费用统一结算等功能。

货运方面,做好道路运输物流信息平台,实现"门到门"的定制化货物运输;做好物流运输企业和快递服务企业的衔接;做好道路运输与铁路、航空、船舶运输的衔接和互动。

机动车检验与维修方面,通过利用好机动车检验与维修数据平台,了解客户的实际需求,同时了解车辆的维修历史;实现车辆维修历史与配件的追溯与记录;形成车辆健康档案等。

(3)勇于探索道路运输衍生服务。围绕"吃、住、行、游、购、娱"探索相关运输增值衍生服务。例如,未来与休闲旅游相关的出行将会是一个巨大的潜在市场。客运企业可以通过加强与景区、在线旅游企业间的协同协作,实现优势互补、资源共享,并通过向上、向下延伸,整合产业链条,拓展相关运输服务的增值业务。

另外,货运企业面临国内的运输等基础物流业务逐步标准化、同质化,竞争激烈,加之内外需求疲弱、成本持续上升,导致物流业整体处于微利等问题。货运企业可以利用互联网,实现数据信息与金融、贸易企业的共享,拓展增值业务。例如,货运企业可以与金融保险企业协同协作，提供货物的保险、融资、代收货款等服务；也可以与贸易企业合作，提供报关、清关等服务，拓展相关货物运输的增值业务。

3. 自律约束，完善管理机制

（1）促进行业政策改革。互联网让“大政府小社会”到“小政府大社会”的转变呈现加速趋势。面对互联网的迅猛发展，行政监管部门面对的最直接挑战是无法可依。互联网与道路客运行业融合的过程中，产生的许多新事物超出了现有行政法规的规制范围，或是现有的法律规定对其并不完全适用。行业监管部门应明确监管原则和目的，确保监管执法有利于促进市场公平、保护消费者权益、推动社会健康发展。同时还要加大组织体系和机制创新，提升行政监管效率和执法效果。

（2）促进行业自律发展。加强行业自律发展，对于“互联网 +”道路客运的健康发展有着极为重要的作用。新兴事物的发展，总会不断挑战现有法律法规，行业自律应该主动走在前面，互联网企业也应该拥护行业自律，并积极参与到行业自律的过程中，尽可能使“互联网 +”道路客运的发展在初期就规范有序。

加强行业自律发展，必将会为国家有关主管部门制定相关政策提供重要参考依据，同时对于促进行业诚信体系建设有着非常重要的作用。当前应该本着用户第一思维，建立用户评价体系，让乘客来共同参与行业诚信体系建设，所需要做的是建立一套社会共同认可的诚信服务评价指标体系，使大家的评价能够格式化、公平化、大众化，同时满足个性化即可。

互联网时代的变革就是因为供需关系发生重大变化，促使旧商业文明向新商业文明过渡，新商业文明的核心内容就是新技术、新模式、新思维。因此从宏观意义上讲，将来不是互联网企业淘汰传统企业，而是新商业文明淘汰旧商业文明。

互联网的发展对于道路运输行业来说，既是一种挑战，也是一种机遇。互联网很可能是近 100 年来对道路运输最大的一波改革浪潮。互联网时代是一个全员营销全员服务的时代，不论是道路运输的企业，还是各级监管部门，都应当是这个改革浪潮的深度参与者。李克强总理在 2015 年 6 月 24 日的国务院常务会议上，对参会的国务院领导及各部委负责人说：“历史是人民大众创造的。大众的想法丰富多彩、充满奇思妙想。因此，‘互联网 +’的发展，应该让消费者和大众来选择。”道路运输的相关企业和各级监管部门，都应当共同携手创造“互联网 +”道路运输行业的未来。

## 第三节　“互联网 +”与道路运输四级协同信息化的关系

信息化是道路运输行业提高管理效果、提升服务水平的最重要手段之一。“互联网 +”道路运输与“道路运输四级协同信息化”都是道路运输信息化的必然趋势与发展方向。两者统一又有区别，是当前我国道路运输信息化不同侧面的反映。

“互联网 +”道路运输，侧重的是当前我国道路运输信息化的建设与服务方式的转变，侧重于道路运输信息系统监管主体与用户的关系。道路运输信息化的监管主体，主要包括各级道路运输管理部门，也包括交通管理部门、城市管理部门等道路运输相关的政府机构。而道路运输信息化的主要用户，是道路运输的相关参与者，包括道路运输企业、从业人员、出行者、普通民众等。通过将“互联网 +”应用于道路运输信息化，能够加强政府与公众的流通与交流，提高政府公共管理、公共服务和公共政策制定的响应速度，增强政府服务和监管的有效性和时效性，推动道路运输管理部门在服务方式上的创新，从而综合提升道路运输管理部门综合监管与服务水平。

而“四级协同信息化”，侧重的是当前我国道路运输信息化中工作方式与手段的转换，侧重于道路运输中不同级别与同级不同部门监管主体之间的关系。在信息化的建设与实施过程中，不同级别道路运输监管部门，以及同级不同部门的监管主体之间具有不同的信息化需求与供给。例如，城市道路交通信息与数据主要集中在城市交管部门，而高速公路的交通数据主要在省高速公路管理局；省内长途运输车辆信息由市、县道路运输管理部门掌握，而私家车的车辆信息主要由交管部门所有；驾驶员培训中的培训从业人员信息由道路运输管理部门负责，而驾驶员考试信息由交管部门负责。“四级协同信息化”的核心，在于利用网络手段，特别是互联网手段，实现不同级别、不同部门中道路运输相关公共服务体系的深度融合，推动交通公共数据资源开放，促进交通公共服务资源整合，从而提升各级政府科学决策能力和社会治理水平。

可以说，“互联网＋”是道路运输信息化的工具与手段，“四级协同”是道路运输信息化的工作模式与方向。在道路运输信息化的建设中，“互联网＋”和“四级协同”是既相互联系，又不可分割的整体。“互联网＋”贯穿道路运输信息化的整体建设过程，要将“互联网＋”与道路运输融合的方方面面完全罗列出来不太可能，本章接下来的两节将就“互联网＋”与道路运输相结合的两个典型应用进行详细讨论。

## 第四节　典型应用一：交通信息服务

### 一、交通信息服务系统概述

随着信息技术的不断进步和交通运输在社会经济中地位的不断提升，以实现出行和交通管理的信息化、智能化为目标的交通信息服务系统已成为现代化交通系统和智能交通系统研究领域中不可缺少的重要组成部分。

先进的交通信息服务系统应该覆盖多种运输方式，综合运用多种高新技术，满足驾乘人员、出行者、公众和交管部门对交通信息的各种需求，使交通参与者的交通行为更具有科学性、计划性、合理性，保障出行的机动性、方便性和安全性，最终提高整个交通运输系统的社会效益和经济效益。

交通信息服务可以简单地定义为“由信息终端、交通信息中心、广域通信网络等组成的以个体出行者为主要服务对象，按照其需求提供出行信息，通过提供优化线路的方式，以缩短出行时间或减少费用为目的的信息服务系统”。它通过广播、通信、车载装车、互联网、路侧通信设备、电子图文等媒体实时向出行者提供交通出行相关信息，使出行者（包括驾驶员、乘客等）从出行前、出行中直至到达目的地的整个通行过程中，随时能够获得道路交通状况、出行时间、最佳换乘方式、所需费用等重要信息，指导出行者选择合适的交通方式和路径，以最高效率和最佳方式完成出行。在互联网时代，特别是移动互联网时代，交通信息服务的途径更加多样，交互方式更加便捷。交通信息服务系统直接与社会公众进行交互，是“互联网＋”与道路运输相结合的热点领域之一。

道路交通分为动态交通和静态交通两个部分。静态交通发生在出行的端点，而动态交通发生在出行的过程中间,两者之间相互影响,相互制约,应该均衡协调发展。交通信息的不对称,以及人们近年来对交通出行需求的急剧增加,导致两者出现不协调。因此,“行车难”“停车难”成为城市道路运输的普遍交通难题,及时提供城市道路交通信息服务成为解决“行车难”“停车难”的有效措施。

传统的交通信息服务,最早出现于20世纪60年代,是在计算机技术和交通监控系统的基础上发展起来的。最初是利用基本的通信技术实现信息的发布,从而提高路网的局部通行能力,如严重拥堵的干道交叉口,或者由特别事件和交通事故引起阻塞的部分路口与路段等。其后,发布手段又发展出可变信息标识(VMS)和公路广播,两者均以单向的通信为主,用以向车辆和出行者传递通用的出行信息,由出行者根据自身的出行需求对信息进行筛选,选择对其有用的信息。目前,VMS和广播仍是发布各种交通信息的重要手段。第二代系统称为先进的交通信息服务,它从交通管理系统、运营车辆管理系统、天气预报等部门获得相关信息,进行分析、处理和发布。它采用互联网技术,结合信息采集、传输、处理和发布方面的最新技术成果,通过更加广泛的方式向出行者提供实时交通信息和动态路线诱导功能,其发布手段有:有线电话、移动电话、有线电视、大屏幕显示以及互联网和移动互联网。

美国、日本、欧洲等发达国家和地区的智能交通体系框架中,定义了先进的出行者信息系统(Advanced Traveler Information System,ATIS)。很多国家,包括我国第一版的智能交通体系框架中也引用该名称,有一些资料和地方将该部分内容意译为先进的交通信息系统。

国内外很多专家学者认为,出行者信息系统不能有效地涵盖交通信息服务的内容,而交通信息系统外延又太广,与体系框架中的其他部分重复过多。目前,大多数人将该部分内容意译为先进的交通信息服务系统(Advanced Traffic Information Service System,ATISS)。

交通信息服务系统涉及的各类交通信息,根据属性不同,其信息采集、传输、处理、发布的方式和途径也各不相同,例如:

(1)公交时刻表和运行状态信息可从公交管理系统和部门获得。

(2)大部分与道路和交通有关的信息由监测系统(车辆检测器、摄像机、车辆自动定位系统等)采集,经过交通信息处理中心处理后,出行者通过路侧的信息显示装置(如可变情报板)获得,或从各类车载装置中直接获得。

(3)其他一些具有静态性质的信息,如地图数据库、紧急服务信息、驾驶员服务信息、旅游景点与服务信息等,出行者或公众可以在家中、办公室、车辆上、车站、停车场上利用随身携带的个人通信设施完成这些信息的查询、接收和交换。

在这些方法中,由于选用的信息传播媒介、信息提供方式不同,其所能为出行者、公众和交通部门提供的信息量大小、信息表达形式亦有很大的不同,故对出行者的诱导影响作用也各不相同。从信息流的观点来看,其所遵循的信息处理过程基本是一致的,即将采集到的原始数据,如道路状况、交通流现状等,进行综合分析和处理,最后向出行者和公众提供合适的交通信息,来影响交通参与者对出行路线、出行方式的选择,以疏导交通流,保持最佳通行能力及提高交通安全度,从而最终提高社会与经济效益。典型的交通信息服务系统的结构如图3-1所示。

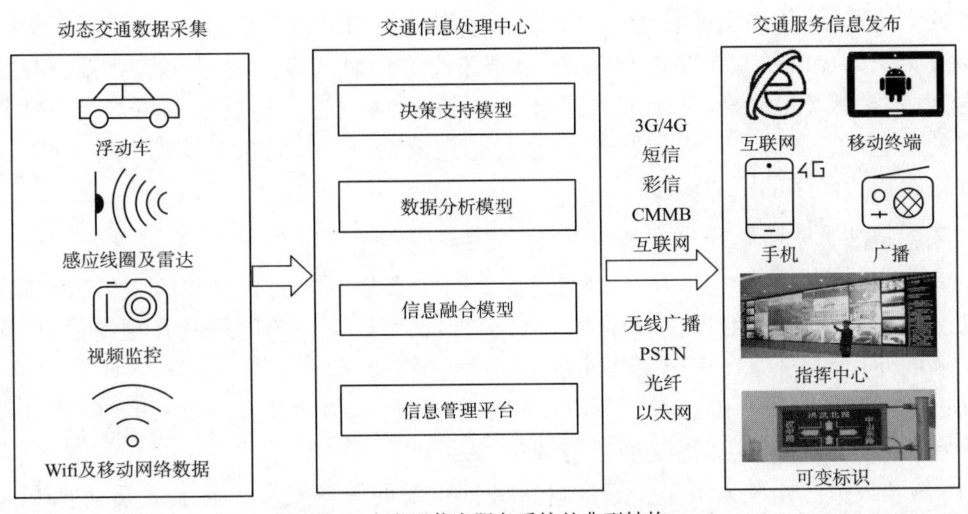


图3-1　交通信息服务系统的典型结构

需要特别说明的是,传统的交通信息服务并不属于道路运输管理部门的职责范围。但是交通信息服务又与道路运输有着较大的关联与功能重叠,是道路运输信息化的重要组成部分。例如,道路运输管理部门负责的客运、货运车辆的定位信息,可以为交通信息的收集提供便利;城市交管部门的道路监测设备,也是交通信息的重要来源。因此,在互联网时代以及大运政背景下,交通信息服务的建设呈现出多部门、多级别协同发展的需要。本节将就互联网时代,综合“互联网+”与四级协同理念,将交通信息服务系统的典型建设模式作为重点讨论。

1.交通信息服务的目的

交通信息服务的直接目的是:通过通信网络、车载设备、手持设备、路侧通信设备、电子图文等媒体实时向出行者提供出行相关信息,使出行者(包括驾驶员和乘客)从出行前、出行中直至到达目的地的整个出行过程中,随时都能够获得有关道路交通状况、所需时间、最佳换乘方式或路径、所需时间及费用等信息,从而指导出行者选择合适的交通方式和路径,以最高的效率和最佳的方式完成出行过程。同时,利用四级协同建设理念,通过运用现代化的道路监测系统和信息采集传输系统,使得部省市县各级交通运输管理部门能够获取当前道路运输的运行状况信息,如发生的紧急交通事件、交通配套设施的损坏、道路的拥堵状况等,从而方便其尽早采取措施解决问题,并为事后分析及交通运输宏观政策和法规的制定提供依据。

综合来说,交通信息服务的目的是使道路的使用者和监管者能够及时获取自己所需要的交通信息和数据,提高出行的机动性、方便性和安全性,最终提高整个道路运输系统的社会效益和经济效益。

交通信息服务可以为公众提供交通信息服务,为政府管理部门的交通管理业务提供决策支持,并形成持续长效的交通信息服务与交通管理的应用平台。直接带来的社会效益主要表现为缓解道路交通拥挤、减少交通事故、提高对交通事故的反应能力,从而减少交通事故的损失、降低车辆行驶的噪声和空气污染、降低行车成本、减少出行时间、提高车辆利用效率、延长车辆使用寿命等。间接带来的社会效益主要表现为提高道路的通行能力、满足交通参与者的出行需求、提高交通管理水平和运行效率、增加群众对交通系统的满意度等。交通信息服务带来的经济效益主要体现在:通过道路交通信息的作用,缩短交通实践和距离,缓解交通拥堵,降低环境污染,使个人出行成本及城市整体交通运行的成本更加经济;同时,不断丰富的交通信息服务及其延伸服务,带动了信息消费、汽车消费、餐饮消费等,增强了城市经济和道路周边经济的活力。

2. 交通信息服务的服务对象及需求

不同的用户和交通参与者对基础交通信息的需求是不同的。这些信息大致包括天气、污染状况信息、路面性能的评价及预测信息、出行者信息、交通流的现状及预测信息、交通设施与车辆的使用情况信息、交通事故信息和事故预警信息等。

先进的交通信息服务的服务对象不仅包括出行者(包括驾驶人员、公共交通乘客),还包括监管者(市县交管部门、省部交通运管部门)。

(1)驾驶人员。驾驶人员是交通信息服务最主要的服务对象。驾驶人员包括专业的驾驶员,如企事业单位和各种公路运输公司的职业驾驶员;同时也包括非专业的驾驶人员,如私家车车主等。交通信息服务可以为驾驶人员提供出发前的出行信息,包括气象状况、道路状况等,帮助出行者选择出行时间和路线。交通信息服务还可以提供目的地的信息,包括沿途的医院、加油站、收费站、停车场等公共设施信息。同时,在驾驶过程中,交通信息服务还可以向驾驶人员提供动态的路网信息,如临时的道路养护、意外交通事故造成的道路拥堵、某时段特殊的交通管制等,帮助驾驶者及时调整行车路线,减少和避免因意外的道路情况而浪费出行时间及费用。

(2)公共交通乘客。随着大城市日益加剧的交通拥堵,以及人民群众日益增长的公共交通需求,近年来城市特别是大城市的公共交通体系得以完善。越来越多的人选择乘坐公共交通作为其出行的主要方式。交通信息服务系统可以向公共交通的乘客提供公共线路查询服务、公交运行时间信息以及换乘信息等,使公交乘客方便快捷地找到合适准确的公交线路。同时,交通信息系统还可以向出租汽车乘客提供出发地到目的地的运行时间、费用等信息,使出租汽车乘客能够方便地规划自己的出行计划。

(3)市县交通运输管理部门。交通信息服务面向的用户不仅仅是作为个体的出行者,还有在交通中发挥重要作用的管理部门。通过运用现代化的道路监测系统和信息采集传输系统,出行者信息服务可以及时将实时交通信息,如发生的紧急交通事件、交通配套设施的损坏、道路的拥堵状况等,及时报告给市县一线的交通管理部门,以方便其尽早采取措施解决问题,避免造成更加严重的后果。对于交通管理部门,交通信息服务系统能够让交管部门了解最新的路况动态,并为其疏导交通、调度管理等提供支撑。对于运输管理部门,交通信息服务系统能够为其提供公共交通供需关系的实时动态,为运输管理部门合理调动公共交通资源、优化公共交通服务提供依据。

(4)省部交通运输管理部门。在新的互联网时代,交通信息服务系统对于各种交通运输宏观政策法规的制定者、省部级的交通运管部门也有重要的使用。利用四级协同理念,将各省市县的出行者信息进行汇总与分析,能够为省部级的交通运管部门提供宏观政策及法规制定的重要依据。

以上具体用户对交通信息的不同需求分析,见表3-1。

**不同用户对交通信息的具体需求**　　表3-1

| 用户主体 | 对交通信息的具体需求 |
| --- | --- |
| 驾驶员 | 要求对车辆的诱导信息。出行前需要了解路网与当前交通状况信息，选择最佳出驾驶员行路线；行驶过程中需要了解动态交通信息，包括事故、施工、阻塞等信息，以便调整行驶路线，遇到事故时能够得到及时救援，提供停车信息等 |
| 特种车辆驾驶员 | (1)提供优先通行策略和行驶过程中的诱导信息，提供安全警告信息；<br>(2)提供调度信息 |
| 行人<br>非机动车骑行者<br>摩托车驾驶员 | 通过先进的信号系统，在转弯、路口、狭窄街道等视野受限制区域，能方便感知在上述区域行驶车辆的速度、转向和变更路线等行驶状态或意向；在途中遭遇疾病、盗匪等意外危险事件时，能发送紧急求救信号并通告所在位置 |
| 乘客 | 了解到达目的地的各种交通手段路线、时间以及途中的各种服务 |
| 换乘者 | (1)提供最佳换乘路线，遇有紧急情况应当能够发出紧急救援信号；<br>(2)提供路线引导服务，通过紧急通道迅速撤离 |
| 车辆所有者 | (1)车辆收费、信息管理，应通过车辆信息与自动定位、收费装置完成；<br>(2)车辆被盗后，应当能够尽快通过先进的通信手段报警；<br>(3)当车辆在非运行状态下发生意外损坏时，应通过车辆自动报警装置发出报警 |
| 道路运输企业 | (1)通过监控系统了解车辆的运营和客流状况，及时根据客流变化调整调度；<br>(2)遇到车辆故障以及其他紧急事件，应发出报警信号并迅速采取相应措施；<br>(3)当进行危险品运输时，提供通告、监控、线路指引等特殊的安全服务 |
| 道路运输管理部门 | (1)通过汇总运营车辆及道路运输企业的实时数据，及时了解道路运输的供需关系状况；<br>(2)通过数据分析，实时发现道路运输中的紧急状况及最新动态，为道路运输的管理与应急处治提供依据；<br>(3)汇总危险品运输数据，为道路运输的安全管理与宏观政策制订提供依据 |
| 交通控制指挥中心<br>紧急事件管理中心 | (1)通过监控系统对路网进行实时监控；自动检测紧急事件；<br>(2)通过先进的通信手段接收紧急救援信号，自动确定救援地点，并发送救援指令迅速组织救援 |
| 基础设施<br>建设与管理部门 | (1)提供基础设施的位置信息，运用先进的通信和监控手段，对可能造成基础设施破坏的危险品运输，提供自动检测、报告、线路指引等服务，以保障基础设施的安全；<br>(2)通过监控系统实时监控换乘枢纽的运行状况；<br>(3)对安全隐患发出警告信号；<br>(4)一旦出现紧急情况，自动报警并自动引导换乘者通过紧急通道进行疏散 |
| 公安机关 | 通过先进的通信手段或监控系统在第一时间获得车辆被盗、驾驶员人身安全受到威胁等信息，运用定位技术自动确定出事地点，自动地调度警力进行处理，对公共运输设施、停车场、警车内安全（包括警车、公安人员和犯罪嫌疑人）进行监视、监测，利用通信与检测技术，通过显示和预警装置向公安人员提供足够的交通信息，帮助其做出最合适的决策 |
| 消防部门 | 通过先进的通信手段接收消防援救信号，自动定位，诱导消防车辆在第一时间到达火灾地点 |
| 急救中心 | 通过先进的通信手段接收医疗紧急信号，通过紧急救援系统中的自动定位，迅速派出救护车进行紧急医疗救护 |
| 车辆维修中心 | 通过先进的通信手段接收车辆故障信息，自动定位，并迅速提供维修服务 |

3. 交通信息服务发展历史

随着信息技术的迅猛发展,以及科技进步与交通管理高效化的要求,交通信息服务系统也在不断地发展变化、逐步完善。例如视觉上由提供静态信息的道路标志、标线发展到目前大量应用的可变情报板、可变标志等;听觉上由一般电台的交通信息广播节目发展到路侧实时通信系统。

传统的交通信息系统是为整个交通流总体服务的,可作为交通管理系统的基础,其所能传递、提供的信息量是有限的。20 世纪 70 年代以来,欧美、日本等发达国家和地区在寻求缓解交通拥塞的研究中,出现了以个体出行者为服务对象的综合交通信息服务系统,出行者可以通过其便携式终端在与交通信息中心的双向通信中使自己始终行驶在最短路径上(距离或时间),避开阻塞路段、事故发生路段或环境不良地段,从而减少延误,使交通拥堵状况得到缓解。

从总体上讲,针对个体出行者的综合交通信息服务系统(即出行者信息系统)的发展又可划分为两个阶段。第一代称为出行者信息系统(Traveler Information System, TIS),是在 20 世纪 70 年代出现的计算机技术和交通监控系统的基础上发展起来的,反映了人们利用通信技术进行信息发布的最初愿望。这些系统主要用于提高路网局部的通行能力,例如严重拥挤的交叉口,或者由特别事件和交通事故引起阻塞的部分路口与路段等。公路顾问广播(Highway Advisory Radio, HAR)和可变信息标志是这一代的代表。第二代称为先进的出行者信息系统(ATIS),它采用信息采集、传输、处理和发布方面的最新科技成果,可以为更广泛的交通参与者提供多种方式的实时交通信息和动态路径诱导功能。第一代到第二代的发展,反映了出行者信息的含义及其传播方式的巨大变化。第一代的 HAR 和 VMS 是单向的通信系统,用来向车辆传递通用的出行信息,由出行者个人对信息进行分析、筛选,选择出对其有用的信息。通信、电子地图、计算机和多媒体技术的高度发展,使得先进的出行者信息系统为出行者提供个性化的服务和帮助成为可能。由于 ATIS 着眼于提供出行者需求的信息,因而可以大大减少出行者对信息进行筛选的工作量。车载路径诱导系统、移动电话、有线电话、有线电视、大型显示屏和互联网等是第二代出行者信息系统的主要表现方式。

随着信息技术和计算机网络的发展,已经开始研究基于互联网和移动互联网构建 ATIS,并采用多媒体、通信等各种高新技术成果,汽车将逐步发展成为移动的信息中心和办公室。这将大大加强 ATIS 的服务功能和服务领域,服务对象也由出行者扩展到所有交通参与者、公众和交通管理部门等。

最初交通信息服务系统的发展大都是小区域范围内、信息服务内容简单、服务方式单一的较小规模的系统。随着技术的不断发展,协同交通信息系统的概念已经从传统的道路交通范围扩展到了铁路、航空、水运等领域,交通信息服务的概念和内容也随之扩大到了多种交通运输方式的各种信息服务内容。并且随着交通信息系统集成化、系统化、智能化、协同化发展的要求,交通信息服务系统也不再是一个独立的交通信息系统的子系统,而是在综合交通信息平台的基础上参与到整个交通信息系统中,通过与其他交通信息系统子系统的集成,共同提高系统的智能化、系统化水平,从而在更大程度上提高交通信息系统的功能和效率,提高综合运输系统的安全性和效率,促进交通运输系统的智能化水平。

4. 我国交通信息服务发展概况

我国交通信息服务的发展具备一定的技术和产业基础,受城市智能交通系统和交通出行理念等因素的影响，我国城市交通信息服务发展起步较晚。国外一些智能交通先进的案例为我国城市交通信息服务发展提供了借鉴方向。

交通信息服务的核心在于提供及时准确的交通信息服务，将交通信息通过各种信息发布终端和手段传达给出行者，使其通过及时了解道路交通状态来改善出行决策。出行者信息服务的最终实现需要用到数据采集、数据融合、数据挖掘、数据传输、信息展示等多种技术。目前我国出行者信息服务的建设与发展的技术基础已经基本成熟。

我国的交通信息服务系统主要由数据采集、数据处理与发布、通信网络、终端应用四个方面组成，如图3-2所示。

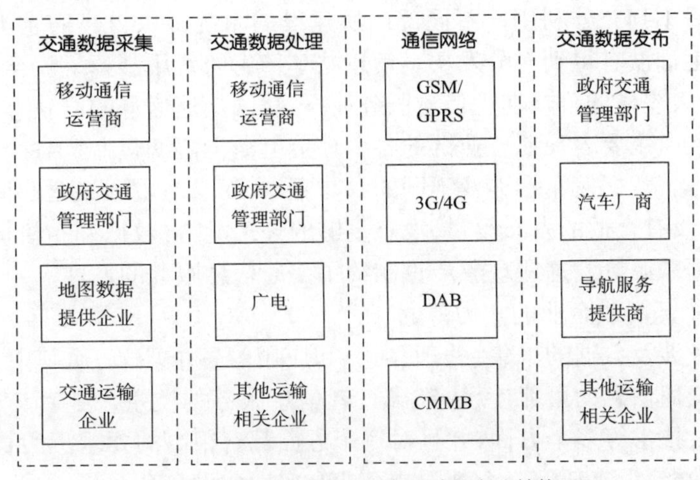


图3-2　我国交通信息服务领域的产业结构

交通信息服务产业的参与主体包括移动通信运营商、政府交通管理部门、地图企业、手机厂商、汽车厂商、导航服务提供商、交通数据提供商、导航设备提供商以及其他相关服务提供企业。目前用于服务的实时交通信息来源有政府部门建设的交通信息检测系统、浮动车检测系统以及基于手机的实时路况检测系统等。需要特别说明的是，我国道路运输相关的政府部门众多，职能分工明确而又部分交叉，例如：城市道路运输由地市交通管理部门负责，而高速公路的管理一般由省级高速公路管理部门负责，公共交通中的城市公交与出租汽车主要由城市运管部门负责，而长途汽车由道路运输管理部门负责管理。因此，交通信息服务系统的数据来源也具有格式复杂、来源多样等特点。综合运用四级协同理念，协同道路运输相关的不同部门，综合利用各部门的数据与基础设施等，实现综合交通信息服务是当前我国交通信息服务的发展要求和趋势。

经过几年的发展，我国交通信息服务涉及的多种单项技术逐渐成熟，包括交通信息采集技术、交通信息加工处理技术、交通信息通信传输技术、交通信息实时发布的各种技术等。但同时仍存在着一些与数据源、机制、实力、标准等因素相关的问题，严重制约着出行者信息服务的进一步发展。

(1)数据源：交通信息采集体系凌乱。

在我国，只有在北京、上海、深圳等大型或特大型城市才有相对较为完善的路况检测设备覆盖。即便如此，检测设备也主要部署在城市快速路等高等级道路上，对主干路、次干路等低等级城市道路的路况监控情况并不理想。对于众多的省会城市，检测设备的部署整体上还比较少。目前已经有的各类交通信息系统大都是由不同的政府部门或机构分散独立建设的,包括线圈检测系统、视频检测系统、浮动车检测系统等,多种采集手段并行实施,但缺乏统一规划,采集系统的布设缺乏系统性和科学性。

(2)机制:产业链中信息共享及企业协作协同机制空白。

交通信息服务产业链中的信息共享机制包括纵向机制和横向机制。纵向机制是指交通信息服务的信息传递的各个环节(包括数据采集、处理、传输和发布等)之间的数据共享和业务协调机制;横向机制是指各环节内部各个系统之间的衔接协调机制。

横向机制的空白主要表现在:各个政府部门在级别上相同,缺少有效的沟通机制,致使当前有限的数据得不到充分利用。不同部门所建设的系统都以自身需求为目标,系统所获取的数据价值还远远没有得到充分发掘。信息共享产生的费用、隐私、安全性问题尚未有效解决。总之,对于大规模的公众在途信息服务而言,我国交通信息的可获得性较差。

纵向机制的空白主要表现在产业链的各个环节上缺少协调机制。各个环节,数据采集、数据处理、数据传输、数据发布均涉及不同的参与主体,而参与主体缺乏协调配合,数据采集单位拥有数据,却没有合适的发布渠道,没有足够的处理能力;数据发布机构有发布的系统,但没有可靠的数据来源等。这些现象严重制约了交通信息服务的发展。

(3)实力:单个部门或企业的实力薄弱。

交通信息服务涉及数据的采集、处理、融合和应用等各个环节,而其中任何一个环节都会影响所提供的交通信息的可靠度,决定出行者信息服务的质量。整套交通信息服务的建设涉及资金、人才、技术等多个方面,并且对每个方面都有很高的要求,而目前我国单个部门或企业实力还很薄弱,没有任何一个部门或企业有实力建设整套系统。

(4)标准:缺乏统一的标准化体系。

交通信息服务是由多个分系统相互联系而成的,由于缺乏相应标准,当前系统建设已面临诸多难题,主要表现在以下三个方面:一是缺乏统一的数据格式、通信协议和接口规范,以及软硬产品技术标准。数据格式不统一,影响交通信息的应用和应有价值的体现;缺乏统一的通信协议、接口规范,造成信息互通、共享困难;缺乏统一的软硬产品技术标准,导致软硬件产品混乱、资源浪费,同时也给投资研发带来了较大的风险。二是标准的缺乏导致各个采集系统、分析系统和发布系统都缺少协调基础。三是不同部门之间投巨资建立的系统没有统一的标准,导致需要增加大量的额外成本才能实现信息共享。

与国外发达国家和地区相比,我国在交通信息服务的发展方面仍然存在较大的差距。具体而言,出行前的交通信息服务,由于服务渠道和方式较为多样,服务内容也较为全面,包括静态路网信息、城市地图信息、公交轨道等线路查询以及主干路网的实时路况和基于实时路况影响的最优路径等,大都通过政府机构或大型商业门户网站提供。基于车载设备和手持终端的在途导航信息服务的服务内容则以静态路网信息、静态几何最短路径导航为主,较少实时的路况信息。现有的实时交通信息主要还是以交通管理为主要服务目的。同时已经出现的少量在途实时路况信息服务仍存在很多问题,包括:信息不完整(仅覆盖部分高等级的道路)、不包含预测信息、动态导航服务质量不高等。可以说我国出行者信息服务的发展仍处于起步阶段。

交通信息服务是智能交通和交通信息化领域面向大众出行者提供信息服务的重要环节。交通信息服务的广域纵深推广,可以带动整个产业链的发展,形成新的经济增长点,可以产生巨大的经济效益和社会效益。在我国,随着交通建设规模的逐渐扩大和深化,社会机动化程度不断提高,出行者对交通信息的需求会越来越大,因此,交通信息服务产业具有十分广阔的市场前景。另外,在全国范围内推广交通信息服务,还能推进城市智能交通良性可持续发展。随着交通信息采集技术不断进步,通信技术快速发展,信息接收和展示技术推广,城市交通信息服务正朝着更广阔和深入的方向发展。系统集成度更高,共享互动更频繁;交通信息更全面、更准确、更及时;交互更便捷、收费更合理;规模效应渐显,标准逐步推进。

综上所述,交通信息服务的技术支撑条件已经较为成熟,并且拥有广阔的发展前景,我国该领域的信息服务正面临一个重要的发展契机。综合利用各种成熟技术,充分整合多种数据资源,深入践行先进的交通模型与分析技术,结合多种信息发布渠道探索切合用户习惯的推广、收费和服务模式,是城市交通信息服务相关的产、学、研各界参与主体需要积极努力的方向。

## 二、交通信息服务建设内容

交通信息服务主要通过城市交通信息服务平台和系统来实现。交通信息服务与城市交通管理与控制系统架构相似,包括采集层、处理层以及应用层三个部分。交通信息服务应用层的核心就是信息发布,基于处理层的计算结果,可以快速建立起基于动态信息的多渠道信息发布系统,包括:以可变信息板(VMS)为核心发布载体的城市智能交通诱导系统;基于动态信息的自适应信号系统,以及直接面向交通出行者的通过互联网、手机终端、车载终端、移动互联网终端等提供实时路况信息和路径导航的服务系统,按照各自的系统架构实现相应的功能要求。

交通信息服务是一个面向广大出行者的多模式、多渠道的服务体系。如图3-3所示,根据服务对象、服务模式、服务内容的差异,交通信息服务可以进一步细分为一系列子系统,分别在不同角度承担着交通信息服务的服务功能。

交通信用服务系统包含了多个子系统:出行前信息服务系统、在途驾驶员信息服务系统、在途公共交通信息服务系统、交通流信息诱导系统、停车场信息诱导系统、个性化信息服务系统等。

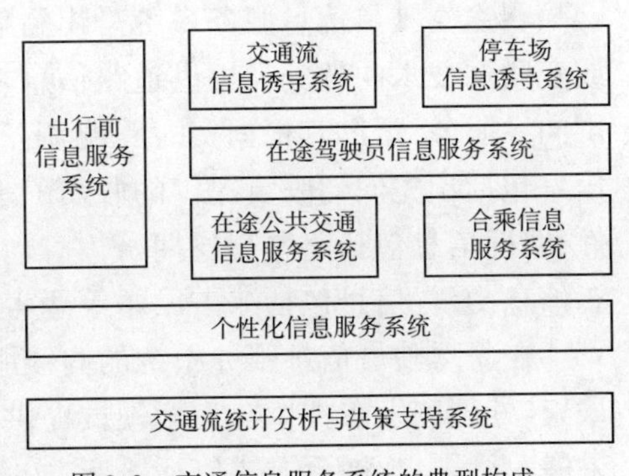

图3-3　交通信息服务系统的典型构成

1. 出行前信息服务系统

利用先进的通信、电子、多媒体、互联网及移动互联网等技术,使出行者在出行前可通过多种媒体,在任意出行生成地访问出行前信息服务系统,以获取出行路径、方式、时间、当前道路交通系统及公共交通系统等相关信息,为规划出行提供决策支持。具体包括以下子服务领域:

(1)出行前公共交通信息在出行者出行前,及时地为出行者提供有限公交线路、发车时刻表、公交换乘选择、公交票费的最新信息,以及共乘信息和实时调度附加信息等。

(2)出租汽车预约服务信息根据出行者的路线请求为出行者安排最近的出租汽车,或为出行目的地相近的出行者安排共乘服务。

(3)出行规划服务信息提供给用户规划即刻出行所需要的信息。基于用户指定参数的出行规划服务,应把计算好的路线、运输方式选择、在查询时间内的实时行程状况和在估计行程时间内的预测状况提供给用户。出行规划服务还提供一条或多条备选路线方案信息。

(4)交通系统当前状态信息实时地提供运输服务的当前状况信息,包含所有事故和事件、道路建设的当前状况、当前所有被推荐的备选路径、指定路径的当前速度、重点区域的当前泊车状况、当前和即将开始事件的时刻表以及当前的天气情况等信息。

手机公交服务系统"掌上公交"如图3-4所示,以手机作为终端的各种交通服务APP已成为当前最热门便捷的出行前信息服务方式。

图3-4 手机APP"掌上公交"

2. 在途驾驶员信息服务系统

在途驾驶员信息服务系统是出行者信息服务最重要的组成部分。系统通过视频、音频或互联网技术向驾驶员提供道路信息、路况信息和各种警告信息,这些信息可以为驾驶员提供向导服务,帮助其根据实时路况调整出行路线,以便快捷顺利地到达目的地。其中,道路信息包括预先向驾驶员提供的收费站、交叉口、隧道、纵坡、路宽、道路养护工等前方道路条件;路况信息包括路网交通拥挤信息、交通事故信息、路段平均车速以及路径行程时间等动态信息;警告信息包括冰雪风霜等恶劣天气以及特殊事件等。

在途驾驶员信息服务系统的高级服务形式是路径诱导和实时导航。它利用先进的信息采集、处理和发布技术在为驾驶员提供实时交通信息的基础上,运用多种方式将路线优化结果展示给用户,展示方式包括语音、文字、简单图形和电子地图等。路径优化是按照驾驶员、出行者和商业车辆管理者等用户的特定需要确定最佳行驶路的过程。用户的特定需要包括路程最短、时间最短、费用最少等;路径诱导和实时导航服务,通过实时的路线优化和路线诱导达到减少车辆在途时间的目的。

(1)车辆运行状态信息根据车辆上的智能探测器传来的数据,为驾驶员提供车辆安全预警信息。

(2)交通事件信息利用各种ITS技术和手段,由城市交通管理中心和交通信息服务提供商动态地为驾驶员提供当前交通网络中出现的交通事故及重大事件的发生时间和地点等信息,使驾驶员做出相应决策,从而使交通得到及时疏导。

(3)停车/乘车选择利用各种 ITS 技术和手段,动态地为公交车驾驶员提供前方乘客数目,预计到达下一个公交站点的时间等信息,使驾驶员做出在下站停车还是越过下站的决策。

(4)停车场信息利用各种 ITS 技术和手段,动态地为驾驶员提供行驶区域附近的停车场泊位、类型和停车费用等信息,为驾驶员选择合适的停车场提供决策依据。

(5)交通状况信息利用各种 ITS 技术和手段,动态地为驾驶员提供交通流量、路段占有率、拥挤度、交通事故等信息。

(6)公共交通调度信息利用各种 ITS 技术和手段,动态地为公交车驾驶员提供静态的发车时刻表和当前的实际调度信息,引导驾驶员及时调节车速,实现正点运行。

(7)交通法规信息利用各种 ITS 技术和手段,为驾驶员提供一般交通法规和路网中各路段的交通管制信息,如单行线、禁止停车、禁止左转弯、禁止鸣笛、单双号管制等。

(8)道路工程施工信息利用各种 ITS 技术和手段,为驾驶员提供有关规划的和突发的道路施工、道路关闭、道路维护等信息,辅助驾驶员选择其他备选路径。

(9)收费站信息利用各种 ITS 技术和手段,动态地为驾驶员提供路网中收费站的位置、收费标准、支付方式、支付金额等信息。

(10)气象信息利用各种 ITS 技术和手段,使驾驶员动态地接收气象部门发布的当前和未来一段时间内的天气情况信息,辅助驾驶员及时调整驾驶行为。

(11)路边服务信息利用各种 ITS 技术和手段,动态地为驾驶员提供路边餐饮、娱乐、食宿、加油站、紧急电话等服务的信息。

车载导航设备如图 3-5 所示,可以为在途驾驶员提供包含丰富的信息服务。

3. 在途公共交通信息服务系统

在途公共交通信息服务系统,主要面向采取公共交通出行方式的个体出行者提供在途公交相关的信息服务。利用先进的电子、通信、多媒体和网络技术,使用户在路边、公交车站、公交车辆上,通过多种方式获取实时公交出行服务信息,包括出行路方式、时间以及换乘信息,以便于出行者就出行路线做出恰当的选择或修正,改善其出行体验,提高满意度。具体包括以下子服务领域:

图 3-5　车载导航设备

(1)换乘信息为乘客提供多种运输方式之间的和同种运输方式之间的换乘信息。该信息包括换乘的时间、地点以及可能的各种换乘方式等。

(2)车辆运行信息:为出行者提供当前公交车辆的运行信息,该信息可以表现为显示在电子站牌上或公交车辆可变信息板上的车辆到达下一站的预测时间、车辆在公交线路上的分布情况、车辆的行驶速度及所处的位置等。

(3)调度信息为公交乘客提供固定的行车时刻表(主要指发车间隔)。同时使驾驶员动态地接收气象部门发布的当前和未来的气象信息,也提供实时的调度信息,如因特殊需要所发出的大站车、区同车和快车等。

(4)票价信息包括所有公交方式不同服务水平的票价信息。通过该信息,出行者可以选择适合自己出行的恰当出行方式和舒适程度。

公交电子站牌如图3-6所示,采用智能的方式展示换乘信息、车辆运行信息、调度信息,实时更新,动态显示,使在途公众的公共交通体验更加便捷。

图3-6　公交电子站牌

4. 合乘匹配与预订服务

合乘匹配和预订服务是一种特殊类型的信息服务,出行者/驾驶员提出合乘请求后,由管理中心选择最合理的匹配对象并通知用户双方或多方。这项服务可以提高车辆的实载率,降低出行总费用和道路拥挤程度。

互联网专车软件APP如图3-7所示,通过手机APP可以提供预约出租汽车、专车,以及拼车服务,为公众解决了出租汽车打车困难、收费昂贵等问题。北京定制公交的网上服务如图3-8所示,为上班族提供安全、快捷、舒适、环保的体验,也顺应了“综合交通、智慧交通、绿色交通、平安交通”的发展趋势。

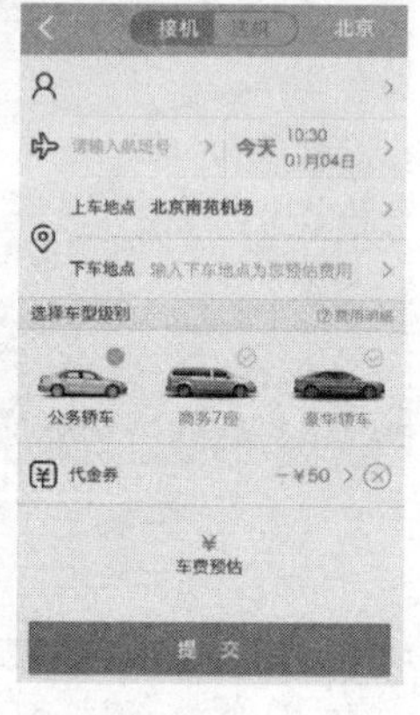


图3-7　互联网专车APP

图3-8　北京定制公交网站

5. 路径诱导及导航服务

路径诱导是一种通过实时地采集和发送交通信息,引导道路网中交通流量合理分布,达到高效率利用道路网络的主动交通控制系统。交通流诱导以交通流预测和实时动态交通分配(Dynamic Traffic Assignment, DTA)为基础,应用现代通信技术、电子技术、计算机技术等为路网上的出行者提供必要的交通信息,为线路的选择提供信息参考,从而避免盲目出行造成的交通阻塞,达到路网畅通、高效运行的目的。在该系统中,交通流诱导信息的发布主要借助路侧设施来完成，包括路侧的可变限速标识、可变信息板（VMS）以及调频广播等。

导航服务利用先进的信息采集、处理和发布技术，以及通信、控制和电子技术等，为驾驶员提供丰富的行驶信息，引导其行驶在最佳路径上，以减少车辆在路网中的滞留时间，从而达到缓解交通压力、减少交通阻塞和延误的目的。具体包括以下子服务领域：

（1）自主导航：利用已有的基于路网和公共交通信息的历史数据形成的关系数据库，为驾驶员提供丰富的行驶信息，如当前车辆位置、目的地方向及位置、路网中的路段数据（限速、车道数、宽度等），引导其行驶在通往目的地的最佳路径上。同时支持用户手工或音频输入的请求查询加油站、旅馆等信息，通过音频、视频输出的界面通知用户。并支持电子收费及通用格式的电子地图，以减少车辆在路网中的滞留时间，从而达到缓解交通压力、减少交通阻塞和延误的目的。

（2）动态路径诱导：除具有静态诱导中的所有功能，还可利用先进的信息采集、处理和发布技术，以及通信、控制和电子技术为用户显示实时的路网状况和公共交通信息，如车辆运行状态的精确信息以及道路情况信息和警告信息，引导其行驶在通往目的地的最佳路径上。并通过实时的与交通管理和控制部门、其他部门的信息交互，可以更改已有关系型数据库，如可以在行驶中根据实时信息更改通用格式的电子地图，查询变化的加油站、旅馆等信息，并通过与其他部门的信息交互，实现防窃、防暴、事故处理等特殊服务。

图3-9　市内交通路径电子诱导屏

（3）混合模式路径诱导：车载设备既支持静态路径诱导又支持实时路径诱导。当驾驶员请求实时诱导方式失败，则自动转入提供静态诱导。市内交通路径电子诱导屏如图3-9所示，与传统的金属诱导屏不同的是，电子诱导屏还可以实时显示交通拥堵路况，以及路段禁行、维护等情况，使路径诱导更加智能化。电子地图导航如图3-10所示，导航服务可以应用于电脑、手机、平板电脑、车载导航仪等各种终端形式中。

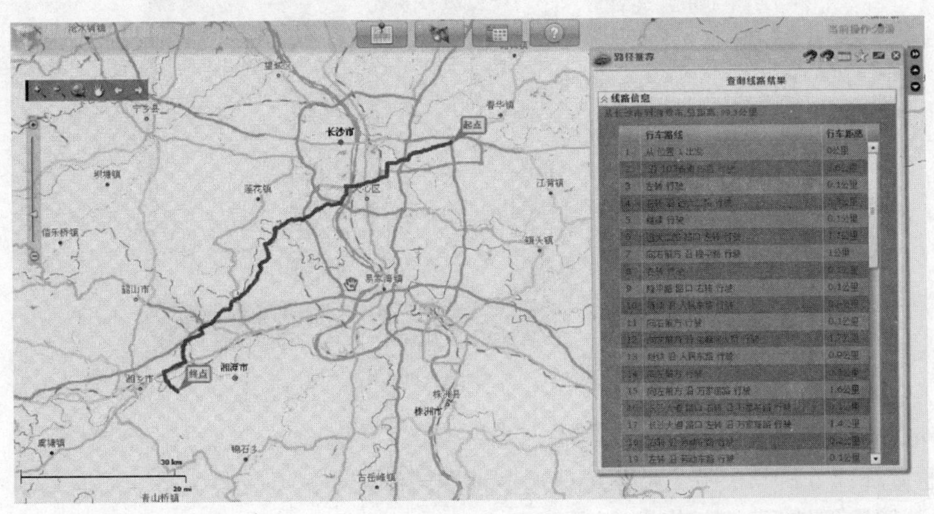


图3-10　电子地图导航

6. 停车场信息诱导系统

该系统是要实时掌握所有停车场的停车信息，为停车者提供城市内停车场的位置与可利用车位情况，从而帮助驾驶员做出停车选择，减少迂回驾驶和由此产生的无效交通量以及所造成的环境污染。停车场信息诱导屏如图 3-11 所示。

图 3-11　停车场信息诱导屏

7. 个性化信息服务系统

个性化信息服务系统是指通过多种媒体渠道以及个人便携装置向用户提供个性化信息的服务系统，在逻辑上覆盖了上述各个子系统之外的所有信息服务。出行者在获知这些信息后，就能够制订合适的出行计划，选择合适的路径，从而减少迂回出行和延误。此外，用户还可以通过该系统获取与出行有关的社会综合服务及设施的信息。此类信息包括餐饮服务、停车场、汽车修理厂、医院、警察局等的地址、营业或办公时间等。具体包括以下子服务领域：

(1) 公共服务设施信息为出行者制订出行计划而提供相关的公共服务信息，诸如汽车修理厂、加油站、医院、宾馆、饭店等的位置和服务时间，到达服务处所应乘坐的公交线路等信息。

(2) 公共服务预订为方便出行者出行，事先进行的相关服务预订（包括预订电话号码、所能提供的预订服务的种类，如汽车、火车和飞机票预订、宾馆预订、餐饮预订等）。

(3) 旅游景点信息为方便出行者制订出行计划，而提供的当地旅游景点、相关公交车辆的信息、公园及商店和饭店的营业时间等信息。

移动互联网终端上的交通出行综合服务如图 3-12 所示。个性化的交通信息服务使交通出行与公众的旅游、消费、商务、办事等生产生活活动紧密连在一起。

图 3-12　交通出行综合服务

8. 交通流统计分析与决策支持系统

交通流统计分析与决策支持系统通过多种交通信息采集手段收集交通实时与历史信息数据，并利用数据挖掘、特征分析、机器学习、人工智能和大数据等分析处理技术，对实时与历史交通数据进行深入分析，获得交通参与者出行的特征与规律，并将这些特征与规律提供给交通管理部门、道路运输管理部门和交通运输宏观政策法规的制订者（如部、省道路运输管理部门），为他们更好地制订交通运输的管理措施与规划，从顶层设计上优化人们的交通出行，最终提高整个道路运输系统的社会效益和经济效益提供数据支撑。

目前，国内城市交通信息服务处在快速增长时期，比较成熟的交通信息服务主要有车辆导航、道路实况、停车信息等。较成熟的产品或系统由汽车厂商、智能交通信息系统集成商、互联网公司等主导。

## 三、交通信息服务关键技术及发展

### 1. 交通信息服务的关键技术

交通信息服务系统主要是根据实时采集的交通流信息及其他相关信息，经加工和处理后，形成有利于出行者出行的交通信息，并将这些信息及时传递给出行者。交通信息服务系统的研究主要包括两个方面：实施技术研究和基础理论研究。实施技术主要指电子技术、通信技术、信息处理技术、卫星定位导航系统等在交通系统中的集成应用，它们是实现交通信息服务和城市交通流诱导必不可少的硬件手段和技术条件。城市交通预测和诱导的关键理论和模型，是交通信息服务系统的核心，涉及路径诱导的动态交通量分配和行驶路线优化设计是系统的关键技术。

目前，实施技术方面进展较快，但基础理论和模型研究相对滞后，为此某些研究项目没有得到实际应用，这也是世界各国都重视理论模型研究的主要原因。

(1)交通预测。根据已经掌握的交通状况，预测未来路网中的有关交通状况，包括交通流量和行程时间的预测，其中交通流量的预测主要根据交通流量的一般规律和现阶段交通流量的观测，路段行程时间则根据未来路网的流量分配和路网通行能力，预计路段的通行时间，为行驶路线的优化设计提供基础。

①城市交通流量预测理论模型。交通流量是城市交通状态非常重要的一种信息，因此交通流量的预测一直是研究的重点。已有的交通流量预测可以分为三类：基于历史数据的迭代方法、时间序列方法和模型模拟。目前已有的关于城市交通流量预测的模型有基于BP神经网络、基于高阶神经网络和基于卡尔曼滤波的城市交通流量预测模型。

目前比较流行的预测模型是BP神经网络预测模型，神经网络是一种较好的数学建模方法，它具有识别复杂非线性系统的特性，比较适合于交通流的预测。

②城市道路行程时间预测理论模型。很多情况下出行者追求的是行程时间最短，而不是行程路程最短，因而行程时间的预测显得更为重要。但是交通网络十分复杂，不确定因素相当多，因此行程时间的预测很困难。

近年来研究者们试图建立超短期（15min以内）或短期（15~30min）行程时间的预测模型，并使之更合理更可靠。目前路段行程时间的预测方法有历史趋势、多元线性回归、时间序列分析、卡尔曼滤波、神经网络法，以及交通模拟、动态交通分配模型。

由于现有的行程时间预测模型都有自己的优缺点，没有一种方法在单独使用时能够获得令人满意的预测效果，因此预测模型正向研究综合模型的方向发展。

(2)动态交通分配。交通需求具有随时间变化的性质，这使得交通网络上的交通流具有动态性。因此要确切地描述交通网络上的各种交通现象，需要采用动态的交通模型，其中很重要的技术之一就是采用动态交通分配。通常交通规划中采用的静态交通分配假定模型时间段内的交通需求是常量,即交通流分布的形态是固定的,求出某一时间段内的最大交通需求,从而做出满足该需求的规划以达到规划的目的。但当需要描述城市交通网络的拥挤特性、制订城市交通管理的措施或向出行者发布城市交通状况信息时,就要研究城市交通流的动态分布形态,因为它决定了城市交通拥挤发生的地点和拥挤程度。动态交通分配考虑交通需求随时间变化的特性,给出瞬时的交通流分布状态,因此可以用来分析交通的拥挤特性,对交通流实行最优控制,以及进行交通信息预测和路径诱导,从这个意义上说,动态交通分配也是交通信息系统的重要技术基础。

早期的动态随机分配模型只能处理单个 OD 对出行时间和出行路径选择的二维选择问题,经过发展之后,可以处理道路网络的二维选择问题,但其假设交通条件是车辆在路段内均匀分布,且速度保持不变,这和实际中的情况显然不符。

近年来,实时动态交通分配理论的研究已有较大的进展,其研究的方法已有计算机模拟、优化理论、最优控制理论、不等式变分原理等,能处理的问题已从处理单一的出行时间或出行路径选择发展到能综合处理出行时间和出行路径的选择。模型的形式有连续时间模型和离散时间模型两大类。下面重点介绍基于遗传算法的最优控制动态交通分配理论与模型。

尽管交通领域的专家学者开发了多种动态交通分配模型,但一般都假设需求固定而不是随时间变化、网络只有单个终点以及所选路径固定不变等。Papageorgiou M 建立的动态交通网络模型,其关键变量是针对特定终讫节点的交通子流量的分配比例和构成比例,适用于需求随时间变化的多终点交通网的动态配流。该模型体系在求解可能性和与实际路网相似性等方面都有很大进步,但使用直接优化算法所需时间较长,因而只适用于小规模的交通。20 世纪 70 年代中期,美、德等国科学家研究了模仿生物进化过程求解复杂优化问题的全局寻优方法,统称为模拟进化优化算法,也称为遗传算法(Genetic Algorithm, GA),已在许多领域得到了实际应用。由于遗传算法只需要各可行解的目标值而无须假设目标函数连续或可微,采用多线索的并行搜索方式进行优化,而且对搜索空间没有特殊要求,节省优化时间,使用方便,具有很强的适应性。

将 Papageorgiou M 建立的模型体系与快速全局优化算法——遗传算法相结合,能大大提高模型的实用价值。然而,由于 Papageorgiou M 建立的模型体系仍然需要动态的 OD 信息,这在实际路网中和进行交通流诱导的情况下是难以做到的。此外,该模型体系采用递推方式计算各个交通参数,在所采集的动态交通信息受到多种干扰的情况下,将引起严重的误差积累效应而导致分配结果的可靠度降低。因此,从交通信息服务系统以及城市交通流诱导系统的实际应用角度出发,开发新的、更为实用的动态交通分配模型算法是以后研究的重点。

另外,由于实时自适应交通控制系统和路径诱导系统本身会影响出行者的路径选择行为,甚至影响交通流的分布形态,因此动态交通分配在为交通控制系统和路径诱导系统提供技术基础的同时,如何将交通控制和路径诱导等系统的影响集成到动态交通分配中去也是动态交通分配需要研究解决的新问题。

(3)路径选择和优化。动态路径诱导就是要为行驶在道路网中的车辆提供从当前位置到达目的地之间的最方便和快捷的路径,即所谓的"最短路"。这里"最短路"有两种理解上的含义，一种是基于已有道路基础上的行驶路程距离最短，这种“最短路”根据已有路网结构和图论的知识便可以找到，而且是静态不变的；另一种是考虑了实时道路交通流状况的行驶时间最短或路阻最小路径，计算这种最短路有以下两个前提：一是由前面提到的动态交通分配得到交通流的实时分布情况，另外则是要建立一定的行驶时间函数或路阻函数，将交通流的分布状况或其他因素加入到行驶时间或路阻的计算当中，从而根据计算结果来选择“最短路”并作为诱导路径提供给驾驶员。理论上讲，这种最短路随交通流而动态连续变化，但实际操作只能作离散化处理，划分为若干个时间段，并在一个时间段里计算找出多条动态最短路提供给驾驶员选择。

在路径选择和优化过程中，以下几个问题是必须关注的：

①交通路口延误的处理。对于交通路口的延误可以将交叉路口拆分为多个“虚拟点”，建立相应的虚拟路段，控制中心根据不同的配时方案设定虚拟路段的广义路阻。另外，通过加虚拟点拆分交叉路口，可以实现禁止左转和环岛交叉口的车辆转向问题的抽象。

②评价指标的确定。评价指标主要体现在路阻函数上，为了适应路径优化多目标的需要，应在动态路径诱导系统中采用广义路阻。所谓广义路阻（出行代价），是指出行者为了完成出行而付出的代价以及给社会带来的负面影响的量化值。根据实际情况一般有出行时间、行驶距离、拥挤程度、道路质量和综合费用5种路阻。5种路阻并不矛盾，但是根据目标不同，以每种路阻得出的最佳路径一般不同。

③最短路径搜索。用户出行特点对动态路径诱导系统的影响是多方面的，用户根据道路级别、路面质量、舒适程度来进行路径选择将影响最优路径。

目前，最短路径算法最流行的有Dijkatra算法、Be11man－Ford－Moore算法、Floyd算法、启发式搜索（Heuristic Search）算法——A＊算法、蚁群算法等。

Dijkatra算法是由E. W. Dijkstra提出的一个适用于所有弧的权为非负的最短算法，也是目前公认的求解最短路问题的经典算法之一。它可给出从某指定节点到图中其他所有节点的最短路。

Bellman－Ford－Moore算法分别由Bellman、Ford和Moore在20世纪50~60年代提出。目前这样的时间复杂度在所有带有负权弧的最短路算法中是最好的，但其实际运算效果却往往不及Dijkatra算法。

Floyd算法是一个求图中所有节点对间最短路的算法，由Floyd于1962年提出。虽然与对每一节点作一次Dijkatra算法的时间复杂度相同，但其实际运算效果要好于后者。

图启发式搜索（Heuristic Search）算法——A＊算法。较为流行的启发式搜索算法是由Hart、Nilsson、Raphael等人首先提出的A＊算法。该算法的创新之处在于选择下一个被检查的节点时引入了已知的全局信息，对当前节点的距离做出估计，作为评价该节点处于最优路线上的可能性的量度，这样就可以首先搜索可能性较大的节点，从而提高了搜索效率。

另外，对于实际应用中的自动导航系统，车载计算机的储存量和运算都有限，面对庞大的路网和信息，寻求小储存量的算法是非常有必要的，而对于实时导航系统，时效性要求很高，因此很多时候是以精度换时间。针对车辆自动导航的特点，近年来在最短路径方面取得了一些进展，主要有数据结构方面的改进，双向搜索、分层搜索、K－最短路径算法、基于神经网络的算法和遗传算法等，另外还有基于出行特性的TC－B Method的算法等。

(4)交通信息发布。有利于出行的交通信息形成后，如何通过有效、直观的方式提供给出行者,使出行者能够很容易地接收这些信息,又不带来更多的驾驶负荷,是交通信息显示要解决的问题。这就要求一方面根据人机工程学实现好的人机界面设计,人机交互功能易于实施;另一方面就是信息本身要以一种清晰和直观的形式显示,例如以不同颜色表示道路的拥挤状况,使得出行者不必花太多精力来接收这些信息,以致影响驾驶。在动态路径诱导方面,诱导信息如何与已有的电子地图相结合,从而给出一目了然、直观明白的路径诱导,也是信息发布要解决的问题。

2. 交通信息服务系统的技术发展

传统的交通信息服务系统通过道路交通标志与标线、交通广播电台、电视、报刊等形式为交通参与者提供信息。这些信息通常是静态的,虽然也有部分动态信息(如电台提供的道路交通信息、电视台发布的交通事故信息等),但系统性和实时性较差。先进的交通信息服务系统(ATIS)运用先进的信息技术和通信技术,可以在多种场合,以多种方式向出行者提供质量高、实时性好的交通信息服务。相比之下,ATIS 的技术进步体现在以下几个方面:

(1)信息发布手段的视觉化。ATIS 除了利用无线电广播、电话咨询等技术发布语音交通信息外,还普遍运用 Internet 网页、移动互联网、手机 APP、交互电视、车载单元显示屏和 VMS 来发布信息。例如,我国在 2008 年北京夏季奥运会期间使用的广播、车载终端、网络等技术,实时发布交通信息,诱导市民合理出行。

(2)无线电广播技术的更新。将交通信息传送给出行者的最一般方法是使用无线电广播。但是,随着信息量的大幅度增加和对信息实时性要求的提高,以往的无线电广播技术已无法满足要求,因此,在 ATIS 中采用了更先进的无线电广播技术。如目前欧洲广泛使用的是交通数据专用电台 RDS - TMC (无线电数据系统交通信息频道),日本使用的是先进的路侧广播系统。

(3)双向通信技术的广泛应用。在传统的出行者信息系统中,主要由交通信息中心采用单向通信的方式(广播、电视、VMS 等)为出行者提供信息。由于没有信息反馈,因而所提供的信息没有个性化特点。在 ATIS 中,由于越来越多地采用了双向通信技术,交通信息中心不仅向出行者发布交通信息,也从出行者那里获得交通运行状况信息。出行者不仅能获得面向大众的交通信息,而且能获得所需要的特殊信息并提出特殊的服务请求。例如:当前众多智能手机中安装了地图 APP 系统,既能够为交通参与者提供实时、便捷、直观的交通路况信息,又能够通过聚合大众的位置、移动、时间等信息,向数据中心提供计算实时交通路况信息的个性化数据。

(4)信息的实时性不断提高。随着信息采集、处理、传输、发布技术的不断进步,ATIS 提供的信息的实时程度越来越高。如美国休斯敦的道路交通网页信息每分钟更新一次;日本东京的 MEPC 项目提供的高速公路交通信息也是每分钟更新一次。当前,我国部分城市和交通服务企业也提供分钟级的城市路况信息,如高德地图和百度地图等,出行者可根据实时路况安排出行。另外,部分城市的公共交通系统的数据也实现了实时更新,例如武汉公交系统,每辆车辆的位置和到站时间均可通过手机应用查询,大大方便了公共交通搭乘者的出行需求。

(5)信息的复杂程度日益增强。由于卫星定位、GIS 和移动通信等技术的广泛应用,ATIS 所提供的信息越来越复杂,对交通系统产生的影响也越来越大。如电子地图的使用使 ATIS 所提供的信息更加丰富、清晰和准确;路线诱导系统的路线选择不再仅仅以路网结构数据和历史交通数据为依据，而是更多地依据路网最新的和预测的交通信息，使网络交通流的整体优化成为可能。

## 第五节　典型应用二：全国道路客运联网售票服务平台

### 一、概述

道路运输是国民经济和社会发展的基础性产业和服务性行业，道路运输系统的高效安全运行关系到国计民生、千家万户。随着我国经济的快速发展，道路运输规模迅速扩张，对行业服务的快捷、便利、安全等需求日益增长，为全社会提供及时、准确的出行信息服务是道路运输行业提供高品质、多样化、服务保障和改善民生的重要举措。

近年来随着航空运输、铁路运输、城际轨道交通的迅猛发展，道路运输面临多方面的挤压，相对于铁路和航空，公路运输网络密集、覆盖面积广、班线密度大、出行灵活的传统优势正在被削弱，客流量也开始出现下滑。如何充分发挥公路客运的优势，提高服务水平，吸引到更多的客源成为公路客运发展必须直面的问题。

交通运输部《公路水路交通运输信息化“十二五”发展规划》（交规划发〔2011〕192 号）及《关于印发 2013 年道路运输司工作要点的通知》（交运便字〔2013〕12 号）中明确要求，“引导开展省域、跨省域客运售票联网和电子客票系统建设，以网上购票和电话购票等多种形式，方便出行者购票，并为道路客运乘客提供相关信息服务”，要求“研究推动道路客运联网售票工作，择机启动道路客运联网售票示范工程”。交通运输部《交通运输信息化“十三五”发展规划》（交规划发〔2016〕74 号）中又再次重申，“利用‘互联网 +’技术，深化推进省域客运联网售票系统建设，提高联网售票二级以上客运站覆盖率，推广普及电子客票、实名制购票，引导第三方综合客运联网售票平台发展，鼓励发展联程运输票务一体化服务，建设全国道路客运信息联网服务工程”。

2013 年 9 月，交通运输部出台了《关于改进提升交通运输服务的若干指导意见》（简称《意见》），明确了今后一段时间改进提升交通运输服务的总体要求、总体目标、重点任务和工作抓手。《意见》的发布实施对交通运输转型升级、建设人民满意交通具有重要的指导意义。总体目标明确要求公众出行更便捷畅通，道路、水路客运基本实现联网售票；重点工作第五项提到推进创新发展，提升交通运输服务信息化水平，其中提到推进全国客运联网售票。从改进服务、方便乘客角度出发，着力解决乘客购票不便等问题。整合各地客运售票资源，推进省域、跨省域客运联网售票平台建设，逐步推行电子客票，为旅客提供网上售票、电话订票、网点售票、自动售票机售票等服务，让旅客购票方式更多样、购票更便利。

2013 年 10 月 12 日，交通运输部召开全国交通运输科技创新电视电话会议。部长杨传堂出席会议并强调，要实施交通运输创新驱动发展战略，深化行业科技体制改革，加快推进科技创新，不断提升交通运输信息化智能化水平，为加快综合交通、智能交通、绿色交通和平安交通建设提供坚实支撑。

2013 年 12 月，交通运输部办公厅下发了《交通运输部办公厅关于启动首批省域道路客运联网售票平台建设有关事项的通知》，在通知中，交通运输部明确提出启动省域道路客运联网售票平台工程，实现客运站和客票代理机构以及互联网、电话等多渠道客票信息查询和售票,更好地服务群众出行,同时有效整合道路客运动态信息资源,增强道路客运动态监管能力,为实现全国道路客运联网售票奠定基础。

为贯彻落实道路运输业及交通运输信息化"十三五"发展规划,进一步提升行业管理和服务水平,适应技术发展趋势,满足未来几年内经济、社会发展需要,促进全国范围内道路运输事业的发展,按照部道路运输信息化建设的统一部署,决定启动全国道路客运联网售票信息平台建设项目,发展多元化售票方式、加强道路运输信息资源交换与共享、整合和利用道路客运动态信息资源、加强客运信息辅助决策、增强道路客运动态监管能力、改善公众出行服务质量等方面工作,系统的建设是全面提升道路运输业"三个服务"的能力和水平的重要手段,有助于实现道路运输信息共享和综合应用,开辟全国道路运输服务的新局面。

## 二、当前道路客运售票服务存在的问题

随着我国道路运输业的迅速发展,道路运输业在综合运输体系中的地位进一步提高,2015 年全国营业性客运车辆完成公路客运量 161.91 亿人次、旅客周转量 10742.66 亿人 km。但在发展的同时,道路客运信息服务水平远落后于民航和铁路,无法适应综合运输体系和现代道路运输业的发展要求。各级道路客运联网售票系统在方便公众出行、提高企业市场竞争能力、提升行业监管服务水平等方面发挥了重要作用,但由于涉及利益主体众多、缺少政策支持、标准规范不健全、缺乏有效运维机制等,影响了客运联网售票系统的建设进程、应用效益和全国范围的客运信息共享。

道路客运售票联网涉及行业管理部门、客运企业、客运站、乘客和普通公众等。业务上,需要面对几大类、几十种道路客运相关业务应用和客运信息资源。同时要理清交通管理职能设置上的纵横向关系、相关业务间数据的往来关系、隶属关系。在技术上,要考虑运行在各种不同软、硬件平台上,用不同技术开发的应用系统,做到对异构系统的统一访问。

当前道路客运售票服务存在的问题及其表现,主要有以下几个方面:

### 1. 道路客运联网售票建设相对滞后

随着社会信息化的快速发展,公众对于交通行业信息化的需求也越来越强烈。越来越多的信息技术不断地被引入到交通建设与管理中来,虽已有部分省市已经建成或在建道路客运联网售票系统,但这与公众对于全国范围内票务信息需求还有一定的距离,不能满足公众对全方位综合信息服务的需求。道路客运管理部门对于公众购票习惯和客运企业票务规范管理的引导还不到位。当前道路客运行业最主要的矛盾是社会公众对便捷出行的需求与相对滞后的联网售票系统建设的矛盾,这一矛盾严重阻碍了道路客运服务形象的转变和公共服务能力的提升。

### 2. 道路客运信息化区域发展不平衡

在经济发展较快、信息化发展程度较高的省市,已经先期建立了较完善的交通信息化基础设施,运输管理部门或有实力的运输企业建立自己的联网售票系统,相对落后地区的售票系统还较为原始,发展极不平衡,缺乏政府引导。道路客运区域信息化水平的差异造成了跨区域道路客运资源整合困难,迫切需要从部级层面予以合理的引导和技术与资金支持,在鼓励各省市完善自身联网售票系统的同时,协调区域发展不平衡的问题,建立统一的客运信息交换与共享平台和跨省域道路客运联网售票系统,促进道路客运信息化水平的均衡发展。

社会经济发展水平存在差异,造成我国交通基础设施建设的重点分布在中东部地区,尽管近年来随着我国中部崛起和西部大开发战略的实施,中西部地区的交通基础设施建设得到快速的发展,但相对于东部地区还有待提高。

经济发展水平的不平衡就造成了交通信息化水平的发展不平衡,经济实力较强的省份率先进行功能完善的联网售票系统建设,而经济稍弱的个别省份联网售票系统建设还较为落后,这种信息化发展的不平衡造成不同系统间的集成与整合困难。

3. 各省平台各异,有待整合

近年来,随着社会经济的快速发展,愈来愈多的省份建立了自己的联网售票系统,在极大地方便旅客出行的同时,使客运管理部门更好地掌握了客运市场的运行状况,为客运资源的规划与建设、重大问题和项目建设的决策提供了支持。但由于各省联网售票平台间框架与标准各异,不能进行有效互联,特别是跨省域的互联互通难以实现,形成联网售票信息孤岛,从而影响了省际或区域性联网售票的实施。部分已建成联网售票系统的地区普遍存在利用率不高、宣传不到位、互联性不强等缺点。

当前各省市在建或已建的联网售票系统都是根据自身的需求建立的,由于缺乏顶层设计,没有统一的建设规划和指导,系统建设和管理方式各异,难以予以整合和互联互通,系统建设资金不明确,极大地制约了现阶段对系统的整合需求。

4. 客运监管部门与企业各自为政、相互封闭,缺乏协同机制与资源共享机制

随着社会经济的发展,道路客运范围的不断扩张与市场运作形式的不断发展,道路客运已经成为中远距离旅行不可或缺的交通方式。但由于历史发展原因,受地方客运部门的主营业务主要集中于当地及周边区域的影响,地方客运部门各自为政,相互封闭,对于存在竞争的客运线路相互排挤,为确保本区域的经济利益,引起不正当竞争。各售票系统只局限在自己管辖的区域内部使用,不能与其他联网售票系统有效地互联互通,没有实现真正意义上的区域联网售票。跨区域道路客运管理缺乏协同机制,客运资源与信息不能进行有效的共享。

部分省、市在联网售票系统建设运行期间,制订了一些相关配套政策和标准规范,并发挥了重要作用。但在部级层面缺乏统筹性的指导政策,各省市制订政策时缺乏从全行业角度统筹规划,政策细则和配套措施不尽完善;加上标准体系建设不健全,标准制订滞后于系统建设,各地标准相互之间不统一,数据传输接口不一致,影响了联网售票建设进程和应用效果。

5. 管理不透明,缺乏社会监管与顶层设计

道路客运票务与管理信息不透明,缺乏社会监管;部级层面对客运数据掌握不够全面,影响顶层设计与决策规划。

随着社会的发展和各行业信息化水平的不断提高,企业和公众对关系社会民生行业的信息与运行数据透明的需求进一步加强。各行业已建或在建了许多不同类型的信息与数据发布平台,对于加强行业信息透明、接受社会监督、改善行业服务等起到良好的作用。道路客运行业在信息透明机制方面还不够健全,不同地区、不同客运公司对其内部运行数据不予公开,缺乏社会监管。部级层面管理与规划部门对基层客运系统的运行数据掌握不够完整,没有合理畅通的沟通与信息收集渠道,从而影响了顶层设计的准确性和全面性,不利于宏观决策与规划。

联网售票系统要从整体和全局视角出发对系统建设的各个方面、各个层次和各个角色等因素进行统筹考虑,理解和分析影响系统建设的各种关系,对系统建设的基本问题进行总体的、全面的分析,确定系统建设目标,并提出体制、规范和业务的构架及改进建议,从而尽量规避规划的缺陷和不足,从根本上减少信息化建设风险。

6.行业管理部门、客运企业和公众对联网售票存在认知偏差,需求未能充分挖掘

道路客运联网售票因其综合性强,内涵包括了道路客运信息服务的方方面面,目前各方面对其认识也存在偏差。许多未建或计划建设的省份、行业管理部门认为联网售票更多的是市场行为,主要由企业作为建设投资主体。而客运企业调查问卷统计结果表明,91%的运输企业认为联网售票系统的建设主要是为了方便民众购票,与企业无关,应由政府部门来主导。并导致运输企业对道路客运联网售票有抵触心理,以保护商业秘密为借口加以阻挠。社会公众也由于多年的消费习惯和相关部门宣传力度不足以及部分已建系统使用不方便的原因,不了解或不习惯道路客运联网售票。

目前,不同层面对道路客运联网售票的需求也存在着较大差异,主要表现在行业管理部门有着相对迫切的需求,而运输企业和公众则由于认识上的差距,需求未能充分挖掘。一旦某种条件成熟,这种需求就会迅速表现出来。比如,昆明市由于客运站外迁,几大客运站间距离远,联网售票数量近期迅速增长。此外,不同地域范围内的道路客运联网售票需求程度也存在较大差异,相对而言,同城范围内,甚至跨省紧密联系的两个城市间的道路客运联网售票已经自发产生出一定的需求,而全省范围、区域范围乃至全国范围内的需求尚待挖掘。

7.缺乏长效运维机制

由于缺乏可持续的运维资金来源、没有专门的运维机构、运维管理措施不健全等原因,联网售票系统的建设往往未能达到预期的运维效果。相反,如吉林从客票旅客站务费中解决了运维资金来源;海南省由海汽运输集团自身负责运维,均运行情况较好。

8.税制和票样问题

目前,道路客运税收属地方税种,各地税率不统一,给联网售票结算带来了较大的困难。有关学者曾呼吁统一税种和税率,由于涉及与发改委、财政部和税务总局等部门协调,存在较大难度。票样方面,尽管交通运输部在1997年就制订了道路客运票样标准,近期又发布了新版标准,但票样统一同样涉及交通、税务、物价等多部门,程序复杂,协调难度大。通过调研了解到,仅北京、江苏等4省市票样统一外,其他各省(自治区、直辖市)全省甚至在地市范围内票样不统一。票样不统一是影响联网售票的主要因素,在这种情况下,即便客运站间进行了联网售票,但也无法打印对方票或在本站检票终端检对方的票,公众需要到乘车站换票,不能完全达到方便公众的目的。

然而,联网售票系统目前存在的问题不是某一客运企业、某一城市甚至某一个省能解决的,是道路运输行业的共性问题。况且,联网售票系统涉及利益主体多,较为分散,协调难度大。行业管理部门必须扮演重要角色,要站在全行业角度,统筹考虑,逐步制订相关解决措施。通过调研分析,85%的客运企业(站)、92%的行业管理部门认为联网售票系统建设工作不能任由市场发展,应由政府主导或引导,提供前期建设资金,制订相关政策、标准和规范,鼓励引导联网售票有序良性发展。

因此,按照部道路运输信息化建设统一部署,启动全国道路客运联网售票信息服务平台

建设,实现道路客运信息共享和综合应用,有利于方便群众出行、提高行业监管和服务水平,更好地履行道路运输“三关一监督”职能,既是转变发展方式、建设现代交通运输业的要求,也是提高行业公共服务能力,改善行业形象,促进与航空、铁路建立综合运输体系的具体举措。

## 三、当前道路客运售票服务信息系统现状分析

### 1.信息系统现状

截至2011年3月,全国各省(自治区、直辖市)联网售票系统建设总体分为五种情况:一是北京、江苏、吉林、海南实现了全省(自治区、直辖市)二级以上客运站的联网售票;二是浙江和新疆生产建设兵团也实现了全省二级以上客运站售票系统联网,可实时查询全省各地市客票信息,但暂未实现全省(自治区)范围联网售票;三是河北、山西、黑龙江、福建、甘肃5省正在建设全省道路客运联网售票系统;四是辽宁、内蒙古等13个省(自治区、直辖市)规划建设全省(自治区、直辖市)联网售票;五是天津、山东等8个省(自治区、直辖市)暂未规划,但实现了部分城市或客运企业自身联网售票。

各省(自治区、直辖市)联网售票功能实现、运维管理、市场策略不同,导致了各地区联网售票系统应用的差异化发展。由于各省联网售票平台间框架与标准各异,不能有效地进行互联,特别是跨省域的互联互通难以实现,形成联网售票信息孤岛,从而影响了省际或区域性联网售票的实施。部分已建成联网售票系统的地区普遍存在利用率不高、宣传不到位、互联性不强等缺点。

另外,道路客运行业业务数据在信息透明机制方面还不够健全,缺乏社会监管。部级层面管理与规划部门对基层客运系统的运行数据掌握不够完整,没有合理畅通的沟通与信息收集渠道,从而影响了顶层设计的准确性和全面性,不利于宏观决策与规划。

2015年6月,交通运输部办公厅发布《关于进一步做好道路客运联网售票有关工作的通知》(以下简称《通知》)。《通知》明确,2015年年底,首批27个省份的省域道路客运联网售票系统主体工程完成;2016年年底前,全国道路客运联网售票系统整体投入运营,这也将成为与“12306”火车订票网并驾的客运订票网站。

按照要求,2016年年底前,全国道路客运联网售票系统将建设完成。按照成熟一个接入一个的原则,逐步推进部、省两级系统的对接。基础条件较好、建设进度较快的省份在2016年年内先行将省级系统接入部级系统,其他省份要在2016年年底前将省级系统接入部级系统,实现部、省两级系统的全面联网,确保全国道路客运联网售票系统投入整体运营。

通知明确,加大政企合作力度,通过市场机制推进全国道路客运联网售票系统建设运营。要逐步实现全面覆盖,并积极探索实现全部客票资源的实名联网售票,在确保覆盖二级及以上客运站的基础上,进一步覆盖三级及以上客运站。三级以下客运站的信息或暂不接入网络,比如从某村镇发车的线路或难提前预订。

### 2.主要差距分析

(1)数据资源有待整合,数据分析利用水平较低。目前还未实现部级层面完善的票务等相关业务数据资源的采集与整合,不能为行业管理与领导决策提供及时、全面的数据支撑。现有的各省联网售票系统仅实现了基本的联网售票功能,对数据的分析利用较为缺乏,依靠

先进的信息技术，提升管理和服务水平的潜力尚待进一步挖掘。

(2)公众客运出行信息服务不足。目前尚未实现全国范围内道路客运班线、班次、票务的实时查询，对于公众出行信息支持不足，大大降低了公众客运服务体验，传统的购票途径单一，缺乏多元化购票方式、全面的乘车信息向导等便利服务。

(3)未实现民航、铁路的衔接，不能实现综合联程售票。随着旅客出行的需求不断增加，对出行的时间要求加强，实现公路、铁路、航空、市内交通的联程购票，是新时期的发展方向。在网上实现民航机票、火车票、长途客运票的联程购票，节省了前往售票点购票的时间成本，极大方便了旅客的出行，提高了办事效率。

(4)政策制度、标准规范不健全。部分省、市在联网售票系统建设运行期间制订的相关配套政策和标准规范缺乏从全行业角度统筹规划，政策细则和配套措施不尽完善；加上标准体系建设不健全，标准制订滞后于系统建设，导致各地联网售票系统数据标准不统一，数据传输接口不一致，影响了联网售票建设进程和应用效果。应充分发挥政府引导作用，从部级层面全面规划，加强统筹性指导政策、统一标准规范的制定和实施。

(5)运维机制尚不健全，运维效果不甚理想。由于缺乏可持续的运维资金来源、专门的运维机构、运维管理措施不健全等原因，当前各省、市已建的道路客运联网售票未能达到预期的运维效果。

## 四、建设全国道路客运联网售票服务平台的目的

### 1. 提升行业服务水平，方便公众购票、出行

(1)及时准确获取动态交通信息，实现规划出行。通过平台可以实现各省交通信息资源的整合，充分保证了旅客的“知情权”，旅客可以方便查询到全国公路、城市公交、铁路、民航等客运信息，如发班班次、班线、车票价格、发车时间、到达时间、近日余票、车辆的类型等信息，做到规划出行。

(2)满足购票方式多元化的需求，降低购票隐形成本。行业综合服务平台凭借票务资源共享的优势将能给旅客提供更多元化的购票方式，包括邮政网点售票、代售点售票、网上售票、电话订票、手机订票和自动终端售票等，极大地方便旅客购票和出行。由于社会快速发展，城市交通的拥堵给旅客的出行购票造成了诸多不便，旅客购票的时间成本与金钱成本都大大增加。行业综合服务平台在方便公众查询班次票价信息和购票的同时，减少旅客往返车站的购票成本。

(3)提升公众出行信息服务水平。从社会民众的角度来看，道路客运联网售票服务平台的建设，可以极大地方便人们的出行。可满足异地、及时、就近、就简的购票需求，节省民众时间成本，为乘客解决异地购票和换乘不便的问题。平台通过整合全国的道路客运资源，为公众出行提供综合信息服务，包括出行路径规划服务、动态路况信息服务、交通气象信息服务、客运信息查询服务、交通设施及车辆维修救援信息服务、交通旅游信息服务、交通地图查询、出行费用查询，提供私家车代驾服务、出租汽车电召服务等。

### 2. 提升企业管理水平和服务水平，提高企业盈利能力

(1)完善道路运输企业生产和管理系统，实现企业管理和服务全面升级。通过全国道路客运联网售票平台建设，引入先进的行业管理理念和管理手段，对道路运输企业的运务管

理、客运站的站务管理进行完善和升级,实现作业自动化、管理智能化、决策科学化、服务人性化,实现企业管理和服务全面升级。

(2)为企业建立综合运输体系下的统计分析,实现科学决策。整合公路、铁路、民航等运输方式的客流和出行信息,为企业提供各类不同运输方式、不同线路的客流统计分析,及时了解客运量和客运流向信息,并结合历史同期数据,更加准确地预判客流动态,使企业能准确把握旅客流向和出行需求,实现班次运力合理调配,提高班次的实载率,提升企业的决策水平。

(3)拓展售票渠道,提升企业服务水平,降低经营成本。对企业而言,效益就是生存的命脉,而从经济学角度来讲,提高效益的最好办法就是节约成本。实现联网售票可以在一些节假日,尤其像在“春运”“十一”这种高峰期的时候,企业提前预知到它所属这几个客运站的客运量,能够提前调度运力,提升实载率,从而达到降低运营成本的目的。同时,投放终端机售取票也可节约客运站的窗口成本。通过联通网售票实现实名制信息化管理,从而有效地保障道路客运安全。

通过平台建设,提供多元化售票,拓展售票渠道,减少旅客站内购票的数量,同时车票的提前售卖将会逐渐固定客运发车时间,使得旅客的乘车更具有计划性,从而减少站场内候车旅客的数量和售票窗口配备数量,实现减员增效,最终降低企业经营成本。

企业可以为旅客提供更全面的票务信息,并在基础上整合其他信息,为旅客提供更多的出行信息,包括中转换乘和出行方式选择等,极大地方便旅客购票和出行,同时提升企业的服务水平,树立良好的企业形象。

(4)挖掘行业潜力,开拓小件快运市场,提升企业经济效益和竞争力。通过平台建设,改变现有各客运企业各自为政的局面,建立信息共享平台和机制,推进信息融合与服务联合,实现区域性小件快运一体化运作,使小件快运各环节、各节点之间协调运行,显著改善小件快运系统的时空效应,拓展小件快运的网点覆盖,改变服务手段和方式,提高小件快运服务质量和效率。从而,使客运企业在不追加大量投资的情况下,通过充分挖掘现有资源潜力,创造新的利润增长点,增加企业的效益。

3.规范市场行为,促进行业监管,推动行业发展

(1)规范客运市场行为,科学制订决策。建立全国道路客运联网售票平台可以减少目前部分企业之间不公平竞争的问题,提高班次运行信息透明度,为客运站、运输企业创造公平竞争环境;促使更多旅客到站乘车,强化了运管部门要求的“车进站、人归点”的执行力度,对打击黑车、维护安全和规范市场行为具有一定作用。

整合客运信息,为行业管理者提供实时客运动态信息,结合已有静态信息,全面了解客运流量、流向、企业经营状况等。并运用先进的数据分析处理和信息挖掘技术,主动发现道路客运行业中的问题和规律,提高决策的科学性和应急事件的快速响应能力,充分满足行业管理的需要。

(2)实现信息共享,促进综合运输体系的建设。“一票到底,一单到底”将是未来综合运输的发展方向,公、铁、民航联运的需求越来越大,道路客运短途运输优势和灵活的支线运输优势将使道路交通成为综合运输体系主干运输延伸的不二选择。

当前客运行业内信息不统一造成的行业间信息不能共享是阻碍现代综合交通体系建立的重要问题,通过建立全国道路客运联网售票平台,整合行业内部客运信息,实现道路客运

信息共享,满足与民航、铁路客运信息无缝对接,方便旅客换乘的要求,促进综合运输体系建设。

(3)实现对客票票据的全程管理。为规范全省公路客运业发票的使用管理,充分发挥发票在加强财务监督、保障国家税收收入、维护经济秩序等方面的作用,考虑全国客运发票的管理现状,尽快实现对客票票据从计划、申请、印制、使用到核销全过程的管理成为目前非常紧迫的需求。

为了加强从客票的维度对客运行业运行状况的分析和监控,在实现对客票票据过程透明化管理、可溯源管理的基础上,还应加强对整个客票数据在各个环节、周期、企业等多个维度的及时比对和分析。

需要尽快建设完成能够实现客票真伪查询的网上服务平台,防止假票冲击市场运行秩序。同时,还要为公安、税务等相关政府主管部门提供信息查询等功能。

(4)实行实名制购票,提高出行安全,促进社会稳定和谐。通过该项目建设,实现旅客实名制购票,建立旅客出行数据库,实现追溯和检查,对于全省打击犯罪、维护社会安全稳定的局面,对于管理部门应对突发事件、实施应急处理、保障旅客安全出行起到至关重要作用。

(5)提高运输资源利用效率,实现节能减排。当前线路投放决策缺乏数据支持,导致一些线路实载率低,部分客车回程空驶。加上客车都设计了较大的货仓,旅客行李一般都不能满载,这些情况导致了极大的运输资源浪费。通过全国道路客运联网售票平台,提高运输资源利用效率,减少不必要的或重复的运输资源投入运营,实现节能减排,从战略上贯彻落实国家关于发展低碳经济的号召。

联网售票可以通过网络及时地将数据整理发送管理部门,其通过数据分析可掌握运输动态,为线路审批、运力投放、运力保障等提供数据支持。同时也方便了信息资源的共享、系统的整合,有效地助推交通运输信息化发展。

综上所述,全国道路客运联网售票平台的建设具备主客观的现实需求、具备成熟的信息技术支撑,在政府加大民生工程建设、提高服务水平的今天,平台的快速建设和上线应该成为运管局的重要任务之一。

## 五、建设方案

### 1. 建设原则

在全国道路客运售票服务平台的建设中,应遵循先进性、安全可靠性、开放性和可扩展性原则。

(1)先进性。采用符合信息技术发展趋势的先进技术,选择先进、成熟、稳定、性价比高的硬件系统设备,实现系统运行的安全可靠,满足各省级平台数据上报的大并发访问量、大数据量的要求。系统软件的选择与应用软件的开发应在满足业务需求的基础上具有易改造、易升级、易操作、易维护等性能。系统软件架构上采用业界成熟可靠的架构体系。

(2)安全可靠性。交通运输部全国道路客运联网售票信息平台涉及全国32个省级道路客运联网售票信息平台的数据汇总和应用,系统和数据的安全性是其中的关键环节,需通过严密的权限操作机制、完善的安全控制机制、可靠的备份恢复策略、有效的监控管理手段和快速的故障处理措施来保障系统安全稳定地运行。

(3)开放性。系统应具有良好的开放性,能与交通运输部相关系统、各省级联网售票平台、铁路航空售票系统、公安系统等灵活对接,提供开放统一的交换和应用接口。

(4)可扩展性。系统的体系架构和软件体系结构要有前瞻性,不仅仅要实现本次申报的要求,还要充分考虑未来业务的发展和管理的变化,方便新业务和新需求的扩展和支持,满足未来道路运输行业对行业管理的发展的需要。

2. 建设思路

整合已建和在建的各省级联网售票数据中心数据资源,获取全国客运联网售票信息平台需要的客运基础信息,为未建平台省份提出数据交换标准和数据接口标准,并同期推进全国范围内各省联网售票平台建设,为行业管理准确采集客运信息、方便公众购票出行、促进综合运输体系建设奠定基础。最终实现各省数据在部级层面的汇聚,形成部级客运联网售票数据中心,以部级数据中心为基础提供联网售票、清分结算、统计分析服务,为下一步实现综合运输体系中与铁路、民航的无缝换乘奠定基础。

具体实施思路应按如下两个阶段分步骤实现:

第一阶段:以现有的各省级联网售票平台数据为基础,结合部级平台当前业务需求,进行数据资源规划,汇聚整合已有数据,提出省级平台数据交换标准和数据接口标准约束省级联网售票台建设,搭建基础软硬件支撑平台为支持系统应用功能。同期开展各省级联网售票平台建设工作,扩大客运站点覆盖范围,提高客票信息准确度,为下一步建设奠定基础。

第二阶段:整合汇总全国各省级平台数据,优化业务流程结构,实现各省数据在部级层面的汇聚,形成部级客运联网售票数据中心,以部级数据中心为基础提供联网售票、清分结算、统计分析服务,同时以部级客运联网售票数据分中心为节点开始与铁路、民航的联运示范工作,为全面推进综合运输体系建设奠定基础。

3. 总体架构

根据全国客运联网售票平台的建设目标,总体框架必须重点满足三个要求,一是满足提高道路客运联网售票服务与业务管理水平的需要,满足行业发展和监管的需要;二是形成一个科学合理的技术体系,须符合现代信息化建设的一般结构特点;三是合理划分系统的各个模块,并全面考虑各模块间的相互调用关系及数据共享,同时对数据的安全进行保护。

基于各省级单位落实《省域道路客运联网售票系统工程建设指南》建成的省级联网售票中心,交通运输部全国道路客运联网服务平台采用集中式部署方式,全国各省级联网售票中心与交通运输部联网中心对接,省级联网售票中心作为下辖客运企业数据汇聚中心,建立行业数据分级汇聚的联网体系。

全国道路客运联网服务平台总体布局如图3-13所示。

省级联网售票中心与交通运输部联网中心间采用VPN方式连接,建立独立的网络连接,避免共享导致的带宽争用及不稳定。建立的VPN采用双链路机制,以保证VPN连接的稳定性。

交通运输部全国道路客运联网工程依托数据交换平台,实现全国各省、直辖市及自治区道路客运数据的交换、复制和分布式事务处理,在交通运输部汇聚形成全国道路客运数据中心,并建立行业级的应用平台,形成道路客运行业级服务、应用体系,推动和促进道路客运行业的发展。全国道路客运联网服务平台总体架构如图3-14所示。

全国道路客运联网服务平台由基础支撑层、应用支撑层、数据资源层、应用系统层、展现层、用户层及三大保障组成。

(1)基础支撑层。

①服务器及操作系统、存储系统是整个系统新建业务应用系统安装、运行的基础。

②网络系统为数据资源层、应用系统层等在网络传输方面提供支撑服务。该系统采用VPN方式组网,规避复用已有网络导致的相互影响,保证各业务系统的网络稳定及实效。

③安全系统,实现对该系统建设的应用系统、网络系统、数据资源等进行全面的安全防护。

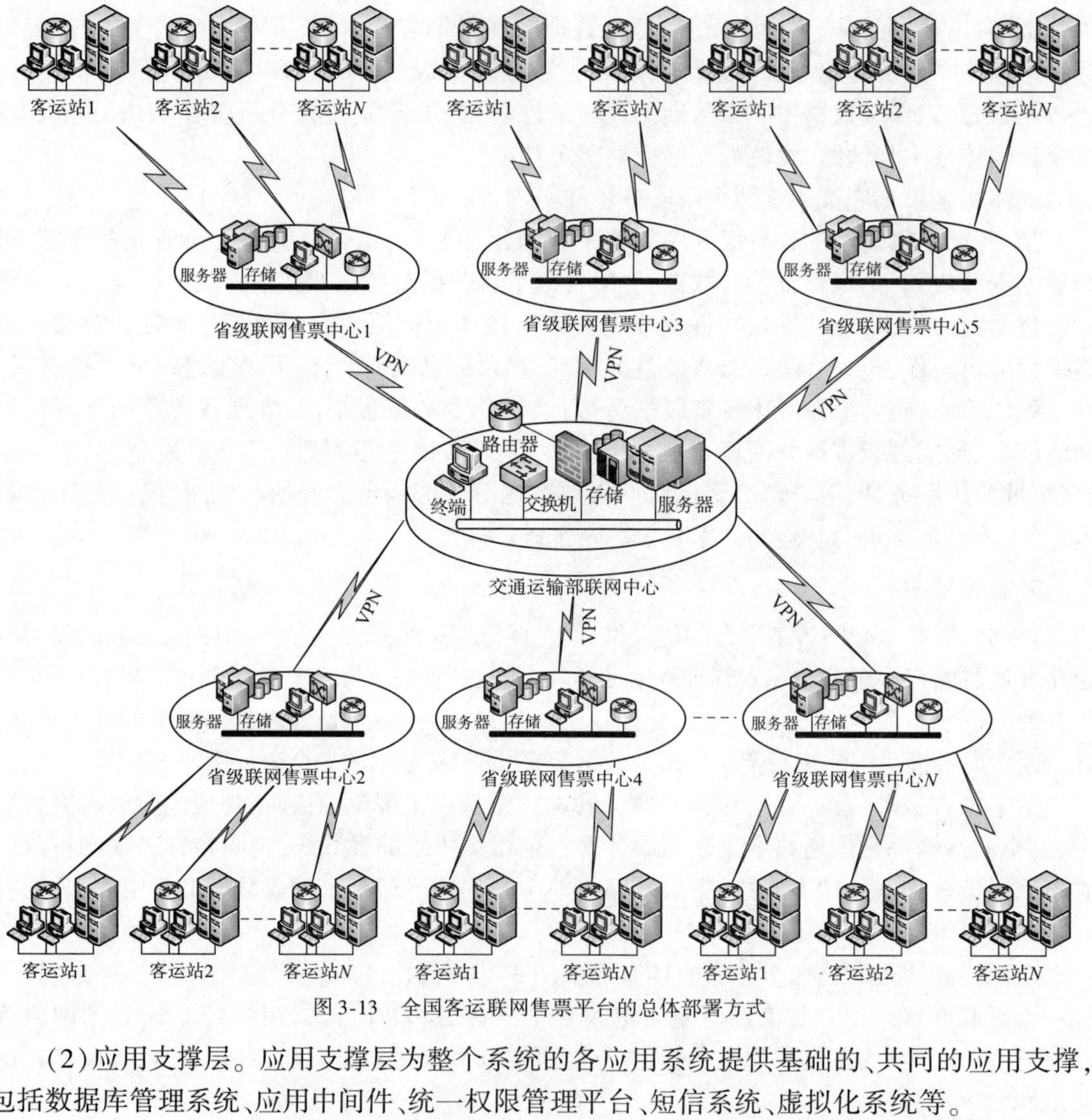

图3-13 全国客运联网售票平台的总体部署方式

(2)应用支撑层。应用支撑层为整个系统的各应用系统提供基础的、共同的应用支撑,包括数据库管理系统、应用中间件、统一权限管理平台、短信系统、虚拟化系统等。

(3)数据资源层。数据资源层是利用数据交换平台对客运业务数据和行业管理基础数据进行整合的基础上构建的全国数据中心。数据中心内的数据在数据管控体系的统一管理下,通过对道路客运信息资源进行科学的分类组织,采用统一的建设规范和数据交换标准,确保信息资源在采集、处理、传输以及分析、管理的整个流程中在各系统间顺利地交换,以实现知识管理和决策支持的目标。数据资源层为各类应用系统的应用开发提供了数据支撑。

图3-14　全国客运联网售票平台的总体架构

(4)应用系统层。在数据资源层的基础之上,通过对行业管理、公众出行和运维管理的所需功能进行深入分析,基于先进的技术架构,设计开发系统的各类应用平台。其包括网上售票服务平台、清分结算平台、行业监督及辅助决策平台、数据交换平台。

(5)展现层。通过PC客户端、智能手机、手持智能移动终端等,为行业管理部门和公众提供应用服务。

(6)三大保障。三大保障体系包括信息安全保障体系、标准规范保障体系、运维监控体系。三大保障体系是该系统顺利建设与运行的重要条件。

概述上述要求,全国客运联网售票平台的总体架构主要可以由7个部分组成,分别是:环境支撑、硬件支撑、系统软件层、数据库层、应用层、安全保障体系、标准保障体系。

(1)环境支撑:主要由机房及配套工程、节能与环保、运行维护体系及系统应急体系组成。主要利用现有道路运输信息化的建设成果,在该系统中提出相关要求。

(2)硬件支撑:包括交通行业专网、主机系统、存储系统、备份系统、通信系统等。根据系统的建设要求,在现有道路运输信息化基础上进行完善和补充。

(3)系统软件:包括数据库软件、应用中间件、操作系统、短信平台等系统支撑软件。

(4)数据层:在本次工程建设完成后,将形成基础数据库、业务数据库、主题数据库、共享数据库。

(5)应用层:开发建设联网售票信息服务系统、客运综合监管与统计分析系统、清分结算中心系统、运行管理系统,为社会公众购票查询、跨省域联网售票清分结算、政府部门规划决策提供信息化服务。

(6)安全保障体系：根据系统的数据安全和应用安全的相关要求，在现有道路运输信息化的基础上，补充和完善现有数据及网络安全的建设。

(7)标准保障体系：根据业务办理和信息化系统运行管理的要求，制订相关的管理办法和技术标准。

## 六、网上售票服务平台

作为全国道路客运联网售票服务平台的核心与对象窗口，网上售票服务平台为公众提供方便、快捷地购票及查询服务，是社会公众与运输企业、行业管理机构的沟通桥梁。网上售票服务平台为公众提供道路客运行业级票务服务。通过该平台，公众可以方便、快捷地购票，可对取消班次情况采用短信方式及时通知购票乘客，提升道路行业可以服务公众的能力。

网上售票服务平台的服务方式包括网上售票、手机购票及手持移动智能终端。

网上售票服务平台对电子客票的应用提供全面支撑，为购票乘客提供条形码、二维码、订单号三种形式的信息服务，以满足不同条件客运站的电子客票检票使用。中国道路客运信息网主页如图3-15所示。

图3-15　中国道路客运信息网主页

### 1. 网上售票服务平台的功能

网上售票服务平台为公众、客运企业和运管部门提供如图3-16所示的功能。

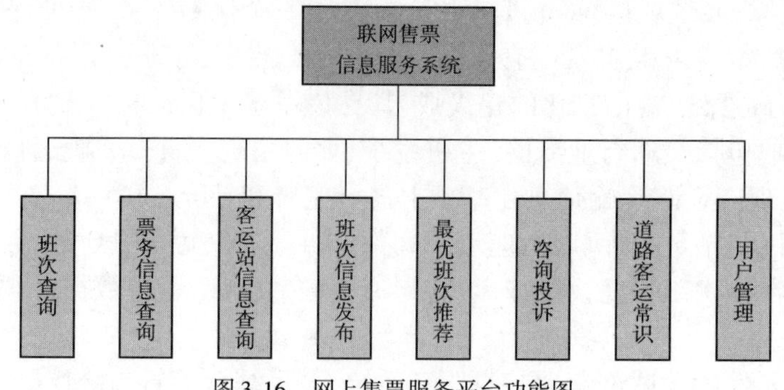


图3-16　网上售票服务平台功能图

(1)信息门户功能。

①可以发布最新交通新闻信息、新开线路信息,包括最新新闻、通知公告、出行常识、旅游建议、新开线路等;

②为表现优异的车站提供宣传;

③网上问卷调查,以便进一步提高服务质量;

④为用户提供指导以及常见问题的解答。包括:新手指南(注册流程、购票流程、支付方式)、购票指南(购票须知、保险须知、取票须知、旅客须知)、退票指南(退票方法、退票手续费)、个人服务(忘记密码、投诉与建议)、常见问题(购票问题、支付问题、其他问题)。

⑤致电客户服务热线、发送邮件至客户服务邮箱,或在线留言,提供投诉或建议。

(2)客运班次、客运站查询。客运班次和客运站查询是网上售票服务平台的基本功能。平台根据旅客的请求,按起止地、日期查询班次及票价信息。同时能够按照用户的输入,查询符合条件的客运站信息。点击查询出的客运站可以查看客运站的详细信息。

用户可查询接入全国道路客运联网售票信息平台的各省、市站点当前所有班线、班次计划数据,实时更新可售班次数据,包括目的地、上车站点、发车时间、票价、厂牌车型、车辆等级、里程、预计到达时间、可售票数量、末车发车时间、发车时间间隔等信息。

用户可按照行政区域划分、客运站性质、客运站级别等条件,实现单一或组合指标灵活查询客运站信息,包括客运站的名称、详细地址、联系电话、时刻表、交通线路、周边交通信息等。

(3)会员管理。系统应能够提供会员管理功能,包括:会员注册、实名认证、手机绑定、付款方式绑定、密码管理与修改、常用联系人的管理,以及购票查询等功能。

为注册用户提供订单查询和管理功能,对于未能支付的订单旅客可以选择继续支付或取消订单。

(4)实名制购票。网上售票服务平台采用实名制购票,购票人购票时,需提供乘车人身份证件信息,网上售票服务平台对身份证信息进行有效性验证,比如:身份证信息的长度验证等。具备与公安系统对接的能力,只要公安系统开放就可以实现身份信息真实性、合法性验证。

通过第三方支付平台,旅客可以直接支付票款,并获得订单号作为取票凭证。已付款的座位将一直保留到开车时刻。未取票乘车的,按相关规定可在客运站办理退票手续。

管理第三方公司信息,三方支付商户ID、三方支付名称、支付Url、签约三方支付费率、旅客支付交易费率、旅客最低支付费、签约三方最低支付费、支付方式类型、支付网关号、银行代码、银行名称、银行顺序、默认支付、界面显示、合同开始日期、合同结束日期。

(5)电子客票功能。用户在网上售票服务平台购票成功后,服务平台为订单联系人发送具有唯一性的电子化订单号。此订单号也可以采用条形码或二维码的形式发送给用户,也可以将订单号、条形码、二维码都发给用户,在客运站场通过订单号、条形码、二维码中的任一方式完成检票上车。

网上售票服务平台将订单号、条形码、二维码、乘客基本信息、购票信息传给发车站形成电子客票库。乘客可以在发车站不用纸质车票,通过条形码、二维码或订单号中的任一方式在发车站通过检票口。

电子化订单号必须具有唯一性,才能用于到发车站后台电子客票库中查验订单号的有效性。订单号信息必须与电子客票库关联才有作用，所以，采用此电子化订单号的条形码或二维码形式的安全性方面要求非常低，只拿到订单号不与电子客票库关联，无法确定详细信息。退票时可以要求退票人出示身份证。

网上售票服务平台将电子客票数据传给发车客运站，电子客票验证工作在发车客运站完成，对网上售票服务平台没有任何电子客票验证的压力。

电子客票还可以利用二代身份证实现，如果基于二代身份证，就需要在客运站场配备身份证读卡器。

(6)统计与分析功能。通过会员信息和会员购票情况进行分析，细分旅客群体和服务需求。通过大数据技术对公众的行为数据进行分析，充分发掘大数据的价值信息，从而为旅客提供针对性服务，以提高客户满意度、吸引并保持更多的用户。

图 3-17　手机购票应用

(7)手机购票功能。依托网上售票服务平台提供手机购票服务。通过 3G、4G、Wi-Fi 网络，为移动终端及智能手机等提供购票服务，可支持安卓及 IOS 平台以及手机浏览器。

手机购票应用如图 3-17 所示。

手机购票系统能够提供的功能如图 3-18 所示。

2. 网上售票服务平台的构成

网上售票服务平台的功能分为面向用户使用的前端功能和面向运营机构的后台管理功能。该平台主要基于 J2EE、SOA、EJB、JPA、分布式和 CDN 等综合技术的开发实现，为平台的稳定性、可靠性、高效性等提供了综合保障。

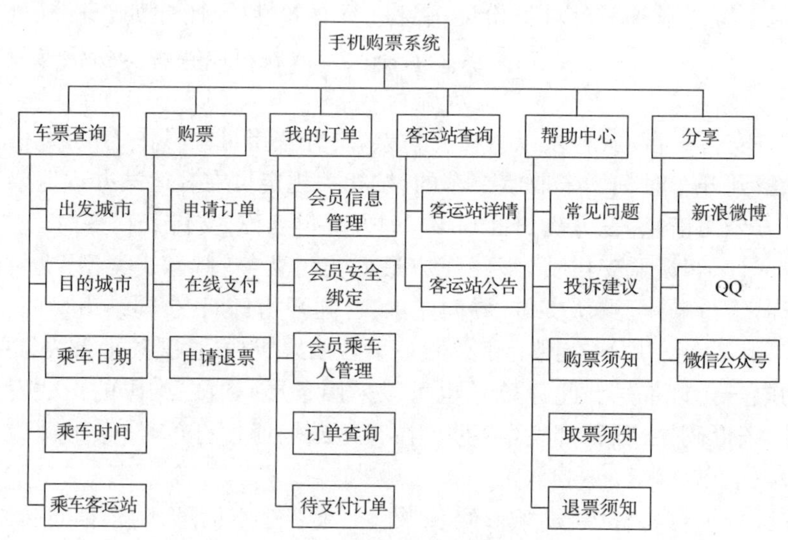


图 3-18　手机或移动终端购票系统功能图

平台的应用客户端包括 PC 计算机、手机、移动手持智能终端。通过不同的应用客户端，公众可以足不出户或随时随地进行购票。

网上售票服务平台的总体架构如图3-19所示。

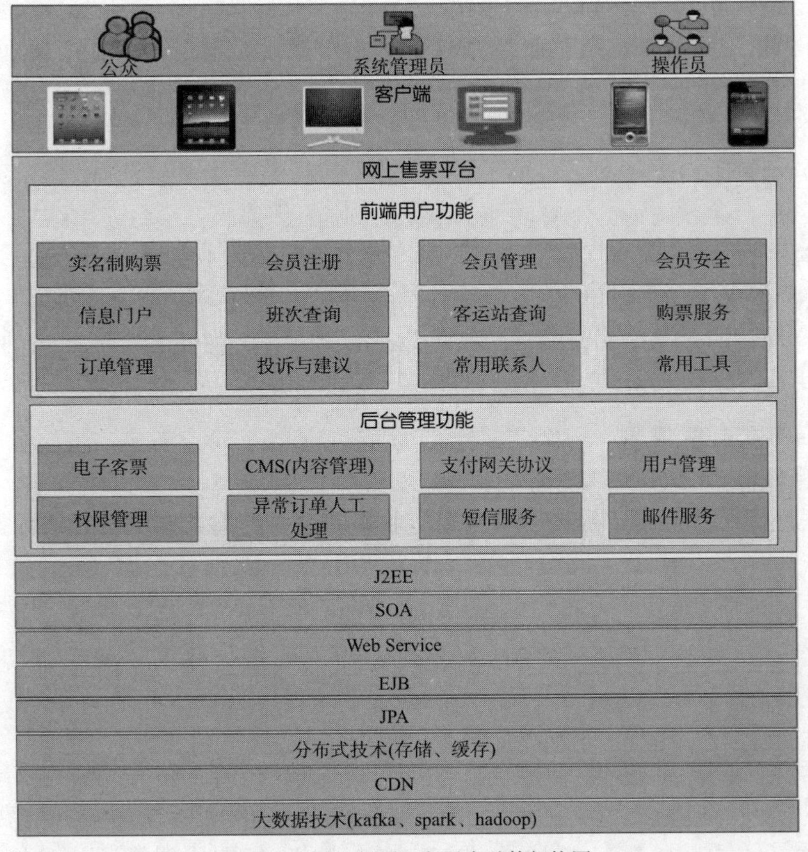


图3-19　网上售票服务平台总体架构图

为实现网上售票系统在突发高负载和高增长的情况下，能承载巨大访问量，需综合使用负载均衡、缓存和分布式计算等技术，以构建健壮、可动态扩展、高效响应的系统。

集群架构如图3-20所示。

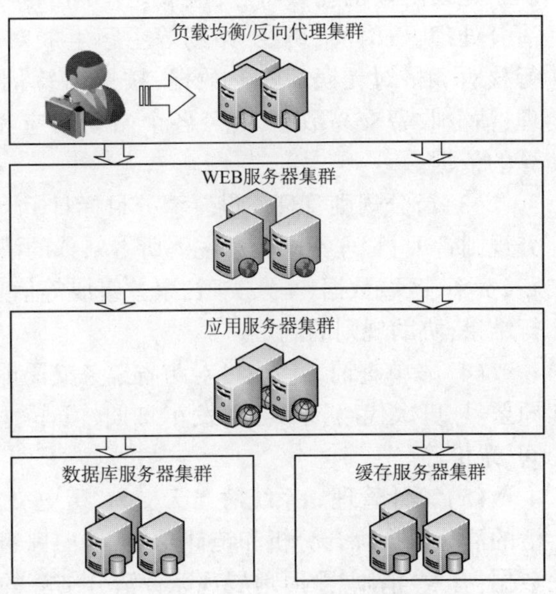


图3-20　网上售票系统集群架构图

## 七、清分结算平台

清分结算系统，一是用于对各种清分协议和规则的备案，包括各省售票中心之间、站与站之间、渠道与站之间的清分规则；二是负责站外售票的清分清算，实现客运联网售票结算票款的清分结算和账务处理。接入全国道路客运联网售票信息平台的各省售票系统或票务中心，均按照一定的结算周期、结算费率、结算方式等进行票款清分。

清分结算中心主要负责省际异地售票的清分记录，完成省际的票务交易的第一级清分工作，主要在保证数据汇集的及时与完整基础上，集中管理联网售票系统中的交易数据，实现对各客运站省外票务交易数据的采集、分析、审计、处理和转发，以及历史数据的存储、管理和查询；根据统一清分和结算业务规则及收益费率，完成省际票务中心之间票务交易数据处理、对账和清分管理、结算管理、结算规则管理、统计管理等功能。省内站点之间的结算由省中心清分结算系统负责。

部级清分结算平台支撑网上售票平台的票款清算，统一为省级清分结算系统提供部级网上售票服务平台票款的清分结算功能，完成部级网上售票服务平台票款结算。

清分结算平台涵盖部、省、第三方电子支付运营商、网银、保险等实体间的多点结算；支持结算周期、资费水平的动态设定；支持结算结果通过银行直接汇入相关实体账户。通过结算平台实现自动化的票款结算，达到结算的实时性、准确性，为各类实体之间的经营往来提供直接的应用支撑。

1. 清分结算平台的功能

清分结算平台功能如图3-21所示。

(1)数据处理。按照设定的规则和路径接收来自系统跨省购票交易相关数据，经预处理后作为票务清分清算数据源，完成票据数据的收集，并对数据的有效性、连续性、完整性检查，对同步复制到清分清算系统中的票务交易业务数据进行合法性的校验，防止交易欺诈，为清分系统提供清分数据。

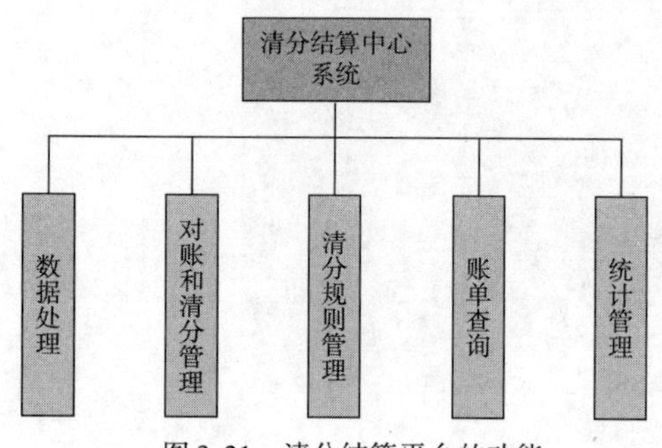

图3-21 清分结算平台的功能

(2)对账和清分管理。应能根据清分规则，对交易的收益/金额及其所提供服务的费用，在跨省票务中心、站场、售票代理等清分对象之间进行对账和清分，能适应多运营商、多售票代理、多线路、多个建设阶段的业务特点，应满足不同的票种、不同的交易种类的需求，按规则做对账和清分处理，按时间、班线、站场等主题生成对账数据，统计形成对账表，与其他系统数据进行核对。核对无误的账务数据，按照清算周期生成资金划拨数据，自动完成收费数据处理，清分收费交易数据，拆分各个站场的应收、应付金额，提供各种结账凭证，作为业务结算的依据。

(3)清分规则管理。设置清分目标日、清分统计日、清分时间、清分范围，提供灵活的清分规则管理，管理不同业务主体所占票款的清分比例或额度，维护和管理生成清分规则的线路、费率、区域数据、车票类型、票款组成等信息；校验清分规则的有效性，模拟清分规则的执行结果，协助规则的制定。

(4)账单查询。用户可对跨省票务交易账单数据进行查询，包括交易日期、交易流水号、原票号、班次代码、票类型、发车日期、发车时间、座位号、始发站名称、到达站名称、售票时间、票价等。

(5)统计管理。系统对当天交易、历史交易的数据进行查询、分析、统计。提供方便、灵活的清分数据综合分析和统计功能，按照账务流程、科目设置、业务流程等多角度提供报表数据，有效、清晰、及时地展现账务清分结算的结果，为业务管理、运营决策提供工具。

2.清分结算平台的构成

清分结算平台架构如图3-22所示。

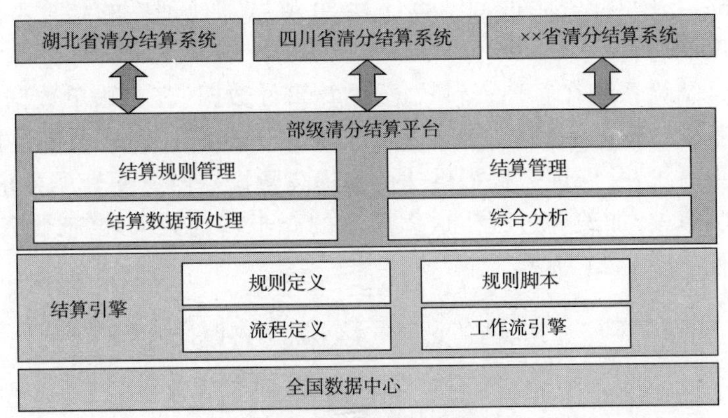


图3-22　清分结算平台架构图

道路客运联网售票清分结算系统首先提取各结算主体所需结算数据，通过对业务数据的提取并检查，结合处理规则对业务数据进行清洗、转换处理，将处理后的数据装载作为结算引擎的基础数据。结算引擎包含规则定义、流程定义、规则脚本及工作流引擎等功能或模块，是结算功能的基础模块，实现多方结算快速、准确地完成。

(1)结算数据预处理。结算数据预处理将客运联网售票系统的售票信息根据网上售票平台数据进行处理后，按照一定的时间规则生成结算预处理数据，为结算管理功能提供数据来源。

结算数据处理是网上售票系统最核心的处理功能之一，是对网上售票原始数据结合结算体系规划进行预处理、结算、出账、账单加载、数据中间层生成的处理过程。结算数据处理可以是自动实时处理的过程。

结算数据处理流程描述了结算数据处理总体过程，包括预处理、结算、入库、出账、账单加载到数据中间层生成等处理过程以及确保这些过程正确处理的辅助过程。数据处理的输入数据为文件流和事件流，输出数据为计费事件、账单、数据中间层等。流程如图3-23所示。

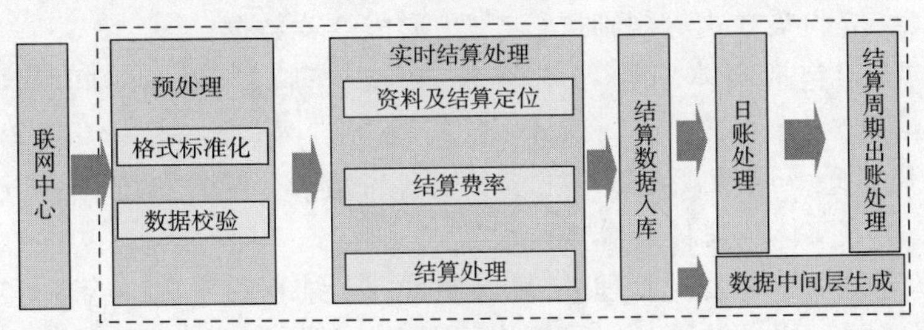


图3-23　结算数据处理流程图

网上售票交易完成后，将售票交易数据提交到清分系统。预处理是清分系统数据接收后对原始售票交易数据进行处理的第一个阶段，实现原始事件到结算事件转变的处理过程，具体包括：原始事件格式标准化、原始事件记录校验转换、分拣过滤、重复结算事件检查、定制输出结算事件等正常过程及异常回收处理过程，处理过程引用各种预处理规则，包括格式转换规则、记录检验规则、分析过滤规则、输出格式规则等。预处理不查找结算事件所属的结算规则和结算费率资料,这一步骤由实时结算处理过程完成。

结算处理是清分系统处理流程的核心阶段,是对预处理后的结算事件结合客户资料、结算费率和优惠策略以及累计资源进行结算计算,并将结算处理后的结算事件和结算结果及其他累计数据入库的过程。

数据中间层是结算系统在客户资料数据、结算事件数据、客户账单数据、支付账户数据、结算清单数据等基础数据的基础上,为了满足80%以上的统计需求及满足网上售票系统和经营分析系统支持需求,并保证数据提供速度和提高数据提供方便性的要求,对上述基础数据进行抽取、转换、审核、加载等过程生成多层次的介于基础数据和统计报表中间相对独立的各种数据。流程如图3-24所示。

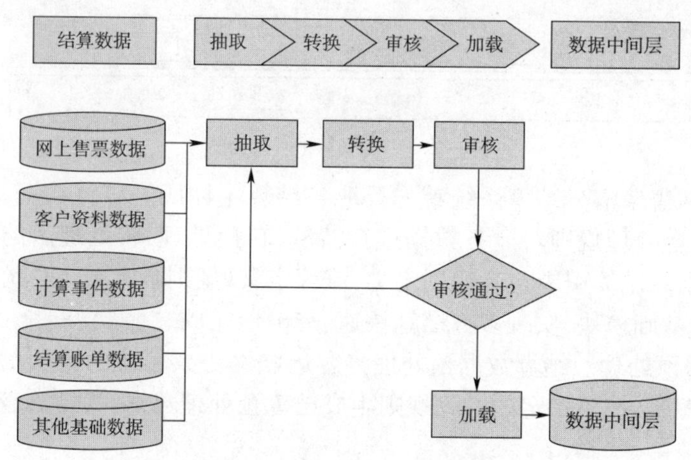


图3-24　数据中间层生成流程

结算数据预处理包括票务信息整理、票务信息按规则预处理等功能。

①票务信息整理。票务信息分为不发生结算关系的票务信息及具有结算关系的票务信息,具有结算关系的票务信息主要为互联网售票。票务信息整理将具有结算关系、已支付的明细票务信息按实体、按时间进行抽取。

②票务信息按规则预处理。将票务信息整理模块抽取的明细票务信息按实体、按时间周期、按班次信息、按购票方式等规则进行汇总,形成结算数据。

结算数据的内容包括实体编号、实体名称、班次、车牌号、发车时间、应收票款、保险金额、购票方式等信息。

(2)结算规则管理。结算规则管理主要负责各省级清分结算系统、第三方电子支付运营商、网银、保险公司等实体的总体结算规则设置。

结算规则管理包括结算公式管理、结算周期管理及结算费率标准管理等功能。

①结算公式管理。通过结算公式管理将不同实体的结算费率按照票价管理中的票价结构形成结算公式,为结算管理中的结算单生成提供公式规则。结算公式管理的功能包括结算主体关系选择、结算公式类型选择、结算公式参数选择(包括结算费率选择、代售费率选择、保险费率选择等)、结算公式设置等功能。

②结算周期管理。通过结算周期管理对结算周期进行多实体、多周期的动态配置。支持各省级清分结算系统、第三方电子支付运营商、网银、保险公司等不同实体的周期设置,支持日结、月结、季结等多种周期设置。

结算周期管理包括结算主体选择、周期类型选择、结算主体与周期对应关系设置等功能。结算主体选择包括主体类型、主体名称的选择。周期类型选择包括结算周期选择、对账周期选择。

结算主体与周期对应关系设置将以上两个选择的结果进行对应关系设置,形成结算主体的结算周期或对账周期。对账周期包括第三方电子支付运营商与系统的对账周期、网银与系统的对账周期、保险公司与系统的总账对账周期。

③结算费率标准管理。结算费率标准管理包括业户应缴费用管理、代售资费结算规则设置等。为结算公式管理提供参数支持。

结算费率管理包括主体类型选择、费率类型选择、主体类型与费率类型关系设置、费率参数设置等功能。

(3)自动对账管理。对账管理先进行总账对账,如果总账不平,再采取明细账对账方式进行逐笔勾兑。针对明细账对账出现的问题,可以进行对账结果调整,使系统总账、明细账最终与第三方电子支付运营商、网银、保险公司保持账务平衡。

自动对账管理的功能包括第三方电子支付运营商与系统的总账对账及明细账对账、网银与系统的总账对账及明细账对账、保险公司与系统的总账对账及明细账对账。对账成功后,进行不同实体之间的结算管理。

①第三方电子支付运营商与系统的总账对账。根据结算周期管理中设置的对账周期定时对账,该功能数据来源为两个,一是结算数据预处理中汇总的、该时间周期内的、支付方式为第三方支付的、状态为支付成功的汇总数据;二是第三方电子支付运营平台接口提供的汇总付款信息。总账对账指对比以上数据是否相等。

②第三方电子支付运营商与系统的明细账对账。如果第三方电子支付运营商与系统的总账对账结果不平,需要将结算数据预处理中该时间周期内的、支付方式为第三方支付的、状态为支付成功的明细数据逐条与第三方电子支付运营平台接口提供的明细付款信息进行对比。生成对账结果,显示账目是否平衡。

③网银与系统的总账对账。根据结算周期管理中设置的对账周期定时对账,该功能数据来源为两个,一是结算数据预处理中汇总的、该时间周期内的、支付方式为网银支付的、状态为支付成功的汇总数据,二是网银接口提供的汇总付款信息。总账对账指对比以上数据是否相等。

④网银与系统的明细账对账。如果网银与系统的总账对账结果不平,需要将结算数据预处理中该时间周期内的、支付方式为网银支付的、状态为支付成功的明细数据逐条与网银接口提供的明细付款信息进行对比。生成对账结果,显示账目是否平衡。

⑤保险公司与系统的总账对账。根据结算周期管理中设置的对账周期定时对账,该功能数据来源为两个,一是结算数据预处理中汇总的、该时间周期内的、保险购买信息汇总数据,二是保险公司系统接口提供的汇总应付款信息。总账对账指对比以上数据是否相等。

⑥公司与系统的明细账对账。如果保险公司与系统的总账对账结果不平,需要将结算数据预处理中该时间周期内的、保险购买信息明细数据逐条与保险公司系统接口提供的明细应付款信息进行对比。生成对账结果,显示账目是否平衡。

⑦对账结果调整。针对明细账对账出现的问题,可以进行对账结果调整,使系统总账、明细账最终与第三方电子支付运营商、网银、保险公司等保持账务平衡。

对于对账结果调整，系统支持单独调账和批量调账方式，单独调账是针对具体的某个明细进行调账，批量调账是针对某一批符合调账条件的明细记录进行调账。

(4)结算管理。系统生成结算预处理数据后，将结算预处理数据根据结算主体管理中的主体类别进行分类，分类后的数据按照结算规则管理中的结算公式、结算周期、结算主体管理中的不同主体规则设置进行计算，计算结果形成结算单。

结算管理流程如图3-25所示。

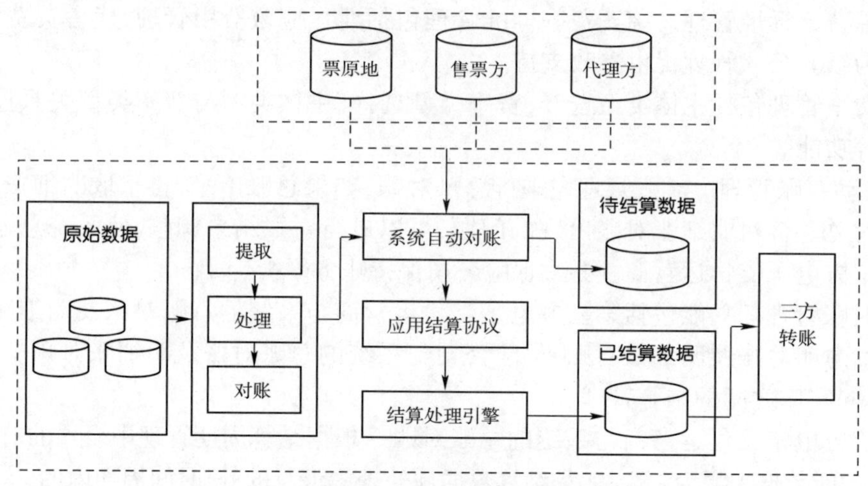


图3-25　结算管理流程图

①省级清分结算系统结算管理。省级清分结算系统结算管理包括结算单生成、结算结果查询等功能。

通过结算规则拆分管理中的结算公式、结算周期、结算费率计算，将结算预处理数据汇总为客运经营企业针对不同实体的多张结算单。将结算单信息传输到银行接口，银行接口以结算单为依据进行转账，并将结算结果返回，在结算结果查询中获取各省级清分结算系统结算结果信息。

②第三方电子支付运营商结算管理。第三方电子支付运营商结算管理包括结算单生成、结算结果查询等功能。

通过结算规则拆分管理中维护的第三方电子支付运营商与其他实体间的结算公式、结算周期、结算费率计算，将结算预处理数据汇总为第三方电子支付运营商针对不同实体的多张结算单。查询对账结果，如果对账成功，将结算单信息传输到银行接口，银行接口以结算单为依据进行转账，并将结算结果返回，在结算结果查询中获取第三方电子支付运营商结算结果信息。

③网银结算管理。网银结算管理包括结算单生成、对账结果查询、结算结果查询等功能。

通过结算规则拆分管理中维护的网银与其他实体间的结算公式、结算周期、结算费率计算，将结算预处理数据汇总为网银针对不同实体的多张结算单。查询对账结果，如果对账成功，将结算单信息传输到银行接口，银行接口以结算单为依据进行转账，并将结算结果返回，在结算结果查询中获取网银结算结果信息。

④保险公司结算管理。保险公司结算管理包括结算单生成、结算结果查询等功能。

通过结算规则拆分管理中维护的保险公司与其他实体间的结算公式、结算周期、结算费率计算，将结算预处理数据汇总为保险公司针对不同实体的多张结算单。查询对账结果，如果对账成功，将结算单信息传输到银行接口，银行接口以结算单为依据进行转账，并将结算结果返回，在结算结果查询中获取保险公司结算结果信息。

⑤结算管理查询统计。结算管理查询统计根据各省级清分结算系统、第三方电子支付运营商、网银、保险公司之间的结算账单，对结算数据进行查询统计。结算管理查德询统计包括基本信息查询、全貌信息查询、自定义查询以及报表统计功能。

基本信息查询：系统提供结算数据相关的各类基本信息的查询功能。用户根据需要查询的基本信息情况，选择系统提供的相应查询功能，通过输入单个或多个查询条件，得到查询结果列表。基本信息查询支持查询结果集的二次查询。

全貌信息查询：全貌信息查询将结算数据关联的全部基本指标数据按照预先设定的样式要求，全部进行展示。针对每一类基本指标数据，又可以提供基本信息查询。全貌信息查询支持查询结果集的二次查询。

自定义查询：用户可以指定多个查询条件，设定查询条件的约束规则以及查询条件之间的逻辑关系，通过设定时限要求、结果数据量、结果显示列、查询数据源等内容，最终得到结算数据相关的查询结果列表。自定义查询支持查询结果集的二次查询。

报表统计：报表统计包括固定报表统计和自定义报表统计功能。固定报表统计是系统按固定报表样式，定期自动对结算数据相关的目标数据源进行统计，生成特定报表，用户可根据权限对相应固定报表进行查看，包括日报、月报、年报等；自定义报表统计提供用户自定义报表的功能，主要包括报表样式定义、报表展现、报表分析、报表查询和报表打印等。

(5)综合分析。综合分析是按照网上售票票务结算管理的特点和日常分析的主题要求，设立主题分析的项目，建立分析思路，选择分析工具和指标，计算指标的统计情况、执行情况、分布情况，并根据指标和统计计算结果，设定阀值，用指标和阀值的比对结果，发现指标异常并提取异常记录。综合分析包括结算主体综合分析、结算周期综合分析以及结算渠道综合分析等功能。

①结算主体综合分析。对各省级清分结算系统、第三方电子支付运营商、网银、保险公司等不同实体的结算管理数据进行综合分析，获取不同主体间的结算关系统计数据。

②结算周期综合分析。按照日、周、旬、月、季、年等不同周期对结算管理数据进行综合分析，获取不同周期的结算关系统计数据。

## 八、行业监督及辅助决策平台

行业监督及辅助决策平台面向行业管理部门，用于真实反映全国道路客运行业的服务质量和资源配置情况，加强对全国道路客运行业发展情况以及发展趋势的掌握，实现对客流、运量、线路、车辆、经营状态以及客运站等的有效监管，以全国数据中心数据资源为基础，以大数据挖掘技术为手段，为科学决策提供支持。

该平台主要依托全国数据中心，对道路客运动态和静态数据进行统计、分析和对比，以图表、多维主题和消息提示等形式，为交通行业管理部门领导提供决策支持和行业预警。

客运综合统计分析系统是在综合汇聚接入全国道路客运联网售票信息平台的各省的客运和票务数据基础上，按行政区划、客运线路、班线、客运站、票额分布、交易类型、交易渠道、运送日期、运输企业的营收状况等多个维度进行统计分析，建立符合运营管理分析的数据模型,提供按全年、季度、月份或任意一段时期内,各省及某特定区域的客流分析类报表、销售分析类报表、客座率类报表、收益分析类报表,为有效掌握各省客运运输情况提供全面的数据支撑,为运营调度管理、线路票价调整业务提供决策支持。

该平台服务于道路运输监管及决策人员,为行业管理和指导提供全国道路客运行业运行动态信息的查询、数据分析和决策支持服务,跟踪掌握全国客运行业运行状态和发展态势,为提高行业管理部门的科学管理水平提供有力支撑。

1. 行业监督与辅助决策平台的构成

行业监督及辅助决策平台的总体架构如图3-26所示。

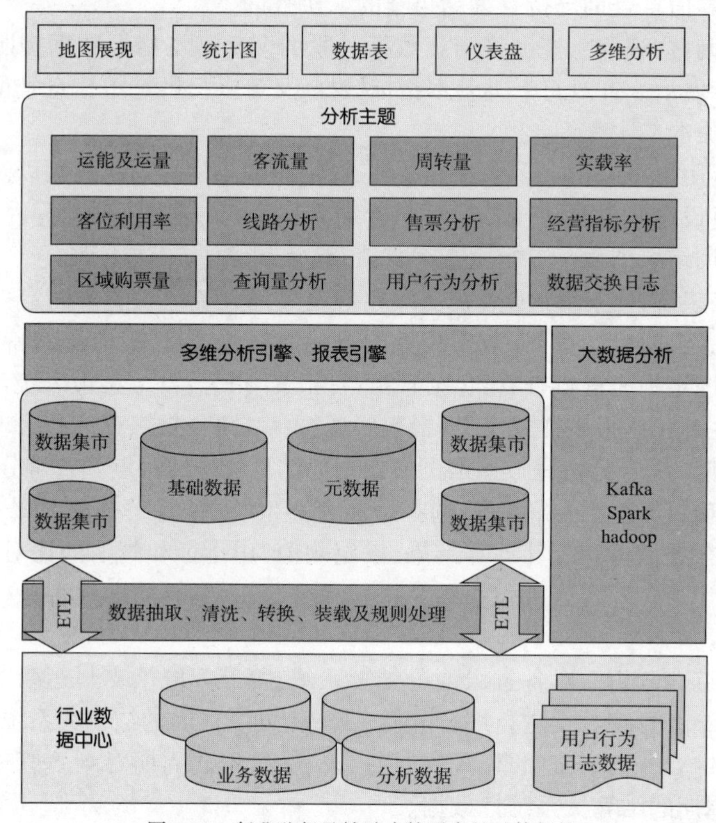


图3-26 行业监督及辅助决策平台的总体架构

用户行为数据、业务数据、分析数据和行业基础数据是行业监督及辅助决策平台的数据来源。通过对数据的提取和检查,结合处理规则对不规范的数据进行清洗、转换处理,将处理后的数据装载到数据仓库体系并进行分类储存,用来支持面向不同主题的统计分析。

数据集市存储的是面向主题的数据,是基于分析主题的数据集合。元数据作为数据的描述说明信息,分为技术元数据和业务元数据,其服务整个体系。经过加工整理并存储在数据仓库的数据,通过应用引擎形成面向各种主题的分析应用。

对分析主题的关联数据采用丰富的展现形式,让不易阅读的数据转变为直观的图形表示,方便发现异常信息,通过多维度观察数据符合人们分析的思维模式。

在展现方面,提供地图展现方式,将各省、直辖市、自治区在地图上展现,双击可以查看某地域的相关票务信息等,支持与大屏幕对接将信息反映在大屏幕上。

2.数据分析方法

(1)趋势对比分析。综合统计数据趋势对比分析,可以方便、快捷地指定统计数据的类别、时间范围,生成曲线变化图,体现交通行业发展变化情况,为交通行业的管理决策提供数据分析支撑。

(2)平均和变异分析。

①统计数据平均分析。根据系统中统计数据分类,选择某类统计数据,计算该数据的平均值,反映该指标在一定时间、一定范围下的一般水平。

②统计数据变异分析。根据系统中统计数据分类,选择某类统计数据,计算不同区域、不同类型情况下的差异程度,从而体现该指标的变异程度。

(3)结构分析。对数据进行统计分组,可以方便、快捷地指定统计数据的类别,计算各组成部分所占比例,分析数据的结构特征,以及结构特征随时间变化而表现出的变化规律,分析交通行业运行情况。

最终根据统计分析结果,生成指定的表格样式;生成统计图,包括折线图、饼图、柱状图等,具备模板保存和定制功能;支持统计分析结果打印和导出,结果能方便设置打印方向、纸张大小、打印格式等,结果可导出成 TXT、EXCEL、PDF、JPG 等通用格式。

(4)大数据批量处理。大数据的批量处理系统适用于先存储后计算,实时性要求不高,同时数据的准确性和全面性更为重要的场景,对于售票历史数据的批量统计分析、查询等可以基于批量数据处理实现。

Hadoop 的 HDFS 和 MapReduce 为大数据处理提供了基础支撑。目前,Hadoop 已经成为大数据处理的主流技术并得到企业级应用的检验。在实际使用过程中,Hadoop 主要用于大数据的分布式存储,通过实际检验发现 MapReduce 在扩展性、内存消耗、线程模型、可靠性和性能方面存在瓶颈,该系统中将不使用 MapReduce,而是采用 Spark 替代,Spark 既支持批量数据处理,也支持流式数据处理。Hadoop 厂商对 Spark 提供了很好的支持。

(5)大数据流式处理。流式数据处理属于实时数据处理范畴,主要针对批量数据处理的速度问题而产生,流式数据处理源于服务器日志的实时采集,比如网上售票服务平台的用户行为实时日志数据处理、数据交换平台的日志处理等。

流式数据通常带有时间标签或其他属性,因此,同一流式数据往往是按序处理的。但数据的到达顺序是不可预知的,这就导致了数据的物理顺序与逻辑顺序不一致。另外,数据源不受控,数据的产生是实时的、不可预知的。数据的流速往往有较大的波动,因此需要流式处理具有很好的伸缩性,能够动态适应不确定流入的数据流,具有很强的计算能力和大数据流量动态匹配的能力。数据流中的数据格式可以是结构化的、半结构化的甚至是无结构化的。因此流式数据的处理要有很好的容错性与异构数据处理能力,能够完成数据的动态清洗、格式处理等。流式数据是动态的(用完即弃),这与传统的数据处理模型(存储→查询)不同,需要能够根据局部数据进行计算,保存数据流的动态属性。流式处理提供流式查询接口,即提交动态的 SQL 语句,实时地返回当前结果。

Spark 在支持批量数据处理的同时,也对流式数据处理提供了支持,被主流厂商提供了支持。

(6)大数据分析。

①数据交换日志分析。对各省联网售票中心与全国数据中心间的数据交换日志进行分析,将出现的异常次数进行统计,并按照异常次数进行降序排序。

②购票失败分析。对用户通过部级网上售票平台购票的失败次数进行统计,反映出调用哪个省的接口失败次数,按照失败次数进行降序排序。

③查询量分析。统计用户的查询情况,可以按照开通线路和未开通线路进行统计。为管理部门确定是否开通新线路提供数据支持。

④购票查询比分析。按照线路统计购票与查询比的情况,按照时间提供变化趋势。

⑤购票人群年龄分析。对购票人群的年龄情况进行统计分析,将人群按照少年、青年、中年、老年进行分类,提供每种类别人群占比、按照时间的变化趋势等。

⑥用户行为分析。对用户的登录、查询、购票等行为进行统计分析,提供占比及趋势变化情况,也可以按照区域对用户行为进行分析。

⑦区域购票量分析。按照用户 IP 将用户按区域归类,统计分地域的用户购票情况,对购票量按照降序排序,分析全国按地域的购票情况。地域粒度可以为省、市。

3.客运资源基础信息统计分析

基于各省道路客运行业客运站、客运企业、车辆、从业人员、班线、票价等基本信息,实现对客运行业资源的查询、统计与管理。

(1)客运站信息。实现对客运站资料的查询、稽核和统计,包括:客运站代码、行政区划代码、客运站简称、名称、客运站类别、客运站级别、详细地址、交通路线、联系电话、负责人名称等信息。

支持按照行政区域、客运站类别、级别、平均发送旅客人次数等单一指标或组合指标灵活查询、统计客运站。

(2)运输公司信息。实现对运输公司和承包者资料的查询、稽核和统计,包括基本资料、运营基本情况、职工基本资料、异常经营业务信息等。

①基本资料:查询各运输集团/公司基本情况资料,包括企业名称、代码、所在地、公司性质、经营许可证字、经营许可证号、经营范围、营运状态、行政区划代码、经营负责人、电话号码等信息;

②运营基本情况:下辖车辆类型、数量及营运状态;

③职工基本资料:查询各运输企业驾驶员、乘务员的基本资料,包括姓名、性别、出生日期、岗位类别等信息。

支持按照运输公司所在地区、下辖车辆信息等单一指标或组合指标进行灵活查询与统计。

(3)售点信息。实现对代售点相关信息的查询、稽核和统计管理,包括代售点基本资料、代售点联系信息、营运信息等。

①代售点基本资料:代售点性质(邮局代售、专业代售、其他)、地理位置、许可信息、负责人信息;

②代售点联系信息:联系人姓名、电话;

③营运信息:营业时间、可代售客票种类。

支持按照行政区域、代收客票种类等单一或组合指标进行代售点信息查询与统计。

(4)车辆信息。实现对车辆基础信息、报停车辆情况等信息的查询,包括车辆所属单位名称、所属单位代码、车牌号、核定座位数、载客座位数、厂牌、型号、车辆等级、道路运输证、发证机关、发证日期等，可按年度、客运企业、车辆燃料类型、车型划分、车辆客位结构、车辆使用年限、车辆分类多角度查询和统计分析。

(5)线路信息。实现对全国范围内接入平台的客运站的运营线路信息的查询、稽核、统计管理，包括线路代码、线路名称、起点站、终点站、总里程、高速里程、线路类型、线路等级等信息。其主要包括客运线路资料的检索、线路指标排序、线路分类统计等。

①客运线路资料：查询/统计所有线路主要信息列表，包括线路编码、名称、经由站点等信息；

②客运线路资料的检索：根据线路编码等信息查询客运站线路的详细资料；

③异常线路信息：将各客运站运营线路信息与审批的线路信息进行对比，找出未审批线路和线路途经点不匹配数据。

(6)班次信息。实现对全国范围内接入平台的客运站的班次信息的查询、稽核、统计管理，包括客运站、班次号、班次性质、班次种类、线路代码、发车时间、时间、总座位数、发班模式、末车发车时间、发车时间间隔等信息。

(7)票价信息。实现对全国范围内接入平台的客运站各班线的票价进行查询、稽核、统计管理，主要包括班次号、车辆等级、座位类型、票价种类、票价启用日期、票价截止期、起点站代码、到达站代码、票价等。

①执行票价查询：查询各客运站各线路的执行票价信息；

②历史票务查询：查看某一时间段内各客运站各线路的票价历史信息；

③基准票价偏差：将各客运站的执行票价与按运价计算规则生成的基准票价进行对比，按班线反映票价差异和差异幅度。

4.运行监测及统计分析

(1)客运流量分析。基于各省的客运和票务数据基础，按行政区域、客运线路、客运站等单一或组合指标，提供按全年、季度、月份或任意一段时期内，各省及某特定区域内旅客使用分析，可对统计结果灵活进行同比、环比分析，支持柱状图、饼状图、占比图等多种图表样式展示；

①按客运线路(出发站、目的站)统计某特定时间段内的客流量；

②按客运站统计某特定时间段内的客流量；

③支持按照行政区域划分统计某特定时间段内的客流量；

④支持按照单一或组合指标进行多维度的统计分析；

⑤支持同比、环比的数据对比、分析；

⑥统计结果支持多种图表形式的展示，包括饼状图、柱状图、折线图、占比图等；

⑦支持根据历史数据进行客流量预测和趋势分析。

通过客流历史数据的趋势分析，可科学预测未来某一特定时间段内某区域客流量，从而为运营调度管理、重点时段监管、重点区域监管提供决策支持。

(2)票务信息分析。基于各省的售票数据基础，按行政区域、客运线路、客运站、交易类型、交易渠道等单一或组合指标，提供按全年、季度、月份或任意一段时期内，各省及某一特定区域内票务销售量分析，可对统计结果灵活进行同比、环比分析，支持柱状图、饼状图、占比图等多种图表样式展示。

①按客运线路(出发站、目的站)统计某特定时间段内的售票量;按照班次统计某特定时间段内的售票量;按照交易类型统计某特定时间段内的售票量;按照交易渠道(手机、电话、自动售票机、网络、客运站、代售点等)统计某特定时间段内的售票量,可实现一段时期内不同购票方式的占比分析;按客运站统计某特定时间段内的售票量;按照售票点统计某特定时间段内的售票量;支持按照行政区域划分统计某特定时间段内的售票量;

②分里程区分长、中、短途售票量的占比和变化趋势分析; 支持退票/改签信息统计分析,根据客运站、退票时间、班次日期等信息查询,实现对客票退票、改签等情况进行汇总统计;对超过限值的退票、改签信息进行重点关注,防止运输公司和承包个体的恶意竞争行为;

③可展示一段时期内的客票销售趋势和分时间段的客票销售趋势,便于行业管理部门及时掌握旅客动态;支持按照单一或组合指标进行多维度的统计分析;支持同比、环比的数据对比、分析;统计结果支持多种图表形式的展示,包括饼状图、柱状图、折线图、占比图等;支持根据历史数据进行售票量预测和趋势分析。

通过对销售历史数据的趋势分析,可科学预测未来某一时间段内的售票量,统计分析结果可为指导班次运行的配置、重点区域售票管理、售票资源的配置提供决策支持。

基于各省的票务数据基础,实现对全国范围内接入平台的客运站各班线的票价信息监测,可查看各班次的车辆等级、座位类型、票价、票价启用日期、票价截止期等信息。

①支持不同时间段内各客运站各线路票价信息的对比分析;票价走向趋势可以多种图标形式展示;

②支持将各客运站的执行票价与按运价计算规则生成的基准票价进行对比,差异幅度支持多种图标形式展示;

③支持按照线路里程、高速里程、车辆等级等指标进行班次票价的对比分析。

(3)班次信息统计分析。基于接入平台的各省客运站的客运线路、班次数据基础,按照线路代码、线路类型、线路等级、时间等指标,对各线路发送班次等信息进行查询与统计分析。

①按照线路代码、线路类型、线路等级等指标统计某段时间内班次信息;

②按照客运站统计某段时间内发送客运班次信息;

③按照班次性质、班次种类统计某段时间内发送客运班次信息;

④按照运输企业统计某段时间内班次信息;

⑤根据需要对上述结果进行排序,并能输出报表;

⑥支持按照单一或组合指标进行多维度的统计分析;

⑦支持同比、环比的数据对比、分析;

⑧统计结果支持多种图表形式的展示,包括饼状图、柱状图、折线图、占比图等;

(4)运能饱和度分析。基于客运站的设计承运能力、班次数据和售票数据,从时间段的班次数量、旅客使用分析客运站的运能饱和度。

①支持某时间段内班次数量、旅客流量与运能饱和度的综合分析;

②支持根据历史数据,进行未来某时段内客运站运能饱和度的预测趋势分析;

③支持某时段内不同客运站运能饱和度对比分析;

④支持同一客运站运能饱和度的同比、环比分析;

⑤统计结果支持多种图表形式的展示,包括饼状图、柱状图、折线图、占比图等。

运能饱和度分析一方面有利于政府管理部门在引导运力分配时的决策,另一方面,当假期等繁忙时段时,有利于对加班车辆的审批管理和客流引导等工作的开展。

(5)运力额度分析。基于客运站的班次数据、售票数据等信息,按照时间、区域分析运力投放的趋势。

①支持客运站某时段内运力投放趋势分析;

②支持按照行政区域统计分析某时段内的运力投放趋势;

③支持不同客运站、不同区域某时段运力投放的对比分析;

④支持同一客运站、同一区域内运力额度的同比、环比分析;

⑤支持根据历史数据,进行未来某时间段客运站、某区域运力投放预测分析;

⑥统计结果支持多种图表形式的展示,包括饼状图、柱状图、折线图、占比图等。

综合分析各客运站、区域的运力增长趋势,为进一步的运力总量调整和分配提供参考。

(6)营收信息分析。基于接入平台的各省客运、票务数据基础,按照行政区域、客运站、营运线路、班次等单一或组合指标,提供按全年、季度、月份或任意一段时期内,各省及某一特定区域内营收信息分析。

①按照客运站统计某段时期内营收信息;

②按照营运线路统计某段时期内营收信息;

③按照班次统计某段时期内的营收信息;

④按照运输公司统计某段时期内的营收信息;

⑤根据需要对上述结果进行排序,并能输出报表;

⑥支持按照单一或组合指标进行多维度的统计分析;

⑦支持同比、环比的数据对比、分析;

⑧统计结果支持多种图表形式的展示,包括饼状图、柱状图、折线图、占比图等。

通过对现有客运站、运输公司、客运线路、班次营收信息分析,综合过路过桥费、燃油价格等成本信息,最终为行业监管部门定价机制的变更和确定合理的燃油附加费标准提供决策依据。

5. 动态预警

(1)客流驻站预警。通过对历史统计数据的对比分析,设置统计指标的阈值,结合各省联网售票系统的售票情况和班次情况,对未来一段时期内的客流高峰到达情况和驻站高峰情况进行预警辅助决策;加强对黄金周、节假日等大客流的趋势预测,提前对可能发生拥堵、滞留、延误等事件进行预测和提示,协助做好各种前期准备工作。

(2)客票销售预警。通过对历史统计数据的分析,设置统计指标的阈值,对超过阈值的班次、线路、客运站售票情况进行预警提示。

6. 出行特征分析

(1)日常出行特征分析。实现日常出行特征分析,按时间、客运站、城市多个维度,对客流流向进行多维展现和分析,对不同维度的客流趋势进行分析预测。支持线路班次的配置、重点线路的监管等。

(2)重点时段出行特征分析。针对"十一"黄金周、"春运"、其他节假日等高峰期间,按客流分布、客流流向等进行多维分析,并提供历史同期数据对比分析,包括运力同期比较、客流分布同期比较、客运流向比较。做出班次、客运量的综合报表,由曲线图、柱状图、饼形图表示,并能导出、打印。具体统计分模型内容见表3-2。

统计分析模型示意图 表3-2

| 度量指标(查询项) | | |
|---|---|---|
| 序号 | 分析指标项 | 说　明 |
| 1 | 发送量 | |
| 2 | 客运量 | |
| **维 度 指 标** | | |
| 序号 | 指标项 | 说　明 |
| 1 | 时间 | 年、月、周、小时 |
| 2 | 地区 | 省/地市(州)/县各级行政区划 |
| 3 | 营运线路 | |
| **分 析 策 略** | | |
| 序号 | 分析项 | 说　明 |
| 1 | 度量指标时间维度分析 | 历史发送量趋势分析,月、周、日发送量分布特征 |
| 2 | “五一”“十一”、春节特殊时段出行特征分析 | 包括历年发送量趋势分析,周、日发送量分布,线路发送量排名,运量时序分布及预测 |

## 九、数据交换平台

数据交换平台,实现省级联网售票中心与全国数据中心的基础数据、客运站业务数据、网上售票数据的交换与共享,并支持全国数据中心与公安、工商、税务等其他部门的信息交换与共享。

通过本平台进行数据采集、抽取,完成基础数据的采集工作,然后将采集的数据可靠、高效、安全地传输到全国数据中心,实现行业数据的汇聚。

此外,本平台还支持同公安等系统进行数据的交换,实现对驾驶员信息的监控和对身份证信息的验证。

1. 数据交换平台的主要功能

(1)资源权限及安全管理。提供较完整的身份验证、资源授权、审计、传输安全等安全措施,提供如下基本的安全管理能力:

①提供组织机构的管理工具(或接入第三方的组织机构管理工具,如LDAP等),能够对用户、角色、部门/组进行增删改配置和审计查询;

②能够将服务资源的访问权限,与组织机构的对应用户、角色等进行授权管理,并提供基于用户名/口令、证书等方式的身份验证;

③提供可插入的安全框架,通过安全性服务提供者接口(Security Service Provider Interface,SSPI),允许无缝插入第三方的安全性解决方案,如提供用户管理、身份断言、认证、授权、角色映射、凭证映射等安全机制,确保只有授权用户才能访问运行时的系统资源;

④在服务和应用间的网络传输层,支持传输层安全协议。

(2)运维监控。为用户提供运行及维护方面的相关支持,通过该功能能够全面了解整个系统的资源信息、运行信息、报警信息以及配置信息等，为用户掌握整体系统的运行状况提供支撑。

(3) Web服务管理。通过提供一系列标准的协议、数据表示方法来实现系统之间的互操作性。用于实现不同平台、编程语言间的通信。

(4)安全通信。提供机密数据的保密性和完整性的安全通信，实现安全、可靠的数据传输。

2. 数据交换平台的组成

数据交换平台的总体架构如图3-27所示。

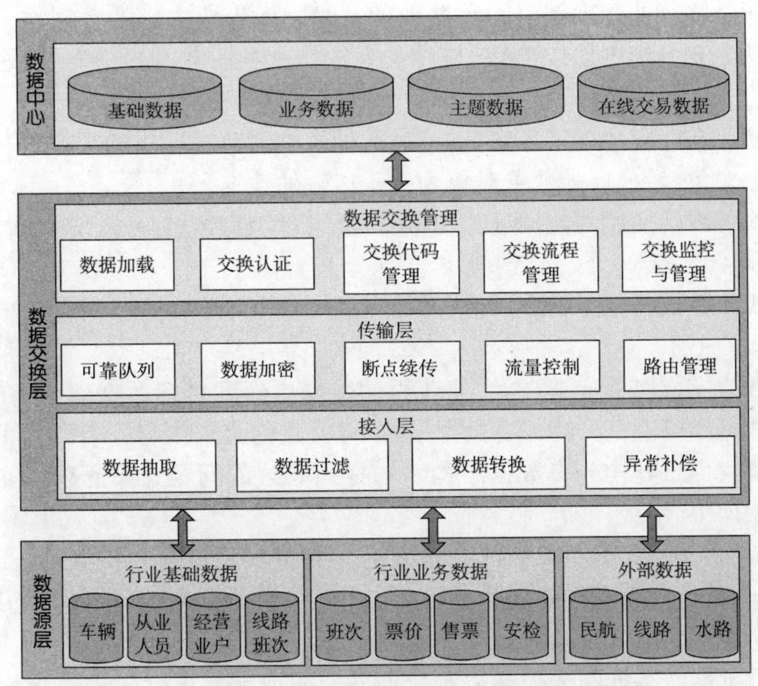


图3-27　数据交换平台总体结构图

(1)数据源层。数据源主要包括三大类型：一类是来源于行业管理部门的人、车、户、线等基础数据；一类是客运业务产生的业务数据；一类是来源于外部单位的数据。

(2)数据交换层。数据交换层主要分为三个方面：

①接入层：接入层由面向各类异构系统、异构数据源的适配器组成，完成各个子系统和业务支撑系统的数据抽取、加工等工作。在数据接入过程中涉及数据过滤，从大量数据内部仅仅筛选出需要的数据进行操作或转换，以满足数据能够正常进入接收端数据库的最终目的。在接入过程中需要通过异常补偿机制，保证数据接入的完整性。

②传输层：在传输层除了保证数据的可靠、高效传输之外，还要保证数据的安全性，基于此情况，数据交换平台的传输要求具备数据加密、可靠队列、传输管理、路由等保障。在传输过程中，依靠可靠队列，保障在当机或网络故障时数据不会丢失。此外，通过数据加密、断点续传、流量控制、路由管理保障传输的安全、可靠、稳定以及灵活。

③数据交换管理：交换中心端除了数据加载之外，还具有交换代码管理、交换流程管理、面向全过程的数据监控管理等处理。数据加载过程即是将数据存放入联网数据中心数据库

的过程,而交换前可进行交换认证,确保传输双方的正确性,交换代码管理、交换流程管理及交换监控与管理便于监控交换的数据内容正确合理性,提供可靠的安全体系。

(3)数据中心层。数据中心层由基础数据、业务数据、主题数据、在线交易数据共同组成,全国数据中心用于支撑行业监督及辅助决策平台和网上售票服务平台。

3. 协同数据交换

各省级联网售票中心与全国数据中心间采用消息中间件连接,消息中间件作为数据交换平台的数据采集、传输的高效载体。同时结合 ETL、数据仓库实现全国数据中心的建立。

(1)数据传输流程。数据传输流程包括数据采集、数据传输及数据加载等过程:

①数据采集。将行业管理部门的数据和各省级联网售票中心的数据按采集的需要,通过一定的规则从原有系统中抽取出来,与相关系统实现共享和交换。支持数据的批量和增量采集抽取。

②数据转换。在完成数据采集之后,通过适配器按规范对采集的数据进行加工处理,将数据转换为数据对象,转换后的数据对象为真正传输的数据。

③数据传输。将转换后的数据进行切割,然后通过消息传输信道,分批次将数据发到全国数据中心。

④数据解析。在接收到数据之后,按照规范进行解析,将数据还原成数据对象,形成能够存储的数据。

⑤数据加载。完成以上步骤之后,把获得的数据更新到目标数据库中,在这过程中,目标数据库与源数据库可能是异构或者数据结构不同,目标表结构与原表结构可能不同,在数据加载过程中解决由于异构或者数据结构不一样而导致的问题。保证数据能够安全、完整的进入目标数据库中。

(2)异构系统的整合。数据交换平台需要对各种异构系统进行接入,如文件系统、各种数据库、消息中间件等。因此需要提供适配器功能,实现数据库、文件、FTP、JMS 以及 WebService 等不同数据提供方式的接入。各适配器的应用描述如下:

①数据库适配器。数据库适配器是对数据库资源适配器进行的进一步封装,支持的数据库有 Oracle、Sybase、DB2、SQLServer、MySql 等。

②文件适配器。文件适配器是用于读写文件的模块,并且可以对文件进行更名、移动、删除、复制等操作,支持各种文件类型,如文本文件、XML、EXCEL 等。

③FTP 适配器。FTP 适配器提供对远端、本地目录的访问,完成对目标文件的异地迁移,以及基于对目标文件内容解析基础上的信息迁移的适配器。

④JMS 适配器。JMS 适配器是用于发送和接收 JMS 消息的模块。JMS 适配器包括 JMS 入站适配器和 JMS 出站适配器。

⑤WebServices 适配器。通过 WebService 适配器,提供了对 WebServices 全面支持,既可以将合成服务发布为 WebServices,也可以在服务组件中,访问已发布的 WebServices。WebServices 适配器包括 WebServices 出站适配器和 WebServices 入站适配器。

⑥定时适配器。定时器适配器能够按照指定的运行模式和时间表进行定时启动相关适配器完成工作。

(3)信息的采集与交换。

①信息采集。数据交换平台通过对各业务系统建立的适配器服务,实现对各业务系统

数据的实时、定时采集。数据交换平台提供多种数据接入方式，以方便各个数据源系统以其合适的方式来提交数据。这些数据的采集，可根据接入的不同情况，在不改动其应用系统的前提下，通过适配器，按照一定的策略进行数据抽取。

对各个系统建立的适配器服务，包括数据库入站适配器、文件入站适配器、FTP入站适配器等，实现对各业务系统数据的实时、定时采集；通过接口实现入站服务，实现对这些服务的编排，同时对出站适配器提供服务；最终通过数据库出站适配器服务和文件出站适配器服务实现对标准数据等的统一入库、存储。

②数据传输与装载。采集获得数据后，由传输层在所有系统之间传输路由数据和消息，实现数据、服务命令的上传与下达。

数据传输由消息中间件组成的传输网络实现，使所有业务系统和数据交换中心构成虚拟的传输网络，提供松散耦合的消息通信机制。消息通信由消息队列来完成，发送队列负责将交付的消息传送到目标节点的接收队列。从数据采集到推送到消息队列，通过队列可靠传输到中心数据装载入库的流程图如图3-28所示。

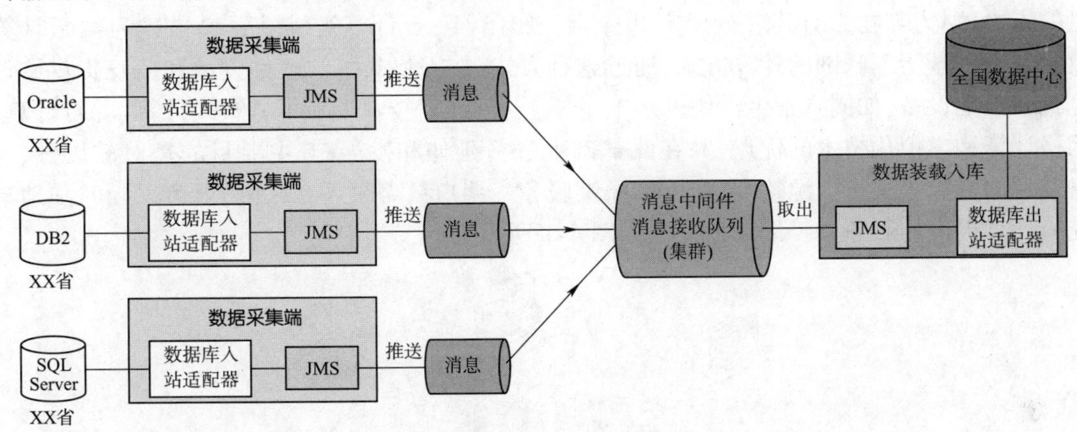


图3-28　信息传输与装载流程图

③数据处理。负责将获取的数据进行统一的数据处理，包括对异构数据进行XML标准化转换等功能。由于各数据信息格式不尽相同，无法统一存储在中心数据库中。为了实现数据信息的集中、规范存储，简化数据管理维护工作，需要对采集来的数据信息进行XML标准化处理等整合工作。

适配器服务提供数据加工、数据转换、数据过滤等数据交换处理功能，同时通过JAVA服务编排完成数据加工、转换处理的定制工作。

(4)接口封装与调用。数据交换平台提供对外统一的接口服务，提供生产运行数据的信息接口。通过对数据库系统的封装，提供统一的信息接口服务，在整个数据交换平台中实现信息的统一输出，提高服务质量和运营效率。

(5)服务组合与管理。服务组合与装配，支持封装的业务服务之间通过辅助编程的方式，实现不同应用服务之间的连接和调用。

# 第四章　道路运输云计算与云服务

## 第一节　云计算与云服务概述

### 一、云计算定义与现状

云计算的概念自从2007年被谷歌(Google)初次提出之后,全球多个国家都相继投入大量的人力、财力与物力对其进行研究和探索。2015年,云计算被维基百科描述为:“云计算技术是一种基于互联网的计算方式,通过这种方式,按需将共享的硬件资源和信息提供给计算机和其他设备,如同日常生活中的水电一样”。云计算技术继承了分布式计算、并行计算、网格计算和虚拟化技术的优点,并在此基础上进行延伸和发展,其主要目的是对软硬件、网络及存储资源等进行资源整合,为用户提供服务。用户只需联入互联网,就可以随时随地享受云计算提供的服务。云计算框架图如图4-1所示。

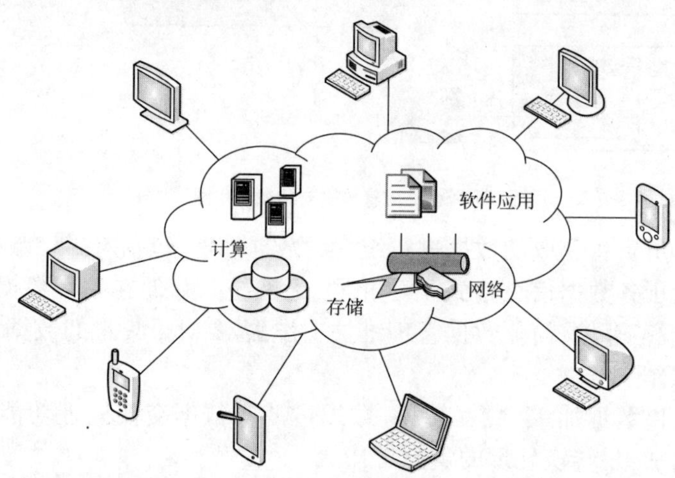


图4-1　云计算框架

目前云计算的商业模式层出不穷,美国已经有很多大型IT企业(如IBM、雅虎、谷歌、亚马逊、微软等)对云计算技术进行深入研究。美国的IT企业根据自己的运营模式推出不同的云计算服务,依靠按需付费的模式为用户提供服务,占有了广泛的市场。欧盟各国则与美国大型IT企业如谷歌、微软、惠普、雅虎等展开合作与研究,希望在欧洲地区建立一个统一的云平台应用服务市场,为欧盟各国提供服务,打破了欧盟各国之间的界限。日本OSS推进联盟已经专门建立了一个云计算战略研究小组,致力于云计算技术的研究现状与发展趋势,同时还对与云计算相关的项目进行了研究,将云计算技术应用于电子政务系统、车联网、医疗系统等。2007 年,IBM“蓝云计划”在中国上海发布。蓝云计划内部的系统和计算方法可以智能化分析和处理海量数据,并且能转换成现实的决策和行动,从而使所有的事物都变得越来越智能。2009 年,中国移动推出“Big Cloud”云计算平台项目,旨在提高在移动互联网方面的服务能力。2010 年 7 月,北京市经信委发布了《北京“祥云工程”行动计划》。2010 年 8 月,为了建设“亚太云计算中心”,上海市制定了三年行动方案,即《上海推进云计算产业发展行动方案(2010—2012 年)》,被称作“云海计划”。2010 年 11 月,深圳市首次在《关于优化产业结构加快工业经济发展方式转变的若干意见》政策中提出了加快云计算技术产业的发展,其目的是在华南地区打造云计算中心,形成一条以云计算技术为核心的产业链。2013 年,阿里巴巴发布“云合计划”,希望能够建立适应于 DT(数据处理技术)时代的云生态系统。另外,新浪、腾讯、华为等国内大型 IT 企业也创建了云计算平台,为不同用户提供云计算集成服务。在用户与市场需求的推动下,中国的云计算市场一直保持持续的增长趋势,尤其体现在云计算基础架构的投资方面。2012 年到 2015 年,我国云计算市场从 482 亿元上升至 1315.8 亿元,保持了高速增长态势,年均复合增长率高达 61.5%。

## 二、云计算发展历程

电子计算机在 1945 年发明时,主要用于军事用途。随着商业公司的加入,计算机逐渐从军事应用推广到商业应用。早期的计算机是一种非常昂贵的设备,只有一些大型的商业公司才有财力拥有。即便对于财力雄厚的公司,计算机也非常昂贵,由一个用户专享计算机资源是非常浪费的。为了提高利用效率,这时候计算中心的模式是“大型机 + 终端”。随着计算机的发展,大型机以后相继有中型机、小型机问世,但是整个应用的模式还是以大型机、中型机、小型机为核心的集中式的应用模式为主。

进入 20 世纪 80 年代以后,IBM 推出个人用计算机 PC,随着个人电脑的处理能力不断提高,人们发现很多计算中心处理的任务完全可以由个人 PC 所代替。因此除了银行、保险、石油等专业领域还在使用大型机以外,大多数的商业公司都逐步改为使用 PC 或者 PC 服务器来处理业务。也就是说,计算机的使用模式从集中走向了分散。

进入 20 世纪 90 年代,随着计算机网络,特别是互联网的发展,计算中心再次由分散走向了集中。互联网应用中,大部分的业务在服务器上完成,用户只需要通过终端软件连接服务器,就可以提供输入和获取输出。

2006 年 8 月 9 日,谷歌首席执行官埃里克·施密特在搜索引擎大会(SES San Jose 2006)首次提出“云计算”的概念。谷歌“云端计算”源于谷歌工程师克里斯托弗·比希利亚所做的“Google 101”项目。云计算实质上是以前的“大型机 + 终端”模式的回归,只不过现在的云计算中心不再是以前那种物理意义的大型机,而是许多个服务器组成的服务器集群。2007 年 10 月,谷歌与 IBM 开始在美国大学校园,包括卡内基梅隆大学、麻省理工学院、斯坦福大学、加州大学柏克莱分校及马里兰大学等,推广云计算的项目,这项计划希望能降低分布式计算技术在学术研究方面的成本,并为这些大学提供相关的软硬件设备及技术支持(包括数百台个人电脑及 BladeCenter 与 System x 服务器,这些计算平台将提供 1600 个处理器,支持包括 Linux、Xen、Hadoop 等开放源代码平台)。而学生则可以通过网络开发各项以大规模计算为基础的研究项目。

由于互联网的高速发展,这些服务器集群在物理上是分布的,但是逻辑上是统一的,通过这个统一的虚拟云计算中心,为终端提供各种各样的计算和存储服务。就像用户访问新浪网站一样,其在世界各地拥有上万台服务器,但是对最终用户而言,新浪网站只有一个。

我们可以把云计算比喻成电网,服务器集群比喻成发电站。发电站可以有很多个,但是使用者并不关心发电站有几个、在哪里,就像连上电网就可以用电一样,连上云计算网,就可以使用云计算中心的各种资源来存储数据和进行各种各样的运算。

## 三、云计算技术特点

云计算技术把计算任务散布于由大量服务器组成的资源池中,用户可以按照需要取得计算能力、数据存储以及信息服务。云计算技术具备以下基本特性:

(1)规模巨大、可伸缩:云计算由数量众多的服务器等作为基础设施,提供了用户可以按需使用无限计算的幻觉。因此,用户希望云计算可以在任何时候都可以快速地提供资源。当负载增加时,可以自动额外配置资源,反之可以释放资源。

(2)虚拟化:云计算技术基于虚拟化技术将底层的物理资源全部虚拟化,主要包括服务器、存储及网络等。用户只需联入网络,使用各种智能终端如台式机、笔记本、手机、Pad 等,随时随地地获取云计算服务,而无须关心使用资源的调度与分配问题。

(3)高保障性、高兼容性:云计算技术运用了多副本容错和计算机节点同构可互换等手段,从而使其提供的服务更加可靠,所以利用云计算技术将会比应用本地计算机更为可靠。

(4)资源共享:云计算技术构建了一个庞大的资源共享池,通过多租户的方式为不同的用户提供服务,用户之间的服务相互独立而且不被干扰,当一个用户服务崩溃时,不会影响其他用户的使用。

(5)按需服务:云计算技术为用户动态地分配资源,用户根据自己的需要进行购买来获取服务,如同日常生活中的水费、电费。

(6)低成本:云计算技术的特殊容错手段能够选用低价的节点来组成云平台;云计算技术的自主处理能够减少数据中心的管理成本;云计算的高可靠性和兼容性可以提高资源的使用效率。所以,用户能够充分享用云计算技术产生的廉价成本好处。

## 四、云计算的架构

云计算的架构由 4 部分组成,分别为显示层、中间件层、基础设施层和管理层。云计算的本质是通过网络提供服务,所以其体系架构以服务为核心,如图 4-2 所示。

### 1. 显示层

显示层主要是用于以友好的方式展现用户所需的内容,并会利用到中间件层提供的多种服务,主要有 5 种技术:

(1)HTML:标准的 Web 页面技术,现在主要以 HTML4 为主,但是将要推出的 HTML5 会在很多方面推动 Web 页面的发展,比如视频和本地存储等。

(2)JavaScript:一种用于 Web 页面的动态语言,通过 JavaScript,能够极大地丰富 Web 页面的功能,最流行的 JS 框架有 jQuery 和 Prototype。

(3)CSS:主要用于控制 Web 页面的外观,而且能使页面的内容与其表现形式之间进行优雅地分离。

(4)Flash:业界最常用的 RIA(Rich Internet Applications)技术,能够在现阶段提供 HTML 等技术所无法提供的基于 Web 的富应用,而且在用户体验方面非常不错。

(5)Silverlight:来自业界巨擎微软的 RIA 技术,虽然其现在市场占有率稍逊于 Flash,但由于其可以使用 C#来进行编程,所以对开发者非常友好。

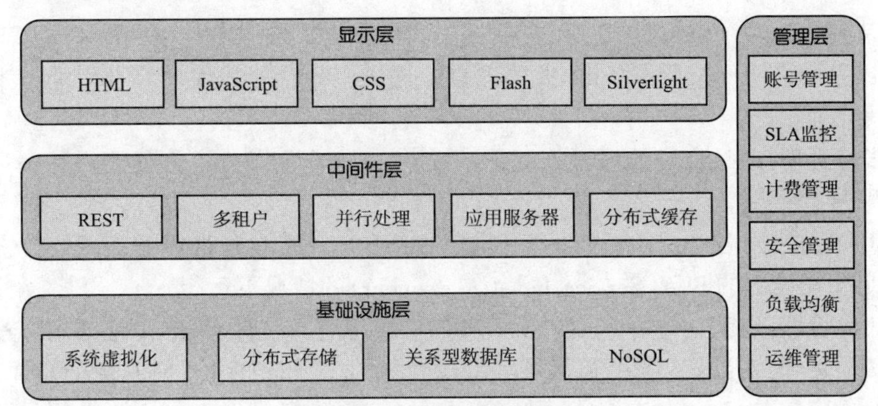


图4-2　云计算典型架构图

2. 中间层

中间层是承上启下的,它在基础设施层所提供资源的基础上提供了多种服务,比如缓存服务和 REST 服务等,而且这些服务既可用于支撑显示层,也可以直接让用户调用,并主要有5种技术:

(1)REST:通过 REST 技术,能够非常方便和优雅地将中间件层所支撑的部分服务提供给调用者。

(2)多租户:就是能让一个单独的应用实例可以为多个组织服务,而且保持良好的隔离性和安全性,并且通过这种技术,能有效地降低应用的购置和维护成本。

(3)并行处理:为了处理海量的数据,需要利用庞大的 X86 集群进行规模巨大的并行处理,谷歌的 MapReduce 是这方面的代表之作。

(4)应用服务器:在原有应用服务器的基础上为云计算做了一定程度的优化,比如用于 Google App Engine 的 Jetty 应用服务器。

(5)分布式缓存:通过分布式缓存技术,不仅能有效地降低对后台服务器的压力,而且还能加快相应的反应速度,最著名的分布式缓存例子莫过于 Memcached。

3. 基础设施层

基础设施层的作用是为给上面的中间件层或者用户准备其所需的计算和存储等资源,主要有4种技术:

(1)虚拟化:也可以理解它为基础设施层的"多租户",因为通过虚拟化技术,能够在一个物理服务器上生成多个虚拟机,并且能在这些虚拟机之间能实现全面的隔离,这样不仅能降低服务器的购置成本,而且还能同时降低服务器的运维成本,成熟的 X86 虚拟化技术有 VMware 的 ESX 和开源的 Xen。

(2)分布式存储:为了承载海量的数据,同时也要保证这些数据的可管理性,所以需要一整套分布式的存储系统,在这方面,谷歌的 GFS 是典范之作。

(3)关系型数据库:基本是在原有的关系型数据库的基础上做了扩展和管理等方面的优

化,使其在云中更适应。

(4)NoSQL:为了满足一些关系数据库所无法满足的目标,比如支撑海量的数据等,一些公司特地设计一批不是基于关系模型的数据库,比如谷歌的 BigTable 和 Facebook 的 Cassandra 等。

4. 管理层

管理层是为横向的三层服务的,并给这三层提供多种管理和维护等方面的技术,主要有下面这 6 个方面:

(1)账号管理:通过良好的账号管理技术,能够在安全的条件下方便用户的登录,并方便管理员对账号的管理。

(2)SLA 监控:对各个层次运行的虚拟机,服务和应用等进行性能方面的监控,以使它们都能在满足预先设定的 SLA(Service Level Agreement)的情况下运行。

(3)计费管理:也就是对每个用户所消耗的资源等进行统计,来准确地向用户索取费用。

(4)安全管理:对数据、应用和账号等 IT 资源采取全面地保护,使其免受犯罪分子和恶意程序的侵害。

(5)负载均衡:通过将流量分发给应用或者服务的多个实例来应对突发情况,

(6)运维管理:主要是使运维操作尽可能地专业和自动化,从而降低云计算中心的运维成本。

## 五、云计算的部署

云计算按照服务的类别可以分为三类:公有云、私有云、混合云,如图 4-3 所示。

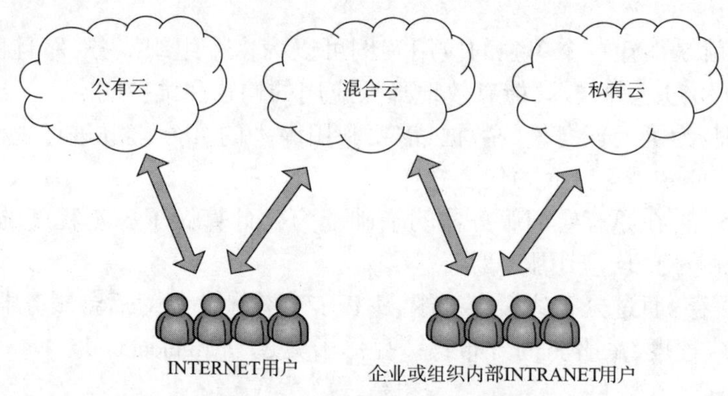


图 4-3　云计算的服务与部署模式

1. 公有云

公有云是一个由一些企业或用户一起使用的云环境,其提供的服务通常是由一个单独的第三方云服务商承担,如亚马逊弹性计算云、微软软件和技术服务平台、谷歌网络应用程序服务平台等都提供公有云服务。用户只需通过联入互联网就可以共享云端所有的资源,其资源不具有保密性。此外,公有云服务对用户来说具有良好的经济性,用户不需要拥有或者管理公有云所需的基础设施,便可以通过免费或者花费较低的成本获得服务。

2. 私有云

私有云是一个由大型企业或者组织机构单独建立和使用的云环境,是私有的,具有良好的封闭性。私有云通过企业或者组织机构内部专网,在防火墙内为其内部用户提供服务,其他企业或者防火墙以外的用户是不能共享私有云上的任何资源的。私有云的搭建成本非常高,一般的小型企业无法独立建成私有云。

3. 混合云

混合云有效融合了公有云和私有云所提供服务的云环境。企业或者用户可以充分利用混合云的基础设施,保护企业或者用户敏感信息的访问限制,又可以按需扩充或者收缩企业或者用户的自由。企业或用户将那些日常事务性的安全性或可靠性需求相对较少的支撑应用投放在公有云上,而将一些安全性需求较高的私有服务或者数据部署在私有云上。混合云打破了私有云的硬件限定,能够使用公有云的可扩展性,随时获得更高的计算能力,还能有效地降低成本。混合云已经成为未来云计算平台的发展趋势。

## 第二节　云计算的应用现状

### 一、云计算研究与应用现状

在 20 世纪 70 年代,出现了虚拟机的概念,虚拟化技术能够在一个大型物理设备上虚拟一个甚至多个虚拟节点,每个虚拟节点运行相对隔离,而后又出现虚拟化网络、网格计算、并行计、分布式计算等,这些技术的出现,为以后云计算的发展奠定了基础。

亚马逊公司对于云计算的发展起到了推动的作用,为了将公司空闲主机群的价值发挥出来,亚马逊提出了一种全新的服务模式,向客户提供云端的计算能力和存储能力。而后云计算逐渐开始被普遍接受,亚马逊、谷歌、IBM、甲骨文、VMware、阿里巴巴、百度等公司纷纷推出了云解决方案,建立各自的数据中心。

到目前为止,学术界仍然没有对云计算的概念达成共识。IBM 的技术白皮书中定义:云计算描述一种系统平台或者一类的应用程序云计算平台,可以按需进行动态地部署配置、重新配置以及撤销。伯克利给出的云计算定义:云计算包括互联网上各种服务形式的应用以及数据中心中提供这些服务的软硬件设施。应用服务即 SaaS(Software as a Service,软件即服务),数据中心提供强大的数据存储能力以及计算能力。服务提供商提供资源,公众通过网络获取服务,这种云被称为公共云,如 Amazon S3(Simple Storage Service)、谷歌应用执行引擎和微软云等。而只对组织内部开放,屏蔽外部访问的数据中心被称为私有云。

目前,各大公司纷纷涉足云计算产业。谷歌公司推出的 Google App Engine 是著名的 Pass 服务平台,它为广大的 Web 开发者提供了便捷的服务,通过该应用框架,可以快速部署开发的应用程序。蓝色巨人 IBM 公司推出的面向企业的云服务,旨在利用其强大的数据中心使企业现有的业务和技术发挥更大的价值,是著名的企业级 Pass 服务平台。百度公司推出的百度网盘,则是向用户提供存储能力。Saleforce. com 是 SaaS 服务的典型代表,充分体现了软件及服务的思想。

### 二、SaaS 研究与应用现状

云计算将基础设施、平台和软件作为服务提供,使用户能够以即用即付的模式使用基于订阅(Subscribe)的服务。在云上提供的服务通常可以分为 3 个不同的服务模型,即 IaaS(Infrastructure as a Service)、PaaS(Platform as a Service)、SaaS(Soft as a Service)。它们构成了为终端用户所提供的云计算解决方案的三个支柱。这个模型允许用户通过互联网访问服务,完全依赖于云服务提供商的基础设施。

(1)IaaS(Infrastructure as a Service),又称为基础设施即服务,是通过利用现有的物理服务器资源、路由交换资源所组成的物理集群,在集群上通过虚拟化技术构建的虚拟化平台。在IaaS平台上通过软件模拟物理服务器资源,从而为系统提供虚拟化的执行环境。传统模式下,系统是直接安装在物理服务器上,如果需要更换或者添置系统,都需要人为地在物理服务器上重新进行安装,这为管理人员带来了繁重的工作。IaaS平台通过虚拟化技术很好地解决了这个问题,管理人员可以通过IaaS平台快速添加、删除、定制一个系统。同时, IaaS通过系统租借提供服务,用户只需要付费就可以获取虚拟平台上的系统资源。

(2)PaaS(Platform as a Service),又称平台即服务,通过为开发者提供多种开发运行环境,包括开发语言、运行容器、开发框架、数据库、消息总线等,用户无须考虑基础环境配置就可以快速在PaaS平台上部署自己的应用系统。只需要通过租赁数据库,就可以快速部署自己的数据库服务。

(3)SaaS(Soft as a Service),又称为软件即服务,是近年来在传统云计算平台上进一步发展的产物,其商业模式与IaaS和PaaS平台存在很多相似之处, SaaS平台产商通过在自己的服务器平台向所有互联网用户提供具备其产业特色的应用服务。服务的使用者不再是企业和开发人员,而是互联网用户。用户不需要在自己的计算机上安装应用软件,通过浏览器就可以获取到服务资源。这对现有应用软件营销模式是一种新的冲击,也为软件行业提出了新的营销思路。

在云计算的以上3种服务交付模式中,SaaS特性为软件行业的发展提供了新的思路。它打破了传统的软件服务模式,以服务的形式向外提供软件服务。各大软件厂商,由单纯的卖软件向可持续的卖服务的方向转变,企业可以从软硬件的维护中完全地解脱出来,把这些工作交由服务提供商来做,这样企业只需要向SaaS服务提供商支付相应的服务费用即可,省去了大量成本,包括硬件设备的费用、软件的维护费用、人力资源的培训等费用。SaaS的这种交付模式允许中小企业在不增加IT投入的情况下迅速而便捷地实现信息化,减少信息化的成本,降低信息化给企业带来的风险,因而受到中小企业的欢迎,这也促进了SaaS服务模式的发展。

现在,SaaS服务模式已经很普遍,很多中小企业已经采用SaaS服务模式。SalesForce是SaaS的典型代表,它允许客户按需定制软件产品,并以SaaS的形式对外提供服务。该公司被称为“软件终结者”,开创了企业级应用的新格局。用户每个月向该公司支付服务费用来使用各种功能,和传统购买的软件不同,客户可以根据需求定制这些功能,也可以根据需求随时按照需求增加或者去掉一些其他的功能。客户不仅真正做到了按需使用,而且可以避免购买软硬件,减少了信息化管理的成本。多租户架构和元数据是Salesforce的两个关键技术,多租户架构为平台减少了代码库的维护成本,减少了资源的消耗。元数据降低了创建应用程序的难度,提高了系统的易用性。为了扩张市场,在全球各地创建了很多数据中心,向外提供计算、存储、业务应用等服务。不同地域的用户访问最适合自己的数据中心,快速地获取到所需的服务。和传统软件相比,SaaS模式具有明显优势,付费方式更加灵活。客户在付费购买服务之后,如果对服务满意可以在协议期满之后在进行续约,继续使用服务,如果不满意可以不再续约。

2000 年以来,SaaS 在国内也逐渐地发展起来,涌现了一批优秀的公司,比如阿里软件、金蝶国际软件、八百客等。时至今日,SaaS 行业仍然受到了广大创业者和投资者的青睐,还有很大的发展潜力。随着时代的发展,越来越多的年轻人成了工作的主力,企业对于现代化管理的追求也越发迫切。在 2014 年采用或者支持 SaaS 模式的企业级应用占到了全年的企业级应用数量的 95% 以上,几乎取代了本地的应用,SaaS 模式已经成为大势所趋,得到了越来越多的企业的青睐。SaaS 服务业整体处于增长的势头,尤其在亚太地区,服务业务营收继续保持快速增长的势头,到 2017 年有望从 14.1% 增加到 19%。相信 SaaS 行业仍然会继续蓬勃发展,天下没有难管理的企业即将成为现实。

从世界范围看,云计算技术日臻成熟,具有广阔的市场前景,但其商业应用仍处于初期布局阶段。截至目前,云计算已经渗透到许多行业领域,如交通行业、教育行业等,由此出现了许多新兴的云产业,如物联网、云存储、云教育、云游戏、私有云等,但离普遍应用仍存在一定差距,需要国家相关政策的扶持。与发达国家相比较,我国云计算起步较晚,但发展迅速,正在从技术层面快速向国家层面过渡,产业规模和效益也在快速提升。预计未来 10 年将是云计算的时代,越来越多的各类信息系统和信息终端将依托云计算平台而存在,越来越多的研发和业务流程将依托云计算平台来支撑,越来越多的行业领域将引进云计算技术。

从云计算的特点来讲,云计算技术非常适用于交通服务信息的存储、处理和应用。由于交通服务具有对象广泛、领域分散、信息量巨大、专业性强和处理复杂多变等特点,传统的计算机网络难以提供一种灵活、快速、易拓展、无边界和低成本的服务方式,故尤其需要云计算技术为这种交通服务提供应用平台和推广渠道。

搭建交通云平台能及时灵活地应对交通行业这些新的机遇和挑战。基于云计算的理念,通过对智能交通系统的应用服务和计算设备进行分层,分离出共同的计算设备层,便可使智能交通系统构筑在一个共有的计算设备层上面。同时,该计算设备层可以利用现有云计算提供的服务,使智能交通系统提供的各种应用也成为云计算的一种应用服务。目前,云计算已被应用到了诸多领域,其中智能交通领域是其重要应用领域之一。

我国交通运输行业的运网规模得到了迅速扩张,交通基础设施建设实现了跨越式发展,行业管理意识有了极大的进步。随着经济的快速发展,我国交通行业已经进入了经营组织化、管理集约化、运输专业化、发展规模化、交通信息化道路的结构调整关键期,交通智能化特征越来越明显。智能交通是信息和通信技术(ICT)在传统交通系统中的应用,它基于现代电子信息技术,以信息的收集、处理、发布、交换、分析、利用为主线,为交通参与者提供多样性的服务。

云计算是一种通过网络来统一组织和灵活调用各种 ICT 信息资源,并实现大规模计算的信息处理方式。云计算利用分布式计算和虚拟资源管理等技术,通过网络将分散的 ICT 资源(包括计算与存储、应用运行平台、软件等)集中起来并形成共享的资源池,以动态按需和可度量的方式向用户提供服务。用户可以使用各种形式的终端(如车载终端、PC、平板电脑、智能手机、智能电视等)通过网络获取 ICT 资源服务。云计算对 ICT 资源的有效处理主要体现在以下 3 方面:

(1)云计算改变了用户对ICT资源的获取方式,从购买产品独立构建ICT设施转为寻求社会化公共服务。

(2)云计算成为ICT产业服务化发展转型的重要方向,服务商成长为重要的主导力量。

(3)云计算改变ICT产业技术和产品发展方向。

云计算技术对交通行业信息化发展有非常深刻的影响,能促进交通信息产业的发展。一般而言,云计算技术对交通行业信息化发展的影响主要有以下3点。

(1)推动了中国交通信息基础设施建设和信息化进程。云计算能够提供可靠的基础软硬件、丰富的网络资源、低成本的构建方式和管理能力,能有效加速交通信息基础设施建设,解决政府部门、大型交通企事业单位目前面临的IT机房建设和信息系统维护难、人工成本和能源消耗巨大等问题。

(2)提升了道路运输行业的科技创新能力,提高了业务的动态性和敏捷性。通过提供海量数据存储和强大的数据处理能力,云计算能够为科技创新提供坚实基础,提高科技创新能力,并缩短产品和服务进入市场的周期。同时,云计算强大的管理系统可以实现交通业务的快速部署,并实现云计算平台与其他业务已有的数据库和能力组件的快速调用和整合,提高用户业务的敏捷性和动态性。

(3)降低了交通各参与方总体成本。云计算可以提高现有设备运行效率,减少初期投资和运营成本,降低用户总体成本。同时,云计算对IT资源的集中和整合使用可以减少设备规模,及时关闭空闲资源,有效降低能源消耗,提高资源利用率。

## 三、交通云计算国内外研究现状与历史

智能交通是当今世界交通运输发展的热点和前沿,它依托既有交通基础,是现代交通运输业的重要标志。智慧道路系统、欧洲绿色智能交通、智能驾驶战略都是智能交通发展的有效实践。电子站牌、动态导航仪、ETC等智能交通应用也走进公众的生活。

《2013—2017年中国智能交通行业深度调研与投资战略规划分析报告》预测,从战略性新兴产业发展形势来看,截至2016年上半年,我国手机用户超过13亿人,其中智能手机用户约7亿,手机首次超过计算机成为第一大上网终端。移动互联的迅速发展也为智能交通提供了新的手段和发展机遇。

随着我国社会经济的快速发展和信息化建设的不断深入,智能交通系统(ITS)开始在交通领域深入而广泛地应用。智能交通的关键环节就是掌握路面的实时交通信息,服务交通规划和路径导航,以缓解交通拥堵、节约交通成本。智能交通在近几年得到飞速发展,成为研究的热门,并在多个领域都得到了广泛的应用。智能交通系统应用领域案例见表4-1。

**智能交通系统应用案例** 表4-1

| 应用领域 | 应用模式案例 |
|---|---|
| 交通信息服务领域 | 驾驶员通过交通信息中心获取信息选择出行路线 |
| 交通管理领域 | 交通管理者通过交通信息中心获取数据,实现对道路状况、交通事故等进行监控和处理 |
| 公共交通领域 | 公交管理中心根据交通信息中心的信息数据合理安排公交的发车、收车时刻表,应对不同时间段上的行人和客流量 |
| 车辆控制领域 | 车载设备通过卫星定位导航帮助驾驶员选择行驶路线、提示障碍物等功能,提高机动车的行驶安全 |

续上表

| 应用领域 | 应用模式案例 |
|---|---|
| 货运管理领域 | 物流公司通过卫星定位、GIS、物流信息管理中心等方式有效跟踪货物运输情况提高服务质量 |
| 电子收费领域 | 车辆在进入高速收费站时,通过ETC自动缴费,提升高速收费站的工作效率 |
| 紧急救援领域 | 在出现交通意外时,车载设备主动向救援机构发送求救信号,通过救援机构展开救援工作,保障驾驶员安全 |

## 第三节　云计算和道路运输四级协同的结合

在以往的道路运输信息系统建设过程中,总的模式是由各省、各地区主导完成。这就造成了各地区之间,以及同地区上下级之间信息的彼此隔离,从而造成"信息孤岛"现象。而且由于各地具有当地特有的因素,软件完全复制也是不可能的。因而在不同级别不同部门之间数据共享与连接时,要根据当地特点进行二次开发。这就造成资源极大的浪费,道路运输信息化水平的提高遇到较大的阻碍。

### 一、提供数据集中

以云计算模式建设云数据中心,实现数据集中存储和处理,具有以下优点。

(1)集中建设,避免重复投资:避免了重复建设,节约了成本。

(2)安全性:服务器实现了集中管理,由中心统一维护,实现了高可靠性和高安全性。

(3)降低初次投入成本:在以往的云数据中心建设中,为将来的业务增留空间,设备的投资往往高于目前的实际需要。云数据中心在系统开始建设的时候,只需要投入实际需要的计算设备。之后随着服务增加的要求,随时对设备进行扩充。

### 二、提供数据共享

在实现了数据集中以后,就为数据共享提供了可能。需要强调的是,这里所谓的共享双方可以访问对方的数据,更多的意义是指双方的合作。这是由于云计算中心所具有的"物理分布、逻辑统一"的特点所决定的。

所谓物理分布是指,计算中心的资源、设备在物理上是分布的,比如说天津、上海、长沙都可以设置区域的计算中心。这是以往的以大型机为核心的计算中心所不具备的特点,大型机在物理上是不可分割的,但是基于云计算模式的计算中心,采用分布式的计算机集群,可以根据需要设置地域的计算中心。

所谓逻辑统一,指的是这些计算资源虽然是分散的,但是用户在访问这些计算资源的时候,不需要意识到这些,对使用者而言,这些资源是统一的。这种模式最直观的例子就是互联网网站。比如谷歌公司,它使用一个由100多万台计算机组成的巨型机群提供服务,这些机群分布在世界各地很多个计算中心,但是用户完全不需要意识到这一点。

"物理分布、逻辑统一",这就为中心和地方之间的数据合作和数据整合提供了可能。在数据中心信息整合的整体逻辑架构下,在地理位置可以采取分布式的部署。比如武汉设置面向长江中游城市群的云数据中心,天津设置面向环渤海带服务的云数据中心。在云数据中心的建设上,可以借助地方的资源和力量,或者由地方主导。系统建设之初,就充分考虑与数据交换中心和整体框架的整合,因此对地方而言,它可以和过去一样控制和使用自己的资源,而对外部用户而言,整个交通行业的信息是统一的,这样数据共享就成为自然而然的结果。

## 三、提供数据服务

信息服务、数据服务是目前道路运输信息化的方向和重点。那么什么是信息服务呢?下面通过日本金融行业的一个例子加以说明。

日本银行主要包括下面几种类型的银行,一是国有政策性银行,主要包括日本银行、日本进出口银行和日本发展银行等。二是大型商业银行,主要代表是三菱东京银行、三井银行等。三小型银行,主要包括一些农业信用合作社、渔业信用合作社和小型城市银行。

对于大型银行而言,它们有实力在全国范围乃至全球范围内建设自己的信息系统,为自己开展金融业务服务。对于小型银行而言,它们显然不具备大规模建设自己信息系统的实力,这就限制了它们的业务发展。可是它们也需要同样的服务,面对这种情况,由日本金融厅主导,由日本电信电报公司主持开发了面向中小银行提供信息服务的“共同利用中心”系统,在“共同利用中心”的逻辑框架下,为众多的中小金融机构提供业务系统。同时设置“数据交换中心”为整个系统内的各中小银行之间提供数据交换服务,这样就把众多中小银行的数据资源整合成为一个整体。对中小银行客户而言,只要该银行是这个网络的一个成员,那么该用户就可以在全国范围内获得银行的服务。

这种做法充分体现了前面论述的“物理分布、逻辑统一”的特点。该系统把硬件和软件系统整合以后以“数据服务”的方式向社会提供,大大降低了中小银行信息化建设的门槛,它们不需要自己投入巨资去购置昂贵的计算机设备,也不需要开发复杂的业务处理软件,只需要付出一定的信息使用费,就可以得到全面的信息服务。对中小银行而言,与独立开发和维护一套软硬件系统相比,信息建设的费用大大降低。因此系统推出以后,收到中小银行的广泛欢迎,取得了良好的社会效应和经济效应。

由于系统由日本金融厅主导,系统软件和硬件的升级维护也集中进行,系统建设的水准和质量也获得保障。这种方式改变了过去中小银行系统分散建设、水平参差不齐的状况,整体提高了中小银行的信息化水平。此外,金融厅通过对中小银行信息系统的集中,也有效地实现了对中小银行业务的监管控制。

其实在交通领域,同样存在这样的“数据服务”的需求,比如“道路实时监控系统”“不同级别政府部门的道路运政管理与服务系统”等。在北京的主要路口都安装有摄像头,摄像头由交通控制中心集中控制,交通控制中心可以随时得到道路的通行情况。可是这样的系统只有北京上海这样的大型城市才有财力去建设和维护,对于一些中小城市、县城而言,它们就没有这样的财力。这种情况下,利用上面提到的逻辑整合的方案,同样可以为中小城市提供“道路监控”的数据服务。

这种结构同样利用了上面提到的“逻辑整合”的概念。设置在各地的摄像头,信息集中到统一的“道路实时监控系统”中来,由于系统是由数据中心负责整合,这样对于中小城市而言,它们不需要投资建设自己的计算机系统,只要把当地的摄像头和此系统相连即可。这样就大大降低了道路实时监控的建设费用,一般的地方都可以负担得起。同时,系统利用公共的因特网和中心连接,由于采用专有的系统,一般大众也可以得到道路的实时通行情况,改变了目前“道路实时监控系统”不能向社会大众开放的弊端。

## 第四节 典型应用:机动车综合性能检测云服务平台

### 一、机动车综合性能检测云平台概述

机动车及驾驶人数量迅速增长,给人们生产生活带来便捷的同时,也带来不容忽视的问题。机动车的快速增长,直接导致机动车检测需求进入快速增长的发展阶段,给机动车综合性能检测站带来了新的发展空间,检测站的工作重心应从以前单一的国家规定的强制性检测任务转变到为全社会的车辆提供检测服务。另一方面,数量急剧增加的检测站数量,以及车辆检测数量也为车辆综合性能检测行业带来了新的挑战,需要丰富和创新管理手段,采用新思想、新技术、新手段来主动适应机动车检测行业面临的新发展。

目前我国有 3000 余家机动车安全技术检验机构、1200 余家机动车环保检验机构和 2000 余家机动车综合性能检验机构。机动车检测服务提供机构数量大幅增长,带来庞大的检测系统需求。机动车维修、检验的信息管理、共享与协同成为各级监管部门面临的问题。

机动车综合性能检测是综合利用各种现代化的检测技术与检测设备,在机动车不解体或者不完全解体的前提下,判断车辆技术状况,查明故障部位和原因的场所。它主要对机动车的动力性、经济性、安全性、操纵稳定性、可靠性、噪声以及污染排放等状况进行检测,并且提取出公正、科学、客观的数据。在交通运输部颁发的《道路运输车辆综合性能技术要求和检测方法》《营运车辆综合性能要求和检验方法》《机动车安全检验项目与方法》《机动车综合性能检测站能力的通用要求》等政策的指引下,我国机动车综合性能检测行业逐步规范,但与世界发达国家相比,检测站在管理、技术、设备等方面尚有一定的差距。如何有效地提高我国机动车检测水平,充分利用检测站现有资源,全面拓展服务功能,为全社会的车辆提供检测服务,并保证数据的客观、公正、科学与共享,已经成为机动车检测行业研究的一个重要内容。

机动车综合性能检测云服务平台直接连接维修供需双方信息,实现维修信息的共享,更好地服务于社会公众。云平台实现道路运输管理机构对各检测企业维修竣工出厂检测、技术等级评定检测、营运客车类型划分及等级评定检测和道路运输车辆燃料消耗核查等检测过程和检测结果信息的实时监管,并将检测数据接入四级协同道路运政管理与服务云平台,为部省市县各级道路运输监管部门提供监管依据。同时,系统还能够把主要维修企业的业务范围、服务承诺、网点布设、联系方式、维修价格指数等向社会公众进行公布,把维修需求向维修企业反馈。

### 二、机动车性能检测发展历程与特点

#### 1. 国外机动车检测技术发展历程

从机动车检测手段发展的过程来看,国外的机动车检测技术大致可以分为人工定性检测、单机手控检测、单机自动检测、单机智能检测、全线联网检测和随车诊断检测 6 个阶段。

(1)人工定性检测。机动车诞生以后,很长一段时间主要是通过视觉、听觉、嗅觉或触觉并结合经验来进行无量具定性检测,或者只能借助少量通用简单仪表进行粗略诊断。使用简单仪表得到的技术信息准确度比较低,比起无量具定性检测进步不是太大,所以第一阶段

的检测技术可称为人工定性检测。

(2)单机手控检测。到了20世纪40年代后期,在一些工业发达的国家出现了专门用于机动车检测诊断的设备,但这些设备仅能用于机动车的某个单项性能检测,而且是以机械结构为主,只能实现人工单机操作,所以第二阶段的检测技术称为单机手控检测。虽然只是单机手控检测,而且测试精度并不太高,但毕竟将长时期的人工定性检测进化为了利用仪器设备的定量检测,从现场或道路检测发展为了台架测试,所以从第一阶段到第二阶段是一次质的飞跃,象征着真正意义上的机动车检测技术诞生了。

(3)单机自动检测。20世纪60年代后期,随着科学技术的进步,国外的机动车检测技术发展很快,大量地应用电子、光学、理化与机械相结合的多原理一体化技术,与单板机、单片机、微型计算机一起,开发研制出了非接触式速度计、前照灯检测仪、车轮定位仪、排气分析仪等仪器设备的"光-机-电"或"理-化-机-电"等多原理一体化产品,实现了机动车检测技术的单机自动化。20世纪70年代,国外又研制成功了能够自动控制检测过程、自动采集并处理数据、自动打印检测结果的检测设备,例如机动车制动检测仪、全自动前照灯检测仪、发动机分析仪等。在此基础上,工业发达国家出现了由整套检测设备组合而成的机动车性能检测线。

(4)单机智能检测。在实现单机自动化以后,随着电子计算机应用技术的进一步发展,国外进而投入了机动车检测设备的智能化研究,并首先实现了单机智能化。这些检测设备能对设备本身和机动车技术状况进行检测,判断故障发生的部位。例如,意大利BST-2500C型制动检验台能在40s内对自身传感器、电缆通路、显示仪表自检完毕,若发现故障即以代码形式显示其所在部位及其性质。再如,日本的IM.2735型非对称自动前照灯检测仪采用微机与CCD固体摄像元件实现光轴自动跟踪找正,用计算机图像处理技术完成等照度曲线测定与显示,能够迅速而准确地确定光轴中心,既适用于对称光的自动找正和测量,也适用于非对称光的自动找正和测量,解决了对近光灯检测的技术难题。

(5)全线联网检测。从20世纪80年代,随着计算机技术在机动车检测领域中的应用进一步向深度和广度发展,国外出现了集检测工艺、操作、数据采集和打印、存储、显示等先进功能于一体的系统软件,使由具备单机自动化或单机智能化功能的检测设备组成的机动车检测线实现了全线联网检测。这样,不仅可以避免人为因素造成的操作与判断错误以提高检测结果的准确性和高效性,而且可以把被检车辆的技术状况信息储存在检测系统数据库中作为档案资料备查或供有关部门参考。

(6)随车诊断检测。随着现代电子技术,特别是大规模集成电路和微处理技术、自动控制技术和高精度传感器技术的发展,微机控制的调节装置在机动车上应用已越来越广泛,机动车电脑化已成为发展方向。现代机动车大量使用了电子部件,使得有些故障难于通过传统的检测手段来诊断,于是采用车载自诊断系统实行随车诊断检测的方法便应运而生了。车载自诊断系统实际上已成为现代机动车结构中的组成部分,它利用安装在机动车内各个部位的传感器,对机动车的主要技术状况实施实时监控,使发动机甚至整部机动车始终以最佳工况运行,并利用灯光、数字、符号或声音经常地、自动地向驾驶员显示,告诉他们当前的运行状态或部件出现了故障。车载自诊断系统的故障记录功能,还可以将得到的故障信息和历史记录通过输出接口即诊断座与故障诊断分析仪俗称解码器相连。利用一种能模拟机动车维修专家实际思维方式而被称为机动车故障诊断专家系统的故障诊断器,一些本需经验丰富的高级技师才能诊断排除的疑难故障,即使是初级修理工也能轻而易举地予以解决。

2. 国外机动车检测业务管理特点

国外对机动车检测技术的管理具有职能专业化、检测制度化、技术标准化、行为规范化和信息网络化的显著特点。

(1)职能专业化。鉴于机动车检测技术的专业特殊性,国外大多指定交通部门来统一负责,比如日本机动车检测工作由“运输省”领导,法国机动车检测站归交通部统一管理。在德国,交通部负责制定机动车排放检测设备的测试标准和市场准入条件并负责管理,对其他机动车维修和检测设备则完全由其委托的机动车检测机构控制市场准入。受委托的机动车检测机构必须具有一定资质,要有一套完整地管理办法和管理手段,包括对人员培训、设备准入、检测规范等管理内容和具体要求。受委托的机构对机动车检测站的业务进行指导和管理,其工作对交通部负责。德国交通部可代表政府随时抽查检测质量,但政府部门不直接管理检测站。

(2)检测制度化。为了加强对机动车技术状况的管理,发达国家从20世纪70年代开始相继建立了机动车检测站和检测线,定期或不定期地对机动车实施检测,形成了机动车检测的制度化。法国实行严格的车辆检测制度,他们规定新生产车在批量生产前,须由企业将新车的技术性能参数和国家认可授权的新车检测机构出具的检测报告送到交通部主管部门进行审查,并由交通部主管部门组织有关官员和技术专家进行评审,审查、评审合格后才会允许生产和投入市场。法国还规定,新生产车还要经受批量生产质量一致性保证能力的审查认证。对于在用车,法国则规定须到国家认可的在用车检测机构进行定期检测。

(3)技术标准化。为了保证检测结果的准确性,国外非常重视标准体系的建立和标准措施的实施。他们除了对被检参数的限值范围制订了严格完整的标准以外,对检测设备的检测性能、具体结构、检测精度等都有相应标准,对检测设备的使用周期、技术更新条件等也有具体要求。比如,法国交通部为了有效地减少交通事故的发生,组织有关议员和专家制订了交通法和机动车质量检测标准体系及技术法规,规范和约束国民及企业的法规意识和行为。法国的机动车检测标准体系主要分为两大块,一是新生产机动车,二是在用机动车,其内容主要是保护生命、财产安全和限制对大气、环境的污染。法国在制订机动车标准时,尽量向欧盟(EU)或欧经委(ECE)标准靠拢,或等效采用EU或ECE标准。实际上,欧盟委员会的目标就是要实现整个欧盟国家标准体系的统一。

(4)行为规范化。为了确保机动车检测站的行为和检测结果得到公众的认可,国外对检测站都有严格的管理,要求检测站按照一定的规范进行检测。法国机动车检测站的设置是由政府根据区域需求量批准,各省均有检测管理机构,负责从技术标准方面进行监管和认定,并提供技术支持。这些检测站既有交通部门建的,也有其他机构或私人建的,但在开业前均需经过政府部门认可的专门机构进行厂房、设施、人员和程序方面的审核认证,成为相对独立的第三方。开业后实行年检制度。年检分为两种,一种是考核性的,主要是从技术满足能力方面进行考核;另一种是抽查性的,如果发现不按政府法规规定对车辆进行检测或出现检测投诉并被核实,将会对该站的信誉导致极坏的影响,严重的会取消车辆检测执照,不再准许经营检测业务,而且要给以相应的经济处罚。

(5)信息网络化。日本运输省在全国设有“国家检测场”和经过批准的“民间检测场”,代替政府执行车辆检测工作。他们在政府批准的任何一个检测场内都能查到任何一辆机动车的检测情况。法国也是，他们的检测机构有96%是网络化经营的，由几家大的检测网控制，并且都与法国交通部主管部门联网，所有的检测信息及检测数据自动汇总到交通部信息中心，实现检测信息及检测数据共享。这样，车辆在任何一家检测单位检测后，检测结果是否符合法规要求，交通部主管部门和其他管理部门、检测机构都能及时了解，同时也能有效地杜绝机动车检测过程中的弄虚作假。

综上所述，国外机动车检测技术及其管理手段均有许多先进经验。我国的机动车检测单位在坚持自我发展、自我完善的同时，应当积极借鉴国外的成功经验，加快我国机动车检测技术的发展步伐。

3. 我国机动车检测发展的演变

20世纪60年代，我国开始研究机动车检测技术，为满足机动车维修需要，当时的交通部主持进行了发动机汽缸漏气量检测仪、点火正时灯等检测仪器的研究、开发。

20世纪70年代，我国大力发展了机动车检测技术，机动车不解体检测技术及设备被列为国家科委的开发应用项目。由交通部主持研制开发了反力式机动车制动试验台、惯性式机动车制动试验台、发动机综合检测仪、机动车性能综合检验台（具有制动性检测、底盘测功、速度测试等功能）。

20世纪80年代，随着国民经济的发展，我国机动车保有量迅速增加，随之而来的是交通安全和环境保护等社会问题。如何保证车辆快速、经济、灵活，并尽可能不造成社会公害等问题，已逐渐被提到政府有关部门的议事日程，因而促进了机动车诊断和检测技术的发展。交通部主持研制开发了机动车制动试验台、侧滑试验台、轴（轮）重仪、速度试验台、灯光检测仪。发动机综合分析仪等。国家在"六五"期间重点推广了机动车检测和诊断技术。

在单台检测设备研制成功的基础上，为了保证机动车技术状况良好，加强在用机动车的技术管理，充分发挥机动车检测设备的使用，交通部1980年开始有计划的地全国公路运输和车辆管理系统（交通部当时负责机动车监理）筹建机动车检测站，检测内容以机动车安全性检测为主。

20世纪80年代初，交通部在大连市建立了国内第一个机动车检测站。从工艺上提出将各种单台检测设备安装成线，构成功能齐全的机动车检测线，其检测数量达到30000辆次/年。继大连检测站之后，作为"六五"科技项目，交通部先后要求10多个省市、自治区交通厅（局）筹建机动车检测站的任务。

20世纪80年代中后期，机动车监理由公安部主管，公安部在交通部建设机动车检测站的基础上，进行了推广和发展并适时制定了《机动车安全运行技术条件》（GB 7258—1987）标准。仅1990年年底统计，全国已有机动车检测站600多个，形成了全国的机动车检测网。20世纪80年代在检测技术上以人工目视检测、路试检测、手动操作设备检测为主。

20世纪90年代，1990年交通部发布第13号令《机动车运输业车辆技术管理规定》和1991年交通部发布第29号部令《机动车运输业车辆综合性能检测站管理办法》以后，全国又掀起了建设机动车综合性能检测站的高潮，检测设备自动联网检测技术也得到了发展与普及。到1997年，全国已建立机动车综合性能检测站近千家，其中A级站140多家。为规范检测，20世纪90年代制修订了一批机动车检测方面标准，如制动、速度、侧滑、灯光仪、排气分析仪等产品的制造标准、计量标准，发布了《机动车安全运行技术条件》（GB 7258—1997）标准，使检测工作逐步纳入标准化管理。

2000年以来,综合性能检测线得到了飞速发展,检测线联网技术已发展为设备自动联网检测,检测数据网络化管理的模式。《营运车辆综合性能要求和检验方法》(GB 18565—2001)、《机动车安全运行技术条件》(GB 7258—2004)、《机动车安全检验项目与方法》(GA 468—2004)、《机动车综合性能检测站能力的通用要求》(GB/T 17993—2005)等一批标准的发布进一步规范了检测技术方法,多项设备产品标准与计量标准的修订与发布提高了检测设备的制造水平与在用设备的技术水平。

2004年中华人民共和国道路交通安全法(2004.5.1执行)发布,规定了机动车安检机构实施社会化管理、由技术监督部门负责技术监督认证管理,《机动车综合性能检测站能力的通用要求》(GB/T 17993—2005)标准要求综合性能检测站应该是社会化的独立法人,极大地推动了我国机动车检验机构的社会化进程,由以前的行政管理执法模式逐步向社会化的检验机构方向发展,有个别省市已开始或正在考虑允许综检站同时接受交通和公安委托检测,许多安检机构也已经或正在准备升级为综检站,以便同时接受交通和公安委托检测。

2005年发布的排放标准《点燃式发动机机动车排气污染物排放限值及测量方法(双怠速法及简易工况法)》(GB 18285—2005)、《车用压燃式发动机和压燃式发动机机动车排气烟度排放限值及测量方法》(GB 3847—2005)促进了环保部门排放检测站的发展,自北京率先开展工况法尾气排放以来,许多省市陆续开始着手工况法尾气排放检测工作。到2006年年底,我国经交通部门批准授权的综检站有1500多个。与此同时,机动车的检测技术和设备也得到了大力发展,20世纪70年代国内仅能生产少量的简单的检测、诊断设备,而目前我国已能自己生产全套机动车检测设备,如大型的技术复杂的机动车底盘测功机、发动机综合分析仪、四轮定位仪、悬挂检测台、制动检测台、排气分析仪、灯光检测仪等,一些国干企业的设备制造及微机联网水平与发达国家水平日趋接近。

## 三、机动车综合性能检测云平台建设意义

### 1.我国机动车综合性能检测发展存在的主要问题

近年来,随着我国公路建设和道路运输业的发展,为道路运输和机动车正常运行提供技术支持和后勤保障的机动车维修和检测行业也得到了迅速发展,尤其是机动车检测行业近十几年来随着机动车制造技术和检测技术的进步,也不断发展壮大,在机动车维修生产和管理部门动态监督机动车技术状况方面发挥着极其重要的作用。但从整体来看,还存在以下几个方面的问题:

(1)综合性能检测质量问题。机动车综合性能检测站的主要服务对象是营业性运输车辆。许多车主、车辆经营业户面对各种名目的检测怕麻烦,导致寄生于各类车辆检测机构之上的“黄牛”(无合法身份的代办年审、送检者)常年混迹于这一市场,不少问题车辆通过交钱给“黄牛”代办,可以蒙混过关,从而为道路运输过程埋下了安全隐患,既加重了广大车主、车辆经营业户的经济负担,又给各级地方管理部门增加了管理难度,同时也在社会上造成了长期的不良影响。

(2)综检站队伍管理问题。某些综检站队伍素质不高,从业人员有优越感,企业经营者重收费、轻管理。由于综检站是一个可以收费的特殊企业,许多地方把这类企业当成了一个养人和照顾关系的单位。甚至部分综检站关键岗位的人员都未能按要求配备到位,如站长、技术负

责人和质量负责人等。许多地区综检站呈独此一家格局，加上行管部门对营业性运输车辆管理有划区送检、按期送检等规定，各综检站的主要业务大多是等客上门、按车收费。少数地区由于营业性运输车辆数较多，同城出现了2家以上综检站，业内有了竞争对手，个别经营者为了“留住客户”，打着各种“优质服务”的旗号，行“放松检测、放松委托把关”之实，在行业内外造成极为不良的影响。

(3)部门职能交叉问题。目前机动车检测的主管部门有4个：国家发展和改革委员会负责新车方面的检测；公安部门负责在用车辆的安全检测；环保部门对车辆的尾气排放进行检测；交通部门负责营运车辆的综合性能检测。公安部门的检测称为“安全检测”，对象包括所有营运、商用和家用车辆，要求私家车每年至少检测一次；营运车辆每年检测至少两次，并随着车辆使用年限的增加而增加。检测站点的设立也由公安部门指定，并有其独立的检测报告单据。环保部门主要是对车辆尾气进行检测，要求所有车辆每年必须检测一次。其检测站检测项目比较单一，规模一般也不大，检测结果一般和公安部门的安检挂钩。营运车辆的技术检测和认定主要由交通运输管理部门负责实施，检测工作主要在机动车综合性能检测站完成。

车辆检测的多头管理结构，必然形成了车辆检测管理上的职能交叉，不仅检测标准和检测程序上各部门有所差异，而且检测结果互不承认互不共享，只在各个部门内有效。特别是公安部门的安全检测线和交通部门的综合性能检测线，部分检测内容重复，不但造成了资源浪费，而且这些工作交叉重复，既不科学也不合理。更为重要的是重复收费对于车主十分不公平，容易引起质疑，与政府建立和谐社会的大目标相违背。对于机动车综合检测部门来说，检测结果被认可的范围仅仅限于交通部门，而在全社会范围内没有权威性，也直接影响机动车综合检测站的社会地位。

(4)制度化管理问题。目前国外管理模式一般是具独立法人地位的社会化的检验机构负责车辆检验，交通部门代表政府监管。而在我国，机动车检测存在体制不顺、多头管理问题，公安、交通、环保、技术监督部门多部门执法，造成车管工作的许多矛盾，但因国家政府部门精力有限，预计短期内尚不会有大的改进。自2004年《中华人民共和国道路交通安全法》颁布与实施以来，国家从法律上明确了机动车安全检验机构的社会化法人地位，并明确了由技术监督部门负责监管、公安部车管部门委托检测的管理形式，国家技术监督总局相继出台了相关政策制度，部分省市技术监督部门已开始着手接管。个别省市甚至开始或正在探讨将机动车安检机构及综合性能检测机构合并成独立的社会化法人检验机构，并分别按安检、综检要求认证验收，分别接受公安、交通部门的委托检测。国外许多专业检验机构也正在与中国政府探讨进入中国机动车检验机构的可能性。在国内真正实现市场化运作后，必然会同国外一样出现一些专业化的全国性检验机构，但在现在看来还是比较遥远的目标。

(5)标准化管理问题。进入2000年以来，公安、交通、环保、技术监督部门均加快了标准的制修订工作，近几年颁布了许多标准，加快了标准化进程。但由于国家相关部门缺乏必要的专业化基础理论研究机构与经费支持，使得许多标准在修订时，方法及数据没有理论与实验依据，导致部分标准中规定的检验方法及标准限值可操作性差，给检验机构的检验造成了困难，影响了执法的科学性与公正性。

(6)检测数据共享问题。我国的机动车检测站由交通和公安部门分别管理，检测的结果为交通和公安部门内部使用，并且地区之间和部门之间对检测数据不共享也不相互认可，造成检测资源严重浪费以及车主不必要的经济负担。

(7)检测设备监管问题。目前对在用的检测设备，技术监督部门要依据相关计量标准进行每年一次的计量检定，基本保证了设备运行中量值传递的准确性。但因目前计量标准主要只是针对设备的量值传递特性进行校准，一般不考核设备运行的稳定性、可靠性、耐久性等指标，致使各检验机构使用的设备技术水平参差不齐，影响正常运行。最为典型的是反力式滚筒制动检验台，各企业制造水平相差悬殊，目前的计量检定实际上只是校准了传感器信号输出到显示装置段的信号量值静态传递准确性，对制动台装配同心度、减速箱加工精度、电信号滤波时间常数等动态特征未加考核，致使许多未按产品标准生产的设备流入市场，影响检测数据的准确性。

经交通部和国家认证认可委员会批准，中交(北京)交通产品认证中心有限公司已于2006年10月26日正式成立。在交通部的支持下，它将会同交通部汽保设备质量监督检验测试中心，逐步开展交通产品的认证工作，在通过企业的设备生产能力(厂房场地、加工设备)、质量保证体系(质量管理体系、人员配备、自主研发能力)、样机型式检验(依据产品标准)各项指标的考核后发放认证标志，逐步规范和引导市场。

2. 机动车综合性能检测云平台建设意义

(1)提高车辆检测质量。机动车综合性能检测云平台将所有营运车辆的检测和维修情况联网控制，所有检测过程和检测结果实时、自动地进行上传。对检测人员、检测项目、检测时间等重点要素进行严格把关，一方面监督经营业户严格遵照规定执行，无法通过黄牛等不良手段逃避检测；另一方面促使检测站从业人员按要求配备到岗，严格把好质量关，避免出现“关系户”“走后门”等蒙混过关的现象，真正让机动车综合性能检测为道路运输做好后勤保障。

(2)提供多方位的检测服务。目前，机动车综合性能检测站主要完成的是国家规定的强制性检测，即营运性运输车辆的检测。通过机动车综合性能检测云平台，可以实现车辆异地检测，为经营业户提供了极大的便利。同时，异地检测站可以跟踪车辆的历史检测记录和维修记录，从而为检测和维修提供有效的信息依据。通过手机APP或者微信公众号等移动互联网方式，经营业户与检测站之间可以进行信息互动，实现查询、预约、反馈等操作，使检测站逐步认识到服务方式的变化，利用现有资源，全面拓展服务功能，从单一的为营运车辆进行综合性能技术检测转向为营运车辆开展技术检测服务，为检测站自身的扩大发展创造机会，从而提高企业的竞争能力。

(3)提高检测企业的经济效益。对现有的检测站进行管理，使用新的理念、管理方式方法为机动车综合性能检测站(经营企业)设计一套既能保证社会效益又能保证企业经济效益的企业运行机制，使得机动车综合性能检测站不仅仅具备硬件条件能满足客户(含管理部门)委托、授权检测的要求，还须建立完善的质量管理、质量保障体系，使资源可以有效运行，规范管理，从而提高检测企业的服务质量和经济效益。

(4)提供安全管理政策依据。道路运输安全管理是我国道路运输发展中十分重要的问题，随着建立和谐社会和可持续发展观念的提出，道路运输安全管理工作更是重中之重。机动车综合性能检测站作为道路运输安全管理的基础工作，为政府决策提供科学依据，为保障道路运输业的安全生产提供有力的保障工具。

(5)提供行业管理措施依据。通过机动车综合性能检测云平台的四级协同,道路运输管理部门可以获取大量的综合性能检测数据,通过对检测数据的挖掘和分析,管理部门可以掌握整个机动车综合性能检测行业的发展状况和突破点,从而为有效管理提供切实的依据。例如,通过地市级的数据信息可以得到各个检测站每月或每年的车辆检测数量,从而可以为检测站的增设和布局提供依据;通过车辆历史检测数据,可以为运输交通事故提供调查和取证线索。

## 四、机动车综合性能检测云平台功能结构

机动车综合性能检测云平台包括维修企业及检测站信息、从业人员资质认证、基本档案、日常业务管理、维修车辆登记及返修率。通过与车辆综合检测站的联网,及时获取车辆检测信息和技术等级评定信息等。

1. 系统功能

云平台直接连接维修供需双方信息,实现维修信息的共享,更好地服务于社会公众。把全省主要的维修企业的业务范围、服务承诺、网点布设、联系方式、维修价格指数等向社会公众进行公布,同时把维修需求向维修企业反馈。其应用功能见表4-2。

**机动车综合性能检测云平台应用功能** 表4-2

| 使用对象<br>业务功能项 | 省级运管 | 市(州)运管 | 县级运管 | 企 业 |
|---|---|---|---|---|
| 企业维修检测站信息 | ✓ | ✓ | ✓ | ✓ |
| 从业人员资质查询 | ✓ | ✓ | ✓ | ✓ |
| 车辆维修基本档案 | | ✓ | ✓ | ✓ |
| 车辆维修日常业务管理 | | | | ✓ |
| 维修车辆登记及返修率 | | ✓ | ✓ | ✓ |
| 车辆检测结果查询 | ✓ | ✓ | ✓ | ✓ |
| 车辆等级评定结果查询 | ✓ | ✓ | ✓ | ✓ |
| 车辆维修视频监控 | | ✓ | ✓ | ✓ |

具体功能如下:

(1)维修企业及检测站信息。提供维修企业及检测站基本信息添加、查询、修改、发布等功能。

(2)从业人员资质查询。对各类从业人员进行资质查询等。

(3)车辆维修基本档案。维修车型定义、维修项目定义、维修费用定义、维修项目价格表、车辆档案、客户档案、名片管理、员工档案、机修配件档案。

(4)车辆维修日常业务管理。修车预约、修车台账(包括接车登记、在制车修理、车辆出厂、修车结算)、结账处理、维修管理季度报告、维修管理年度报告。

(5)维修车辆登记及返修率。车辆维修记录的添加、查询、修改,维修车辆返回率统计等。

(6)车辆检测结果信息查询。客运车辆、货运车辆、危货运输车辆的车辆检测结果信息查询。车辆检测时，读取道路运输证 IC 卡信息，建立车辆进场开始检测时间、车辆结束检测时间。通过联网后，读取这些信息，并将这些信息写入数据中心中。

(7)车辆等级评定结果信息查询。对客运车辆、货运车辆等级评定结果信息的查询。

(8)车辆维修视频监控。对进场维修车辆进行实时视频监控。同时提供 4 路的视频监控。

从功能上来看，机动车综合性能检测云平台主要涉及机动车维修管理和机动车检测管理两大模块，如图 4-4 所示。机动车维修全过程管理系统模块集中了从业人员数据、车辆维修数据、车辆返修数据、车辆维修维护视频数据、车辆维修出厂合格证数据，机动车检测全过程管理功能模块集中了车辆竣工检测数据、车辆技术等级评定数据、客车档次等级评定数据、检测过程视频监控数据等，从而可以为维修企业、检测站、从业人员、车辆维修、车辆竣工检测、车辆返修、车辆等级评定等方面提供相关信息的查询与管理。

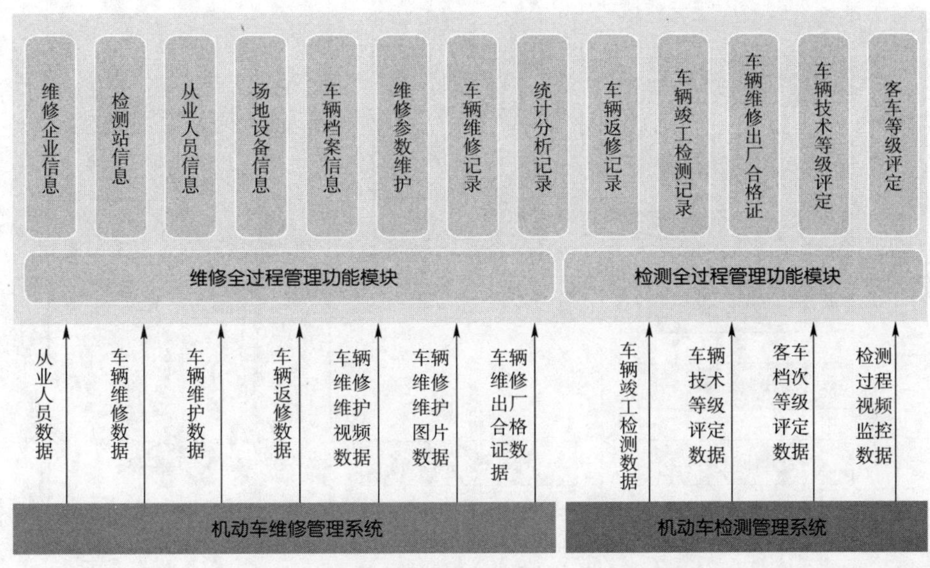


图 4-4　机动车综合性能检测云平台功能结构图

2. 业务流程

整个联网监管与服务系统业务流程如图 4-5 所示，可概括为：检测站将待检车辆信息输入企业端应用子系统，同时将登录信息实时上传至综合监管子系统，综合监管子系统根据上传的登录信息在系统后台进行比对，根据比对结果下发唯一的检测流水号至企业端应用子系统，企业应用子系统根据下发的流水号自动与待检车辆的车牌信息进行匹配，匹配完成后，检测站开始检测，并将检测数据实时上传至综合监管子系统，检测完成后，企业端应用子系统将检测数据与检测标准进行自动比对，系统自动评定本次检测结果并实时上传至综合监管子系统，检测合格的，打印检测报告单并附检测流水号，反之，通知送检人进行复检直至检测合格，合格后送检人评价检测服务质量，流水号随即失效；同时，综合监管子系统在后台自动比对历史合格数据，分析检测合格率。

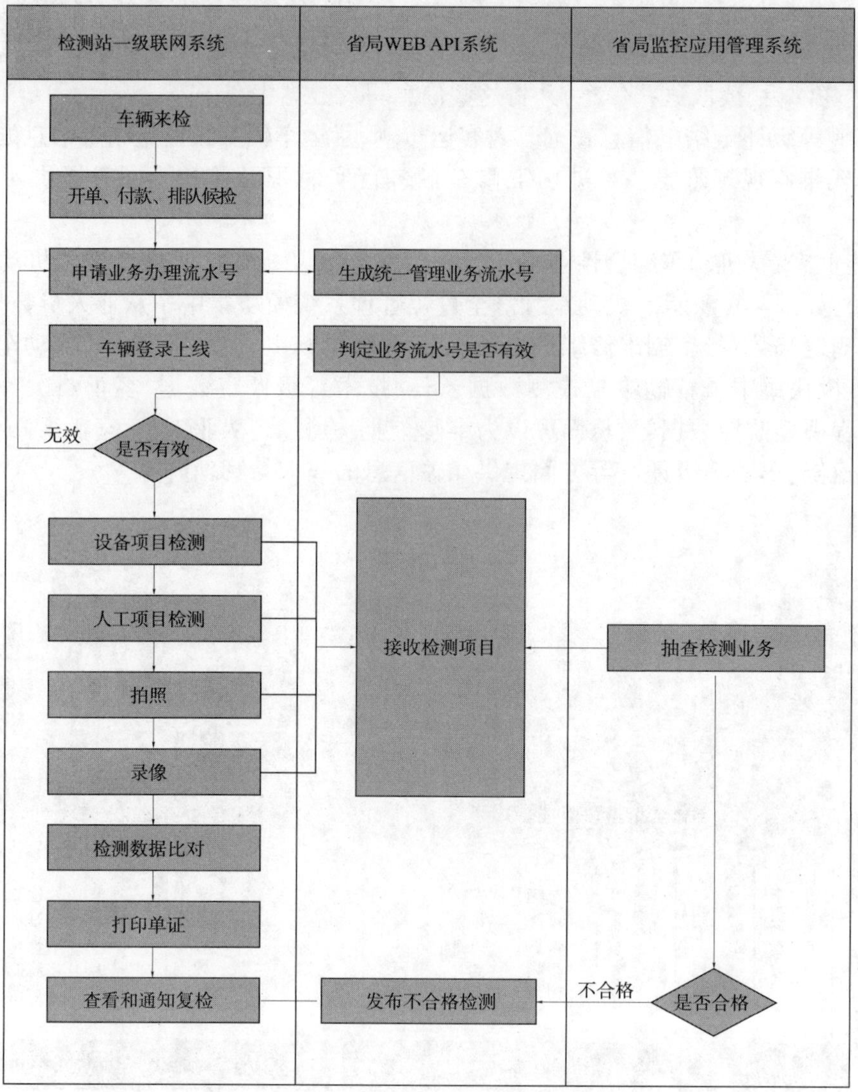

检测站一级联网系统
省局WEB API系统
省局监控应用管理系统
车辆来检
开单、付款、排队候检
申请业务办理流水号
生成统一管理业务流水号
车辆登录上线
判定业务流水号是否有效
无效
是否有效
设备项目检测
人工项目检测
拍照
录像
接收检测项目
抽查检测业务
检测数据比对
打印单证
查看和通知复检
发布不合格检测
不合格
是否合格

图 4-5　机动车综合性能检测云平台业务流程图

3. 系统结构

机动车综合性能检测云平台主要分为综合监管子系统、企业端应用子系统两大部分。综合监管子系统主要用户为行业管理人员,企业端应用子系统的主要用户是各综合性能检测站。

(1)综合监管子系统。综合监管子系统主要用户为行业管理人员,主要实现对各综合性能检测站的维修竣工出厂检测、技术等级评定检测、营运客车类型划分及等级评定检测和道路运输车辆燃料消耗核查等检测过程和检测结果的监管。

综合监管子系统一般采用集中的模式进行建设和部署,一般在省级运管的网络中心设置综合监管云平台,全省综合性能检测站通过互联网,将车辆检测过程数据和检测结果数据上传到省基础数据云平台上,各市(州)、县级运管机构行业管理用户根据不同的权限,按需访问数据云平台上的各类数据和影音资源。

综合监管子系统功能设计见表 4-3。

综合监管子系统功能　　表 4-3

| 功能模块 | 序号 | 功能点 | 功能描述 | 用户对象 |
|---|---|---|---|---|
| 检测信息实时监测 | 1 | 关键数据对比 | 系统自动对比关键数据 | 市县级运管机构 |
| | 2 | 检测项目抽查 | 管理人员抽查正在检查或已检测完毕的项目 | 市县级运管机构 |
| | 3 | 检测类别分类 | 对检测项目类别进行分类 | 市县级运管机构 |
| 车辆档案管理 | 4 | 车辆档案维护 | 系统应能对中心数据库中的车辆档案信息进行维护 | 省、市、县级运管机构 |
| | 5 | 车辆黑名单维护 | 系统应能对中心数据库中的车辆黑名单进行维护 | 省、市、县级运管机构 |
| 单证管理 | 6 | 单证资源统筹 | 定期统筹规划全省单证资源,由省局统一安排入库,根据检测站、运管所、市级运管机构报告单核销情况,逐级发放 | 省、市、县级运管机构 |
| | 7 | 核注核销 | 负责单证的核注核销 | 省、市、县级运管机构 |
| | 8 | 损耗、作废管理 | 查看、审核检测站报告单损耗及作废情况 | 市、县级运管机构 |
| 监控视频管理和调用 | 9 | 视频管理 | 由省、市、县级用户对视频资源进行统一管理 | 省、市、县级运管机构 |
| 质量信誉考核与评价 | 10 | 质量信誉考核 | 对检测站的运营和服务质量进行综合评价和考核 | 省、市、县级运管机构 |
| | 11 | 结果发布 | 考核和评价结果通过综合信息服务平台向全社会发布 | 省、市、县级运管机构 |
| 综合信息查询 | 12 | 检测能力查询 | 查询综合性能检测站的相关检测能力 | 省、市、县级运管机构 |
| | 13 | 从业人员查询 | 查询综合性能检测站从业人员相关信息 | 省、市、县级运管机构 |
| | 14 | 检测设备查询 | 查询综合性能检测站检测设备相关信息 | 省、市、县级运管机构 |
| 统计分析 | 15 | 基础数据统计 | 包含检测站基本信息、营业信息、人员信息、设备信息等 | 省、市、县级运管机构 |
| | 16 | 业务数据统计 | 根据不同的业务类型,包含检测量统计、检测类别统计、检测项目统计、行业类别统计、检测通过率统计 | 省、市、县级运管机构 |
| | 17 | 主题数据统计 | 主要包括区域特征统计、季节变化统计、节假日特征统计、日常峰值预警统计等内容 | 省、市、县级运管机构 |
| | 18 | 综合数据统计 | 主要包括检测站分布统计、检测量分布统计,检测能力统计、违规检测统计等 | |
| 政策发布 | 19 | 信息发布 | 发布国家、交通运输部以及各级道路运输管理机构发布的政策法规、管理要求 | 省、市、县级运管机构 |
| 系统管理 | 20 | 基本信息管理 | 省级运管根据各级用户进行基本信息的维护与管理 | 省、市、县级运管机构 |

续上表

| 功能模块 | 序号 | 功能点 | 功能描述 | 用户对象 |
| --- | --- | --- | --- | --- |
| 系统管理 | 21 | 权限分配 | 根据职能及业务的区别分配权限给各级运管机构 | 省、市、县级运管机构 |
| | 22 | 消息提醒 | 提醒当天的代办事项、异常告警、违规提醒等 | 省、市、县级运管机构 |
| 流水号管理 | 23 | 流水号生成 | 当检测站检测业务登录受理时，省级监管系统自动核查判断业务登录受理信息，含初检信息、复检信息、车辆信息，以此判定是否生成流水号 | 省级运管机构 |
| | 24 | 流水号匹配 | 以检测车辆的车牌号码作为流水号唯一匹配的对象 | 省、市、县级运管机构 |
| | 25 | 流水号跟踪 | 跟踪检测车辆检测合格情况及异常检测情况 | 省、市、县级运管机构 |
| | 26 | 流水号失效管理 | 当检测车辆符合所有检测流程，检测合格后，将流水号附在合格报告单上，形成档案该流水号随即失效，下次检测将生成新的流水号，同时省级用户可定义每个流水号的有效期 | 省级运管机构 |

(2)企业端应用子系统。企业端应用子系统的主要用户是各综合性能检测站，主要实现检测过程、检测结果的记录并实时上传。机动车综合性能检测站可根据实际情况，使用该系统作为本企业的信息化系统，也可按照相关数据接口规范与自身的业务信息系统进行对接。

企业端应用子系统功能见表4-4。相应的视频监控设备和存储服务器、应用服务器等硬件设备由检测站配套解决。

对整个检测过程采用时间点记录，系统从车辆受理、查验、上线检测、结果确认、单证打印等各个步骤记录时间，形成一条完整的时间链条。

对检测数据进行记录并上传至综合监管子系统(省数据中心)，数据类型主要包括：车辆维修竣工检测数据、技术等级评定检测数据、营运客车类型划分评定检测数据及道路运输车辆燃料消耗核查数据，以及关键工位实时抓拍的图像等。

**企业端应用子系统功能** 表4-4

| 功能模块 | 序号 | 功能点 | 功能描述 | 用户对象 |
| --- | --- | --- | --- | --- |
| 业务受理与登记备案 | 1 | 业务受理 | 业务受理主要记录车辆检测接待相关信息。业务受理包括现场受理和预约受理 | 综合性能检测站 |
| | 2 | 流水号获取 | 通过互联网自动获取省级系统生成的流水号 | 综合性能检测站 |
| | 3 | 登记备案 | 通过互联网自动在综合监管子系统生成综合性能检测登记备案信息 | 综合性能检测站 |
| 检测过程记录并上传 | 1 | 检测过程记录 | 各检测项的监测数据记录，与相应的时间点关联，检测全过程视频记录 | 综合性能检测站 |

续上表

| 功能模块 | 序号 | 功能点 | 功能描述 | 用户对象 |
|---|---|---|---|---|
| 检测过程记录并上传 | 2 | 检测结果记录 | 根据系统自动评定情况，本地存储记录检测结果 | 综合性能检测站 |
| | 3 | 检测数据统计 | 统计分析各类检测数据等，将统计分析情况上传监管端存档备案 | 综合性能检测站 |
| | 4 | 数据上传 | 各检测项数据实时上传至综合监管子系统；视频信息在检测站存储，由监管端随时调用；过程关键照片实时上传至综合监管子系统 | 综合性能检测站 |
| | 5 | 数据补传 | 当实时上传检测数据时发生网络或服务器中断，系统自动标记上传结果，待网络恢复时补传至综合监管子系统 | 综合性能检测站 |
| 检测数据记录统计并上传 | 1 | 基础信息维护 | 用于维护检测站基础信息，包含基础资料完善、登录记录检索、登录密码修改等 | 综合性能检测站 |
| | 2 | 数据维护 | 用于检测站数据维护，包含检测人工数据备份、数据报表导出、检测站关键数据加密、检测数据上传结果反馈 | |
| | 3 | 标准数据更新 | 用于检测站下载更新最新的检测标准，检测阈值导入 | 综合性能检测站 |
| | 4 | 系统更新 | 下载系统更新包，更新站端系统 | 综合性能检测站 |
| 检测设备定检备案 | 1 | 设备定检备案 | 检测站的检测设备定期进行校准检定后，向管理部门备案 | 综合性能检测站 |
| 单证打印 | 1 | 过程及结果上传 | 综合性能检测全过程记录和检测结果存档并上传至综合监管子系统 | 综合性能检测站 |
| 查询统计 | 1 | 企业经营情况查询 | 包含检测量、峰值检测、检测通过率等日常经营数据 | 综合性能检测站 |
| | 2 | 企业考核情况查询 | 包含企业质量信誉考核结果、从业人员诚信考核及继续教育完成情况、行业通报等企业考核数据 | 综合性能检测站 |
| | 3 | 企业服务情况查询 | 包含客户满意度查询、客户评价信息查询、客户忠诚度查询等企业服务信息数据 | 综合性能检测站 |
| 政策法规 | 1 | 信息接收 | 实时接收综合监管子系统发布国家及行业的政策法规 | 综合性能检测站 |
| | 2 | 提醒消息 | 自动提醒国家、交通运输部以及各级道路运输管理机构发布的政策法规、管理要求，方便企业及时掌握管理动态 | 综合性能检测站 |

# 第五章　道路运输融合物联网技术

## 第一节　物联网概述

### 一、物联网的概念

20 世纪末，一系列新兴市场遭受金融危机的冲击后，诞生了“互联网”这一新兴行业。而在今天，全世界都在积极抢占经济科技制高点，寻找新的概念、新的技术、新的产业、新的模式等突破口。在全球经济一体化的趋势下，发达国家的经济发展已经进入到了工业化和信息化相融合的阶段，效益着眼点开始从产品的规模化向产品的个性化、专业化、服务化转变。用传统的跟踪识别技术对运输对象进行跟踪识别效率较低、时效性较差，且成本较高，传统的信息传输技术对于生产商和零售商之间的信息传输也无法提供充足的保证，做到及时高效的信息传输。因此，随着 RFID 技术及 EPCglobal（全球产品电子代码）等技术的逐渐普及，新一代的信息发展与物体识别跟踪技术——“物联网”应运而生。

1. 物联网的概念

物联网（Internet of Things，或 IoT）指的是将各种信息传感设备，如 RFID 装置、红外感应器、全球定位系统、激光扫描器等与互联网结合而成的一个巨大网络，通过智能感知、识别技术与普适计算等通信感知技术，让所有的物品都与该网络连接起来，广泛应用于网络的融合中。系统可自动、实时地对物体进行识别、定位、追踪、监控和管理。物联网的本质概括起来主要体现在三个方面：一是互联网特征，即对需要联网的物一定要能够实现互联互通的网络；二是识别与通信特征，即纳入物联网的物一定要具备自动识别以及物物通信的功能；三是智能化特征，即网络系统应该具有自动化、自我反馈与智能控制的特点。

中国物联网校企联盟将物联网的定义为当下几乎所有技术与计算机、互联网技术的结合，实现物体与物体之间、环境以及状态信息的实时共享以及智能化的收集、传递、处理、执行。广义上说，当下涉及信息技术的应用，都可以纳入物联网的范畴。中国工程院邬贺铨院士将物联网概念的发展历程归纳为以标识、互联、智能处理为特征的三个阶段，如今的物联网具有普通对象设备化、自治终端互联化和普适服务智能化三个重要特征。

物联网的目标是实现人物相联、物物相息，实现信息化、远程管理控制和智能化的网络，根据国际电信联盟（ITU）的定义，物联网主要解决物品与物品（Thing to Thing，T2T）、人与物品（Human to Thing，H2T）以及人与人（Human to Human，H2H）之间的互联。

物联网顾名思义就是连接物品的网络，在许多著作中经常引入的 M2M 的概念，定义为人到人（Man to Man）、人到机器（Man to Machine）、机器到机器（Machine to Machine）。从本质上而言，人与机器、机器与机器的交互，大部分是为了实现人与人之间的信息交互，它在本质上也是物联网。因此物联网是互联网的延伸和扩展,它包括互联网上的资源共享、应用兼容,但同时保持着物联网中所有的元素、设备、通信的个性化与私有化。

物联网是新一代信息技术的重要组成部分,也是信息化时代的重要发展阶段。它打破了之前的传统思维,把新一代的 IT 技术充分运用到各行各业中,把传感器嵌入和装入到电网、铁路、桥梁、公路、建筑、堤坝、工厂、汽车等各种物体中,将物联网与现有的互联网整合起来,传统的钢筋混凝土、生活用品、衣食住行将与芯片、网络、传感器、软件整合统一,影响着整个经济管理、生产运行、社会管理、个人生活。在物联网时代的景象中,汽车会在驾驶员操作失误时自动报警;公文包会提醒主人今天要带什么文件;窗户会在下雨刮风天气自动关闭;衣服会告诉洗衣机适宜的水温和洗涤强度;奶粉的标签会通过手机介绍是否真的安全绿色;冰箱会发现您的鸡蛋已经用完,并向电商发送购货的命令。世界上的一切物体,从汽车配件到粮食蔬菜,从服装首饰到工厂车床,都可以通过物联网主动进行交互。

因此物联网被称为继计算机、互联网之后世界信息产业发展的第三次浪潮。与其说物联网是网络,不如说物联网是业务和应用。因此,应用创新是物联网发展的核心,以用户体验为核心的创新 2.0 是物联网发展的灵魂。物联网及移动泛在技术的发展,使得技术创新形态发生转变,以用户为中心、以社会实践为舞台、以人为本的创新 2.0 形态正在显现,实际生活场景下的用户体验也被称为创新 2.0 模式的精髓。

2. 物联网的组成

从中国工程院提出的物联网定义看,物联网的体系结构一般应分为信息获取、通信网络和信息处理应用三个层次,如图 5-1 所示。其中信息获取层借助各种传感设备采集实体信息;通信网络层完成信息的传递;信息处理应用层指的是与行业需求相结合,对数据进行处理、融合、挖掘,实现广泛的智能化应用。这三个层次相互协调配合,实现了真正的物物相连。

从各层次分别来看,除嵌入式系统、电源和储能、新材料、软件和算法等技术外,支撑物联网的关键技术可以划分为传感与识别技术、网络通信技术和智能处理与服务技术。支撑物联网的关键技术如图 5-2 所示,其中传感与识别技术包括传感技术与识别技术两部分,视频采集、激光测量、包括低速近距离无线电通信、低功耗路由、无线接入增强、自组织通信、IP 承载、网络传送、无线电认知、异构网络等技术,构成了物联网的中枢,负责传递和处理信息获取层的信息;智能处理与服务技术则利用数据存储、云计算、数据挖掘、平台服务和信息呈现等海量信息智能处理技术对通信网络层传输来的各种信息进行处理和分析,完成决策,实现物体的各种应用和决策。

## 二、发展历程与现状

1. 物联网的发展历程

1995 年,比尔·盖茨在所著的《未来之路》一书中,首次提到"物联网"的概念,称之为连接"物"的网络,但当时受限于无线网络、硬件、传感设备的发展,并未引起足够重视。

1999 年 10 月,美国麻省理工学院(MIT)的自动识别研究中心将物联网定义为:依托射频识别技术和设备,按约定的通信协议与互联网结合,实现物品的智能识别和管理。并提出了产品电子代码(Electronic Product Code, EPC)的概念,为每一个产品提供唯一的标识符,利用射频识别技术进行数据采集,并通过互联网对 EPC 编码进行解析并获取信息。该概念成为物联网的重要基础技术。

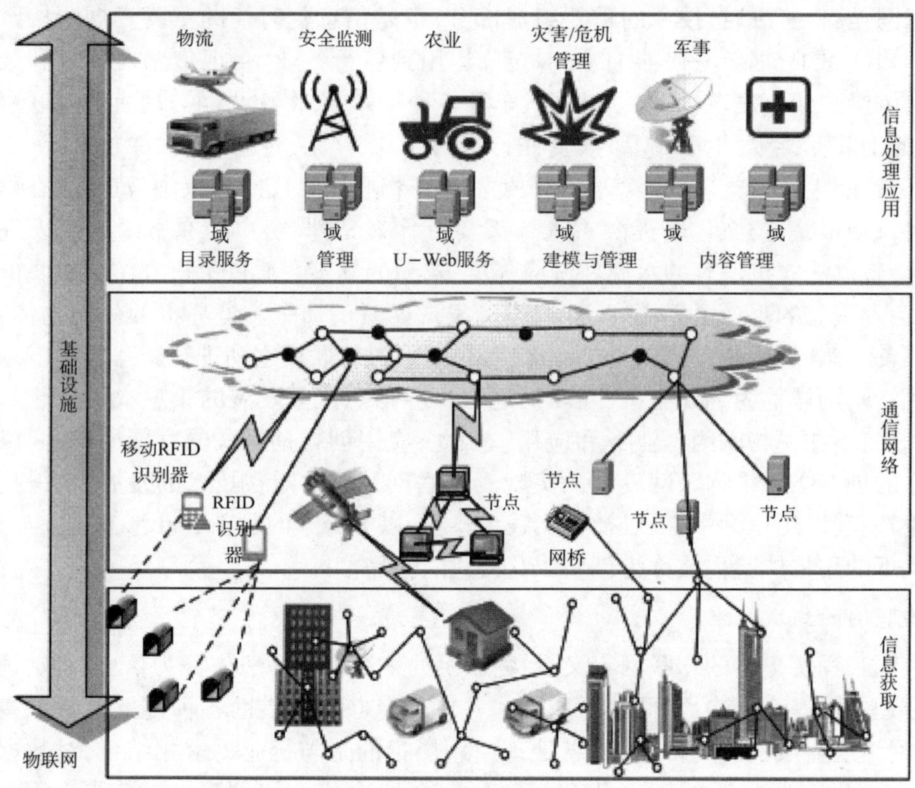


图 5-1 物联网的组成

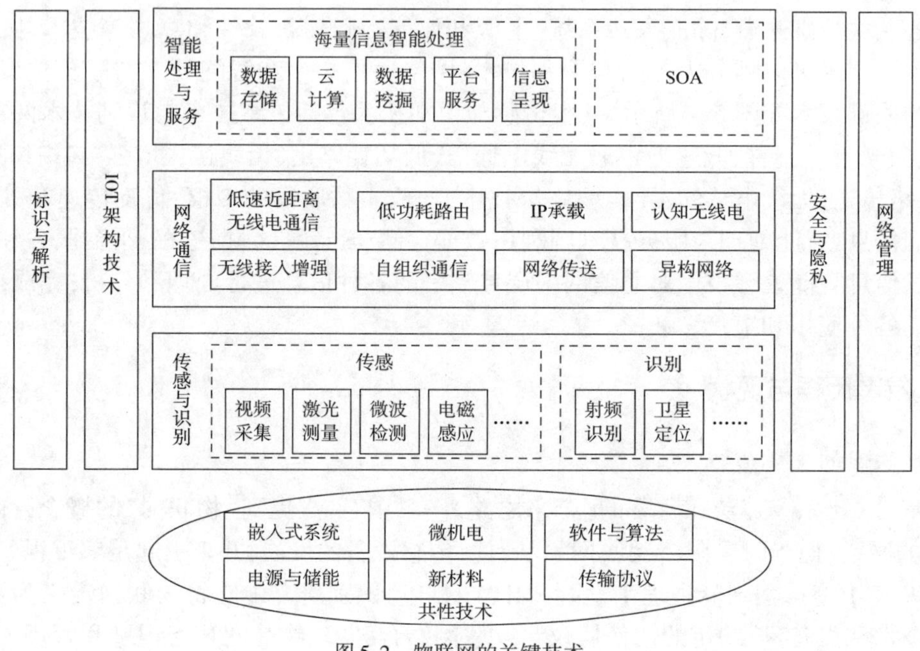


图 5-2 物联网的关键技术

2003 年 11 月，国际物品编码协会和美国统一编码协会联合收购了 EPC 技术，制定和推广 EPC 标准。

2005 年 11 月，在突尼斯举行的信息社会世界峰会上，国际电信联盟（ITU）发表了世界互联网发展年度报告——《ITU 互联网报告 2005：物联网》，正式提出了“物联网”的概念。报告中系统地讨论了物联网的概念、各国研究案例和发展战略，提出了“物联网时代”的构想。

2009 年，IBM 公司提出“智慧地球”、惠普公司提出“地球神经中枢系统”、思科公司提出“智能城市”等构想，以及智慧电力、智慧医疗、智慧城市、智慧交通、智慧供应链、智慧银行等。这些概念和技术的提出，物联网都是不可或缺的一部分。

2009 年 8 月，温家宝总理在无锡视察时提出“感知中国”。在 2010 年的全国人民代表大会上，温家宝总理又特别指出，要大力发展信息网络和高端制造产业，加快物联网的研发应用。无锡市率先建立了“感知中国”研究中心，中国科学院、运营商、多所大学在无锡建立了物联网研究院。

2010 年，物联网被正式列为国家五大新兴战略性产业之一，写入了十一届全国人大三次会议政府工作报告，物联网在中国受到了全社会极大的关注。

2012 年 2 月，我国《物联网“十二五”发展规划》中，提出大力攻克核心技术等八大主要任务，在智能工业、智能农业、智能物流、智能交通、智能电网、智能环保、智能安防、智能医疗、智能家居领域开展应用示范工程。

2014 年 2 月 18 日，全国物联网工作电视电话会议在北京召开。中共中央政治局委员、国务院副总理马凯出席会议并讲话。他强调，要抢抓机遇，应对挑战，以更大决心、更有效措施，扎实推进物联网有序健康发展，努力打造具有国际竞争力的物联网产业体系，为促进经济社会发展做出积极贡献。

2. 我国物联网发展现状

物联网是新一代信息网络技术的高度集成和综合运用，是新一轮产业革命的重要方向和推动力量，对于培育新的经济增长点、推动产业结构转型升级、提升社会管理和公共服务的效率和水平具有重要意义。物联网一方面可以提高经济效益，大大节约成本；另一方面可以为全球经济的复苏提供技术动力。美国、欧盟等都在投入巨资深入研究探索物联网。我国也正在高度关注、重视物联网的研究。

自 1999 年起，中国科学院相关研究所、高校和部分企业在传感网、物联网的许多领域已展开科学研究、产业化攻关，支持了从传感器、信号处理、信号传输、系统集成、示范应用等多方面的研发和产业化工作，在一些关键技术上取得了突破。我国与美欧日韩等国同为物联网技术领先国家，是物联网国际标准的主要制定国之一，在建立自主标准方面具有一定优势，并有主导标准的机会。在政府的重视下，我国在传感器网络接口、标志、安全、传感器网络与通信网融合发展、泛在网系统架构等相关技术标准的研究已取得一些进展，具备攻坚物联网国际标准的能力。

自 2009 年 8 月温家宝总理提出“感知中国”以来，国家陆续出台一系列物联网产业发展政策，为国内物联网产业的发展创造了良好的产业环境，包括物联网在内的新一代信息技术明确为国家的七个重点产业之一。各地政府也迅速部署，大力支持。我国物联网产业发展的相关政策见表 5-1。

我国物联网产业发展政策汇总 表5-1

| 政策名称 | 发布时间 | 政策要点 |
|---|---|---|
| 《国家中长期科学与技术发展规划纲要》 | 2006年2月 | 将“传感器网络及智能信息处理”列入信息产业及现代服务业领域的优先发展主题 |
| 《信息产业科技发展“十一五”计划和2020年中长期规划纲要》 | 2008年11月 | 对物联网的发展作出了整体布局，提出打造完整产业链，形成产业群体 |
| 《国家发展改革委办公厅关于当前推进高技术服务业发展有关工作的通知》 | 2010年7月 | 开展物联网应用服务，重点在精细农牧业、工业智能生产、交通物流、电网、金融、医疗卫生等领域 |
| 《国务院关于加快培育和发展战略性新兴产业的决定》 | 2010年8月 | 物联网作为新一代信息技术里面的重要一项被列为其中，成为国家首批加快培育的七个战略性新兴产业。这标志着物联网被列入国家发展战略，对中国物联网的发展具有里程碑的重要意义 |
| 《国家“十二五”规划纲要》 | 2011年3月 | 提出要推动重点领域跨越发展，大力发展节能环保、新一代信息技术、新能源、新材料等战略性新兴产业。物联网是新一代信息技术的高度集成和综合运用，已被国务院作为战略性新兴产业上升为国家发展战略 |
| 《物联网发展专项资金管理暂行办法》 | 2011年4月 | 设立专项资金，由中央财政预算安排，用于支持物联网研发、应用和服务等方面发展 |
| 《“十二五”物联网发展规划》 | 2012年2月 | 提出到2015年，中国要在物联网核心技术研发与产业化、关键标准研究与制定、产业链条建立与完善、重大应用示范与推广等方面取得显著成效，初步形成创新驱动、应用牵引、协同发展、安全可控的物联网发展格局 |
| 《无锡国家传感网创新示范区发展规划纲要(2012－2020年)》 | 2012年8月 | 加大对示范区内物联网产业的财政支持力度，加强税收政策扶持；同时，推进物联网企业通过资本市场直接融资 |
| 《国务院关于推进物联网有序健康发展的指导意见》 | 2013年2月 | 提出到2015年，我国要实现物联网在经济社会重要领域的规模示范应用，突破一批核心技术，培育一批创新型中小企业，打造较完善的物联网产业链，初步形成满足物联网规模应用和产业化需求的标准体系，并建立健全物联网安全测评、风险评估、安全防范、应急处置等机制 |
| 《国家重大科技基础设施建设中长期规划(2012—2030年)》 | 2013年3月 | 建立适合物联网应用的下一代通信基础网络 |
| 《物联网发展专项行动计划(2013—2015)》 | 2013年9月 | 计划包含了顶层设计、标准制定、技术研发、应用推广、产业支撑、商业模式、安全保障、政府扶持、法律法规、人才培养10个专项行动计划。各个专项计划从各自角度，对2015年物联网行业将要达到的总体目标作出了规定 |

续上表

| 政策名称 | 发布时间 | 政策要点 |
|---|---|---|
| 《工业和信息化部2014年物联网工作要点》 | 2014年6月 | 明确了物联网工作的重点内容。 |
| 《关于印发10个物联网发展专项行动计划的通知》 | 2014年7月 | 制定了10个物联网发展专项行动计划 |

纵观我国物联网产业正处于蓬勃发展时期,其发展已初具规模,国家自然科学基金、“863”“973”等都对物联网产业给予了较多支持。《国家中长期科技发展规划纲要(2006—2020)》在重大专项、优先主题、前沿技术三个层面均列入传感网的内容,正在实施的国家科技重大专项也将无线传感网作为主要方向之一,对若干关键技术领域与重要应用领域给予支持。我国在传感器、通信、网络等方面拥有众多自主知识产权产品和专利,与国外基本处于同一起跑线。中科院上海微系统所已获得无线传感网、微型传感器、芯片设计等许多重大创新科技成果。在传感网的盲源分离、多目标协同识别、跟踪定位等领域的部分关键技术居世界先进水平,在智能交通等领域已有若干成功案例。中科院上海微系统所还牵头组建了传感网产学研上海联盟,另外,哈尔滨工业大学、清华大学、北京邮电大学、西北工业大学、天津大学和国防科技大学等高校在国内也较早开展了传感网及物联网的研究,华为技术、中兴通讯、普天通信、中电集团、中电科技等大型企业也加入了研究行列。我国大力发展物联网产业的环境已经初步形成。在政府层面,除江苏无锡以外,北京、上海、广东、福建、山东、浙江等信息产业较为发达的区域也已经着手制定规划,部分大企业也开始进行市场进入研究。

## 第二节　道路运输中的物联网

物联网技术是道路运输信息化的核心技术与发展方向。在物联网技术的发展中,专门发展出一支针对道路运输应用需求而形成的分支——道路运输物联网。

国家“十三五”发展规划等相关政策中,在道路运输设备检测、交通信息资源整合、公众服务能力、行业管理与决策支持等方面提出了具体的建设目标,也从国家层面上提出了道路运输物联网应用的建设需求。

通过开展道路运输物联网应用建设,制定交通信息资源共享与交换规范,充分利用和整合已有的物联网信息服务资源,建立人、车、路、货、环境一体的自主采集与服务模型,为信息服务或信息开发企业提供资源服务,延伸更多的道路运输物联网应用,为政府、行业以及公众提供服务,推动道路运输信息化基础设施进一步完善,显著提升交通信息服务水平,形成共生共赢的信息化服务产业链,促进道路信息化建设的可持续发展。

道路运输物联网是以“智慧交通”为发展方向,核心是对交通信息数据的采集、传输、处理和服务。道路运输物联网的核心功能组成如图5-3所示。

(1)信息采集:包括信息的感知和信息的识别。

(2)信息传输:包括信息发送、传输和接收等环节。

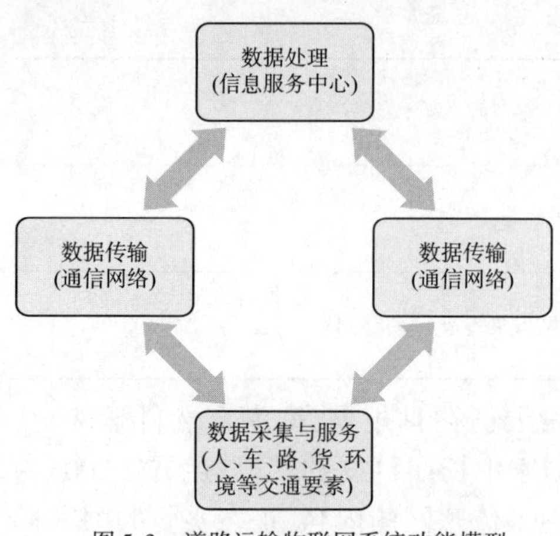

图 5-3　道路运输物联网系统功能模型

(3)信息处理:对海量数据和信息进行分析和处理,实现对事物的认知以及利用已有的信息产生新的信息,即制定策略的过程。

(4)信息服务:信息最终发挥效用的过程,通过控制策略调整对象的行为,使对象处于预期的运动状态。

由此可见,道路运输物联网是一个以数据为核心,综合利用各种信息技术,有效集成各交通要素的数据采集、传输、处理与服务,并形成数据流的正向反馈的闭环系统。基于其数据流的正向反馈特性,可以预见道路运输物联网技术的研究与应用推广即将迎来快速的、可持续的增长。

## 一、道路运输物联网的体系结构

道路运输物联网可以理解为物联网技术在道路运输行业的应用,是物联网的核心技术和道路运输业的特殊需求相结合的产物。道路运输物联网是以信息感知、泛在网络和云计算等技术为支撑,实现道路运输系统中人、车、路、货、环境等多元交通要素信息的融合处理,有机集成交通信息的数据采集、传输、处理与服务的综合体系。

结合目前在业界公认的物联网具有三层体系架构,道路运输物联网体系结构包含三层,如图 5-4 所示:底层是数据采集的感知层,利用 RFID 技术、传感器、摄头、卫星定位等随时随地获取交通信息;第二层是数据传输的网络层,将底层感知的交通信息通过各种网络实时准确地传递给上层进行分析和处理;第三层则是数据处理和提供数据服务的应用层,利用云计算、模糊识别等各种智能计算技术,对海量交通数据和信息进行分析和处理,对交通各要素实施智能化的控制,应用层同时也是物联网和用户的接口。

### 1. 感知层

感知层由各种传感器以及传感器网关构成,包括温度传感器、湿度传感器、RFID 标签和读写器、摄像头、卫星定位等感知终端。感知层的作用相当于人的眼耳鼻喉和皮肤等神经末梢,它是物联网识别物体、采集信息的来源,其主要功能是识别物体和采集信息。

在道路运输物联网中,工作在感知层的设备或装置主要包括 RFID 标签、RFID 读写器、传感器及浮动车等。

(1)RFID 标签。RFID 标签由耦合元件及芯片组成,每个标签具有唯一的电子编码,附着在物体上标识目标对象,俗称电子标签或智能标签。标签的外形尺寸主要由天线决定,而天线又取决于工作频率和对作

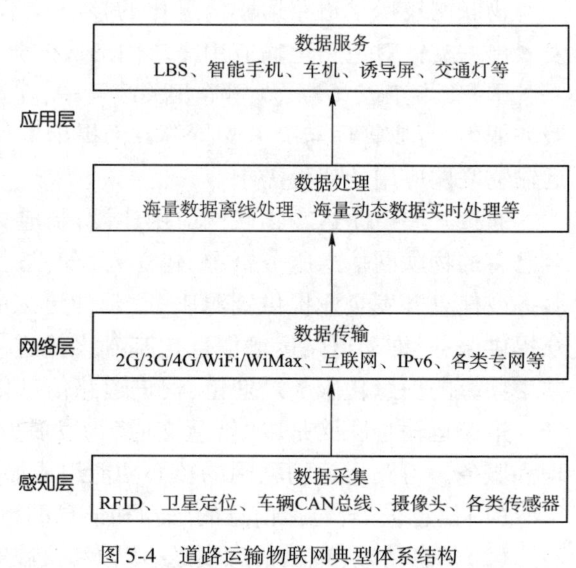

图 5-4　道路运输物联网典型体系结构

用距离的要求。目前有四种频率的标签在使用中比较常见，即低频标签（125kHz 或 134.2kHz）、高频标签（13.6MHz）、超高频标签（868～956MHz）以及微波标签（2.5GHz 和 5.8GHz）。频率越高、作用距离就越大，数据传输率也就越高，识别标签的外形尺寸就可以做得更小，但成本也就越高。如日本的 ETC 采用 5.8GHz 的频段。

按照标签内部是否供电，RFID 标签可分为被动、半被动（也称作半主动）和主动三类，2.45GHz和 5.8GHz 射频电子标签多为半被动标签。

被动式标签没有内部供电电源，其内部集成电路通过接收到的电磁波进行驱动，这些电磁波是由 RFID 读取器发出的。当标签接收到足够强度的讯号时，可以向读取器发出数据。这些数据不仅包括 ID 号（全球唯一标示 ID），还可以包括预先存在于标签内 EEPROM 中的数据。由于被动式标签具有价格低廉、体积小巧、无须电源的优点，目前市场的 RFID 标签主要是被动式的。

半主动式标签里内置了一个小型电池，电力恰好可以驱动标签，使得标签处于工作的状态，这样的好处在于，天线可以不用管接收电磁波的任务，充分作为回传信号之用。比起被动式，半主动式有更快的反应速度和更好的效率。

与被动式和半被动式不同的是，主动式标签本身具有内部电源供应器，用以供应内部标签所需电源以产生对外的讯号。一般来说，主动式标签拥有较长的读取距离和较大的记忆体容量，可以用来存储读取器所传送来的一些附加信息。

（2）RFID 读写器。RFID 读卡器是一种能阅读电子标签数据的自动识别设备，它能自动识别目标对象并获取相关数据，即便标签被他物遮盖或者不可见，读取器只要靠近射频标签就可以读取，读写器可工作于各种恶劣环境，可识别高速运动物体（如移动的车辆）并可同时识别多个标签，操作快捷方便。不同频段读卡器读取电子标签的典型参数见表 5-2。

**读卡器参数表**　　表 5-2

| 工作频率 | 协　议 | 最大读取距离 | 受方向影响 | 数据传输速率 |
|---|---|---|---|---|
| 125kHz | ISO 11784/11785<br>ISO 18000-2 | 10cm | 无 | 慢 |
| 13.56MHz | ISO/IEC 14443 | 10cm | 无 | 较慢 |
|  | ISO/IEC 15693 | 单向 180cm<br>双向 100cm | 无 | 较快 |
| 860～930MHz | ISO 18000-6 | 10m | 一般 | 读快 写较慢 |
| 2.45GHz | ISO 10374<br>ISO 18000-4 | 10m | 一般 | 较快 |
| 5.8GHz | ISO 18000-5 | 10m 以上 | 一般 | 较快 |

（3）传感器。传感器是机器感知物质世界的“感觉器官”，用来感知信息采集点的环境参数，它可以感知热、力、光、电、声、位移等信号，为物联网系统提供最原始的信息。随着电子技术的不断进步，传统的传感器正逐步实现微型化、智能化、信息化、网络化。目前道路交通系统中所用传感器类型很多，如环形线圈，磁场传感器，基于微波、超声、红外及视频等的传感器。

环形感应线圈车辆检测器是最为传统的检测器，一直沿用至今。其性能稳定、抗干扰能力强。可检测经过指定点的车辆，计算交通流参数，通过合理分布的线圈传感器组，可在路口采集检测范围内的车辆感应信号序列，经数字化、智能化信号处理和信号识别，提取出相关的交通流数据。环形感应线圈车辆检测器的主要功能有测定指定车道的交通流数据（车流量、占有率）、检测指定路段的交通流状况、与其他类型检测器和监控设备相配合，以多传感器融合的方式，完成特定事件的检测和处理（如逆向行驶、超速行驶等违章检测）。

微波传感器广泛应用于高速公路和城市道路管理监测系统，可同时探测 8 条车道，收集各车道的车流量、道路占用率和平均速度等数据，并可探测静止车辆的排队状况。传感器的输出信号与一般常见的检测器兼容，可通过数据接口与控制系统相连或直接替代传统的多个感应线圈探测器。

超声波检测器采用悬挂式安装，由超声波探头、通信电路、控制部分组成，通过向探测区域不断地发送超声波并接收返回的超声波，根据接收与返回的时间差来确定有无车辆通过等数据，从而实现对交通流数据的检测。

红外检测器检测精度容易受到风、雪、雨等自然环境的影响，工作现场的灰尘、冰雪也会影响系统的正常工作。视频检测器可以同时完成多条车道的交通参数采集，还具有采集视频图像的功能，安装调试设置灵活，检测区域面积大，维护简单，但是其检测精度受到天气等周围环境的影响较大。

磁场传感器具有体积小，易于安装，可提供大量交通管理信息，检测精度不受环境影响，安装过程中对路面破坏程度小，不易被重型车辆损坏，可以检测静止的车辆等优点。

震动传感器可用来采集车与路之间的震动情况，从而实现道路状况的自动检测。

无线网络传感器是一种集传感器、控制器、计算能力、通信能力于一身的嵌入式设备。它们跟外界物理环境交互，将收集到的信息通过传感器网络传送给其他的计算设备，如传统的计算机等。随着传感器技术、嵌入式计算技术、通信技术和半导体与微机电系统制造技术的飞速发展，制造微型、弹性、低功耗的无线网络传感器已逐渐成为现实。无线网络传感器一般集成一个低功耗的微控制器（MCU）以及若干存储器、无线电/光通信装置、传感器等组件，通过传感器、动臂机构以及通信装置和它们所处的外界物理环境交互。一般说来，单个传感器的功能是非常有限的，但是当它们被大量地分布到物理环境中，并组织成一个传感器网络，再配置以性能良好的系统软件平台，就可以完成强大的实时跟踪、环境监测、状态监测等功能。

（4）浮动车。浮动车是指安装有卫星定位系统和无线通信装置的普通车辆（如出租汽车、公交车、危险器运输货车、警车等），它能够采集车辆的位置、行驶方向和速度，且能够与交通数据中心进行信息交换。浮动车对分析道路运行状况、拥堵原因、提供交通诱导服务、应急处置等方面起到重要的作用。

2. 网络层

网络层由各种私有网络、互联网、移动通信网、网络管理系统等组成，其主要功能是负责采集数据和服务数据无处不在的双向传输，相当于人的神经中枢和大脑，负责传递和处理感知层获取的信息。

3. 应用层

应用层的主要功能包括两个方面。

一方面，应用层相当于人体的大脑处理感知层获取的信息。如何快速、实时地处理感知层所获取的海量交通信息，一直是道路运输物联网面临的关键问题，云计算的出现就是为了解决这个难题。它是为了实现 IT 资源的按需服务，由多种产品和服务集成起来的端到端的解决方案。

云计算平台作为应用层的支撑平台，负责数据信息的集中、实时分析和处理，这部分主要涉及云计算平台中的硬件云服务。硬件的云服务是指通过分布式计算和虚拟化技术搭建超级服务器资源池，以提供所需的 CPU、存储、网络和其他基本的计算资源，使海量动态交通信息实时处理和离线处理成为可能。

另一个方面，应用层是道路运输物联网和用户（包括人、组织和其他系统）的接口，它与行业需求结合，实现行业监管、政府决策、应急处置、公众服务等应用，这部分主要涉及云计算平台软件和数据的云服务。

软件的云服务，是指通过用户可以采用的开发语言和工具（例如 Java，python，. Net 等）以及应用系统部署到硬件资源池上，以免费或按需租用方式向技术开发者或者企业客户提供软件研发的基础平台和应用程序。

数据的云服务，是指通过将数据资源以方便用户访问和使用的方式部署到软硬件资源池上，以免费或按需租用方式向技术开发者或者企业客户提供软件研发和应用的数据资源。

从道路运输物联网的功能和本质上看，其关键点在于海量交通元数据如何基于网络进行传输、分析和处理，并对各交通要素实施智能化的控制，进而提供车载信息服务、车载互联网应用等应用服务，实现智慧交通的发展目标。其中，海量数据的分析、处理是重点和难点，要解决这个问题，就必须建立一个功能强大的业务服务平台。云计算正是为了解决平台问题而出现的一种全新的、完整的体系架构，它使得物联网在互联网基础之上的延伸和发展能够得以实现。云计算对于道路运输物联网的海量数据处理起到了重要的支持作用，没有云计算，物联网就会成“物离网”——一个一个的信息孤岛，没有云计算平台支持的物联网价值不大。因此，云计算技术的发展和应用，更进一步促进了道路运输物联网的发展。

## 二、道路运输物联网的系统架构

道路运输物联网应用系统实质是一个以数据为中心的包括采集、传输、处理和服务四个环节的应用系统，车载信息服务应用系统的构架如图 5-5 所示。

每个交通要素通常既是道路运输物联网的数据采集源，同时也是道路运输物联网的数据服务对象。数据服务是物联网与云计算技术的终极目标，道路运输物联网实质上是一个由数据采集、数据传输、数据处理和数据服务构成的有机整体。

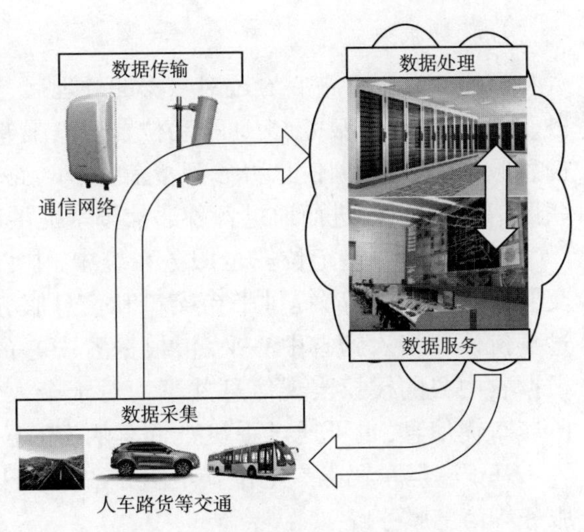

图 5-5　车载信息服务应用系统架构

1. 数据采集

以车联网信息服务为例，数据采集通过车辆 CAN 总线、各类传感器以及摄像头等动态采集车辆身份信息、车身工况信息、驾驶员操作信息、载乘与载货信息、位置速度信息以及车辆周边的各种传感信息等数据。

而在ETC中则利用RFID、地磁感应识别器、摄像头和红外感知系统来采集识别车辆的固有信息。

营运车辆卫星定位安全服务系统中利用卫星定位装置来采集车辆的行驶速度、方向和当前位置。

2. 数据传输

数据传输即将采集到的交通数据通过各种通信技术(如3G/4G、专线网络和Wi－Fi等)实时地传送到道路运输物联网信息服务中心。

ETC中路边收费站通过互联网与管理中心实现互联互通。

营运车辆卫星定位安全服务系统中,安装在车上的移动车载终端通过3G/4G网络与中心平台通信,为提高系统可靠性可以利用短消息作为部分数据通道备份,中心与当地移动公司短信网关和3G/4G网关间通过专线接入。管理分中心通过互联网与中心平台实现互联互通,实施对辖区在网车辆的管理功能,实时反映在网运营车辆数量,并实施对辖区工作站的管理、监控和协调。同时管理分中心支持工作站上传的运营数据统计,以及根据管理和服务需要,统计分析各类数据。

3. 数据处理

数据处理即交通信息服务中心通过利用云计算等数据处理技术,实现对海量动态交通数据的实时处理和挖掘。

营运车辆卫星定位安全服务系统中,中心平台是整个系统的数据中心,负责在网车辆的数据通信、数据存储、数据处理及数据分发。各地根据系统要求建设的管理分中心,负责对辖区内在网车辆的数据存储、数据处理,并实施对辖区内在网车辆的管理及监控、实时反映在网车辆运营状态,并根据管理和服务需求统计分析各类数据。通过省中心平台,可以实时反映全省营运汽车在网运营数量,对各区市管理分中心实现在线管理、系统升级和技术支持等,统计各区市管理分中心上传的运营数据,根据管理和服务需要,分析各类数据。

4. 数据服务

交通信息服务中心通过对数据的处理后,形成包括车辆工况信息服务、实时路况信息服务、交通地理信息服务、交通移动位置信息服务、交通基础设施运行信息服务、交通视频监控信息服务、出行策划信息服务等覆盖人、车、路、货、环境五大交通要素全方位的道路运输物联网信息服务,并进而通过各种通信技术提供道路运输物联网信息的按需服务。

营运车辆卫星定位安全服务系统中,中心可为政府各相关行业管理部门(运管、公安、交警、安监、建设等)提供平台接口和信息服务,实现资源共享。相关行业管理部门可以通过身份认证接入到省中心平台,根据省中心的授权,实现相关企业通过认证的接入方式,根据省中心的授权实现信息共享。对于个人用户,可通过网上查车系统实时监控及管理所属车辆信息,也可通过手机查询车辆实时位置信息。

基于营运车辆卫星定位安全服务系统,可以提供交通地理信息服务、公众出行交通信息服务等信息服务。

数据的按需服务是物联网技术应用的根本目的。例如对于危险品运输的监控管理服务。道路运输物联网信息服务中心可根据用户当前的车辆工况、驾驶速度、当前所在位置的道路健康状态与周边环境以及前方道路的实时拥堵状态等信息，智能地按需提供指定路线偏离预警、危险驾驶行为预警、谨慎驾驶路段提醒、实时路况语音提示、周边配套信息友情服务、应急事件报警与处置支持等交通信息服务。

## 三、道路运输物联网的关键技术

### 1. 交通要素身份特征标识技术

交通要素身份特征标识是物联网在道路运输领域应用的一项重要内容。在“物物相连”的物联网系统中，每一个交通环境中的要素都应有其特殊的标识，使其在系统中能够方便地被寻址、被感知，使所有相关要素成为交通身份特征标识体系的一部分。交通要素由交通对象、交通工具和交通基础设施3部分构成。例如，在危险品公路运输智能监控问题所属的道路运输领域，交通对象包括人员、货物两类，其中人员又可分为行业管理人员、营运车辆驾驶员、其他车辆驾驶员等，货物又可根据其危险程度分类；交通工具主要指车辆，可以分别按运输车辆的装载量、装载形式和使用的能源种类分类；交通基础设施包括道路、桥梁、隧道和站场4类。

一般来说，目前交通对象的标识载体技术一般有RFID、IC卡（高频RFID）、个人数字终端（手机、平板电脑等）、条码（条形码、二维码）等技术；交通工具的标识载体技术主要有RFID、车载数字终端和红外信标等技术；交通基础设施的标识载体技术主要有RFID和GIS、路侧设备、智能航标等技术。总体来说，RFID技术具有无须接触、自动化程度高、耐用可靠、识别速度快、适用各种工作环境和多标签同时识别等优势，并能与唯一识别码结合用于自动识别，所以它是物联网最受关注的标识载体技术之一，也是目前应用最广的自动识别技术之一。

RFID是一种利用无线射频电波信号通过空间耦合，实现无接触、远距离进行识别、定位和跟踪的技术。RFID技术的识别工作无须人工干预，能够正常工作于振动、高温等各种特殊的外界环境，并具备防水、防磁、寿命长、读取距离大、数据可加密、存储容量大等优点，其应用可以实现多个高速运动物体的同时识别。

RFID系统包含天线、读取器、感应标签和后台计算机系统。读取器上电复位后会对其各模块进行初始化，随后通过其发射天线向其周围固定的工作区域范围内发射固定频率的射频电波，当电子标签进入读写器发射的射频电波范围内时，因为电磁感应原理，标签内部由感应线圈组成的天线共振耦合将会产生感应电流，向电子标签供电；若感应电流产生的功率能够激活感应标签内部的芯片，电子标签会在获得能量后上电复位进入等待状态，并接收读取器发出的询卡/应答指令，然后通过内置天线将自身编码等信息向外界发送出去进行相互认证；读取器天线会接收到电子标签发送的载波信号，并通过射频模块将其传送至读写器中的读写模块，读写模块会对载波信号进行解调、解码，随后通过一定的传输方式将其传送至后台计算机系统中的数据管理系统进行分析处理，判断电子标签的合法性；若认证失败，则读取器无法对感应标签进行读写操作，若认证成功，读取器会根据预定规则向感应标签发出各种控制指令，如读写等；感应标签接收到读取器的指令后会对指令进行分析、识别同时判断自身的工作状态，若满足指令的执行条件则执行相应的操作，并向读取器反馈相应的操作结果，返回初始状态；否则向读取器发送相应的错误码并返回至初始状态。

2. 交通要素运行信息感知技术

交通要素运行信息感知技术是物联网在道路运输领域应用的重要基础支撑性技术。该技术提供的轻型、多模、低成本、长寿命、高可靠、自适应、芯片化、集成化、智能化、网络化的交通对象和交通工具，以及交通基础设施（包括交通环境）运行状态的实时采集传感设备，为大规模实时交通信息采集提供手段。以传感技术为代表的感知技术是交通要素运行状态感知的核心技术，美日欧等发达国家和地区都将传感器技术列为国家重点开发的关键技术。目前，传感器技术已经从结构型、物性型传感器发展到微电子和微机械加工技术制造的新型微机电传感器（MEMS），在功能、成本和可靠性等方面得到不断发展，极大地满足了物联网感知技术在道路运输行业的应用需求。

（1）交通要素运行状态感知需求。

①交通基础设施感知需求。交通基础设施感知信息主要依附于基础设施空间位置的交通事件信息、基础设施运行状态信息、交通运行状态信息和交通气象、环境信息，其构成如图5-6所示。

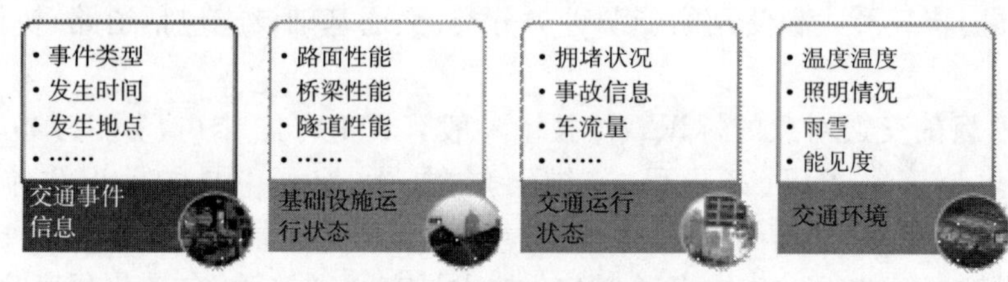


图5-6　交通基础设施感知需求

交通事件是造成偶发性交通拥堵的主要原因，由于交通事件发生的随机性和不可预测性，控制交通需求或提高交通能力等手段一般很早奏效，因此如果能及时地感知交通事件发生的时间、地点，就可以及时采取措施进行快速、高效的处理；交通基础设施的运行状态将直接影响到交通运行的选择，在危险品道路运输过程中，路网（路面、隧道、桥梁）的性能将直接影响到道路运输的能力；及时地获得交通运行状态可以尽早地为运输车辆开展交通诱导和应急智能控制；交通气象和环境信息对交通运行有重大影响，该类信息的及时感知与发布是减少交通事故发生的重要基础。

②交通对象感知需求。交通对象感知需求包含对营运性运载工具驾驶员行为和货物运输状态两方面的感知，其构成如图5-7所示。为了有效地提高道路运输安全水平，从监管需求的角度，交通对象感知的重点应位于运载工具驾驶员，主要感知驾驶员的驾驶状态信息（如持续驾驶事件、是否疲劳驾驶、是否危险驾驶）和错误的操作信息；为了提高道路运输安全水平和服务效率，实现危险货物运输的全过程跟踪，需要感知货物的位置信息、货物运载环境、货物状态等。

③交通工具感知需求。从行业管理的需求来看，交通工具感知的重点是其运行状态，主要包括其所处位置、行驶路径、行驶速度、油耗、实时性能、货物载重等，其构成如图5-8所示。

（2）交通领域应用传感技术现状。对于交通事件中事件类型、发生地点和事件等信息的感知多依赖于视频采集技术，该技术具有直观可靠、安装便捷等优点；对于路面灾害的自动检测多采用集成激光测量、图像采集、图像识别等多种技术的路面灾害智能检测车；对于隧道灾害的自动感知,多通过引伸计、压力传感器、激光测量、图像采集技术来检测隧道面的变形和压力;道路交通流信息的采集设备包括地磁线圈、视频、雷达等;气象能见度自动感知技术主要有激光能量检测和视频图像处理,其他气象条件可以通过温湿度传感器、照度传感器等实现。对驾驶员连续行驶时间的自动感知可以通过视频及图像技术测量眨眼频率、瞳孔对外界刺激的反应、眼睛闭合或眼睛运动的状态等高科技手段;对于驾驶员错误操作信息的信息可以通过在驾驶室安装车载终端系统,实时监测驾驶员的具体行为;货物位置信息的跟踪一般通过卫星定位技术,如 GPS/北斗导航系统,或利用 RFID 读取设备对货物身份电子标签的信息进行读取。

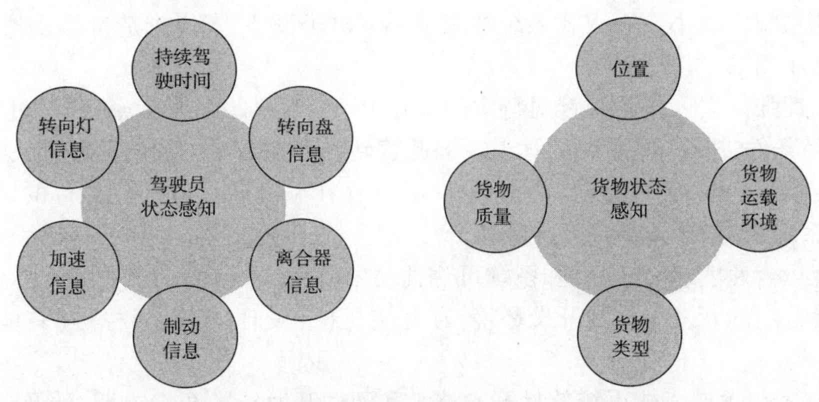


图 5-7　交通对象感知需求

3. 交通要素信息无线传输技术

道路运输物联网建设的目标首先是实现对交通要素静态和动态信息的全面感知,从而对交通要素全面感知的基础上,进一步进行信息资源的开发利用。而网络负责进行感知信息的传递和处理。按网络通信的对象和覆盖范围,道路运输物联网的网络传输技术分为两类:一类技术用于实现交通对象与交通工具,以及交通基础设施之间的短距离组网和通信,该类技 术可以实现交通工具、交通设施、交通对象之间的数据交换和感知,典型技术有 DSRC、Wi-Fi、Bluetooth 等;另一类是交通信息与后台数据中心之间的远距离组网和通信技术,该类技术可以实现交通系统中交通要素感知信息的远距离传输,典型技术有 3G、4G 等。

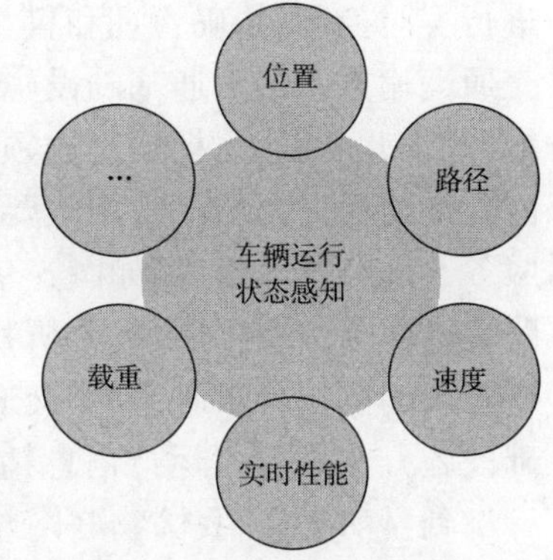


图 5-8　交通工具感知需求

4. 嵌入式系统及嵌入式技术

道路运输物联网建设的目标首先是实现对交通要素静态和动态信息的全面感知,然后进一步进行信息资源的开发利用。但感知信息从交通对象、交通工具和交通设施获得,在感知信息到达后台数据中心进行分析处理之前,需要一个车载终端设备在运输端对其进行接收、分析和预处理,以摒弃冗余数据,同时在本地提供预警报警功能,并有序地控制感知信息的远程发送。嵌入式技术是搭建车载终端平台的一项常见的重要技术。

嵌入式系统是一种嵌入受控器件内部,为特定的应用设计的一种专用计算机系统,其定义有多种,目前国内普遍认同嵌入式系统是以计算机技术为基础、软硬件可裁剪,适用于应用系统对功能、可靠性、成本、体积、功耗有严格要求的专用计算机系统。一般由嵌入式微处理器系统和被控对象组成。其中嵌入式微处理器系统又包含了硬件层(嵌入式微处理器、外围硬件设备)、中间层(板级支持包)、系统软件层(操作系统)和应用层(应用程序)4部分;而被控对象则是各种传感器和电机等,经过微处理器系统的控制完成相应的控制任务。嵌入式系统是面向具体产品和特定应用环境的,因此与特定应用需求相结合是其主要的技术特征,并导致了嵌入式系统的专用性。为了满足对各种应用环境的需求,要求嵌入式系统的软硬件系统具有良好的可裁剪性。因此在嵌入式系统的开发过程中,从上述定义和描述看,嵌入式系统一般具有如下特征:

(1)操作系统内核小。嵌入式系统常用于小型电子设备,考虑到造价、系统资源有限,故要求精简的操作系统内核。

(2)专用性强。嵌入式系统针对特定的应用开发,软硬件结合紧密,开发过程中需要针对具体的硬件条件进行操作系统的移植。因此若硬件存在差异,则软件系统无法兼容。

(3)系统精简。嵌入式系统功能单一,一般不存在系统软件和应用软件的区分,因此嵌入式系统的系统结构和功能均较为简单。

(4)系统运行速度、响应速度和系统可靠性要求较高。

(5)需要特定的开发工具和开发环境,存在主机(开发环境)和目标机(具体应用平台)的区分。

嵌入式技术包含嵌入式系统软件开发技术和硬件开发技术两个方面,涉及计算机技术、通信技术、半导体技术、微电子技术、语音图像技术及传感技术等,具体包括了操作系统内核移植技术、硬件驱动程序开发与移植技术、应用程序开发、嵌入式系统内存压缩技术以及嵌入式微处理器技术、存储器技术、硬件接口技术、显示技术、嵌入式抗干扰技术等。

## 四、面向道路运输的物联网应用

物联网出现的目的是建立能够实现对整个物理世界进行感知的网络,从而对物理世界进行实时控制、精确管理和科学决策。因此,物联网在道路运输领域的应用首先需要将各类交通运输方式的交通基础设施、运载工具和交通对象统筹考虑,搭建合适的道路运输感知网络,并在此基础上,根据交通领域实际需求开发各类智能管理和服务系统。一般来说,物联网在道路运输领域的应用主要由交通要素身份识别、信息感知、信息传输、信息处理和应用服务5部分技术组成,如图5-9所示。有必要根据物联网与其的技术发展方向,结合我国道路运输面临的实际需求,分析物联网技术在以道路运输管理为主要内容的交通领域应用需要开展的关键技术研究,如交通要素身份特征标识关键技术(面向人、物、交通工具、交通基础设施)、交通要素运行信息精准获取关键技术、交通领域网络传输关键技术等。

到目前为止,我国物联网技术在交通领域的研究应用还主要集中在城市交通和高速公路等领域,其系统应用广度和深度远远没有满足人们对智能化交通的需求,但近年来的一些典型应用案例和局部地区的试点应用为道路运输物联网的进一步发展提供了参考。如2008年建设完成的北京奥运智能交通管理与服务综合系统,包含奥运交通管理指挥控制系统、奥运交通综合信息服务与决策支持系统、奥运车辆监控及服务系统和奥运公共交通运营管理系统;2010年的上海世博智能交通技术综合集成系统,为世博会提供了交通监控、出行服务、交通诱导、紧急事件管理等服务;重庆市目前通过引入具有远程动态识别功能的RFID技术,实现了由电子化行驶证、驾照和牌照构成的“重庆交通信息卡体系”，以车辆动态标识信息为基本单元，发展包括交通控制、公共安全、大众出行服务、ETC等内容的城市公共信息物联网络服务系统；金龙汽车依托数据挖掘、无线通信和智能远程控制，通过整合“人”“车”“线”开发了G－BOS智能运营系统，能够提供安全驾驶管理支持、油耗管理、卫星定位、无线视频监控、车线匹配、远程故障报警、维保管理等功能，目前国内有上千家客车运营商安装和使用了该系统。

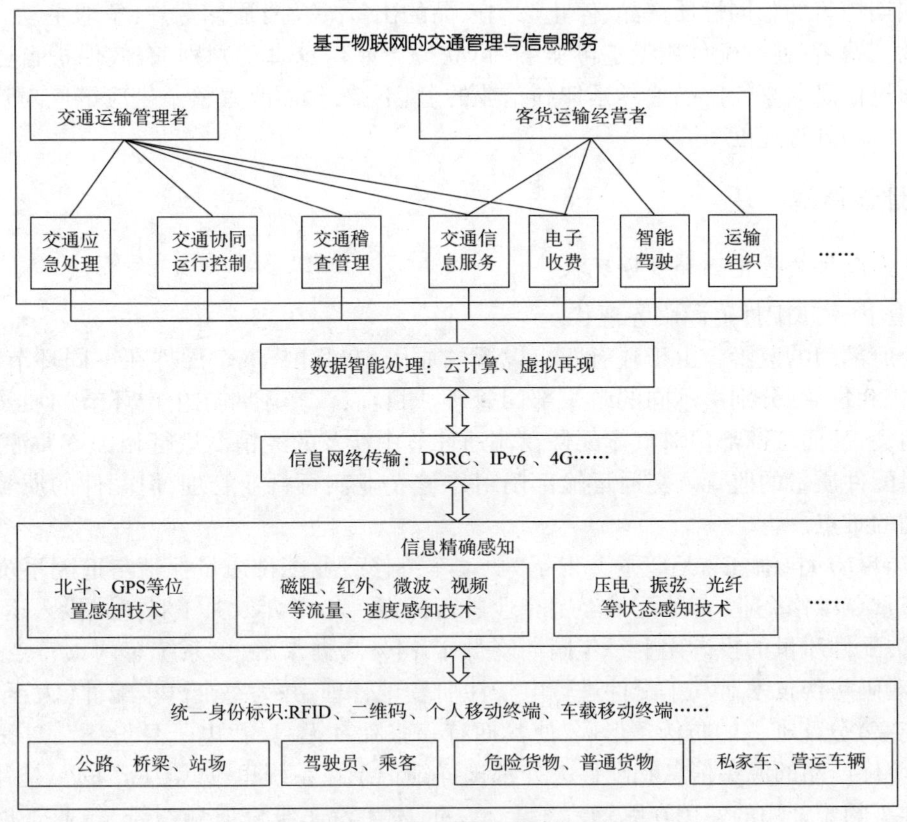


图5-9　道路运输物联网总体框架

除以上应用外，近年来物联网在道路运输相关的其他领域也发挥了重要作用。本章后两节将针对近年来物联网在道路运输相关领域的两个重要应用——汽车配件质量追溯和服务以及危险品运输车辆的监控与管理展开重点讨论。

## 第三节　典型应用一：汽车配件质量追溯服务平台

全球市场上不断出现的食品安全事故、产品召回事件所反映的产品质量问题关系到消费者的生命安全和切身利益，不得不引起人们的广泛关注。无论是生产企业还是消费者，都希望能知道自己的最终产品或消费品的原材料和源头的相关内容，以保证产品的可靠性、安全性并了解其品质水平。事实上，作为汽车安全的重要保证，汽车配件同样关系到千千万万消费者，以及其他汽车相关人员（如驾驶员、乘客等）的生命安全。

综合运用物联网相关技术，实现汽车配件供应链中的供应商、生产企业和客户对产品的追踪、产品信息的查询以及产品质量及真伪的判别，是保证汽车配件质量、维护人民群众生命财产安全的重要手段。

对于汽车配件生产企业，通过使用一套快捷且行之有效的基于物联网的产品追溯信息系统，不仅可以实时掌握生产现场的实际状况，而且可以在产品发生质量问题时，迅速地找到存在问题的相关产品、来源及影响的客户。对于生产现场发现的问题，可以及时调整生产计划和切换原物料，避免不良品的重复生产，导致更大的损失。对于已经出厂的产品，则可以找到同期销售的相同性质产品，停止该类产品的出货并及时通知客户，争取主动。对于汽车配件的消费者，通过配件质量追溯服务，可获得产品信息真伪判别，有效保护自己的切身利益。通过信息共享使产品追溯延伸到企业的上、下游，从而改善整个供应链应对产品质量问题的反应和处理速度。

## 一、建设背景

### 1. 汽车配件质量追溯和服务现状

(1)国内汽车配件追溯服务现状。

①政府部门的监管。由于政府职权设置的原因，在我国，汽车配件在不同环节的生产、流通、销售和售后，分别由不同的政策部门管理。目前，汽车配件在生产环节的质量管理由质检部门负责，而工商部门对汽车配件在流通环节中涉及的经销商进行相关资质注册登记，谈不上对配件质量的监管。交通运输部门对维修企业实行行业管理，但配件的质量管理是行业管理的难点。

2007 年 10 月，浙江省运管局开发了“机动车维修行业配件质量保证与追溯系统”，开始在杭州市重点维修企业、部分配件经销企业进行试点。2008 年 5 月 1 日正式投入运行，效果明显，有关配件质量的投诉比上一年同期降低了 14%。据了解，该系统有两大特点：一是防伪，利用数码防伪技术对汽车配件进行电子注册登记管理，并为每个汽车配件(大至发动机、小至火花塞)分配唯一的防伪条形码，使其拥有一张独一无二的“电子身份证”；二是信息集成，每个配件产品的源头信息和配件去处都被详细记录在系统里，如谁生产的？是什么？谁卖的？谁买的？谁用的？用在哪辆汽车上？一旦发生汽车维修质量纠纷，行业管理部门通过防伪编码，可迅速准确锁定配件来源，消费者只需输入条形码或者车牌号，就可以查询到车辆的维修记录，甚至每次维修所更换零部件的详细信息。“机动车维修行业配件质量保证与追溯系统”在汽车配件市场监管、保护消费者权益等方面，起到了积极作用。但是当前我国还没有一套覆盖全国的汽车配件质量追溯系统，对于跨区域生产、销售、流通的汽车配件产品，市场监管仍然不足。

②企业的产品质量跟踪。目前，我国正规的汽车配件生产企业基本上都建立了相对比较完善的产品质量跟踪体系，一旦发生质量问题，可以通过其质量跟踪体系追溯至产品、原材料供应商。对于汽车配件的销售，主要有厂家直销、代理分销以及厂家直销与代理分销相结合等方式。当前，我国汽车配件在销售环节中，无法完成汽车配件产品的完整追溯和跟踪，市场上一般采用生产厂商和销售企业共同协调，但仍然存在诸多盲区。另外，我国汽车配件城的汽车配件经销商户没有市场准入限制，只需在工商部门拿到营业执照便可以经营，其经营的汽车配件质量参差不齐，更谈不上质量追溯。

在我国，一类机动车维修企业基本上都建立了汽车配件质量管理系统，这些系统可能由配件生产厂商提供,可能由维修企业购买专业软件,也可能通过软件公司定制。维修企业利用建立的配件质量管理系统,对采购入库的汽车配件进行查验、登记。而当配件质量出现问题时,维修企业可以借助配件厂商或主机厂的力量,对部分有质量问题的配件进行追溯,通常外采配件(汽车配件城采购配件)难以实现追溯。根据电话调研统计情况看,维修企业登记配件信息时,普遍遵循配件生产厂商的配件分类及编码规则。目前,品牌经销店(4S 店)95% 的配件来自主机厂(即原厂配件),5% 的配件来自汽车配件城,而综合修理厂由于配件品牌渠道的限制,只能使用副厂配件(即与原厂配件技术参数相同或相当的配件),其余的配件通过对外采购解决。调查表明,企业普遍愿意加入汽车配件质量追溯体系,但政府仍需要出台相关配套政策与管制制度,保护企业的合法权益,使追溯体系真正做到实处,发挥其应有的价值。

③社会公众对汽车配件产品追溯的需求。目前,社会公众获得汽车配件服务的方式大致可以分为:维修企业、汽车配件城、网上交易。如果社会公众更加关注配件、维修的质量,一般会选择 4S 店维修服务,但是服务价格相对会比较高;如果社会公众更关注配件、维修价格,一般会选择综合修理厂、路边店维修服务,但配件、维修质量可能得不到更好的保障。对于拥有一定动手能力的社会公众,可以在汽车配件城购买相应的配件,或者进行网上交易,但是最大的问题仍然是配件质量难以得到保障。初步摸底调研结果表明,社会公众非常希望尽快实现配件质量可追溯,满足其明白消费、放心消费的诉求。

一项网上调查表明,87.5% 的消费者在汽车保修期内选择在 4S 店对车辆进行维修保养。而出保修后,37.2% 的消费者因技术和配件信得过仍然选择 4S 店,37.6% 的消费者选择专业修理厂。对于车辆大修、电器故障修理、更换刹车片/盘等涉及安全的配件,消费者更倾向于选择 4S 店提供服务,而日常车辆保养、更换及维修轮胎、更换易损配件、加装车内装饰及精品等服务,消费者则更倾向于选择其他门店。76.4% 的消费者认为,汽车厂家对于保修期内“不去 4S 店保养维修则丧失保修权利”的规定不合理;61.4% 的消费者认为 4S 店的各类配件费用太高,很难接受,30.3% 认为比较高,但勉强可以接受。另外,消费者反映在 4S 店维修保养过程中,存在以下几点比较突出的问题:同一故障屡修不好,多次返工不做赔偿,并拒绝延长保修;简单修理项目以各种理由推诿,引诱车主更换总成;保修期内搪塞车主维修要求,过保后追着修。

(2)国外汽车配件追溯现状。

在国外,日本是汽车配件追溯领域做得比较好的国家。日本汽车配件企业较多,规模不一,是一个庞大的工业部门。为了把庞大的汽车零部件工业组织起来,日本采取了多层次的转包体制。通过这种组织形式,各主要汽车公司逐渐形成了自己的配件供应体系和广泛的协作网。汽车配件企业加入主要汽车公司的协作网后,可以得到长期稳定的订货。反之,各大汽车公司也希望众多的零部件厂能够长期稳定供货,从而构成了双向垄断的模式。在日本,各大汽车公司对其供应体系中的汽车零部件厂都尽量做到资金和技术上的支持。因此,社会公众在购买配件、维修服务时,没有更多的选择空间,根据汽车品牌的不同选择其相应的配件。虽然日本汽车配件产业在双向垄断的模式下,但配件质量完全可以得到保证。

与日本双向垄断模式相反,欧美模式具有自由选择的特征,以“货比三家”为基础,择优选购,不受任何垄断的制约。

欧洲以德国为代表,汽车公司与汽车零部件厂商保持相互自由的企业关系,其汽车配件的采购完全自由,不受汽车零部件厂的任何制约。德国联邦采购物流协会(BME)作为德国采购和物流领域最具领导地位的专业协会,也是欧洲最大的采购物流协会。德国的汽车公司采购汽车配件,主要通过该协会提供的平台进行。因此,配件可以通过 BME 的平台进行追溯。

美国的汽车零部件发展模式与欧洲基本相同。在美国,汽车零部件和配件是一个巨大的行业,参与该行业有3500多家公司。多年来,美国整车厂与配件厂的责任分明,两者之间没有形成亲密的伙伴关系。美国以这种自由选择方式,使汽车配件企业争得了与汽车公司完全平等的地位。这种方式促进了汽车配件企业自由的市场竞争,摆脱了汽车公司的牵制,与此同时也使汽车零部件企业抛弃了销售的依赖性。

欧美等发达国家的汽车配件经销基本实现了网络化经营。美国拥有国内最大的网上交易平台(www. autopartswarehouse. com),通过网上交易服务门户,公众可以根据汽车生产年份、厂商以及车型等信息查找原厂全新配件、原厂修复配件,也可以根据配件分类查找替换配件,明码标价,并标明库存量以及最快送达时间等重要信息。同时,服务平台提供统一的物流配送服务,大大降低了企业运营成本。通过该平台,消费者可以获得各种在线维修服务,如在线故障诊断、估算修理费用、查找最近的实体修理店、在线 DIY、下载各种车型的维修技术手册等。

2. 存在的问题

作为一项涉及交通运输、工商、质检部门,以及配件生产企业、销售企业、维修企业、社会公众等多单位、多部门的系统工程,汽车配件质量追溯体系建设在我国推广应用困难,主要存在以下问题:

(1)"浙江模式"难以落到实处。浙江省运管局开发的"机动车维修行业配件质量保证与追溯系统"在一定程度上实现了地域内配件的可追溯,但问题的关键在于:配件的唯一识别码(条形码,即电子身份证)在流通环节才被确定下来。这种模式可能导致的直接结果是:如果某些团体或个人把这些通过合法途径购得的合法条形码贴在假冒伪劣配件上,那么这些假冒伪劣配件也将披上正品配件的外衣,继而配件的质量也难以得到保证。因此,在这种模式下,系统只能做到配件的可追溯,而配件质量根本得不到保证,这样的追溯在全国范围内没有意义。

(2)汽车配件在不同环节由不同的政府部门监管。汽车配件从生产到使用(修复后再使用)整个生命周期的各个环节,分别由政府各级交通运输部门、工商部门及质检部门对汽车配件进行监管,如果信息不能共享,监管不能协同,将很难实现配件质量的可追溯,质量纠纷也不能及时得到解决,尤其是汽车配件城的汽车配件。如前所述,汽车配件城的汽车配件经销商户没有市场准入限制,只需在工商部门拿到营业执照便可以经营。如果不能对其市场准入进行限制,并且没有统一的质量追溯平台支撑,其来源、去向根本无法实现追踪,更谈不上配件质量保证。

(3)原厂配件供货渠道被人为限制。原厂汽车配件的供货渠道被人为限制,该类配件只能提供给其相应的汽车品牌经销店(4S 店),而综合修理厂只能采购副厂配件。这样会导致两方面的结果:一是4S店的汽车配件价格相对较高,二是综合修理厂的汽车配件质量难以得到保证。另外,汽车维修技术资料也被人为限制,使得可选择的副厂配件的范围变得更小,无形中提高了原厂配件达到垄断地位的可能。

(4)配件编码规则不规范。汽车配件生产厂商各自有自身的配件编码规则,如前所述,销售企业、维修企业登记配件信息时,普遍遵循配件生产厂商的配件分类及编码规则。而且,同一品牌同一车型的同一配件,其原车件和售后件的标准也不一致。因此,最终导致全国汽车配件行业产品分类及编码不规范,为汽车配件实现全流通过程追溯带来一定的难度。

(5)信息化程度低,标准规范不健全。小规模汽车配件生产经营企业的信息化程度低,比较难实现配件在生产、流通、使用环节的电子化记录,监管难度大。配件质量安全标准体系、检测检验体系、认证认可体系尚不完善,管理难以完全到位。一类机动车维修企业虽然基本上都建立了汽车配件质量管理系统,但这些系统由不同的配件生产厂商提供,或者是维修企业购买的专业软件,也可能是由专业软件公司定制开发的。这些系统根本没有统一的标准规范进行约束,各系统间标准不统一,数据传输接口不一致。

(6)社会公众面临的问题。面对汽车配件市场的现状,作为消费者公众,在日常的用车过程中,难免会遇到汽车零配件损坏的情况,这时候就需要去购买汽车配件,或机动车维修服务。在当前信息不对称的情况下,经常会遇到各种各样的问题,例如:购买的零配件如何能识别其真伪?通过什么方式查询到汽车配件的真伪?当出现以次充好、质量有问题的配件时,如何进行维权?目前,随着 C2C 电子商务的迅猛发展,部分消费者选择网上购买配件。但是,这些网购的汽车配件面临的最大问题就是质量无法得到保证。

### 3. 建立汽车配件追溯体系的意义

汽车配件追溯体系就是在生产、流通、使用环节,运用信息化手段,将各环节的产品相关信息进行记录存储的质量保障系统,形成完整的信息追溯链。实现从生产到终端相关信息的正向跟踪;终端到生产相关信息的逆向溯源;对产品生产、经营的有效约束;产品流通的监管与综合分析。一旦出现产品质量问题,能够快速有效地查询到出问题的环节,必要时进行产品召回,实施有针对性的惩罚措施,由此来提高产品质量水平。

汽车配件追溯体系的建立,对相关行业和国家经济管理都将发挥积极作用,社会效益明显。具体体现在以下方面:

(1)提高汽车维修质量。汽车配件的质量是影响汽车维修质量的重要因素。据统计,70%以上的汽车维修质量问题是因为配件质量引起的。因此,加强对机动车维修配件质量进行监管,对于提高汽车维修质量,保障道路运输安全具有重要的意义。

(2)实现多部门联合监管。目前,汽车配件在生产环节的质量管理由质检部门负责,其流通环节的质量由工商部门把关,而交通运输部门对维修企业实行行业管理。因此,必须使汽车配件信息实现共享,促进政府管理部门间的协同配合,形成政府监管合力,加大对汽车配件各环节的监管力度。

(3)透明汽车配件价格渠道。目前,汽车品牌经销店(4S 店)的配件价格受主机厂限制,对综合修理厂、汽车配件城来说相对较高,必须透明消费渠道,使配件价格更加透明化,最终实现配件网上交易。

(4)解决质量纠纷。为满足消费者申诉举报渠道的畅通,公正快捷地解决配件质量纠纷,建立健全机动车维修和配件质量纠纷鉴定机制,必须开展汽车配件质量追溯体系研究。

(5)实施汽车召回的必要条件。根据有关规定,当同一车型维修某种配件的比例达到一定程度时,需要对该型汽车实施召回。然而目前缺乏相应的手段对满足这种召回条件的车辆实施召回,因此,汽车配件追溯体系的建立是国家实施汽车召回的必要条件。

(6)促进汽车配件及维修业健康发展。国际上汽车配件行业平均产值一般为整车业产值的1.7倍,但中国配件业产值仅为整车业的0.5倍。因此,需要尽快建立健全汽车配件生产、经营、机动车维修经营相关质量追溯管理制度,结合信息化平台,促进行业自律,规范汽车配件及维修行业经营行为,带动汽车配件产业及机动车维修业健康协调发展。

## 二、系统概述

### 1.总体目标

以法规标准为依据,以信息技术为手段,建立健全汽车配件全过程追溯管理制度,统一汽车配件分类及编码规则,建立完善的汽车配件追溯体系和统一的配件追溯信息交换标准,建成以部、省、市、县四级汽车配件追溯平台为主体,全国互连互通、协调运作的追溯管理网络,为政府实施配件追溯监管提供技术手段,为国家实施汽车召回、"三包"政策提供必要的数据支撑,并逐步建立覆盖全国地市级的公共维修服务网络,提供公共维修服务。

### 2.基本思路

建立形成各省互连互通、协调运作的汽车维修服务监管网络,实现汽车维修服务以及汽车配件的可追溯动态管理,为诚信体系建设提供信息支撑。

运用互联网技术,建设公共服务平台及移动APP,为全社会提供便捷、可靠的汽车维修及配件采集、溯源等信息服务;并引入消费者监督评价机制,构建全闭环的汽车维修服务质量动态监管体系。

积极发挥交通运输部门作为汽车维修(配件使用环节)行业主管部门的优势,以配件使用监管为抓手,形成市场倒逼,把配件生产、进口环节作为追溯源头,对汽车配件进行全过程追溯管理,逐步建立起生产、流通、监督、使用各个环节信息系统,以及省部级数据中心为基础的全国汽车配件追溯体系,实现"五个统一",即统一技术标准、统一数据标准、统一数据共享、统一追溯平台、统一公众平台。汽车配件质量追溯服务平台的建设思路如图5-10所示。

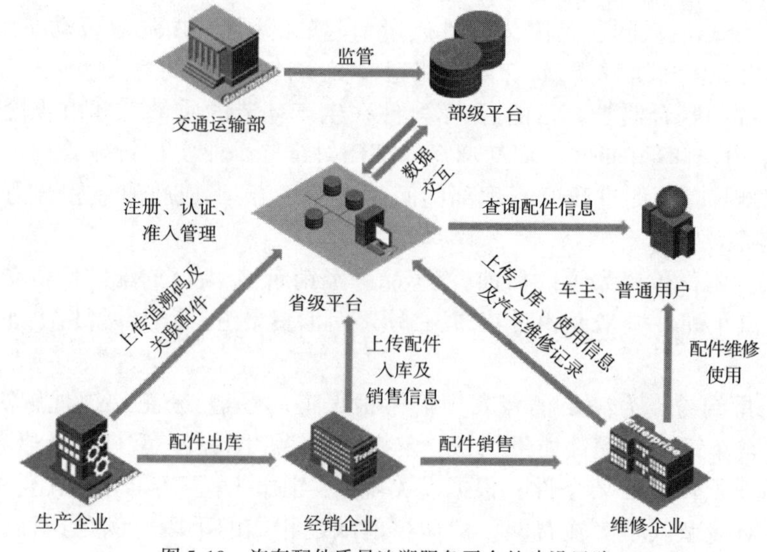


图5-10 汽车配件质量追溯服务平台的建设思路

3. 主要功能

汽车配件质量追溯服务平台主要功能如图5-11所示，主要包括：

(1)维修数据采集和交换功能。开发汽车维修记录的采集系统和接口，实现数据填报和自动上传功能。实现行业内跨地域及部、省、市、县四级平台的数据交换，以及与道路运政、检测联网系统间的数据交换和信息共享，预留与环保、保监等部门的接口，实现部门之间信息互通、信息共享，致力于打破部门之间以及维修行业、配件行业、车险行业、检测行业之间的信息孤岛。

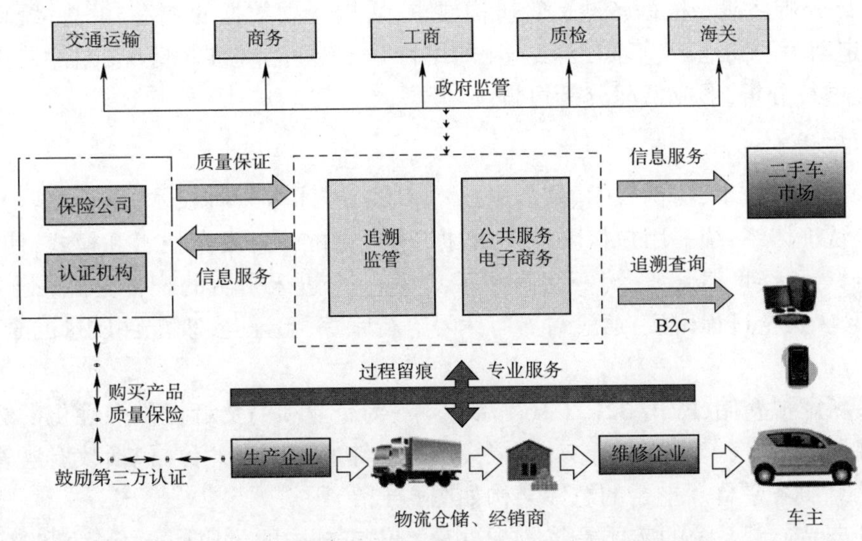


图5-11　汽车配件质量追溯服务平台的主要功能及服务对象

(2)维修行业信息发布。各地运管机构通过系统平台可以定期发布维修行业管理信息、政策文件和标准规范。车主可以在综合信息服务网和APP上查询本地维修企业名单、企业资质、工时单价、地址、服务价格、主修车型、优势服务项目、信誉等级、联系方式等信息，了解汽车维修相关政策、行业动态、热点新闻、汽车维修常识、安全行车知识、消费者维权知识等。结合维修企业的质量信用，为广大车主推荐维修技术水平高、服务质量好、收费合理的维修企业，引导企业提供优质服务。

(3)维修服务及配件信息查询。实现对汽车维修、检测数据的汇总，为广大车主、运输企业提供定制化的维修检测信息查询服务，了解历次维修明细、检测数据等，破除维修信息不对称，保障消费者合法权益。同时，与维修配件生产商、大型流通商进行密切合作，建立汽车配件信息服务平台，创新流通模式，方便维修企业、车主选择优质零配件，保证配件供应渠道公开、透明，实现汽车配件可追溯、可追踪。

(4)维修服务评价和投诉。建立维修服务质量评价网络平台，方便车主对维修企业、维修配件实时在线进行服务质量评价、问题投诉等。实现车主对维修企业和维修人员的服务质量监督，切实保障消费者合法权益。通过维修服务质量评价和维修投诉，为行业诚信体系建设提供数据支撑。

(5)维修服务质量监管服务。实现市、县运管机构对辖区内维修企业维修作业量、维修服务评价、维修投诉和返修率以及质量纠纷情况的监控和综合分析，提升维修行业事中事后监管能力。通过挖掘分析车型故障现象、故障原因、配件使用量、车型维修成本等，掌握车辆的故障规律和质量状况，为行业车辆技术管理提供数据支撑。通过信息化平台，建立检测服务质量动态抽查机制，各地运管机构可以不定期抽查综检站的数据等，提高监管的针对性和时效性，加大对不规范经营行为的查处力度。

（6）维修技术交流服务功能。搭建各地运管机构、维修企业和车主的信息交流与共享平台，通过对行业先进维修技术和维修经验的整理和发布，为维修企业提供各种车型的维修技术信息服务，推广先进、绿色的维修技术。开通网上“车大夫”，实现汽车故障在线专家诊断和咨询服务功能，提供方便快捷的汽车维修救援服务。

（7）统计分析功能。根据各地运管机构要求，实现各类数据的查询、汇总、统计、分析和打印功能，定期对不同地区、不同维修企业的维修量、车型品牌维修情况、配件使用情况、维修投诉情况进行分析，形成书面分析报告。

4. 总体架构

综合采用加密技术、防伪技术、条形码技术、RFID 技术等多种技术，基于物联网技术，结合统一安全认证体系、统一用户权限、统一数据交换、标准信息发布技术和模式，使用手机短信、手机支付等无线增值服务，统一编码体系，为每一个进入平台的配件分配一个唯一且不可仿造的识别号，全过程留痕，通过对所有编号进行跟踪、验证，实现配件质量的全过程追溯管理。

融合最新虚拟仓储、B2B/B2C/C2C 解决方案，为企业和消费者提供人性化的综合服务。平台总体规划包括：汽车配件电子交易平台、汽车配件追溯监管平台（包括政府监管、配件追溯）、公共信息服务平台。平台的总体架构如图 5-12 所示。

零配件产品追溯系统的实质是将零配件生产供应链中的供应商、生产商和整车厂都纳入到系统管理的范围，通过采集零配件产品供应链中相关企业的原料、生产、加工、包装、配送、销售的相关信息，并将所采集的信息及时保存到数据库中，管理人员通过系统能够及时地掌握产品生产信息和产品物流信息以及各环节的相关质量安全数据。当产品出现质量问题时能够对产品进行前向追溯和后向追溯。系统的体系结构如图 5-13 所示。

系统层次结构中的硬件层主要包括 RFID 读写器、RFID 中间件、RFID 标签、天线、条码打印机，其中 RFID 读写器包括固定式读写器和 RFID 手持终端。服务层包括 RFID 数据处理、业务数据处理、数据规范化三大模块，业务数据处理模块中包含了产品数据、企业基础信息的维护以及生产业务信息的处理。数据规范化处理是对终端采集的数据进行规范化处理使数据符合数据库存储的要求。数据层则包括产品数据和业务数据。企业的产品数据、业务数据都保存在企业数据库。应用层可实现企业的质量管理、生产管理、库存管理、追溯查询、配送管理等追溯管理和企业内部管理应用。此外，通过应用 Web Service 技术，统一使用 XML 数据格式零配件追溯系统能够与企业内部其他信息系统，如 ERP、WMS 或上下游供应链的应用系统实现信息交换与共享。

配件追溯系统可以实现质量管理、库存管理、生产过程管理、统计分析、追溯查询、设备管理、系统管理和基础信息维护等多种功能。系统既满足了零配件追溯中的质量管理、生产管理和产品追溯查询的功能需求，又将库存管理和统计分析整合进来，满足企业日常管理的信息化需求，也有利于系统充分利用终端设备采集的信息。各功能模块在物理结构上保持独立，在逻辑结构又相互联系。

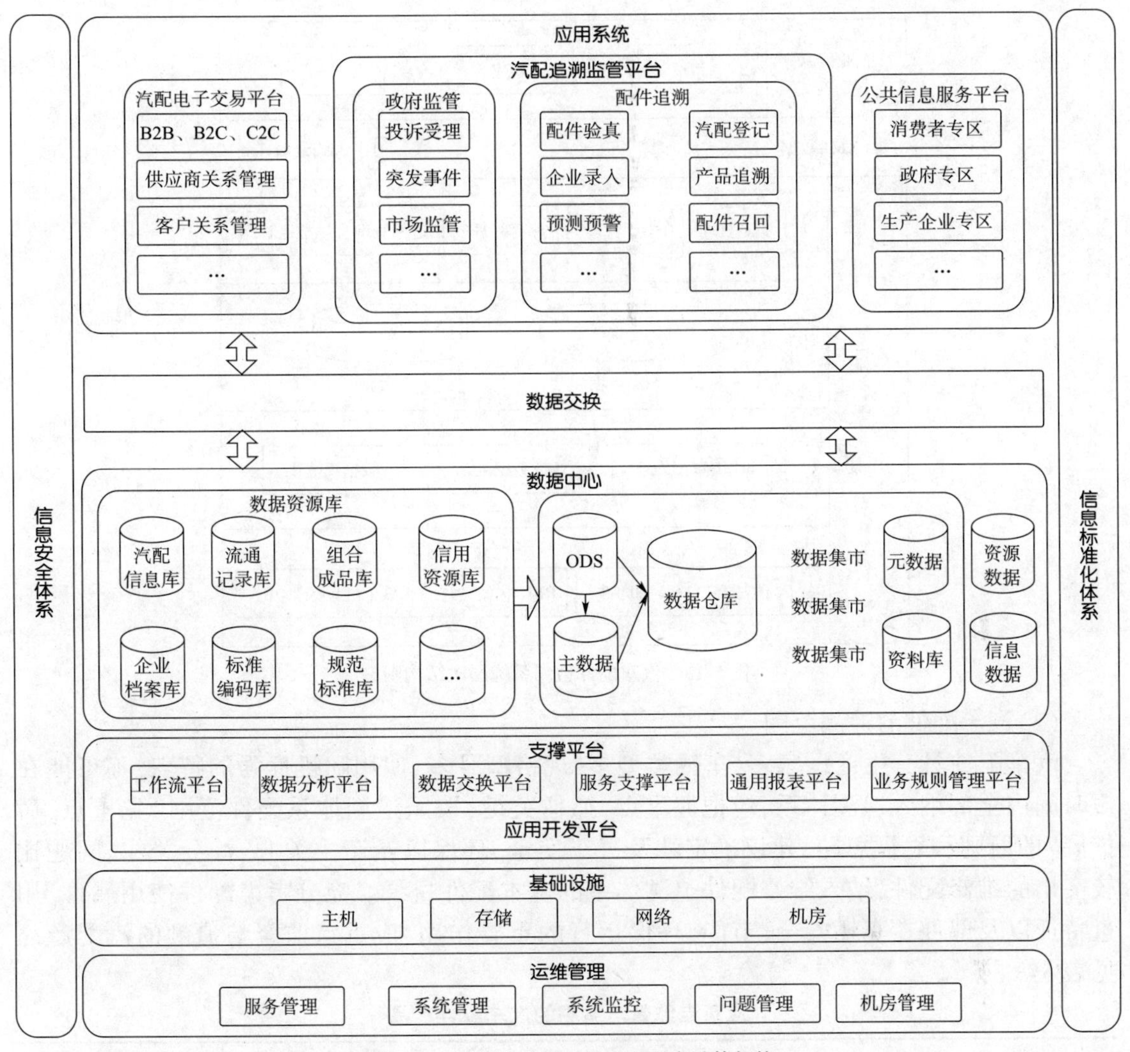


图 5-12　汽车配件管理与服务平台总体架构

## 三、汽车配件追溯方案

1.汽车配件追溯的主体及范围

(1)追溯源头的确定。

汽车配件最全面、最准确的质量信息主要来源于配件生产环节(包括配件生产企业、整车生产企业、配件进口商),追溯体系建设应将追溯源头定位到生产环节,才能确保配件的追根求源。为了保证追溯信息的完整性、连续性和有效性,追溯体系还应涵盖流通、使用等环节的企业(或个体),包括配件生产企业、整车生产企业、配件进口商、经销商、维修企业(4S店、综合修理厂、连锁快修店、专项维修企业),从而确保追溯体系节点无缝、责任链贯通,一旦出现配件质量事故,无论哪个环节出了问题都能顺藤摸瓜进行责任倒查,从而确定责任者。为了保证质量追溯的彻底性,要求生产企业将原料采购、加工生产、成品检验、产品储存等信息记录在案,要求维修企业对配件去向、装配使用、性能状况以及车辆故障现象、故障原因、维修项目、配件用量、配件价格等信息记录在案,以备追查。

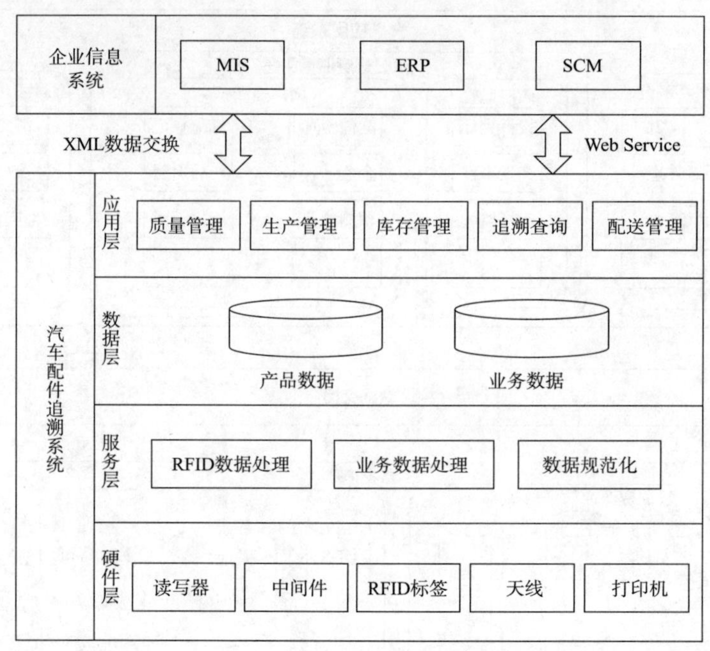


图5-13 汽车配件追溯系统层次结构图

(2)汽车配件的追溯范围。

汽车配件具有生产厂家多、车辆类型多、规格型号多、使用随机性强的特点,不可能在短时间内全部纳入追溯体系,应把握重点,抓住关键,按照追溯体系配件范围"先重点,后扩展"的原则和发展思路,建议确定涉及行车安全、环保以及车主关心、社会关注、问题比较突出的维修配件,纳入维修配件追溯体系的基本配件目录。充分考虑配件使用属性、用量特征以及部件在车辆安全、节能、环保运行的重要作用,应重点监督与追溯的汽配产品见表5-3。

**应重点监督与追溯的汽车配件产品** 表5-3

| 类 别 | 具体配件产品 |
|---|---|
| 发动机配件 | 汽缸体及附件(汽缸垫、水道孔盖板、曲轴箱通风管、气门室盖、正时室盖、飞轮底壳)、汽缸盖及附件(缸盖出水管、汽缸盖罩、汽缸螺栓)、活塞、活塞环、活塞销、连杆、连杆轴承、曲轴、曲轴轴承、凸轮轴、点火线圈、发电机、启动机、油泵、润滑油、发动机冷却液、喷油嘴、燃油箱、消声器、散热器、水泵、空气滤清器、机油滤清器、燃油滤清器、排气管OBD控制系统等。 |
| 制动系统配件 | 制动鼓(盘)、制动钳、制动蹄、制动衬片、ABS系统控制器、制动总泵、制动分泵、助力器、制动液、制动皮碗、制动软管等 |
| 转向系统配件 | 动力转向器总成、转向横直拉杆、转向万向节总成、转向盘、转向助力装置(系统)等 |
| 行驶系统配件 | 车架、车桥、减震器、悬架弹性元件、轮胎等 |
| 传动系统配件 | 离合器总成、离合器摩擦片、变速器总成、变速器齿轮、同步器、传动轴、传动轴万向节、半轴等 |
| 电气系统配件 | 前照灯、雾灯、转向信号灯、制动信号灯、汽车用空调器、汽车喇叭、倒车雷达、防盗装置、行驶记录仪、卫星定位系统车载终端、倒车雷达等 |

续上表

| 类　别 | 具体配件产品 |
|---|---|
| 车身部件 | 前围、侧围、后围、顶盖、发动机盖、翼子板、车身立柱、车身地板、车门、刮水器总成、后视镜、安全玻璃、门锁及门铰链、座椅、座椅头枕、挂车支撑装置、道路车辆牵引销、安全带、座椅安全带固定装置、安全气囊、保险杠等 |
| 其他 | 汽车电瓶、内饰材料、空调张紧轮皮带、制冷剂、半挂车鞍座牵引销、挂车支撑装置、牵引杆挂车转盘、回复反射器、三角警告牌 |

除了以上基本配件目录外，同时也鼓励生产企业将目录外的配件自愿加入追溯体系中。按照“先试点、后推广”的原则，随着维修配件追溯体系的运转与完善，逐步对配件目录范围进行扩展。

(3)配件信息。

信息的收集和交换对于配件产品追溯的实施至关重要，是追溯体系建设的关键，应真实准确、信息流畅通，既要包括流通渠道所涉及企业或个体的基本信息，也应包括配件产品的基本信息，同时应准确记录流通环节、出入库基本情况。应至少包括以下信息，见表5-4。

**汽车配件跟踪与追溯相关信息**　　表5-4

| 流通环节 | 企业/个人基本信息 | 配件基本信息 | 入库基本信息 | 出库基本信息 |
|---|---|---|---|---|
| 生产企业 | 企业名称、法定代表人、联系人及电话、联系地址及邮编 | 配件名称、型号规格、适用车型、生产批次、批生产量、产品编号、生产时间 | — | 配件名称、型号规格、出库时间、出库量、购买企业名称、经办人等 |
| 批发商 | 企业名称、法定代表人、工商注册编号、联系人及电话、联系地址及邮编 | 配件名称、型号规格、适用车型、产品编号 | 配件名称、型号规格、入库时间、进货量、生产企业（或进口企业）名称等 | 配件名称、型号规格、出库时间、出库量、购买企业名称、经办人等 |
| 各级零售商（A1、A2……An） | 企业名称、法定代表人、工商注册编号、联系人及电话、联系地址及邮编 | 配件名称、型号规格、适用车型、产品编号 | 配件名称、型号规格、入库时间、进货量、供货企业(商)名称等 | 配件名称、型号规格、出库时间、出库量、购买企业名称、经办人等 |
| 维修企业 | 企业名称、法定代表人、经营许可证编号、联系人及电话、联系地址及邮编 | 配件名称、型号规格、适用车型、产品编号 | 配件名称、型号规格、入库时间、进货量、供货企业(商)名称等 | 配件名称、型号规格、领料人、领料时间、领料数量、维修车辆信息(车型、牌号、车架号)等 |

注:1. 有特殊要求的配件均应注明储运环境及使用注意事项。

2. 要求企业将资质证明、检验报告等文件进行报备，以备查验。

2. 汽车配件追溯编码方案

(1)编码原则。

编码是指用一组数字和字母的组合来标识物品的过程，通过编码可形成统一规范、提高企业对物料的管理效率、降低部门或者供应链企业之间的沟通成本。因此,在产品追溯的过程中,编码规则的制订十分重要,编码应满足如下原则:

①完备性。一个应用系统中的编码方案,必须能够对所有可能发生的项目给以确定的编码(尽管绝对的完备并不可能,但是一个好的方案应该具有足够的前瞻性,能够使用较长的时间)。

②唯一性。唯一性是编码的基本原则,即不同的产品必须分配不同的标识代码,产品的标识码应是全球唯一的。基本特征相同的商品视为同一类商品项目,基本特征不同的商品视为不同的商品项目,否则编码就失去了对物品的标识功能。

③永久性。编码一经确定,其所对应的产品类别项、产品序号、产品生产厂家识别项等标识内容就被永久地确定,无论这些类别项的定义在将来是否继续使用还是废除。

④无含义性与标识代码相结合。物品标识代码中的每一位数字均不表示任何与商品有关的特定信息,有含义的编码通常会导致编码容量的损失。编码应该与原实体代码相结合。

⑤可扩展性和冗余性。在编码资源趋于耗尽的情况下,若需要通过修改编码规则来扩容时,应遵循"向前兼容"的原则,使之能适合该编码以往的应用。此外,还应考虑编码对象在规定应用上的各种可能性,应当留有一定的空间来容纳目前难以预见的例外情况。

⑥通用性。通用性是衡量编码体系适用范围的重要指标,在制订编码时应尽量采用国际编码标准,这样不仅有利于编码的扩展,也有利于减少行业内各应用系统之间由于"编码不统一"而带来的"不兼容问题"。

(2)条码方式。

①一维条码。一维条码是由一组规则排列的条、空以及相应的数字组成的数据编码,并且这些编码可供条码阅读器识读。这些由条和空组成的条码表达一定的数字信息、字母信息、标志信息、符号信息,每一种物品的编码都具有唯一性。对于一维条码,通过在信息系统中保存条形码对应物品的基本信息从而建立起两者的对应关系。对条形码信息的识别其实是计算机对保存到数据库的相应信息查询并将其提取的过程。

一维条形码中的"条"和"空"都由1~4个模块组成,这其中"条"代表对光线反射率较低的部分,而"空"则指对光线反射率较高的部分,两者分别用二进制的"1"和"0"来表示。条形码中最窄的条或空的宽度只有0.33mm,它们是构成条码的最小单位。把条码中的"条"和"空"称为一个单元,不同编码方式是通过规定一个单元中所含有的模块数来定义的。

完整的一维条码按组合顺序,其组成依次为:空白区(左侧)、起始符、数据符、(中间分割符,一般是在EAN码中使用)、(校验符)、终止符、空白区(右侧)。

目前国际上定义的一维条形码的码制标准达500多种,但其中使用最广泛的一维条码主要为UPC和EAN两种码制标准,如EAN-13码(EAN-13国际商品条码)、EAN-8(EAN-8国际商品条码)等。EAN编码标准是我国企业普遍采用的码制。

②二维条码。与一维条码相比,二维条码携带的信息量要大得多,其完全可以脱离后台数据库使用。因为二维条码本身具备存储信息的能力,即直接阅读便可得到信息,因此也被称为"便携式数据文件",在没有网络和数据库的情况下通过扫描条码依然能够获得商品信息。与一维条码相比,其纠错能力要强大得多,并且具备防伪功能从而提高了信息的安全性。

二维条码(二维码)是用某种特定的几何图形按一定规律在平面(二维方向)分布的黑白相间的图形,用于记录数据符号信息。二维条码的代码编制采用的仍然是二进制"0"和"1"比特流的概念,即对每一种几何图形都用一组二进制数字通过将若干图形进行组合来表示文字或数值信息。它与一维条码技术存在一些共性:不同的码制都有自己相对应的字符集;每个字符占有一定的宽度;具有一定的校验功能等。与一维条码相比,它也有自己的特性:高密度性、抗磨损性、超强的纠错功能、可表达文字和图像等多种信息,引入了加密机制、信息自动识别功能及处理图形旋转变化等。此外,由于具备二维(横向和纵向)同时表达信息的能力,故其单位面积内携带的信息量更大。

不同的二维条码的编码方法,按照码制的实现原理、图形结构的不同进行分类,可以将二维条码分为三类:堆叠式二维条码、矩阵式二维条码和邮政编码三大类。具有代表性的二维条码主要还是堆叠式二维条形码和矩阵式二维条码。目前使用的二维条码有几十种之多,这其中以 PDF417、Datamatrix 二、Maxicode、QR Code、Code 49、Code16K、Code one 等码制二维码较常用。

二维条码采用两种方法进行识读,一种是透过线型扫描器逐层扫描解码,它能够对堆叠式二维条形码进行识读;另一种是透过照相和图像处理进行解码,它适用于对堆叠式二维条形码和矩阵式二维条形码进行识读,如面型 CCD 扫描器就是采用这类解码方法。

(3)编码方案。

追溯码编码,实际上就是赋予某种或某件配件以唯一的代表符号(代码),以便于机读或人工识别,犹如"身份证号码",是汽车配件可追溯信息载体,具有唯一性特征。因此,编码规则的确定对追溯体系建设至关重要。一方面,从技术上,编码指代意义应清晰明确,符合追溯信息的完整性、准确性和源头(生产企业)的唯一性要求,能追溯到责任单位;另一方面,从成本控制上,应最大限度地减少生产和流通环节企业管理成本和影响,应综合考虑设施设备改造、工艺(或管理流程)改造、人员工作强度增加等产生的经济成本问题和对企业生产组织的影响。常见的编码方案有:一件一码方案和一型一码方案。

①一件一码。一件一码(唯一编码)即每个配件有唯一编码。一种是不用加贴追溯码标签,根据企业原有的编码,在系统自动生成相对应的追溯码,并自动与它关联。在流通、使用中,只需扫描企业原有的编码即可。另一种是使用行业统一编码,需要按照行业编码规则对配件进行编码。对于唯一追溯码的配件,来源和去向信息可由平台自动进行关联。

对于使用行业统一编码的,一种配件编码的示例方案如图 5-14 所示。该方案中,配件编码由 31 位数字或字母组成,由维修配件追溯系统统一生成,将配件生产企业代码、配件来源、配件分类、零部件顺序号、追溯码生成日期、随机码等信息,通过代码的形式赋予一定的指代意义,在维修配件追溯系统中和配件一一关联。

同时,市场上还存在一些无码配件,对于这些无码配件,若需纳入追溯体系的,建议使用行业统一编码,否则,没有信息载体将无法实现可追溯。

②一型一码。一型一码(型号码)即每个型号规格的配件具有相同的编码,这种情况非常普遍。对于这种配件,根据生产企业态度,分为两类:一类是愿意使用含追溯条码的"可追溯配件"标签;另一类是企业仍然使用原有编码,不用加贴追溯码标签,根据企业原有的编码,在系统自动生成相对应的追溯码,并自动与它关联。在流通、使用中,只需扫描企业原有的编码即可。对于有型号码的配件,过程中所有涉及的企业都采用总量控制,也就是生产或

入库了 $N$ 件配件,出库销售不得多于 $N$ 件,且要记录配件的来源和去向信息,并上传至追溯平台。具体流程如图 5-15 所示。

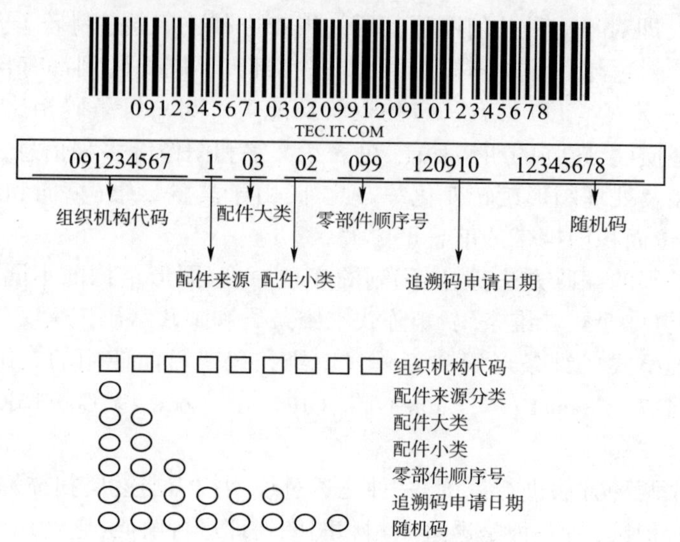


图 5-14 编码结构示意图

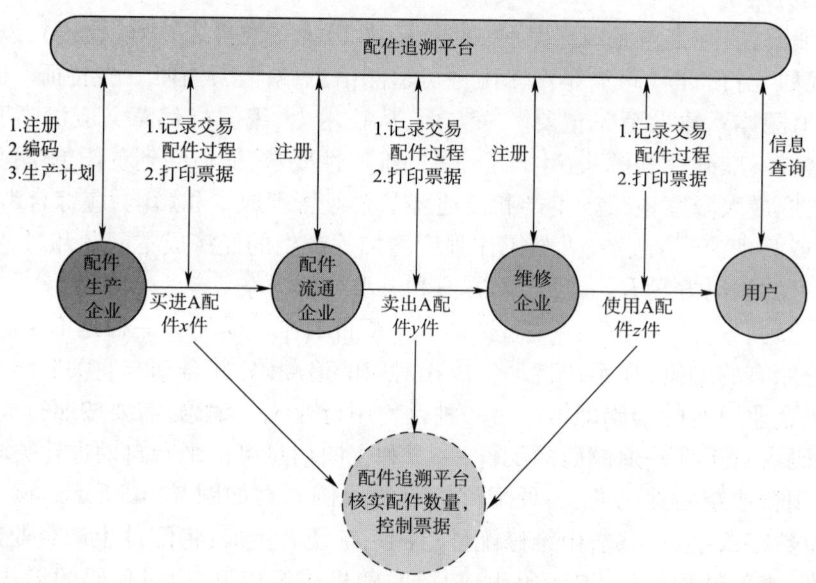


图 5-15 企业型号码追溯流程

综合比较以上两种方案,在技术上和成本上都各有优势,一件一码更具唯一性,在追溯和管控上更加方便有效,而一型一码方案兼顾了企业的编码控制,在工程实施上较简单易行。如果强制要求所有企业使用行业统一编码,势必会对生产企业的生产组织造成较大影响,同时也会增加相关成本支出。因此,对于有编码配件,不管是一件一码还是一型一码,要求在企业自愿的基础上使用行业统一编码,但仍可以使用自有编码,只需根据企业原有编码,在系统自动生成相对应的追溯码,并自动与它关联。对于需要纳入追溯体系内的无码配件,要求使用行业统一编码规则进行编码。

(4)编码规则。

① 配件产品追溯编码。配件产品追溯编码由基本数据或基本数据加上扩展数据两种方式表示。汽车配件生产企业可根据自身需要,采用以上任一方式对配件产品进行编码。

基本数据由商品条码(全球贸易项目代码 GTIN)、批次号和序列号组成。数据结构如图5-16 所示。其中○表示数字字符,◇表示字母、数字组合字符,…表示不定长。

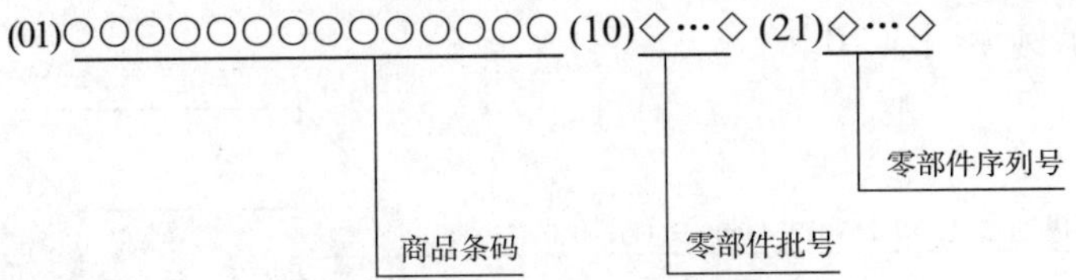


图 5-16　配件编码基本数据编码格式

其中,应用标识符(01)后面跟随的 14 位商品条码的第一位数字字符(即包装指示符)必须使用数字 0,表示单件配件产品或最小包装单元。

某汽车配件产品统一编码基本数据结构示例如图 5-17 所示。

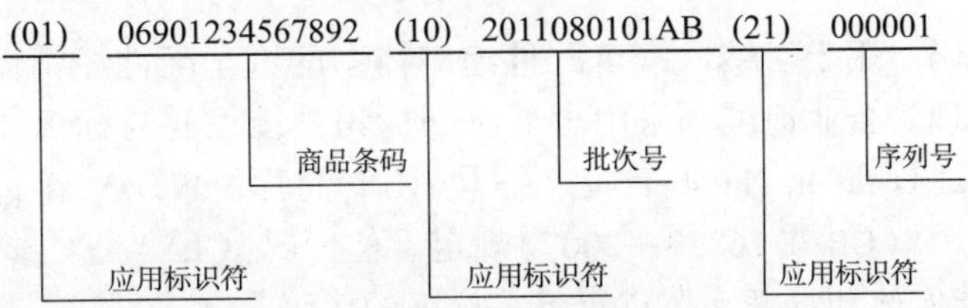


图 5-17　配件产品统一编码数据结构示例

配件产品追溯编码用二维条码表示,示例见图 5-18。

图 5-18　配件编码汉信码数据示例

基本数据以外的数据信息采用扩展数据表示。

供应商在客户方的厂商代码(Supply code in customer plant),指汽车配件生产企业的客户为其分配的内部供应商厂商代码,用一组数字或字母表示;

零部件号(Parts number),指汽车配件生产企业对其生产的配件实物的编号、配件型号,也包括配件生产企业为了技术、制造、管理需要而确定的管理编号,或汽车生产企业对零部件的统一编号;

配件在客户方的编号(Spare parts code in customer plant),客户方为其供应商所供货产品提供的配件编号,用一组数字或字母表示;

客户购货订单代码(Customer purchase code),配件采购订单的订单代号,用一组数字或字母表示;

生产日期(Production date),汽车配件生产企业生产、加工或组装配件产品的日期。使用 6 位数字字符。

②包装箱追溯编码。配件进行批量装箱时,每一级包装上(除最小包装单元外),均须使用包装箱编码。包装箱编码使用商品条码(GTIN)、包装日期和序列号进行标识,数据结构如图 5-19 所示,其中○表示数字字符,◇表示字母、数字组合字符,…表示不定长。商品条码(GTIN)中的第一位数字字符(即包装指示符)根据包装层级而定,使用数字字符 1 ~ 8。包装日期为 6 位数字字符。

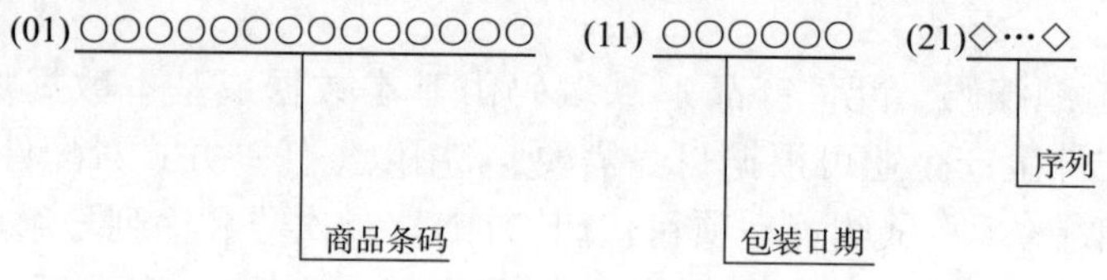


图 5-19　包装箱编码基本数据编码格式

包装箱编码示例见图 5-20。

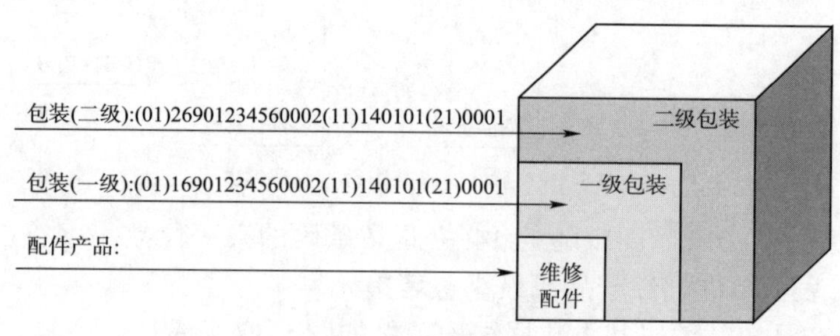


图 5-20　包装箱编码示例

③企业追溯编码。用于对纳入汽车配件追溯体系的汽车配件经销流通企业、汽车维修企业统一标识和管理。企业追溯码采用全球统一标识系统编码与标识体系中的"全球参与方位置代码"(Global Location Number,英文缩写 GLN,简称位置码),符合《商品条码参与方位置编码与条码表示》(GB/T 16828—2007)规定。位置码(GLN)是对参与汽车配件追溯活动的法律实体、功能实体和物理实体进行唯一标识的代码。

企业追溯编码由厂商识别代码、位置参考代码和校验码组成,为 13 位数字,厂商识别代码由 7～10 位数字组成,中国物品编码中心统一分配和管理,符合《商品条码零售商品编码与条码表示》(GB 12904—2008)要求。位置参考代码由物理位置的所有者或使用者分配。校验码的计算应符合 GB 12904—2008 的要求。企业追溯编码示例如图 5-21 所示。

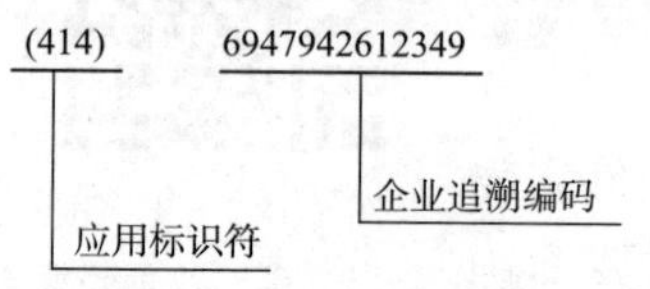


图 5-21　企业追溯编码示例

(5)追溯码的生成。

申请纳入追溯体系的配件产品被核准后,追溯平台将按照统一的编码规则,为该企业申请的每一种配件产品自动分配追溯基准码。当生产企业确定配件生产计划并在追溯平台企业客户端上提交申请后,平台自动为该系列配件生成追溯码,供生产企业下载使用。生产企业配件出库前,必须对配件进行扫码,从而激活追溯码。否则,这些追溯码不能成为追溯体系内合法的配件"身份证"号。生产环节追溯码的生成如图 5-22 所示。

3. 追溯模式

为了对企业生产的零配件产品实现全供应链追溯,根据企业的实际情况和产品特点,应引入物联网概念,结合现有追溯模型,采用基于条形码、RFID 和 Web Service 技术物联网的追溯模型。将全供应链产品信息追溯划分为两个层次,即企业内部产品信息追溯和供应链企业之间的产品信息追溯。企业内部产品信息追溯是指制造企业根据业务流程和产品特点而制定的产品信息追溯策略,供应链企业之间的产品信息追溯是指以核心制造企业为中心对供应链上其他企业包括原料供应商、第三方物流公司、其他制造企业以及客户等进行的产品信息追溯。

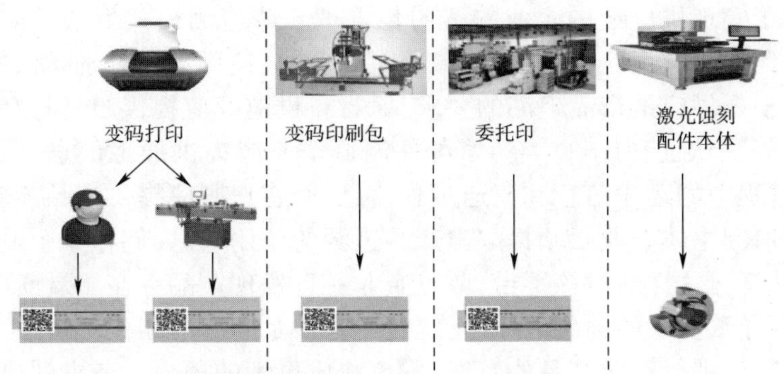

图 5-22　生产环节追溯码的生成

一种典型的汽车配件追溯模式如图 5-23 所示。利用条形码、电子标签、Web Service 等物联网技术，按照约定的协议，搭建基于物联网的汽车零配件供应链产品追溯网络，从而实现供应链企业在任何时间、任何地点、以任何方式只要能连接互联网，就能通过追溯码查询到追溯产品的相关信息。基于物联网的汽车零配件追溯模式将物联网中的条形码、RFID 技术的信息采集优势以及 Web Service 的信息共享优势很好地融合进指针式追溯模式中。供应链中的节点企业在物联网技术的支持下，通过附着在追溯单元上的电子标签采集产品信息，并在供应链内将信息进行传递。由读写器对电子标签或者条形码中的代码信息进行读取和处理，并传给供应链内各节点企业的信息管理系统。在供应链的各个环节，节点企业必须及时采集产品信息，将采集到的信息保存到各自数据库中，通过 Web Service 技术为供应链内企业提供信息共享，从而为产品追溯提供信息保证。

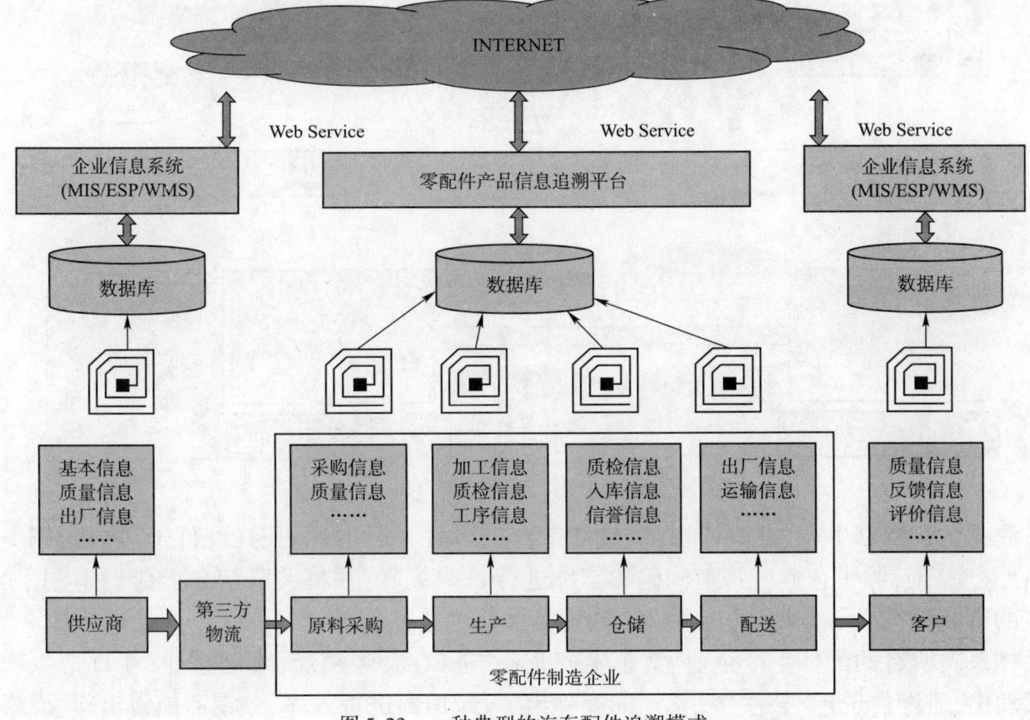

图 5-23　一种典型的汽车配件追溯模式

该追溯模式通过使用物联网相关技术,大大提高了企业的工作效率和产品信息追溯的准确性,有利于实现供应链内企业的透明化管理。该追溯模式下的供应链企业包括原材料供应商、零配件制造企业、第三方物流公司和客户,追溯主体分别是供应商、零配件制造企业、客户。根据供应链产品追溯的要求,原材料供应商应提供原材料基本信息(品质、规格、生产日期等)、认证和评价信息;零配件制造企业应提供加工信息、质检信息等质量信息以及配送过程中的运输信息和流通过程信息;而客户则应提供产品检验和评价信息。最后,供应链的追溯主体企业必须提取出产品追溯的公用信息,储存于企业的数据库中以便整个供应链共享。这样通过该平台,节点企业一旦发现产品存在质量问题,就能够及时地追溯并查询到导致质量的问题的原因,定位产生质量问题的相关环节,根据追溯到的信息分析原因,及时地进行问题产品的召回,避免造成更大的损失。考虑到追溯主体在供应链中的地位不同以及数据安全性的要求,在该模式下有必要对不同的追溯主体分配不同的权限。

4. 追溯流程

对于使用行业统一编码方式,从成本控制方面虽然会增加企业成本支出,但是能实现全行业编码的统一性和配件编码的唯一性,同时还能记录相关信息,便于仓储、运输、追溯及统计分析管理。通过与软件系统的关联,能准确判知配件来源、配件种类、出入库时间、流通路径等信息。具体流程如图 5-24 所示。

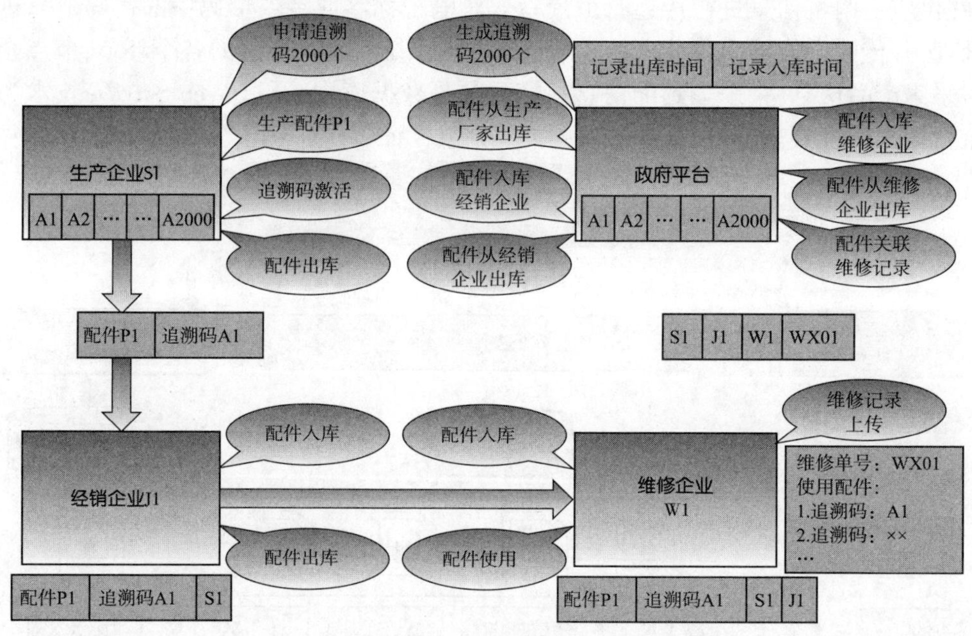


图 5-24 唯一编码追溯流程

源头企业根据生产、进口计划,从追溯平台申请并下载追溯码,在配件上进行附码。配件出厂(库)前,源头企业应将追溯码和配件进行一一关联,并将关联信息上传到追溯平台,相应的追溯码被激活,对应的配件即成为追溯体系内合法配件。

体系内所有的配件生产企业、整车生产企业、进口商、经销商、维修企业,在日常生产经营活动中,对配件进行"核注核销"。如配件出厂、经销商进货入库、经销商销售出库、维修企业进货入库、维修技工领取配件、装配车辆等，必须通过追溯平台企业客户端上传出入库信息。配件入库时，企业负责扫描追溯码，上传入库信息，完成“核注”；配件出库时，企业负责扫描追溯码，上传出库信息，完成“核销”。

维修企业除对配件进行“核销”外，还应将追溯码与维修电子档案进行关联，并将维修电子档案信息上传至省级追溯平台。

普通用户、车主等通过车辆维修专用 IC 卡在通用终端机上查询配件来源、流通痕迹，以及维修记录信息。

汽车配件追溯全过程如图 5-25 所示。

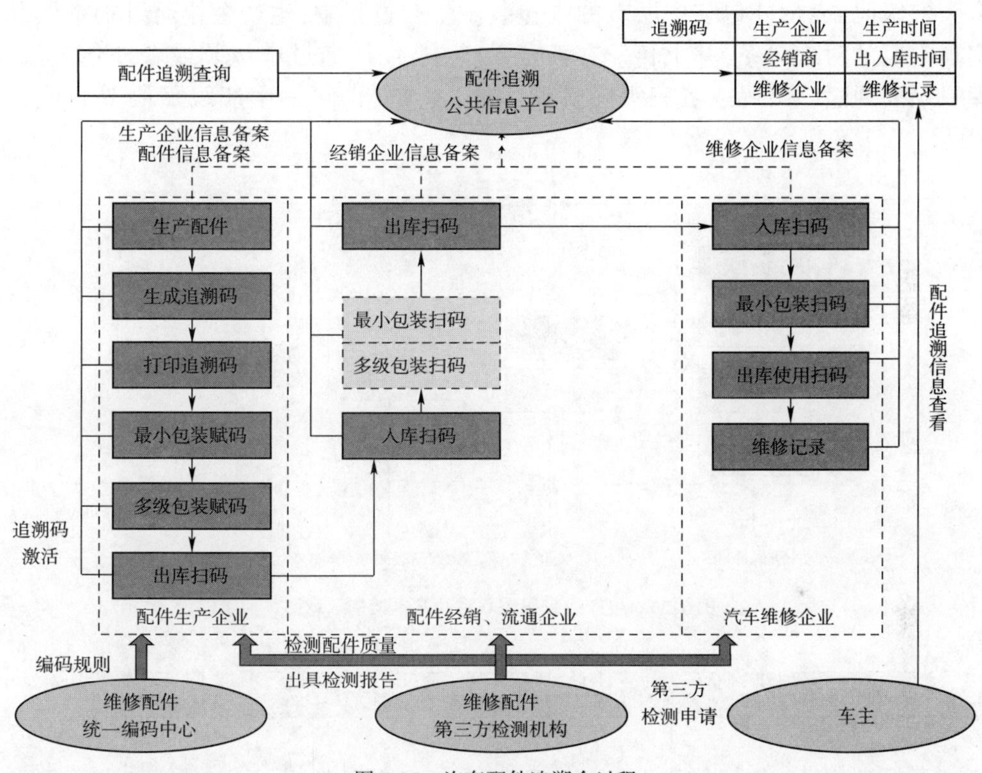


图 5-25 汽车配件追溯全过程

(1)生产线赋码。

生产企业选择赋码方案时，需要首先确定最小销售包装如何赋码；其次需要考虑中包装、外包装追溯码标签的样式和印刷方式，并且在粘贴位置上需要考虑如何尽量方便流通环节的扫描。

①追溯码标签的印刷(粘贴)位置。追溯码应印制(粘贴)于产品包装明显可见之处，方便生产线扫描及建立包装关联关系，并应避免与其他条码印制在一起，以免误扫。

②追溯码标签印刷方式。追溯码标签的印刷方式可采用外包装直接印刷(喷印)、贴标两种方式。其中，贴标即利用工业级条码打印机打印追溯码标签，再通过手工、自动贴标赋码。喷印可由印刷厂或生产企业实施，适合小包装赋码；贴标在生产企业内部实施，适合中、大包装赋码。

③中包装、外包装赋码。一般采用贴标方式完成。

④各级包装的赋码要求。赋码操作要确保一件一码。最小包装及各级包装上必须赋码，并且建立各级包装追溯码的对应关系，也即一个中包装包含多少个最小包装；一个外包装包含多少中包装等信息。

⑤生产线赋码关联系统方案的基本要求。生产线赋码关联系统的总体需求可概括为：扫描记录配件各级包装上的追溯码，并且建立它们之间的对应关系。

生产线赋码关联系统的基本架构如图 5-26 所示。一级码是最基本配件上的唯一编码，确保一件一码，一般采用手工贴标、喷印、热转印等印刷。二级码和三级码分别表示中包装和外包装编码，一个二级码对应多个一级码，表示中包装中全部的配件；一个三级码对应多个二级码，表示外包装中所有的中包装。生产过程中，生产企业通过扫描器和控制电脑实现它们的对应关系，并上传。在流通环节中，往往通过中包装或者外包装流通，则出入库只须要通过二级码或者三级码实现"核注核销"即可。生产线赋码关联流程如图 5-27 所示。

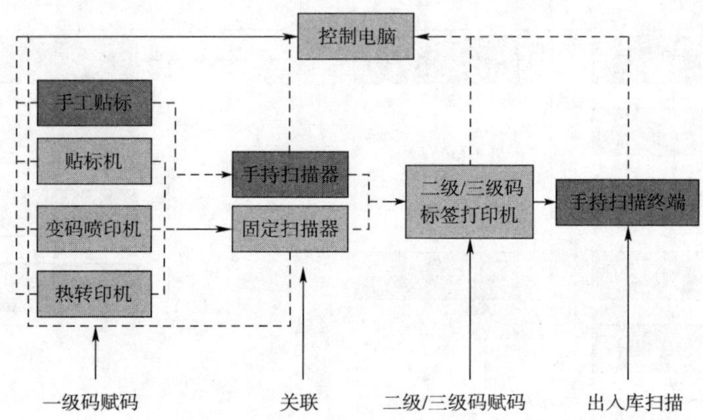


图 5-26　生产线赋码关联系统基本架构示意图

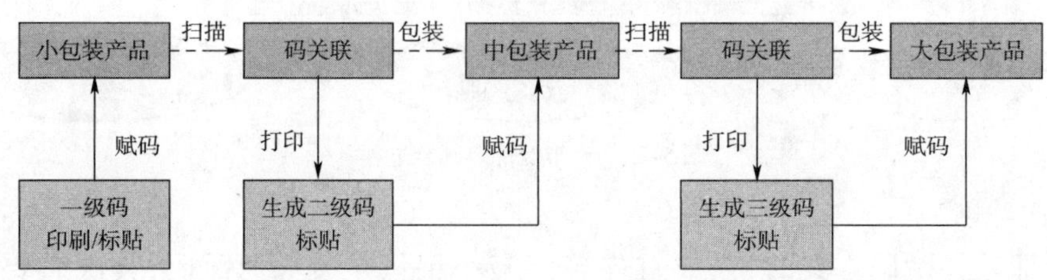


图 5-27　生产线赋码关联系统基本业务流程示意图

(2)流通环节的追溯。

①配备二维码扫描终端。汽车配件的生产、经销和修改企业在进行赋码配件的入、出库时，必须记录配件外包装上的追溯码，形成入、出库记录并上传追溯平台。二维码扫描终端就是用于记录配件追溯码的硬件设备。企业至少配备或者改造一把二维码码扫描终端，用于扫描入、出库配件的追溯码。

②入库操作。在配件入库时，必须进行配件追溯码的扫描操作，并将扫描的追溯码信息上传追溯平台。

对于已经经过生产线赋码关联操作的配件，追溯平台已经记录了配件最小包括追溯码与中包装、外包装追溯码之间的对应关系。在流通环节,特别是经销商、维修企业在购买中包装或者大包装的配件后的入库操作,可能采用批量入库的简化上传方式。经销企业和维修企业只需要扫描中包装或外包装上的二/三级追溯码,完成入库即可。追溯平台会自动完成对应的最小包装一级追溯码的追溯工作。

③出库操作。在配件出库时,必须对出库配件的外包装追溯码进行扫描,并将扫描的追溯码信息上传至追溯平台。

与入库操作相同,对于已经经过生产线赋码关联操作的配件,出库操作可能采用批量出库的方式。生产企业、经销企业可以采用扫描上传中包装或外包装上的二/三级追溯码,完成出库。追溯平台自动完成对应子包装的所有追溯工作。

(3)车辆维修环节的追溯。

与流通环节不同,车辆维修时,配件的追溯往往是最终的追溯,即表明该配件用在哪辆车上,因此维修环节中维修企业应在出库时,扫描最小配件追溯码,实现最小配件的出库使用,并与对应维修的车辆信息一起,上传到追溯平台上,生成维修记录,并完成该配件的整个追溯过程。

## 四、服务平台建设

### 1.方案概述

汽车配件追溯监管平台目的是为国家机关、汽车配件生产经营企业、社会公众建立可追溯体系提供辅助,规范可追溯体系在企业的实施。汽车配件追溯监管平台对追溯体系涉及的追溯信息(基本追溯信息、扩展追溯信息)、追溯形式(内部追溯、外部追溯)等概念进行规划,应遵循“适度追溯”“向前一步、向后一步”的追溯体系建立原则,并对追溯体系的策划过程、实施过程、修正与改进过程进行辅助。汽车配件追溯监管平台旨在通过汽车配件生产、销售、流通过程标准化及透明化,实现汽车配件质量保证和追溯,解决目前汽车配件市场上存在的严重假冒伪劣现象,以规范汽车配件行业管理,提高汽车维修质量,为汽车运行安全提供保证。

汽车配件追溯监管平台综合采用数字编码加密技术、条形码技术、管理信息系统技术建立一个基于网络的汽车配件行业管理软件平台。该平台为每一个进入销售环节的配件分配一个唯一、不可仿造的编号,并将配件基本信息与编号相对应存入数据库中,系统通过对所有编号进行跟踪、验证,实现配件质量的追溯管理。

技术上,一方面采用综合信息防伪技术,根据配件名称、车型及其他信息,汽车配件追溯监管平台实时生成防伪编码配发给配件。防伪验证时可将编码与配件名称一一对应,大大提高防伪性能;另一方面,汽车配件追溯监管平台由标签发放系统、维修企业配件进销存管理系统、验证中心软件平台、面向社会的配件查询系统、与行业管理部门办公系统相融合的配件行业管理系统等软件有机组成,综合发挥经销商、维修企业、消费者和行业管理部门的作用。

### 2.业务架构

汽车配件追溯监管平台旨在通过汽车配件生产、销售、流通过程标准化及透明化,实现汽车配件质量保证和追溯,解决目前汽车配件市场上存在的严重假冒伪劣现象,以规范汽车配件行业管理,提高汽车维修质量,为汽车运行安全提供保证。追溯平台的业务架构如图5-28所示。

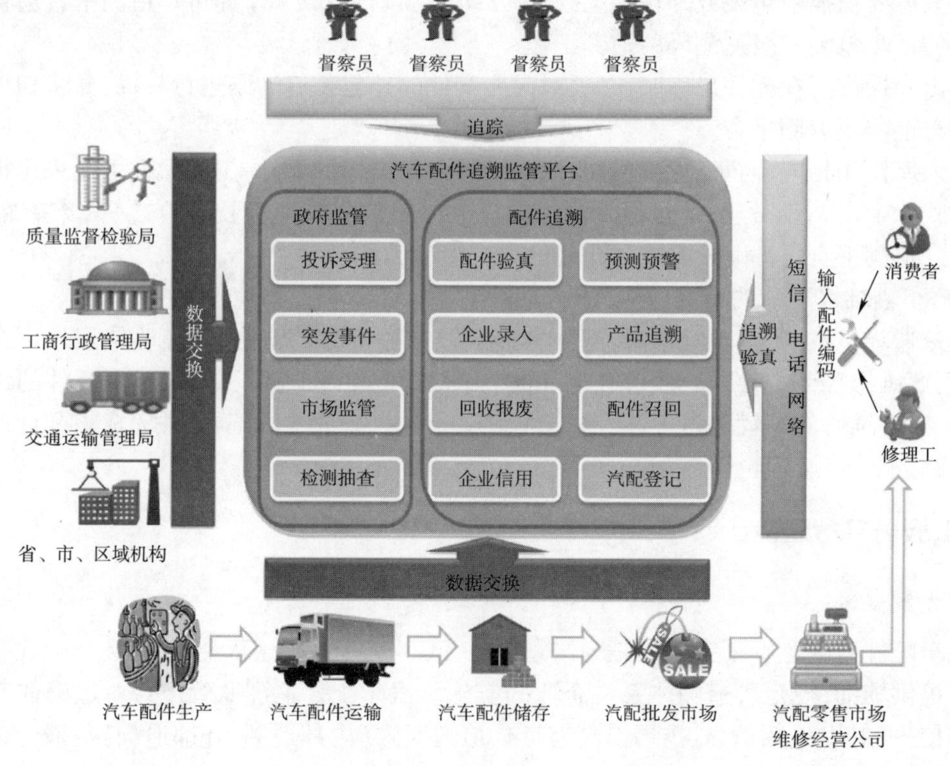


图5-28 汽车配件追溯监管平台业务架构

汽车配件追溯监管平台的推广应用,涉及汽车配件生产经营企业和消费者等多个环节,从行业管理、市场监管看,汽车配件制造、汽车配件经销、汽车维修隶属不同的政府管理部门,平台的推广应用效果很大程度依靠各政府部门的政策支持和对市场的积极引导。所以汽车配件追溯监管平台需要交通运输部门、工商行政管理部门和质量技术监督部门联合进行政策支持和引导,充分贯彻多级别、多部门协同的理念。在系统平台开发、技术支持方面则应充分考虑行业和市场实际,借鉴国际成功经验,保证系统推广应用具备可操作性和技术上的先进性。针对系统平台的运营,运营经费通过向配件经销、配件使用者收取服务费来保证。系统的运营坚持重点考虑社会效益,兼顾企业效益的原则。

汽车维修配件追溯体系的建立,对相关行业和国家经济管理都将发挥积极作用。汽车配件质量追溯服务平台的建立,是物联网与道路运输信息化相结合的产物。其建设与使用,能够从根本上解决维修配件来源问题,可以满足车主最关心、最现实、最直接的需求,实现放心维修;能够促进汽车配件由被动管理向主动管理转变,能够向国家有关部门实施缺陷汽车产品召回、盗抢车辆追查等提供可靠的信息资源和有力的线索支持;能够提高维修配件的流通使用效率,降低企业运营成本;能够强化企业的诚信守法意识、质量安全意识和自我约束能力,促进产品质量进步;能够通过科学有效的管理,规范二手车交易、拉动配件电子商务等相关产业的发展。

# 第四节　典型应用二:危险品运输车辆联网联控平台

## 一、建设背景

危险品是对人的健康、安全、财产与环境可能造成危害的物质或物品,具有爆炸、易燃、毒害、腐蚀、放射性等特性。在生产、经营、运输、储存、使用过程中,存在着发生火灾、爆炸、中毒、污染等重大事故的危险性。随着我国改革开放的不断深入、国民经济水平的不断增长和工业化水平的不断提高,我国对危险化学品的需求也不断增加,危险品的产量和运输量逐年上升。危险品的特性和我国道路运输业的发展现状决定了我国危险品的运输主要通过公路方式进行。2015 年,全国危险货物道路运输量约为 10 亿 t,危险货物道路运输企业约为 1.1 万户,从业人员约 120 万人,运输车辆约 31 万辆。运输过程中如果这类货物受到外界作用如明火、震动、挤压及撞击等,极易发生泄露、燃爆、腐蚀、中毒等各种恶性危险品运输交通事故。据不完全统计,危险品运输事故占危险品事故总数的 30% ~40%。一系列危险品运输交通事故严重威胁了我国公共安全、社会稳定和人民群众的生命财产安全,造成巨大的经济损失和恶劣的社会影响,成为我国社会主义现代化建设过程中不可忽视的障碍。因此加强危险品运输的监管能力,提高危险品运输的安全保障,最终实现危险品道路运输的安全、高效、有序运行具有重要的意义。

我国众多的危险品运输事故的统计及分析研究表明,造成危险品公路运输事故的主要原因包括:

(1)违规驾驶、违法运输问题严重。

(2)运输载具安全性能较低,装载容器设计不合理、不规范。

(3)从业人员的安全素质较低或达不到危险品运输的资质。

(4)法律法规体系不完善,各管理服务部门间的相互配合及监管不力。

(5)危险品事故应急机制不完善,事故救援不力而导致二次事故,造成事故的扩大蔓延等。

(6)信息化监管能力不足。

(7)应急救援未达到最高效。

这些问题集中表现在 3 个方面:缺乏有效的针对运输车辆、货物和驾驶员的实时跟踪监管系统;缺乏针对危险品运输事故的实时主动报警;缺乏相应的综合应急管理信息服务平台。长期以来,我国针对目前危险品的道路运输中存在的问题,制定了大量的法律法规及相关国家和行业标准,力求从运输管理、运输载具制造标准及运输人员素质等方面实现危险品的安全运输,取得了一定的成效,然而始终缺乏有效的现代化技术手段。

物联网技术的兴起与日益成熟,为危险品公路运输的实时监管提供了新的思路和解决方案。在传统监管方式的基础上,充分运用计算机技术、物联网技术、无线通信技术、传感技术、定位技术等现代技术手段,构建适合危险化学品公路运输的具有车辆定位、状态监控与记录、远程通信、危险状况预警报警、多部门联合实时监管、服务及应急救援等多种功能的危险品运输智能监控系统,对参与危险品运输的车辆、货物、驾驶人员及周边环境进行实时跟踪管理,从而建立较为完善的危险品运输综合监管系统,强化对危险品运输车辆及货物全过程的监控和集中管理,实现对运输全过程中车辆、人员、环境及危险品状态等情况的实时动态监控、预警报警、安全管理与分析和辅助应急救援,使危险化学品运输管理工作科学化、规范化和制度化,最大限度地降低危险品运输事故所造成的损失,对于我国经济和社会的发展具有重要的意义。

因此,研究如何采用物联网技术、传感器技术、定位技术等实现对运输车辆、运输货物和驾驶人员运行状态数据的实时采集,采用嵌入式技术、移动存储技术等构建车载中央处理平台,实现"人—车—货"状态信息的实时远程监控处理及事故的协同应急救援,采用无线远程通信技术实现车载平台与远程平台的实时通信,最终实现危险品道路运输的智能监控,从而提高我国各区域危险品道路运输的安全水平是当前危险品道路运输综合监控的主要研究方向。

## 二、系统概述

危险品运输车辆联网联控系统是集全球卫星定位系统、地理信息系统以及无线通信技术于一体的软、硬件综合系统。利用物联网技术全面监控危险品车辆,实现在电子地图上清晰、实时地显示,了解车辆所在位置,显示车辆的瞬时速度,同时将每个驾驶员的超速记录、违规路线等信息存储在中心数据库,可对车辆进行统一集中管理和实时监控调度。通过卫星定位,全面监控危险品车辆,就能在电子地图上清晰、实时地了解车辆的所在位置,显示车辆的瞬时速度,同时能将每个驾驶员的超速记录、违规路线等信息存储在中心数据库。

危险品运输车辆联网联控系统的需求包括:

(1)安全运输保障要求高。

(2)对报警信息要求快速反应。

(3)对车辆运行线路和区域限制严格。

(4)对车辆运行速度控制严格。

(5)对车辆的身份认证快速准确。

(6)安全分析与事故预测。

危险品运输车辆联网联控系统具有全天候、全路线车辆实施动态监控的功能,主要应用于车辆的跟踪、调度、监控、历史记录查询、安全报警、车辆档案管理等多种用途。其特点包括:

(1)强大的车辆准确定位、实时监控、高效调度功能。

(2)快速的报警处理机制,将意外情况带来的损失降低到最低程度。

(3)提供多种监控方式,可对特定区域和线路进行重点监控。

(4)可兼容多种车载终端,赋予用户在硬件选择上的高度灵活性。

(5)可同时支持多种通信方式。

(6)系统具有完整安全以及自动灾难恢复机制,保证系统安全稳定。

(7)精确的数字地图及专业的地图服务支持。

(8)业界领先的高速 GIS 引擎,特别适合实施监控系统。

因此,危险品运输车辆联网联控系统的主要功能包括:

(1) 车辆统一信息管理。对车辆进行集中统一的信息化管理。管理内容涵盖车辆车牌号码、车台号码、车型、颜色、发动机号、底盘号码、用途等。系统将对车辆的所有这些信息进行采集、录入,而后向用户提供修改、删除以及查询功能。

(2) 车辆跟踪监控。系统建立起了车辆与监控中心之间迅速、准确、有效的信息传递通道。监控中心可以随时掌握车辆状态，迅速下达调度命令，还可以为车辆提供服务信息，有多重监控方式可供选择。

(3) 超速/停车报警。危险品运输车辆一般都有限速行驶的规定，并且运输途中不能随意停车。监控中心可以预先设定限制速度，当车辆的行驶速度超过或者小于规定的阈值时，将自动发出报警信号，以便监控中心采取措施，提醒驾驶员注意速度或者要求驾驶员汇报情况。

(4) 历史轨迹记录查询。危险品运输车辆在行驶过程中的轨迹信息将被记录保存，方便事后查询，用户可选定过去某一时间段，查询该时间段内指定车辆的历史数据，进行历史回显，是事故分析的得力助手。

(5) 紧急报警。当车辆遭遇紧急情况时，只需要按下报警按钮，车载终端会自动向监控中心发送报警数据，在监控终端显示出车辆位置，并声光提示。另外，行驶过程中遇到险情或者发生交通事故的情况下，可通过车载终端的报警按钮向监控中心求救。监控中心还可以对车内情况进行监听并录音。

(6) 区域偏航报警。为了加强调度管理，一般要求车辆行驶固定路线或者只能在特定区域活动。在系统中为任务车辆预先设定行车路线，任务开始时，车辆行走路线及状态开始被监控和记录，如果车辆未按照预设行车路线行驶或者驶出设定区域，系统将会自动报警，中心可以根据实际情况采取措施。

作为物联网技术在道路运输领域的典型应用之一，危险品运输车辆联网联控系统以 GIS 作为基础信息平台，以卫星定位作为空间定位手段，以 3G/4G 作为通信及无线数据传输形式，同时整合了 RFID 和传感器技术，使系统不仅能够完成车辆和监控中心以及车辆之间的语音、视频、数据的交互，而且能够及时获取车辆的位置、身份以及状态等信息。实现了监控中心对车辆调度指挥、身份认证、预警报警、安全分析与管理、事故预测等功能。在运输车辆发生事故、抢劫或其他紧急状态时，监控中心实时获取现场状态并根据实际情况及时通知消防、交通等应急救援相关部门，完成危险品运输车辆紧急状态的处理。

通过对基于物联网的危险品运输车辆联网联控系统的功能需求分析，系统结构分为三个部分，即车载平台、通信子系统和远程监控中心，如图 5-29 所示。

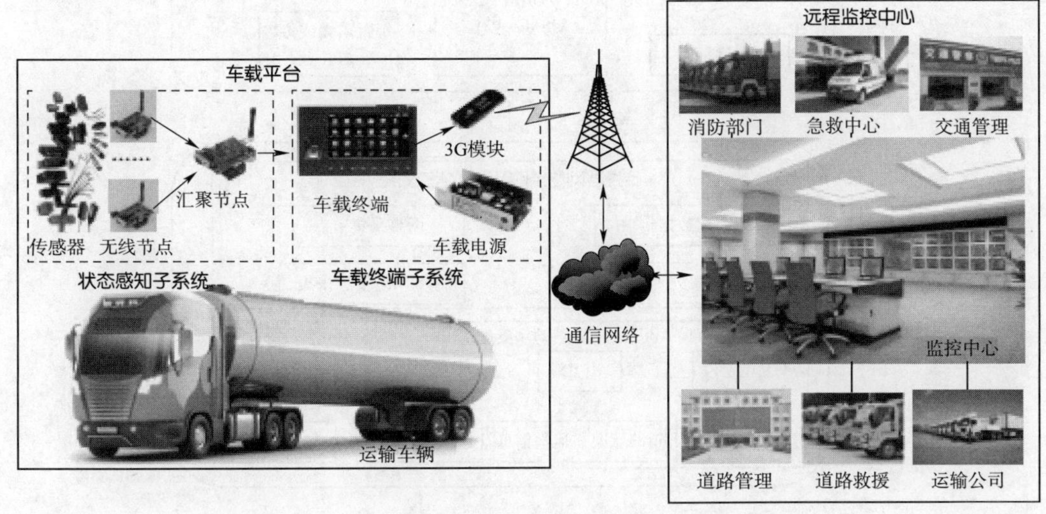


图 5-29 基于物联网的危险品运输智能监控系统的总体结构

(1) 车载平台。包含了状态感知子系统和车载终端子系统两部分,状态感知子系统通过由各种传感器和无线传感节点组成的车载物联网对危险品货物、运输车辆和驾驶员的状态信息进行感知;车载终端子系统进行状态信息的接收、分析和处理,提供本地的预警、报警功能,同时实时地将感知信息通过通信网络传输至远程监控中心。

(2) 通信网络。主要指 3G /4G 无线通信网络和互联网,完成智能监控系统中车载平台和远程监控中心之间的通信。

(3) 车辆监控中心。对危险品运输的整个过程进行实时监控,并实现与各相关部门的互联,提供完善的监控、管理和应急救援功能。

## 三、核心技术

危险品运输车辆联网联控系统相关的核心技术主要包括:感知技术、物体识别技术、位置识别技术、地理识别技术以及相关移动通信技术等。相关技术及其对应的关系如图 5-30 所示。

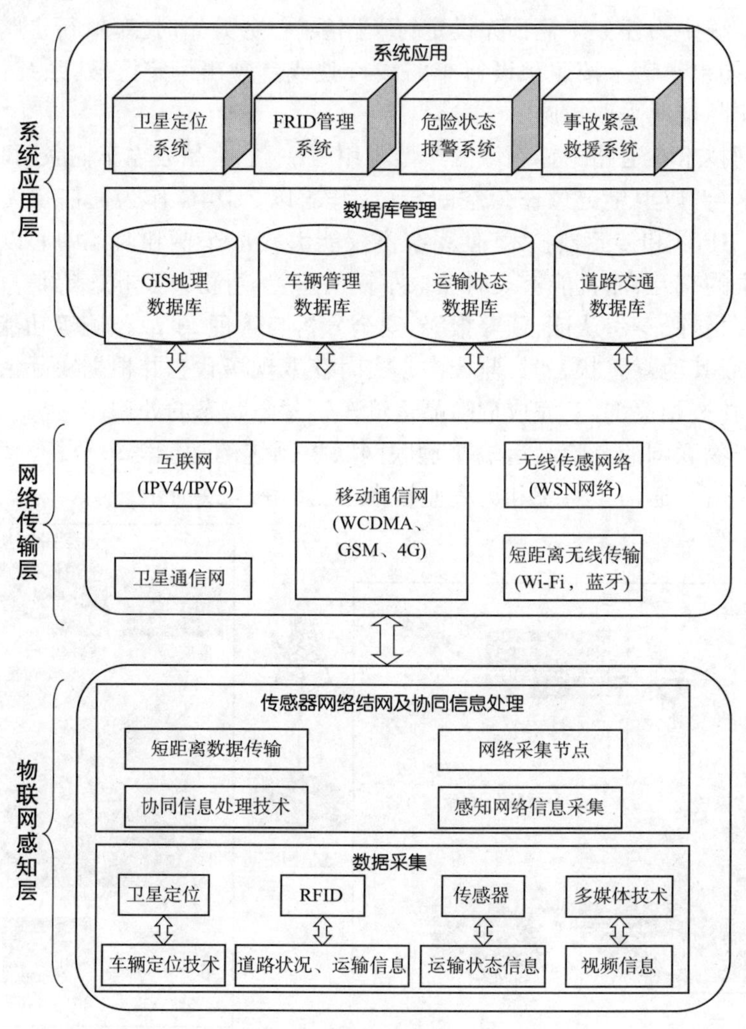


图 5-30 危险品运输车辆监控管理系统相关技术及其关系

1. 感知技术

感知技术主要是指传感器,它是摄取物理信息的关键器件,是构成物联网的技术单元。目前最新的 MEMS 传感器技术的快速发展为系统的建设提供了技术支撑。系统主要应用的传感器包括倾角传感器、速度以及加速度传感器、温度传感器、液位传感器、压力传感器、阀门开关传感器和泄漏浓度传感器以及其他 MEMS 传感器等,主要用于对危险品状态以及运输车辆的运行状态进行技术的检测。

2. 物体识别技术

物体识别技术以 RFID 技术为代表,系统主要采用 RFID 技术自动识别车辆的身份信息以加强对运输车辆的监管。RFID 是自动识别技术的一种,即通过无线射频方式进行非接触双向数据通信对目标加以识别。一个典型的 RFID 系统主要由电子标签和阅读器组成。电子标签是 RFID 的信息载体,一个标签有一个确定的身份证号码和记忆单元,这些记忆单元用来存储数据,阅读器是信息控制和处理中心,能够经过无线传输对标签进行数据读写,可设计为手持式或者固定式。

3. 位置识别技术

位置识别技术比较成熟,它以 GPS 和中国北斗卫星导航系统作为代表。这些技术都为物联网在不同环境下的位置识别提供支持。目前,卫星定位以全天候、高精度、自动化、高效益等显著特点得到了比较广泛的应用。在卫星定位应用领域中,车辆应用所占的比例最大,目前占总数的 40% 以上。特别是随着我国 LTE 以及 4G 的快速发展与普及,作为系统瓶颈的通信问题找到了新的出路,这对车辆跟踪系统的发展起着极大的促进作用。

4. 地理识别技术

地理识别技术以地理信息系统 GIS 为代表。GIS 是一种决策支持系统,它具有信息系统的各种特点。地理信息系统与其他信息系统的主要区别在于存储和处理的信息是经过地理编码的,地理位置以及与该位置有关的地物属性信息成为信息检索的重要部分。近年来,计算机大容量存储介质、多媒体技术和可视化技术为 GIS 的发展提供了新的技术和方法。该系统就是以 GIS 作为基础信息系统平台,GIS 技术为系统提供了一个可视化的车辆位置信息。

5. 通信技术

随着通信技术的迅猛发展,有非常多的无线通信技术可以用于危险品运输车辆监控系统,适应移动数据、移动计算及移动多媒体运作需要的第四代移动通信 4G 开始兴起,4G 也因为其拥有的超高数据传输速度,被誉为机器之间当之无愧的"高速对话"。4G 网络运用正交频分复用的高速传输技术、更高级的信道编码方案、高性能的接收机、智能天线技术、多输入多输出 MIMO 技术、软件无线电技术、基于 IP 的核心网、多用户检测技术等核心技术,通信系统传输速率可达到 20Mbit/s,甚至最高可以达到高达 100Mbit/s。其具有网络频谱宽、通信灵活、智能性能高、兼容性好、通信质量好、频率效率高等诸多优点。

## 四、车载平台

车载平台分布在各个移动车辆上,由车载终端控制器、卫星定位接收器、电子标签 RFID 以及数据音视频采集模块、液晶显示模块、存储器、电源模块、操作按钮、外部接口和固件等组成。车辆的数据采集模块即MEMS传感器模块，将运输车辆的各类参数如车辆行驶速度和方向、车厢内外温湿度环境参数、危险品的状态、车辆碰撞检测等信号传输到车载终端控制器，经过处理在液晶显示器上进行实时动态地显示，对不正常状态给出提示和报警。车辆安全控制模块对车辆的电气电路、机械设备、油路等进行监控和预警保护。车载终端所采集到的所有参数和音视频等信息均可通过3G/4G收发模块发送至车辆监控中心，如图5-31所示。

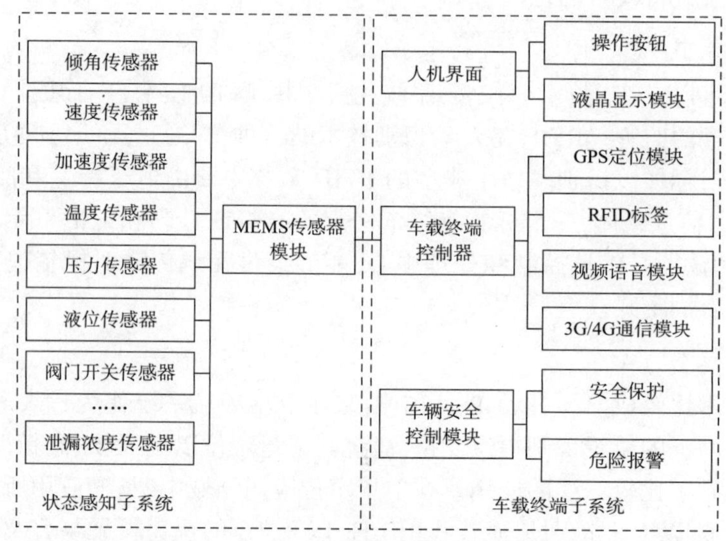


图5-31　危险品运输车辆监管车载平台结构图

1. 状态感知子系统

状态感知子系统是由布置于运输车辆和货物上的众多传感器和无线传感节点组成的传感网络，负责各种状态数据的实时感知，所有感知数据最终发送至汇聚节点。一种典型危险品运输车辆状态感知子系统的结构如图5-32所示。

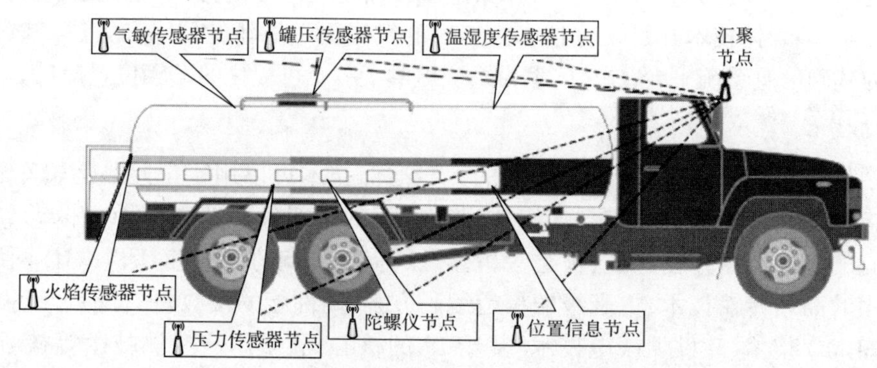


图5-32　一种典型危险品运输车辆状态感知子系统示意图

在状态感知子系统中，需要感知危险品货物、运输车辆、驾驶人员的状态信息，其中危险品货物的状态信息包括通过温度传感器测量的货物温度、湿度传感器测量的空气湿度、火焰传感器测量的火焰状态、液位传感器测量的液面高度、压力传感器测量的储罐罐压、气体传感器测量的危险品气体泄漏状况；运输工具的状态信息包括由陀螺仪测量的车辆姿态信息和由卫星定位模块测量的车辆位置、车辆行驶路线和行驶速度信息；驾驶人员的状态信息包括由卫星定位模块采集的驾驶员连续驾驶时间的实时感知。各传感器及其功能汇总见表5-5。

**状态感知子系统中各传感器及其功能汇总**　　表5-5

| 传感器名称 | 主要功能 |
| --- | --- |
| 温度传感器 | 测量危险品货物的温度 |
| 湿度传感器 | 测量危险品货物的周围的空气湿度 |
| 火焰传感器 | 测量火焰状态 |
| 液位传感器 | 测量液面高度 |
| 压力传感器 | 测量储存罐罐压 |
| 气体传感器 | 测量危险品气体泄漏程度 |
| MEMS 陀螺仪 | 测量车辆的姿态信息(倾斜程度) |
| 卫星定位模块 | 测量运输车辆具体位置、行驶路线和行车速度等信息 |
| 持续驾驶时间检测器 | 测量驾驶员持续驾驶时间 |

为了采集上述各种状态信息,需要在运输车辆上布置上述各种传感器及相应的无线模块,构建成无线传感节点,从而实现无线传感网络的组网。在上述无线传感网络中,还需要构建一个汇聚节点,连接无线传感网络和车载终端子系统,负责接收各无线传感节点采集的多种状态信息,然后将接收的多种状态信息重组,各构成一帧完整的包含状态信息的数据帧,发送至车载终端子系统,并完成对各节点数据采集速度、发送速度及睡眠时间等的控制。

状态感知子系统采用对同一状态进行多传感器测量的方式,并设置有传感节点对数据汇总。具体应用是:根据某一状态参数的具体需要,在空间上的不同位置分布同种传感器,在同一时刻进行数据采集。随后把同一时刻采集到的状态信息,汇聚到传感器节点,然后再传送给车载信息终端,进行综合的数据处理。例如:在同一状态感知网络中,同时安装有3个同一型号的温度传感器,那么这3个传感器便将同一时刻采集到的温度值,先汇集到温度传感器节点,再由节点传送给信息终端处理器。这样不仅能够防止因单个传感器故障引起状态采集失败,也可以减小单一测量带来的误差,提高了测量精度,增强了系统可靠性。

2. 车载终端子系统

车载终端子系统包括:人机界面(操作按钮或触摸屏等输入模块、液晶显示屏等输出模块);车载终端控制器(卫星定位、RFID 电子标签、视频语音模块、3G/4G 通信模块);车辆安全控制模块(安全保护模块、危险报警模块)。在各模块的协同作用下,车载终端子系统具有身份认证、数据处理、数据存储、状态显示、人机交互、预警报警、车辆定位、远程交互等功能。具体功能见表5-6。

车载终端子系统的工作流程为:在身份认证通过后,接收状态感知子系统传送的危险品货物、运输车辆、驾驶人员和车辆行驶周边环境信息的状态数据帧,并将状态数据帧进行判断、分析和处理,同时将接收到的数据进行有效性处理,剔除冗余数据和错误数据,提供状态显示和有效数据本地存储,然后将数据通过无线通信网络实时地传输至远程监控中心。在对状态数据进行分析处理时,若发现某个状态处于或将要进入危险水平,则向驾驶员进行预警、报警。同时车载终端子系统应该能够接受远程监控中心的指令,并进行相应的控制。

车载终端子系统功能　　表 5-6

<table>
<tr><th colspan="2">车载终端子系统功能</th><th>详 细 内 容</th></tr>
<tr><td colspan="2">身份认证</td><td>认证车辆信息、驾驶员信息</td></tr>
<tr><td colspan="2">数据处理</td><td>能够实时接收各种状态信息,并对状态数据进行相应的分析处理</td></tr>
<tr><td colspan="2">数据存储</td><td>将状态数据、视频数据等保存在本车存储器上</td></tr>
<tr><td rowspan="4">预警报警</td><td>危险品异常报警</td><td>当所运输危险品发生温度、压力、液位等异常变化或被盗、泄漏等情况时,系统会立刻发出报警信息提示用户</td></tr>
<tr><td>车辆行驶异常报警</td><td>当运输车辆超速、非法停车、非法移动、车辆被盗时,系统会自动报警提示用户</td></tr>
<tr><td>路线报警</td><td>用户可对监控车辆设置预定行驶路线,当该车辆在行驶中偏离预定路线时,系统会自动报警提示用户处理</td></tr>
<tr><td>区域报警</td><td>用户可通过电子地图设置区域的外部边界和报警条件(可设置多个),当有满足条件的车辆驶入或驶出此区域时,系统会自动报警提示</td></tr>
<tr><td colspan="2">人机交互</td><td>能够提供可视化的人机交互界面,实时显示各种状态信息,完成各项监测任务,并使得从业人员能够进行相应的操作,控制车载平台的监控任务</td></tr>
<tr><td colspan="2">无线通信</td><td>能够实现与 3G/4G 无线通信网络的连接,并通过 3G/4G 网络将各种监控数据发送至远程监控中心</td></tr>
<tr><td colspan="2">数据存储</td><td>能够实现对各种状态数据的优化存储和安全管理,保障感知信息的安全性</td></tr>
<tr><td colspan="2">远程交互</td><td>能够实现向监控中心发送请求或报告情况,并接收监控中心的命令或服务</td></tr>
</table>

为了满足上述功能的实现,一般通过嵌入式系统来实现车载终端的硬件结构。一种典型的车载终端子系统硬件结构如图 5-33 所示,其展示了车载平台上一种典型的以 ARM 处理器作为微处理器的嵌入式系统,具体包括:中央处理模块(ARM 处理器)、存储模块(SDRAM、NAND Flash 和 SD Flash)、报警模块(扬声器、PWM 蜂鸣器、LED)、外围接口模块(USB 接口、串口、SD 卡接口、LCD 接口等)、人机交互模块(LCD 显示器、RFID 读卡器、触摸屏、键盘、LED)等。

3. 通信子系统

系统中的无线通信链路是车辆移动端和监控中心端实现通信的关键,采用哪一种或几种通信方式直接影响到车辆监控系统的容量、监控范围等。4G 移动通信技术与前三代的主要区别是在传输声音和数据速度上的提升,能够在全球范围内更好地实现无缝漫游,并处理图像、语音、视频流等多种媒体形式。4G 移动通信系统传输速率可达到 20Mbit/s,甚至最高可以达到高达 100Mbit/s,这种速度会相当于 3G 传输速度的 50 倍。在系统通信方式的选择上,为节省成本、提高系统容量和系统的兼容性,优先选择既有的成熟的公共通信网络,充分利用 4G 网络技术和 Internet 宽带技术。一种典型的通信子系统结构如图 5-34 所示。

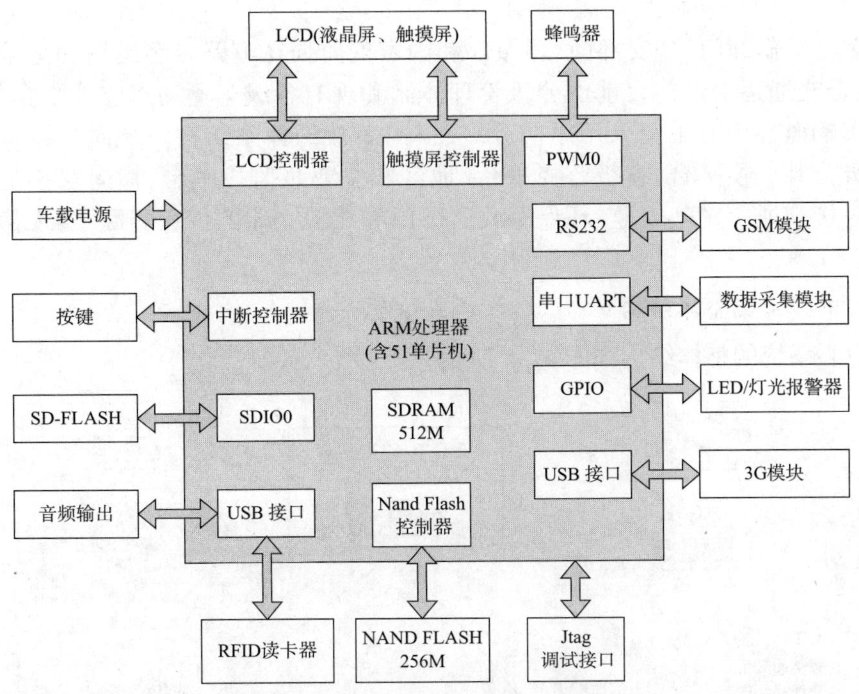


图 5-33　一种典型的车载终端子系统硬件结构

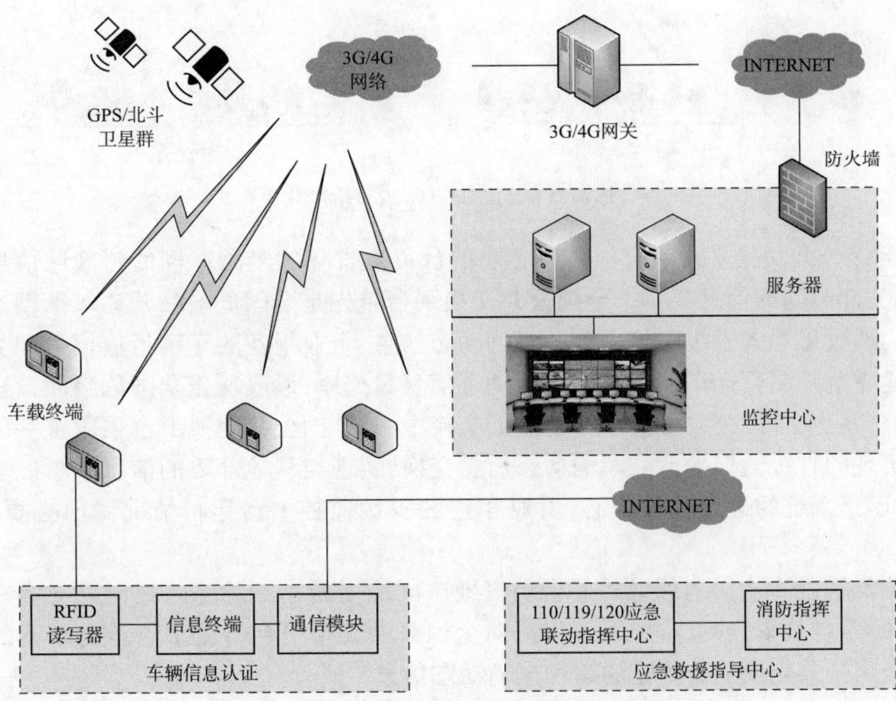


图 5-34　一种典型的通信子系统的构成

## 五、危险品运输车辆监控中心

根据交通运输部门、公安部门、环保部和国家安监局在道路旅客运输和危险品运输中的职责，结合交通运输部门目前的分级管理体制和现有各级车辆动态监控平台的情况，危险品运输车辆监控中心工程采用纵向分级、横向对接的体系结构。纵向分级是指系统纵向分为部级公共交换平台、省级监控平台、地区和企业级监控平台；横向对接是指不同级别的平台对接交通、公安、安监、环保等政府部门和相关企业的信息资源，实现信息共享与联合监管。

1. 监控中心系统整体结构

监控中心系统的整体结构如图 5-35 所示。

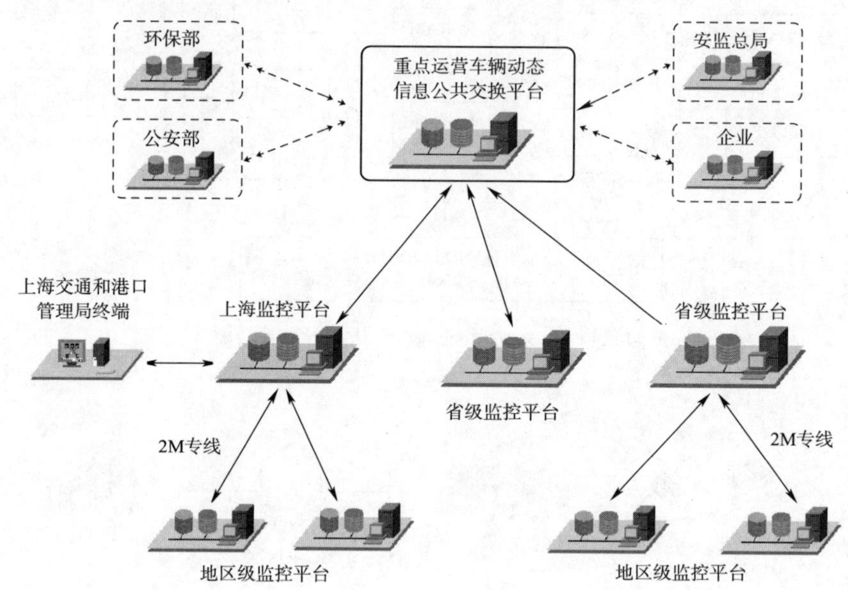


图 5-35　监控中心系统总体结构图

(1)部级公共交换平台。全国公共交换平台负责省际的漫游车辆的跨区域信息交换和国务院相关部门间的信息共享。全国公共交换平台首先是全国危险品营运车辆动态信息的数据中心，通过采集各省级监控平台的车辆动态信息、企业报备的车辆运输信息和交通运政数据库，建立危险品营运车辆静态信息与动态信息数据库，形成覆盖全国危险品营运车辆的数据中心。其次，全国公共交换平台是数据交换中心，全国公共交换平台采用统一的数据交换标准，实现同省级监控平台的车辆动态信息交换，实现与其他部委的信息共享。全国公共交换平台还是系统的运行监控中心，可对相连的省级监控平台运行情况做出必要的分析、统计。

(2)省级监控平台。省级监控平台负责地区间的漫游车辆的跨区域信息交换和当地相关部门间的信息共享，省级监控平台负责向全国公共交换平台传输重点运营车辆的动态信息，接收全国公共交换平台传输的跨省车辆动态信息。

(3)地区和企业监控平台。地区级监控平台通过省级监控平台实现跨区域信息交换，原则上不同全国公共交换平台直接连接。根据职责划分，具体的危险品车辆运输安全监控职能主要由车辆所属企业通过自有车辆监控系统完成,企业车辆动态数据通过省级监控平台输入全国公共交换平台,企业有义务根据规定向全国公共交换平台提供报备信息。

2. 信息处理流程

危险品运输车辆监管包括出场、途中(含关键点)和终点全程管理,其在公共交换平台信息处理流程如图5-36所示。

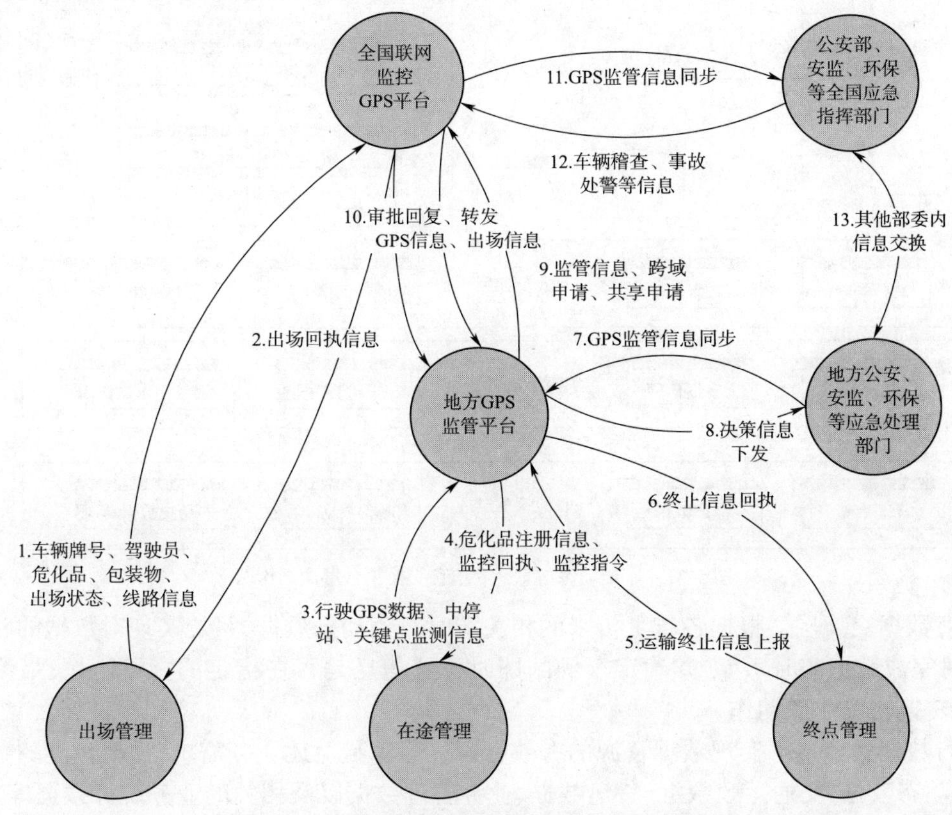


图5-36　危险品运输车辆公共交换平台信息处理流程

危险品运输企业基本信息、出场信息由企业通过营运企业数据报备系统上报到全国公共交换平台,由全国公共交换平台转发到各地方监控平台。

车辆行驶过程(途中)车辆动态信息由各企业平台、地方监管平台,传输到全国公共交换平台。地方监管平台需要跨域监控时,需要申请并通过全国公共交换平台审批、转发。

省级相关部门(公安、安监、环保)需要监控时,可与省交通运输管理部门的监管平台进行数据同步、交换车辆动态信息和车辆基本信息。国家部级单位通过全国公共交换平台获取共享信息后进行部内共享。

3. 系统分层结构

危险品运输车辆联网联控系统采用层次化的体系结构,各层之间相对独立,并采用符合相应标准的接口,保证系统的开放性和可扩展性,系统的层次结构如图5-37所示。

(1)信息采集层。与全国各个省的升级平台进行动静态数据采集工作,比如交通运政数据、车辆动态数据、危险品数据等。

(2)通信网络层。实现各省与全国中心之间的网络连接和信息传输,主要依托移动无线通信网、互联网、交通信息网来确保网络间的互联互通,形成工程从数据采集到服务所需要的数据传输交换物理平台。

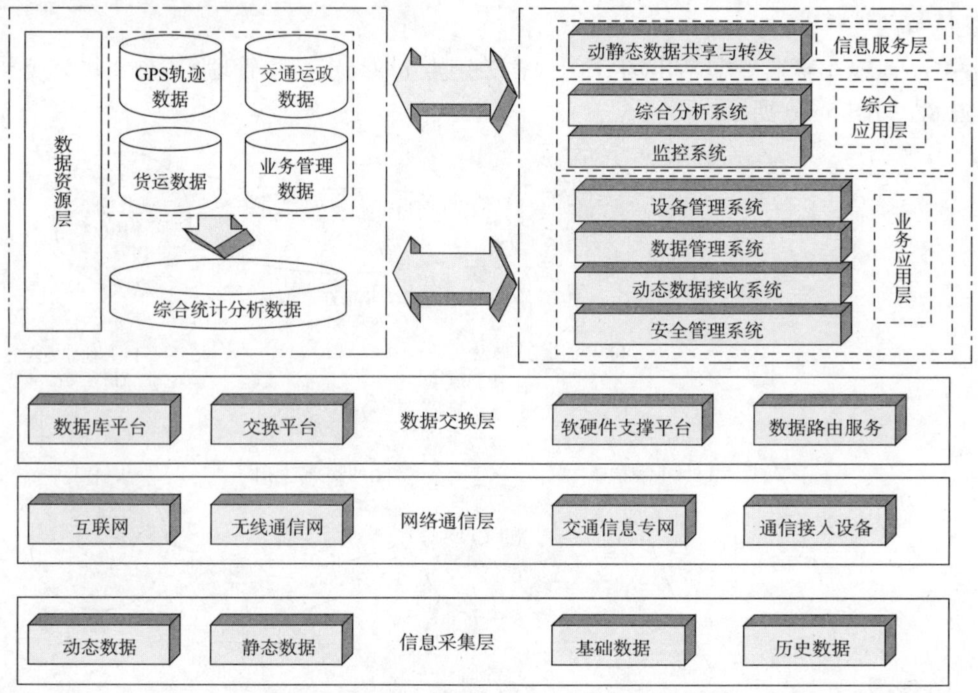


图5-37　车辆动态信息公共信息交换平台层次结构图

(3)数据交换层。根据各省上传来的相关实时车辆动态数据,系统实现对数据的路由分析,同时完成数据实时入库,并确定车辆的即时位置信息是否在指定的漫游区域,最终决定数据的交换转发业务动作。

(4)数据资源层。实现数据资源的有效管理。为满足上述业务需求,需要建立的数据包括车辆动态数据、交通运政数据、货运数据、业务管理数据以及相关的业务统计数据等。

(5)业务应用层。本层主要针对系统的管理用户所提供的业务功能系统。本层涵盖设备管理系统、数据管理系统、动态数据接收系统、安全管理系统四大部分。

(6)综合应用层。本层主要是为交通主管部门提供的应用功能系统,本层主要由综合分析系统与实时监控系统组成。

(7)信息服务层。本层根据各级交通主管部门以及相关企业的要求,提供各类数据加工服务,并以多种方式实现数据交换和服务。

4. 系统主要功能

(1)基本信息采集功能。危险品运输车辆联网联控平台通过统一数据格式获取全国各地危险品运输企业、运输车辆、从业人员、运输危险品类的基本信息。相关信息见表5-7。

(2)网上申报管理功能。公共交换平台应提供地方平台的接入申请、跨域监控申请及信息共享申请的审批功能及服务开通功能,方便地方平台的业务办理,记录审批情况以便统计核查。提供待办事项、批复查看、基础表格下载等服务功能。

(3)车辆行驶数据上报功能。对于接入的地方平台,要求该平台入网危险品运输车辆行驶过程中的车辆动态数据(卫星定位时间、经度、维度、速度、方向角、定位状态)、警情数据

(如紧急报警、超速报警等)、车辆状态(如点火、熄火等)等数据实时上报到公共交换平台。

**基本信息采集明细表**　　表5-7

| 信息类别 | 信息明细 |
|---|---|
| 业户基本信息 | 业户名称、业户许可证号、业户紧急联系电话 |
| 车辆基本信息 | 车牌号、车辆类型、归属地、营运证号、所属业户、危运等级、线路类型、型号、车身颜色、核定吨(座)位 |
| 从业人员(驾驶员、押运员)信息 | 驾驶员姓名、驾驶员手机号码、押运员姓名、押运员手机号码 |
| 危险品基本信息 | 货物类型编号、货物品名、危险品货物等级、货物吨位、出发地、目的地等 |
| 危险品运输企业信息 | 各平台、企业联系人、职务、第一联系电话号码、第二联系电话号码等 |

(4)跨域车辆数据实时交换功能。车辆跨域营运时(域可指定,一般为省界),目的地区域的平台可要求监控进入本省区域的外来车辆。公共交换平台将该车辆跨域时的行驶数据实时转发到需要监控的地方平台接口。保障数据交换的实时性、完整性,携带基本警情。

(5)跨域信息共享交换。根据业务需要,可向入网地方平台提供异地企业/车辆数据、历史位置定位数据、数据分析数据等信息,实现信息共享。

(6)地方平台接入状况监控。危险品运输车辆联网联控平台可实现对各地方平台接入情况按不同的行业进行监控,功能包括但不限以下几类:地方平台在线率统计及显示、地方平台频繁掉线及掉线时间过长提示、地方平台车辆在线率统计及显示、地方平台车辆在线率异常提示、定位状态异常统计、在线平台列表,包括平台名称、接入地点、接入时间、在线时长等和月在线情况查询,可查询某平台一段时间内在线、离线以便于考核。

(7)车辆异常警情监控。危险品运输车辆联网联控平台需要实时监控各地车辆异常警情及警情处理情况。主要包括:各地平台警情数量过多报警、各企业发生警情统计显示和分类警情统计及车辆明细表等。

可在地图上单独监控发生警情的车辆,也可多目标显示、全部警情车辆显示;应提供GIS地图操作的常见功能,包括移动、放大缩小、测距、地理信息查询等功能。要求可按不同的行业、省份分别进行监控,通过权限管理实现行业专业化监控。

(8)统计报表功能。系统提供完善的报表统计功能,包括平台接入情况的统计报表、警情处理统计报表和基本信息的统计报表等。

(9)辅助决策支持。通过危险品运输车辆联网联控平台的卫星定位数据,结合GIS系统地图显示和分析功能,对交通路网、站场、物流等数据进行精确实时的分析和展现,在精确性和实时性上为主管部门提供决策分析数据,从而提高辅助决策能力。其主要包括警情(事故)多发路段分析和路网流量分析、超负荷路网分析。

另外,系统能够通过对运输企业填写的电子运单与卫星定位数据比对分析,有效识别未按规定使用运单(有卫星定位数据无运单数据)、车辆非正常不在线(有运单数据无卫星定位数据)等违规行为,生成分析报告,为开展有针对性的监督检查提供线索。

# 第六章　道路运输中的车路协同建设

随着城市人口的增多和汽车的增加,城市道路交通问题日益突出。其中交通堵塞、公共交通问题及环境污染问题是各大城市所面对的亟待解决的问题。如何采用现有的科学技术合理地解决以上交通问题成为各有关学科的热门课题。道路运输是建设资源节约型、环境友好型社会的重要领域,应用车路协同技术能够节约资源,促进其循环利用,推进节能减排,发展清洁运输。大力发展车路协同技术,构建更加智能高效的现代交通系统,需要准确把握这一领域的研究趋势、发展空间,同时合理结合我国当前的技术储备、经济基础以及现实需要。

目前,为适应日益增长的机动车出行需求,道路运输网络通过增加路段车道数的基础建设方式提高道路的通行能力。但是空间局限性制约了其适应交通需求量的增加速度,因此传统的道路交通设施和交通诱导方法已经不能适应现代社会发展的需要,道路拥堵日益严重,带来的相应经济损失也日益庞大,同时诱发交通事故多发,以及环境污染加剧等多种问题。面对这一新生交通环境,利用智能交通技术手段充分合理地挖掘道路交通的潜力,针对车路特点进行有效的数据分析,从而起到对运输整体系统合理规划的效果,是当前解决复杂交通流环境中,交通量陡增、拥堵效应蔓延,提高道路通行效率的有效手段。

同时,交通参与者并非是互相独立的个体,车辆与车辆之间、车辆与交通设施之间相互影响、相互耦合组成交通系统,当路段的车道数量增加后,系统中各种偶然的、随机的、不确定的因素也随之成倍地出现。并且城市道路出行呈现明显特征,例如大规模出行的时空相对集中,交通流量增长迅猛。这种相互作用的耦合,是现代道路交通内在作用表现出的基本特征,也是产生交通问题的重要原因。所以,利用与发展车路协同技术、改变交通流信息交互方式、优化信号灯控制方法、提升公交运行效率等,都是对未来道路交通状况进行改善所必需的有益探索。

无论何种道路环境中,车辆安全永远是交通研究的重点之一,在新的信息化车道环境中,如果车辆通过车路信息交互方式能够获得当前路段、下一路段的交通信息,以及周边车辆的基础实时信息,如行驶速度、方向和当前所在位置,甚至驾驶员的精神状态和目的意图等,特别是在高密度路段交通流中,则能在危险到来时,提前警示驾驶员,给予车辆行驶的决策结果以及诱导信息,以确保其有足够的反应时间实施紧急避险行为,避免交通事故的发生或者将事故造成的损失尽可能降低。因此,车辆在信息交互条件下,如何在错综复杂的道路环境中为车辆提供运行决策建议或者给予车辆能够避免危险发生的行车路径,是能够改善车辆运行安全的研究。车路协同发展对改善交通拥堵现状和车辆行驶安全等方面具有极其重要的价值。

# 第一节　车路协同概述

## 一、车路协同的概念与特点

传统道路交通控制技术主要采用交通信号控制的方式,向驾驶员或者行人发布控制指令信息,达到引导和控制交通流的目的。根据控制范围的不同,可以分为点控制(单个交叉口交通控制)、线控制(干道信号联动控制)和面控制(区域交通信息控制)。

随着以新的交通采集技术和大数据技术为代表的数据处理和分析技术的发展,传统道路交通控制的内涵已经从传统(或狭义)的"信号控制"拓展到现代(或广义)的"信号控制+诱导调控+需求管控"。在信息获取网络化和多元化的基础上,追求控制对象的层次化、控制目标的全局化、控制过程的主动化和动态化、控制手段的多样化和集成化,更加重视信号控制、交通诱导、需求控制等不同控制手段的协同联动。

在动态交通信息获取方面,基于新型传感技术、高清数据视频技术、移动通信技术等交通采集技术的应用,可以检测更为丰富的基础交通参数,结合数据融合、处理和分析技术,使实时获取道路运输网的全面动态交通信息成为可能。

在控制对象方面,随着社会经济条件的进步,个体出行行为特征的差异也越来越大。通过改变居民出行行为,从而改变城市交通需求的时空分布,是交通需求管理的目标。因此,依托现代交通信息技术和控制技术,研究面向多层次、多方式的出行行为与网络交通流动态优化和调控技术,是道路交通控制的重要内容。

在控制目标方面,控制技术不再局限于单个交叉口或某条道路的交通运行效率,而是以网络范围内居民出行和交通综合效率为目标,实现网络的高效平衡控制。

在控制过程方面,交通控制系统可以根据区域交通状态演化趋势,动态调整控制策略,实现交通运行趋势和控制目标的一致性;此外,信息技术的进步使出行者和控制中心进行实时信息交互成为可能,可以通过诱导和控制结合的方式,实现交通需求的主动调节。

在控制手段方面,交通控制技术不再局限于信号控制系统,通过交通诱导、需求控制等多种方式的协同合作,实现区域交通的高效调控。

车路协同系统是基于信息处理、定位导航、计算机控制、电子传感、通信、数据挖掘以及人工智能等技术实时获取道路和车辆信息,旨在通过车载设备和路侧设备之间准确、实时的信息交互,实现动态全时空交通信息的采集与信息融合,同时实现道路协同管理和车辆主动安全控制,充分实现车路之间的协同控制,为各交通参与者提供准确可靠全方位的交通辅助信息,实现人、车、路的充分协同,改善交通安全,提高通行效率,提高单位能耗的运输效率,形成安全、高效和环保的道路交通综合协同系统。车路协同及其相关核心技术的集成关系如图6-1所示。

车路协同系统的主要特点是车辆与车辆、车辆与路侧设备之间通过无线传感器形成的无线网络进行信息交互,从而进行系统宏观和车辆微观的控制。车路协同系统构成的车辆自组织网络是无线自组织网络在交通领域的典型应用,也是车路协同系统安全信息分发的主要方式,具有多跳性、动态拓扑、分布式、临时性、自组织等特点。

车路协同技术已经成为当今国际智能交通领域的前沿技术和研究热点。智能交通运输系统是目前世界交通运输领域的前沿领域，已成为世界各国极力投入资源推动的重点之一，旨在通过车载设备与路侧系统以及周边车载设备的通信为驾驶者提供全时空信息，实现车路间的最大协调以及更大限度地提升道路交通系统的安全通畅与效率。在美国、日本及欧盟等众多先进国家和地区，该技术尤其受到重视，被认为是提高道路交通的可靠性、安全性和减少环境污染的有效手段之一。适时开展车路协同系统研究，突破智能交通控制先进技术，占领智能交通相关领域前沿科技制高点，关系到我国能否在未来具有车路协同产业核心竞争力，对实际应用交通系统的开发具有技术指导作用。与此同时，对城市交通智能化管理的实现和可持续发展的交通系统的创造具有前瞻性的意义。

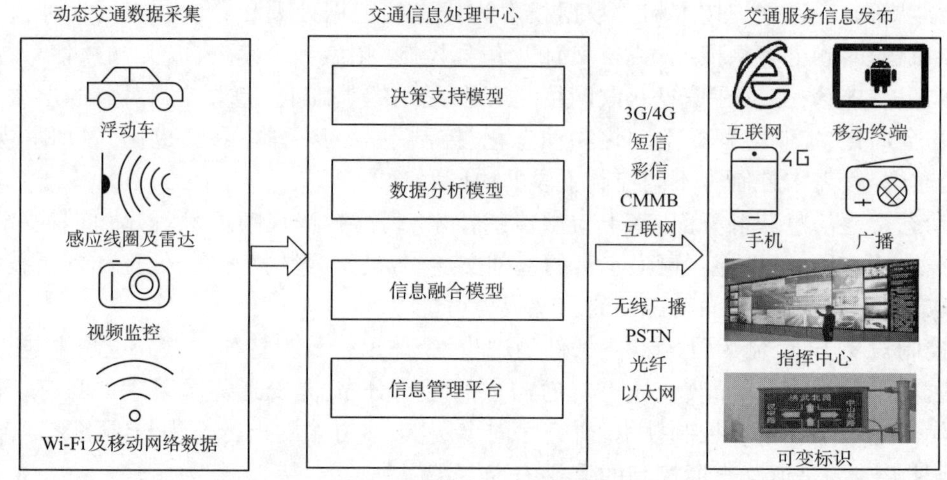


图 6-1　车路协同相关技术集成图

## 二、车路协同的功能与应用

### 1. 车路协同的功能

车路协同系统的主要功能是使行人、车辆及道路路段都能够实时地了解车路交通状况，确保在任何条件下都能提供必要的信息和便捷优质的交通综合服务；确保整体路网能够协调畅通安全高效，最大限度地减少交通事故和交通拥堵的发生，从而达到提高道路通行能力的目的。车路协同系统的成功实施将为交通安全带来革命性变革，基于车路协同系统实现的主动安全保障技术能够有效减少各种碰撞事故的发生。此外，车路协同技术也将在提高道路运输效率、缓解交通拥堵、减少尾气排放等方面发挥重要作用。

车路协同的具体功能包括：

(1)感知道路环境及车辆信息。实时检测车辆运行状况及驾驶员驾驶行为，密切感知道路上行驶运动的其他车辆、行人或静止的物体及建筑等信息，实时采集汇总整个路网中的车辆位置、交通流信息及其各属性参数。

(2)交通数据的传输。实现车与车、车与路侧设备之间的短距离快速通信及数据准确传输，将收集到的交通信息数据或车载设备处理后的交通异常信息实时准确地上传到数据处理中心，或将交通控制策略发送到底层控制设备，实现车辆、路侧设备与监控中心间的远距离数据交互。

(3) 数据处理与决策控制。对上传控制中心后的交通数据，可以实现快速准确的分析与数据评估处理;根据发布的气象交通数据,分析评估路网中各路段的交通状态,为制定合理的交通控制管理决策提供数据支持;根据上传的车辆数据,通过信息融合技术,提供用户个性化服务和安全驾驶服务。

(4)交通异常状况的预警。在数据监控中心,通过数据分析和计算,判定路网中各监测路段上存在的交通异常问题或潜在的交通异常问题,及时发布预警信息,并且在电子地图中显示危险目标及应该采取的合理的管制方案;实时监控路网中关键车辆的行驶轨迹和可能存在的违章行为,及时发布预警信息。

2. 车路协同典型应用

车路协同系统的典型应用领域包括交通安全、交通管理和信息服务与支持等方面。行驶中的车辆可以通过车辆车载设备及传感器等仪器获取相关路况信息以及前方道路的交通状况,分析并制定出最合理的车辆行驶策略,以保证车辆安全为前提,使用户以最优的路径到达目的地。

交通安全是车路协同系统价值得以体现的最重要应用。车路协同系统会使车辆在遭遇紧急制动、事故、转弯、路况恶劣等交通情况下,通过通信广播使周围车辆获取相关预警信息,使驾驶员及时做出反应,以避免交通危险事故的发生。

交通效率也是车路协同系统在生活应用方面的重要体现。行驶在道路上的车辆在获得预警信息的同时,会不断广播其自身相关的信息,为周围车辆提供驾驶辅助信息,配合路侧设备提供的路况信息,提高交通通行效率。同时,道路也能够感知汽车(特别是公交车)的运行状况,动态、智能地改变控制信号与方式,为其高效、安全运行提供保证。

目前,随着车路协同关键技术的发展,车路协同系统在交通控制领域的应用研究主要分为两个方向:交叉口应用,包括信号控制信息发布、路口行人预警、路口盲点区域信息提供、紧急救援服务等;路段应用,包括车辆辅助驾驶信息服务、道路信息发布、最优路径导航服务、障碍物避撞预警、车速自适应控制等。

(1)车路协同技术在交叉路口的应用。

城市道路系统中,交叉路口往往是整个道路运输效率的瓶颈所在。车路协同技术通过信号发布、盲点图像提供、过街行人检测、车辆启停信息服务、先进的紧急救援等多种前沿技术,达到保证车辆通行安全、提高通行效率、降低车辆等待时间的目的。车路协同技术在交叉路口的典型应用如图6-2所示。

①交通信号信息发布系统。通过车路通信,向接近交叉路口的车辆发布信号相位和配时信息,判断车辆在剩余绿灯事件内是否能够安全通过交叉口。提醒驾驶人不要危险驾驶,例如闯红灯,并协助驾驶人做出正确判断,避免车辆陷入交叉口的两难区,防止信号交叉口的直角碰撞事故。另外,通过车路协同技术,将公交车辆的信息接入系统,还可以实现公交优先信号控制,实现公交的安全、高效运行。

②盲点区域图像提供系统。通过车路通信,向交叉口准备转弯或者准备在停止标志前停车的车辆提供盲点区域的图像信息,防止由转弯车辆视距不足引起的事故和无信号交叉口的直角碰撞事故。

③过街行人检测系统。通过车路通信,向接近交叉路口的车辆发布人行道及其周围的行人、自行车的位置信息,防止机动车和非机动车之间的事故。

④交叉口同行车辆启停信息服务。在交叉口,通过车路通信,前车把启动信息及时传递

给后车,减少后车起步等待时间,从而提升交叉口通行能力。在同向行驶中,前车把紧急制动信息快速传递给后车,避免追尾事故的发生。

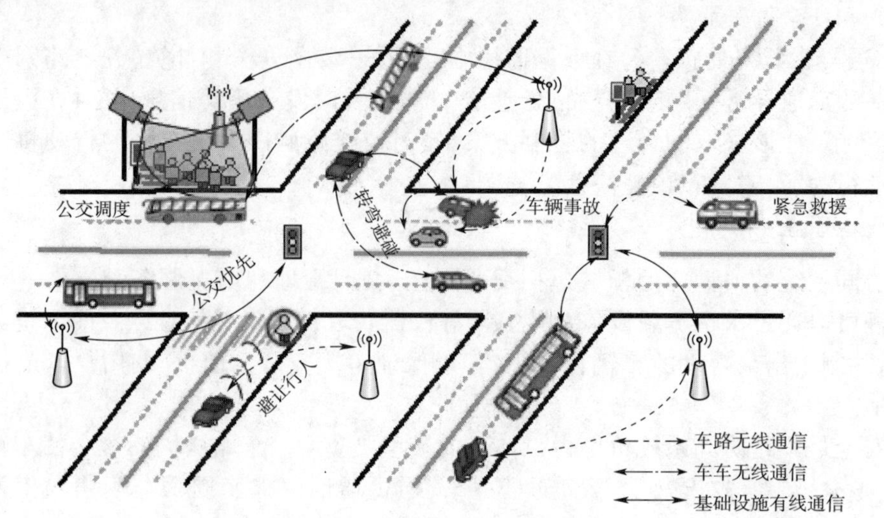


图 6-2　车路协同技术在交叉路口的典型应用示意图

⑤先进的紧急救援体系。在车辆发生故障或交通事故时,会自动向急救中心及管理机构发出有关事故地点、性质和严重程度等求助信息,并通过车路通信调度信号灯优先控制,让急救车辆先行,及时救援受伤人员。

(2)车路协同技术在危险路段的应用。

道路运输中还存在着道路交通安全事故多发的地段,一般称为危险路段。例如,公安部 2015 年 2 月公布的 2014 年全国 10 大危险路段,共计 153km,全年共发生交通事故 1203 起,造成 451 人死亡,平均每 10km 发生 78 起、死亡 30 人。如何通过车路协同技术的应用,减少危险路段安全事故的发生,提升路段整体运行安全性和效率,是当前车路协同技术研究的重点。

车路协同技术在危险路段的典型应用如图 6-3 所示。

①车辆安全辅助驾驶信息服务。路侧设置的多传感器检测前方道路转弯处或线死角区域是否发生交通阻塞、突发事故或者存在路面障碍物等,并通过车路通信系统向驾驶者提供实时道路信息。

②路面信息发布系统。向接近转弯路段的车辆发布路面信息,例如是否冰冻、积水、积雪,提醒驾驶者注意减速安全,防止追尾事故发生。

③最优路径导航服务。路侧设备检测到前方道路拥堵严重,通过车路、车车通信系统以及车载终端显示设备,提醒驾驶者避开拥挤道路,并为其选择以最短时间到达目的地的最佳路线。

④前方障碍物碰撞预防系统。通过车路、车车通信,向车辆传递危险信息(如障碍物的绝对位置、速度、行驶方向等),帮助避免发生车辆之间或者车辆与障碍物之间的前撞、侧撞或者后撞等;并能够避免与相邻车道上变更车道的车辆发生横向侧碰等。

⑤弯道自适应车速控制。向车辆传递前方弯路的相对距离、形状、曲率半径、车线等信息,车辆会结合自身运动状态信息,给予驾驶者最优车速,避免车辆在转弯时发生侧滑或者侧翻。

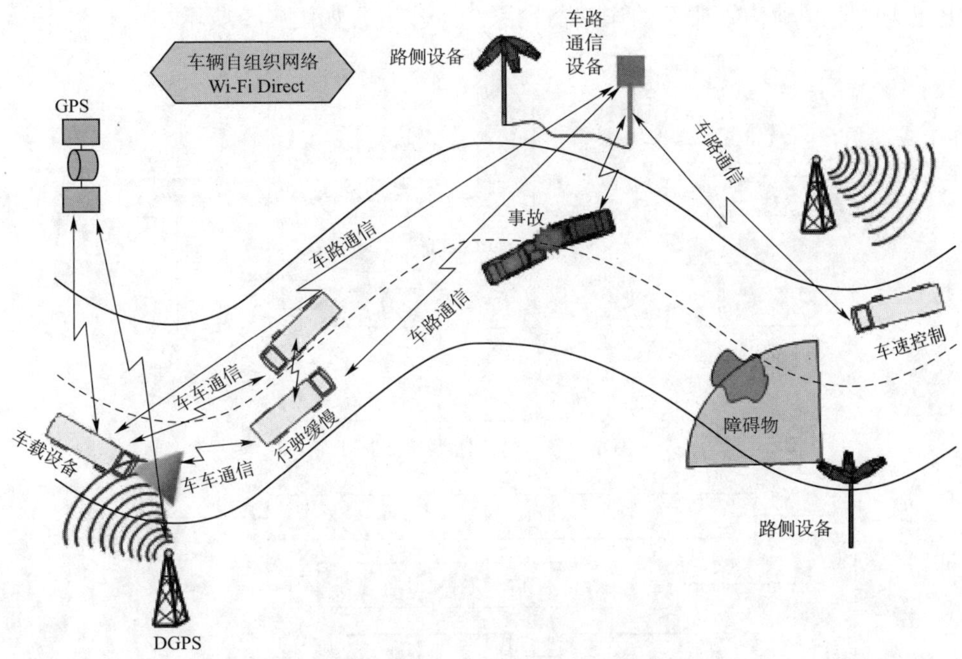


图6-3　车路协同技术在危险路段的典型应用示意图

# 第二节　车路协同技术体系框架

## 一、车路协同技术框架

车路协同系统(Cooperative Vehicle Infrastructure System, CVIS)将各种传感器技术、通信技术、计算机智能技术以及数据处理技术集成,以先进的无线通信技术为基础,通过车辆与车辆之间的信息交互、车辆与道路基础设施之间的信息共享,实现车-车之间、车-路之间的智能协同,从而使得交通资源得到最优的配置,以提高车辆出行安全、提升交通运行效率。

根据传感器放置位置来分,车路协同系统主要包括智能路侧系统和智能车辆系统,通过无线通信设备实现车-车、车-路的信息交互和共享,车路协同系统的典型基础框架如图6-4所示。

智能路侧单元(Road Side Unit, RSU)通过路侧传感设备获得道路当前路段的车流密度、平均车速、异常路况位置、交叉口当前红绿相位等路况基础参数,通过车—路通信设备收集当前路段中车辆行驶的位置、速度、方向等车辆运行基本参数;智能车载单元(On Board Unit, OBU)则依靠车载设备将本车当前的速度、位置、目的地和驾驶员状态进行采集并上传,同时通过车-路、车-车通信设备获取路况基础参数和诱导信息,以及周围车辆运行基础参数。

车路协同系统主要工作流程为:智能路侧单元的传感器采集交通流、道路路面状况和一些异常事件等信息,并通过车-路通信设备收集当前路段中车辆信息,并由路侧控制单元进行处理;然后传向路侧无线通信设备,再通过路侧无线通信设备传递到车载无线通信设备,与车辆采集的信息进行交互和融合;最后反馈给驾驶员,由驾驶员对当前的交通环境进行判断，做出相应的驾驶动作。典型的车路协同系统工作流程如图6-5所示。

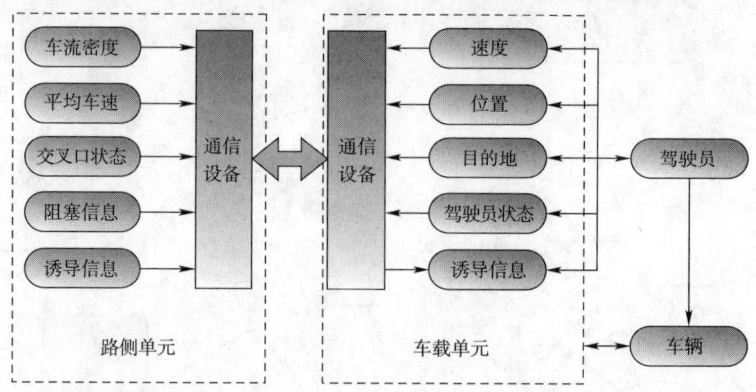


图6-4　车路协同系统基础框架

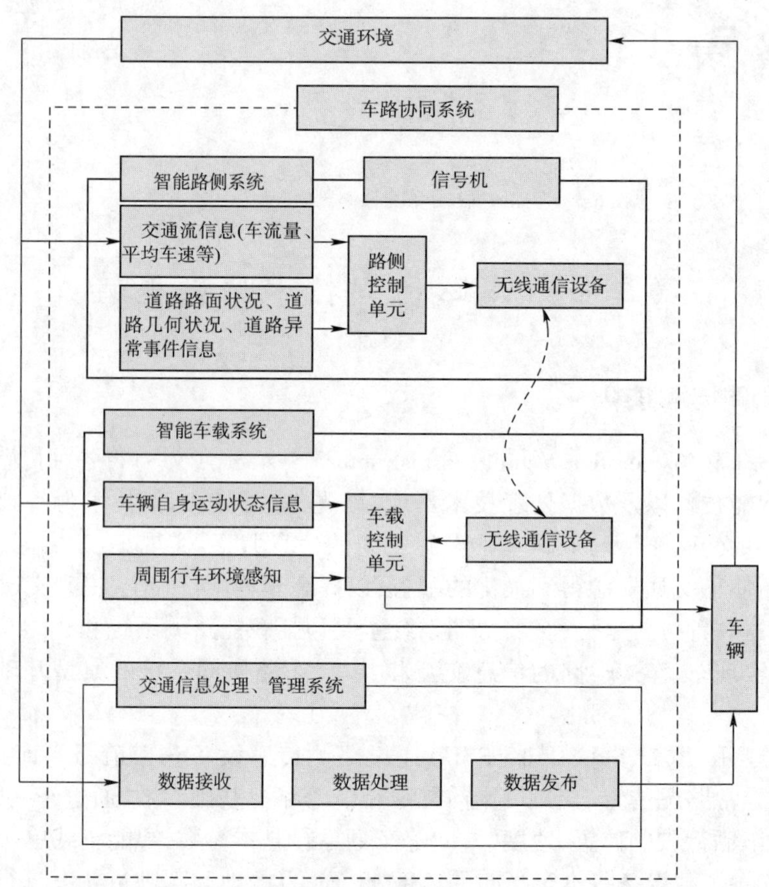


图6-5　车路协同系统构架图

## 二、车路协同的关键技术

车路协同系统是各种功能、技术和信息的集成，其中车—路和车—车通信需求无所不在，数据的获取途径和处理方法多种多样，因此，车路协同系统的集成需要有一个统一的体系架构。其关键技术主要涉及智能车载关键技术、智能路侧系统关键技术以及车－路/车－

车协同信息交互技术等。

1. 智能车载关键技术

智能车辆系统旨在对驾驶员的认知、判断、操作等提供辅助来避免事故或减轻事故伤害,提高车辆的行驶安全性与机动性。智能车载技术在车路协同系统的环境下主要通过感知技术来得到车辆运行状态信息及道路环境信息等,经过动态数据分析技术和控制决策技术为出行者提供相应的道路安全服务和引导信息服务。具体步骤为:车载传感器首先对周围环境信息进行实时采集,然后通过与智能路侧设备的实时交互技术,在线进行交通危险状态与行为识别,并结合道路交通环境的实际情况,实时地调整车辆的行驶状态,从而使得车辆安全通过道路交叉口或主动车辆避撞。因此,智能车载技术应包括:车辆精准定位与高可靠通信技术;车辆行驶安全状态及环境感知技术;车载一体化系统集成技术。

(1)车辆精准定位与高可靠通信技术。车载导航系统如何城市高楼大厦林立的地方,提高信号质量和定位精度,是广泛研究的技术难点。突破基于 GNSS、激光、雷达、图像数据、传感器网络等多种手段的环境感知技术,以及高精度多模式车载组合定位、惯性导航和路径推算、高精度地图以及匹配等技术,实现车辆的无缝全天候高可信精准定位,将是车辆精准定位技术发展的主流方向;掌握多信道多收发器通信技术,基于自组织网络和双向数据通信技术、WLAN 通信技术、RFID、4G 等无线传输技术,研究高可靠车载通信技术,实现车-路/车-车之间稳定有效的数据实时通信与传输成为智能车辆发展的必然趋势。

(2)车辆行驶安全状态及环境感知技术。车辆行驶安全状态及环境感知是发展智能车辆的基础,也是基于多传感器机器感知的车路协同系统车辆辅助安全驾驶的核心问题。涉及的主要技术有:车辆制动、转向、倾斜等自身运行安全状态参数的实时获取和传输技术,驾驶人危险行为的在线监测技术,基于多传感器的行驶环境检测技术。实时监测、获取与感知复杂路况下车辆危险状态信息、驾驶行为和行驶环境状态,从而更有效地评估潜在危险并优化智能车载信息终端的功能。

(3)车载一体化系统集成技术。通过集成卫星定位、CCD、LIDAR、惯性导航系统、自动控制、高精度测微、无损检测等多种传感技术,整合监控、导航、传感、通信以及控制单元,实现多功能车载终端的一体化集成。需重点解决的关键技术包括:基于本车传感器、临近车以及路侧或控制中心的多种数据的处理和融合技术,基于车载一体化终端和车辆总线的信息通信和数据共享技术等。

2. 智能路侧系统关键技术

智能路侧子系统主要功能是采集当前的交通、道路状况等相关信息,通过车车/车路通信技术,将信息传递到控制中心进行处理,并将处理后的相关决策信息通过网络传递到有相应请求的车载终端,从而达到辅助驾驶员驾驶车辆的目的。智能路侧技术是车路协同系统关键技术的重要组成部分,从整体上来看智能路侧技术包含:交通信息采集、传输和处理三大主要功能,如图 6-6 所示。

智能路侧系统旨在利用道路设置的各种监测系统,向驾驶员提供道路状况、交通堵塞、驾驶时间等信息,这就需要在道路上引入更多的信息采集设备和通信设备,将人、车、路通过信息技术集成为一个整体,进一步提高各种信息的精度,尤其着力于事故最为集中的道路交叉点的车辆、行人的检测及信息实时提供技术的研发。

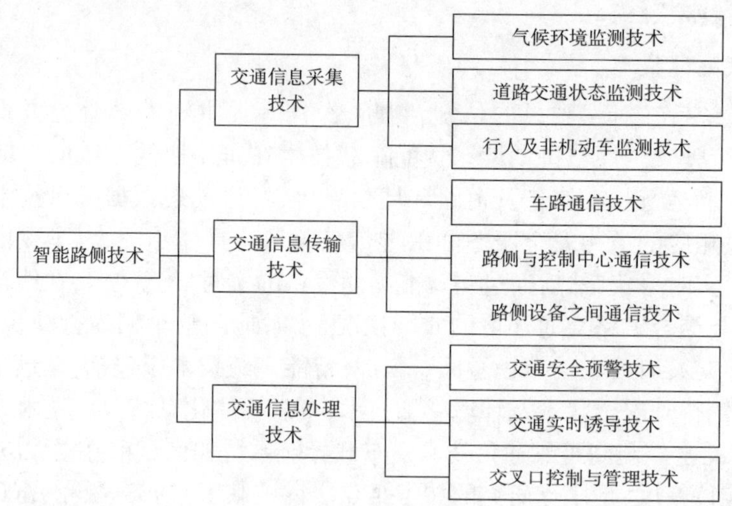


图6-6　智能路侧关键技术

(1)多通道交通信息采集技术。实时、准确的交通信息采集是实现车路协同系统主要应用的前提和关键。在车路协同中,交通信息采集最关注的是动态交通信息中的交通流信息,如车流量、平均车速、行程时间等。目前交通信息采集方式主要有感应线圈检测、微波检测、红外线检测、视频检测以及基于卫星定位的采集技术、基于蜂窝网络的采集技术、基于RFID的采集技术。但每种采集技术各有优势和不足之处,根据应用需求结合各种技术的优点,对多种信息采集技术进行融合,提高路网交通状态实时监测精度。

(2)多通道路面状态信息采集技术。路面状态良好是保证车辆安全运行的基础条件之一,对于路面状态需要采集的信息主要包括:道路路面状态,例如积水、结冰、积雪等;道路几何状态,例如车道宽度、曲率、坡度等;道路异常事件信息,例如违章车辆、发生会车、碰撞事故、非法占有车道的障碍物等。单一的传感器无法满足多路面状态信息实时采集的要求。因此,必须通过融合多传感器信息,如雷达、超声波、计算机视觉以及无线传感器网络等,实现车-车之间、车-路之间信息交换,才能实现道路路面状况信息的实时采集。

(3)路侧设备一体化集成技术。智能道路基础设施涉及路况信息感知装置、道路标识电子化装置、基于道路的各种车路协调装置、信息传送终端等。为了满足车路协同系统需求,集成多种信息采集技术,实现路侧设备无线通信和数据管理一体化功能。

3. 车-路/车-车信息交互技术

车-车/车-路通信技术,可以实现路侧和车载信息的实时交互,将机动车和路网有机地结合在一起,从而达到高效利用交通资源的目的。随着通信技术的发展,车-车/车-路通信技术正从传统的单一模型向多种通信方式结合的方向发展。目前网络通信主要包括:无线个域网通信(蓝牙、ZigBee)、无线局域网通信(Wi-Fi)、无线广域网通信(Wi-Max)和新型的4G、IPv6等,以及专用短程无线通信(DSRC)。

应用于车路协同系统的车路之间无线通信技术主要分为两类:一是专用短程无线通信技术(DSRC),二是基于固定信标(Beacon)的定向无线通信技术。

当前几种应用广泛的无线通信技术参数对比见表6-1。对于出行实时性要求不高的出行服务可以通过FM广播、3G/4G等通信技术得以实现;但是对于实时性要求较高的,诸如车辆主动安全或交叉口调度控制,则需要通过专用短程通信技术 DSRC 来实现。DSRC 的主要目的是解决车载环境下的无线接入(Wireless Access for Vehicular Environments, WAVE)问题。DSRC 能够很好地适应车载通信环境下的移动性、低时延性、短暂性以及拓扑结构的多变性,并且在通信速率和费用等方面具有一定优势,因此成为车路协同系统研究的关键技术。它具有数据传输速度高、延时小、工作稳定、抗干扰能力强、信号覆盖范围相对集中等特点,特别适合应用于仅在特定路段进行通信、要求通信设备稳定可靠的车路协同系统,DSRC 已广泛应用于智能交通领域,同时各国还在不断拓展其应用范围。DSRC 已经成为欧美国家发展车路协同式智能交通系统的首选通信技术。另外,日本还采用了无线电信标(Radio Wave Beacon)和红外信标(Infrared Beacon)两种定向无线通信信标。

不同无线通信技术参数对比　　表 6-1

| 参　数 | FM 广播 | Wi-Max | 3G | DSRC |
|---|---|---|---|---|
| 通信距离(km) | 数百 | <50 | <10 | <1 |
| 速率(Mbit/s) | >0.1 | 70 | 2~3 | 6~27 |
| 通信能力 | 区域 | 区域 | 区域 | 视距 |
| 传输方向 | 单向 | 双向 | 双向 | 双向 |
| 用户费用 | 0 | 低 | 中 | 0 |

车-车/车-路通信技术、智能车载技术及智能路侧技术作为智能交通系统三大支柱技术,实现了车辆和道路信息的智能感知,以及行人、车辆、道路三位一体协调发展,为缓解交通拥堵、解决环境问题、提高路网运行效率提供了新的发展思路和挑战。

## 第三节　车路协同技术应用现状

车路协同技术是智能交通系统 ITS 的研究热点和前沿,被视为改善交通安全和效率的一个重要手段,目前包括中国在内的很多国家都在从事着积极的研究与探索。微观交通流模型、车辆运行方式和车辆行驶安全等交通控制中的基础的问题,同时也是车路协同技术研究中的重要内容,一直以来都是众多国家和地区学者研究和应用的热点课题。

### 一、国外应用现状

关于车路协同相关技术的研究项目,目前主要集中在美国、欧洲和日本等发达国家和地区。

美国车路协同系统(Vehicle Infrastructure Integration, VII)发展计划源自智能车辆先导计划,随后美国联邦公路管理局将 VII 改为 IntelliDrive 项目,研究主要朝着车辆自动、辅助驾驶技术、驾驶员瞌睡预警技术、碰撞预警技术等方向发展。按照美国智能交通系统五年战略规划(2010—2014),首要研究目标是实现车辆间(Vehicle to Vehicle, V2V)的安全通信系统,即通过在各种车型上部署 V2V 车载设备,加速提高车辆的自主安全性能,目的在于服务国家公路管理局管理决策,加快车内技术的发展,以确保首批 V2V 车辆具有实用价值,使车辆的全面保护成为现实;其次,发展美国全境范围内的 VII 车辆,即具备与道路基础设施之间进行通信的车辆技术，借助增加的路侧数据采集和决策系统进一步提高车辆的安全性能，其研究内容包含基础设施政策引导、管理及其在信号中的应用；再次，实施动态机动应用程序的开发，通过全境实时数据、多出行模式信息的采集，改善下一代交通系统，为交通参与者提供实时、动态、多种形式的决策功能，改善交通机动性、节省系统耗能、减少拥堵提高出行效率。

现阶段美国车路协同研究的重点包括 CICAS 和 CVISN 两个项目。前者表示交叉口避碰系统，重点在于对交叉口交通信息处理，通过交叉口的路侧设备，将相关的交通信息传递到车载设备上并进行预处理，对当前的交通状况进行判断，通过人车交互界面辅助驾驶员进行驾驶，以保证安全通过交叉口；而后者表示营运车辆信息系统与网络，其主要目标是提高机动车辆运输工具、商业运输车辆和驾驶员的安全性，并通过强制标准的实施提升运营车辆安全标准的实施效能，最终实现各州之间营运车辆的数据共享，降低国家和企业的管理费用。

在车路协同技术领域，美国正通过以上项目和计划进行深入的研究，并制定出了车路协同的相关标准：

(1)用于车路环境无线通信的 IEEE1609 系列实验用标准。

(2)用于短程通信的 IEEE 802.11P 标准。

(3)SAE J2735 专用短程通信标准。

(4)5.9GHz 专用短程通信标准。

这些标准的制定对于车路协同的研究有着重要的意义，并在很大程度上促进了车路协同技术领域的发展。目前，美国正通过对以上项目和计划的研究，对车路协同技术进行更加深入的探索和完善。

日本是最早对智能交通技术进行研究的国家，其项目相关研究可以按照研究对象与环境的不同，分为先进安全车辆和智能型公路系统。日本在车路协同系统项目 Smartway 计划中取得的应用成果主要用于促进土地、基础建设、运输和旅游以及智慧型车辆的研究发展。Smartway 计划发展重点是以日本已成熟的各种 ITS 技术及已建立车载单元为基础，获得整合的共同平台，使道路与车辆可以进行信息交互，完成车路协同技术的智能化建设，并通过车路协同系统的建设和使用减少交通事故和交通拥堵，其中 Tokyo Metropolitan Expressway 部分公路的试验计划已经在 2007 年初步完成，2009 年这项研究计划已扩展到日本三大都会区。日本已有的车路协同系统技术中，已能向用户提供：辅助安全驾驶信息、图像信息、浮动车信息采集服务、道路汇集预警服务、停车场在线付费以及互联网无线连接服务。上述服务的实现，使得日本在车路协同环境下，车辆与道路基础设施已经具备了行驶基础数据信息交互的技术条件。

欧洲对于车路协同系统的研究主要表现在欧洲车路协同系统(CVIS)及相关的信息平台的发展。CVIS 的相关平台融合了卫星定位技术、无线局域网以及传感器等技术，同时建立交叉口和路侧接收服务器，在路网中行驶的车辆利用车载智能通信设备，在经过这种路侧接收器时就可以快速获得实时的路况信息，使道路交通体系形成一个完整的网络结构，为车辆营造了一个可靠的行车环境。在该平台下，欧洲车路协同系统于 2012 年智能交通世界大会展示了项目研究的主要成果：车载系统、路侧系统与交通管理中心的通信互通性；车辆、路侧与交通管理中心的数据融合；车辆协同通信标准适应性；道路安全、交通效率。主要的应用有：基于车车通信的道路安全应用，如前车紧急制动报警、摩托接近报警；基于车路通信的交通管理应用，如信号灯路口车速控制、路侧动态信息车载显示等。

上述主要来自美国、日本、欧洲的车路协同系统研究现状和技术应用现状，表明车路协同技术作为无线通信技术在车、路、交通中心的应用，在上述国家和地区已经得到了长足的发展，并开始进行应用研究，下一步将向全球标准化、服务精细化方向发展。发达国家对于车路协同的研究已经有相当的规模和一定的成果，但总的来说，车路协同的许多关键技术仍在探讨、实验和测试阶段，尚未大规模的推广和应用，而作为车路协同关键技术之一的智能路侧系统正处于这一阶段。

## 二、国内应用现状

从2000年开始，我国国家ITS中心开始关注车路协同领域，而研究工作也相应展开。我国交通环境随着车辆数量的增加而恶化，近些年来关于车路协同思想的关键技术正在蓬勃发展。国内科研院所对车载设备的导航、驾驶员状态识别、安全辅助驾驶、危险提示等车载技术进行了广泛的研究，并结合路侧交通信息采集、信号控制，以及道路状态预警等技术研究，已能对道路中的车辆进行有效的位置指引、高精度地图匹配与导航。在车载设备方面，中高端车辆已经能够实现车道偏离报警、前向报警即自主制动、主动安全防护和ACC系统，并在学习先进国家车路协同基础上实现自主知识产权的车辆互联技术。目前已基本掌握了智能汽车安全驾驶、车辆运行状态辨识、高精度定位及导航、高可靠信息融合与交互等核心技术，为智能车路协同系统的研究奠定了基础。

华南理工大学依托广州市科技基金项目，搭建一套实现车路协同的系统装置，能够较好地实现车－路和车－车间的通信，对车辆安全高效的行驶有很大的促进；长春市与瑞萨科技进行合作，建立了基于WAVE无线通信技术的ITS测试系统，并且经过测试十分成功；吉林大学则已经开始对车路协同的关键设备进行测试。2011年11月至今，以清华大学为牵头单位的科研团队在国家“863”计划的支持下，围绕车路协同关键技术开展了系统性的探索研究。通过建立稳定、可靠的车路协同仿真平台，模拟交通流和车车/车路信息交互过程，采用协同控制与车路信息交互一体化仿真的思想，在仿真车辆微观驾驶行为的同时，完成车-车、车-路间数据传输的模拟，并设计不同的仿真场景，对优化后的信息交互方法进行仿真验证。2014年2月16日，十二五“863”主题项目“智能车路协同关键技术研究”通过科技部组织的验收。项目科技成果演示发布会及验收报告会在廊坊市河北清华发展研究院及其附近的试验场地举行，10辆安装具有车车、车路协同功能的“智能车”，在“智能道路”上运行，向与会领导、专家学者、相关企业和社会媒体展示了十余个智能车路协同系统典型应用场景，如：盲区预警、多车协同换道、交叉口冲突避免、行人非机动车避撞、紧急车辆优先通行、车速引导、车队控制、车队协同通过信号交叉口等。2014年10月9日，在青岛举行的智能交通系统国际会议（ITSC-2014）上演示了其中的9个场景，初步演示了真正的人、车、路协同。

面对车路协同这一新生事物，车辆信息交互方式发生了改变；行驶路段局部信息的获取，能够给予车辆运行过程中更为优化的速度和换道建议，从而使车辆在运行速度、车头间距和时距以及车辆跟驰等微观交通流特性都将发生良性的变化，在提高车辆运行安全的同时能够改善道路的利用效率。

# 第四节　典型应用一：高速公路智能路侧服务平台

## 一、系统概述

高速公路隶属高等级公路，是道路的重要组成部分。根据交通运输部《公路工程技术标准》(JTG B01—2014)规定，高速公路指“能适应年平均昼夜小客车交通量为25000辆以上，专供汽车分道高速行驶，并全部控制出入的公路”。高速公路能够支持城市之间、城乡之间的高速行车，其优点是通行能力大、运输效率高、行车安全舒适、能够降低能源消耗。但其缺点是工程建设占地多、投资大、造价高、工期长等。总体来讲，高速公路的建设情况可以反映一个国家和地区的交通发达程度，甚至经济发展的整体水平。

高速公路智能路侧服务平台，在提供高速公路路段实时监控能力的同时，还能够实现路网内信息的汇集、共享、处理以及发布，为高速公路管理部门统一交通规划、宏观调控，提供一个界面良好、易于操作的辅助决策平台。经过十几年，我国高速公路的建设已经有了很大的发展，在相当长一段时期内，我国高速公路建设仍将处于快速发展阶段，高速公路信息服务仍将有很大的需求。高速公路智能路侧服务平台的建设，能够方便高速公路网运行管理，为高速公路管理部门提供一个可以支持其决策的辅助支持平台。该平台有两方面的作用：一是能对各个路段提供的各种交通、监控数据进行分析、提取，为管理部门科学化、系统化的决策提供充足的交通信息；二是能提供实时交通状况，使管理部门能及时了解整个高速公路的交通情况，便于在紧急情况下发挥指挥的作用。

另外，高速公路智能路侧服务平台通过车载单元与路侧单元实现车－路联网，为沿途的所有车辆提供路侧警示服务，并按照车载设备的配置情况提供多级服务。平台引入交通事故主动防控技术，对路况、车辆、交通流量、气象等信息分析判断，建立联动触发机制，对已发生的事件进行报警，避免出现二次事故。服务平台利用了车路协同技术，有效提升了车辆安全服务和交通管理水平，实现了人、车、路、环境的和谐统一。

智能路侧系统是车路协同系统的重要组成部分，也是突破车路协同技术的关键所在。其主要功能是采集当前的道路状况、交通状况等信息，通过系统的通信网络，将信息传递到交通监控中心进行处理，通过网络传递到有相应信息请求的车载终端，辅助驾驶员进行驾驶。从整体上来看，车路协同智能路侧系统分为采集现场、通信网络、交通监控中心3个部分，分别对应实现交通信息采集、传输和处理三大功能，如图6-7所示。

信息采集设备是整个系统的信息来源，分别对车流量、车速等交通信息和积水、结冰、积雪等道路面状态信息进行采集，为车辆提供实时路段信息。通信网络是整个系统正常运行的基石，也是实现车路信息共享的关键，它把整个系统的设备都纳入到网络中，准确可靠地将相关信息传递到交通监控中心，并将监控中心的信息和命令准确地传递到系统的每个设备。交通监控中心则是信息传递的一个终端和汇集点，要对发送来的信息进行分析和处理，保存重要信息，并为车辆等终端提供相关信息。

智能路侧服务平台工作流程示意图见图6-8。

## 二、路侧信息采集

智能路侧服务平台通过路侧信息采集，获取高速公路相关交通信息，作为服务与决策的依据。路侧信息采集包含对象、采集设备(路侧传感器)以及采集方式3个元素。

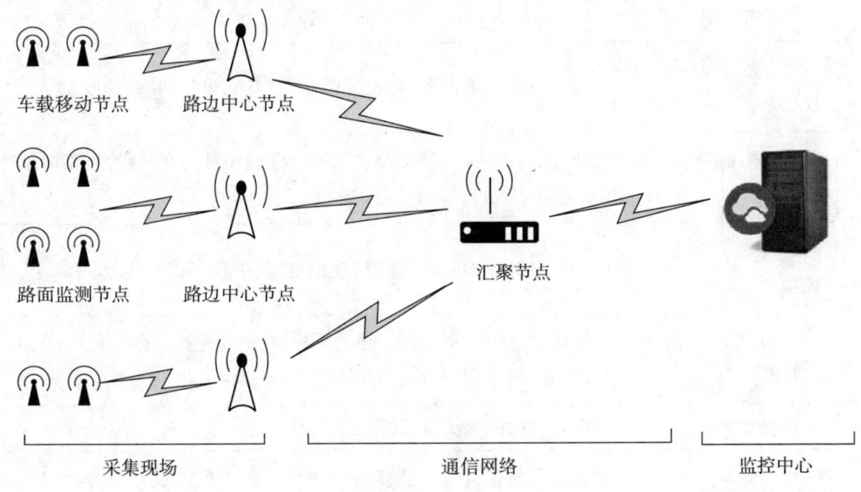


图6-7　智能路侧系统结构示意图

1.路侧信息采集对象

高速公路覆盖范围广、区域跨度大,这使信息采集的难度相对较大。高速公路交通信息采集对象一般包括车辆的状态信息、交通量数据、路侧数据等。其中车辆信息包括车牌信息、车辆颜色、载重数等基本信息;车辆定位、车辆行驶途经基站标识列表、通行费等状态信息;行驶速度、最高速度、最低速度、行驶时间等行驶信息。交通量数据是指对选定公路某路段的交通流量及其特性的采集。通过交通量采集可以掌握运输路网、各条路线、各路段交通流量的大小、构成、事件分布、空间分布、道路拥挤状况等特性。高速公路路侧信息采集还兼容原有高速公路已建的车检器、能见度仪和气象站等设备,全方位地采集高速公路路况信息,为主动防控体系的建立提供重要数据。路侧信息采集的对象见表6-2。

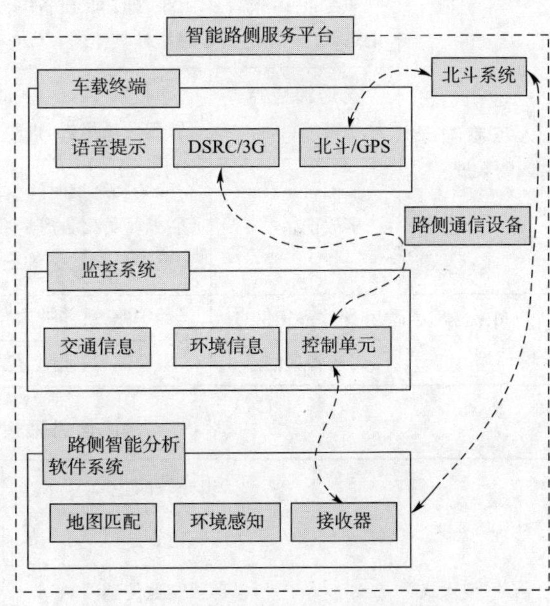


图6-8　智能路侧服务平台工作流程示意图

2.路侧信息采集传感器

智能路侧系统主要是通过车路之间的信息交互来实现对交通的管理和调控,而为了实现这种管理和调控,就必须得到准确的交通参数信息,换句话说,准确的交通参数信息的获取是系统实现交通管理和调控的基础。典型的交通参数信息采集一般是由传感器完成,车路协同应用的传感器可分为侵入式和非侵入式两类,一些常见的侵入式和非侵入式传感器见表6-3。

路侧信息采集对象 表6-2

| 采集方式 | 采集数据 | 详细内容 |
|---|---|---|
| 自动化采集数据 | 车辆检测器数据 | 车型、车速、车道占有率;报警(门被打开),设备状态(中断、工作) |
| | 气象检测器数据 | 风速、风向、温度、湿度(路面平均湿度或相对湿度)、雨量、路面结冰状况,报警(超出范围、中断),设备状态(中断、工作) |
| | 能见度检测器数据 | 能见度(20m~10km);报警(超出范围、中断),设备状态(中断、工作) |
| | 视频事件检测器数据 | 在工作状态中实现道路交通时间检测,例如逆行、停车、行人等,以及部分交通参数,例如:车流量、车速、车型等 |
| | 收费站数据 | 对应收费站的车流量及开放的车道数 |
| | 情报板数据 | 设备显示内容、状态;报警(硬件错误,即中断、关机),设备状态(关闭、中断、工作) |
| | 可变限速标志数据 | 设备显示内容、状态;报警(硬件错误,即中断、关机),设备状态(关闭、中断、工作) |
| 可能需要人工参与录入的数据 | 紧急电话报警记录 | 报警时间、设备编号(可确定位置)、报警事件性质(预先设定,如抛锚等)、报警事件具体内容(人工输入)、自动录音(可选)、设备状态(通话、中断) |
| | 交通拥堵等事件告警信息 | 包括事件的地点、时间及日期、起因(事故、施工等)、信息来源(巡警、紧急电话、驾驶员报告、程序自动判断等) |
| | 事故记录 | 开始和结束时间、位置及方向、事故类型(预先设定)、信息来源(巡警、紧急电话、驾驶员报告等)、伤亡程度(可选)、监控采取的措施(限速标志、情报板、封闭车道等)、事故详细记录及处理结果(人工录入) |
| 可选输入的数据 | 路段养护信息 | 养护路段、养护内容、位置、方向、养护开始和结束事件 |
| | 路政管理信息 | 阻塞路段、原因、位置、方向、事件开始时间和结束时间 |

路侧信息采集优传感器分类 表6-3

| | | | |
|---|---|---|---|
| 侵入式 | 电感线圈 | 非侵入式 | 微博雷达车辆检测传感器 |
| | 气电管 | | 红外线车辆检测传感器 |
| | 压电薄膜交通传感器 | | 视频图形车辆检测传感器 |
| | 移动称重传感器 | | 超声波车辆检测传感器 |
| | 磁力检测传感器 | | RFID 车辆识别传感器 |

侵入式交通参数信息采集传感器,通常情况下以粘贴等方式固定在道路的表面,或者是通过切割路面将传感器固定在路表的下方。其缺点明显,在安装、修理和维护过程中会使交通受到影响,很多时候必须中断交通来实现该类传感器的布设。非侵入式交通参数信息采集传感器,是一类不需要侵入到监测实体的传感器,通常固定在监测路段的路侧或者是路面

之上,这类的传感器在布设和日常的维护过程中,对正常的道路交通影响较小,但是在应用场合的广泛程度上还有待提高。

3. 路侧采集方式

随着我国对车路协同发展的关注力度不断加大,各类相关技术也逐渐成熟,交通参数信息的采集作为车路协同系统信息的源头,也在不断地进行变化。信息采集的过程不再是孤立地进行,而是动态地通过车路间的通信网络,来获取当前路段的车辆相关信息,并对当前的交通信息进行处理,然后再通过路侧的通信网络获取当前路段的路面状况和气象信息,并对这些信息进行融合,以获取车辆需要的交通信息,再通过车路间的通信网络,把这些信息传递给监控区域的车辆。其过程如图 6-9 所示。

通过路侧单元介入的车辆检测传感器可以及时准确地进行信息数据采集,后续通过路侧单元基站自组网上传交通量数据到数据中心,由数据中心服务器进行交通量数据整理、统计及分析,提供路网管理、指挥及决策使用。

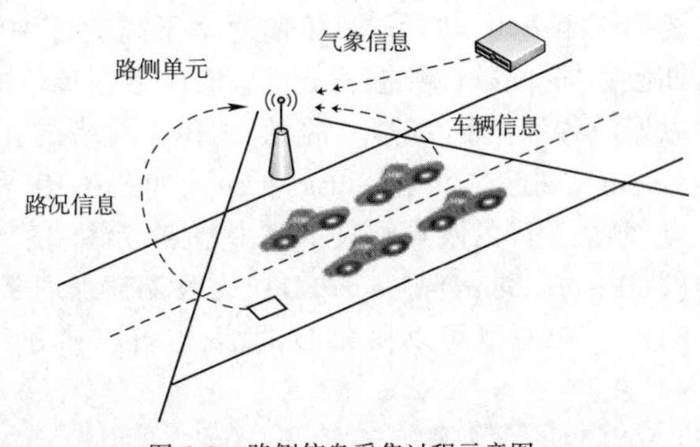

图 6-9　路侧信息采集过程示意图

要实现这样的信息采集,需要在车辆上安装智能终端设备,因为这些设备是进行车路之间组网通信的必要条件。如果车辆没有安装智能车载设备,就无法加入到路侧智能设备所组建的网络,也就不能实现车路之间动态通信。

以车辆定位信息采集过程为例,其采集过程如下:

(1)在路段管理平台可以为基站配置其经纬度、所属高速公路编码、桩号等信息。当装有车载单元的车辆驶入基站设备检测区域时,基站通过挂接在自身的无线定位传感器获取车辆的相对角度、方位以及与基站设备的距离。

(2)通过无线通信模块发送车辆定位读取指令,包括基站的经纬度、所属高速公路编码、桩号、地理位置信息,和通过无线定位传感器获取的方位信息和距离信息。

(3)车载单元收到车辆信息读取指令后,通过自身集成的模块向定位卫星发送搜索定位命令,定位完成后,向车载单元发送定位完成命令。

(4)基站设备接收到车载单元发送的定位完成指令后,通过无线模块读取车辆位置数据并传送至管理中心。

## 三、组网方案

良好的通信网络是车路协同智能路侧系统正常运作的保障。要实现车载单元与路侧单元之间、不同路侧单元之间、路侧单元与监控中心之间的信息交互,首先要解决各个模块节点之间的通信问题。而要了解系统的通信网络,无线传感器网络和 ZigBee 网络是两种普遍应用的组网方式。

1. 无线传感器网络

无线传感器网络(Wireless Sensor Networks, WSN)是以先进的传感器技术、微电子技术、无线通信技术、大规模并行计算技术等为基础的无线自组织网络。这种网络通常由大量节点组成，面向任务，并通过相应类型传感器对目标区域进行监测，网络中的节点可以对信息进行处理，并将信息传送到监控中心。无线传感器网络是由监测、传输网络和远程监控中心3个基本部分组成，其监测部分是由传感器节点和汇聚节点组成。

在监测区域内随机部署大量的传感器节点，这些节点通过自组织的方式构成无线网络。传感器节点通过传感设备对监测区域进行信息采集和处理，运用多跳路由的方式将信息传递给汇聚节点。汇聚节点则通过相关传输网络将信息传递给监控中心，并由监控中心对这些信息进行处理，得到需要的数据，实现对监控区域的实时监测。

2. Zigbee 网络

ZigBee 技术是一种近距离、低复杂度、低功耗、低速率、低成本的双向无线通信技术。主要用于距离短、功耗低且传输速率不高的各种电子设备之间进行数据传输以及典型的有周期性数据、间歇性数据和低反应时间数据传输的应用。ZigBee 技术具有强大的组网能力，可以形成各种拓扑结构。常见 ZigBee 网络的拓扑结构有三种：星形网络（star）、网形网络（mesh）、树簇形网络（cluster tree），如图 6-10 所示。其中颜色较深的圆点表示网络的协调节点，颜色较浅的圆点则表示路由节点或终端节点。协调节点和路由节点通常是全功能设备（Full - function Device，FFD），而终端节点通常是精简功能设备（Reduced - function Device，RFD）。FFD 既可以和 RFD 通信，也可以和 FFD 通信，RFD 则只能和 FFD 通信。

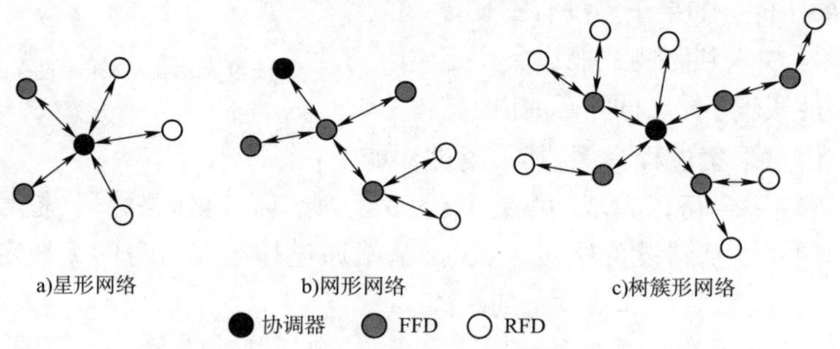


图 6-10　常见几种 Zigbee 网络拓扑结构

星形网络是一种简单的网络，在网络的中心有一个中心节点，由该节点负责发起建立和维护整个网络，其他节点则分布在中心节点的通信覆盖范围内，可以与中心节点进行直接通信。网形网络与星形网络不同，网络结构一般比较复杂，网络中节点之间的通信是完全对等通信，网络稳定性强，但是网络的信息维护量较大。树簇形网络可以看成一个复杂的星形网络，终端节点可以通过路由节点与协调节点相连，而不像星形网络只能直接与协调节点相连，并且树簇形网络中各类节点的功能非常清晰，使得网络结构看起来也比较简单，而且如果要扩大网络的通信范围，可以通过加大网络的路由深度来实现。

3. 通信网络的组成

一般中小城市设有一个交通监控中心，它是整个城市交通信息汇聚的终点，同时也是城市交通的管理和控制中心，在整个车路协同智能路侧系统的通信网络中，起到交通信息的处理、储存和发布控制命令的作用。当然在大型的一线二线城市中，可以有多个交通监控中心，将整个城市分割成不同的区域，来进行交通的管理和控制。

结合城市交通信息传输的特点，可以把车路协同智能路侧系统的通信网络分成三个层次：上层是交通监控中心与监控现场实现的通信的 3G/4G 网络；中间层是汇聚节点与路侧节点组成的线性网络，实现交通信息的汇聚，由汇聚节点将信息传递到监控中心；下层是路侧节点、车载节点和路侧节点附近的信息采集节点组成的星形网络，实现交通信息和路面状况信息的采集和传输。

(1)监控中心与汇聚节点间的通信。

整个网络以TCP/IP协议作为通信基础，实现全局的信息共享。一般来说，当前城市交通管理部门已有相关基础，在城市中部署已经十分完善，不需要对这一层的网络进行重新设计，只需做好应用层的开发和优化，保证信息安全即可满足要求。

(2)汇聚节点与路侧中心节点间的通信网络。

汇聚节点是将路侧中心节点传递的信息进行汇总，并向交通监控中心发送节点，它是一个区域监控网络的中心，对整个网络起到组织、协调和管理的作用。汇聚节点与路侧中心节点组成的通信网络是整个车路协同智能路侧系统的中层网络，也是骨干网络，一般都是线性网络，是一种特殊的树形拓扑结构，如图6-11所示。

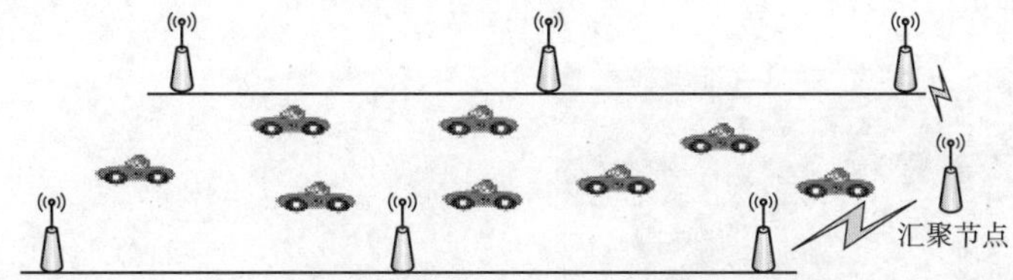


图6-11　汇聚节点和路侧中心节点的通信网络

整个线性网络是由汇聚节点和它所控制的路侧节点组成。路侧节点负责把监控现场的交通信息和路况信息进行收集，然后通过网络中其他的路侧节点，以路由多跳的方式将信息传递到汇聚节点，再由汇聚节点将这些信息进行汇总处理，以对信息下一步的传递方向进行裁定。而整个城市有很多的汇聚节点，这些节点之间是相互独立、互不干涉，没有主次之分，这些汇聚节点以及它所管理的网络相互交织，就形成了覆盖整个城市的通信网络。

(3)路侧中心节点和车载移动节点间的通信网络。

路侧中心节点和车载移动节点间的通信网络是一个星形网络，以路侧中心节点为中心节点进行组建，负责收集路侧节点通信覆盖范围内的传感器节点信息和移动的车载节点信息，它们都能与路侧节点进行直接通信，如图6-12所示。

路侧中心节点组建的通信网络是车路协同智能路侧系统通信网络的最底层网络。它是由路侧中心节点、传感器节点和车载移动节点组成，是整个系统信息采集和传递的关键。系统所有需要的交通信息都是通过该层网络传递到路侧中心节点，然后再逐层传输到监控中心。

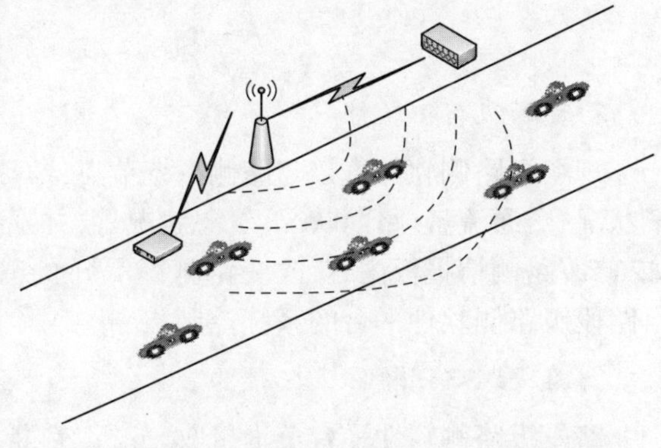

图6-12　路侧中心节点和车载移动节点间的通信网络

在整个系统中，路面传感器节点定期采集路面信息，并将这些信息发送到路侧中心节点；车载移动节点挂靠在车辆电子系统总线上，采集车辆的参数信息，包括车辆的电子牌照、车速、剩余油量、驾驶状态等汽车状态参数，并将这些信息发送到路侧中心节点；路侧中心节点负责组建星形网络，接收来自路面传感器节点和车载移动节点的信息，一部分路侧中心节点还要采集温度、湿度、气压、光照强度等信息，并将这些信息通过线性网络，以路由多跳的形式传递到汇聚节点；汇聚节点则是将来自路侧中心节点的信息进行数据融合，以得到当前监控区域的交通状况信息、路面状况信息和交通气象信息，并将这些信息通过3G/4G网络上传远端服务器中，同时这些信息还要分发到下面的路侧中心节点，以方便车载移动节点的信息获取；远端服务器则是负责将所有汇聚节点发送的信息进行综合处理，以方便对整个道路运输路网状况的监控。

## 四、智能路侧系统软件平台

智能路侧系统软件平台通过实现智能路侧采集、传输、处理、分析、控制逻辑，完成对路侧信息采集传感器、传输网络以及中心的控制，实现智能路侧功能。一般来说，智能路侧系统软件平台可以分为四级，具体包括：现场级路侧软件、路段级路侧软件、区域级路侧软件、省中心综合数据交换平台，如图6-13所示。四级软件平台的协同运行，实现了数据统一与交互，信息共享与协作。

图6-13　路侧系统软件四级平台

1. 现场级路侧软件

现场级路侧软件直接与路侧系统节点或车载单元通信，收集来自现场的状态数据，如车辆状况、交通流量、路面状况、气象状况等，并根据采集的交通数据，采取相应的控制动作，例如，修改路侧情报板内容，改变路侧警示灯状态，向车载单元发送预警等信息。同时接受来自路段级路侧软件平台的系统控制指令。

2. 路段级路侧软件

路段级路侧软件平台负责接收、分析、判断、预测、确认某路段范围内的交通信息和交通异常事件;指令发布、设备运行状态的监视和控制;接收来自现场级路侧软件平台的系统控制指令等。

3. 区域级路侧软件平台

区域级路侧软件平台通过接收来自各个路段级路侧软件信息,进行汇总、分析、判断、预测、确认某区域范围内的交通信息和交通异常,对区域路况具有总体监控和指导作用。向路段级路侧软件发布指令、监控设备运行状态,同时将本区域信息及时向省中心传送。

4. 省中心综合数据交换平台

省中心综合数据交换平台作为车路协同智能路侧系统的重要组成部分,在保障城市交通安全、畅通方面发挥着重要的作用。它是所有交通信息汇聚的终端节点,并对这些信息进行分析处理,从而对一个大范围内的道路路况信息进行及时、准确地信息统计,这些信息包括道路占有率、车流密度、车队长度、流通量、平均速度等,能为道路疏导提供有力的理论依据,再通过车路协同智能路侧系统的通信网络,实现交通诱导。此外,交通监控中心可以提供交通安全方面的服务,例如对即将行驶到危险路段的车辆进行交通信息警告。

省中心综合数据交换平台是全省各路段路网运营服务状况的信息采集中心和协调控制枢纽。省中心综合数据交换平台总体上集路网交通信息管理、应急救援管理、路政信息管理、道路设施管理功能为一身。其功能可归纳为,通过接收各路段监控中心和各路段监控设备上传的有关数据、图像,对全省高速公路路网交通状况进行监视,对整体交通进行宏观管理,协调各级设备运行;并且通过接收的实时交通状态,采用合理的交通控制策略,协调诱导交通流,协助进行交通管理和应急救援工作,提供省域内的道路地理信息。

省中心综合数据交换平台除与各路监控中心相连外,还应与相关信息中心(联网收费、通信中心)、与交通信息相关的系统、上级管理部门、相邻省市监控中心相连或预留相应接口。

省中心综合数据交换平台实现了以下功能:信息汇集和宏观监视、信息处理和宏观控制、协调管理、事件处理、视频图像监视、信息显示、信息管理、系统安全、地理信息显示、时钟统一管理、数据统计和报表打印、数据查询、数据自动备份和系统恢复、告警处理功能、与其他系统之间进行信息交换等。

根据需求分析,省中心综合数据交换平台分为用户管理模块、模型维护模块、GIS 模块、设备档案模块、各种设备类型模块(可变情报板、车辆检测器、气象仪等)、视频监控模块、故障告警模块和事件日志模块,每个主模块又设有相应的子模块,如图 6-14 所示。

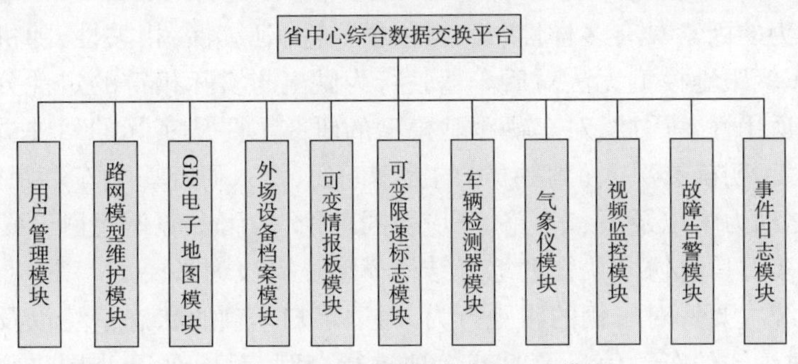


图 6-14　省中心综合数据交换平台模块

# 第五节　典型应用二:车速引导系统

## 一、系统概述

1. 背景与意义

车辆追尾是道路交通典型事故之一,也是影响交通安全和交通拥堵的重要因素。造成追尾事故的主要原因有两个方面:一是客观条件的影响,如大雾、风沙、霾等影响驾驶员视线,或者雨、雪等恶劣天气条件下路面湿滑,影响车辆的正常制动;二是驾驶员主观因素的影响,主要表现在驾驶员注意力不集中、路况估计失误等因素,其中,80%以上的事故是由于驾驶员反应不及时造成的。研究表明:如果驾驶员碰撞危险出现的0.5s前得到警告,可以避免至少60%的追尾撞车事故,若有1s的警告时间,则可避免90%的事故。因此,建立跟驰状态下的车速引导系统,可以有效减少追尾事故的发生。

车速引导系统的核心是信息感知和传输。一方面,在汽车电子产品中,传感器已经成为关键的基础配套产品之一,传感器的普遍应用为车速引导系统的信息感知提供了支持。另一方面,无线通信技术的发展,为车内、车间以及车路之间的通信提供了可能,由于车辆采集自身信号,如车速、制动信号、转向、制动踏板位移等相对容易,而采集其他车辆的这些信息相对困难,即便是通过加装测距雷达等传感器可以采集前车的信息,如相对速度、相对位移等,普通的设备相对精度以及实时性不高,而高精度的信息采集设备往往价格比较昂贵。

因此,随着相关技术的飞跃发展,融合车车通信、车路通信、车辆智能控制等技术的车速引导系统能够弥补传统跟驰模型中信息单一的缺点。通过Wi-Fi、DSRC、3G等无线通信技术进行信息交互,车辆之间不受视线阻隔的影响,可以满足各种复杂路况的要求,尤其是在常见的大雾、雨雪、隧道等情况下能够发挥非常重要的作用。对保证复杂交通环境下车辆安全行驶具有重要的意义,对提高我国交通系统的管理效率、缓解拥挤、减少污染和能源消耗亦具有一定的理论价值和实际意义。

2. 车速引导系统工作原理

现代化道路交通把人、车、路、环境这交通四要素融合为一体,成为动态与静态相结合的错综复杂的大系统。传统的车辆跟驰模型,提出的影响因素简单、单一,脱离了车辆跟驰行为和驾驶员本身的实际情况,导致这些模型只能在很苛刻的条件下成立。由于影响驾驶行为和车辆跟驰行为的因素具有多样性、复杂性、模糊性、延续性、相关性、随机性、时变性和不确定性,传统的车辆跟驰模型无法对后车驾驶行为做出与实际相符的定性分析和定量描述,无法得到普遍的适用性。因此,对车辆跟驰模型的研究需要从实际的驾驶员、车辆、道路、环境的系统需求出发,明确有关人(驾驶员)的因素问题,深入研究影响车辆跟驰行为的刺激因素,综合汽车道路动力学以及人、车、路、环境协同理论,采用多源信息融合技术,建立车辆跟驰过程中驾驶员多源信息协同认知的综合结构模型显得极为必要。

车速引导系统主要针对车辆的跟驰行为,通过感知车辆的状态信息以及位置信息,利用多种传输方式,对感知的车辆信息及时有效地进行交互,对同车道、同方向行驶的符合跟驰行为的车辆进行有效的车速引导,减少驾驶员因素导致的车辆追尾事故的发生概率,提高车辆运行的安全性。

基于车路协同安全距离模型的车速引导系统主要包括车载单元(On Board Unit, OBU)、路侧单元(Road Side Unit,RSU)以及无线通信单元。OBU 主要功能是获取车辆的位置信息以及运行状态,包括车速、加速度、制动踏板位移、转向灯、经纬度等信息,通过路侧设备发送的差分信息经过地图匹配算法,实现车辆的高精度定位,进而推算前后车间距,经过处理器运算,将引导车速通过显示屏向驾驶员展示当前引导车速。路侧单元主要功能是收集车载单元感知的车辆的位置信息以及运行状态等车辆有用信息,经过信息汇总和处理,将周围的车辆信息(如路段最小速度、差分信息)以及路况信息(如拥堵、事故等信息)发回给车辆,同时将收集的车辆位置信息通过 3G/4G 网络上传到监控中。无线通信单元主要功能是建立车车通信、车路通信以及路侧和监控中心的通信通道,主要通信模式有 Wi－Fi、DSRC、3G/4G 三种通信模式。车速引导系统功能原理如图 6-15 所示。

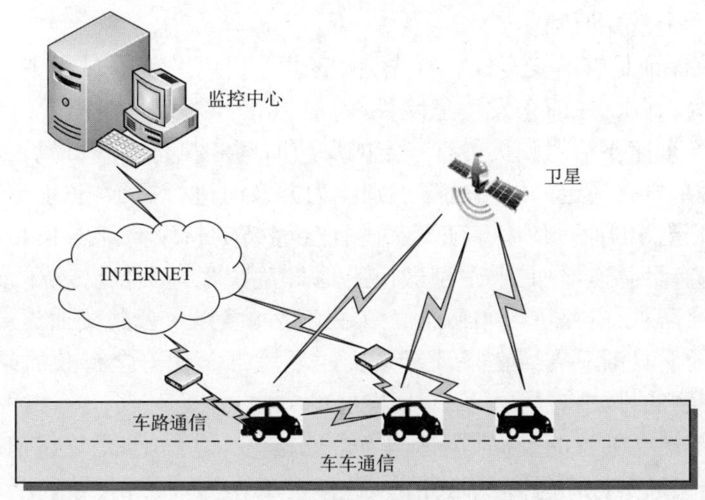


图 6-15　车速引导系统功能原理图

## 二、系统基本功能

1. 系统功能

考虑到跟驰行为的安全性和通行效率,结合系统工作原理,基于车路协同安全距离模型的车速引导系统应具备如下基本功能:

(1)能够准确识别跟驰行为。跟驰行为是最常见的一种驾驶行为,但是,在正常的驾驶过程中,往往会发生多种驾驶行为交替的情况,在车速引导系统工作情况下,应当能够正确识别当前行为是否为跟驰行为。

(2)能够在视线不佳情况下使用。大雾、雨、雪等影响视线的情况下追尾事故的发生概率会大大提高,在驾驶员视线不佳的情况下,车速引导系统要能够发挥足够的效用。

(3)要有终止车速引导的判别标准。在绝对安全以及交通拥堵情况下,车速引导系统提供的车速可能会与实际的驾驶情况有较大出入,经常的错误引导会影响驾驶员的情绪,同时会降低驾驶员对车速引导系统的信任度,因此,有必要制定终止车速引导的判别标准。

(4)引导车速提供给驾驶员,由驾驶员进行响应。由于交通系统的复杂性,对相同情况下不同的驾驶员采用的措施不同,且驾驶员通常会根据当前驾驶情况进行调节。因此,车速引导系统作为辅助驾驶的一套设备,对车辆不进行控制,只将引导车速提供给驾驶员,通过驾驶员进行响应。

(5)超过引导车速的最大值时,要有速度警告措施。车速引导系统的作用是尽量保证车辆安全,当后车速度超过当前引导车速的最大值时,有发生追尾事故的可能。为了引起驾驶员的注意,防止追尾事故的发生,显示界面要有声音提示。由于在驾驶过程中,经常存在不保持安全距离行驶的情况,此声音提示不宜过长,防止引起驾驶员的反感。

2. 系统设计原则

将车速引导建立在车路协同环境下,应该具有优于常规车速引导系统的特点。通过实现前后车以及路侧单元之间及时有效的信息交互,车速引导系统提供相对安全的引导车速,在速度超过引导车速的最大值时,进行及时的提示,从而减少追尾事故的发生。因此,车速引导系统设计有两个重要原则:

(1)系统应该保证足够的安全性。首先,在信息采集以及传输过程中,不得发生干扰车辆正常行驶的行为;其次,在前车发生危险性较高的行为时,第一时间发送给后车,同时,提供给驾驶员的引导车速要给驾驶员留有一定的反应时间和执行时间;最后,在通信距离较远和通信故障时,后车要有一定的网络故障识别能力并及时进行提示,防止错误的车速引导。

(2)尽量保证道路的通行效率。随着我国社会经济的持续高速增长和城市化进程的加快,城市机动车保有量急速增加,大中型城市土地日益紧张,仅通过传统的道路建设不能满足日益增长的交通需求,研究重点亦不能集中在道路网络以及公共交通建设上,交通需求与交通管理之间的矛盾日渐显露。在保证复杂交通环境下车辆安全行驶的同时,提高汽车通行效率、降低污染物的排放将成为今后交通发展的方向。

车速引导系统建立的目的是提高跟驰车辆的安全性,但是,如果仅仅依靠增大车距而获取,不但浪费道路交通资源而且降低道路的通行效率,作为代价,会导致严重的道路拥堵进而带来能量消耗和环境污染。因此,尽量将车速引导系统贴近实际的驾驶行为,保证道路的通行效率。同时,前车有较小幅度的车速变化时,后车的引导车速要尽量稳定,时快时慢的车速引导会影响后车驾驶员和乘客的舒适性。

## 三、系统工作方式

基于车路协同安全距离模型的车速引导系统具有如下工作方式:

1. 注册

系统启动后,首先要完成设备自检以及检测外部接口连接是否成功,OBU 处理器显示各信息感知设备获取的车辆状态以及位置信息,与 RSU 进行无线通信,完成当前 IP 的注册。通过 RSU 的应答信息,确定当前车道内的前后车辆的 IP 地址,向前后车发送数据请求信息,接收到前后车的应答响应后,OBU 注册完成。RSU 获得当前状态下的 IP 地址,通过区域网络向 Internet 上的监测中心发送基于 TCP/IP 协议的数据包。监测中心应用软件获得信息终端的公网 IP 地址和端口号,回复路侧设备应答信息,完成 RSU 信息的注册。

2. OBU 发送本车信息

OBU 获取到本车状态信息和位置信息后,通过车车通信和车路通信进行信息交互,将本车信息发送给 RSU 和后车 OBU。

3. RSU 广播车道内车辆信息

RSU 收到信息后进行信息汇总，计算各车道行驶车辆的最小速度和平均速度，通过广播方式发送当前车辆行驶车道的最小行驶速度、平均速度以及事故信息等情况。

4. OBU 进行车速引导，估算前后车间距

后车 OBU 收到前车通过车车通信方式交互的信息，通过位置信息进行地图匹配，估算前后车的间距，结合 RSU 广播的车道行驶状况，进行车速引导。同时，将估算的前后车间距回复给前车 OBU，以供前车参考。

5. 超速警告

当车辆速度超过 OBU 引导速度的最大值时，说明当前驾驶存在危险情况，通过短暂的语音提示，引起驾驶员的注意，供驾驶员参考。

6. 网络故障处理

当车辆 1s 内未获取前车或者路侧信息发送的信息，说明当前通信存在故障，引导车速全部清零，避免错误的引导车速干扰驾驶员的正常行驶，同时路侧设备将当前车辆注销。

7. 注销

当出现网络故障或者车辆驶离当前 RSU 网络覆盖范围，路侧设备连续 1s 未收到车辆的信息，默认将该 OBU 的 IP 注销，等待该车辆的 OBU 再次注册。

## 四、跟驰行为的判定

车辆跟驰模型是运用动力学方法，探究在单一车道上车辆排队行驶时，后车跟随前车的行驶状态，并用数学模式加以分析阐明的一种理论。跟驰行为是交通运行过程中不可避免也是最容易发生的一种行为。因此，车辆跟驰模型的研究对于了解和认识交通流的特征，进而把这些了解和认识应用于交通规划、交通管理与控制中，充分发挥交通设施的功效，解决交通问题有着极其重要的意义。

跟驰状态的判定有很多的依据，到目前为止还没有形成明确的方法，美国道路通行能力手册(Highway Capacity Manual, HCM)中认为双车道公路上，前后两车头时距小于等于 5s 时，后车处于跟驰状态。根据我国道路交通安全法规定，机动车在高速公路上行驶，车速超过每小时 100km 时，应当与同车道前车保持 100m 以上的距离；车速低于每小时 100km 时，与同车道前车距离可以适当缩短，但最小距离不得少于 50m。

在跟驰理论中，目前常用的判定方法有两种：一种是基于期望速度的判定方法，它通过判断前车速度是否小于等于后随车的期望车速来判定车辆是否处于跟驰状态；另一种是基于相对速度绝对值的判定方法，它是利用前后车速度差的绝对值随车头时距变化规律定量地判定车辆的行驶状态。

在车速引导系统中，跟驰的判断较为简单。一般可采用 0 ~ 125m 作为跟驰行为发生的判定标准。同时考虑到车速引导在实际中的应用情况，在保证安全的情况下尽可能地减少对驾驶员的干扰，一般要求跟驰车速不低于 20km/h，当车速低于上述值时，应退出跟驰状态，转为人工驾驶。

### 五、车速引导的暂停

如果不存在危险以及车速行驶较缓慢情况下，车路协同安全距离模型计算的安全距离较大，在频繁的减速或停车的路况下，制动意图虽有减速制动和停车制动区别，但是制动减速度集中在两者的重合区域，制动意图差别不明显。同时，经常的错误引导会影响驾驶员的情绪，所以，有必要对以下情况中车速引导进行暂停：

(1)拥堵路况下，由于车辆经常性的停车起步，车辆行驶速度较小，发生安全交通事故的概率很小，车速引导的意义不大，应暂停车速引导。

(2)低速跟驰情况下，该情况下制动减速一般较小，按照取当前制动意图下的最大制动减速进行计算会造成引导车速与实际情况不符，会对驾驶员的正常驾驶造成干扰，经过试验，约定车速低于20km/h的跟驰情况下，应暂停车速引导。

(3)超车行驶时，获取到后车车辆转向信号后，默认后车即将进行超车准备，此时，驾驶员注意力较集中，跟驰行为结束，应暂停车速引导。

## 第六节　典型应用三：公交优先控制系统

### 一、公交优先发展战略

城市公共交通是满足人民群众基本出行需求的社会公益性事业，与人民群众生产生活息息相关，是政府应当提供的基本公共服务和重大民生工程。“十二五”时期，我国城市公交服务保障能力再上新台阶，全国城市公交车运营车辆超过63万标台，运营线路总长度约90万km，全国有25个城市开通了城市轨道交通线路，运营线路总长度超过3200km。城市公交服务质量取得新提升，全国城市公共交通年客运量超过900亿人次，全国城市建成区公交站500m覆盖率已经达到85%。城市公交行业改革取得新进展，全国98%的地级以上城市将公共交通管理职能划归交通运输部门，有效提升了城市公共交通综合治理能力。公交都市建设活动取得广泛认可，交通运输组织在37个城市开展了公交都市建设示范工程，倡导“公共交通引导城市发展”理念，支持各城市在落实公交优先发展战略、缓解城市交通拥堵等方面先行先试。各地优先发展城市公交的政策体系进一步完善，城市公交基础设施、运营保障能力和服务水平稳步提升，并形成了一批可复制、可推广的典型案例。

尽管“十二五”期间城市公共交通发展成绩显著，但与我国经济社会发展和人民群众的出行需求相比，城市公共交通发展总体滞后的局面仍没有彻底改变，还存在一些问题：

(1)城市公交在城市交通中的主体地位尚未确立，在缓解城市交通拥堵等城市病方面的重要作用没有充分发挥。

(2)城市公交供给模式单一、服务质量不高、吸引力不强。“等车时间长、行车速度慢、乘车环境差、换乘不方便”等问题仍然较为突出。

(3)公交基础设施不足。城市公交枢纽站场、公交专用道等设施建设滞后，制约了城市公交运营调度效率和服务质量提升。

(4)行业政策制度不完善。行业法规和标准规范建设滞后，公交定价调价机制和补贴补偿制度不健全。

(5)行业可持续发展能力不足。公交企业经营普遍比较困难。

为深入贯彻落实城市公共交通优先发展战略,充分发挥城市公共交通对改善城市交通状况、促进经济社会协调和可持续发展的作用,交通运输部于2016年7月发布了《城市公共交通"十三五"发展纲要》,明确了城市公共交通发展的总体思路、发展目标和重点任务,要求全面推进公交都市建设,深化城市公交行业体制机制改革,全面提升城市公交服务品质,扩大公交服务深度和广度,完善多元化公交服务网络,建设与移动互联网深度融合的智能公交系统,推进"互联网+城市公交"发展,缓解城市拥堵,合理选择交通疏导措施,改善慢性交通出行环境,加强城市静态交通管理,落实城市建设项目交通影响评价制度,目标是到2020年,初步建成适应全面建成小康社会需求的现代化城市公共交通体系。

## 二、公交优先控制系统意义

为响应国家公交优先的发展战略,《城市公共交通"十三五"发展纲要》指出,要全面提升城市公交服务品质,建设城市公交智能化应用系统,提升公交出行的快捷性、便利性、舒适性、安全性。根据不同人口规模对城市进行分类,按照"数据可采集、同类可比较、群众可感知"原则,分别提出了"十三五"期间各类城市公交发展指标,如表6-4所示。

**"十三五"期间各类城市公交发展指标**　　表6-4

| 发展指标 | 城区常住人口500万以上 | 城区常住人口300万~500万 | 城区常住人口100万~300万 | 城区常住人口100万以下 |
|---|---|---|---|---|
| 城市公交出行分担率 | 40%以上 | 30%以上 | 30%以上 | 20%以上 |
| 城市交通绿色出行分担率 | 75%左右 | 80%左右 | 80%左右 | 85%左右 |
| 城市公交乘客满意度 | 85%以上 | 85%以上 | 85%以上 | 85%以上 |
| 公交站点500m覆盖率 | 100% | 100% | 100% | 80%以上 |
| 公交站点300m覆盖率 | 80%以上 | 70%以上 | — | — |
| 公交车正点率 | 75%以上 | 75%以上 | 80%以上 | 85%以上 |
| 公交车责任事故死亡率 | 不超过0.04人/百万车km | 不超过0.04人/百万车km | 不超过0.04人/百万车km | 不超过0.05人/百万车km |
| 城市轨道交通责任事故死亡率 | 不超过0.01人/百万车km | 不超过0.01人/百万车km | 不超过0.01人/百万车km | |
| 城市公共交通来车信息预报服务 | 建成区内全覆盖 | 建成区内基本全覆盖 | 主要客运通道全覆盖 | 主要客运通道基本全覆盖 |

从表6-4中可以看出,公交车正点率是衡量各类城市公交发展的重要指标之一。然而从目前情况来看,随着城市化进程持续不断的推进,受到我国城市有限道路资源的限制,大部分城市的公交车普遍存在以下几点问题:

(1)较低的运行速度。交通拥堵的影响在公共交通发展的过程中日益显见,在许多大城市,高峰时甚至连自行车也比公交运行速度高,这使得乘坐公交的乘客出行的时间成本大大增加,这在很大程度上达不到人们的出行要求。

(2)无法保证的公交车运行正点率。除了当前地铁和BRT外,公交车辆很难在线路上保证进站准点。在线路的运行过程中只能靠驾驶员自己对当前的交通流进行判断分析,进而行驶合适的运行速度,使得公交车辆无法保证正常的到站时间。

(3)公交线路不合理的设计。尤其在一些文化古城,由于城市规划提出较晚,城市路网的规划中存在很多不合理的情况,比如路网中会有断点现象(公交车辆不能相互接驳),不均匀的公交覆盖率同样给乘客带来很大的出行困扰。

为使城市公共交通持续良好地发展,建立一个高服务水准的、高吸引力的公交运输体系,只有采用系统工程的指导思想,对各种交通控制方法进行整合,以整个交通系统为建设的目标,才能够充分发挥控制系统的运行效率。鉴于我国国情的特殊性:人口数量众多、道路资源有限、机动车保有量高等,从时间维度出发,交通控制系统采用信号配时的控制方式进行交通流的合理组织,让其在路网中能够快速通行,进而提高路网的运作效率;而从空间维度考虑的交通诱导系统,可通过构建车路协同环境进行信息的实时交互,通过整个系统中各个层次的资源对交通流进行合理的引导,以最大的限度去优化整个交通路网。这两种控制方式已成为当前城市交通管理与控制最主要的手段。

伴随智能交通相关技术的进步,特别是无线通信技术的发展为基于信号控制与诱导控制的车路协同的交通控制技术的实现提供了技术保障。如车载专用短程通信协议 DSRC 和车车通信协议规格 WAVE 等技术的成熟使用,使得基于信号控制与诱导控制的车路协同的交通控制系统的实践逐渐成为可能,才能进一步地缓解城市交通拥堵问题,达到优化整个交通控制系统的更高层次目标。

## 三、公交优先控制系统目标

分析与研究国内外发展公交优先的历程,可以看出公交信号优先是提高公交系统服务水平的关键技术手段之一。然而传统的控制系统受限于数据采集技术的因素,随着数据检测技术的进步,交通信号控制与交通诱导协同系统也得到进一步的发展。

基于车路协同环境构建的公交优先控制系统,结合车速引导与公交信号优先的控制方法,旨在使现有公交信号优先控制系统实现从被动适应交通流到主动引导交通流的转变。该策略通过构建公交车载单元与路侧单元信息交互环境,对公交车辆进行车速引导和信号配时等主动交通控制方式,使公交以适当的车速行驶至交叉口并通过交叉口,进而实现车辆的行程车速由控制模型的输入到控制模型的输出的转变,发挥控制模型最大的效益。

公交信号优先控制基于时间考虑,对空间上的平面交叉的公交流进行分离,由于车路交互技术的引入,基于车载设备构建车路通信环境,在公交与调度中心、公交与路侧单元之间进行信息交互,其最为本质的目标便是实现公交车的优先通行,最大限度地减少公交车辆的车均延误与平均停车次数,增加绿灯时间利用率,以实现更高水准的公交服务。公交信号优先是解决城市交通拥堵等问题的主要手段。具体体现在:

(1)在提高公交流优先运行速度方面,将车路交互技术与公交信号优先控制方案相结合,能够使公交流以高密度形式在绿灯期间来到交叉口,提高绿灯期间的公交流通过率,以现实增加绿灯时间利用率的目的。

(2)能够对公交车速进行加速引导,或延长相应公交相位绿灯时间,使绿灯末期到来的公交流顺利通过交叉口。

(3)能够提高公交车的运行速度,减少公交车辆在交叉口的车均延误与平均停车次数。

## 四、公交优先控制系统构架

公交优先控制系统集成了公交车速引导、信号灯配时、公交站数据采集、路侧数据采集、智能协同控制算法等技术,如图6-16所示,将公交车内智能终端、信号灯、公交站、智能路侧设备结合在一起,通过无线通信数据传输,掌握公交车当前位置、速度以及与信号灯、交叉口、公交站之间的距离,输出智能协同控制方案,提高公交车的运行速度,减少交叉口的延误,提高公交车流通过率。

### 1. 系统组成模块

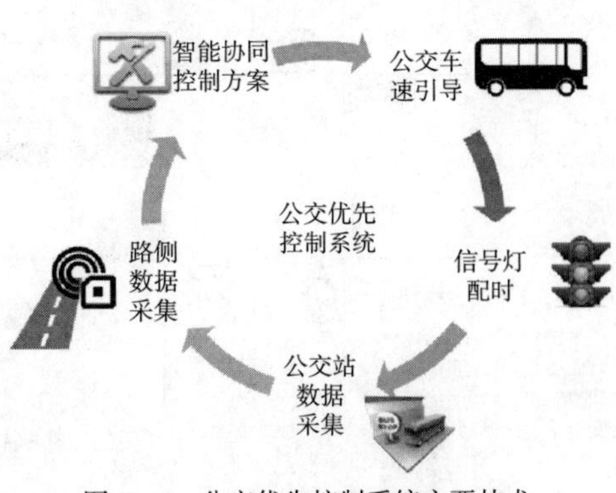

图6-16 公交优先控制系统主要技术

随着车路交互与协同技术的发展,以RFID电子车牌技术为例,其具有快速、准确、非接触式识别、通信稳定可靠等特点,能弥补线圈检测和卫星定位检测的不足,使得面向个体车辆的检测更加精细化。为保证任何公交车辆都可以通过RFID接收器组成的通信链路和公交调度监控中心联系,需要在公交线路上每隔一定距离安装一个RFID收发器,便于信号中继,在此基础上构建车速引导与信号配时协同控制的公交优先系统。公交优先控制系统包括下几个基本的组成部分:

(1)交通参数检测模块。交通参数检测模块是车路协同主动交通控制系统的基础组成部分,即通过车路交互技术检测公交车辆的运行参数,采集全线路的公交车辆班次、位置、速度、载客率、站点候车客流、延误等信息。车辆OBU与交叉口路侧的RSU实时通信,RSU获取交叉口范围内的交通流状态信息,为优化控制参数做准备。

(2)控制策略选择模块。车速引导与信号配时协同控制的第一步为策略选择,即根据检测公交车辆的班次、位置、速度、载客率、站点候车客流、延误等参数信息,判断相应的公交车辆是否需要进行优先控制。

(3)控制目标选择模块。为提高车路协同主动交通控制的效率,在选择了控制策略后,需根据实时需要选定不同的控制目标,作为系统的优化目标。在公交优先控制策略下,控制目标可以保证,特别是相交道路交通流正常通行的前提下,公交车辆与社会车辆的加权延误与停车最小,或人均延误最小等。

(4)控制参数的优化计算模块。在给定了控制策略与控制目标的情况下,控制参数的计算模块用来计算优化目标,即利用车路协同技术采集到的数据与信号配时参数,表达车辆延误与停车等;同时该模块还需计算控制参数,即高效实时地计算出配时参数、引导速度值等,控制参数的计算需满足交通控制的基本约束条件。

(5)控制方案执行模块。控制方案的执行主要由两部分构成:信号控制设备执行优化后的信号配时控制参数;由路侧RSU向车载OBU发送建议车速,引导公交流运行。

(6)控制效果评价分析模块。用于记录控制方案执行后的公交流运行状况与参数,用来评价控制效果和分析模型的优劣,在此基础上调整模型或标定模型参数等。

### 2. 系统工作原理

公交优先控制系统以RFID电子标签为信息中介,通过车速引导和信号配时协同,构建交通信号系统、公交系统为一体的智能城市交通方案，建立通信链路。公交优先控制系统工作原理如图6-17所示。

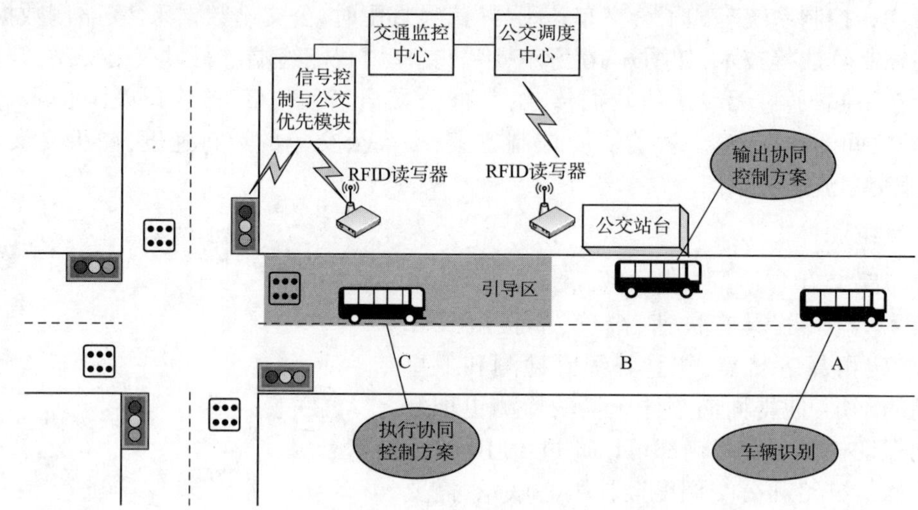


图6-17　公交优先控制原理图

如果公交站台位于交叉口的上游，可在交叉口进口道停车线前40～80 m处和站台上安装RFID读写器，将RFID电子标签安置在公交车辆上(即为车载单元)，通过路侧安置的RFID读写器(即为路侧单元)，车路间可进行双向实时的信息交互。公交信号优先系统的工作流程可以分为A、B和C三个阶段，包括公交相位绿灯请求、优先控制方案的求解与输出和优先控制方案的执行，由单点控制层中的交叉口路侧单元和车载单元完成上述工作。具体控制如下：

A段公交相位绿灯请求：站台RFID读写器可以识别装有RFID电子标签的公交车辆，并自动获取相关的车辆信息进行优先权判别，并通过无线网络将有优先权的车辆信息(速度、位置、是否晚点等)实时传送到控制中心，同时中心会获取当前交叉口信号配时方案和交叉口的交通流状态。

B段优先策略的求解：控制中也对获取的交通参数进行计算，给出最佳的引导速度和相应的信号配时的协同控制方案，并通过电子标签将建议车速传至公交车辆。

C段优先方案的执行：通过已经制订的协同控制方案，调整公交车辆速度和信号灯配时，最大限度给予公交车优先，使公交车辆平顺地通过交叉口，以减少延误与停车次数。

A、B和C三个通信区联动能够达到公交车辆在交叉口优先通行的目的，实现对公交车辆的优先控制。此外，停车线处安装的无线地磁检测器能对过往车辆进行检测，可为信号控制系统提供交叉口交通流量、速度、占有率等信息。

3. 系统控制协调原则

为了实现公交车辆引导车速和信号控制策略的最佳协调，需确立如下协调原则：

(1)最大优先通行。针对公交车辆的晚点，计算出车辆相应的建议车速和信号配对，车辆给予最大限度的优先权，让其优先通过交叉口，以降低其在交叉口的延误。

(2)最优车速减少停车。考虑在公交车辆不能通过交叉口的情况下，通过计算给予车辆最优速度，使其能在最少停车的条件下到达交叉口进行停车等待。

## 五、公交优先控制系统通信链路

公交优先控制系统的逻辑结构自上而下可分为网络控制诱导层、交叉口主动控制层和单点主动控制层。其通信链路如图 6-18 所示。

单点主动控制层位于控制系统的下层。其主要功能包括设计信号配时与速度引导协同控制规则,在此规则下计算最佳行驶车速与相应的信号配时方案。这里实现车辆的行驶速度从模型的输入参数到模型控制参数的转变,大大提升控制系统的灵活度,即控制系统不再被动地去适应公交流的到来,公交流通过调整行程车速去主动地适应信号配时方案。随着控制目标的改变,相应的配时方案也将随之调整。

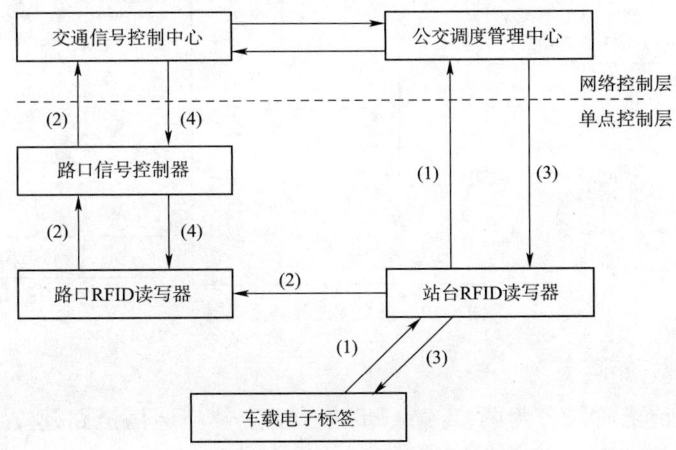


图 6-18 公交优先控制系统通信链路示意图

图 6-18 中显示 4 个主要通信链路,下面分别做详细分析:

(1)链路 1,车载电子标签与公交调度中心通信(或上行链路)。

站台读写单元对所有进入站台通信区域车载电子标签进行权限校验和信息读取,再通过无线网络将数据实时传送到公交调度管理中心。

(2)链路 2,路口信号控制单元与交通信号控制中心通信(或上行链路)。

站点 RFID 读写单元与路口信号控制单元通信告知检测到优先申请车辆,此刻路口信号控制单元将当前交叉口信号配时方案和交叉口的交通流状态传送至交通信号控制中心。

(3)链路 3,控制中心与车载单元通信(输出协同控制方案)。

控制中心对获取的交通参数进行计算,给出最佳的引导速度和相应的信号配时的协同控制方案,并通过电子标签将建议车速传至公交车辆。

(4)链路 4,控制中心与路口信号控制单元通信(输出协同控制方案)。

控制中心将相应的信号配时方案发送至交叉口的信号控制单元。

根据协同控制方案,调整公交车辆速度和信号灯配时,最大限度给予公交车优先,使公交车辆平顺地通过交叉口。

## 六、公交优先控制系统工作流程

基于车速引导与信号配时协同控制的公交优先系统的工作流程可以分为 4 个阶段,包括绿灯请求、计算协同优先控制方案、协同优先控制方案输出和执行协同优先控制方案,由单点控制层中的交叉口路侧单元和车载单元完成上述工作。优先控制流程如图6-19所示。

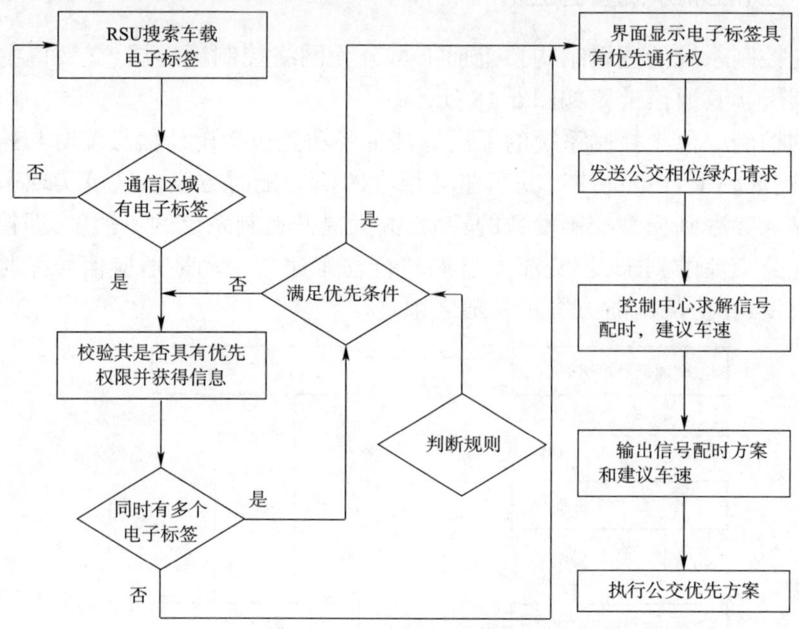


图6-19　公交优先控制流程图

1. 公交相位绿灯请求

公交相位绿灯请求阶段分为两步，第一步为公交定位与通信链路建立，第二步为公交相位绿灯请求的生成与发送。

(1)公交识别与通信链路建立：当公交车辆进入RSU的通信范围时，RSU将能接收到由车载单元(OBU)发送来的优先请求和公交车辆信息并校验其优先权限，若同一时刻出现多个优先申请，结合判断规则与数据给予公交车辆优先权值，此刻公交车中人机交互界面显示车辆优先权，进而RSU将具有优先权的车辆信息发送至控制中心。

(2)绿灯请求的生成与发送：具有优先权值的公交车辆生成的相位绿灯请求。

2. 控制方案的求解

控制中心接收RSU发来的相位绿灯请求后，结合当前信号状态信息，需建立优化模型求解公交相位绿灯起亮时间、持续时间、建议车速等控制参数。模型目标可以为延误和停车最小、能耗最小等，约束条件包括最大绿灯时间、最小绿灯时间等。求解完毕后对求解结果生成日志文件，方便查询和分析。

3. 输出优先控制方案

控制中心也对获取的交通参数进行计算，给出最佳的引导速度和相应的信号配时的协同控制方案，并通过电子标签将建议车速传至公交车辆，同时传送信号配时方案至路口信号控制单元。

4. 控制方案的执行

路口信号控制单元控制信号控制机执行信号配时方案，同时调整公交车辆速度，最大限度给予公交车优先，使公交车辆平顺地通过交叉口。

# 第七章　道路运输中的大数据分析

## 第一节　大数据概述

大数据是通过获取、分析和解释规模巨大、格式复杂的数据来推动业务价值创造方式的变革。同传统的数据处理方法相比,大数据的思维有了很大的转变。

(1)大数据在对数据进行分析时,用总体数据代替了样本数据。

(2)在大数据分析处理的过程中,更关注于分析处理数据的效率而非其精确性。

(3)对大数据分析处理中,更关注与事物的相关关系而非因果关系。

大数据实质上具有4V特点,即Volume(数据量大)、Velocity(速度快)、Variety(数据种类多样)、Value(蕴藏价值大),也有人把Variablility(可变性)、Veracity(真实性)作为大数据的主要特征。其中Volume是大数据最显著的特征之一,据IDC发布的研究报告预测,全球数据量在2020年将达到40ZB。目前,数据量每天都在飞速增长,单一的数据集大小也从几十TB到数PB不等。Velocity指的是数据被创建和移动的速度。在这个网络飞快发展的时代,利用拥有高性能的电脑处理器以及服务器来创建实时数据流已是大势所趋。Variety通常是指数据种类的多样性,由于信息技术的迅猛发展,结构化与非结构化数据增加,数据种类涵盖了文本、语音、视频、网络日志、互联网搜索等多种类型。大数据是通过其准确的预测能力展现其独有的价值。预测是大数据的力量核心,对大数据分析而言,在对海量数据进行分析时融合数学计算的各种算法,将分析结果以可视化的方式展现出来,用户再根据可视化分析和数据挖掘的结果来判断事情发生的可能性,进行预测性分析,从而做出正确判断。在如今数据膨胀的时期,对数据进行科学合理的预测分析能够使数据更好地发挥其作用。

### 一、大数据发展背景

#### 1.数据产生的三个阶段

自人类诞生以来,从来没有哪个时代和今天一样孕育出如此海量规模的数据,数据的诞生已经完全不受时空的限制。从采用数据库作为数据存储分析的主要方式以来,人类社会的数据产生方式大略经历了三个阶段,而恰恰是数据产生方式的巨变才致使大数据的产生。

(1)营运式系统阶段。

数据库的出现极大地降低了数据管理的难度,现实生活中数据库大都为营运管理系统所采用,作为营运管理系统的信息管理子系统。比如图书馆的借阅记录系统、网上银行的交易明细系统、医院患者的就诊记录等。人类社会数据量首次重大的飞跃就是建立于数据库在营运管理式系统中普及的基础之上。在这一阶段的主要特征是数据往往伴随着一定的操作而产生数据库中的记录,如图书馆借出一本书,将在相应的数据库中产生一条借阅纪录。

这种数据的产生方式就是被动的。

(2)用户生成内容阶段。

互联网的诞生引起了人类社会数据量的第二次重大飞跃。然而真正意义上的数据爆发始于 web2.0 的普及发展,而 web2.0 的最重要标志正是全民参与、用户生成内容(User Generated Content,UGC)。这种数据近年来一直呈现出爆炸性的增长趋势,主要有两个方面的原因。首先是以微信、微博等为代表的创造性的社交网络的发明和迅猛传播,使得用户沟通的途径更加方便,交流的意愿更加强烈,用户产生的内容随之水涨船高。其次就是以智能手机、平板电脑为代表的创新型移动互联设备的出现,这些便携联网的智能设备使得人们在网络中表达的途径更为方便快捷。这个阶段数据的产生方式是主动式的。

(3)智能感知式阶段。

智能传感设备的使用导致了人类社会数据量的第三次重大飞跃,正是这一次飞跃孕育了大数据的概念,现在正处在这个时期。这次飞跃的根本原因在于智能感知式系统得到了广泛的应用。伴随着科技的发展与技术的成熟,人们已经有能力生产功能强大的微型感知仪器,而且这些仪器现在已经广泛地分布于生活的各个角落,这些设备不断地将每天产生的新数据或存储或发送,这就是数据的自动生成。

总的来说,大数据的产生经历了循序渐进的三个阶段,数据由最开始的特殊应用群体操作产生到全民即用户的主动生成数据,到最后人类智能传感设备自动地、无休无止地生成数据,这些数据共同组成了大数据。从这些数据产生方式可以明显地体会到大数据的特性,数据产生速度越来越快、数据量越来越大、数据类型多种多样、数据价值密度越来越低。

2. 大数据价值链

大数据产业链由以数据产品为中心的纵向结构与以大数据技术为中心的横向结构结成一个"T"形价值链结构。在以数据产品为中心的价值链纵向结构中,将大数据分为数据资源、数据处理、数据应用三个方面,其中数据应用涵盖着金融大数据、电信大数据、医疗大数据、交通大数据、媒体大数据、个人大数据等社会生活的方方面面。以大数据技术为中心的价值链横向结构中,将大数据技术分为 IT 基础设施、大数据组织与管理、大数据分析与发现、大数据应用与服务四个层次,在 IT 基础设施层衍生出各类硬件设备、基础软件、IT 服务等多种类型的 IT 基础设施行业,在大数据组织与管理层主要涉及数据库、文件系统、数据安全相关技术行业,在大数据分析与发现层主要涉及数据挖掘、数据统计等相关的技术行业,在大数据应用与服务层衍生出数据分析、数据分享、数据预测等相关的计算机应用与服务行业。

大数据的价值,在于从海量的数据中发现新的知识,创造新的价值。数据本身在其转化为信息,并通过信息的提炼成为普适规律,最终创造利润的过程中,变得价值连城。这已经被越来越多的行业所认识,使得市场对数据分析与挖掘的需求与日俱增。

3. 国际大数据的发展背景

2005 年 Hadoop 项目诞生。Hadoop 其最初只是雅虎公司用来解决网页搜索问题的一个项目,后来因其技术的高效性,被 Apache Software Foundation 公司引入并成为开源应用。Hadoop 技术服务的目标是,提供一个使对结构化和复杂数据的快速、可靠分析变为现实的基础。

2008年年末,“大数据”得到部分美国知名计算机科学研究人员的认可,业界组织计算社区联盟(Computing Community Consortium, CCC)发表了一份颇具影响力的白皮书《大数据计算:在商务、科学和社会领域创建革命性突破》。它使人们的思维不仅局限于数据处理的机器,并提出:大数据真正重要的是新用途和新见解,而非数据本身。此组织被认为是最早提出大数据概念的机构。

2009年年中,美国政府通过启动Data. gov网站的方式进一步开放了数据的大门,这个网站向公众提供各种各样的政府数据。该网站上超过4.45万量数据集被用于一些网站和智能手机应用程序,来跟踪从航班信息到产品召回再到特定区域内失业率的信息,这一行动激发了从肯尼亚到英国范围内的政府们相继推出类似举措。

2010年2月,肯尼斯·库克尔在《经济学人》上发表了长达14页的大数据专题报告《数据,无所不在的数据》。库克尔在报告中提到:“世界上有着无法想象的巨量数字信息,并以极快的速度增长。科学家和计算机工程师已经为这个现象创造了一个新词汇:‘大数据’。”

2011年2月,IBM的沃森超级计算机每秒可扫描并分析4TB(约2亿页文字量)的数据量,并在美国著名智力竞赛电视节目《危险边缘》上击败两名人类选手而夺冠。后来纽约时报认为这一刻为一个“大数据计算的胜利”。

2011年5月,全球知名咨询公司麦肯锡全球研究院发布了一份报告——《大数据:创新、竞争和生产力的下一个新领域》,大数据开始备受关注,这也是专业机构第一次全方面地介绍和展望大数据。报告指出,大数据已经渗透到当今每一个行业和业务职能领域,成为重要的生产因素。

2011年12月,我国工信部发布的物联网“十二五”规划中,把信息处理技术作为四项关键技术创新工程之一被提出来,其中包括了海量数据存储、数据挖掘、图像视频智能分析,这都是大数据的重要组成部分。

2012年1月,瑞士达沃斯召开的世界经济论坛上,大数据是主题之一,会上发布的报告《大数据,大影响》宣称,数据已经成为一种新的经济资产类别,就像货币或黄金一样。

2012年3月,美国奥巴马政府在白宫网站发布了《大数据研究和发展倡议》,这一倡议标志着大数据已经成为重要的时代特征。

2012年4月,美国软件公司Splunk于19日在纳斯达克成功上市,成为第一家上市的大数据处理公司。鉴于美国经济持续低迷、股市持续震荡的大背景,Splunk成功上市促进了资本市场对大数据的关注,同时也促使IT厂商加快大数据布局。

2012年7月,联合国在纽约发布了一份关于大数据政务的白皮书,总结了各国政府如何利用大数据更好地服务和保护人民。这份白皮书举例说明在一个数据生态系统中,个人、公共部门和私人部门各自的角色、动机和需求。

2012年7月,为挖掘大数据的价值,阿里巴巴集团全面推进“数据分享平台”战略,并推出大型的数据分享平台——“聚石塔”,为天猫、淘宝平台上的电商及电商服务商等提供数据云服务。阿里巴巴集团希望通过分享和挖掘海量数据,为国家和中小企业提供价值。此举是国内企业最早把大数据提升到企业管理层高度的一次重大里程碑。阿里巴巴也是最早提出通过数据进行企业数据化运营的企业。

2014年4月,世界经济论坛以“大数据的回报与风险”主题发布了《全球信息技术报告(第13版)》。报告认为,在未来几年中针对各种信息通信技术的政策甚至会显得更加重要。

在接下来将对数据保密和网络管制等议题展开积极讨论。全球大数据产业的日趋活跃,技术演进和应用创新的加速发展,使各国政府逐渐认识到大数据在推动经济发展、改善公共服务、增进人民福祉,乃至保障国家安全方面的重大意义。

4. 我国大数据的发展历程

2015 年 9 月,经李克强总理签批,国务院印发《促进大数据发展行动纲要》(以下简称《纲要》),系统部署大数据发展工作。

《纲要》明确,推动大数据发展和应用,在未来五至十年打造精准治理、多方协作的社会治理新模式,建立运行平稳、安全高效的经济运行新机制,构建以人为本、惠及全民的民生服务新体系,开启大众创业、万众创新的创新驱动新格局,培育高端智能、新兴繁荣的产业发展新生态。

《纲要》部署三方面主要任务。一要加快政府数据开放共享,推动资源整合,提升治理能力。大力推动政府部门数据共享,稳步推动公共数据资源开放,统筹规划大数据基础设施建设,支持宏观调控科学化,推动政府治理精准化,推进商事服务便捷化,促进安全保障高效化,加快民生服务普惠化。二要推动产业创新发展,培育新兴业态,助力经济转型。发展大数据在工业、新兴产业、农业农村等行业领域应用,推动大数据发展与科研创新有机结合,推进基础研究和核心技术攻关,形成大数据产品体系,完善大数据产业链。三要强化安全保障,提高管理水平,促进健康发展。健全大数据安全保障体系,强化安全支撑。我国大数据发展的政策支持如图 7-1 所示。

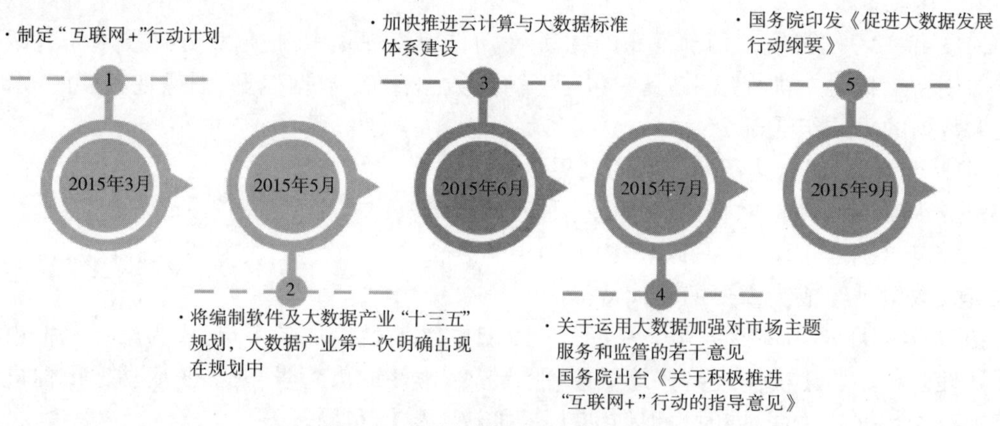


图 7-1　我国大数据发展的政策支持

在国家政策指引下,贵州省于 2015 年 9 月 18 日启动我国首个大数据综合试验区的建设工作,力争通过三至五年的努力,将其建设成为全国数据汇聚应用新高地、综合治理示范区、产业发展聚集区、创业创新首选地、政策创新先行区。围绕这一目标,贵州省将重点构建"三大体系",重点打造"七大平台",实施"十大工程"。"三大体系"是指构建先行先试的政策法规体系、跨界融合的产业生态体系、防控一体的安全保障体系;"七大平台"则是指打造大数据示范平台、大数据集聚平台、大数据应用平台、大数据交易平台、大数据金融服务平台、大数据交流合作平台和大数据创业创新平台;"十大工程"即实施数据资源汇聚工程、政府数据共享开放工程、综合治理示范提升工程、大数据便民惠民工程、大数据三大业态培育工程、传统产业改造升级工程、信息基础设施提升工程、人才培养引进工程、大数据安全保障工程和大数据区域试点统筹发展工程。

大数据建设工程在全国各地开展,京津冀地区依托北京及中关村在信息产业的领先优势,培养了一批大数据企业,将集聚势能扩散到津冀地区,形成京津冀大数据走廊格局。珠三角地区依托广州、深圳等在电子信息产业的优势,发挥广州和深圳两个国家级超算中心的集聚作用,在腾讯、华为、中兴等一批骨干企业的带动下,逐渐形成大数据集聚发展的趋势。长三角地区将大数据与当地智慧城市、云计算发展紧密结合,吸引大批大数据企业,促进产业发展。上海发布了《上海推进大数据研究与发展三年行动计划》,南京依托智慧城市建设,推动大数据在城市管理和民生服务领域应用。杭州拥有阿里巴巴、华数等为代表的云服务基础设施提供商,利用较完善的基础设施优势,在龙头企业带动和数据开放的扶持政策下,推动大数据发展,与云计算有机结合。中西部地区通过积极引进国内外龙头骨干企业实现大数据的"弯道超越"。重庆发布《重庆市大数据行动纲要》,积极引进国内外行业巨头。武汉 2015 年成立长江大数据交易所,是华中地区首家大数据交易所。现计划在未来 5 年内建成西部最大的互联网数据中心。

"十三五"规划(2016—2020 年)中提出:"实施国家大数据战略,推进数据资源开放共享"。作为"十三五"十四大战略之一的"国家大数据战略",我国《大数据产业"十三五"发展规划》也正在紧张制定中。"十三五"期间,大数据领域必将迎来建设高峰和投资良机。

## 二、大数据技术架构

大数据技术能够实现从各种类型的数据中快速获得有价值信息。大数据领域已经涌现出了大量新的技术,它们成为大数据采集、存储、处理和呈现的有力武器。大数据处理关键技术一般包括:数据采集、数据预处理、数据存储及管理、数据分析及挖掘、数据展现和应用(数据检索、数据可视化、数据应用、数据安全等),如图 7-2 所示。本节将这些常用技术进行简要介绍。

### 1. 数据采集

早期的数据大多是结构化数据,人们对半结构化和非结构化的数据并不重视。随着社会的进步和科技的发展,通过传感器、互联网等获得的数据形式繁杂,并不限于单一的结构,大体上可以分为结构化、半结构化和非结构化,而且这些数据的数量巨大,价值有待挖掘,初步具备了大数据的基本特征。大数据采集的方法主要有三个,分别是系统日志采集方法、网络数据采集方法和其他数据采集方法。现阶段,已经存在一些成熟的日志采集工具,网络数据采集是通过使用互联网搜索引擎技术采集数据,并能够对数据进行分类,进而形成数据库文件,此种采集方式基本上是利用网络爬虫技术、分词系统、任务与索引系统等技术进行综合运用而完成。其他采集方式主要是指使用特定的系统接口等方式。

### 2. 数据预处理

完成对大数据的采集工作后,需要将采集到的数据存储到数据库或者存储集群中,但是为了能够在以后更易进行数据的分析,需要在存储数据之前对其进行预处理。大数据的预处理要经过数据的提出、转换和加载三个步骤,将分布、异构的数据提取到临时中间层,然后进行清洗、转换、集成等,转换为满足需求的数据,最后将数据加载到目标文件系统或数据库中。现有的数据预处理方法主要包括数据清洗、数据集成、数据变换等。数据预处理的目的就是使格式标准化,将多种类型和结构的数据转化为便于处理的类型和结构,并且能够纠正错误的数据,清除重复的数据,还能够对数据进行"去噪",过滤掉其中无价值无意义的部分。

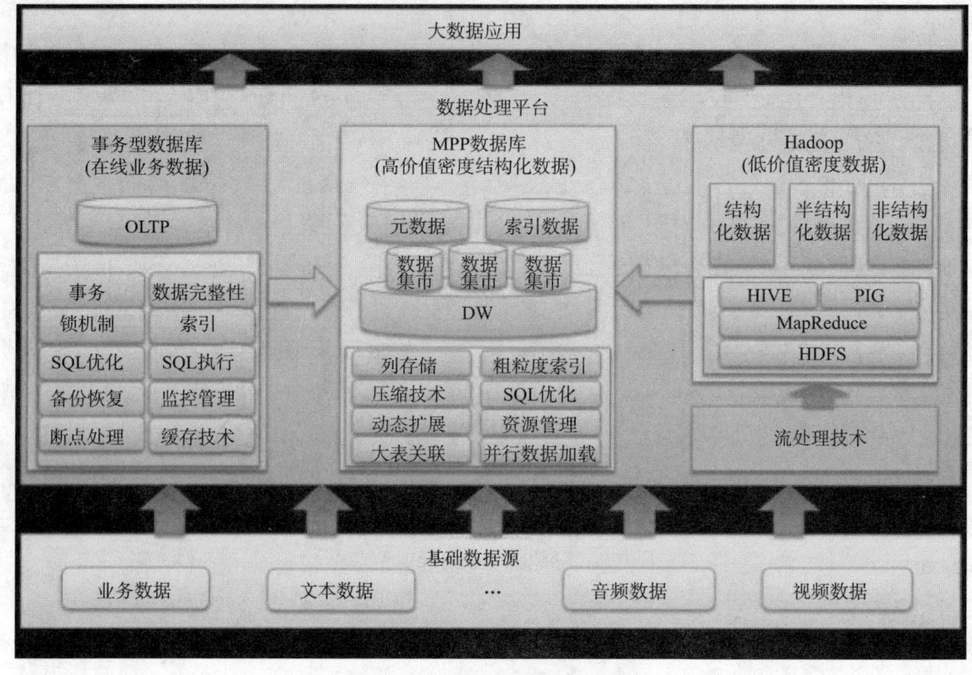


图7-2　大数据技术架构示意图

3. 数据存储

数据存储是大数据时代需要解决的重要问题。当前,各行各业保存了大量的结构化数据,然而亟待解决的是海量半结构化和非结构化数据的存储问题。非结构化的数据主要采用分布式文件系统进行存储,如开源的HDFS(Hadoop Distributed File System)、Lustre、GlusterFS和Ceph等分布式文件系统;半结构化数据可以使用数据库存放,如Hbase、Mongo、Cassandra、Riak;结构化数据存放在关系型数据库中,如传统关系数据库管理系统:SQL Server、Oracle、DB2和MySQL等。

对于非结构化数据而言,比较出名的海量文件存储技术有Google的GFS(Distributed File System)和Hadoop的HDFS。它们存储数据是通过分布式存储方式实现的。对于半结构化数据而言,NoSQL数据库能够自己定义所需的数据存储格式,方便灵活,并且没有了传统数据库的关系特性,扩展系统架构变得十分简便。

4. 数据处理

大数据时代数据量巨大,且分析复杂,常规的数据分析仅仅是对已有数据的静态分析,并不能进行动态的预测,所以大数据的分析在向动态化、多维化、深度化方向转化。传统数据的数据仓库大多是基于小型机构而建成的,数据处理过程需要进行大量的移动,使得成本过高。大数据的并行仓库大多是依赖服务器构建的,很好地解决了传统数据处理中的一些问题。大数据的处理要求高度可扩展性、高性能、低成本、高容错性、接口开放、向下兼容。

对于半结构化和非结构化的数据处理,人们广泛使用基于Hadoop的大数据平台进行相关操作,并且为了应对数据处理实时性的要求,业界通过使用实时搜索、实时监控等技术,动态获取数据流中的数据,从而进行数据流中复杂数据的处理。

5. 数据分析与挖掘

数据分析可以满足一般的分析需求,主要利用分布式数据库或者分布式计算集群对其中保存的超量数据进行分类和汇总。

常用的分析方法主要有:相关分析、检验、方差分析、费歇尔判别、偏相关分析、主元分析、自回归分析、多元回归分析、逐步回归、贝叶斯判别、岭回归、回归分析、非参数判别、因子分析、聚类分析、主成分分析、因子分析、对应分析、最优尺度分析、bootstrap 技术等。

数据挖掘即是从大量数据中通过各种技术找到其中隐藏的有用信息。大数据时代,常用的数据挖掘技术有:并行挖掘、分类或预测模型发现、分类(Classification)、估计(Estimation)、异常和趋势发现、预测(Prediction)、聚类(Clustering),可用于文本、视频和音频等类型的复杂数据类型挖掘。

6. 数据可视化

在大数据时代,存在一个难题,就是怎样将数据中的价值挖掘出来,并以直观、清晰地方式展现在人们面前。数据的可视化通过借助表格、图片等手段,揭示隐藏在数据背后的模式与数据之间的关联关系,它以简单、友好的方式将这种关系呈现给用户,可以有效地提升数据的使用效率。

常用的展示形式有报表形式、关键绩效指标(Key Performance Indicator, KPI)展现、图形化展现和查询展现等。

## 第二节　大数据与道路运输

随着道路运输系统建设规模的不断扩大,数据采集的范围、广度和深度急剧增加,正在形成以微波、线圈、卫星定位、车牌等交通流检测数据,交通监控视频数据,以及系统数据和服务数据等为主体的海量交通数据。对动静态海量交通数据的挖掘分析成为智能化交通信息处理分析的核心内容,交通数据的深层价值有待进一步的挖掘和开发。以智能终端为服务窗口的、以大数据分析技术为支撑的智能交通信息服务正在逐步成为主流,与我们的生活息息相关。

(1)大数据分析为道路运输发展带来的新机遇。

①大数据技术的海量数据存储和高效计算能力,将实现道路运输管理系统跨区域、跨部门的集成和组合,将会更加有效地配置交通资源,从而大大提高交通运行效率、安全水平和服务能力。

②大数据分析将为运输管理、决策、规划和运营、服务以及主动安全防范带来更加有效的支持。

③基于大数据的分析为公共安全和社会管理提供新的理念、模式和手段。

(2)大数据背景下道路运输发展面临的问题与挑战。大数据时代的来临是道路运输发展的必然趋势,在这个进程中也将面临前所未有的问题和挑战。所面临的问题主要有几个方面:

①交通数据分散在不同部门(我国与交通相关的部门有 10 多个),而部门之间又缺乏开

放互通,造成了交通数据资源的条块化分割和信息碎片化等现象;

②由于交通检测方式多样,信息模式复杂,造成数据种类繁多,且缺乏统一的标准;

③目前尚缺乏有效的市场化推进机制,基于大数据的信息服务产业链、价值链尚未真正形成。

解决这些问题,需要做好几项挑战性工作:

①如何从政策和技术上突破数据资源互通、共享的壁垒,消除信息分散、内容单一等问题;

②如何确保数据资源的安全性,在数据开放的同时,加强数据的安全监管,尊重和保护相关政府部门、运输企业以及个人的机密和隐私不受侵犯;

③如何实现交通数据资源的综合利用效率,将交通路况检测、卫星定位、交通监控视频等零散信息进行有效的联系、汇聚和发掘,使其能够真正支撑道路运输系统的运营管理,提高交通运行效率和安全水平。

目前随着道路运输信息化程度越来越高,大数据技术在道路运输中发挥着越来越重要的作用,其主要体现在运输服务、运输决策以及安全监管几个方面。

## 一、大数据与运输服务

随着社会经济的发展和生活水平的提高,交通出行用户的服务信息需求日趋多样化,通过大数据技术,可以为出行者提供个性化的交通信息服务、交通诱导信息服务和公交出行信息服务;而对于物流企业,可以通过大数据技术分析物流需求的变化、供应链的运行状态和瓶颈,制订有效措施提高物流系统的效率。

### 1. 个性化交通信息服务

随着交通数据环境的不断完善,大量基于大数据技术的交通信息服务也应运而生,为城市交通出行和区域交通出行提供了多样化、个性化的交通信息服务。

为了缓解城市交通拥堵,满足居民快捷便利的出行要求,在政府部门出台各种措施进行调控的同时,产业界也推出了许多新的线上服务产品。在线合乘平台和打车软件是近年出现的比较典型的应用。

(1)在线合乘平台。小客车合乘是指出行线路相同的人共同搭乘其中一人的小客车的出行方式,也称为拼车服务或者顺风车服务。合乘不但能合理利用小客车的闲置资源,在一定程度上缓解交通压力,也能使私家车车主、乘客达到双赢的目的。对于乘客,合乘能够满足公共交通所不能覆盖的出行需求,也能满足其偶发性的用车需求,免去了养车的负担;对于私家车车主,也可以节省养车成本。

(2)打车软件服务。打车软件是指利用手机等智能移动终端,实现出租汽车找车请求和服务的软件。一般分为两种客户端,一种是打车者使用的普通移动客户端,另一种是驾驶员使用的客户端。基于位置服务的线上到线下(Online To Offline, O2O)打车应用,实现了语音对讲、高峰期加价、智能算法推送等功能,避免了操作复杂、诚信度差、实时性差及信息不透明等弊端。当用户有打车需求时,通过在打车应用上展开出租汽车寻呼,系统自行分配与用户所在位置较近的出租汽车,从而使用户和驾驶员双方达到供需的匹配。打车软件使乘客可以方便快捷地叫到出租汽车,从而避免长距离的步行至站点或长时间等待,也能使出租汽车驾驶员快速发现附近的乘车需求,从而减少了出租汽车空驶率。通过打车软件,互联网公司也可以获取司乘人员的部分数据信息,通过对这些用户的打车路径、打车习惯等数据的积累与分析,叠加地图信息服务、生活信息服务等内容,实现多重服务并行提供。

2. 公共交通出行信息服务

公共交通出行的信息按接受媒介的不同可分为定点接受信息和移动接受信息。前者主要是公交电子站牌,为候车乘客提供公交线路信息及车辆到站信息等;后者主要是安装在手机等智能移动终端中的公交查询应用,根据乘客出行目的地和当前位置向乘客提供最佳乘坐公交班次、换乘及预计出行时间等信息。

(1)公交电子站牌。电子站牌目前在我国的多个大中城市得到了应用,主要利用公交调度系统的车载卫星定位数据,估算公交车辆的实时到站信息,为候车乘客提供车辆到站预报。此外,还提供线路调整信息、实时视频监控、盲人导乘等功能。

(2)移动公交查询应用。该应用以公交调度系统提供的原始定位数据为基础,结合相应的数据处理算法和模型,能够有效提高定位信息的精准度。例如在难以获得卫星定位数据的高架路段,系统会利用自己的算法估计到站时间。若车辆行驶轨迹和站点之间的耗时发生变化,软件系统会及时更新数据。此外,还能发布一起其他辅助出行信息,如站点位置变化、途中地铁修建等信息。

3. 交通诱导信息服务

交通诱导技术是一种更有效的管理现代交通、实现交通流优化的技术。它集成了多种高新技术,用于对交通参与者的出行诱导,使交通出行变得方便快捷。交通诱导系统主要由交通状况信息探测采集、信息的汇总处理、诱导信息的发布等几个方面构成,形成一个完整的系统。从获取过程来看,交通诱导信息服务可分为出行前诱导和出行中诱导。

出行前诱导是在用户出行前通过计算机、手机、车载导航终端等设备向用户提供出行所需信息。诱导系统通过对道路网络信息、公交网络信息、交通状态信息等汇总分析后,根据用户的出行需求,向用户发送包括当前路况、推荐出行路径、推荐出行方式等在内的诱导信息。

出行中诱导是在用户出行过程中根据交通系统状况的实时变化,对先前的诱导信息不断进行调整,对用户出行进行动态诱导。发布的诱导信息包括路径导航信息、道路拥堵、停车信息等。但由于交通状况的时变性和复杂性,对海量信息的实时采集与处理是实现出行中诱导的关键技术。

4. 现代物流服务

利用物联网技术和大数据分析技术,可以实现物流过程的运输、存储、包装、装卸等各环节的整合,使物流过程更加高效便捷,以最低的成本为客户提供满意的物流服务。例如,根据客户需求和交通系统状况,优化运输路径,根据货物的种类和目的地,进行共同配送等。此外,采用大数据分析技术,可以及时了解物流需求变化,有效监控物流过程,发现物流各环节存在的矛盾和问题,对物流过程进行实时调整。

电子商务的快速发展和壮大,对物流行业的规模、效率和服务提出了更高的要求。物流信息平台对电子商务发挥着举足轻重的作用,通过大数据技术,整合物流各环节的资源,预测物流需求,监控物流执行过程,提高了物流作业效率和快速响应能力。

现代物流的基础是数据。物流在线化将产生大量在线业务数据,“业务数据化”为数据挖掘、智能分析、解决普遍存在的信息不对称问题创造了条件。现代物流的核心是融合。利用互联网技术和互联网思维改造、优化传统物流粗放、封闭、局部等问题，打破信息不对称的局面，重构智慧物流生态体系。现代物流的目标是智能。通过对物流赋能，实现人与物、物与物之间的交互对话，智能配置物流资源，优化物流环节，从而系统提升物流运作效率。

(1)物流公共信息平台。

国家交通运输物流公共信息平台是国务院《物流业发展中长期规划(2014—2020年)》的主要任务和重点工程，是由交通运输部和国家发展和改革委员会牵头，由职能部门、科研院所、软件开发商、物流企业等多方参与共建的一个公益、开放、共享的公共物流信息服务网络，是一项政府主导的交通基础设施工程和物流信息化推进工程，是互联网时代政府创新服务、企业创造市场的有力实践。

国家物流平台是以提高社会物流效率为宗旨，以实现物流信息高效交换和共享为核心功能，由交通运输部和省级交通运输主管部门共同推进，连通各类物流信息平台、企业生产作业系统，统一信息交换标准、消除信息孤岛的面向全社会的公共物流信息服务网络。

(2)物流配送路径优化。

物流配送路径优化是大数据在现代物流服务中的一个重要应用。物流配送是承运商把货物从上游企业或配送中心向下游企业、商家或消费者运输的过程，在物流过程中占有重要地位，据统计运输费用约占物流总消耗的50%以上。根据国外的经验，采用合理的配送路线，可以使汽车历程利用率提高5%～15%，运输成本大幅减少。由于配送路线的制订与客户空间分布、客户时间窗要求、配送货物数量、货物类型、道路交通条件等多个因素有关，特别是受交通拥堵的影响，道路交通条件存在不确定性，路线优化计算十分复杂。而交通数据环境的逐渐完备，特别是车载卫星定位设备的广泛使用，为定制合理的配送路线提供了新的思路。

5. 智慧驾培服务

进入2015年以来，各地号称颠覆传统驾培行业的应用层出不穷，58学车、车轮考驾照、驾考宝典、学车帮帮、猪兼强等互联网平台兴起，随着驾考制度改革的喧嚣尘上，各种"互联网驾校"来势汹汹。截至2016年5月，全国大大小小的APP近200个。全国驾驶培训公共服务平台是面向全国的驾培大数据云服务平台。各驾校运营相关数据自动存储在平台上，形成强大的数据仓库，不仅可为驾培行业提供更优质高效服务，还能给相关职能部门提供决策依据。驾培系统终端蕴藏大数据，从驾培系统终端可以了解学员(消费者)的需求信息，例如：价格取向、周期长短、教练选择、学时保证，如图7-3所示；教练(服务员)的供给信息，例如：教练合格率、教练满意度、教练带教学时，如图7-4所示；经理(管理员)的经营信息，例如：需求发现、服务评估、成本控制、增加营收等，如图7-5所示。根据大数据平台所分析的结果，可以提升驾驶员培训的差异化服务，如图7-6所示。

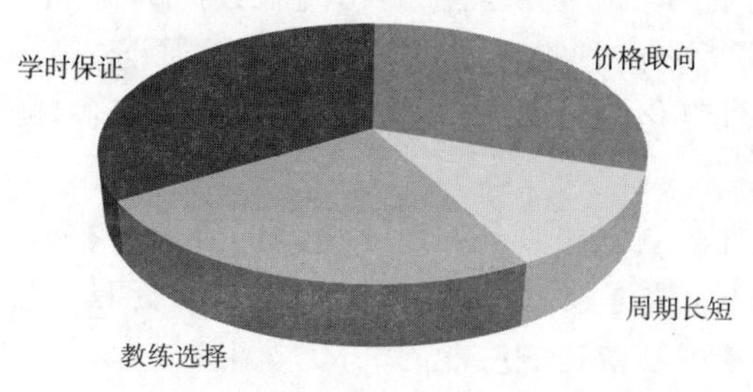

图7-3　学员(消费者)的需求占比信息

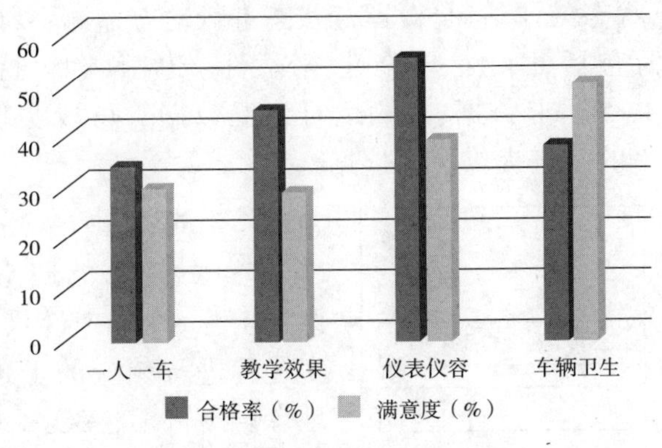


图 7-4　教练（服务员）的供给信息

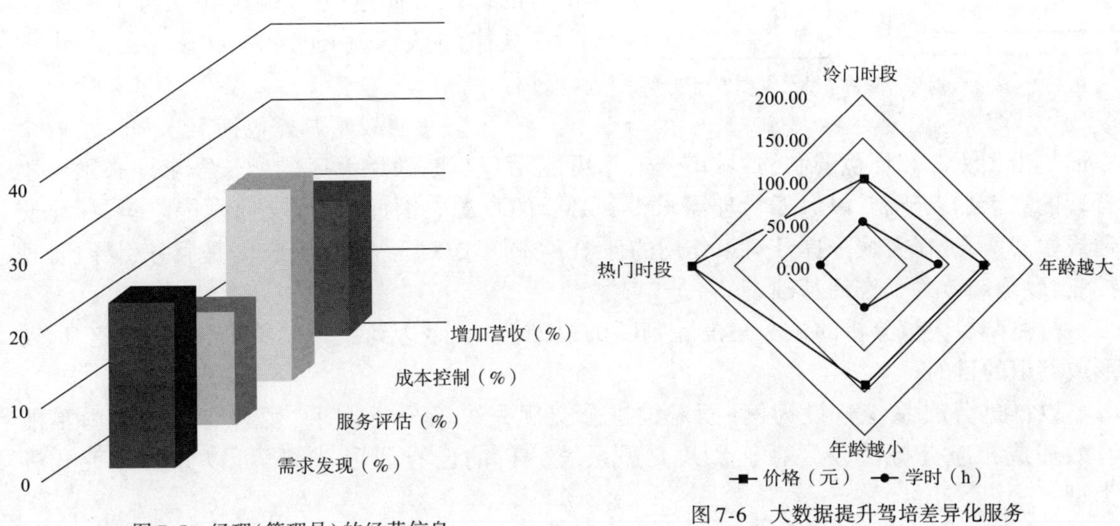


图 7-5　经理（管理员）的经营信息

图 7-6　大数据提升驾培差异化服务

## 二、大数据与运输决策

道路运输规划和决策、方案的制定，需要对交通系统的发展和演变过程进行准确的把握。不仅需要关注交通需求总量的变化，还需要了解交通需求的结构，因此，需要利用大数据资源和分析技术，全面分析城市综合交通系统的现状和发展趋势，为交通规划方案制定研究提供决策依据。

1. 公交服务水平分析

利用移动通信数据获取居民活动信息，通过牌照识别数据获取车辆活动信息，通过道路定点检测数据和浮动车数据获取道路交通状态信息，通过公交卫星定位数据获取公交运行状态信息，通过公共交通卡数据获取公交客流及换乘信息，在这些信息的支持下分析公共交通的发展现状，以及公交在综合交通中所处的地位和服务水平比较竞争力，从而使相应的规划决策更加科学化和精细化，如图 7-7 所示。在协同规划过程中，基于相关数据的可视化表达能够为决策分析提供有效的支持。

对于公共交通运营状态的评估，是对运营状态进行动态监测，及时进行政策调整的重要内容，常用的评估指标包括可靠性、安全性、舒适性、便捷性和可持续性5个方面，通过车载卫星定位数据、公共交通卡数据、车辆运行工况数据等可以实现运营状态的连续监测，为实现公交服务水平的改进提供决策依据。

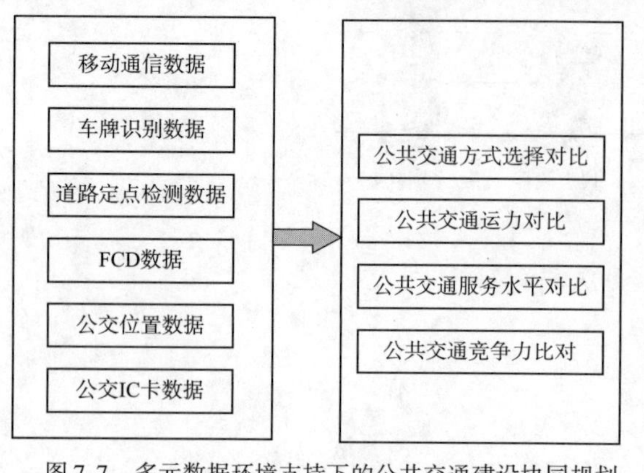

图7-7　多元数据环境支持下的公共交通建设协同规划

2. 公共交通的战略调控

公共交通战略调控是指通过政策控制、服务引导、设施理性供给等手段，对系统演变过程进行相应的干预。根据可持续发展理念设定目标、在连续观测信息环境支持下对系统的发展轨迹进行监测，针对系统偏离期望轨迹的演变，采用多种组合对策进行及时的调控。而这一切是建立在对于系统演变规律的认识基础上，是一个不断深化的过程。

公共交通战略调控包括需求和供给两个方面。由于资源和环境的制约，城市交通不可能无节制地满足无序的增长需求。必须对不合理的需求加以节制，以保障合理需求得到必要的资源。因此，把握交通发展趋势、深化交通规律的认识、在实践中提升对策作用的认识、协同考虑对策方案的设计，是服务引导、管理控制、政策调节等工作的基础。

战略调控决策分析的核心是消除判断的模糊性，从而达到决策的精细化、科学化，以及形成共识的目的。

以推进公交系统建设为例，面对推进公交优先决策分析需求，现有研究成果尚不能有效完成相应分析任务。对于公共交通系统分析的已有研究成果，可以分为如下几种类型：

（1）基于OD的公交网络客流分析技术。与道路网络交通流模型相比，其主要特点为网络本身具有随机属性特征，以及多组群、多准则、多模式的乘客随机选择行为。由于在抽样调查基础之上建模，如何避免模型标定中"失之毫厘"导致"差之千里"，成为应用中的难题。

（2）离散交通选择行为模型。在意愿调查基础之上的非集计交通行为模型已经发展成为一个比较完善的体系。针对多项Logit模型的缺陷，巢式Logit模型、排序Logit模型等已经在交通方式选择等问题中得到较为广泛的应用。实际调查数据（Revealed Preference Data，RP）、意向调查数据（Stated Preference Data，SP）联合建模等问题也都取得了重要的研究成果。基于活动的交通行为模型，引入个体生活行为，包含了不同维数的多个意愿决策，从时间和空间两个方面说明选择机理和约束机制。由于这类模型作为基础的意愿调查难以大规模和高频率进行，以及偏好、态度等因素影响造成模型缺乏时间和空间上可移植性等问题，限制了其适用范围。但即使对于技术作用最强的公交系统设计，在上述技术分析的基础上还不能有效消除决策判断中的模糊性，需要通过大数据分析技术进行补充，见表7-1，形成的分析流程如图7-8所示。

公交系统分析中的消除决策判断不确定性　　表 7-1

| 基本问题 | 决策分析 | 关联的对策 |
| --- | --- | --- |
| 公交系统与城市空间结构的关联 | 城市空间交通联系强度；<br>通过轨道交通形成的客流聚集与区域关联；<br>通过常规公交所形成的客流聚集与区域关联 | 完善城市轨道交通或 BRT 空间拓扑结构；<br>对于城市空间通道资源的配置；<br>解决与城市规划的协同 |
| 居民活动空间与公交系统的关联 | 居民活动空间的空间分布；<br>不同公交服务区位条件下的居民活动空间差异；<br>基于居民活动空间分布的公交服务水平评价 | 公交网络布局调整；<br>公交线路调整；<br>公交运行组织调整 |
| 居民主导交通方式与公交服务区位 | 公交服务区位的空间分布；<br>不同区域居民轨道交通使用频度；<br>不同区域居民使用常规公交比较频度；<br>不同试用频度乘客在常规公交线网的分布特征 | 公交资源的配置；<br>公交政策的调控；<br>局部线路的调整；<br>运行组织模式调整 |
| 公交与其他交通方式衔接 | 轨道交通乘客在站点周边活动分布特征；<br>轨道交通与常规交通换乘客流分析；<br>BRT 与常规公交换乘客流分析 | 综合交通匀速组织协调；<br>枢纽及衔接节点改善；<br>综合交通体系规划 |

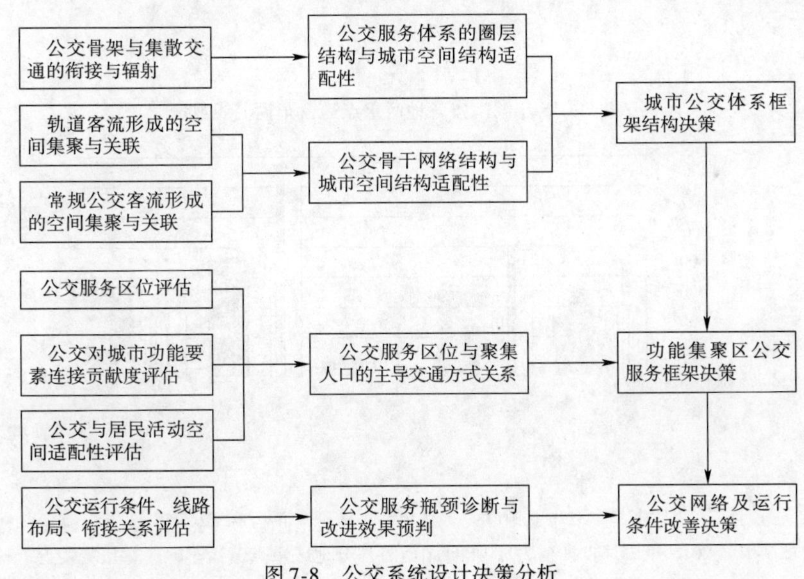


图 7-8　公交系统设计决策分析

## 三、大数据与安全监管

大数据技术能够实现对入网车辆中海量驾驶行为的数据挖掘和分析。将大数据挖掘方法应用于车辆数据分析和车辆驾驶行为监管，能够实现车辆行驶里程和半径、跨省和异地经营、停运和运行时段、车辆疲劳驾驶、货车超速驾驶时段、不良驾驶行为等动态数据分析，为行业政策制定和监管提供基础数据，如图 7-9、图 7-10 所示。对道路交通流量的监测将有助于全面把握道路交通态势。通过对区域控制点(断面,交叉口)的流量、大型车混入率等情况的检测,进一步分析不同区域之间的跨越交通流量、不同时间段的流量分布、不同类型道路的交通量对照、道路交通车种构成和不同类型道路行程车速变化等,以此反映交通状态的情况。对车辆拥有和使用方面的检测,将有助于对于交通模式发展态势的判断。同时,通过监测道路运输营运车辆的超速违章报警、疲劳驾驶报警等情况,有助于对驾驶人员的驾驶习惯进行管理和监督,并结合各地区的数据分析路段交通情况对道路运输的影响。在道路运输信息处理中应用大数据技术,有利于发现车辆或者驾驶员各种行为的规律,从而支持运输安全管理逐步实现从"事后处理"到"主动预警"的转变,辅助运管部门有针对性地制定安全管理决策,改善道路运输安全管理水平。

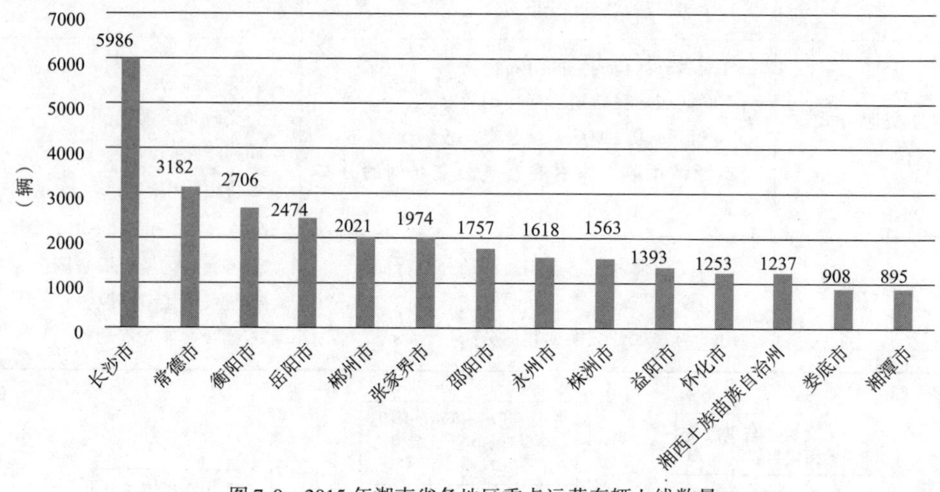


图 7-9　2015 年湖南省各地区重点运营车辆上线数量

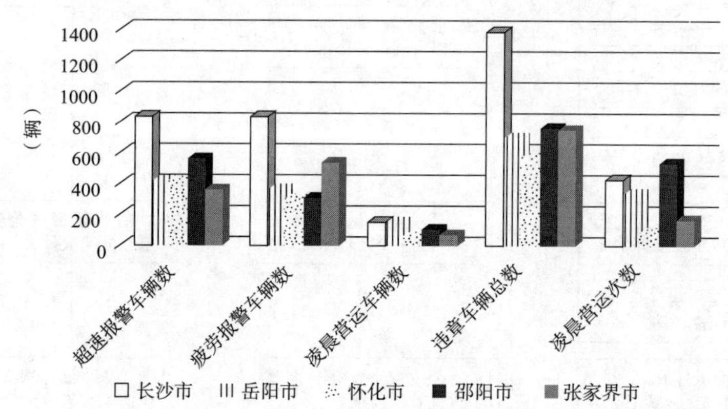


图 7-10　2016 年 7 月 8 日至 7 月 14 日湖南省部分地区重点营运车辆违章报警情况

## 第三节　典型应用一:营运车辆信息大数据挖掘

通过加强道路运政管理系统与联网联控平台的信息交互,使得道路运输实时数据获取和分析变得可能;使用大数据技术能够实现道路运政信息管理和营运车辆联网联控中海量驾驶行为数据挖掘和分析,基于现有道路运输大数据,将大数据挖掘方法应用于运政数据分析和营运车辆驾驶行为监管,能够实现车辆行驶里程和半径、跨省和异地经营、停运和运行时段、车辆疲劳驾驶、货车超速驾驶时段、不良驾驶行为等动态数据分析，为行业政策制定和监管提供基础数据。

## 一、营运车辆信息大数据挖掘方法

道路运输运营车辆信息中大数据挖掘方法主要包括聚类分析以及关联规则挖掘。聚类分析的目标是在相似的基础上分析数据，得到一组或者多组数据的规律，从而实现数据的分类或者异常检测，在道路运输信息处理中对于离群点的检测十分有效。关联规则挖掘则是利用数据之间的统计特征，发现事情之间的联系，在道路运输信息处理中应用。

基于聚类的数据挖掘离群点的检测方法能够发现与大部分其他数据的规律显著明显不同的数据。大部分数据挖掘方法都将这种差异信息视为噪声丢弃，然而在部分情况下，罕见的数据可能蕴含着重要的信息或者应用价值。例如：哪些货车或者客车行为发生的异常；卫星定位信号给出的路网信息中，哪些是正确，而哪些是坐标漂移引起的等。利用基于聚类的离群点检测，可以大大提高上述数据的利用精度和效率，获取更加准确的信息。

1. 异常值处理方法

离群点的检测更多的是用在数据的预处理中。在数据预处理时，异常值是否剔除，需视具体情况而定，因为有些异常值可能蕴含着有用的信息。异常值处理的常用方法见表 7-2。

常用异常值处理的常用方法　　表 7-2

| 异常值处理的常用方法 | 方法描述 |
| --- | --- |
| 删除含有异常值的记录 | 直接将含有异常的记录删除 |
| 视为缺失值 | 将异常值视为缺失值，利用缺失值处理的方法 |
| 平均值修正 | 可用前后两个观测值的平均值修正该异常值 |
| 不处理 | 直接在具有异常值的数据集上进行挖掘建模 |

将含有异常值的记录直接删除这种方法简单易行，但缺点也很明显。在观测值很少的情况下，删除会造成样本量不足，可能会改变变量的原有分布，从而造成分析结果的不准确。视为缺失值处理的好处是可以利用现有变量的信息，对异常值（缺失值）进行填补。在很多情况下，要先分析异常值出现的可能原因，再判断异常值是否该舍弃，如果是正确的数据，可以直接在具有异常值的数据集上进行挖掘。

聚类分布用于发现局部强相关的对象组，而异常检测用来发现不与其他对象强相关的对象。因此聚类非常自然地可以用于离群点的检测。以下主要介绍两种基于聚类的离群点检测方法。

2. 丢弃远离其他簇的小簇

一种利用聚类检测离群点的方法是丢弃远离其他簇的小簇。通常，该过程可以简化为丢弃小于某个最小阈值的所有簇。

这个方法可以和其他任何聚类技术一起使用，但是对簇个数的选择高度敏感，使用这种方案很难将离群点得分附加到对象上。

图 7-11 所示为聚类数 $K=2$，可以直观地看出其中一个包含 5 个对象（A、B、C、D、E）的小簇远离大部分对象，可以视其为离群点。

3. 基于原型的聚类

基于原型的聚类是另一种更系统的方法。首先,聚类所有对象,然后评估对象属于簇的程度(离群点得分)。在这种方法中,可以用对象到它的簇中心的距离来度量属于簇的程度。特别要注意,如果删除一个导致该目标的显著改进,则可将该对象视为离群点。例如,在K均值算法中,删除远离其相关簇中心的对象能够显著地改进该簇的误差平方和(SSE)。

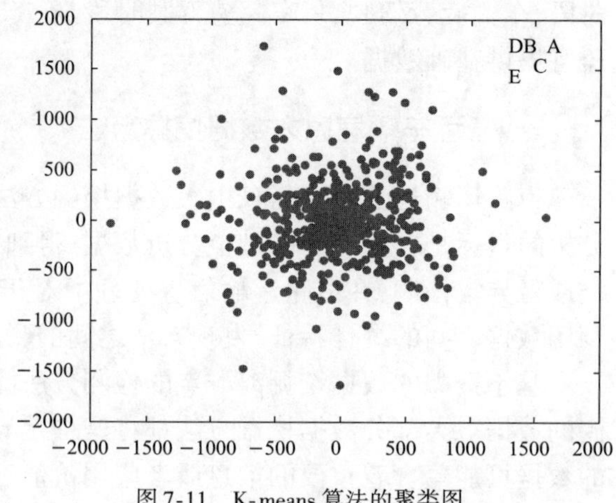


图7-11 K-means算法的聚类图

对于基于原型的聚类,评估对象属于簇的程度(离群点得分)主要有两种方法:一是度量对象到簇原型的距离,用它作为该对象到簇原型的距离,并用它作为该对象的离群点得分;二是考虑到簇具有不同的密度,可以度量簇的相对距离,相对距离是点到中心的距离与簇中所有点到所有中位数之比。

4. 数据的一致性分析

数据不一致是指数据的矛盾性、不相容性。直接对不一致性的数据进行挖掘,可能会产生与实际相违背的挖掘结果。在数据挖掘过程中,不一致数据的产生主要发生在数据集成的过程中,可能是由于被挖掘数据是来自于不同的数据源、对于重复存放的数据未能进行一致性造成的。例如 ,两张表中都存储了车辆的运行状态,但在车辆的运行状态发生改变时只更新了其中一张表中的数据,那么这两张表中就有了不一致性的数据。

数据挖掘需要的数据往往分布在不同的数据源中,需要将多个数据源合并存入到一个一致的数据存储(如数据仓库)中。这一过程叫作数据集成,在数据集成时,来自多个数据源的现实世界实体的表达形式是不一样的,有可能不匹配,要考虑实体识别问题和属性冗余问题,从而将数据源在最低层上加以转换、提炼和集成。实体识别是从不同的数据源识别出现实世界的实体,它的任务是统一不同源数据的矛盾处。

## 二、数据处理流程

道路运输信息大数据挖掘数据处理流程如图7-12所示,道路运政、联网联控、联网售票、货运平台等数据源通过上传后,进入数据处理阶段,通过数据解析、数据验证、数据写入、关键字段提取、实时数据计算等处理后,系统将处理过的数据存储入服务器中,在数据统计的过程中,大量数据被导入进行批量计算,目的是得出挖掘与分析的结果。同时系统还提供数据恢复和备份服务。

1. 平台总体架构

运营车辆信息大数据挖掘平台具有云计算与云服务特征,总体分为基础设施服务、数据存储与计算、数据服务、行业数据应用服务四层架构,如图7-13所示。基础设施服务层包括计算资源、网络资源、存储资源、系统软件等;数据存储与计算层包括数据存储、数据计算、数据管理、数据图形化展现等，该层是大数据挖掘的基础；数据服务层包括统计分析服务、应用服务组件、流程与规则引擎、数据接口服务；行业数据应用服务层包括应急指挥、行业监管资源共享、公众出行服务、安全告警事件处理、数据应用行业合作等服务内容。

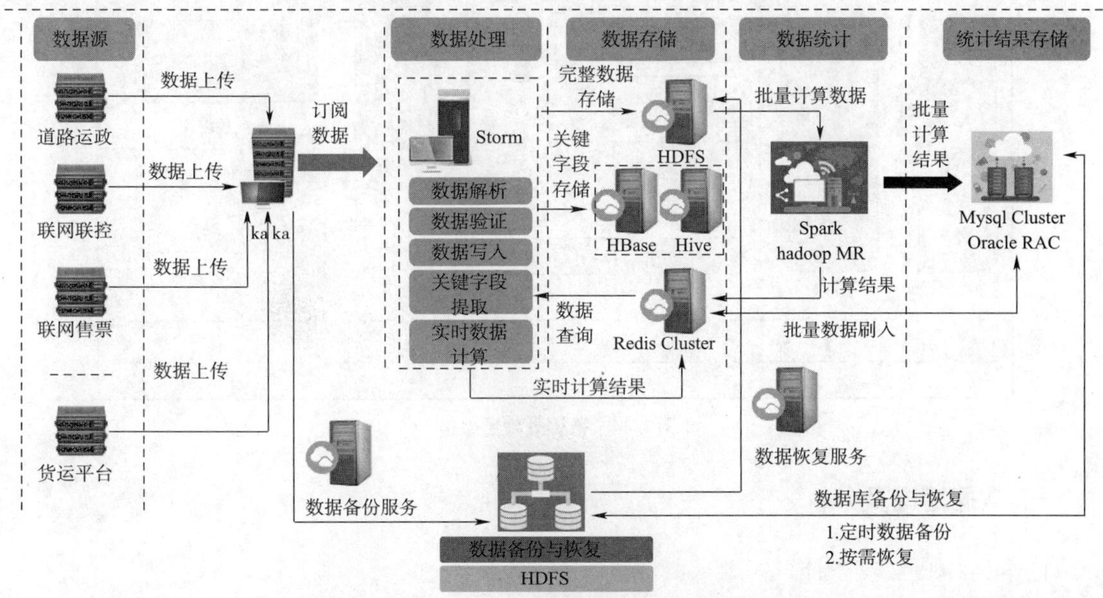


图 7-12　道路运输信息大数据挖掘数据处理流程

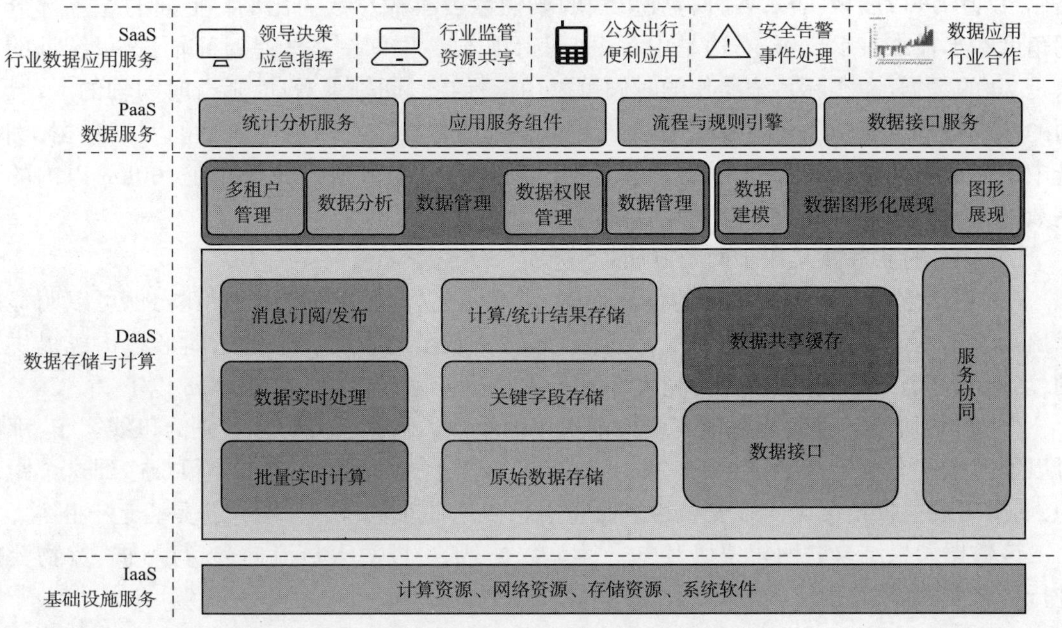


图 7-13　道路运输信息大数据挖掘总体架构图

2. 数据处理层架构

数据处理层架构如图 7-14 所示，包括消息服务、实时计算、数据存储、资源协调、快速分析。

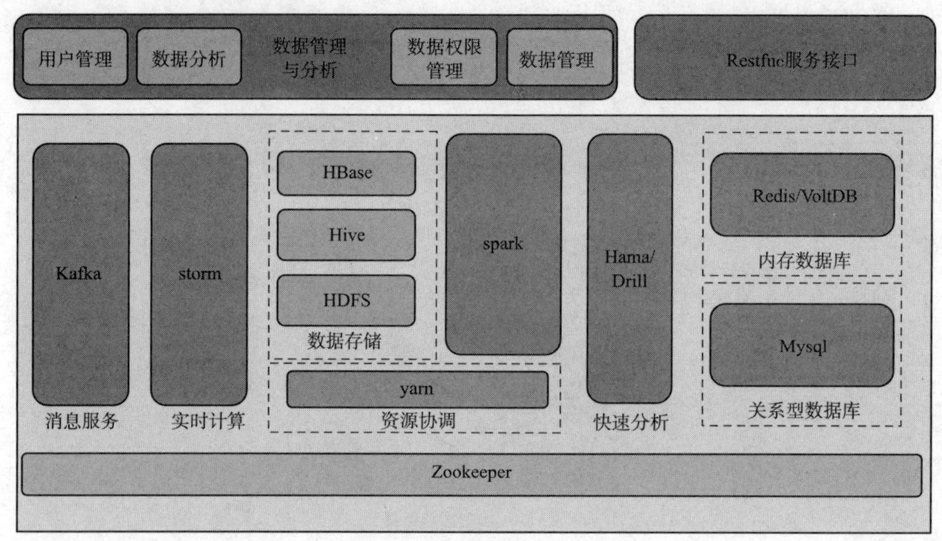


图 7-14　数据处理层架构

## 三、数据挖掘及分析

### 1. 车辆行驶里程分析

车辆行驶里程分析如图 7-15(见书后彩插)所示,分为两大部分,上面一部分是由兰丁格尔玫瑰图进行展现,表示各种行驶里程的车辆数占车辆总数的比例。上面的左半部分是用角度和半径来表示比例,右边是用面积来表示比例。中间一条线是时间轴,这里统计的对象是 7d 的数据,在实际系统操作的时候可以用鼠标在时间轴上滑动,随着时间轴的滑动,上面的兰丁格尔玫瑰图也会随着变动。最下面的是选中特定区域后所显示的明细数据,例如选中了橘黄色区域,那么下面的图就会显示出湖北各个地市州行驶里程在 100km 以内的车辆数量,根据需要还可以查询出明细数据。

图 7-15 的业务意义在于两个方面:

(1)可以宏观了解本省车辆的行驶距离,了解本省车辆运行频度和距离,也可以明显展示出每天车辆运营距离的变化情况,为管理部门宏观了解本省车辆的运输形态构成提供帮助,当前从这个图上就可以看出,绝大部分车辆的业务运营半径都在 100km 以下。

(2)可以协助运管人员厘清安全检查工作的重点。假如选择行业类别为班线客车,那么可以了解哪些车辆运营半径在 1500km 或 2000km 以上,一般而言,24h 是很难达到这个距离的,如果出现这种情况则需在安全检查时重点检查这些车辆及其车载设备是否运行正常。

该数据如果结合联网售票以及电子运单数据,则可以对人员流向、出行习惯、货物流向进行更全面的分析。

### 2. 车辆运营半径分析

车辆运营半径分析如图 7-16(见书后彩插)所示。该图可以分为上中下三部分,上面显示的是车辆总数,可以看到当前绝大多数车辆的运营范围都是在 100km 以内,选择不同的时间节点,图表数据会随之变化,图的下半部分可以显示出各个省份符合这个运行半径的车辆数量。统计半径当前分为 100km 以下、100 ~ 200km、200 ~ 400km、400 ~ 600km、600 ~

800km、800～1000km、1000km 以上。

图 7-16 的业务意义在于两个方面：

(1)可以宏观了解本省车辆的行驶半径，了解本省车辆运行频度和半径，也可以明显地展示出每天车辆运营半径的变化情况，为管理部门宏观了解本省车辆的运输形态构成提供帮助。

(2)可以为安全检查人员安排指明方向。假如选择行业类别为班线客车，则可以了解哪些车辆运营半径在 1000km 以上，安全检查时重点检查这些车辆及其车载设备是否运行正常。

3. 车辆运行时段分析

车辆运行时段分析如图 7-17(见书后彩插)所示。该图统计的是车辆在 02～06 时、06～10 时、10～14 时、14～18 时、18～22 时、22～02 时的运行情况。

图 7-17 的业务意义在于：

(1)可以宏观了解本省车辆的运行情况，例如每个统计周期内车辆运行密度，为管理部门了解本省车辆的运输形态提供帮助。

(2)可以为精准执法提供依据，例如一个班线车辆在与接驳系统结合查询后了解到这个系统并不是接驳运输车辆，而这个车辆在凌晨 02～05 时运行，显然是不合规则的情况。

(3)可以为提升上线率带来帮助，例如一个班线车辆长时间未提交过卫星定位信息，可能是设备故障，也可能是车辆已经报废但未上报给运政系统，依托系统提供的表可以逐一核实车辆是否注销。

4. 货运车辆疲劳驾驶分析

货运车辆疲劳驾驶分析如图 7-18 所示。

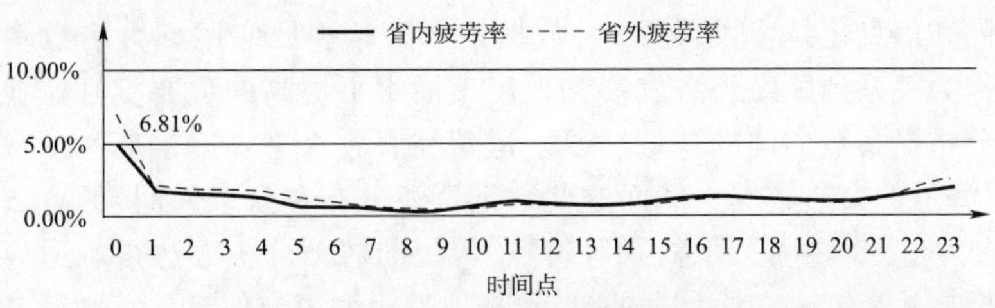


图 7-18　货运车辆疲劳驾驶分析

由图 7-18 可以看出，疲劳驾驶在一天 24h 中主要集中在 21～24 时，凌晨 0～01 时达到最高峰，为 6.81%，而且跨省运输的长途货运车辆疲劳驾驶的发生概率还高于省内运行的货运车辆 2 个百分点，疲劳驾驶的情况还是比较严重的。

5. 货车超速驾驶时段分析

货车超速驾驶时段分析如图 7-19 所示。

由图 7-19 可以分析得到：省内与跨省车辆超速高峰时间不同：

(1)跨省行驶车辆集中在夜间，0～07 时；

(2)省内行驶车辆集中在日间，09～19 时。

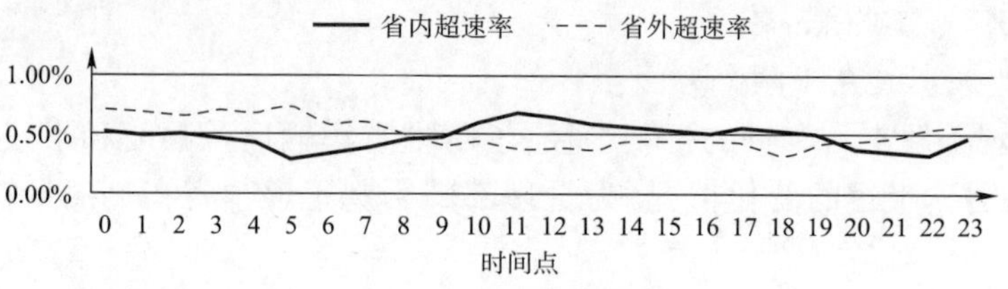


图 7-19 货车超速驾驶时段分析

6. 货车运行区域分析

货车运行区域分析如图 7-20(见书后彩插)所示。这是针对湖北省货车数据进行的分析,单一省外运行车辆的定义:一个月有 24 天在同一外省运行的车辆。

从图 7-20 上看,湖北省的车辆绝大多数是从事省内运输业务的。跨省运输区域在广东省、福建省、重庆市最多;最下面的柱状图是外省途经湖北省的车辆数,11 月共 147330 辆,主要来自河南、安徽、山东三省,占总数的 52%。

7. 货车工作率分析

货车工作率分析,如图 7-21(见书后彩插)所示。

从图 7-21 可以看出,湖北省货运各月工作率各有不同,具体表现出如下特征:

(1)工作 24 天以上的车辆中,车辆月工作率 12 月最高,2 月最低。

(2)1 月、2 月货运工作率在 6 天以下的车辆比例比其他月份,高出 18 ~ 37 个百分点。表明车辆月工作率受到春节影响。

## 第四节 典型应用二:公共交通分析与规划

随着互联网和信息化技术的发展,大数据技术开始扩展应用到大多数社会科学领域。道路运输行业作为关系到国民经济发展和人民生活水平提高的重要支柱产业,迫切需要通过科学的数据分析提高整个体的规划、管理、运营和服务水平。近年来,交通数据采集设备的发展,产生了海量的交通数据。然而这些数据资源分布在众多部门,具有数据总量巨大、单位数据信息量小、数据之间关系复杂等特点,传统的数据分析方法很难适应其分析需求,利用大数据分析技术来解决交通数据的分析,提取有用知识与信息,为公共交通的规划提供依据,成为当前交通信息化以及大数据分析领域的热点问题。如何借鉴大数据分析最新研究成果,进一步开始交通数据的分析与处理工作,发挥现有数据资源的优势,实现公共交通的科学、合理规划,已经成为当前比较急迫的一项工作。

公共交通的社会性、复杂性等特征,决定了公共交通的规划、管理及运输组织等尤其需要以数据统计和分析工作作为基础。伴随着电子技术与信息技术的发展,公共交通数据的分析方法经历了逐步加快、逐步深化的几个过程。以北京综合交通调查为例,1986 年首次开展交通综合调查时,主要采用填表调查的方式,共对 7.2 万户、26 万人进行了出生调查,开创了科学调查手段为公共交通系统性规划服务的工作思路。2000 年开展的第二次交通综合调查,调查内容更加细化,但仍以填表调查为主,其成本高、精度低、周期长的缺陷逐步暴露。到 2005 年和 2010 年分别开展的第三次和第四次交通综合调查时,随着出租汽车卫星定位装置的配置、公共交通电子收费系统的普及,基于卫星定位数据的出租汽车乘车识别方法等开始被大规划运用到交通数据的分析中,其应用降低了成本,扩大了调查的时间、空间及样本范围,提高了调查数据分析的速度和精度。

随着电子技术的进步、道路交通信息化的发展,交通数据资源的收集方法越来越多,交通数据资源的规模越来越大,利用大数据技术,建设公共交通分析与规划平台,实现交通数据资源的充分利用,为公共交通规划提供基础与保证,是当前道路交通信息化的一项迫切需求。

## 一、公共交通大数据平台框架

公共交通大数据平台包含数据源层、基础服务层、分布式统计查询接口层、应用层等主要应用层次,如图 7-22 所示。数据从底层逐层向上传输和转变,变成各种应用,其中包括以下几个方面:

(1)应用层。含各种数据产品、服务和软件,数据使用者将直接面对本层获取所有资源。

(2)分布式统计查询接口层。提供 SQL、WebService、REST、API 等通用访问接口,可直接面对本层进行应用开发,如数据增值服务、二次开发等工作。

(3)基础服务层。封装数据仓库、分布式计算、分布式数据库、分布式文件和资源系统等工具组件,面向数据管理员开放、外部使用者隐藏。

(4)数据源层。通过关系型数据库、文档服务器、文件系统等获取原始数据。加载到大数据平台,面向数据管理员开放、外部使用者隐藏。

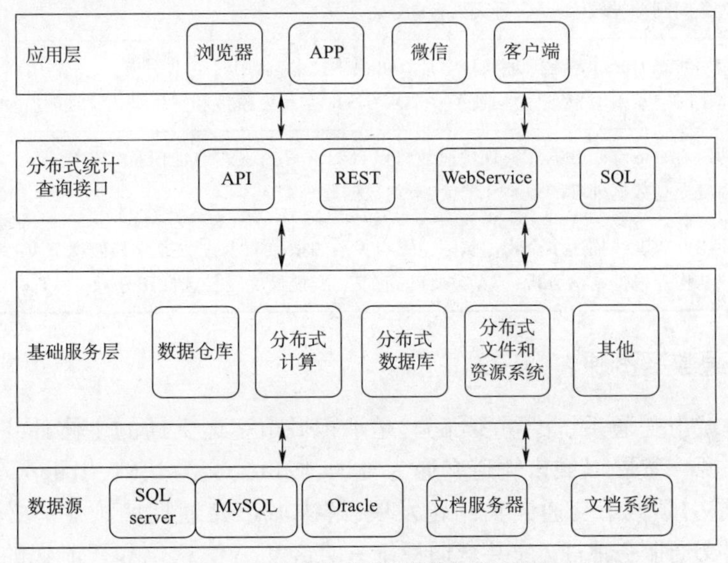


图 7-22 公共交通大数据平台框架结构

## 二、数据挖掘与可视化技术

数据分析挖掘有许多成熟的技术,其中不乏适用于交通大数据的技术。在此选择数据检索、数据分类、数据聚类、数据关联等交通大数据分析中常用的技术来讨论大数据背景下交通数据分析挖掘方法,见表 7-3。随着大数据技术的快速进步,交通大数据分析和挖掘主题深度交叉和融合,可以创新出很多新方法、新技术、新流程和新思维。

常用数据分析控制方法 表7-3

| 技术名称 | 内容 |
|---|---|
| 数据检索 | 将经过选择、整理和评价(鉴定)的数据存入某种载体中,并根据用户需要从某种数据集合中检索出能回答问题的准确数据过程或技术。在同等服务器规模下,基于HDFS的数据组织和检索机制更加适合交通大数据的海量分析处理 |
| 分类分析 | 把大数据包根据内在数据特征划分为若干个类别或组别。常见的数据分类技术有k最近邻法KNN、支持向量机、神经网络等 |
| 聚类分析 | 包括系统聚类法、分解法、加入法、动态聚类法、有序样品聚类、有重叠聚类和模糊聚类等,采用k-均值、k-中心点等算法的聚类分析工具已被加入到许多著名的统计分析软件包中,如SPSS、SAS等 |
| 关联分析 | 研究对象是"部分信息已知、部分信息未知"的"小样本""贫信息"不确定性系统。关联分析的基本思想是根据序列曲线几何形状的相似程度来判断其联系是否紧密,曲线越接近,相应序列之间关联度就越大,反之就越小 |
| 特异群组分析 | 利用特异群组挖掘算法对数据进行分析处理,找出数据中有别于大多数据的一群数据是一种新的数据挖掘任务 |
| OLAP分析与即席查询 | OLAP分析是对数据从各个角度进行分析,从而发现数据内在的规律。即席查询是针对数据按照不同条件和不同查询项等进行即席查询,从而获取到自己想要查看的数据 |
| 空间聚类分析 | 将集中的空间数据对象分成由相似对象组成的类,同类中的对象间具有较高的相似度,而不同类中的对象间则差异较大,是一种无监督的学习方法 |
| 时空动态分析 | 应用时态GIS的基本原理和科学计算可视化技术,运用时空索引模型,并利用面向对象的编程语言构建了时空索引对象,进而构造了一个从GIS时空角度模拟和展现城市交通时空动态的专业应用模型 |
| 地址自动匹配 | 利用Oracle空间数据库实现快速地将以自然语言描述的地址信息定位到含有基础POI的地图上。大幅度提高数据处理的效率和精度,节约数据处理的成本 |
| 路径拓扑分析 | 使用点或者线描述多个物体实际位置与关系的抽象表示方法提取和处理节点、路段信息,建立路径拓扑结构。根据结构分析、节点重要度等方法,实现最优路径选择和分析 |

## 三、公共交通数据资源

公共交通是城市交通系统的重要部分,是承担城市客运交通的主体,同时也是公共交通分析与规划的来源。发展以城市轨道交通为骨干、城市公交为基础、出租汽车为补充的城市公共交通体系,是引领城市交通向集约化发展,解决城市交通拥堵顽症的必然途径和手段。为不断提升公共交通服务水平,公共交通系统一直经历着信息化和智能化的技术升级,积累了大量数据,保证日益增长的城市客运出行服务需求。

1.公交车数据

(1)基础数据及采集。

城市公共交通系统是城市交通运行的重要组成部分。随着城市化进程的不断加速、交通拥堵加剧,公共交通优先发展已成为城市交通发展的重要战略,常规公交系统已成为承担城市中、短程客运交通的主体。公交数据从产生的来源主要分为:公交基础设施资源数据、公交车运行状态数据、公交车运营管理数据、公交客流数据。

公共基础设施资源数据主要是用来描述公交设施的静态基础空间数据，主要包括公交枢纽、站点、线路、路段、站场等空间信息，以及与公交设施相关的基础道路要素。这些信息是公交系统的基础数据，随时间变化较小，一般主要在公交地理信息系统中，数据来源于系统外部的规划、测绘和建设部门等，数据存储格式多样，常常随所采用的地理信息系统不同而不同。

公交车运行状态数据是指车辆运行过程中产生的各种数据，主要包括公交车辆自动定位信息、实时调度信息、自动计费信息和动态客流信息。其中，公交系统的车辆自动定位系统通过车载卫星定位接收终端，对车辆进行连续定位，测量公交车辆的位置、速度等信息，并以一定的时间间隔将这些信息通过通信网络传输至控制中心。实时调度信息是指运营调度中心后台系统根据车辆的定位信息和乘客信息等，按照一定的算法得出的公交车辆的动态班次、发车时间、进站出站信息、停靠等待时间等控制信息。公交运营调度信息还包括公交优先信号系统、公交动态调度系统所获取的数据，数据实时更新，数据来源于系统外的交通管理部门，用于支撑实时公交调度。而这些信息（如交通拥堵、交通管制、道路突发事件等）无法从现有系统中得到，需通过人工方式收集或从其他系统中集成。

自动刷卡计费信息是指公交卡自动刷卡计费系统记载的，车载智能公交卡收费机记录卡记载的编号、日期、消费金额、消费时间等刷卡信息，以及车队编号、收费记号、线路编号等读卡机内部信息。车载收费终端经过一定运行时间后回到汇总传输点，由管理员用手持式数据采集器连通车载收费终端，把乘客信息下载到手持式数据采集器上，再把该数据转存入汇总传输点数据库中。另外，一些功能综合的智能公交卡自动收费系统还可以采集乘客的基本信息、公交车辆行驶状态信息和运营管理信息等。

公交客流数据通过安装在车站、公交车的乘客检测器来采集。目前的检测技术主要包括红外检测、视频检测、称重检测等，测定乘客的到达率、到达时间、上下车乘客数、上下车时间等信息，以一定的时间间隔将这些信息通过通信网络传输至控制中心。

公交车运营管理数据是指与公交运营效率、运营安全和运营成本等评估性信息有关的数据，主要包括车载终端设备管理、车厢视频监控、机务、票务、车辆燃油管理、线路信息管理、车队信息管理、公司信息管理、站点和停车场信息管理等所产成的数据。这些数据一般通过专业的设备进行检测，并通过无线通信或人工汇总到公交运营公司，实现对驾驶员活动和车辆活动等全方位的信息化监控功能。

目前公交系统的动态运行信息数据多样，数据量很大，一些智能化公交管理设备（如车厢视频监控设备、车辆前端安装的公交专用道侵入执法监测器等）获取的视频图像数据，还具有非结构化的特征，而且随着信息化技术的不断发展，大部分信息数据都实现了实时获取，信息量随着系统运行时间的增长而迅速膨胀。因此，公交系统数据对分析公共交通运行、提供交通总体运行挖掘分析具有重要的价值。

（2）数据的应用。

随着信息化技术和智能公交系统技术的不断发展，国内智能公交系统水平和效率也随之不断增加。智能公交信息采集、集群化调度、智能化乘客信息服务、高效运营管理、节能环保等主要功能得到了长足的发展。例如，上海智能公共交通系统以调度系统为核心，实行公交调度中心、分调度中心和公交车队三级管理。公交车实现车辆自动定位，并将定位信息发送给分调度中心，使其能够实时监测车辆的运行状况，并向车辆发布加速、减速、越站、路线、折返等指令，并依据当前的客流信息、交通流址、占有率等数据合理调度车辆。上海部分公交车辆内还可设有电子收费、乘客计数、电子公告板等装置，实现乘车服务的自动化和信息化，也便于公交公司统计客流情况，为线网规划与行车时刻表的编制提供可靠数据。同时，系统还实现自动车厢乘客信息服务和自动到站预报信息服务，以及智能投币机、POS 机与车载卫星定位终端的数据对接，一旦出现大客流和车厢拥挤状况，该系统会自动调整发车班次，及时投入运能。通过智能手机扫描二维码，就可获知车辆离站的距离，这样的线路信息二维码覆盖了 580 多条公交线路所途经的各个站点。

广州通过建立智能公交监控调度系统，实行公交集中调度，实现了对公交实时监控与智能调度；通过电子站牌、呼叫中心、互联网及手机等不同途径向政府、出行者和企业提供交通信息服务；智能公交系统与公交企业的管理信息系统相结合，使智能公交的应用深入到企业运营管理的深层次；建成公交电子自动收费系统、交通信息服务中心、网上交通信息服务、手机交通信息服务、公用交通信息设施等，并编制了广州市公交车智能调度系统及车载信息设备技术等规范。

在车辆状态分析方面，郑州市利用控制器局域网络总线技术，对车辆状态实时监控，实现里程、油耗、驾驶动作等相关分析。在客流分析方面，利用客流调查器、IC 卡刷卡机、投币机等设备提供的数据，实时监控车辆客流满载率、客流分布及其流向。在信息发布方面，在公交站台和公交线路中转站，设立了液晶显示屏电子站牌，直观地为乘客实时提供车辆进站及换乘信息，乘客也能通过手机上网、网站查询等方式了解车辆到站和换乘信息。

苏州市已建成先进的智能公共交通系统，通过建立公共交通智能化调度系统、公共交通信息服务系统、公交电子收费系统等，实现了公共交通调度、运营和管理的信息化、现代化与智能化，为出行者提供了更加安全、舒适、便捷的公交服务，从而吸引公众的公交出行。苏州市智能公交系统主要由数据采集系统、数据交换和共享平台、企业营运系统、行业管理系统、决策分析系统和公众信息发布系统等组成。

(3)未来发展。

随着智能公交系统的发展，智能公交系统调度、线路和客流监控、收费等子系统中积累了海量数据。利用先进的数据挖掘技术分析智能公交系统中的海量信息，可以发现其中隐含的公共交通模式及规则，获得高层的、潜在的规律(如车辆运行规律、客流规律等)。并评价公交系统的总体特征(如公交系统的可达性、可靠性)，发掘公交运营成本节约、污染降低的主要因素，进一步提升公交服务水平和降低社会资源消耗。同时，公共交通卡系统积累了大量的交易数据，详细记录各公共交通运营单位、线路的客流情况，是分析判断公共交通客流状况极有价值的信息。由交通卡数据时序得到的市民出行链信息，是分析日常通勤客流出行特征的重要来源，充分利用现有的数据片中的交易数据和运营管理数据可提供挖掘公交车辆位置信息、行程时间信息、站点上下车人数估计等，估计客流在时间、空间上的分布特征，来推算公交动态 OD 矩阵，以及利用行程时间和动态 OD 矩阵信息进行公交系统可达性评估等，可为城市交通规划及管理、公共交通运营管理及乘客出行服务提供技术支撑。

2. 出租汽车数据

(1)基础数据及采集。

城市出租客运系统是城市公共交通的重要组成，是城市轨道交通和常规公交客运的主要补充，是体现高层次和特殊出行需求的公共交通出行方式，与城市发展规模相关，城市出租汽车发展规模与总量基本处于平稳态势。出租客运系统的数据主要来自城市出租客运调度系统。上海是我国出租汽车管理水平较高的城市,该市出租汽车行业率先启用“智能化营运调度”平台,依托先进的通信、计算机及网络技术,构建统一高效的行业信息服务(调度)中心。与出租汽车车载系统、出租汽车站点组合成一个现代化调度运作网络,使全市出租汽车资源达到最优化配置。随着技术的不断进步,其他城市也在不断完善出租汽车监控与智能调度系统、统一呼叫管理系统。智能化出租监控调度系统或平台通过设置在出租汽车上的车辆位置信息采集系统及调度呼叫系统,将车辆实时卫星定位经纬度坐标、车厢空车重车状态、乘客用车时间、上车地点、车型等信息返回统一调度平台,通过后台数据处理和乘客乘车需求情况,调度员进行快速合理地调度车辆,提供在规定时间内向客人提供用车的服务。

随着软件和无线互联网技术的不断进步,出租打车和专车软件进入市民的视野,例如,神州专车是国内领先的租车连锁企业神州租车联合第三方公司推出的互联网出行品牌。2015 年 1 月 28 日,神州专车在全国 60 大城市同步上线,利用移动互联网及大数据技术为客户提供“随时随地,专人专车”的全新专车体验。

另外,与城市出租客运管理相关的数据还包括城市出租基础设施数据信息、如出租汽车扬招站点位置、类型、停车位数量、编号等信息,这些信息通常集成在车辆调度与管理系统中。

(2)数据的应用。

出租汽车车载卫星定位终端返回的信息可以确定出租汽车的起终点,且卫星定位数据还能够反映车辆是空载行驶还是载客行驶。通过建立相应的指标条件来对数据进行处理,剔除无效数据,可为卫星定位数据的有效利用提供数据基础。利用出租汽车的卫星定位数据可以有效解决许多交通问题(如出租运行状况分析、交通拥堵状态分析、交通出行需求空间分布),以及为交通规划、交通管理提供决策支持依据。

将出租汽车出行起终点的卫星定位数据进行处理分析,利用每次出行起终点的经纬度、速度、时同、载客状态等信息,对出阻车的交通运行特性进行分析,可评价出租汽车平均载客时长、平均出行距离、下客高峰期、时间和里程空驶率等指标,对出租投放量、运营模式及出租交通分担率等进行支撑。通过出租汽车卫星定位数据计算上下客热点的时、空间分布,可以分析出租方式的运营时空特征和分布密度,为出租汽车的运营调度提供数据支持和理论支撑。出租汽车上下客高峰期分析可作为居民出行特征的补充,对总体交通出行时间进行优化,增加乘客高峰时段的出租汽车数量,减少低峰时段出租汽车营运的数量或频率,从而在时间上进行合理的配置和调度。出租汽车空驶率则可以较为直观地反映出出租汽车的运营状况,一定程度上反映出这个城市出租汽车的拥有量是否合理。如果空驶率过高,则说明出租汽车拥有量过大;如果空驶率较低,则说明城市出租汽车的拥有量不足。利用卫星定位数据计算出租汽车停靠站的设置位置与上客空间分布之间的适应性,识别出租汽车上客热点区域或者路段,可以合理估计乘客最短步行距离,为出租汽车停靠站设置方案提供依据。

出租汽车可以分为城市道路运行的浮动车来反映整个交通流的运行状态,利用出租汽车的实时位置、行驶速度等信息,通过道路交通流建模,可得到道路的交通流量、道路拥堵程度等指标,为车辆的出行路径优化和短时交通流预测提供基础数据。

(3)未来发展。

当城市卫星定位数据样本达到一定规模时,选取合适的聚类方法对出租汽车乘客的出行起终点进行聚类,将不同空间位置的出行起终点分为不同的类别,为交通规则中的交通出行调查提供数据模型,为交通规则中的交通小区划分和乘车热点的识别问题提供参考依据。利用出租汽车卫星定位数据还可以进行居民出行 OD 调查的数据建模或作为人工调查结果的校核,成为交通方式调查的一个补充,所利用的卫星定位数据经过较好地处理分析后,可提供可靠性比较高的调查资料。而且数据作为客观的因素,所受各方面的影响比较小,耗费的人力物力也更加节省。未来出租客运系统正面向智能化管理和智慧化出行的方向发展,以满足日益增长的公共出租客运对安全性、效率性、便捷性的服务需求。

3. 轨道交通数据

(1)基础数据及采集。

城市轨交数据主要分为由车辆运行产生的运行控制数据和由运营管理产生的业务数据。列车运行控制系统是设置在线路运行控制中心的最主要系统,除此之外、线路运行控制中心还设置列车监控、电力供应、车站设备、防火报警、票务管理等运营管理系统,负责对突发事件进行统一的指挥处理,和对全线所有信息交换的枢纽、集散地及对外窗口的联络。汇聚到线路运行控制中心的数据包括静态数据和实时动态数据。其中,静态数据是一些与属性相关的信息,包括列车车辆类型、列车速度等级、车长等基本信息;车站基本信息:车站位置、车站股道数量、位置,车站信号灯;线路、设备的基本信息;线路类型、长度,以及各站之间的列车运行时分等参数。实时的动态数据包括列车的动态信息;车站股道占用情况、车站股道开放情况等车站的动态信息;线路、设备状态等线路设备的动态信息;列车、车站、线路数据交互调整的状态和最终状态由已知的静态数据和动态数据推导得出的中间状态信息;推理过程中的暂时调度数据,最终的时刻表数据及统计数据等。

轨道交通自动售检票系统(Auto Fare Collection, AFC)通常包括自动售检票终端设备监控与信息管理的票务处理、通信传输、汇总统计、清分结算、设备监控和运行管理等应用功能,其获取的票务和设备状态数据能够为客流分析、票卡分析、运载量分析、收益分析、设备故障分析等提供数据来源。轨道交通 AFC 运营数据库承载着将轨道交通售票、检票、设备监控、进出站分类统计、运营结算和日常运营管理等过程生成的交易和数据。因此,AFC 中央数据库具有数据量大、访问频率高、结构复杂、安全性要求高四大应用特点。

除以上数据外,还包括轨道交通公众信息发布服务系统的信息和数据,主要包括列车上的旅客信息系统、站厅内的旅客引导显示系统和 Internet 信息发布等。向旅客提供以下各方面的信息:预告列车到达时刻及目的地信息、列车到站的预告安全广播显示和到站指示广播显示,以及在火灾及阻塞、恐怖袭击等情况下,提供动态紧急疏散指示等信息。

(2)数据的应用。

轨道交通数据在系统的运行过程中产生,同时也为运营、管理、信息服务等系统提供数据反馈与评估,来自列车运行控制系统的轨道运行数据,可为列车自动监控、超速防护、安全行驶提供大量历史数据积累,例如,列车超速防护系统通过采集行驶列车自身运行速度及与前行列车的追踪间隔距离,判断运行速度是否超出列车最高允许速度,追踪间隔是否满足该条件下的最小追踪间隔。当列车超速运行或不满足最小追踪间隔时,采用适当的制动曲线实施列车制动,以保证列车安全运行。

列车自动防护系统主要采集测速、测距、列车紧急制动和通信等信息数据,实现列车的最小追踪间隔防护和列车速度防护,避免列车超速运行和发生追尾事故。列车自动驾驶系统通过集中在列车上的车载检测设备,检测获取地面信息,包括线路坡度和曲线半径,以及前行路段的路面状况等，用来判断机车驱动或制动曲线，实现列车在正常情况下的自动安全驾驶，避免在列车驾驶员失去警觉时发生安全事故。

列车自动监控系统是整个运行控制系统的核心，由现场设备、车载设备与控制中心设备组成，它通过信息采集设备，实时动态显示列车的运行状态和线路设备被占用状况，为列车调度人员和现场工作人员提供清晰真实的动态画面，供其对整个运行系统进行实时监督控制。系统采集的数据包括列车识别与追踪信息、进路控制信息、运行调整信息、运行图管理信息等，实现列车限速和防护的功能，从而实现车速自动调节、车站定点停车、自动开关车门等。

(3)未来发展。

轨道交通以其突出的运营特性有效地带动了城市公共交通的发展，随着城市人口的不断集聚，城市轨道交通需求激增，对轨道交通运行、运营管理、安全、需求引导与乘客信息服务都带来了前所未有的挑战，通过对设施数据、运营数据、客流数据等的深入挖掘分析，建立适应城市总体交通系统运行的轨道交通运行规律与建设管理方案，提供面向公众轨道出行者完备准确的乘车服务信息，是指导城市轨道交通系统发展的重要方向。

轨道交通数据挖掘的一项重要工作是对运营数据和客流数据的时空挖掘分析。结合轨道交通路网结构和历史 OD 客流统计信息与特征、AFC 系统实时检测到的轨道网络中各车站的进出站实时客流址，分析和预测未来短时段的客流 OD 矩阵，以及进行 OD 分配，可以帮助掌握客流产生和吸引时空分布规律，合理规划建设轨道交通信息的诱导方案，及时采取应对措施和在严重拥堵的情况下制订疏导预案，进一步提升轨道交通服务水平。

轨道交通吸引的大量客流也需要足够的出行信息和诱导信息，乘客凭借诱导信息选择出行起始点之间的最优路径，同时在各车站进出通道、上下车门附近及其他换乘空间等可以避免盲目拥堵，需要对城市轨道交通线路客流在整个轨道网络中实时分布情况进行分析和掌握，以平衡地铁运营效率和效益。同时，对轨道交通系统运营而言，实时客流分布预测能够使运营公司实时了解轨道网络中客流的分布情况，指导运营公司更加合理地安排发车时间，合理配备出行车辆车厢节数，提高服务水平和运营能力。出行者亦可根据客流诱导信息系统提示的行程时间、换乘时间、换乘次数和拥堵程度等信息，提前选择相关路径，避开拥堵线路，提高出行者的出行效率和舒适度。城市交通决策和管理者也能宏观掌握轨道客流聚集程度，合理分布整个城市客流，有助于提高轨道交通的利用率，也能够缓解一定的城市道路交通压力。

## 四、公共交通流分析

### 1. 公交客流热力图

公交客流热力图以公交站点、线路等静态数据为基础，同时结合公交出车信息、公交卫星定位信息、公交刷卡客流和手机信令客流等动态数据，利用 GIS 空间聚类分析算法，测算出各公交站点的客流量，通过简明的界面呈现给用户。公交客流热力图如图 7-23(见书后彩插)所示。

公交客流热力图可以直观地反映出客流密度的空间分布。公交客流热力图的分析与展示，一方面能为管理部门提供辅助决策的参考依据，增加热门区域线路的运力；另一方面，也能为社会公众提供公交出行参考，选择最优的出行线路。

### 2. 交通指数分析

交通指数分析主要是研究道路的交通流量指数状态，对全天交通指数进行分析研究，并以可视化的形式展现,包括路网分时段交通指数、主城区交通指数、拥堵路段分布、拥堵等级判别、拥堵里程比例等交通指数的分析。

通过应用交通网络数据的基于浮动车匹配算法的拓扑建设技术与分块索引技术,浮动车数据状态识别预处理技术、复杂城市路网地图匹配技术和路段行程速度时空集成算法,对海量浮动车数据、ETC数据、交通模型数据进行信息挖掘,建立了实时、准确、高效、全方位的道路交通运行实时监测系统。

交通通行状况的区域指数、路网指数、城六区指数分析如图7-24、图7-25(见书后彩插)、图7-26(见书后彩插)所示。

09:45-09:50　全网交通指数为5.5　轻度拥堵　平均速度为26.7 km/h

| 区域名称 | 交通指数 | 拥堵等级 | 平均速度(km/h) |
|---|---|---|---|
| 全路网 | 5.5 | 轻度拥堵 | 26.7 |
| 二环内 | 7.6 | 中度拥堵 | 22.3 |
| 二环至三环 | 5.4 | 轻度拥堵 | 27.7 |
| 三环至四环 | 6.7 | 中度拥堵 | 26.1 |
| 四环至五环 | 5.3 | 轻度拥堵 | 28.0 |
| 东城区 | 7.1 | 中度拥堵 | 21.6 |
| 西城区 | 7.3 | 中度拥堵 | 22.9 |
| 海淀区 | 5.4 | 轻度拥堵 | 26.7 |
| 朝阳区 | 5.8 | 轻度拥堵 | 28.2 |
| 丰台区 | 5.1 | 轻度拥堵 | 26.2 |
| 石景山区 | 3.1 | 基本畅通 | 27.1 |

图7-24　北京市某时段区域指数分析

通过交通指数的分析结果,可以对路网动态运行进行智能评价,建立反映交通拥堵时间、空间、频率、波动、强度特征的五维评价指标体系,解决了"断面流量和负荷度"传统指标无法用于路网整体动态评价、无法解决路网数据盲区的难题,准确掌握多角度、全天候、全路网的交通运行状态和演变规律。

3.交通流关联分析

公共交通流分析通过建模的方式描述交通出行者的出行决策、道路行驶的车辆跟驰,以及交通流的网络分布,对城市的交通状况研究具有重要的意义。交通流分析揭示预测城市交通流的自组织演变规律与交通拥堵的衍变情况,其分析必须基于大量的历史或实时的交通数据,与此同时,一些相关数据(如社会经济数据、气象数据和移动信息数据等信息)也会对城市交通产生一定影响,通过分析这些关联数据也可获取有用的交通流信息。公共交通大数据技术为公共交通流分析提供了丰富的数据基础。公共交通大数据采集的数据资源不仅涵盖了传统的交通领域数据资源,也包括了其他非交通领域的数据资源,如城市气象与环境数据、人口与社会经济数据、城市规划与土地利用数据,以及移动通信与社交网络信息等。大数据技术利用对多样化大规模数据的高速处理能力分析处理这些关联数据,有效提高对公共交通流的分析评估,并将分析结果运用于公共交通流分析。

大数据技术为从微观到宏观的交通流分析提供丰富的数据技术基础,并通过快速的处理分析和数据挖掘处理分析这些数据,为交通流分析提供评估分析依据。公共交通大数据采集的常规的交通领域数据(如车辆轨迹数据、线圈流量数据等)不仅能用于微观的车辆轨迹交通流分析，如 NGSIM（Next－Generation Simulation）车辆轨迹数据在微观交通流分析的应用，也可用于宏观路网的交通状态分析，如基于线圈数据和车载卫星定位数据的道路宏观交通状态基本图分析。公共交通大数据同时采集了气象与环境数据、人口与社会经济数据、城市规划与土地利用数据，以及移动通信与社交网络信息等关联数据。大数据技术分析评价这些关联数据对城市交通流的影响，通过分析评价历史或实时的关联数据，对公共交通交通量进行评价和估计，并将分析结果运用于公共交通诱导控制等应用。公共交通大数据技术的交通流关联分析为城市交通流分析提供由点到线、到面的全方位的数据支持。

（1）基于气象环境数据的关联分析应用。

气象条件对交通状态的影响是多方面的，天气变化对车辆本身、路面状况、驾驶员行车过程中的判断和反应，以及司乘人员乘车环境等都有影响，不同的天气条件对交通状态的影响程度不同。在恶劣的天气条件下，道路交通运行条件会明显恶化。根据相关统计资料表明，雨天是造成严重拥堵的重要原因，晚高峰高架道路平均行程车速将下降 20%，主要商圈周边的地面干道平均车速下降 10%～30%。因此，不利的气象条件会对道路交通状态造成不利的影响。

天气状况不同，人们出行的方式不同，交通状态也不同。为了能够对不同天气下交通状态指数进行有效的预测，初步将天气分为正常天气和异常天气，正常天气为晴天，异常天气为雾天、小雨、中大雨、小雪、中大雪，共 6 大类。以正常天气交通指数为基准，取六类异常天气，对日期 7×6 组模式进行研究，通过利用定量的描述趋势相似度方法研究手段，分析每组的交通指数模式相似度。

天气因素对交通状态指数特征影响分析流程如图 7-27 所示。

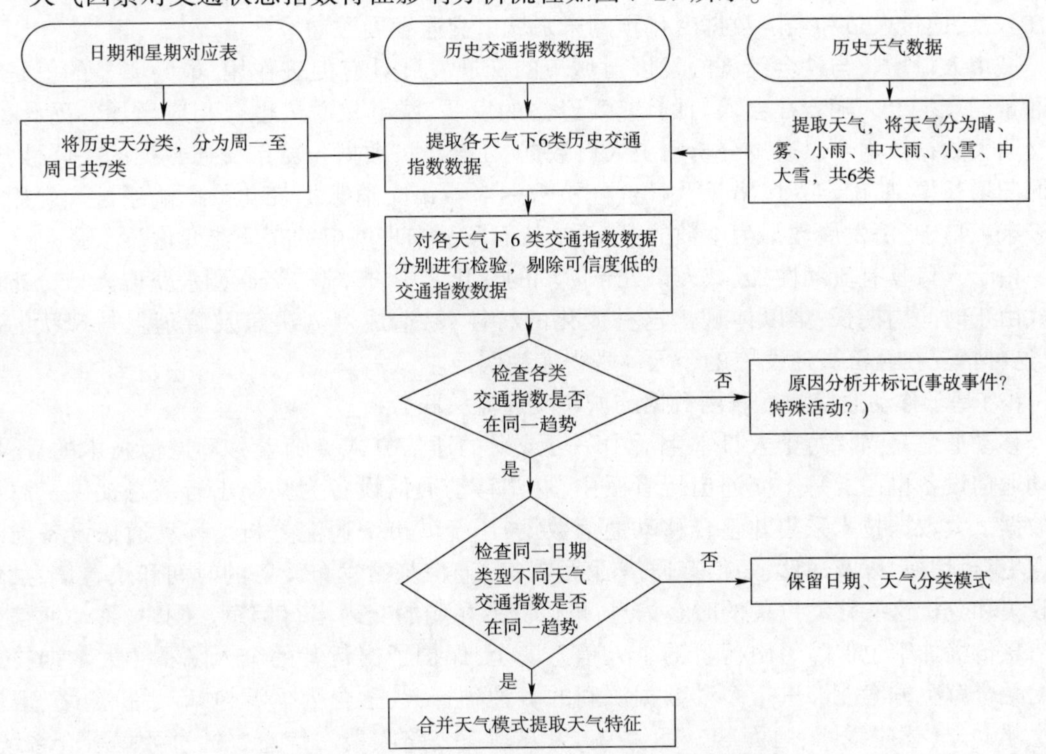


图 7-27　天气因素对交通状态指数特征影响分类流程

近两年某城市不同天气分类下的高架道路交通状态指数全天的曲线相关性见表7-4。

近两年某城市不同天气分类道路交通状态指数相关性　表7-4

| 日期类型 | 平均相关系数 | | | | |
|---|---|---|---|---|---|
| | 晴天 | 小雨 | 中大雨 | 雾 | 综合 |
| 周一 | 0.9730 | 0.9466 | 0.9470 | 0.9112 | 0.9376 |
| 周二 | 0.9736 | 0.9807 | 0.9006 | 0.8840 | 0.8792 |
| 周三 | 0.9759 | 0.9162 | 0.9179 | 0.8990 | 0.8898 |
| 周四 | 0.9771 | 0.8923 | 0.9468 | 0.9582 | 0.9092 |
| 周五 | 0.9798 | 0.9023 | 0.9034 | 0.9280 | 0.9353 |
| 周六 | 0.9673 | 0.8841 | 0.9552 | 0.9576 | 0.8737 |
| 周日 | 0.9547 | 0.8920 | 0.9434 | 0.8881 | 0.9469 |

通过分析,异常天气下和正常天气下交通指数趋势特征相似,但存在着交通指数绝对差值。这种不同在设计天气-交通指数预测模型时,可以根据异常天气交通指数和常态交通指数相对差值,提取天气影响因子。

(2)基于人口与社会经济数据城市交通流关联分析。

道路运输是国家经济活动和社会活动的重要组成部分,也是现代社会生存和发展的基础之一。城市交通不但影响城市人口和社会经济的变化,同时也受到城市人口和社会经济发展的影响,因此城市交通和城市人口经济发展之间具有紧密的关系。城市交通大数据技术收集城市人口与社会经济数据,通过数据挖掘技术,分析人口经济数据与城市交通数据的内在联系,通过人口和经济数据变化预测未来城市交通发展方向。

城市人口增长与社会经济的发展对城市的交通发展具有促进作用,最为明显的就是在交通量的产生上。随着社会人口的增多、经济的发展,城市交通量也会相应增加。因此,城市交通大数据技术可以通过分析历史人口数据、社会经济数据与城市交通数据的关联性,建立回归增长模型,确定人口增长及社会经济数据对城市交通数据变化的影响系数。并用于以未来人口、经济发展数据为参数的模型中,从而预测未来城市的交通流变化。

由于人口具有流动性,区域人口处于时刻的变化之中,传统的交通调查获取人口分布的方式由于时间周期长,难以体现出这种变化的特性,易造成规划决策及管理上与现状的脱节,这种情况在经济高速发展的今天体现得尤为明显。

(3)基于移动通信和互联网数据的城市交通流关联分析。

移动通信是当代每个人日常生活中不可或缺的通信方式。随着移动通信技术的普及,移动通信设备也遍及每个交通出行者手中,这些移动通信设备为交通出行信息提供了海量的数据。大数据技术采集并整合移动通信数据,用于城市交通流分析。移动通信设备通过地点更新、切换,以及通话、短信等通信活动向移动通信基站发布设备的时间和位置信息,通过收集和分析这些移动设备的时空信息,可以获取相应的交通出行信息。同时,移动通信设备信息传播加密也保障了出行者的个人信息安全,保护了出行者的个人隐私。大数据技术数据融合解决方案能够进行多种数据源间的多种融合,其融合数据源包括:手机网络、卫星定位浮动车、感应线圈、地面SCATS系统,以及高速公路收费站信息。通过数据融合系统,把来自多个或多种数据采集设备的基本交通参数进行识别判断和综合处理,得出比从任何单个数据源更加全面、准确、可靠的基础交通数据，从而有效弥补单独数据源所固有的不足，产生出高覆盖、高精度的交通信息。

同时，基于位置的社交网络数据的地理位置和时间信息，也为城市交通流关联分析提供大量数据支持。互联网上的社交网络具有地址签到功能，能获取社交网络用户签到的时间和位置信息。同时一些手机网络用户也会利用一些交通路况信息软件 APP 上传出行的时间和位置信息。通过分析这些数据，可获取出行的相关信息，用于公共交通流分析。公共交通大数据技术采集并整合这些移动通信和网络的交通出行数据，为公共交通流分析提供更全面的出行信息。

基于移动通信数据和互联网数据的公共交通流关联分析应用点包括(但不限于)：

(1)通勤用户出行检测应用：例如，将选定区域内连续一周每天通勤手机用户中，每天通勤出行总次数，以及地下轨道分担的通勤出行比例进行汇总分析，可以得出通勤手机用户在工作日和休息日的出行量、乘坐轨道交通的出行量、通勤上下班最高峰的时间等一系列数据。

(2)断面客流检测应用：例如，对某核心地铁站或公交站区域的手机客流总体情况进行分析，通过连续极昼变化分析，可以得出日出行量较高的时段、进站出站的客流量比例、工作日与节假日客流的潮汐现象。

(3)交通吸引点集散客流检测应用：例如，将某旅游景点作为研究对象，采集区域客流出行特征数据，分析区域客流流入、流出的时变规律，分析区域逗留客流量(客流密度)时变规律，实时动态地检测其客流分布情况。通过长期历史数据分析区分通勤用户群体，可进一步区分上班客流与非上班客流特征差异，为公交及轨道交通运力、班次调度优化提供数据支撑。

## 五、公共交通大数据规划

### 1. 公共交通比较竞争力分析

对于城市交通战略，最重要的问题是如何引导城市交通发展走可持续发展的道路，特别是如何将个体出行方式转移到公共交通出行方式，这些是交通决策者关心的热点。交通方式分担结构是多种因素共同作用下的结果，能够说明城市交通模式的整体演变趋势。通过公共交通竞争力分析，引导城市交通向最具竞争力的公共交通模式转变，能够优化城市交通，引导城市交通可持续发展。下面以我国 4 个直辖市为例，分析公共交通方式的比较竞争力。

4 个直辖市三种不同公共交通方式客流量对比如图 7-28 所示。可以看出，北京、天津、上海、重庆乘坐公交车出行的客流量在三种公共交通方式中的占比分别为 54%、69%、41%、63%。另一方面，北京、上海乘坐城市轨道交通出行的客流量在三种公共交通方式中的占比达到 38%、43%，天津、重庆乘坐城市轨道交通出行的客流量在三种公共交通方式中的占比为 14%、12%。从出租汽车客流量来看，北京、天津、上海、重庆乘坐出租汽车出行的客流量在三种公共交通方式中的占比依次为 7%、17%、16%、25%。从城市公共交通运营车辆拥有量来看，北京、天津、上海、重庆出租汽车的拥有量占公共交通运营车辆总量的 54%、67%、57%、57%，公交车的拥有量占公共交通运营车辆总量的 37%、30%、33%、38%，如图 7-29 所示。城市轨道交通运营线路长度如图 7-30 所示。

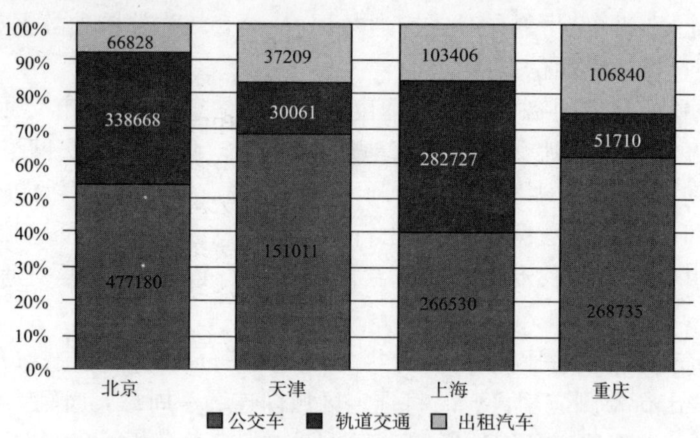


图 7-28　城市公共交通方式客运量对比(单位:人次)

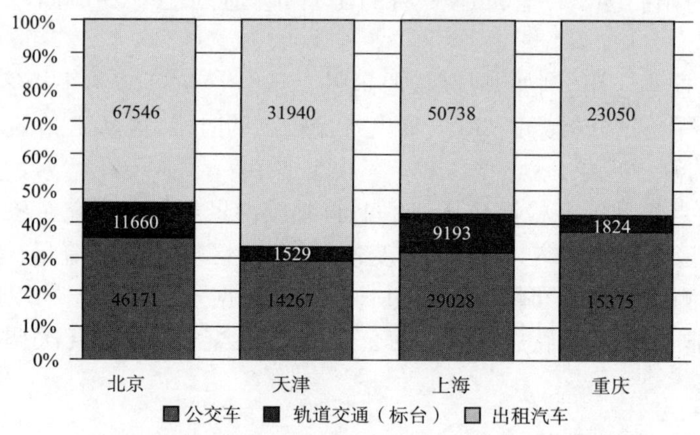


图 7-29　城市公共交通运营车拥有量(单位:辆)

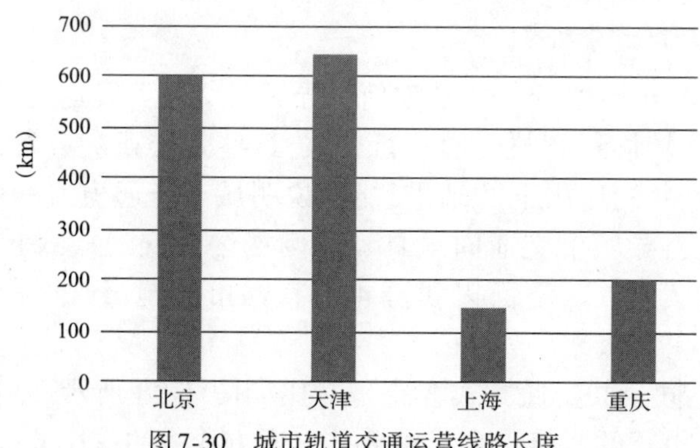


图 7-30　城市轨道交通运营线路长度

将 4 个城市的三种公共交通数据进行对比发现,公交车在各城市中仍是主要的出行方式之一。同时,轨道交通建设的成熟度也对公众出行方式有着显著影响。在北京、上海,乘坐轨道交通客流量与乘坐公交车的客流量几乎相当;而对于重庆、天津,由于轨道交通建设还不够完善,公交车的客运压力相对增加。另一方面,出租汽车拥有量的占比在 4 个城市都达到 50% 以上,而出租汽车客运量的占比却相对较低,特别是在一线城市尤为突出。从数据上也反映出大城市出租汽车的运营情况,公众出行会优先考虑轨道交通或者公交车的方式。

综合以上多种角度的分析,可以得出结论:

(1)公交车依然是大多数城市中公众的主要出行方式之一。发展公交优先是解决人口、产业密集的大城市交通问题的有效途径,运用城市交通大数据技术可以对多种交通方式运行数据进行采集和分析,以及类比相当规模城市,发现公交服务的薄弱环节,提出针对性的解决方案。

(2)轨道交通因其不受其他交通工具干预、不产生线路堵塞、不受气候影响等特点,具有较高的准时性,加上低污染、高舒适性、高安全性,成为公众优先选择的出行方式,发展轨道交通建设是建设城市发展的大动脉。

(3)出租汽车受市内交通路况影响大,准点率低、高峰时间打车难、费用高,在公共交通方式比较中缺少竞争力,不能满足公众的出行需求。在此需求的基础之上,各类 O2O 在线打车服务应运而生。因此只有对 O2O 打车服务加强规范管理,同时在现有出租汽车运营中运用“互联网 +”思维,才能提高出租汽车的竞争力。

2. 公交运行可靠性分析

公交的行程时间可靠性是影响公交竞争力和服务水平的关键。公交运行的可靠性分析包括路段行程时间的服务水平及可靠性分析等几个方面。

(1)公交路段行程时间服务水平划分。

为了描述出行者角度所感受的与运营状态相关的服务质量,借用服务水平概念建立出行者的期望服务水平与期望行程时间之间的对应关系,可以为路网行程时间可靠性评价提供一个合理阈值。

利用公交卫星定位数据,上海市对不同等级道路的路段单位距离行程时间数据进行统计分析,见表 7-5,采取分位数法来确定服务水平和期望行程时间划分标准。

**上海市内环不同等级道路公交车单位距离行程车速统计分析** 表 7-5

| 分 位 数 | 20%分位数 | 40%分位数 | 60%分位数 | 80%分位数 | 95%分位数 |
|---|---|---|---|---|---|
| 道路等级 | 单位距离行程时间(s/m) | | | | |
| 主干道 | 0.16 | 0.21 | 0.27 | 0.35 | 0.43 |
| 主干道公交专用道 | 0.14 | 0.19 | 0.25 | 0.34 | 0.51 |
| 次干道 | 0.18 | 0.25 | 0.29 | 0.45 | 0.71 |
| 次干道公交专用道 | 0.16 | 0.23 | 0.28 | 0.44 | 0.72 |
| 道路等级 | 对应的行驶速度(km/h) | | | | |
| 主干道 | 23 | 17 | 13 | 10 | 8 |
| 主干道公交专用道 | 26 | 19 | 14 | 11 | 7 |
| 次干道 | 20 | 14 | 12 | 8 | 5 |
| 次干道公交专用道 | 23 | 16 | 13 | 8 | 5 |

与道路交通服务水平划分标准类似,根据各等级道路实际公交运行数据统计百分位数,将公交服务水平分为 6 个等级,见表 7-6。

**上海市内环不同等级道路公交服务水平划分标准** 表 7-6

| 服务分级 | A | B | C | D | E | F |
|---|---|---|---|---|---|---|
| 道路等级 | 单位距离行程时间(s/m) | | | | | |
| 主干道 | <0.16 | 0.16~0.21 | 0.21~0.27 | 0.27~0.35 | 0.35~0.43 | >0.43 |
| 主干道公交专用道 | <0.14 | 0.14~0.19 | 0.19~0.25 | 0.25~0.34 | 0.34~0.51 | >0.51 |
| 次干道 | <0.18 | 0.18~0.25 | 0.25~0.29 | 0.29~0.45 | 0.45~0.71 | >0.71 |
| 次干道公交专用道 | <0.16 | 0.16~0.23 | 0.23~0.28 | 0.28~0.44 | 0.44~0.72 | >0.72 |
| 道路等级 | 对应的行驶速度(km/h) | | | | | |
| 主干道 | >23 | 17~23 | 13~17 | 10~13 | 8~10 | <8 |
| 主干道公交专用道 | >26 | 19~26 | 14~19 | 11~14 | 7~11 | <7 |
| 次干道 | >20 | 14~20 | 12~14 | 8~12 | 5~8 | <5 |
| 次干道公交专用道 | >23 | 16~23 | 13~16 | 8~13 | 5~8 | <5 |

在所划分的6个等级中,A、B级是乘客、运营者和管理者最愿意遇到的道路畅通情况;而C、D服务水平虽然有所延误,但处于可以忍受的水平,处于道路拥堵情况;而E、F等级,车辆运行情况处于停滞状态,让人难以忍受。

不同等级道路交通运行状态划分标准见表7-7。

上海市内环不同等级道路公交运行状态划分标准　　表7-7

| 服务分级 | 畅通 | 拥挤 | 阻塞 |
|---|---|---|---|
| 道路等级 | 单位距离行程时间(s/m) | | |
| 主干道 | <0.21 | 0.21~0.35 | >0.35 |
| 主干道公交专用道 | <0.19 | 0.19~0.34 | >0.34 |
| 次干道 | <0.25 | 0.25~0.45 | >0.45 |
| 次干道公交专用道 | <0.23 | 0.23~0.44 | >0.44 |
| 道路等级 | 对应的行驶速度(km/h) | | |
| 主干道 | >17 | 10~17 | <10 |
| 主干道公交专用道 | >19 | 11~19 | <11 |
| 次干道 | >14 | 8~14 | <8 |
| 次干道公交专用道 | >16 | 8~16 | <8 |

(2)公交路段行程时间可靠性评价。

将公交路段行程时间可靠性定义为得到畅通运行服务的概率,通过计算公交路段行程时间小于畅通运行状态期望行程时间的概率,得到路段的行程时间可靠性模型。

以上海市西藏路公交线为例,选取2个月实测数据进行实证分析。考虑到不同线路在相同路段上公交站的分布不同,为了客观反映公交车辆在路段上的实际运行情况,分别扣除车辆在站点延误时间和交叉口停靠时间,计算车辆运行时间的可靠性。计算得到高峰期间(7:00~10:00和16:00~19:00)西藏路公交专用道处于畅通状态的可靠性,如图7-31所示。

从分析可靠性结果,可以得出以下结论:

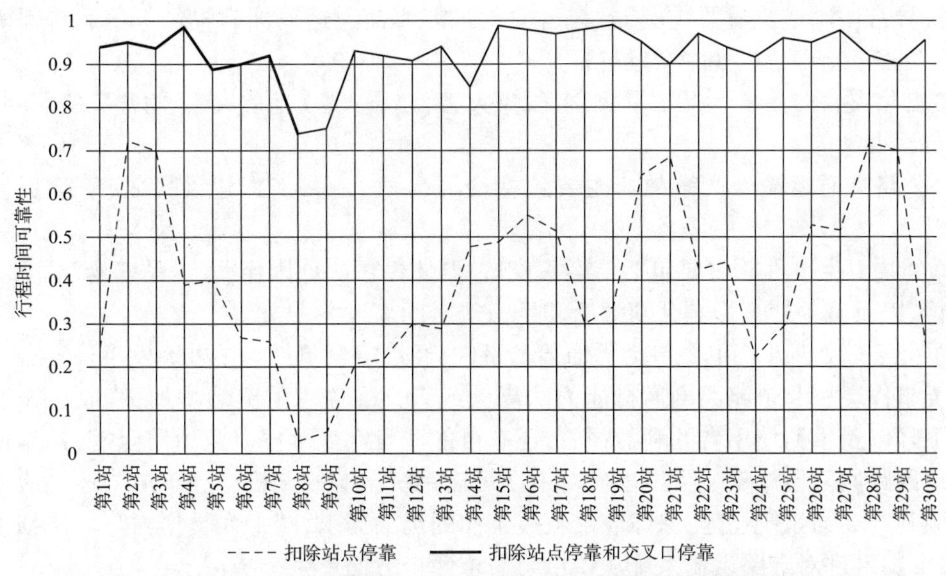


图 7-31　上海市西藏路公交专用道高峰时段处于畅通状态的可靠性

①交叉口对公交可靠性影响明显。扣除交叉口影响后，其他路段运行可靠性基本上都可以达到 90%；但若考虑交叉口延误，公交运行时间可靠性明显下降，从第 4 站至第 13 站的行程时间可靠性都低于 40%，甚至大部分都低于 30%，特别第 8 站和第 9 站相邻路段上，行程时间可靠性不足 10%。

②路段行程时间可靠性与路段下游交叉口红灯时长有很强的相关性，如图 7-32 所示。红灯时间越长的路口，衔接路段的行程时间可靠性越低。若采用公交信号优先控制，将会显著提高公交车的运行可靠性。

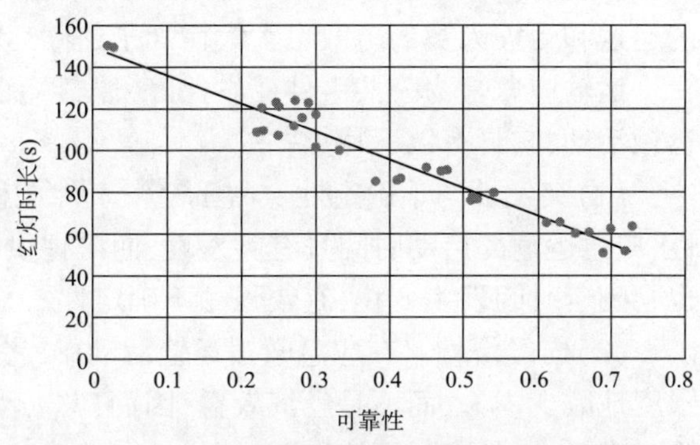


图 7-32　上海某路段公交专用道高峰时段处于畅通状态的可靠性与红灯时长的关系图

利用长时间、高规模、高频率采集的公交卫星定位数据，可以对公交运行特征进行细致分析。一方面，有助于技术人员诊断公交网络的瓶颈、甄别影响可靠性的因素，制订有针对性的改善措施；另一方面，公交运行可靠性的改善，将有助于提高公交竞争力、抑制小汽车出行需求、缓解城市交通拥堵。

## 第五节　典型应用三：道路运输应急分析与决策支持

### 一、道路运输应急分析与决策支持概述

依据交通运输部 2009 年发布的《公路交通突发事件应急预案》所列定义：公路交通突发事件是指由下列突发事件引发的造成或者可能造成公路以及重要客运枢纽出现中断、阻塞、重大人员伤亡、大量人员需要疏散、重大财产损失、生态环境破坏和严重社会危害，以及由于

社会经济异常波动造成重要物资、旅客运输紧张需要交通运输部门提供应急运输保障的紧急事件。道路交通突发事件主要包括：

(1)自然灾害。主要包括水旱灾害、气象灾害、地震灾害、地质灾害、海洋灾害、生物灾害和森林草原火灾等。

(2)公路交通运输生产事故。主要包括交通事故、公路工程建设事故、危险货物运输事故。

(3)公共卫生事件。主要包括传染病疫情、群体性不明原因疾病、食品安全和职业危害、动物疫情,以及其他严重影响公众健康和生命安全的事件。

(4)社会安全事件。主要包括恐怖袭击事件、经济安全事件和涉外突发事件。

这类事件会引起道路路网通行能力的降低或者交通需求的突然增加,造成运输设施服务效率下降以及道路使用者的利益损失,还有可能诱发次生事件以及道路阻塞,甚至使局部或整个地区路网陷于瘫痪。突发事件对道路运输系统影响的分析有利于道路运输应急管理工作的顺利开展与系统构建,保障应急救援工作的运输需求,减少人员伤亡与经济损失。归纳起来,突发事件对道路运输系统从供给与需求两个方面产生影响：

(1)影响道路运输系统的供给能力。突发事件,尤其是重大自然灾害可能对道路运输系统设施造成破坏,使道路或车辆毁损,影响道路通行能力。突发事件可能造成路面和交通状况恶化,使道路通行能力下降,进而影响道路运输系统的供给能力。

(2)影响道路运输系统的需求。突发事件危害大,影响范围广,受灾群众将产生恐惧心理,出于躲避灾难的目的可能会决定出行,造成道路运输的需求急剧上升。同时,救灾物资的运送和受灾人员的疏散也大大增加了道路运输的需求,从而大大影响了道路通行能力。

运输应急是为公共事件提供保障,以最短的完成时间和将灾害损失降到最低为目标的运输活动,它具有以下特点：

(1)突发性与不确定性。由于突发事件在种类、发生、规模、演变趋势等方面具有不确定性,应急运输的启动时间具有突发性,而可提供的和所需要的运输车辆等资源的数量和结构也会随着时间发生变化,有较强的不确定性。

(2)弱经济性。在应急救援运输活动中,考虑的主要目标是为救援工作提供保障,最大限度地减少损失,而不是经济效益,因而应急运输的目标首先是运输时间最短,然后才是运输成本最小,具有弱经济性。

(3)时间约束的紧迫性。突发事件发生时或发生后,运输系统将成为生命通道,当应急运输能力不足或运输通道被中断时,各种救援器材、物资无法及时送达,将会错过最佳的救援时机。

(4)非常规性。应急运输是由突发事件所引起的特殊的运输活动,突发事件发生后往往会在短时间内产生大量的运输需求,不仅要依靠该区域的应急运输储备运力,还需要由政府按照应急预案临时征用企业或个人的车辆,充分利用全社会的各种运输资源以满足运输需求。

突发事件人员伤亡与应急救援时间有十分密切的关系,应急救援越快、救援时间越短,则交通事故中人员伤亡情况越小,很多重伤员只要得到及时的救助,是能避免死亡事故的。针对交通事故中同等伤情的重伤员,伤亡情况与应急救援时间的关系见表7-8。

**交通事故人员伤亡与应急救援时间关系** 表7-8

| 应急救援时间(min) | 生存率(%) | 应急救援时间(min) | 生存率(%) |
|---|---|---|---|
| 30 以内 | >80 | 90 以内 | <10 |
| 60 以内 | 40 | | |

然而交通事故紧急救援技术和机制不完善,车辆发生事故往往不能及时被发现,应急响应、处置与救援效率低下,许多事故伤者因得不到及时抢救而死亡,这也是道路运输事故致死率高的一个重要原因。我国高速公路交通事故伤亡的死亡率高达30%左右,相比发达国家3%～4%的死亡率,是后者的10倍左右。所以对道路交通事故应急资源进行合理布局与配置,并制订快速、高效的应急资源调度策略和方法,更快地进行应急救援,缩短伤员救援时间,提高应急救援的效率,减少人员伤亡,并减少不必要的经济损失,是我国道路运输建设的当务之急。

目前国内已建立以国家、省、市交通主管部门为主导单位的各级公路交通应急管理与指挥机构,但跨省市、跨地区的应急资源优化配置、交通事故发生后的应急资源调配、应急处置以及大范围应急服务的体系尚未建立,网络化的服务优势难以有效发挥。国外经验表明,通过对这些技术的研究和实施,可以有效降低路网交通事故的响应时间,提高应急处置与救援效率,以有限的资源获得最大的安全效益,改善路网交通安全状况和服务水平。因此,我国在提高以区域路网应急资源优化调度和应急处置能力方面的需求十分迫切。《交通运输信息化"十三五"发展规划》提出了推进交通运输运行监测与应急处置能力提升工程,整合各类运行监测和应急资源,建设完善部级、省级以及中心城市的交通综合运行协调与应急指挥中心,加强部省间应急联动。要想提高我国道路运输的应急响应速度与处置能力,必须结合现代化高新科学技术,开展基于我国道路运输实际特点的应急与决策支持研究,并将有效的理论与方法应用到实践中去,以构建有效的路网应急资源管理、指挥与调度体系与系统。

## 二、道路运输应急管理系统

道路运输应急管理系统是针对引起道路运输系统变化,产生应急运输需求的突发事件提出的,由参与突发事件应急运输保障的组织机构、运输企业共同组成的有机整体。道路运输应急管理系统涵盖整个应急管理过程,包括应急准备、监测预警、信息管理、决策指挥和系统评价等过程,以提供突发事件应急处置的运输保障为目标,运用各种技术手段和方法开展快速、行之有效的应急运输活动,以减少损失,恢复社会稳定。在突发事件发生前,道路运输应急管理系统能够有效运转,制订预案、培训应急人员、储备应急资源;当突发事件发生时,能够及时启动应急预警,进行突发事件的决策分析,指挥控制整个应急处置过程;当突发事件结束后,能够完成系统恢复、评估等功能。由突发事件对道路运输系统的影响及应急运输特点的分析可知,突发事件的发生引发了一些非正常的运输需求,需要大量的人力、运输工具等资源予以满足;同时,突发事件的发生对道路造成破坏,使得道路原有的通行能力减弱甚至丧失,道路运输能力、运输供给状况等都发生了变化。应急运输又具有与正常的运输生产活动所不同的特点,因而,必须由专门的道路运输应急管理系统对突发事件下的应急运输进行管理控制,形成一套特定的管理方法,协调组织突发事件下的道路运输活动,在满足突发事件处置运输需求的情况下，兼顾正常的运输生产活动。

### 1.道路运输应急机制

道路运输应急管理机制包括预测预警机制、应急处置机制、善后恢复机制三个方面。

预测预警是在潜在灾难来临之前给公众和应急管理者提供及时有效的信息，从而最大限度降低潜在的危机的破坏力度。预测预警机制一般包括监测、预测和预警三个环节。预测预警机制主要包括以下几个方面的内容：

(1)预警范围的确定。

(2)预警指标体系的设立和分析。

(3)突发事件范畴与领域预判。

(4)预警级别的设定和表达方法的规定。

(5)紧急通报的次序和方式。

应急处置就是在突发事件发生的情况下，迅速组织人力、物力和财力等资源对其进行计划、组织、指挥、协调和控制的整个行动过程。应急处置机制的主要内容包括应急指挥机制、预案启动机制和协调机制三个方面。其一般处置程序如图7-33所示。突发事件发生后必须进行善后恢复工作，善后恢复工作的运作程序如图7-34所示。

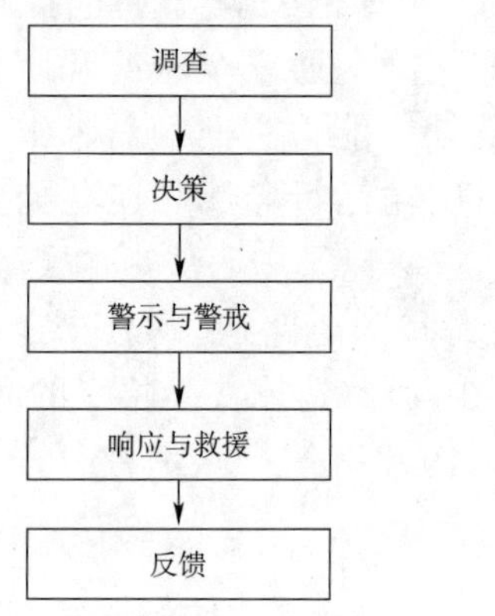


图7-33　道路运输应急处置流程

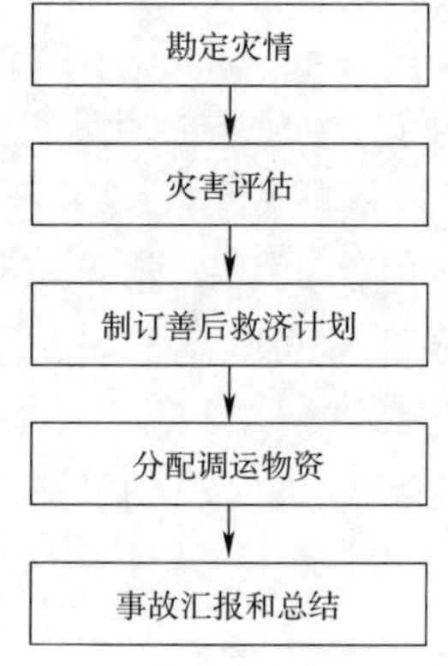


图7-34　道路运输善后恢复工作流程

### 2.道路运输应急管理内容

道路运输应急管理的内容应该包括应急准备、监测预测、应急响应、善后恢复4个部分。其具体内容如图7-35所示。

| 应急准备 | 监测预测 | 应急响应 | 善后恢复 |
| --- | --- | --- | --- |
| ·危险源管理<br>·应急资源管理<br>·应急预案管理<br>·应急能力评估<br>·应急演练 | ·事故监测<br>·事故预测 | ·接警处警<br>·指挥调度<br>·决策分析<br>·应急资源管理<br>·应急预案管理 | ·事故调查<br>·应急资源管理<br>·应急预案管理<br>·信息发布<br>·应急资源管理<br>·应急预案管理 |

图7-35　道路运输应急管理的内容

## 三、道路运输应急信息平台建设

为提高整体应用交通突发公共事件的能力，各省应建立适应自身发展的道路运输应急信息平台。道路运输应急信息平台功能分为 3 个层面：决策与协调、指挥调度、应急处置，应急预案与数据是指挥调度的依据，应急案例及数据是决策的依据。平台系统的功能涵盖突发公共事件应急管理全过程，包括事前的监测监控、预测预警、准备规划保障，事中的应急响应、事后的重建恢复评估分析等。道路运输应急信息平台的建设包括应急管理业务体系和应急管理技术平台两部分。

针对道路运输应急信息平台建设，为提高省级交通体系整体应对交通突发公共事件的能力，在省级道路运输管理部门内部建设应急信息平台的同时，还应考虑预留与交通运输部、市县等各级政府以及其他应急专项部门应急信息平台相交互的接口，实现上下贯通、左右互联的道路运输应急管理体系，满足国家应急平台的建设要求。从省级道路交通体系建设的实际需求出发，应充分贯彻四级协同的设计与建设理念，实现部、省、市、县四级应急管理、指挥调度、决策处置，提高应急事件处理水平。

1. 平台组织架构

根据我国省级、市级、县级政府以及部门（或专项）应急平台现状，道路运输应急平台应以省交通运输厅应急信息中心为核心，上接交通运输部应急信息平台，下接所辖各级道路运输局、公路局和港航局为骨干节点。

省级应急平台体系是一个横向到边、纵向到底的体系结构：以省交通运输厅应急信息中心为枢纽、下属各级交通局为节点，各级道路运输管理局、公路局和港航局应急平台为支撑，上下贯通、左右衔接、互联互通、信息共享、互有侧重、互为支撑、安全畅通。

省交通运输厅应急信息中心是省交通应急平台的核心，与省级其他专项应急平台相连，纵向与交通运输部应急平台相连。向下纵向与各级局应急平台相连，同时与港航局、公路局、道路运输局及省交通运输厅属其他应急平台连通。从职能上来说，省交通运输厅应急平台平时满足省交通应急值守需要，与下属各地区、各有关部门应急平台保持 24 小时联络畅通；当突发事件发生时，则执行交通运输应急响应的职能，向上信息报送，接收上级的指令，向下协调各交通运输应急部门完成事件的处置。

交通运输厅直属公路局、港航局、道路运输局和厅属其他应急平台包括各部门（或专项指挥部）的专业应急平台。完成省交通突发事件应急预案所要求的应急事件处置功能，实现与省交通运输厅应急平台的互联互通、资源整合。

各地市、县运管处和运管所纵向与道路运输管理局应急平台对接，横向管理本级公路、道路运输应急节点和应急节点、交通运输系统中其他地方级应急部门，完成各自预案规定的职能。同时，各地市、县的交通运输应急平台还与公安、消防、卫生等平台协作，提供必要的力量支持，构建完整的应急体系结构。

为了避免重复建设、浪费资源，在许多省份可以利用现有资源布置应急系统。例如湖北省交通运输厅原有公路水路安全畅通应急处置系统，提供账号给各地市使用，所以地市不需要再重复搭建服务器做应急指挥。

2. 系统层次结构

整个系统分为网络通信层、资源层、业务层、应急指挥层、发布层 5 层体系结构，如图

7-36所示。为解决省级道路运输应急信息平台内部和不同应急平台之间信息资源综合汇集、融合共享和互联互通以及数据存储的难题，建立信息整合共享平台。信息资源整合共享平台包括信息资源整合平台、应急数据仓库、数据决策分析支持系统、高性能海量存储支撑平台等。各职能部门和各厅局的政务信息资源和服务可通过应急专网门户和各个分门户发布，供政府各部门和全体公务员依权限共享。各职能部门和各厅局的应用系统和跨部门综合性应用系统通过业务协同平台实现信息和服务的交换共享。

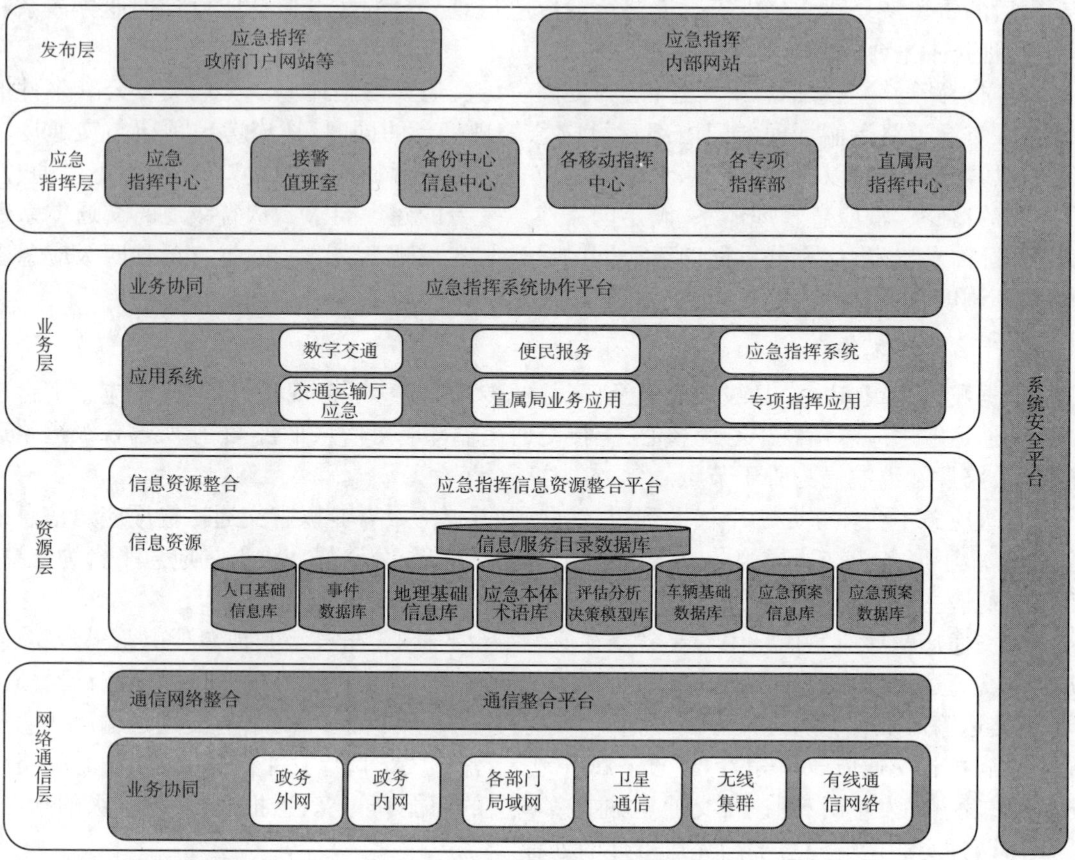

发布层
应急指挥
政府门户网站等
应急指挥
内部网站
应急指挥层
应急指挥中心
接警值班室
备份中心信息中心
各移动指挥中心
各专项指挥部
直属局指挥中心
业务层
业务协同
应急指挥系统协作平台
应用系统
数字交通
交通运输厅应急
便民报务
直属局业务应用
应急指挥系统
专项指挥应用
资源层
信息资源整合
应急指挥信息资源整合平台
信息资源
信息/服务目录数据库
人口基础信息库
事件数据库
地理基础信息库
应急本体术语库
评估分析决策模型库
车辆基础数据库
应急预案信息库
应急预案数据库
网络通信层
通信网络整合
通信整合平台
业务协同
政务外网
政务内网
各部门局域网
卫星通信
无线集群
有线通信网络
系统安全平台

图7-36　道路运输应急信息平台系统层次结构

## 四、应急资源布局分析

在应急管理中，由于资源供应及应急成本有限，不能无限制给应急资源点配置应急资源，因此需要对应急资源进行合理的布局。道路应急资源优化配置是对道路交通事故所需的相关救援资源进行配备布置，即进行固定交通资源的建设，然后根据路段中交通事故发生的事故数和事故等级配置各类应急资源。

针对应急资源配置点的优化选址问题和应急资源优化配置问题，应用大数据技术，将事故多发地段的事故率、事故严重等级、交通量等指标融入应急资源配置点的参数计算，建立应急资源的优化配置大数据模型，采用遗传算法求解得到资源的最优配置。在区域路网应急资源选址模型的基础上，得到应急设施的选址点，然后利用应急资源配置算法配置应急资源数量。将应急资源进行合理的配置，使得有限的应急资源充分发挥其作用，不仅能降低运输救援的成本，还能保证应急救援的及时有效性，尽可能地减少人员伤亡和经济损失。

应急资源主要由应急物资、应急车辆、应急保障队伍和应急信息组成。在区域路网交通事故应急管理中，针对不同的交通事故需要不同的应急响应设备和物资，主要包括公路抢通物资、救援物资/工具、道路抢通/救援车辆、应急人员、应急信息5类。

为应急资源配置点合理配置应急资源，是道路交通事故应急管理与应急处置的前提和基础。因此，明确区域路网应急资源种类，以及做好应急资源的储备、调度和整合工作，对于高效展开道路交通事故应急管理服务具有重要的意义。

1. 应急资源配置模型

应急资源配置模型的建立，是应急资源布局分析研究的基础。以某地区区域路网为例，采用拓扑图对路网进行抽象，如图7-37所示。该区域包括17个主要城镇节点，都是路网沿线城镇或大城市所辖区，用编号C1～C17依次表示。图中相邻节点间的数值表示两个节点城镇之间的距离，构成一个无向图网络。

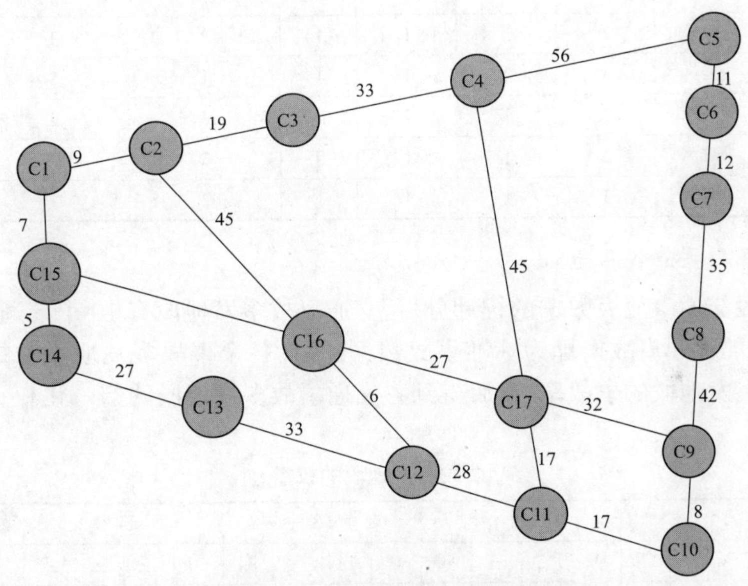


图7-37　某地区网络化区域路网

根据相关规定，不同事故等级应配备的应急资源，如清障车、牵引车、消防车、吊车、救护车、交警巡逻车、路政巡逻车的数量，其参考值见表7-9。

**不同事故等级所需应急资源参考值**(单位:辆)　　表7-9

| 事故等级 | 救护车 | 消防车 | 巡逻车 | 牵引车 | 吊车 | 小型清障车 | 中型清障车 | 大型清障车 |
|---|---|---|---|---|---|---|---|---|
| 一级 | 2 | 1 | 2 | 1 | 1 | 2 | 1 | 1 |
| 二级 | 1 | 1 | 1 | 1 | 1 | 2 | 1 | 0 |
| 三级 | 1 | 0 | 1 | 0 | 0 | 1 | 0 | 0 |
| 四级 | 0 | 0 | 1 | 0 | 0 | 1 | 0 | 0 |

该路网每一个节点配备的应急车辆和各类清障资源见表7-10。

**优化前各区域节点配置的应急车辆数量(单位:辆)** 表 7-10

| 区域节点编号 | 救护车 | 消防车 | 巡逻车 | 牵引车 | 吊车 | 小型清障车 | 中型清障车 | 大型清障车 |
|---|---|---|---|---|---|---|---|---|
| C1 | 2 | 3 | 1 | 1 | 1 | 2 | 1 | 1 |
| C2 | 3 | 2 | 2 | 1 | 0 | 2 | 1 | 0 |
| C3 | 2 | 2 | 1 | 2 | 1 | 2 | 1 | 1 |
| C4 | 1 | 3 | 2 | 1 | 1 | 1 | 1 | 1 |
| C5 | 1 | 2 | 2 | 1 | 1 | 3 | 2 | 0 |
| C6 | 3 | 2 | 1 | 1 | 0 | 1 | 1 | 0 |
| C7 | 2 | 2 | 3 | 1 | 1 | 2 | 1 | 1 |
| C8 | 1 | 2 | 1 | 1 | 1 | 1 | 1 | 1 |
| C9 | 2 | 3 | 1 | 1 | 0 | 1 | 1 | 0 |
| C10 | 1 | 2 | 1 | 1 | 0 | 1 | 1 | 0 |
| C11 | 2 | 2 | 2 | 1 | 1 | 1 | 2 | 1 |
| C12 | 2 | 2 | 1 | 1 | 0 | 1 | 1 | 0 |
| C13 | 3 | 2 | 2 | 1 | 1 | 2 | 1 | 1 |
| C14 | 2 | 3 | 2 | 1 | 1 | 1 | 1 | 0 |
| C15 | 2 | 2 | 1 | 2 | 0 | 3 | 1 | 0 |
| C16 | 2 | 2 | 1 | 1 | 0 | 3 | 2 | 0 |
| C17 | 2 | 3 | 1 | 1 | 1 | 2 | 1 | 1 |

2. 应急资源配置点优化选址

结合某阶段交通事故大数据的统计分析,交通事故多发地段有 10 个。通过历史数据统计,将四个等级的交通事故换算为标准事故数,并统计各个事故多发地段总的标准事故数,计算各个事故多发地段的事故率,最后得到各交通事故多发地段的归一化权重,计算结果见表 7-11。

**事故多发地段的权重** 表 7-11

| 多发地段 | F1 | | | | F2 | | | | F3 | | | | F4 | | | | F5 | | | |
|---|---|---|---|---|---|---|---|---|---|---|---|---|---|---|---|---|---|---|---|---|
| 事故等级 | 一 | 二 | 三 | 四 | 一 | 二 | 三 | 四 | 一 | 二 | 三 | 四 | 一 | 二 | 三 | 四 | 一 | 二 | 三 | 四 |
| 事故数 | 0 | 1 | 8 | 23 | 1 | 0 | 10 | 5 | 2 | 1 | 7 | 0 | 0 | 0 | 6 | 8 | 0 | 3 | 2 | 0 |
| 标准事故 | 20.59 | | | | 22.65 | | | | 34 | | | | 8.64 | | | | 17 | | | |
| 交通量 | 1600 | | | | 2000 | | | | 750 | | | | 1150 | | | | 2200 | | | |
| 事故率 | 0.013 | | | | 0.011 | | | | 0.045 | | | | 0.008 | | | | 0.008 | | | |
| 归一权重 | 0.081 | | | | 0.071 | | | | 0.286 | | | | 0.047 | | | | 0.049 | | | |
| 多发地段 | F6 | | | | F7 | | | | F8 | | | | F9 | | | | F10 | | | |
| 事故等级 | 一 | 二 | 三 | 四 | 一 | 二 | 三 | 四 | 一 | 二 | 三 | 四 | 一 | 二 | 三 | 四 | 一 | 二 | 三 | 四 |
| 事故数 | 0 | 2 | 1 | 7 | 0 | 1 | 4 | 3 | 1 | 0 | 7 | 7 | 0 | 3 | 2 | 5 | 0 | 4 | 1 | 9 |
| 标准事故 | 13.31 | | | | 9.99 | | | | 20.31 | | | | 18.65 | | | | 23.97 | | | |
| 交通量 | 1150 | | | | 500 | | | | 1500 | | | | 1600 | | | | 1400 | | | |
| 事故率 | 0.012 | | | | 0.020 | | | | 0.014 | | | | 0.012 | | | | 0.017 | | | |
| 归一权重 | 0.073 | | | | 0.126 | | | | 0.085 | | | | 0.073 | | | | 0.108 | | | |

结合交通事故多发地段的归一化权重，采用动态规划算法计算节点间的最短路径，采用基于区域路网的选址算法，可得到优化后的应急资源配置点如图7-38所示。

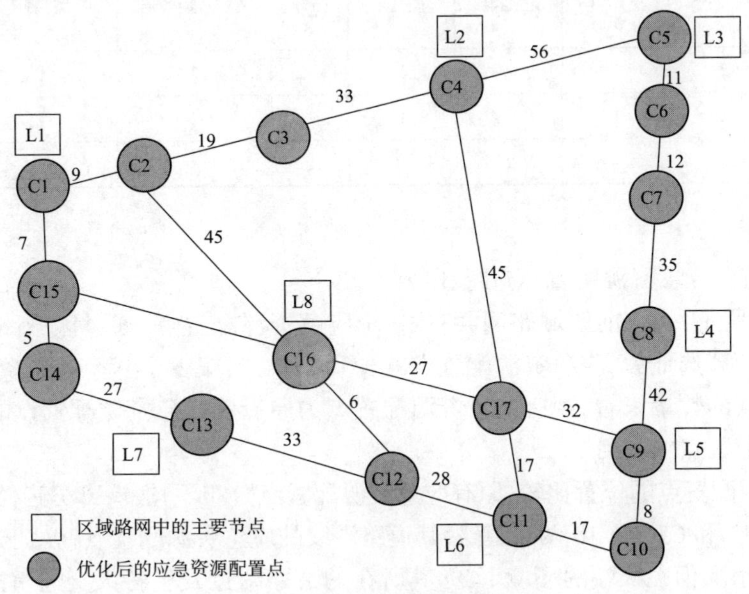


图7-38　优化后的资源配置点

3. 应急资源优化配置

在图7-38中，应急资源配置点有8个，假设区域路网中交通事故多发地段均已发生交通事故，交通应急车辆从应急资源配置点出发，以80km/h的速度行驶到交通事故地点，由动态规划算法可求出最短路径，并由此求出各应急资源配置点到各交通事故点的行驶时间，在模型计算中可以选择该时间作为应急配置点到事故点的行驶时间参数，所得计算结果见表7-12。

**优化后的应急资源配置点到事故多发地段的最短行驶时间**　　表7-12

| 事故多发地段 | F1 | F2 | F3 | F4 | F5 | F6 | F7 | F8 | F9 | F10 |
|---|---|---|---|---|---|---|---|---|---|---|
| 最近的配置点 | L8 | L1 | L2 | L2 | L8 | L6 | L3 | L4 | L7 | L8 |
| 最短行驶时间(min) | 19 | 21 | 15 | 16 | 17 | 13 | 17 | 14 | 20 | 5 |

假设应急资源均服从正态分布，设应急资源配置点的各类型应急车辆容量均相等，由表所建立的应急资源优化配置模型和算法，应用仿真工具实现模型求解的遗传算法，可求解得到8个应急资源配置点所需配置的各类型应急车辆优化数量，见表7-13。

**优化后应急资源配置点应急车辆优化配置数量(单位:辆)**　　表7-13

| 优化应急资源配置点 | 救护车 | 消防车 | 巡逻车 | 牵引车 | 吊车 | 小型清障车 | 中型清障车 | 大型清障车 |
|---|---|---|---|---|---|---|---|---|
| L1 | 1 | 1 | 2 | 1 | 1 | 2 | 1 | 1 |
| L2 | 2 | 1 | 2 | 1 | 1 | 2 | 2 | 2 |
| L3 | 1 | 1 | 2 | 1 | 1 | 2 | 1 | 0 |
| L4 | 1 | 1 | 2 | 1 | 1 | 1 | 1 | 1 |
| L5 | 1 | 1 | 2 | 1 | 1 | 2 | 2 | 0 |

续上表

| 优化应急资源配置点 | 救护车 | 消防车 | 巡逻车 | 牵引车 | 吊车 | 小型清障车 | 中型清障车 | 大型清障车 |
|---|---|---|---|---|---|---|---|---|
| L6 | 2 | 1 | 2 | 1 | 1 | 3 | 1 | 1 |
| L7 | 1 | 1 | 2 | 1 | 1 | 2 | 1 | 0 |
| L8 | 2 | 1 | 2 | 1 | 1 | 2 | 1 | 2 |

4. 优化效果

(1)优化前后应急资源配置点选址比较。

如图7-37所示,优化前区域路网共有17个应急资源配置点,通过区域路网应急资源配置点选址算法计算选址后,应急资源配置点减少到8个,共减少了9个应急资源配置点。从应急资源配置点的数量来看,现有应急资源配置点为原有的应急资源配置点的47%,大大减少了应急资源配置点的数目。

从应急资源配置点的位置比较,原有应急资源配置点分布不均衡,部分道路配置点过于密集,如C1、C4、C15和C5至C10两条道路,其道路沿线的应急资源配置点就过于密集,不利于应急资源的高效利用,但在极端的环境下,如其所在的道路附近发生特大交通事故的情况下,反而可以更快地集中更多的应急资源进行救援。而优化后的应急资源配置点的位置分布比较均衡,对整个区域路网来说,从应急资源配置点到整个路网中任一点的距离小于等于30 km,从快速应急救援的角度出发,从应急资源配置点到整个路网中任一点的行驶时间不长于23min。经过选址优化后,既减少了应急资源配置点的数量,同时又满足应急救援时间。

(2)优化前后应急资源配置结果分析。

区域路网优化前的和优化后的应急资源配置点各类型应急车辆配置数量总数,见表7-14,其结果对比如图7-39所示。

**优化前后应急车辆数量**(单位:辆) 表7-14

| 类型 | 救护车 | 消防车 | 巡逻车 | 牵引车 | 吊车 | 小型清障车 | 中型清障车 | 大型清障车 |
|---|---|---|---|---|---|---|---|---|
| 原有总量 | 33 | 38 | 25 | 19 | 10 | 29 | 20 | 8 |
| 优化后总量 | 11 | 8 | 16 | 8 | 8 | 16 | 10 | 7 |

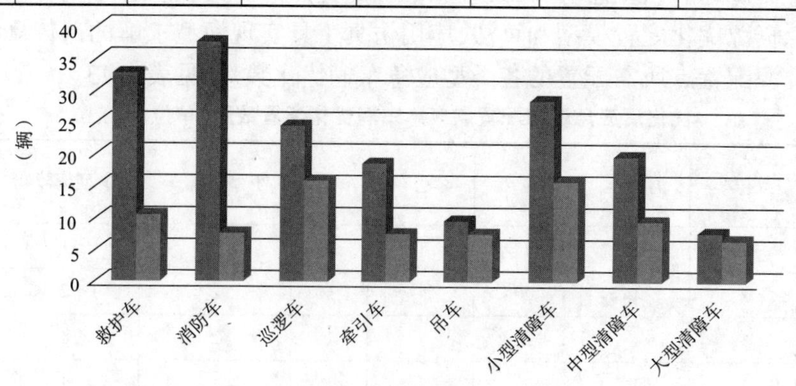


图7-39 优化前后应急车辆数量对比

从图7-39可以看出，优化后的应急资源需求总量比原有应急资源总量减少，如救护车数量只需原有数量的33%，而消防车的数量只需原有数量的21%，这是因为救护车和消防车主要的服务区域是用于城市的医疗和火灾等事故的应急服务，而道路交通事故的应急只是其服务范围之一。其他各种类型应急车辆大都只需原有数量的60%左右，这大大减少了应急资源的购置量，从而节约了经济成本，同时也大大提高了应急资源的利用率。

## 五、应急疏散决策支持

在我国，每年有大量危险化学品要经过公路运输，极易发生事故，严重威胁人民的生命及财产安全，并对经济建设、生态环境造成极为恶劣的影响。针对危险品运输事故中突出的有毒气体（液体）泄漏扩散问题，重大突发事件发生后，救援抢险工作的首要目标是尽最大努力保障人的生命。因此，应急疏散决策支持是大数据技术在道路运输应急响应领域的又一重要应用。

一般来说，危险化学品泄漏事故发生后，对于群众疏散工作，相关部门要做的主要有以下三点：

（1）根据危险化学品事故的特点，评估事故影响范围和事故后果的严重程度，确定群众的安全防护范围，明确保护群众安全的必要防护措施和基本生活保障措施。

（2）确定群众的疏散方式、程序和疏散的范围、路线，并指定相关部门负责组织实施。

（3）确定紧急避难场所，并做出相应安排，便于被疏散群众的安置。

针对危险品泄漏形成有毒气体（液体）扩散事故发生的应急救援中，首先要考虑人员的疏散问题，从而为应急指挥人员的疏散决策指挥提供科学依据。有效合理的应急疏散决策的前提条件是必须从理论上深入研究危险品泄漏扩散的机理。在此基础上，确立事故救援中应急疏散决策方法；从直观性、可视性出发，为正在紧急救援的情况下提供疏散决策支持。这将为政府及有关部门进行科学决策提供依据，同时为事故应急救援预案编制提供相应的理论支撑具有重要意义。

### 1. 应急疏散决策支持系统概述

危险品泄漏事故疏散决策支持系统运用大数据技术，分析与处理危险品泄漏事故的各种数据信息，计算获取危险品泄漏的可能影响区域、强度及对人的影响程度，并智能化的制订区域内及周边人员的疏散方案，从而达到提高救援效率、保护人民群众生命安全的目的。应急疏散决策支持系统应具备以下几个方面的功能要点：

（1）事故源确定及源强计算。

在接到危险品泄漏事故发生的消息以后，系统必须快速找出事故地点在电子地图上面的准确位置，为获得进一步的地理信息，人员分布信息，做出疏散决策做好准备。因此，应急疏散决策支持系统应包含地图功能，并有完备的道路信息，包括所辖城市道路（快速路、主干路、次干路、支路）、高速公路、国道、省道、县道以及乡道，为满足公路运输危险品重大事故应急疏散提供决策支持。

应急疏散决策支持系统应充分贯彻四级协同的理念，并预留接口与交通运输部“两客一危”联网联控系统连通，自动、实时地获取相应危险品车辆的位置、区域，危险品种类、数量及毒性等信息，为合理、高效、准确地制订疏散决策提供大数据依据。

（2）危险区域标定。

危险区域标定是制订科学、合理疏散决策的基础。一般来说，危险区域边界的有毒气体浓度值就是人体可以接受的泄漏气体的最大浓度值。在高于这个值的情况下，在一定时间内，人体即会有中毒的不良反应，危害身体健康，甚至导致死亡的严重后果。

应急疏散决策支持系统能够基于危险化学品泄漏扩散数学模型，结合"两客一危"联网联控系统提供的相关泄漏车辆的位置、危险品各类、数量等信息，自动标定泄漏的影响区域，并确定需疏散人员的区域，为合理、高效、准确地制订疏散方案提供依据。

(3)疏散决策制订。

在危险品泄漏事故发生后，制订科学、合理的疏散决策是道路运输应急分析与决策的最终目的。在计算出危险区域内需要疏散的群众数量后，选择事故地点周边的若干区域为避难所，以事故地点和避难所之间的公路为疏散路径，应用应急疏散决策数学模型计算人员疏散最佳方案，并用直观化的形式表达出来。

疏散决策制订的工作原理及流程如图7-40所示，疏散决策支持中的三个要求：源强计算、危险区域的标定以及疏散决策分别在后面的三个小节中详细讨论。

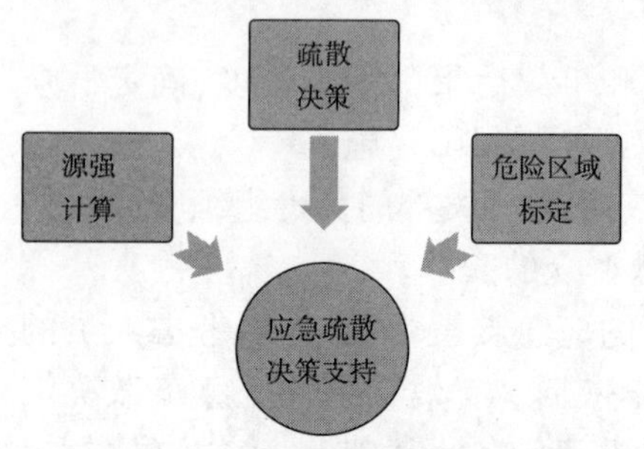

图7-40 应急疏散决策支持三要素

2. 源强计算模块

源强计算模块，利用危险化学品的各种运输信息，通过源强计算算法，科学地计算获取化学品源强数值。一般来说，源强计算模块的输入包括：危险品运输储罐规格、危险品类型、泄源几何尺寸、环境温度等参数，这些一般通过监控采集或事发现场人员报告获得。在具有四级协同功能的道路运输应急分析与决策平台中，上述数据还可以通过预留的接口，通过"两客一危"联网联控系统、其他各级专项应急平台等自动获取，从而提高应急响应的效率。其他基础输入包括：化学品的绝热指数、气体的分子量、气体常数等，气体参数可以直接从信息库中读取，数据库中存储了丁烷、丙烷、二氧化硫、甲烷、氨气、氯气等常见危险气体的参数。采用源强计算算法，计算气体泄漏流量，从而确定源强数据，为危险区域标定和疏散决策的制订提供依据。源强计算模块的工程流程如图7-41所示。

3. 危险区域标定模块

危险区域的标定在事故救援过程中至关重要。危险区域的标定要兼顾安全性和合理性的原则，既要确保处于对身体有伤害浓度区域的居民及时完全撤离，从而保护人民群众的生命安全，又要尽量不让无危险区域的居民在事故发生后撤离，以减少疏散的成本和代价。

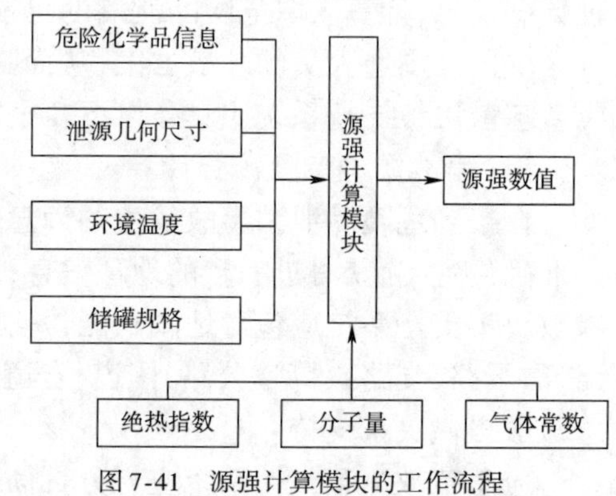

图7-41 源强计算模块的工作流程

危险区域标定模块的工作原理如图7-42所示。由源强计算模块计算出危险气体的泄漏强度后，结合事发地点的环境条件(事发地点、泄源高度、风速风向等)，利用危险区域标定算法，得到危险区域的位置与大小。对于非重气连续泄漏扩散，一般采用高斯烟羽模型计算危险区域的一系列边界坐标；对于非重气瞬时泄漏扩散，采用高斯烟团模型；对于重气扩散情况，选择FEM3模型。在危险区域标定模块中，需获取事发地点的经纬度坐标,得到的结果一般是危险区域的一系列边界坐标。

将该一系列坐标点在 GIS 图层显示,再把所有边界点用直线连接起来即标出了危险区域。紧急疏散模块的时间选择和危险气体的毒性剂量标准相关,相应的毒性剂量标准与时间进行换算,即为危险气体的浓度值。

4. 疏散决策制订模块

疏散决策制订模块通过对危险区域、避难所、人口等参数的分析,科学制订疏散策略,其工作原理如图 7-43 所示。在疏散决策制订模块中,输入主要包括疏散区面积和位置、避难所数量、疏散区与避难所之间距离、人口密度以及疏散速度等,参数包括迭代数据、交叉概述、变异概率、种群数等。所有上述输入与参数一起,利用遗传算法求解并输出决策方案。

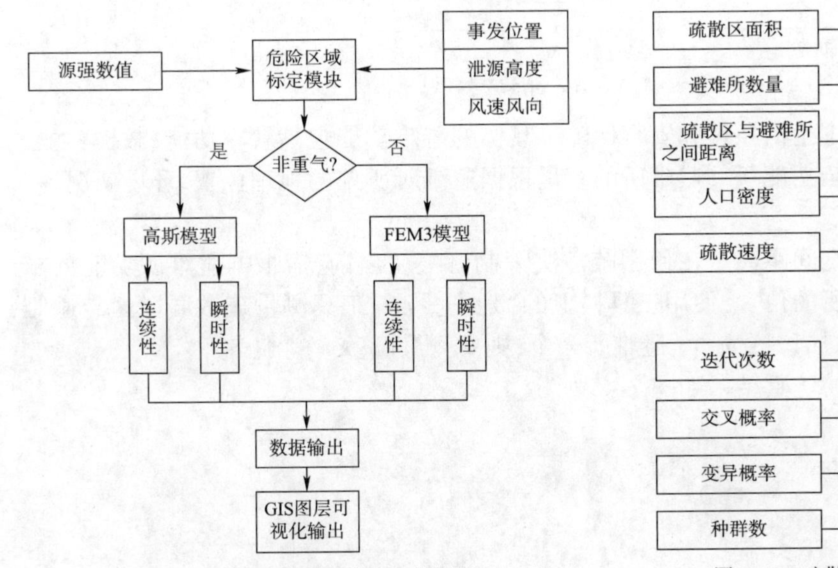


图 7-42　危险区域标定模块工作原理

图 7-43　疏散决策制订模块工作原理

疏散决策制订模块输入的确定,需要考虑以下 3 个问题:

(1) 紧急疏散区和待疏散区。

疏散范围分为两个区:紧急疏散区和待疏散区。紧急疏散区为一定时间内一定风速下下风向的 Lct50 浓度等值线内部区域。考虑到风速的不稳定性,为确保事故地点周围居民的生命安全,划定以事故地点和下风向扩散最远端之间距离为半径的圆为待疏散区。图 7-44 为氨气泄漏 1h 后的紧急疏散区和待疏散区划分。

在确定需要紧急疏散区域的基础上,可以结合居民区分布图层来确定相应的需要疏散的居民区。根据居民区内的人数或人员密度可以确定总的需要疏散的人员,接下来的任务是将危险区域居民区的居民疏散到避难所。

(2) 避难所的选择。

避难所的选择是在事故发生后急需解决的一个问题。避难疏散场所的规划、建设与科学管理,为灾民避难提供安全与基本生活条件保障。市民避难是一种行之有效的防灾减灾措施,具有严重灾害发生时普遍实时实施的规律性。一般避难所的选择要满足以下条件:

①避免二次避难。避难所应选择在远离事发地点的位置,保证危险化学品的扩散不会

影响到避难所群众的生命健康。

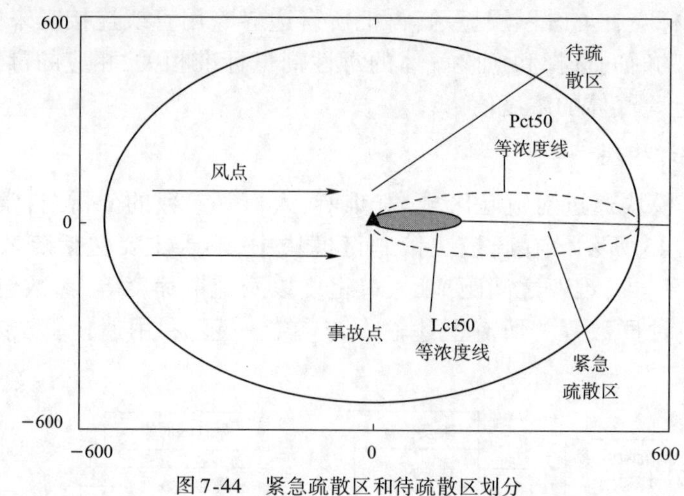


图 7-44　紧急疏散区和待疏散区划分

②为避难者提供基本生活条件和安全保障。具体的避难功能包括就寝功能、救护功能、饮食功能、排泄功能、安全功能等。避难所的容量根据避难所所处的地理位置、环境状况、交通便利程度等因素确定。

③疏散区与避难所之间距离。在使用疏散决策制订模块之前，需根据避难所功能要求在电子地图上画出避难所的位置，使用工具栏上的“地图量测”工具测量疏散居民区与避难所之间的距离[如果疏散居民区 $m$ 个，避难所 $n$ 个，则要测量($m \times n$)个距离]。

疏散决策制订模块的仿真结果如图 7-45 所示。

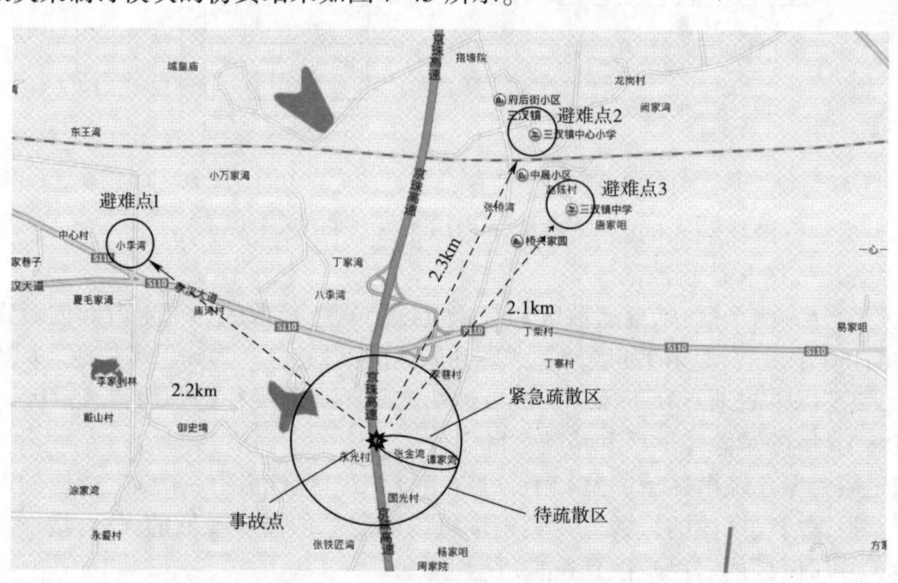


图 7-45　疏散决策制订模块仿真结果

随着社会经济的发展，我国已经进入道路运输突发事件快速增长时期，在相当长的一段时间内，面对复杂、多变的突发事件，需要道路运输部门提供高效、有力的道路运输应急保障。然而，上述问题的存在很大程度上影响了运输保障任务的圆满完成，要解决这些问题就必须依照应急体系发展的客观规律，逐步完善道路运输应急管理系统，构建完整的道路运输应急管理的组织机构、理顺各种机制、强化支持保障系统建设，最终形成一整套完善的道路运输应急保障体系。

本节重点讨论了运用大数据的最新理论与方法，充分贯彻四级协同的理念，在道路运输信息化系统中，建设道路运输应急分析与决策平台，从而为我国道路运输应急管理、应急资源配置与布局，以及应急事件处置与决策提供一条全新的思路。

# 第八章　道路运输信息化的未来展望

## 第一节　发展趋势

### 一、道路运输的发展趋势

改革开放以来，我国道路运输业的发展可以说是突飞猛进，取得了举世瞩目的成就。其发展可以简单地概括为：公路建设飞速发展，运输能力迅速提高，产业结构明显改善，改革开放步伐加快，市场秩序有所好转，信息化水平不断提升，管理法规逐步完善，现代科技广泛应用，队伍素质显著提高。道路运输业在综合运输体系中的基础地位明显增强。目前，我国道路运输行业正处于快速发展的成长期，在国民经济运行和增长中发挥着日益重要的作用。

近年来，其发展呈现如下趋势：

1. 道路运输的集约化、规模化发展趋势

国内道路运输行业企业规模普遍偏小、业务单一、经营管理方式粗放，且市场竞争不规范，行业竞争异常激烈，价格几乎成为竞争的唯一手段。随着国民经济对道路运输要求的提高，运输覆盖范围也呈逐步扩大态势，运输结构逐步优化，集约化、规模化、网络化经营将是道路运输企业的发展目标，也是企业适应现有竞争格局的有效手段。

2. 道路运输的信息化、智能化发展趋势

道路运输业的发展，促进了物资的流通和人员的往来。然而，随之而来的交通拥挤、道路阻塞、交通事故频发、空气污染严重等问题也威胁着人们的生活和社会的进步。综合利用先进的信息技术、数据通信传输技术、电子控制技术及计算机处理技术的智能运输管理系统，将会被广泛使用，以有效提高公路交通安全水平和通行效率，推动运输资源的优化配置，提高企业的调度及运营能力。因此，信息化、智能化将是未来道路运输业发展的重要方向。

3. 道路运输的节能化、环保化发展趋势

随着我国城市化进程的加快，道路运输承担的客货运输量逐年增长，汽车保有量越来越大，道路运输业造成的能源消耗和环境污染问题，日益受到各级政府相关部门的重视和担忧。2011 年 6 月，交通运输部制定了《公路水路交通运输节能减排“十二五”规划》，阐明了交通运输业节能减排工作的指导思想和基本原则，明确了总体目标和主要指标，提出了重点任务和保障措施。2016 年 6 月，交通运输部发布了《交通运输节能环保“十三五”发展规划》，提出要把绿色发展理念融入交通运输发展的各方面和全过程，着力提升交通运输生态环境保护品质，突出理念创新、科技创新、管理创新和体制机制创新，有效发挥政府引导作用，充分发挥企业主体作用，加强公众绿色交通文化培育，加快建成绿色交通运输体系。未来,如何从站场规划、线路布局、车辆改进及运输管理等方面实现道路运输的节能化、环保化将是行业可持续发展的必然要求。

4. 道路运输的安全性、舒适性要求将继续提高

道路运输服务是一种社会服务,而社会服务质量则是人们生活质量的重要体现。随着我国国民经济的持续增长、产业结构的升级和人民生活水平的提高,居民对道路运输的消费需求层次逐步提升,旅客的基本要求也逐步从"走得了"变为"走得好",并对运输服务的安全性、舒适性、时效性提出了更高要求。因此,道路运输企业不仅要加大在技术装备和服务设施等硬件设施的建设,更要重视在服务理念、服务管理上的创新,以满足旅客的消费升级需求,提高企业的市场竞争力。

## 二、道路运输信息化的发展趋势

道路运输信息化的发展趋势,是在充分利用物联网、空间感知、云计算、移动互联网、大数据等新一代信息技术,综合运用交通科学、系统方法、人工智能、知识挖掘等理论与工具,以全面感知、深度融合、主动服务、科学决策为目标,通过建设实时的道路运输动态信息服务体系,深度挖掘道路运输相关数据,形成问题分析模型,实现行业资源配置优化能力、公共决策能力、行业管理能力、公众服务能力的提升,推动道路运输向更安全、更高效、更便捷、更经济、更环保、更舒适的方向运行和发展,带动道路运输相关产业转型、升级。

1. 道路运输信息化发展的背景与意义

(1)国家释放的政策红利为道路交通信息化的发展提供了良好机遇。

多年来,国家和政府高度重视道路运输信息化发展。2000 年,科技部会同国家计委、经贸委、公安部、交通部、铁道部、建设部、信息产业部等部委相关部门,专门成立了全国智能交通系统和信息化协调指导小组及办公室,组织研究中国智能运输系统和交通信息化的发展;《信息产业科技发展"十一五"规划及 2020 年中长期规划纲要》将"智能交通信息化"确定为重点发展项目;《交通运输"十二五"发展规划》中提出:"十二五"时期要推进交通信息化建设,大力发展智能交通,提升交通运输的现代化水平;2014 年全国交通运输工作会议报告《深化改革务实创新加快推进"四个交通"发展》则提出,将"四个交通"(综合交通、智慧交通、绿色交通、平安交通)作为今后和当前一段时期交通运输发展的主旋律,而信息化建设是"四个交通"的先觉条件。

交通运输部近年来高度重视交通信息化发展,提出了要建设交通基础设施和信息化基础设施两个体系,将信息化提升到交通基础设施同等重要地位。交通信息化扛起了引领交通现代化的大旗,是未来交通发展主要趋势之一。

(2)新一代新兴技术的发展为道路运输信息化提供了强大支撑。

物联网、云计算、大数据、移动互联网等新一代信息技术的快速发展为道路运输信息化提供了强大的技术支撑。利用物联网技术可以全面感知道路运输基础设施、道路运载工具的建设状况,同时监控整个道路网的运行情况。利用大数据技术则可以充分挖掘和利用信息数据的价值,盘活现有数据,在此基础上进行应用、评价、决策,服务于道路运输相关各个部门的管理与决策。云计算则为各类道路运输数据的存储提供了新模式,"交通云"的建立将打破"信息孤岛",彻底实现信息资源共享、系统互联互通。通过使用移动互联网技术,则

可以实现信息在各种运输方式间的顺畅传输、交换,从而达到各种运输方式的合理布局及协调、高效运行。

(3)道路运输信息化是全面深化交通领域改革的重要手段。

十八届三中全会《中共中央关于全面深化改革若干重大问题的决定》中指出:“推进国家治理体系和治理能力现代化。必须切实转变政府职能,深化行政体制改革,创新行政管理方式,增强政府公信力和执行力,建设法治政府和服务型政府。”为深化贯彻落实深化改革的相关要求,交通运输部于2015年1月正式出版了《关于全面深化交通运输改革的意见》,对综合交通运输体制、交通运输现代市场体系、收费公路体制、现代运输服务等领域的改革提出具体要求。当代政府的治理能力已经面临重要挑战,社会参与和共治成为必要手段,信息化技术发展则为社会参与创造了基础,信息化建设将成为治理体系和治理能力现代化的重要工具。2016年4月,交通运输部正式发布了《交运运输信息化“十三五”发展规划》,明确了信息化在交通运输业中的重要地位,并为“十三五”我国交通运输信息化的发展提供了重要依据。交通运输信息化则成为交通领域深化政府体制改革、加快建设服务型政府、全面提升政府有效治理能力、主动顺应新兴信息技术和互联网发展新趋势的重要手段。

(4)道路运输信息化是解决现有交通问题的重要突破口。

近年来,随着我国城市化进程的推进和机动车数量的快速增长,城市道路交通量不断增加,各种交通问题凸现:交通拥堵成为影响大城市居民出行的首要问题,交通事故数量呈上升趋势,机动车尾气污染成为城市大气污染的主要来源。这些交通问题对经济发展造成了巨大的损失。2014年一季度,全国发生涉及人员伤亡的道路交通事故40283起,造成10575人死亡、直接财产损失2.1亿元。2015年4月荷兰交通导航服务商TomTom发布了全球拥堵城市排名,中国成为拥堵名单中的大户——在全球最拥堵100个城市中,中国大陆有21个城市上榜,其中北京位列全球最拥堵城市第15名。

发展道路运输信息化,是保障道路交通安全、缓解拥堵难题、减少交通事故的重要手段。据分析,智能化和信息化交通可使车辆安全事故率降低20%以上,每年因交通事故造成的死亡人数下降30%~70%;可使交通堵塞减少约60%,使短途运输效率提高近70%,使现有道路网的通行能力提高2~3倍。另一方面,发展道路运输信息化的广泛应用可提高车辆及道路的运营效率,促进节能减排。车辆在信息化交通体系内行驶,停车次数可以减少30%,行车时间减少13%~45%,车辆的使用效率能够提高50%以上,由此带来燃料消耗量和排出废气量的减少。据分析,汽车油耗也可由此降低15%。

2. 十三五期间智慧交通发展趋势判断

(1)互联网思维深度渗透融合。

在全国政协十二届二次会议中,李克强总理提出要制定“互联网+”行动计划,意味着“互联网+”正式上升为国家战略,“十三五”期间互联网将与交通行业深度渗透融合,对相关环节产生深刻变革,并将成为建设道路运输信息化的提升技术和重要思路。

①大数据思维。将城市道路非涉密数据有条件地开放,鼓励企业基于开放的数据进行数据挖掘,挖掘出大数据背后的潜在价值,为百姓提供更为智能和便利的交通信息服务。

②用户思维。为使智慧交通中投入的资金更有效率,更有针对性,在项目建设中,运用互联网众筹的思想,开展百姓需求调查,了解百姓最迫切希望解决的问题,从而有针对性地选择项目,将有限的“好钢”(资金)用在“刀刃”上。

③跨界思维。电子商务与智能交通逐步融合，使得人们的出行体验与购物、消费等服务结合在一起。典型案例如中国最大的电商阿里巴巴收购了高德后，将高德的位置服务和出行路径诱导与电商服务进行了集成，给了用户全新的体验。

④免费思维。在盈利方式上，引入互联网思维的盈利思路，创新项目商业运营模式，对于可以市场化的项目加强具体项目的商业运作模式可行性研究，增强项目自身造血功能，使项目建成后能快速持续收回成本；比如基础服务免费、增值服务收费，或者短期免费、长期收费，或者对百姓免费、转嫁收费等。

(2)绿色交通成为道路运输信息化新目标。

加快推进绿色循环低碳道路运输发展，是加快转变道路运输发展方式、推进道路运输现代化的一项艰巨而紧迫的战略任务。近年来，国家层面通过出台相关政策、开展城市试点等方式积极推进绿色交通建设。2010 年启动了"车、船、路、港"千家企业低碳交通运输专项行动；2012 年交通运输部颁布实施了《关于贯彻落实〈国务院关于城市优先发展公共交通的指导意见〉的实施意见》，随后便启动了公交都市建设工作，截至 2013 年年底，37 个城市入选公交都市试点城市；2013 年交通运输部印发了《加快推进绿色循环低碳交通运输发展指导意见》，同年颁布了《关于推进水运行业应用液化天然气的指导意见》，组织无锡等 10 个城市开展低碳交通城市区域性试点工作。

"十三五"期间，随着科技技术的不断创新、国家政策的强力支持，绿色交通将成为交通运输发展的新底色，节能减排将成为智慧交通发展的关键词。而信息化的发展，正是绿色交通的重要手段与前提。大力发展车联网，能够提高车辆运行效率；重视智能汽车的发展，提升车辆智能化水平，能够加强车辆的智能化管理，实现节能减排；积极采用混合动力汽车、替代料车等节能环保型营运车辆；构建绿色"慢行交通"系统，提高公共交通的信息化水平，提高公共交通和非机动化出行的吸引力，引导大众绿色出行；构建绿色交通技术体系，促进客货运输市场的电子化、网络化，提高运输效率，降低能源消耗，实现技术性节能减排。绿色交通正成为道路运输信息化的又一重要目标。

(3)新兴技术应用更加普及。

"十三五"期间，随着云计算、大数据、移动互联网、社交网络媒体等新兴技术的发展，其在道路运输信息化中的应用将更加普及。

①物联网:激活智能要素。各类传感器、移动终端或电子标签，使信息系统对外部环境的感知更加丰富细致，这种感知为人、车、路、货、系统之间的相互识别、互操作或智能控制提供了无限可能。未来，智能公路、智能车辆、智能货物、智能站场、智能公交、智能出租等将快速发展，管理者对交通基础设施、运输装备、站场设备等的技术运行情况和外部环境能够更加全面、及时、准确掌握。

②云计算、大数据:点亮交通管理智慧。据不完全统计，当前道路运输行业每年产生的数据量在百 PB 级别，存储量预计可达到数十 PB。以北京市交通运行监测调度中心(TOCC)为例，目前 TOCC 共包括 6000 多项静动态数据、6 万多路视频，其静动态数据存储达到 20T，每天数据增量达 30G 左右。面对增长迅速的海量数据，在云计算、大数据等技术支撑保障下，未来的交通管理系统将具备强大的存储能力、快速的计算能力以及科学的分析能力，系统模拟现实世界和预测判断的能力更加出色，能够从海量数据中快速、准确提取出高价值信息，为管理决策人员提供应需而变的解决方案，交通管理的预见性、主动性、及时性、协同性、

合理性将大幅提升。

③移动互联网:提高信息服务水平。服务是道路运输的本质属性,随着移动互联网、智能移动终端大范围应用,信息服务向个性化、定制化发展。信息服务系统与交通要素的信息交互更加频繁,系统对用户的需求跟踪、识别更加及时准确,能够为用户提供交通出行或货物运输的全过程规划、实时导航和票务服务,基于位置的信息服务和主动推送式服务水平大大改善。

(4)车联网迎来爆发式增长。

随着国内汽车保有量的迅速扩大,我国正在步入汽车社会,与汽车相关的社会问题和矛盾也日益凸显,其中汽车与道路、汽车与环境、汽车与能源、汽车与行人之间的矛盾日益突出。这些都表明我国车联网市场蕴含着巨大空间。与此同时,国家政府已经明确相关政策,大力支持车联网发展。"十二五"规划已将车联网作为物联网十大重点部署领域之一,车联网有关项目已被列为我国重大专项第三专项的重要项目,首期资金投入达百万亿级别。工信部将从产业规划、技术标准等多方面着手,加大对车载信息服务的支持力度,全力推进车联网产业全面发展。

然而,由于产业结构、商业模式、安全法规等瓶颈的存在,我国车联网目前依然处于初级阶段。"十三五"期间,随着国家层面对车联网政策红利的逐步释放、技术水平的不断提升、互联网思维的逐步渗透,车联网将迎来爆发式增长期。据银河证券预测,在 2015 年中国车联网用户将渗透到 1000 万户,占彼时汽车用户总数的将近 10%。5 年内用户数将达到 4000 万户,渗透率有望突破 20%。《物联网产业发展研究(2010)》则预测,车联网 2020 年市场规模将达到 1 万亿元人民币。

(5)参与主体趋向多元化。

2014 年 12 月,国家发改委发布了《关于开展政府和社会资本合作的指导意见》,支持社会资本参与重点领域建设。《交通运输部关于全面深化交通运输改革的意见》则提出:完善社会资本参与交通建设机制。"十三五"期间,国家层面对社会资本参与交通运输信息化的态度日渐明朗,同时随着"互联网+"上升为国家战略,互联网的技术、思维模式等将逐步渗透到交通行业的各大领域。互联网企业将积极参与到道路运输信息化建设,用户也将成为道路运输信息化的重要参与主体,道路运输信息化建设的主体将呈现多元化的特征。

①政府。政府要更多地考虑政策创新,考虑政府信息公开,考虑完善公平公正的市场环境。制订相关政策法规,积极鼓励多方资本进入道路运输信息化领域,同时通过营造创新文化氛围、推动数据开放等举措,为交通领域的业务创新、商业模式创新等提供良好的环境。此外,政府还将更多地承担起建设项目的监督管理职责,通过制订绩效评估考核指标体系等,对建设项目进行监督管理。

②互联网企业。百度、阿里巴巴和腾讯在地图、导航及交通领域动作频频,阿里投资易图通、全资收购高德,通过支付宝 NFC 切入公共交通领域;百度收购长地万方,通过与交通管理部门联动盘活大数据,推出 CarNet 车载设备;腾讯收购科菱航睿、与四维图新合作、推出车联网硬件产品路宝。BAT 通过打车、专车软件抢夺移动支付入口,腾讯投资快的打车,阿里巴巴投资滴滴打车,百度投资美国叫车 App Uber,"三国鼎立"的局面一直延续到 2015 年 4 月 1 日滴滴、快的合并。互联网企业拥有雄厚的技术、数据沉淀以及成熟的互联网思维,将在道路运输信息化行业发展中起到关键作用,也将会对交通行业商业模式创新产生重大

影响。

③运营商。三大通信运营商通过和政府合作,依靠政府权威数据后台,具备了互联网企业所不具备数据资源优势,推出智慧交通 APP 应用。如在广州市政府主导下,基于“智慧广州”背景,与三大运营商联手合作推出了“行讯通”系列 APP,这种以“运营商 - 政府”为主导的特色应用,很好地共享了各自的优势资源。运营商能够提供快速流畅的无线网络支持和用户群体,政府则提供了强大的交通信息数据。

④公众。未来交通信息化领域将更关注用户体验,用户思维将成为道路运输信息化建设运营中的主旋律,公众将担当着出资者、建设者、监督者的角色。公众为高质量市场化的信息化服务买单,同时也是重要的参与者,未来很多的信息化项目将来源于民,用之于民,真正将用户需求摆在首位。

## 第二节 智慧道路运输体系

### 一、概念与内涵

智慧道路运输的内涵广泛而深刻。在技术上,它实现感知互联、大数据决策和掌上服务的突破;在理念上,它超越了运输领域本身的局限,充分体现了以人为本、可持续发展的观念,这使得智慧道路运输在更多维度、更高层次得以发挥效能;在应用上,它涵盖了综合服务、运输指挥与调度等系统,为运输参与者与消费者提供多样性、个性化的服务;在影响力上,它以更精确的信息、更深远的覆盖面和更人性化的服务理念,实现更大的社会效益。

智慧道路运输体系是在以人为本、可持续发展的理念指导下,将物联网、云计算、大数据、移动互联网等技术为代表的智能传感技术、通信传输技术、数据处理技术和信息网络技术等有效集成,并运用到道路运输的管理与服务信息系统中,以提高道路运输效率、提升人们的出行体验、提高运输的及时性为目的,以更精确的信息在更广的时空范围内构建的智能化、人性化、立体化、快速化的综合运输体系。

智慧道路运输体系将提升运输参与者的体验和整个运输效率作为终极目标,综合运用交通科学、系统方法、人工智能、数据挖掘等理论与工具,以全面感知、深度融合、主动服务、科学决策为宗旨,通过建设实时的动态信息服务体系,深度挖掘道路运输的相关数据,形成问题分析模型,实现行业资源配置优化能力、公共决策能力、行业管理能力、公众服务能力的提升,从而建成高效、环保、人性化的立体化大交通体系,促使道路运输与社会、经济、人文、环境高度协调、可持续发展。

智慧道路运输体系一方面可以提高整个运输系统的运行效率、减少交通事故、提升运输准点率、降低能源消耗和环境污染,促进运输管理、出行服务和物流系统建设的信息化、智能化、社会化水平,有助于最大限度地发挥交通基础设施的效能,提高道路运输系统的运行效率;另一方面可以提高道路运输公共服务水平,利用物联网、大数据和移动互联网等技术,更准确地了解运输参与者的需求和即时信息数据,更便捷地进行信息互动,为出行人员和货主提供高效、准确、随需而变的服务,使运输管理者的管理更加科学精准,使运输参与人员的出行体验更加安全舒适。

智慧道路运输不是被动的、机械的信息处理,而是最大限度地调动人、车、路的主动参与,以提升人与货的运输效率和便利为目标的综合性交通体系。在客运方面,智慧道路运输通过改进地面公交调度和信息服务、出租车综合信息服务、轨道交通换乘信息服务和交通枢纽综合信息服务等,能够帮助出行行选择更合适的出行方式,由盲目出行转变成“有序”“可靠”和“舒心”的出行。在货运方面,智慧道路运输通过整合传统智能运输行业与汽车工业、车联网的技术资源与管理资源,改造现有货运站场和物流信息服务平台,充分挖掘运输数据的价值,帮助货主选择廉价、高效、安全、准时的道路运输货运方式与线路,向货主提供随需而变的个性化货运服务。

随着人们活动半径和物流运输长度的增大,建设智慧道路运输已经不仅仅局限于某个城市或省份,而是朝着大区城、不同交通方式等“一体化”“有机衔接”“零换乘”和“智慧化”等方向发展。智慧道路运输的愿景,是建立一个涵盖城市道路、高速公路、国省干道,并与轨道交通、航空运输以及水路航运等相连接的立体化大运输协同管理系统,借助新一代信息技术,实现海陆空多种交通方式协调疏通运输流,跨区域、跨职能部门的运输监控及应急指挥,与经济、社会、气候、环保、能源、文化等多方协调基础上的指挥、调度和规划,达到运输的智能化、人性化和便利化,并进一步促进科学技术、生产管理与生态文明的深度融合,不断改善人们的生活。

## 二、总体架构

传统的智能化道路运输系统,是智慧道路运输系统的雏形。它是包括运输管理系统、运输服务信息系统、出行者信息系统、车辆管理系统、车辆监控系统等众多系统在内的综合性系统。智能化道路运输系统的核心在于控制,即将控制技术、信息技术、通信技术融入道路运输领域,形成完整的控制体系,实现客货运车辆的远程控制。

智慧道路运输是在智能道路运输的基础上,融入人的智慧,实施及时、便捷、安全、高效的运输管理与服务。智慧道路运输的核心在“智慧”,即给运输装上大脑,使之能够及时看到、听到有关信息,并及时做出反应,从根本上解决客运拥堵、货运效率低下、资源与能源浪费、安全事故频发、难以实时控制事态与应急处置等难题,使道路运输走上良性发展的轨道。可以说,智慧道路运输系统是将电子、信息、通信、控制、车辆、机械及路网等技术融于一体,应用于道路运输领域,并迅速、灵活、正确地理解和提出解决方案,以改善道路运输状况,使其发挥最大效能的系统。

智慧道路运输系统是一个开放的复杂的巨型系统,由许多关系密切的不同领域、不同功能的子系统综合集成。智慧道路运输系统需要由政府、企业、科研机构、高等院校和交通参与者等众多主体参与,其有多主体、跨部门、跨领域、复杂性、系统性的特点。道路运输的智慧化更加注重的是生态体系的构建。未来的智慧道路运输系统建设更加注重的是整个生态体系的科学化、高效化问题。

智慧道路运输系统的概貌如图 8-1 所示。人、货、车、路和环境是道路运输的五大基本要素。其中,管理者、出行人员与驾驶者构成运输中人的要素;运输的货物、重量、体积等构成运输中货物对象要素;公交车、地铁、出租车、自行车、商用车、物流货运车及特种车辆等构成运输工具要素;普通公路、高速公路、公交站、客运站场、物流站场、停车场、综合交通枢纽等构成交通基础设施要素;自然灾害、天气状况等构成交通中的环境要素。这几者之间依靠互联网、物联网、移动互联网等的互联构成以车联网为中心的交通信息广泛采集、即时传输的网络，将交通流信息和气象信息等输送到运输信息云中心，利用云计算等新兴技术手段对上述信息进行存储处理，并进一步利用大数据、人工智能等手段对运输数据进行深度处理，将结果输出给公众及消费者，向管理者、出行者、货主及客货运业主提供随需而变的服务，最终形成集节能环保、绿色低碳、智能高效于一体的智慧道路运输体系，涵盖运输管理系统、出行者信息服务系统、物流信息平台、车辆运营管理系统、电子收费系统、智能车辆、自动公路、综合运输、紧急事件与安全以及车联网等。

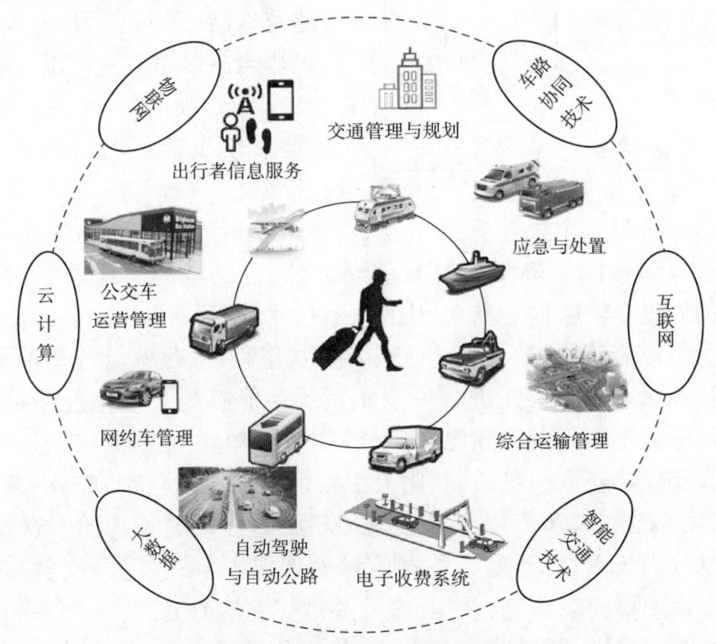


图 8-1　智慧道路运输系统概貌

市场在客货运方面的多样化需求和技术的不断进步是智慧道路运输发展的双重推力，需求是道路运输系统升级的原动力，而技术提供了道路运输系统进化的无限可能性。智慧道路运输的实现依赖于技术与理念的进步，技术的进步使道路运输朝纵深、智能的方向发展；技术和理念的提升给道路运输领域带来了前所未有的延伸拓展空间，不但连通了各种运输方式和运输参与主体，使运输更加高效、及时和环保，而且将运输系统的末端渗透到社会发展的其他领域，通过便捷的交通吸引大量客流、物流、资金流，给社会医疗、旅游、教育、安防、商业等领域带来巨大活力，极大地开拓社会发展潜力，而社会的发展反过来又会带来运输领域更大的繁荣，激发出运输领域更多更新的商业模式。

## 第三节　自动驾驶汽车与自动化公路系统

### 一、概念

自动驾驶又称为无人驾驶或者电脑驾驶，是一种通过电脑系统，实现汽车的无人化行驶的技术。自动驾驶技术的研发，在 20 世纪也已经有数十年的历史，于 21 世纪初呈现出快速发展、接近实用化的趋势。

自动驾驶汽车依靠人工智能、视觉计算、雷达、监控装置和全球定位系统协同合作,让电脑可以在没有任何人类主动的操作下,通过车载传感器感知道路环境,或通过连接自动公路系统获取道路状况及指挥,自动规划行车路线并控制车辆,自动安全地操作车辆到达预定目标。按组成划分,自动驾驶技术分为自动驾驶汽车和自动化公路两个部分,自动化汽车又由先进车辆控制系统和智能驾驶决策系统组成,如图8-2所示。

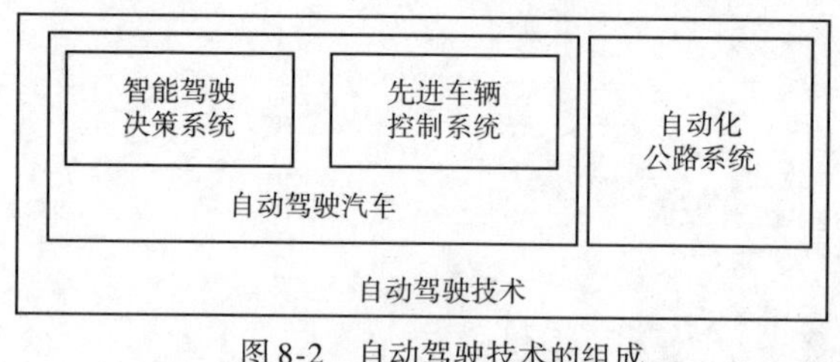

图8-2 自动驾驶技术的组成

自动驾驶汽车是指一辆汽车具有规划自身路线,感知周围环境,针对实时交通情况做出合理决策,并辅助、甚至代替驾驶员进行车辆驾驶的能力,从而减小驾驶员的劳动强度,使车辆行驶过程变得更加安全、舒适、高效。

自动驾驶汽车系统是一个集环境感知、规划决策和多等级辅助驾驶等功能于一体的综合系统,是充分考虑车路合一、协调规划的车辆系统,也是智能交通系统的重要组成部分。自动驾驶汽车中的先进车辆控制系统利用传感器技术、信号处理技术、通信技术等,通过集成视觉、激光雷达、超声传感器、微波雷达、卫星定位、里程计、磁罗盘等多种车载传感器来辨识汽车所处的环境和状态;同时,先进车辆控制系统还能够与自动化公路系统连接,获取道路信息、交通信号信息、车辆位置和障碍物信息等作为分析和判断的依据。智能驾驶决策系统从上述传感器和连接器获取信息后,利用人工智能技术自动化判别与决策,控制车辆转向和速度,从而实现无人驾驶汽车依据自身意图和环境的拟人驾驶。无人驾驶汽车的研究包括了立体视觉信息处理技术、主动型传感器信息处理技术、自主定位技术、多传感器信息集成与数据融合技术以及障碍物检测技术等多种关键技术的研究。

自动化公路系统是自动驾驶技术的另一个重要组成部分,也是智能交通系统最主要的子系统之一。自动化公路系统旨在现有道路基础上集成先进的信息化基础设施,实现车辆自动导航和控制、交通管理以及事故处理等的自动化,提高整个公路系统的安全性和运行效率。自动化公路系统中一项重要内容是研究和设计车辆纵向、横向控制规律,通过无线网络与自动驾驶汽车通信与配合,实现车辆的无人驾驶。

随着经济的发展、汽车保有量的增多,路况持续恶化,交叉口/路段通行效率低、交通服务信息不及时、恶劣自然灾害将频发突变、低龄驾驶人员比例大、道路交通环境复杂、事故伤亡不断上升。这些问题都不断促使自动驾驶汽车和自动化公路系统在道路交通领域发挥越来越大的作用。

依据自动化水平的高低,自动驾驶技术可以分为4个阶段:驾驶辅助、部分自动化、高度自动化、完全自动化。

(1)驾驶辅助系统(DAS):目的是为驾驶者提供协助,包括提供重要或有益的驾驶相关信息,以及在形势开始变得危急的时候发出明确而简洁的警告,如“车道偏离警告”(LDW)系统等。

(2)部分自动化系统:在驾驶者收到警告却未能及时采取相应行动时能够自动进行干预的系统,如“自动紧急制动”(AEB)系统和“应急车道辅助”(ELA)系统等。

(3)高度自动化系统:能够在或长或短的时间段内代替驾驶者承担操控车辆的职责,但是仍需驾驶者对驾驶活动进行监控的系统。

(4)完全自动化系统:可无人驾驶车辆、允许车内所有乘员从事其他活动且无须进行监控的系统。这种自动化水平允许驾驶者从事计算机工作、休息和睡眠以及其他娱乐等活动。

随着汽车数目的大幅度增加,交通事故率上升、塞车、噪声、环境污染和能源消耗等问题迫使人们改变以往单纯依靠增修道路或限制发展等办法来改善公路交通状况的思路,进而寻求采用高新技术来提高汽车性能,以解决因需求增长而带来的道路交通公害问题。而自动驾驶技术的实现,通过提高汽车行驶的安全性,减少可能发生的交通事故来提高交通通行能力,从而达到减少交通公害的目的。过去对汽车行驶安全的研究,所采取的措施大多是被动方法,例如,研究如何减少伤亡、如何减少事故的损失等。而自动驾驶技术则是采取主动措施,汽车靠电子装备实现智能化,以其自身的智能来获取行驶环境信息,并加以判断,必要时系统自动控制车辆行驶,从而排除驾驶人员主观分析、判断的失误,从而达到避免事故发生的目的。实施自动驾驶技术将会带来以下好处:

(1)增加公路的通行能力,减少道路阻塞,缩短行车时间。自动驾驶技术能使运行的车辆保持合适的最小跟车间距,保持车流稳定地前进,缩短行车耗时,缓解交通拥挤,提高道路利用效率,增加公路的通行能力。

(2)降低事故率,提高行车安全。自动驾驶技术可以通过显示或预警装置,给驾驶员提供足够的交通信息,帮助驾驶员做出正确的驾驶操作决策,在自动驾驶技术高度完善的情况下,可以将人工驾驶转为自动控制,防止因驾驶员疏忽和机件故障造成的交通事故,并可提供适当的安全防护,当最终实现自动驾驶时,将完全排除人为因素而导致的交通事故,从而实现高效安全的行车秩序。

(3)降低行车成本,提高行车效率,在自动驾驶技术控制下,可以保持车流的顺畅,减少交通阻塞,减少由于车辆滞留在道路时间过长而导致的消耗过多,以及减少因频繁的踩油门与刹车所造成的能源消耗,提高行车能源利用效率。

(4)降低废气排放量,减轻环境污染。当车流顺畅、稳定地向前行驶时,排放的废气、噪声等环境污染较少,可达到减轻环境污染的效果。

总之,自动驾驶技术应用传感技术、计算机技术、车载控制技术及定位技术等,使车辆安全、高效、自动行驶,可以大大提高驾驶员的安全系数和行车效率。自动驾驶技术将是将来一个时期道路运输信息化的长期发展领域。

## 二、发展历史

自动驾驶汽车的构想最早可以追溯到1939年的纽约世界博览会。此次世博会上,美国通用汽车公司提出了“先进高速公路”构想,在“先进高速公路”上,汽车可以以80km/h的速度自动巡航,通过公路上设置的“自动射频控制”系统协调。由于技术的不成熟,该构想一直没有实现,但却为大家打开了一道通往自动驾驶美好世界的大门。

1991年,美国国会通过“运输效率法案”,授权美国运输部研发“自动公路系统”项目,以期“研发一种自动公路及自动汽车的原形,为实现完全智能自动驾驶提供基础”。通过多年研发,该项目取得了较大进展。至1997年8月,该项目在加州圣迭戈实现了20辆车辆在两个封闭跑道上无故障连接自动驾驶4天,从而证明了自动驾驶技术是可行的(图8-3)。同时也点燃了大众对自动驾驶的热情。

2003年,美国加州圣迭戈又展示了“自动公交快速运输”系统,从而证实了公交自动驾

图 8-3 1997 年美国加州圣迭戈 I-15 公路上 8 辆车组成紧密队列实现自动驾驶

驶的可能性。

近年来,自动驾驶技术的研发主要集中在自动驾驶汽车的研发上。

2010 年 10 月 9 日,谷歌公司在官网中宣布,正在开发自动驾驶汽车,目标是通过改变汽车的基本使用方式,协助预防交通事故,将人们从大量的驾车时间中解放出来,并减少碳排放。

2011 年 10 月,谷歌在内华达州和加州的莫哈韦沙漠作为试验场对汽车进行测试。同年,美国内华达立法机关允许自动驾驶车辆上路,这也是美国首个类似法律。该法律于 2012 年 3 月 1 日正式生效。

2012 年 4 月,谷歌宣布自动驾驶汽车已经开了 20 万 km,并已经申请和获得了多项相关专利。

2012 年 5 月 7 日,内华达州机动车辆管理局(DMV)批准了美国首个自动驾驶车辆许可证。在颁发牌照前,有关官员曾在高速公路、卡森城街区和拉斯维加斯大道检验过这款汽车,并宣称,先前在高速公路、市内街道和拉斯维加斯闹市区域的测试显示,自动驾驶汽车可以安全行驶,甚至比人工驾驶更加安全。

2014 年 4 月,中国百度公司与宝马宣布开始自动驾驶研究项目,并在北京和上海路况复杂的高速公路上进行测试。

2015 年 6 月 11 日,百度公司表示,百度与德国宝马汽车公司合作开发自动驾驶汽车。

未来,通用汽车公司计划 2020 年无人驾驶汽车正式上路;沃尔沃公司计划在 2020 年推出完全不会导致乘客受伤的汽车系统;奔驰公司首款无人驾驶卡车计划 2025 年上市。

## 三、先进车辆控制系统

为了实现车辆的自动驾驶,一般需要在车辆上安装先进车辆控制系统(Advanced Vehicle Control Systems,AVCS)。该系统借助车载设备及路侧、路表的检测设备来检测周围行驶环境的变化情况,同时也与自动化公路系统进行通信,获取公路系统提供的路况、信号、广播等信息,并反馈给智能驾驶决策系统以实现自动控制驾驶,达到行车安全和增加道路通行能力的目的。系统的本质就是在车辆 - 道路系统中将现代化的通信技术、控制技术和交通流理论加以集中,提供一个良好的辅助驾驶环境,在特定的条件下,车辆将在自动控制下安全行驶。其目的是开发帮助驾驶员实行车辆控制的各种技术,从而使汽车安全高效行驶。

AVCS 的核心内容是智能汽车的研究与应用,这种汽车具有道路障碍自动识别、自动报警、自动转向、自动制动、自动保持安全距离、车速和巡航控制功能。目前许多汽车制造公司已在他们的产品中使用巡航控制系统,系统允许驾驶员在不用踩脚踏加速器的情况下,保持一个预定的均匀速度。这对在交通量较小的道路上长途驾驶特别有用。当需要制动和改变方向时,需要脱离巡航控制,还原为人工驾驶。巡航控制是 AVCS 的一种有限的功能。更高度的自动化驾驶将使车辆自动操作,这种车辆上装有各种传感器及通信等设备,能够自动定位及探测道路上的障碍物,能够自动保持车辆间的安全距离,并能控制速度和方向,从而实现汽车安全行驶。AVCS 另外一个显著的优点是车辆可以以很小的间距和均匀的速度在装有特定设备的专用车道上行驶,这样在不发生拥挤效应的情况下,在相同的车道空间内,可以具有更高的车流密度,从而大大提高通行能力。

1. 先进车辆控制系统的功能组成

AVCS 的基本功能系统主要包括:安全预警系统、防撞系统、视觉强化系统、遇难呼救系统、车辆行驶自动导航系统、环保系统。

(1)安全预警系统。AVCS 中的车辆安装的车载设备,具有事故规避功能,包括安装在车身各部分的探测雷达、红外雷达、盲点探测器等设施,由计算机控制,在超车、会车、更换车道、大雾、雨天等易发生事故的情况下,随时以声、光等形式向驾驶员提供车体周围必要的信息,并可以自动和半自动采取措施,从而有效地防止事故的发生。

另外车载设备内,还可以存储大量有关驾驶员个人和车辆各部位的信息参数,对驾驶员和车辆随时进行检测调控。如当检测到驾驶员体温下降时,这通常表明驾驶员开始打瞌睡,就会发出报警,提醒驾驶员注意,并采取措施。当检测到车内空气中酒精含量超标时,就会自动锁住发动机,它对汽车主轴转速、轴温、燃油状况、轮胎气压、尾气排放等参数情况进行监控分析,必要时向驾驶员发出报警信号,可以预防事故的发生等。使原来很多由驾驶员人工关注的工作改由计算机完成,大大提高了汽车运行的安全程度。

(2)防撞系统。防撞系统分为纵向防撞系统和侧向防撞系统两个部分。纵向防撞系统主要是通过安装在车辆前后的磁性传感器和路面上安装的磁标相互作用或雷达探测器等的探测作用实现的。例如,雷达能判断和测试驾驶车辆相距另一辆车的距离和相对于其他车辆的速度,如果车辆之间的距离小于安全距离,可以用亮灯或声音警告,也可以启动自动制动以保持车辆之间的安全距离和车速。

侧向防撞系统主要是利用车辆左、右两侧的传感器分别探测车辆两侧的路况,从而为欲改变车道和驶离道路的车辆提供适当的侧向安全间距,防止或减少两部或多部汽车发生侧撞,或驶离道路的车辆与路侧障碍物发生侧撞。

(3)交叉路口防撞。交叉口处是碰撞事故多发点。交叉口防撞系统主要是当车辆驶近和通过信号控制的交叉口时,将车载设备及通信系统所获得的情报进行处理后,判断出是否有发生事故的危险,据此对车辆进行控制,维护行车安全。

(4)遇难呼救系统。遇难信号呼救系统是为了缩短事故响应时间,提高事故处理效率,尽量减少事故损失而研制开发的 AVCS 系统中的一个子系统。这个系统由卫星定位技术和无线通信技术及显示事故的电子地图等设备组成。当事故发生时,碰撞传感器会自动发出一个包括由卫星定位确定的车祸位置的无线电信号,由无线技术完成车辆与反应中心的信息传输。反应中心的电子地图可以准确地显示出信号位置——事故发生的地点。在 AVCS 中,车辆应用救难信号系统以后,紧急事故处理的响应时间可以减少 45%,幸存率可以增加 7% ~12%,也可以大大地减轻受伤的严重性。

(5)车辆行驶自动导航系统。目前,各发达国家均大力研究汽车的导航系统,这也是智能汽车的一个组成部分。它由卫星定位系统、路侧通信技术(GSM)技术、网络技术、电子地图、咨询引导系统组成,通过它寻找最佳行车路线,避开交通拥挤和发生事故的路段。驾驶员可以将目的地输入车内的电脑,提出要求,电脑根据道路情况、红绿灯数、速度限制等,选出最佳路径,并显示在电子地图上。它不仅使车辆避开拥挤阻塞的路线,还可以帮助疏散车辆,减轻驾驶人员心理负担,提供安全、舒适的行车环境。

(6)环保系统。在智能汽车中,还有智能环保系统,由电脑检测控制燃油、排放等情况,以取得最佳排放效果。除此之外,目前各国还在大力发展研制太阳能、天然气、氢气等各种无污染的新能源汽车。另外,还研究开发低噪声汽车以减少噪声污染。智能汽车环保系统的研制与开发,是AVCS研究开发的重要领域,可以减少排放及噪声污染,提高汽车的运行效率。

2. 先进车辆控制系统的工作原理

一个完整的AVCS是由智能汽车、智能汽车和辅助专用道路之间的通信系统以及智能车与智能车之间的通信系统所组成的,其智能控制主要通过利用智能车的智能来处理所提供的道路交通等信息而实现。从本质上讲,AVCS就是由专用车道及智能汽车有机结合而形成的一个完整的运行系统,其基本工作原理如图8-4所示。

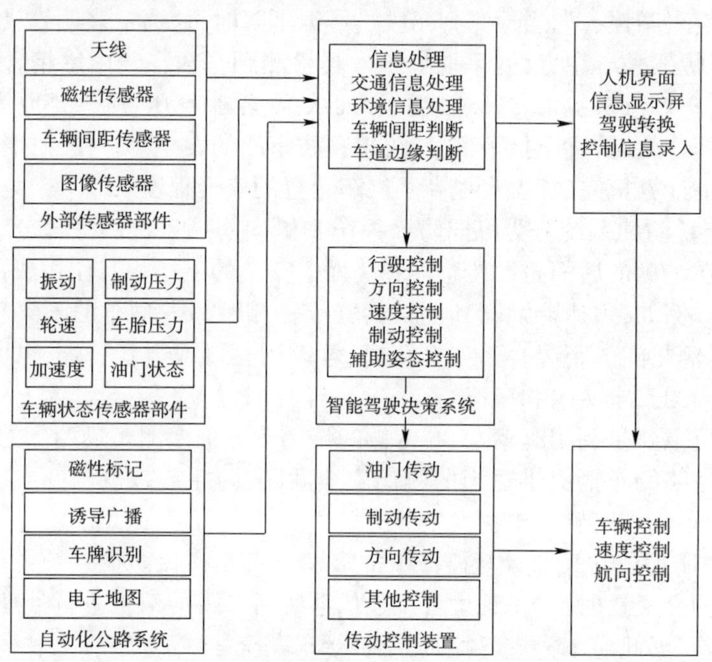


图8-4 先进车辆控制系统工作原理图

3. 先进车辆控制系统的关键技术

(1)传感器技术。车辆传感器技术主要实现汽车行驶状态和工作状态的监测,如轮胎压力、轴速、轴温等等,另外还可以实现驾驶员状态以及道路状态的监测,如驾驶员疲劳状态,车辆所在车道、位置等,从而为自动驾驶决策提供必要的参数。车辆传感器可以分为车辆状态、驾驶员状态以及外部状态等几个部分:

①车辆状态传感器:包括主动轮速度传感器、发动机状态传感器、轮胎压力传感器等。

②驾驶员状态传感器:包括驾驶员疲劳程度传感器、座位传感器等。

③外部状态传感器:包括位置传感器、霍尔传感器、磁传感器、路面状态传感器等。

(2)通信技术。通信技术主要利用无线电频道的规划与分配,配给调频技术,准确无误地在传感器之间、传感器及执行元件之间、车辆与车辆之间，以及车辆与道路之间传输语音、数据、控制等信息。

(3)决策与控制技术。决策与控制技术利用车载微型计算机作为决策和控制中心，对收集来的车况、路况、环境等各类信息加以综合利用分析处理，以便做出最佳控制实施方案，并自动控制车上各系统的运行。

(4)信息显示技术。主要利用 LED、LCD、CRT 以及 HUD 等显示设备及发声装置，作为文件图像显示、状态指示及声音提示的工具，为驾驶员提供完善的信息，协助驾驶员的驾驶行为。

## 四、自动化公路系统

自动化公路系统(Automated Highway System)是自动驾驶技术的重要组成部分。该系统旨在实现车辆自动导航和控制、交通管理以及事故处理等的自动化，提高整个公路系统的安全性和运行效率。自动化公路系统中一项重要内容是研究和设计车辆纵向、横向控制规律，实现车辆无人驾驶。AHS 自动公路系统是更高级的智能车辆控制系统和智能道路系统的集成，路面设施和车辆上的特殊装备组成。路面设施是在车道中心按一定间隔距离埋设的磁铁，车载装置是磁传感器、障碍物检测雷达、车道白线识别装置、电子导向仪、电子自控油门、电子制动装置等。以电偶将汽车组成一组一组的列车运行，每辆车可随时加入或退出列车车队，当汽车在车队中行驶时为自动驾驶，保证汽车的行驶安全高效。自动化公路系统模型如图 8-5 所示。

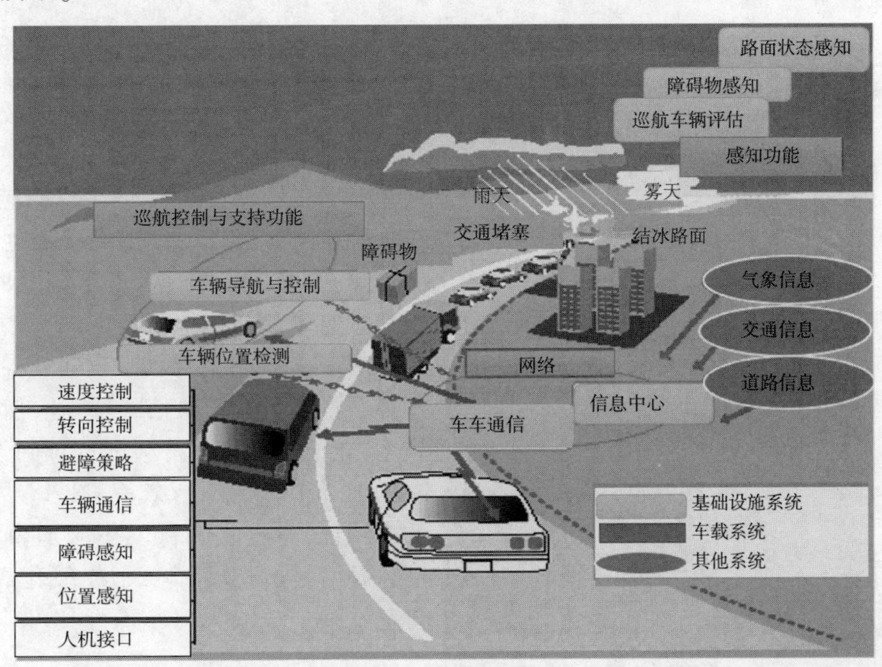


图 8-5　自动化公路模型

自动化公路是建有通信系统、监控系统等基础设施，并对车辆实施自动安全监测、发布相关的信息以及实施实时自动操作的运行平台。

自动化公路的优点及发展前景：

(1)自动化公路系统可显著提高公路的通行能力和服务水平,使车流量增大2~3倍,行车时间缩短35%~50%。

(2)可以大大提高安全性,预防和避免交通事故、降低并排除人为错误及驾驶员心理因素的消极影响。

(3)自动化公路是智能交通的最高形式和最终归宿,代表着未来公路交通的发展方向,但同时也是技术难度最大、涉及面最广、最具挑战性的领域。

(4)发展自动化公路的基本思路是以道路基础设施智能化为核心,以公路智能与车载智能的协调合作为基础,重视人的因素,促进人、车、路三位一体协调发展。

## 五、货车自动驾驶案例

货车列队行驶是指,货车在公路上排队依次前进,驾驶员操控前车,后车便可利用无线通信技术,实现同步操作,不再需要驾驶员另行操控。在行驶过程中,前后两车有1s间隔,可实现统一加速、制动;在较小的车距内,两车形成一个近似的真空空间,后车在这个真空区域行驶,阻力很小,从而达到节省燃料的目的。研究表明,使用自动驾驶货车可以使能源排放量降低15%,同时会减少交通事故,避免交通拥挤,自动驾驶货车行驶10万mile可以节约5000英镑。

2016年4月,欧洲六大制造商(包括沃尔沃、戴姆勒、达夫、依维柯、曼、斯堪尼亚)组建了一支超过12辆车的货车车队,自动驾驶汽车从瑞典出发,途经丹麦、德国以及比利时,经过一周的时间环欧洲行驶,最后于2016年4月6日到达荷兰鹿特丹港,共计里程2000km,如图8-6所示。此次尝试是一次伟大的胜利,同时在道路运输领域也是一个里程碑式的事件,为货车的无人驾驶发展树立了一座重要的里程碑。丹麦基础设施与环境部部长说:"货车列队运输更清洁、更高效。自动驾驶车辆也能让道路更加安全,因为大部分交通事故都是因为人类操作不当造成的。"

货车列队行驶得益于高速公路自动驾驶连接系统(Highway Pilot Connect)的应用。2014年戴姆勒发布了《梅塞德斯-奔驰未来卡车2025研究报告》,报告中完整而全面地提出高速公路自动驾驶连接系统这一概念。该系统在覆盖Wi-Fi的情况下,实现车辆之间的通信,车辆会获取并发送自己所处位置和周围的环境。该项技术最初在位于德国杜塞尔多夫附近的A52高速公路上进行了实验,通过Wi-Fi进行通信的3辆自动驾驶卡车向外界展示了这一最新汽车与汽车通信的技术。借助这一新技术,能把车辆间距离从50m缩短至15m,同时增加了卡车的通行效率,减少对路面空间的占用,同时也能降低发生交通事故的可能性,这种行驶方式,减少了二氧化碳的排放,自动驾驶卡车以队列形式行驶可节省7%的油耗。

图8-6 2016年欧洲六大汽车厂商组成的自动驾驶货车车队

实验数据表明,一辆装载了货物的40t半拖车每行驶100km仅耗油25L。这相当于每运送1t货物100km仅耗油0.66L,或者说每运送1t货物1km的二氧化碳排放量仅为

13.3g。其耗油量甚至会低于使用内燃发动机的小型乘用车。行驶时车距的缩短得益于制动时间的缩短；由于队列中的每辆卡车都清楚其他车辆的行驶情况，所以卡车可以做到适时制动。通过高速公路自动驾驶连接系统，卡车的反应时间可以从1.4s左右缩短到0.1s。这表明所有在队列中行进的卡车都将在0.1s的时间内刹车。

将货车与互联网结合，让它成为物流网络的移动数据中心。这样就连接了所有与货物相关的人和物：驾驶员，调度员，汽车服务商，生产车间，制造商，保险公司或行政管理机构。这些车辆能及时获取关于拖曳装置和半挂车的信息，道路交通情况和天气状况，高速公路服务站的停车、休息区域等更多的信息。

利用货车与货车之间、货车与其周围环境之间的这种连接通信系统，可以提高车辆通行效率，降低油耗和汽车尾气的排放。同时，智能货车还有助于减小车祸发生的概率，这是迈向无事故驾驶的重要一步。

# 第四节 车 联 网

## 一、车联网的背景

互联网是21世纪影响人类社会最为深远的科技事物之一。互联网通过革命性地降低信息获取的成本、加快信息传播的速度，对人们传统的生活形态产生了巨大的冲击、改变至重塑了人们的思想观念与生活习惯。随着无线通信技术的飞速发展和互联网用户群体的迅速扩大，互联网一方面向着移动式服务模式演化，移动互联网和基于位置的服务（Location Based Services，LBS）成为近年来互联网发展的热点。另一方面，从网上向网下发展，催生了物联网的概念。与此同时，智能交通也伴随着传感器、通信技术等各种相关技术的进步，将自身的发展带入更智能的高级形态。物联网与智能交通的结合催生了车联网的概念，可以说，车联网是物联网在智能交通领域的专项应用，也可以说车联网是智能交通在物联网大背景下的高级发展形态。人与人之间有互联网，物与物之间有物联网，车与车之间有车联网，正如互联网能让人们实现“点对点”的信息交流，车联网也能让车与车完成信息交互。

车联网的由来如图8-7所示，车联网与互联网、移动互联网、物联网、智能交通等概念有着千丝万缕的联系。

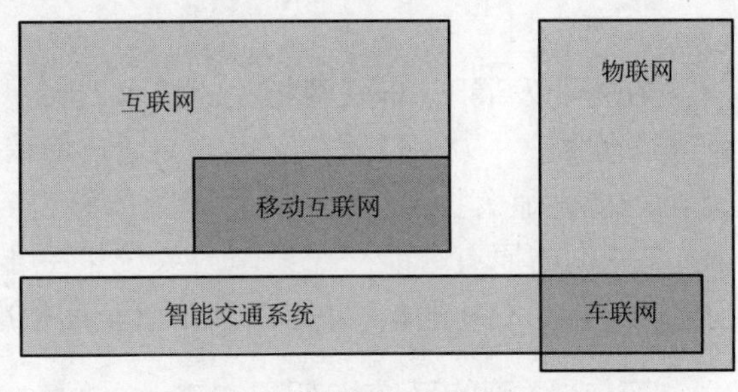


图8-7 车联网概念的由来

由物联网衍生的车联网，将成为未来智慧城市的重要标识。车联网作为物联网在智能交通这一特定领域的应用，将信息主体聚焦在车辆这种交通工具身上。通过安装必要的车载设备，使车辆具备信息交流的能力，通过无线互联技术充分利用车辆的身份、属性、位置以及行驶状态等信息，挖掘其中蕴含的应用价值，并以此满足车联网参与各方的需求。具体而言，车联网的发展，对于降低交通拥堵、提升通行效率、减免交通事故、加强车辆安全、改善驾驶体验都有着巨大的推动作用。通过车联网，汽车具备了高度智能的车载信息系统，并且可以与城市交通信息网络、智能电网以及社区信息网络全部连接,从而可以随时随地获得即时资讯,并且做出与交通出行有关的明智决定。车联网是智能交通发展的高级形态。

## 二、车联网的远景

车联网行业的发展远景,如图8-8所示。车联网的发展是通信手段与载体不断融合、不断深化的过程。按照技术和应用的成熟程度,可以前瞻性地将车联网行业发展划分为以下4个阶段:

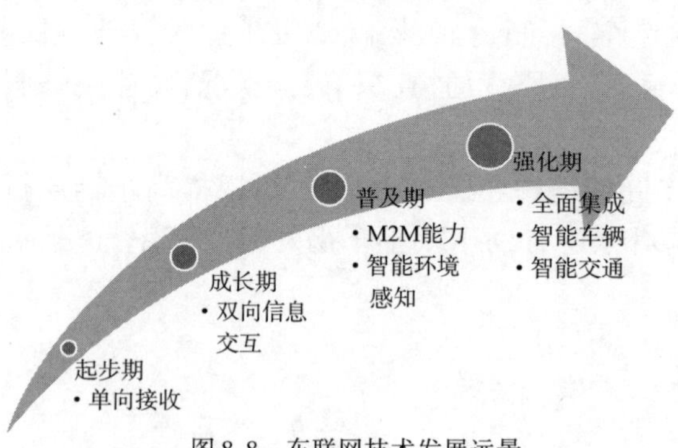


图8-8 车联网技术发展远景

1.起步期

此时车辆仅仅具备单向信息接收能力。例如:目前的车辆可以接受实时交通广播(TMC),通过导航仪接收实时路况信息,在导航地图上用彩色线条标识出拥堵路况。这一阶段的特点是:互联程度低,仅仅存在车辆与中心的单向传输,且信息内容单一、交互能力非常微弱,主要的应用就是在实时路况发布与路径导航上。

2.成长期

通过电子标签等标准信源的安装以及车载电子系统的进步,车辆在接收信息的同时,具备了接收人员输入并向外部传输信息的能力,这一阶段的特点是:车辆具备双向信息传输能力,车辆可被唯一地识别,并具备了初步与外部环境通信的能力,主要的应用是车载可视电话、全程语音交互式服务、不停车收费等。

3.普及期

随着车内传感网络的进步和车载电子设备的升级,以及到外部路侧设备、各类应用系统服务的建设,以车辆为核心的M2M(物物通信)能力得到显著的加强,在整个网络可以采集和利用的信息空前得丰富,催生了大量有价值的人性化服务。这一阶段的特点是:车联网服务的车辆群体爆炸式增长,网内信息资源的丰富诱生出大量的商机。主要的应用包括具有一定智能性的辅助驾驶、更精准的路况信息服务、车辆防盗、紧急救援等。

4.强化期

在行业发展下,车联网相关的技术、装备、服务都全面升级。车联网的应用向着集成化、智能化发展。一方面,随着车辆与交通环境信息交互能力的提升,车联网提供的辅助驾驶服务的智能性显著提高,驾驶员的驾驶体验得到大幅度的改善,基本实现智能车辆。另一方面,车联网与原有智能交通设施或系统进一步深度整合,现有的交通控制、诱导等设备都实现与车辆的M2M通信,并得以利用更全面精准的信息,实现更加智能化的交通控制与管理。

## 三、车联网的系统构架

车联网的参与主体众多,参与各方所在不同的角度立场上,构成的车联网具体形态也不尽相同。未来车联网的发展走向取决于车联网产业中参与各方的协作,有可能呈现出多种可能的目标形态。车联网的主要参与主体如图8-9所示。

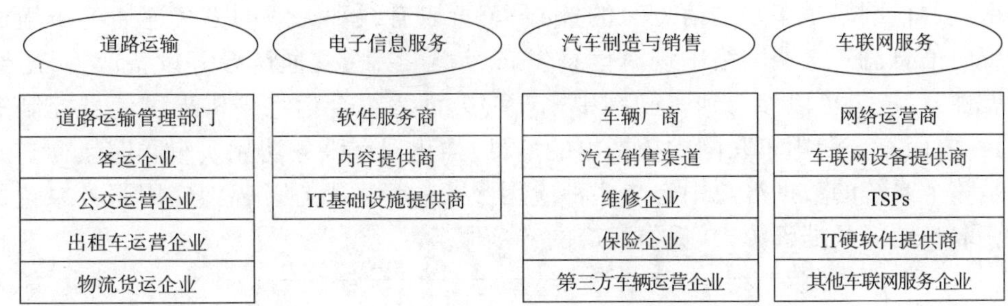


图8-9　车联网的参与主体

车联网的典型系统架构如图8-10所示。

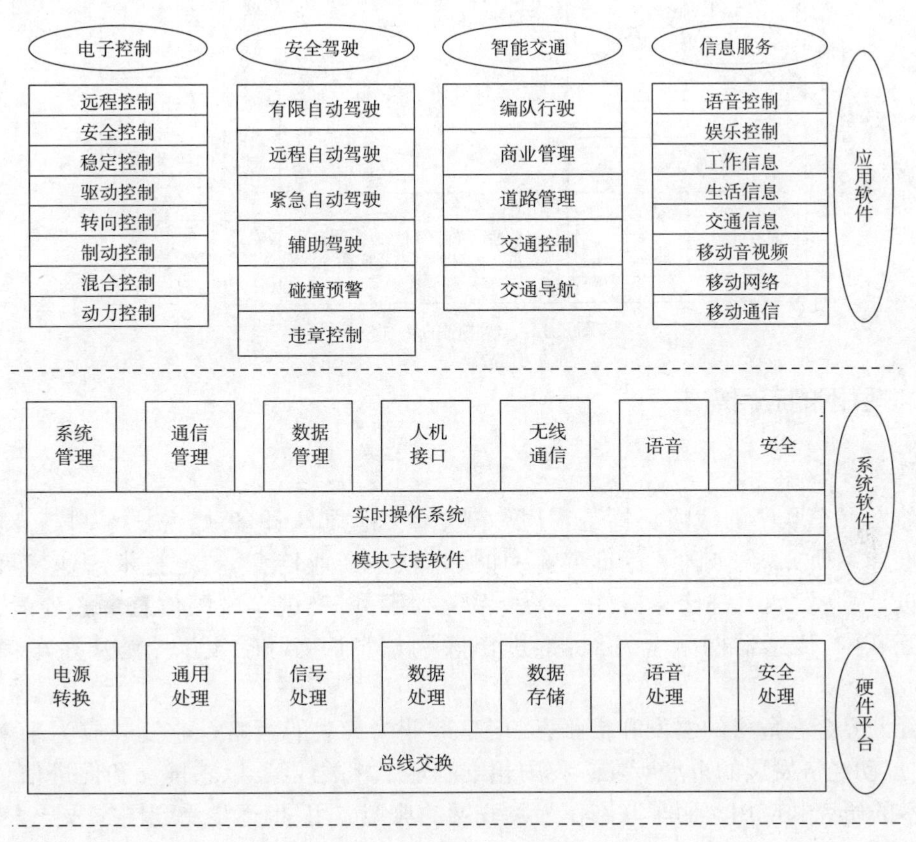


图8-10　车联网的典型系统架构

车联网的物理框架如图8-11所示。

其中，车载终端是车联网最核心的信息来源，通过电子标签等标准信源获得车辆的唯一性身份信息，通过车内的传感网络获得实时的车辆运行和行驶状态信息，通过车载电脑或电子设备使车辆具备与其他车辆、路侧设备以及通信网络进行单向或双向信息传输的能力。广域分布的路侧设备通过有线方式与通信网络相连，既完成对车辆的感知和检测，获取车辆个体信息；又能作为分布式的信息发布载体，向车辆传递有价值的交通拥堵、事件、事故、管制等信息。其他终端包括手持设备以及在固定场所使用的家庭或商业终端设备（如公共场所设置的触摸式服务终端）等，主要作为车联网服务的使用者，满足用户非在途的交通相关信息需求。通信网络是车联网信息流的核心，负责以有线和无线的方式连通各个组成部分之间的双向信息流。交通网络中现有信息发布、信号控制、交通诱导等设备或系统，经过必要的扩展性开发，也可以参与到车联网中来。一方面为综合信息分析提供信号控制等辅助信息，另一方面充分利用车联网中挖掘出的信息，强化现有服务功能。车联网数据与服务平台中心是整个系统的数据汇总中心与多种应用服务的管理中心。各项应用服务系统通过平台中心获取必要的数据资源，并提供相应的专项服务。

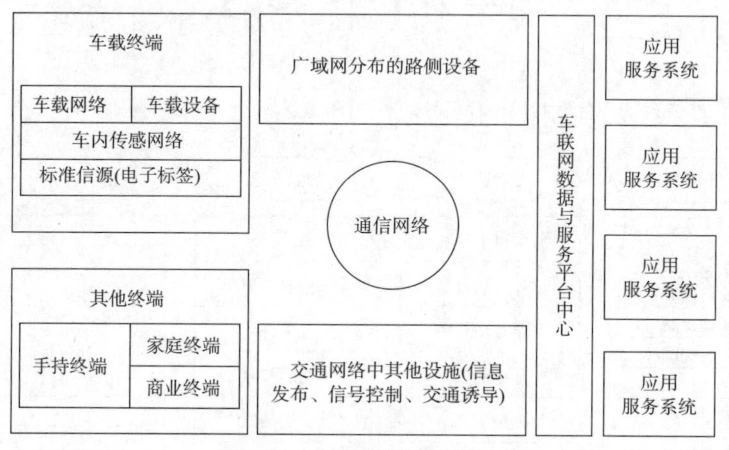


图 8-11　车联网的物理框架图

## 四、车联网的应用需求

1. 政策需求

目前发展车联网的战略目标是：开展车联网关键技术研究，抢占技术制高点；开展车联网标准体系研究，突破国外标准壁垒；加快车联网产业培育，制定技术产业发展规划和应用推进计划；发展关键传感器件、装备、系统和服务；推进车联网信息中心建设，促进车联网与互联网、传感器网融合发展；推进车联网信息服务平台建设，提升涉车信息服务水平。

随着世界金融危机的爆发和扩张，以信息产业为代表的战略行业发展成为未来经济结构调整、拉动经济发展的重点所在。我国相继制定了相关政策，以求推动和促进信息产业中核心技术的研究和应用。而车联网作为物联网的典型应用，也逐步受到国家领导人的注意，制定了相关政策以推动其发展。

2012 年 7 月，第三届智能运输大会在北京召开，大会期间交通运输部科技司的相关负责人公开解析了《交通运输行业智能交通发展战略（2012—2020 年）》。到 2020 年，中国智能交通发展的总体目标是：基本形成适应现代交通运输业发展要求的智能交通体系，实现跨区域、大规模的智能交通集成应用和协同运行，提供便利的出行服务和高效的物流服务，为 21 世纪中叶实现交通运输现代化打下坚实基础。具体目标为：全面提升城市交通管理和服务水平，有效提高公路交通安全和出行可靠性，显著促进多种运输方式有效衔接，显著提高技术创新能力，推动形成智能交通产业。

2016 年 4 月，交通运输部印发的《交通运输信息化“十三五”发展规划》中指出：加快构建车联网、船联网，提升“两客一危”车辆的在线监管能力，重点营运车辆联网联控的入网率和上线率分别达到99%和95%以上。

2. 业务管理需求

车联网是传统的交通领域和通信、信息技术领域深度融合的标志。融合，意味着传统生产方式到新兴生产方式的变革，意味着通信、信息服务业成为智能化的交通产业中的重要一员，也意味着交通产业环境的重组和优化。

首先，车联网指的是连接车辆的网络，特指通过双向的、实时交互的、全覆盖的通信网络，实现移动的车辆电子系统之间和车辆电子系统与服务平台的连接，这个概念是相对于目前以单车为单位独立运行，或只是具有单向接收功能（如无线电广播、卫星定位等）的汽车电子系统而言的。其次，车联网指的是以车为对象的网络连接，它事实上包含了对车内各种传感器、控制器和车辆电子系统得到的各种参数的连接，以及通过车辆中的人机交互界面实现的与驾驶者、乘坐者的连接，甚至包括通过车内网络与车辆所载物品的连接。再次，车联网指的是通过车联网得到的一系列的能力，包括车内传感器和车载电子设备提供的能力、人机交互界面提供的能力和通过连接网络获得的能力（如位置获取能力、通信保障的能力和设备管理的能力），还应该包括接入移动通信网络、车-车互联网络、车-路互联网络和互联网公共服务取得的网络能力。最后，车联网指的是通过车联网具有的能力提供的服务，即车联网服务，以及由这些服务衍生出的大量的应用。这些服务可以按照服务对象进行分类，消费者服务包括人们熟知的专门为车辆、驾驶者和乘坐者提供的地图服务、定位服务、导航服务、辅助驾驶服务、路况服务、维修服务、紧急救助服务、通信服务和行车娱乐服务等；生产者服务包括为汽车制造厂商和他们的4S店提供的车况参数、行驶状态和与此相关的客户关系服务等；商业管理服务包括为商业运输车队的管理提供的车辆调度、车况记录、驾驶记录、配载记录、车辆位置跟踪和车辆资产管理服务等；金融保险服务包括从车辆购买、运行和运输到维护整个生命周期的金融和保险服务等；公共管理服务包括道路管理部门、交通运输管理部门、公安交通管理部门和城市发展规划部门提供的服务。

从车联网服务和应用的对象上可以看到，尽管车联网在物理上是将车辆与网络相连，但是车联网服务惠及的主体范围很广，参与车联网服务的主体更是十分复杂。按照目前国际发展现状，可以根据产业引领者的不同将车联网产业分为不同的群落和市场。一个是汽车品牌厂商引领的面向乘用车消费者的前装车联网，一个是消费电子厂商引领的后装车载设备组成的车联网。一个是面向商业客货运车队的商业车辆跟踪和车队资产管理的后装车载设备的车联网，一个是由政府主导的以实现智能交通、道路安全和道路交通管理为目标的车联网。

实际上，由于产业引领者的动力来自自身的发展目标，这种按照引领者不同对现状的划分也意味着对车联网不同发展目标的划分。由于产品的功能和产业结构都是以引领者利益最大化为目标优化的，具有不同目标的产业群落区在以不同的产业组织方式发展自己具有不同功能的车联网。

3. 交通管理需求

交通安全管理是在对道路交通事故进行充分研究并认识其规律的基础上，基于相关法律、法规和标准规范，采用科学的管理方法，对道路交通系统的人、车、路和环境等要素进行有效的组织、协调和控制,从而保证道路交通安全畅通。安全管理作为道路系统中的核心要素、协调着系统中其他要素间的相互关系,对道路交通系统的安全运行起着决定性的作用。交通安全管理的功能构成要素主要体现在技术层面和社会层面。技术层面主要涵盖安全管理的技术和手段,社会层面则从宏观角度体现交通安全管理的社会功能。交通安全管理需要满足以下几个方面的需求。

(1)指挥调度。

①指挥与调度功能。指挥中心、交通管理局、分县局各级部门可根据权限进行视频指挥、调度与控制,充分实现资源整合与信息共享。

②精准管理。对车辆进行信息读取,实现对特定车辆的有效管理,并与视频系统结合,实现无牌、假牌和套牌车辆等的及时发现和有效管理,及时掌握车辆状态,实现被盗及时自动报警。

③实时比对报警。在各路段选取适当的位置,保证各类车辆通行、排队时能够及时、有效地采集所需信息,满足公安机关对过往车辆的全天候自动监控需求。自动比对功能可以对被盗抢、肇事逃逸、无牌、套牌和逾期未年检等违法车辆,以及危化品运输车辆、渣土车辆、伴随车辆和特定车辆等各类布控车辆信息进行实时比对与报警。

④布(撤)控管理。系统能够定期自动下载更新包括被盗抢机动车、出租车、报废车辆和公安部通缉的在逃嫌疑人等数据库,能进行全天候有效布控和撤控,并能够有效管理布(撤)控信息,从而实现与社会车辆卫星定位管理平台的对接,实现对盗抢机动车犯罪和各类利用机动车进行的犯罪活动的精确跟踪与有效打击。

⑤图像抓拍记录。结合视频技术能清晰分辨车辆驾驶人员和副驾驶座人员的面部特征,所抓拍图像应包含车辆全部特征,包括车牌近景和车貌全景照片等;能够在车流量大、路行不畅、车辆积压排队的情况下、准确拍摄前后车辆(前后车距较小);能够完整拍摄骑压分道线的车辆信息。

⑥交通控制。结合视频技术实现目标车辆的区域提取、目标确认、目标分割、目标跟踪和目标分类等:检测车牌、车型和颜色,统计车流量、车速、车头距离、占有率和车辆排队长度等,自动显示路段车流通行状况;动态监测事故现场、一时间段内某一区域的车速过慢或者流量信息超出正常范围时,自动报警提示。

(2)交通管理。

①实现对车辆的治安管理,包括出租车、危险品运输车、渣土车、运钞车、涉嫌套牌车、社会联动应急车辆、校车、出租车及其他特定车辆。

②提供同信号、路口变道、逆行、闯禁区和超速等交通违章实时记录功能,自动查纠嫌疑车辆(如伴随车辆、交通违法或事故逾期未处理车辆、逾期未参加法定检验车辆、达到法定报废年限的报废车等);能够区分超速违法、逆向行驶违法和闯禁区违法等行为方式,超速违法可以进行人工设置,根据路段限速标志设定限速值,禁区和单行路段可以根据路段规定人工设置。

③测速与流量统计、对过往车辆进行速度测定:按车道和时段对通过监控卡口的交通流量进行统计。

④实现大型政治、社会活动期间和处置突发性案(事)件应急联动车辆的指挥调度、精确引导,实现对大型活动人员的身份自动识别。

⑤合理、自动和科学地配置交通路口信号配时，实现公交优先。

(3)治安管理。

①实现出租车及驾乘人员进、出城的自动登记。对停车场、居民小区等区域车辆实现有效管理。

②车辆轨迹分析，对特定车辆轨迹和出现时间、次数进行智能分析与描绘。

③实时记录，对进出城门的整个断面，包括整幅机动车道行驶路面、非机动车道的经过车辆和人员要有清晰的监控图像，对周边的治安复杂区域能实现有效监控，提供事故录像记录功能等。

④统计分析、模糊查询。对过往车流量历史记录提供统计、分析和查询功能，根据设定权限，查询路口的通行车辆记录。对于某一车辆、某一时段的查询，能够提供经过路口信息，并自动生成行车轨迹。针对某一时段某一路口，模糊查询能够提供所有通过车辆信息。

(4)涉车资源应用服务需求。

①发展智能交通系统是顺应"十三五"交通规划提出。车联网是实现对国家高速公路和国省干线公路的重要路段、大型桥梁、车辆区域和交通运输状况等的感知和监控的重要手段。实现对危险品运输车辆、船舶、长途客运，以及城市公交、出租车和轨道交通的全过程监控。应基本建成全方位覆盖、全天候运行、快速反应的交通安全监管系统和信息服务系统。"推进物联网在交通运输行业应用已经得到了国家和交通运输部的高度重视，必将成为'十三五'期间发展现代交通运输业的重点工作"。智能交通物联网将智能交通的基本理念与物联网的技术产业相结合，不仅实现了数量巨大、流动性强的基础"物"之间的连接与通信，同时也推动了交通智能化和信息化进程。

②车联网使交通系统更加"智能、安全、和谐、节能"。目前，交通问题的重点和主要的压力来自于城市道路拥堵和安全。在道路建设跟不上汽车增长的情况下，解决拥堵问题主要靠对车辆进行管理和调配。未来，智能交通的发展将向以热点区域为主、以车为对象的管理模式转变。因此，智能交通亟待建立以车为节点的信息系统——车联网。车联网就是综合现有的电子信息技术，将每辆汽车作为一个信息源，通过无线通信手段连接到网络中，进而实现对全国范围内车辆的统一管理。

(5)行车安全需求。

行驶的车辆是一个由人-车-路-环境构成的闭环系统，车辆的行驶状态受到驾驶员、车辆状况和行驶环境的共同影响。车联网应能根据驾驶员意图、车辆运行状况和复杂多变的行驶环境，对突发事件采取应对措施、保证车辆以最佳综合性能运行。

在车辆运输安全监测传感网中，车辆的导航终端根据卫星导航接收器采集的信息，利用航位测定、地图匹配技术等计算车辆的具体位置，车辆的车载信息系统采集路况、天气等道路环境信息，驾驶员通过驾驶界面操纵车辆进行加速、减速或制动，从而可以避开拥挤路段、减少冲突、增强行驶安全性。

车联网可以解决行车安全问题。交通安全监测模型是一个信息化系统，各个组成部分和各种功能都是以道路交通安全为中心展开，安全、高效、及时的预防、监测和指挥系统是实现交通安全物联网的关键。从系统功能上讲，车联网技术能够将车辆运行和事故报警之间互相连接，形成车辆运输安全的传感网。

## 第五节　综合运输服务一体化下道路运输信息化发展

随着互联网和信息的发展,信息技术逐渐转变发展模式,以其无与伦比的先进性和广泛的渗透性融入传统产业。随着信息技术应用效果的显现,信息化发展受到了越来越多的关注。党的十八大也明确将“工业化基本实现,信息化水平大幅提升……”列为经济持续健康发展的目标之一,并明确指出“坚持走中国特色新型工业化、信息化、城镇化、农业现代化道路,推动信息化和工业化深度融合、工业化和城镇化良性互动、城镇化和农业现代化相互协调,促进工业化、信息化、城镇化、农业现代化同步发展。”可以看到,信息化已成为社会发展的一个重要特征。

随着各种运输方式的快速发展,综合运输体系不断完善,实现可持续发展和综合运输一体化逐渐成为当前现代交通运输发展的主要目标。从智能交通运输系统的角度出发,实现综合运输一体化是信息化社会发展的需要,而信息化社会的发展又能够为综合运输一体化的构建创造有利条件。交通是国民经济基础性产业,大力发展交通信息化,能够促进公共资源充分发挥作用,提高交通管理水平,促进产业升级,最终实现交通现代化。

道路运输作为交通运输的重要组成部分,在经济建设和社会发展中的地位是不可替代的。顺应时代发展,道路运输行业的信息化建设不断推进。自 20 世纪 70 年代中期,随着计算机逐渐在数值计算、测量、过程控制等方面的应用,交通信息化也开始起步。1987 年,国家编制出台了《交通运输信息系统总体规划方案》,通过信息化促进交通运输管理水平的提高,交通运输开始转变发展方式,由传统模式向信息化模式过渡。直到 1994 年 5 月,交通运输部信息系统工程建设启动,交通信息化正式进入具体实施阶段。经过 20 多年的发展,道路运输信息化建设取得长足发展。

2016 年 4 月,交通运输部发布的《交通运输信息化“十三五”发展规划》中明确将“综合运输便捷互联,实现综合运输服务与新一代信息技术深度融合,不同运输方式信息互联取得重要突破”作为“十三五”期间交通运输信息化建设的主要目标。综合运输体系的迅猛发展以及经济水平的显著提高,促使公众在出行的过程中,对于信息服务的质量和便宜度的要求越来越高,各种运输方式之间的信息联系变得尤为重要。发展道路运输信息化,与其他运输方式之间实现信息共享、协同调度成为道路运输行业势在必行的发展趋势。

### 一、综合运输服务一体化概述

#### 1. 综合运输一体化的概念

交通是随着人类生产和生活的需要而发展起来的一种生产活动,实现人和物的空间位移服务(运输)及信息的空间位移的传输服务(通信),是运输和通信的合称。根据交通与运输的概念及其关系,可将交通运输概括为:运载工具在运输线网上的移动和载运的人员和货物在两处不同地点间的位移活动的总称。

综合运输亦即综合运输体系,是指在整个社会运输范围内和统一的运输过程中,符合一个国家或地区的地理经济特征,适应经济社会发展和人们生活要求,按照各种运输方式的技术经济特征,形成分工协作、布局合理、协调发展、联结贯通的交通运输综合体。综合运输体系立足于 5 种运输方式的有机结合,体现出各种运输方式的“协”——协作运输过程、协调运输发展、协同运输管理。

综合运输体系是一个大的系统,纵向可分为道路、水路、铁路、航空和管道5个运输子系统;横向可分为交通运输网络系统、客货运输服务系统、交通运输管理与支持系统3个主要的子系统。其中,交通运输网络系统主要包含具有一定技术装备的交通基础设施(综合运输线网及其结合部——客货站场等交通枢纽),是综合运输体系的物质基础;客货运输服务系统包括客运系统和货运系统,直接为运输生产活动提供服务,是综合运输的生产体系;交通运输管理与支持系统包括运输管理系统、运输信息服务系统、运输技术体系等,是综合运输的组织、管理和协调体系。

由于各国的情况不同,综合运输体系没有具体固定的结构模式,其取决于所贯彻的发展理念以及与这种理念相配合的发展政策、使用成本政策。不同发展理念和政策下所形成的不同发展组合(结构模式),将构成不同的社会资源消耗总量、社会总运输成本和系统效率水平,同时,对人们的生活方式、满足人们追求物质享乐的程度,以及社会、经济、环境的可持续产生不同的影响。

综合运输体系的提法已被官方和非官方较广泛地应用,其中心思想指的是:根据全国或区域经济地理特征和各种运输方式的技术经济特点,经济合理地发展各种运输方式,并使之有机结合形成一个完整的高效的交通运输系统,为社会经济发展服务。对于什么是综合运输体系或综合运输体系的定义是什么?至今还没有一个非常明确的、被普遍公认的定义。各国由于交通运输的具体结构不同、发展阶段和水平不同,给出了不同的定义,我国一些学者也提出了一些论述,主要体现在“无缝”“连续”“一体化”“发挥各自优势,优势互补”上。

我国综合运输的发展趋势是一体化、智能化,最终实现现代化。信息化是实现综合运输现代化发展的重要途径。随着社会经济的快速发展以及科技的不断进步,交通运输一体化的发展趋势不可阻挡,人和物的位移活动往往需要借助多种运载工具才能实现,运输过程中路况、站场、车辆等信息的需求也不断增加,而道路运输行业高效运营、提高服务能力也需要通过信息化手段来实现。综合运输一体化发展的切入点是信息化。道路运输对于信息技术应用的要求越来越高,在构建现代道路运输业的总体要求下,道路运输信息化的发展也日益重要。

2. 综合运输一体化的主要内涵

一般说来,综合运输一体化是指不同运输方式协同、综合发展。综合运输一体化是国民经济系统的有机组成部分,但它不是不同运输方式的简单叠加,而是有机、协同、综合的发展,达到1+1>2的效果。

综合运输一体化的内涵主要体现在以下几个方面:

(1)发挥比较优势、合理利用资源。不同运输方式具有不同的技术经济特征和适应不同层次的需求,交通运输的发展应根据资源条件和需求引导的要求,充分发挥各种运输方式的比较优势,进行规划布局和优化组合,在有效满足运输需求的情况下,实现资源的最合理利用和节约。

(2)各种运输方式之间、基础设施与使用系统之间要协调发展和有机配合。各种运输方式在布局和能力衔接上要协调发展,同时各种运输方式的运行使用系统与交通网络供给系统要形成有机匹配,实现系统整体高效用和高效率。

(3)连续、无缝衔接和一体化运输。交通基础网络在物理上要形成一体化连接,运行使用系统在运输服务、市场开放、经营合作、技术标准、运营规则、运输价格、清算机制、信息以及票据等方面要形成一体化的逻辑连接,运输全过程实现一体化的运输服务。

(4)现代先进技术的应用,智能化。以先进技术、信息化、智能化提高系统整体发展水平和管理及服务水平,实现能力供给增加、安全保障性提高以及经济、环保等。

3. 综合运输一体化的建设依据

打造综合运输服务一体化是我国交通运输发展的战略安排,其依据包括主要以下几个方面。

(1)打造综合运输服务一体化,是实现全面建成小康社会总目标的基础保障。打造综合运输服务一体化,是贯彻落实五大发展理念的重要举措,是推进交通运输供给侧结构性改革的重要内容。“十三五”期间是实现全面小康的决胜期,2020年我国国内生产总值和城乡居民人均收入将比2010年翻一番,常住人口城镇化率将提高到60%左右,这对运输服务普惠化、多样化提出了新的更高要求。打造综合运输服务一体化,将着力运输服务供给侧结构性改革,加快推进运输基本公共服务均等化,增加个性化、高品质的运输服务有效供给,促进城乡间、区域间和不同运输方式间运输服务协调发展,构建集约高效绿色的综合运输服务体系,为全面建成小康社会提供坚强有力的运输服务保障。

(2)打造综合运输服务一体化,是支撑国家重大战略实施的客观需要。新常态下,我国经济发展呈现速度变化、结构优化、动力转化的基本特点,运输需求结构也将发生深刻变化。随着国家“三大战略”、《中国制造2025》等全面实施,区域间生产要素快速流动、产业间资源配置频繁交互,旅客联程运输、货物多式联运等一体化运输服务需求更加迫切。打造综合运输服务一体化,将优化重构运输服务产业链条和组织管理体系,充分发挥运输服务链接生产、流通、消费等各个环节的纽带作用,不断提升综合运输服务的组合效率和整体优势,为国家重大战略实施发挥先行引领作用。

(3)打造综合运输服务一体化,是推动行业提质增效升级的必由之路。新一轮科技革命正对传统产业发展模式产生革命性、颠覆式影响,“互联网+”运输服务的新业态和新模式不断涌现,倒逼运输市场改革和传统产业转型升级。打造综合运输服务一体化,必将借助“互联网+”推动变革与创新,促进移动互联网、大数据、云计算、物联网等在综合运输服务领域的广泛应用,发挥新一代信息技术在生产要素配置中的优化、集成和创新作用,加快传统运输服务模式改造升级,推动综合运输服务发展迈向中高端水平。

4. 综合运输服务一体化建设的思路和目标

我国综合运输服务一体化建设的主要思路是:在现有运输服务发展的基础上,以市场需求为导向,以提升综合运输服务能力和水平为主线,以资源整合优化为核心,以“互联网+”运输服务为牵引,以深化体制机制改革为动力,紧紧抓住一体化组织、全链条服务这个突破口,全面贯彻落实创新、协调、绿色、开放、共享的发展理念,加快推进运输服务供给侧结构性改革,着力提高运输服务供给质量和效率,切实增强人民群众的获得感和幸福感,努力践行人民交通为人民的核心宗旨。

我国综合运输服务一体化建设的目标是:促进各种运输方式统筹协调发展,实现运输资源更大范围整合、组织更加高效协同、运输装备标准先进、服务更深程度体验、治理更多交互协作,让客运更便捷,让物流更高效,让城市更通畅,让服务更优质,让运输保障更有力,为全面建成小康社会提供更好更优的综合运输服务。

5. 综合运输服务一体化建设的主攻方向和举措

(1)以协同协作为重点,推进各种运输方式融合发展。贯彻落实《综合交通运输“十三五”发展规划》和《综合运输服务“十三五”发展规划》。按照构建综合运输服务体系的总体要求,出台《关于引导运输企业创新发展的若干意见》,充分发挥各种运输方式的比较优势,推进不同运输方式的有效衔接、深度融合,推动各种运输方式由“自我发展”向“竞合发展”转变,由“以我为中心”向“谁有优势谁为中心”转变,实现各种运输方式各定其位、各尽其能、各得其所,提升综合运输服务体系的组合效率、集约效益和整体效能。

(2)以一体化为核心,推进运输组织方式优化创新。将多式联运发展上升为国家战略,主动对标国际先进水平,着力构建设施高效衔接、枢纽快速转运、信息互联共享、装备标准专业、服务一体对接的多式联运组织体系。推动国家出台《关于推进多式联运发展的若干意见》,会同有关部门出台货物多式联运发展推进办法,制定多式联运规则及装备技术与信息交换等标准。会同国家发展改革委组织好多式联运示范工程建设,形成“主动提升一批、对标国际一批、复制推广一批”的多式联运组织模式。大力推进客运服务“一单制”和货运服务“一票制”。深入开展综合运输服务示范城市创建活动,推动建设一批客运“零距离换乘”、货运“无缝隙衔接”的综合运输示范枢纽,引领带动综合运输服务创新发展。

(3)以均等化为指针,推进城乡运输服务协调发展。以提升城乡运输基本公共服务均等化为目标,按照“以城带乡、城乡一体、客货并举、运邮结合”的总体思路,加快推进城乡交通一体化发展。出台《关于推进城乡交通一体化提升基本公共服务均等化水平的意见》,全面推进公交都市创建,大力发展定制公交、接驳公交、专线公交等公交客运产品,为群众出行提供个性化、多样化公共交通服务;推动农村客运“路通车通”“开得通、留得住”,2016 年新增 4000 个建制村通客车,2020 年以前具备条件的建制村实现全部通客车。推进有条件地区实行农村客运公交化改造;在全国选择 100 个县级行政区开展城乡交通一体化建设工程,促进城际、城市、城乡、农村客运网络有序衔接,提升城乡交通基本公共服务的针对性和精准性;推进实施“快递下乡”工程,制定“农村物流发展指引”,支持农村物流与农村商贸、供销、邮政等资源的整合利用,创新农村物流发展模式。

(4)以标准化为导向,推进运输装备改造升级。围绕《中国制造 2025》,推进运输装备改造升级,加快标准化、集装化、厢式化运输装备的推广应用,提升运输装备的现代化水平。出台《关于推进货物运输车型标准化的工作方案》,联合有关部门实施货运车型标准化专项行动,集中治理“车辆运输车、半挂汽车列车、液体危险货物运输罐车”三类重点车型,力争通过 5 年治理,货运市场非法非标重型货车全部退出市场或更新淘汰,重型货车厢式化率达 50% 以上。加快智能运输装备体系建设,推动构建个性化定制、众包设计、云制造等新型运输装备制造模式,形成基于运输市场需求动态感知的装备研发制造和产业组织方式,形成运输装备制造业新的产业集群。

(5)以智能智慧为引领,推进运输服务模式创新。鼓励运输服务模式创新,推进智慧服务“一点通”,打造基于移动终端的全领域公共交通信息服务;推进交通“一卡通”,加快实现重点区域“一卡通”互联互通。2016 年交通一卡通互联互通城市达到 100 个,2017 年基本实现交通一卡通地级以上城市互联互通全覆盖;推进出行信息“一网通”,逐步实现各种运输方式客运票务信息一体化。2016 年道路客运联网售票省级行政区覆盖率 70% 以上,力争基本实现全覆盖;推进政务服务“一站通”,建立基于一个门户网站的网上政务大厅;推进服务监督“一号通”,实现“12328”服务监督电话系统全覆盖,不断提升运输服务精准化、精益化、精细化水平。

(6)以提升治理能力为目标,推进行业治理体系现代化。深化综合运输服务领域体制机制改革,加快推进运输服务政府职能转变和管理创新,推动由事前审批监管向事中事后监管转变,由更多依靠行政手段向更多依靠经济、科技、法律手段转变。按照国家清理精简行政审批事项的要求,加快推进简政放权、放管结合、优化服务,不断释放改革红利,激发运输市场活力。适应“互联网+”的新形势和运输服务转型发展的新要求,及时制修订有关法律、法规和规章,健全统计监测体系,加快建立基于大数据和云平台的信用考核体系,规范引导运输服务新业态有序健康发展。

## 二、综合运输服务体系信息化

在综合运输体系发展中,信息化成为衔接各种运输方式的纽带,可以说“没有信息化就不能形成真正意义上的综合运输体系”。

从当前的发展形势来看,我国公路、水路、民航、铁路等各自的交通运输信息化建设虽已取得了较大的成绩,但信息化建设大多还是由不同运输部门单独实施,缺乏统一规划指导和建设标准,各类信息资源相对独立和分散,在综合运输体系建设中的“纽带”作用尚未得到充分发挥。如何发挥信息化的引领和纽带作用,实现多种运输方式有效衔接,提升综合运输系统服务能力已成为当前交通运输行业信息化工作重点。

### 1. 综合运输信息化推进方式

当前,综合运输信息化发展呈现出七大趋势,即信息化层次更加综合化、信息化视角更加立体化、信息化内容更加集成化、信息交换更加便捷化、指挥调度更加一体化、服务方式更加多样化以及服务提供更加多元化。在这些新趋势下,综合运输信息化可以按照“以点串线,以线带面”的方式逐步推进。

(1)“点”层——综合运输枢纽信息化。

综合运输枢纽是构建综合运输体系的重要环节,是连接公路、铁路、城市交通等多种运输方式的、服务一定空间范围的转运、集散节点。发展综合运输枢纽,特别是发展换乘枢纽的信息化,是提升整个综合运输体系运行效率和服务水平的重要途径,是优化运输结构、实现行业战略转型的迫切要求,对于解决当前综合运输枢纽转运换乘不衔接、管理运营不联动等问题,构建协同、高效、安全、便捷的综合运输服务体系,支撑经济社会发展,方便百姓出行具有重要意义。

加快综合运输枢纽的信息化发展,需要在枢纽建设和管理运营等各个环节中加快推进信息技术的应用、集成和创新,整合各类信息系统,汇聚各种信息资源,建设综合运输枢纽信息平台系统,完善信息质量管理、采集存储和共享交换的体制机制,实现各类信息资源的共享交换、及时更新、动态发布和高效查询。

(2)“线”层——联程联运信息化。

联程联运是构建综合运输体系的核心内容,是整个运输系统内部最为强健的结构。

推进联程联运信息化发展,需要不断推进衔接公路、水路、铁路、民航、城市交通等多种运输方式的客运联程信息化平台建设,重点普及电子化客运票证、区域联网售票服务,加快推进多种运输方式之间的联程、跨区、往返等各种客票业务的信息化和智能化，稳步推进旅客运输服务的“一票到底、一卡通行”。加快推进集装箱多式联运的透明化、协同化、全程化管理，促进不同运输方式之间的高效衔接和信息共享，稳步提高货物流动的可视、可测、可控等信息化水平，实现货物运输“一单到底”。

(3)“面”层——区域综合运输信息化顶层设计。

面向长三角、京津冀等核心区域，甚至是全国范围，完善综合运输信息化体系的顶层设计和统筹规划，加快推进多种运输方式之间的信息平台的无缝对接和信息资源交换共享。深化信息技术应用领域，提升综合运输管理及服务水平，加快整合零星的、部门化的各类信息资源，推进信息汇聚和交换，实现信息资源的共享复用，为全社会提供及时准确、便捷高效的综合运输信息服务。

2. 综合运输信息化发展的主要切入点

(1)推进综合客运枢纽协同管理与信息服务系统建设。

实现覆盖多种运输方式以及综合枢纽的城市交通运行协调管理是综合运输领域信息化发展的重点内容。

综合客运枢纽作为多种交通方式集成、汇聚的有机整体，在信息化建设中，迫切需要综合考虑各种交通方式间的换乘衔接，客流、车流的组织诱导，公共区域的协同管理等因素，实现各种交通方式的运营协调联动、资源优化配置、交通需求平衡以及统一应急指挥等。依托综合客运枢纽协同管理与信息服务系统，逐步建立涵盖多种运输方式服务和管理信息的共享与交换平台，实现综合客运枢纽内长途客运、城市公交、出租汽车、轨道交通等不同运输方式的协同运转，实现综合客运枢纽内突发情况下的应急联动和协调指挥，提供综合客运枢纽内外旅客换乘、进出站等各类交通诱导信息服务，促进各种运输方式之间的有机、高效衔接，提高旅客中转换乘效率，减少旅客滞留延误，增强突发情况下的应急处置能力建设，提高客流监测预警、高效组织和应急疏散效率。

(2)推进公众出行信息服务平台建设。

形成覆盖城乡、兼顾多种运输方式的综合交通信息服务体系是综合交通信息服务领域加快发展的重点内容。

依托各类交通基础设施监测系统的建设，逐步完善交通基础设施运行状况、气象灾害等信息的实时采集，充分整合公路、水路、铁路、航空、城市交通和旅游、气象信息资源，集成各类交通服务信息系统，利用互联网、移动终端、可变情报板、广播和服务热线等多种媒介，构建一个集综合性、服务性和个性化特色的，覆盖全国范围的公众出行信息服务平台，为百姓出行提供便捷准确、实时高效、全面综合的一体化出行信息服务，有效提高公众出行服务水平，改进交通运输行业服务质量和形象。

同时，针对社会公众的问卷调查结果显示：有46.38%的受访者认为多种运输工具的联网售票值得关注。63.77%和56.52%的受访者购买飞机票、火车票选择网上购票，而购买长途大巴车票，则有81.43%的受访者表示需要现场购票。因此，需要继续推进全国范围的道路客运售票联网平台建设，完善道路客运的联程转运服务，以电话购票和互联网购票等多种形式方便出行者购买客票。同时，需要加快实现与民航、铁路等其他运输方式的互联互通，实现与港口、码头、火车站、机场间的互通售票，提供“一票到家”的一体化出行体验。

(3)推进区域物流公共信息服务平台建设。

在综合运输信息化领域应加快推广应用国家交通运输和区域性物流公共信息服务平台。

加快整合物流领域分散于政府部门、运输企业等不同主体的各类信息资源，提供物流企业和从业人员的资质资格、信用等级、考核评价等政府公共信息，车货供求、设施设备租赁等各类物流交易信息，车辆跟踪、货物溯源、维修救援等物流保障信息，贷款、保险等金融增值信息，以及物流应用软件系统和硬件设备的设计、开发及运维等信息化服务。创新适合于不同区域、不同主体的平台商业模式，加强跨区域物流信息的动态采集、汇聚存储和交换共享，优化物流资源配置，提升物流效率。

（4）规范信息资源管理。

制约交通运输信息化发展最主要的问题是信息资源管理不规范、信息资源开放度不足；信息资源方面的软环境建设应重点改进标准规范的制修订；在标准制修订方面应加强标识体系、数据表述及交换、交通信息交互、信息安全认证体系等基础性关键标准的研究和制定。

按照综合运输发展要求和各种运输方式信息资源的特点，加强综合运输信息资源标准化建设，推进综合运输管理与服务信息的标准化和规范化。建立有效的管理制度和法律法规，保障综合运输相关数据及时、完整、准确、可靠。建立完善的综合运输信息保障体系，确保信息安全。

以信息化带动综合运输体系发展，综合运输信息化发展过程中应明确政府的职能定位，充分调动社会力量共同参与。要从综合客运枢纽协同管理与信息服务系统、集装箱多式联运信息平台、公众出行信息服务平台、区域物流公共信息服务平台建设以及规范信息资源管理等多个层面切入，其中，综合客运枢纽协同管理与信息服务系统、集装箱多式联运信息平台、公众出行信息服务平台的建设，建议由政府引导、企业为主建设；区域物流公共信息服务平台建设，建议由政府倡导、企业为主建设；规范信息资源管理的建设，建议由政府主导、企业参与。

# 第二篇

# 实践篇

# 第九章　系统概述

## 第一节　概　　述

作为中部枢纽，湖北省位于我国长江中游、洞庭湖之北，北接河南，东连安徽，东南和南邻江西、湖南，西连重庆，西北与陕西为邻，是国家“中部崛起”战略的支点、中心，是全国交通运输枢纽。2009年，国务院常务会议讨论并原则通过《促进中部地区崛起规划》，会议提出，争取到2015年，中部地区（山西、安徽、江西、河南、湖北和湖南）实现经济发展水平显著提高、发展活力进一步增强、可持续发展能力明显提升、和谐社会建设取得新进展的目标。要求优化交通资源配置，强化综合交通运输枢纽地位。

实施促进中部崛起战略以来，湖北省社会经济快速发展，但目前湖北省信息化建设及应用水平与湖南、重庆等周边省份相比有一定差距，各级领导也殷切希望在国家实施中部崛起战略过程中，信息化能够发挥重要作用。为此湖北省道路运输管理机构计划运用科技助推转型，创新引领发展，以信息化建设为抓手，积极落实“大运政”建设，以“大运政”为突破口全面带动湖北省道路运输四级协同管理与信息服务系统建设，从而最终满足行业发展和交通运输部信息化总体要求，推进现代道路运输业又好又快发展。

2015年9月16日，湖北省交通运输厅下发《关于湖北省道路运输四级协同管理与服务信息系统工程可行性研究报告的批复》（鄂交计〔2015〕512号），对《交通运输服务监督电话系统部级工程可行性研究报告》进行正式批复。随后，工程建设单位通过公开招标方式确认北京交科公路勘察设计研究院有限公司为初步设计编制单位，委托北京交科公路勘察设计研究院开始初步设计工作，以明确工程建设的技术方案、实施计划和投资概算，为工程的顺利实施奠定基础。

## 第二节　建设背景

湖北地处我国中部、长江中游，在全国交通运输格局中具有承东启西、接南纳北、通江达海、辐射全国的独特交通区位优势。近年来，全省以打牢发展“大底盘”，建设祖国“立交桥”的目标为指引，加强交通运输设施建设，完善综合运输网络布局，综合运输体系得到又好又快的发展。湖北省道路运输管理局在省交通运输厅党组的正确领导下，全省运管物流系统深入贯彻落实十八大精神，全力实施“打牢发展大底盘，建设祖国立交桥”战略，紧扣“攻坚突破年”主体，转作风，强管理，谋转型，促发展，圆满完成了各项目标任务，为“人便于行，货畅其流”提供了有力的运输物流保障。

## 一、湖北省交通运输建设成就

“十二五”以来，全省交通运输系统在省委省政府的坚强领导和国家有关部委的大力支持下，继续扩大基础设施规模，重点强化各交通方式紧密衔接，大力提升运输服务水平，着力完善交通支持保障体系，全省综合交通发展取得显著成效。主要成绩表现在以下四个方面：

1. 综合交通基础设施建设取得历史性突破

全省综合交通固定资产投资（不含城市交通、管道和邮政）达到5217亿元，其中，公路水路4279亿元，铁路753亿元，民航185亿元，是“十一五”（3263亿元）的1.6倍，在全省扩内需、稳增长中发挥了主力军作用。“四纵三横”铁路网全面形成，高铁、动车覆盖除荆门、神农架以外的所有地市，武汉至十堰等高速铁路开工建设，以武汉为中心的快速铁路骨干网初步形成。“七纵五横三环”高速公路骨架网基本形成，高速公路总里程跃居全国第四，98%的建制乡镇通二级及以上公路，100%的行政村通沥青（水泥）路。长江中游航道整治规划目标提前实现，高等级航道里程居长江沿线第一；建成了武汉阳逻等一批规模化、专业化港区，武汉港成为全国第一个突破百万标箱的内河港口。建成了神农架、武当山2个运输机场和随州、仙桃2个通用机场，完成恩施机场改扩建工程，实施武汉天河机场三期建设工程，“一主五支四通用”机场发展格局基本形成。干支管道及联络线建设加快推进，如图9-1所示。建成省级以上快件分拨集散中心21处，非邮政企业快递网点乡镇覆盖率超过98%，乡镇邮政局所覆盖率达到100%。全省7个国家公路运输枢纽城市均建有或在建综合客运枢纽，所有市州在建或建有货运枢纽（物流园区），各交通方式衔接明显加强。

a)宜昌长途客运中心站，湖北省第二个国家公路运输枢纽站

b)武汉高铁站，“四纵三横”铁路网全面形成

c)武汉港成为全国第一个突破百万标箱的内河港口

d) 武汉天河机场三期扩建工程，“一主五支四通用”机场发展格局基本形成

图9-1　湖北省综合交通基础设施

2. 综合运输服务创历史最好水平

运输规模持续增长，结构调整齐头并进，"十二五"期间全省客运量、旅客周转量、货运量、货物周转量分别较"十一五"末增长49%、60%、69%和64%，高铁、民航等高品质客运出行和铁路、水路等大能力货运在综合交通中的比重显著提升。开通至巴黎、旧金山、罗马等5条洲际直达航线，国际及地区航线达到37条，国内、国际及地区旅客吞吐量均居中部第一。武汉与省内各节点城市、与全国各大经济区实现快速铁路通达，铁路客运量居中部第一、全国第六。公交优先取得普遍共识，多层次的城市客运服务系统已显雏形，城乡客运一体化试点工作成效明显，率先在中部地区实现了村村通客车，如图9-2所示。先进运输组织模式加速推广，三峡库区滚装运输、武汉至洋山"江海直达""泸汉台"集装箱快班、"汉新欧"集装箱班列等班线运行良好。邮政普遍服务水平大幅提升，实现100%的建制村通邮，邮件时限准时率居全国第二；快递业实现爆发式增长，业务量和业务收入均居中部前列。整合交通、供销、邮政等行业资源，农村物流发展稳步推进。

a)十堰市农村客运"村村通"和文明示范线创建获好评

b)截至2015年8月底，湖北省通村客车覆盖率达到99.1%

图9-2　湖北省村村通客车

3. 智慧绿色平安交通迈出历史性步伐

铁路公路特大桥隧、新一代空中交通管理系统等一批核心关键技术取得突破性进展，《复杂地形地质条件下山区高速公路建设成套技术》获国家科技进步二等奖，《超大跨混合梁斜拉桥建设关键技术》等获中国公路学会科学技术特等奖。成立了全国首个综合交通公共信息联盟和湖北省交通运输云数据平台，铁路"12306"电子售票、公路长途客运联网售票全面推广，高速公路ETC与全国联网，湖北交通物流信息平台注册企业覆盖全省一半以上的物流企业，建成省高速公路应急指挥中心、水上搜救应急指挥平台等。低碳交通运输城市、基地、企业的试点示范工作加快推进，清洁能源、废旧材料循环利用等"四新"在交通建设运营领域广泛应用，"车船路港"千家企业低碳交通运输专项行动全面推进。综合交通安全形势平稳可控，跨省、跨部门应急联动机制不断完善，成功应对一系列重大自然灾害和重大突发事件。

4. 交通治理体系建设结出历史性硕果

积极推进大交通体制改革，争取交通运输部将湖北省列为综合交通运输改革试点省并取得初步成果。成立了省交通投资集团、省铁路建设投资集团、武汉港航发展集团，完成湖北机场集团回购，鄂东南五市港航资源整合、邮政管理体制改革等取得明显成效。积极推进交通行政审批改革，打造省级交通最少权力清单。交通规划和法治建设科学规范，省人大颁布了《湖北省水路交通条例》《湖北省邮政条例》等法规，省政府印发了《湖北省省道网规划纲要(2011—2030年)》等规划，出台了《关于加快全省民航业发展的意见》等支持性政策。坚持从严治党，务实开展"反四风"活动，"三严三实"专题教育工作经验在全省推广。深化文明创建，在全国率先构建铁、公、水、空、邮大交通文明创建工作机制，打造综合交通运输行业"十行百佳"群英谱，培养了张兵等一批全国先进典型，培育了"铺路石精神""航标灯精神"等一批交通文化品牌。

## 二、湖北省道路运输建设现状

2016年是实施"十三五"规划的开局之年，湖北省运管物流系统认真贯彻国家、省有关稳增长、调结构的一系列部署和要求，着力推进道路运输结构性改革，着力加强道路运输安全监管，着力提升道路运输服务质量，道路运输固定资产投资保持较快增长，结构调整取得初步进展，运输生产服务质量得到改善，道路运输经济呈现稳中有进的发展态势。

1. 固定资产投资屡创新高

"十二五"时期全省道路运输站场建设实际完成投资合计182.87亿元，其中客运站场实际完成投资57.23亿元，物流基础设施实际完成投资125.64亿元，见表9-1。

"十二五"时期站场建设投资完成情况　表9-1

| 年　份 | | 2011年 | 2012年 | 2013年 | 2014年 | 2015年 |
|---|---|---|---|---|---|---|
| 合计(亿元) | 182.87 | 21.59 | 31.93 | 37.16 | 49.99 | 42.19 |
| 客运站场 | 57.23 | 11.24 | 11.47 | 10.96 | 11.83 | 11.74 |
| 物流基础设施 | 125.64 | 10.36 | 20.47 | 26.20 | 38.17 | 30.45 |

截至2015年年底，全省道路客运站场等级客运站数量812个，其中一级站29个，二级站80个，三级站50个，四级站134个，五级站519个；简易站及招呼站数量达到31573个。

2016年第一季度，全省道路运输建设累计完成投资26.26亿元，其中：客运物流站场建设17.68亿元、维修检测厂(场)站建设1.44亿元、城市公共交通建设1.26亿、客货营运车辆新增(更新)5.88亿元。扣除统计口径等因素，2016年第一季度全省固定资产完成投资与去年同期比增长104%。

(1)一批客运、物流项目集中开工。继续充分发挥部、省专项投资补助资金的拉动带动作用，着力提高投资的有效性、精准性，武汉捷利通达物流园、襄阳同济堂物流配送中心、襄阳新合作物流中心、襄阳国际陆港货运中心、十堰市林安物流园、十堰东城物流园、湖北(孝感)京穗物流中心、应城市天黎宇彤物流园、黄冈宇阔武汉东物流园、湖北振鑫物流新型产业园、宣恩椒园物流园、随州文烽物流配送中心、汉口客运站中心、麻城汽车客运站、仙桃市沔东中心客运站、枝江汽车客运中心站16个项目集中开工并均已实质性施工。

(2)重点枢纽项目建设加快推进。物流基础设施方面，宜昌东站物流中心的货场改造基本完成，2016年第一季度累计完成投资逾2亿；武汉海吉星国际绿色农港物流园的电商中心主体建成，配送区钢结构封顶，第一季度累计完成投资8865万元；湖北金穗物流中心的电子信息综合大楼已建成，第一季度累计完成投资5500万元。客运站场方面，恩施客运枢纽站主体已建成，武汉天河机场交通中心(枢纽站)主体结构已封顶，鄂州客运枢纽站进行桩基工程。2016 年第一季度,9 个客运、物流项目建成投入运营,新开工项目 18 个。

(3)部分市州建设投资规模快速增长。如宜昌、武汉、十堰一季度仅物流基础设施建设累计完成投资分别达到 6.5 亿元、2.7 亿元、1.7 亿元,为 2015 年同期的 3.3 倍、1.7 倍、4.6倍。

2. 道路货运(物流)生产总体平稳

"十二五"时期道路货运(物流)完成公路货物运输总货运量 51.29 亿 t,货物周转量 9610 亿 t·km。分年度公路货物运输完成情况见表 9-2。

**"十二五"时期分年度货运(物流)完成情况**　　表 9-2

| 公路货物运输 | "十二五"时期分年度运输生产完成情况 | | | | |
|---|---|---|---|---|---|
| | 2011 年 | 2012 年 | 2013 年 | 2014 年 | 2015 年 |
| 货运量（万 t） | 82741 | 97136 | 100945 | 116280 | 115800 |
| 货物周转量（万 t·km） | 12777127 | 15654466 | 20462767 | 23405583 | 23806243 |
| 平均运距（km） | 154 | 161 | 203 | 201 | 206 |

截至 2015 年年底,全省拥有道路营运载货汽车 389352 辆,其中货车 321584 辆、牵引车 29132 辆、挂车 38636 辆。

从高速公路监测的货车通行情况看,2016 年第一季度全省通行高速公路的货车车货总重 2.32 亿 t,与去年同期相比增长 5%,特别是 2 月、3 月货车通行量增长明显,同比增速 8.04%、9.89%。

从公路物流运价周指数(2016 年 3 月 21 日 ~2016 年 3 月 25 日)监测情况看,公路物流运价连续两周小幅回升,比上周回升 0.2%,但仍比去年同期回落 15%,回落幅度比上周有所收窄。

从部分重点货运(物流)企业生产情况看,在"互联网 + 高效物流""大数据行动纲要"等政策的推动下,公路物流企业不断加大融合信息化技术,整合线下、线上资源。如:林安物流以"基地 + 网络""商贸 + 物流"的全新运营模式,建设"大商贸、大物流、大市场、大平台"的现代商圈,一站式 O2O 物流供应链诚信交易平台,实现了"互联网 + 物流 + 诚信 + 金融"的有机结合。武汉大道物流的壹米滴答湖北分拨中心开园,通过企业联盟、物流网络平台,开辟零担物流市场新的利润增长点。2016 年,公路物流市场在合纵连横、跨界融合、差异发展、技术创新等方面值得期待。

2016 年 1 ~3 月全省新增(更新)营运货车 1.94 万辆、15.5 万 t,新增(更新)货车平均吨位 8t,车辆重型化趋势较为明显。一季度全省累计完成货运量 2.46 亿 t、货物周转量 515.46 亿 t·km,同比增长 3.7%、4.9%。

3. 道路客运生产稳中有增,城乡短途客流增长较快

"十二五"时期道路客运(含城市客运)完成客运总量 307.115 亿人,其中公路旅客运输客运量 47.98 亿人,公交车客运量 153.41 亿人,出租汽车客运量 91.33 亿人,轨道交通客运量 13.55 亿人。分年度客运完成情况见表 9-3。

"十二五"时期分年度客运完成情况　　表9-3

| 年份 | | 2011年 | 2012年 | 2013年 | 2014年 | 2015年 |
|---|---|---|---|---|---|---|
| 客运量合计(万人) | | 575607 | 618195 | 603702 | 625053 | 648593 |
| 公路旅客运输 | 客运量(万人) | 104971 | 118369 | 80671 | 87804 | 87951 |
| | 旅客周转量(万人km) | 7000562 | 8040718 | 4150746 | 4838894 | 4892905 |
| | 平均运距(km) | 67 | 68 | 51 | 55 | 56 |
| 公交车客运量(万人) | | 135577 | 349152 | 349776 | 353156 | 346476 |
| 出租汽车客运量(万人) | | 325529 | 140541 | 144393 | 146849 | 156028 |
| 轨道交通客运量(万人) | | 7737 | 8288 | 27343 | 35624 | 56510 |
| 客运轮渡客运量(万人) | | 1793 | 1845 | 1519 | 1620 | 1628 |

截至2015年年底,全省拥有道路营运载客汽车39479辆,其中班车客运客车35012辆、旅游客车2661辆、包车客车205辆、其他客车1601辆。全省拥有城市公共汽车20895辆、城市出租汽车41820辆、城市轨道交通1940辆,城市客运轮渡59艘。

2016年第一季度全省累计完成道路客运量2.58亿人(不含城市公交)、旅客周转量130.8亿人km,同比增长0.32%、1.18%,与去年同期总体持平。第一季度全省新增(更新)营运客车480辆、7200座,新增(更新)车辆以20座以下客车为主。

跨省长途客运持续低迷。随着高铁、城铁线路增加、密度增大等因素影响,第一季度长途客运班车分月实载率均不容乐观。分析其原因:一是道路客运在长途运输中的安全性、舒适性、快速性、准时性等方面的比较优势不足,造成长途客运旺季不旺;二是经营理念和经营策略相对守旧,客运服务水平不高,竞争力不强。

市际班线总体平稳。第一季度适逢元旦、春节等节假日,返乡、返校、探亲、旅游客流活动频繁,市际班车整体实载率水平较高,与去年同期基本持平。

县际及城乡短途班线客流增长较快。县际、县镇、镇村等农村短途班车的分月实载率普遍较高,分析原因:一是随着城镇化、新农村建设步伐加快,县至乡镇、乡镇与行政村之间经济交流、人员交往增加;其次,2015年全省开展了"村村通"专项工作,农村道路通行条件、运输工具、候车条件等普遍改善,群众出行乘坐客车的人流量增加较快。

道路客运企业面对客运市场发展新常态,积极融入综合运输发展体系,调整线网布局、创新服务方式,着力提高服务质量和智能化水平,增创发展新优势。

4. 机动车检测、驾培行业持续、稳定、健康发展

逐步加强了对综合性能检测站检测经营行为的监管。2013年4月,湖北省道路运输管理局转发了省厅《关于通报2012年交通运输行业汽车检测设备周期检定情况的通知》(鄂交科教〔2013〕168号),要求各市州加大对检测站的监管力度,督促辖区检测站做好设备检定工作,保持检测设备完好,确保检测数据真实可靠。通过全省检测站检测结果的上传,行业管理部门丰富了管理手段,提升了管理水平与效率。2016年4月湖北省交通运输厅发布了《省交通运输厅关于进一步深化驾培和维修检测行业管理改革工作的若干意见》,要求进一步开放驾培和维修检测市场,进一步推进简政放权和职责归位,进一步规范行业管理行为,

进一步提升运管机构行政效能。

截至2015年年底,全省机动车维修经营业务12932户,从业人员6.97万人;汽车综合性能检测经营业户81户,从业人员0.16万人;机动车驾驶员培训经营业户580户,从业人员3.33万人,教练员27807人,管理人员3783人,培训人次达982685人次。行业发展迅速。为维护行业发展秩序,各级交通运输行业管理部门通过提升教练员素质、宣贯行业新政策、专项问题治理等多个手段,保障了驾培行业的健康稳定发展。

5.行业安全监管能力逐步提升

通过提高安全隐患排查频次、提升专项整治行动强度等多个方面的努力,湖北省道路运输行业管理部门的管理能力得到了不断加强。针对车辆,监管深入到生产、销售、登记、检验、改装、维修、报废各环节,对省内22家危化品罐车加装紧急切断装置;针对驾驶人,严把考试关、审验关,严格审验教育、满分学习和降低注销制度,3年以内新手肇事率年均下降5%;联合交通部门治理道路安全隐患,经各地交警上报,累计优化整改2万多处;针对运输企业,全省25596辆“两客一危”车、90208辆货运车纳入在线监管。2015年与事故最高年份相比下降近一半。目前已保持了42个月未发生一次死亡10人以上的重大事故。

## 三、湖北省道路运输信息化基础

按照湖北省交通运输信息化总体规划要求,湖北省道路运输四级协同管理与服务信息系统将依托省湖北省交通运输厅云数据中心进行建设,为使本设计能更好地贴近湖北信息化现状,本节将从湖北省交通运输厅以及湖北省运管局两个层面对信息化现状进行分析。

1.道路运政信息化建设步伐加快

道路运输信息化建设步伐加快,信息技术已经广泛运用于全省道路运输管理的各个领域,有效提高了管理效能和服务水平。道路运政信息系统已延伸省、市、县三级运管机构,涵盖全省24.2万经营业户、49.2万营运车辆、122.85万从业人员;通过该信息系统,经营许可、线路审批、证照发放、行政执法、质量信誉及诚信考核等多项业务工作基本实现了信息化管理。经过不断丰富完善,初步建立了以运政信息系统数据为中心,纵向连接交通运输部、湖北省交通运输厅数据中心,横向连接营运车辆卫星定位信息系统、交通物流公共平台、网上办事系统的基础数据库,实现了与其他业务系统的数据交换和共享。

建成网上办事系统,实现了网上申请、受理、审核、发放工作,落实了网上备案制度,彻底改变了运输企业要专人申报、运管部门要设专人24小时值班办理审批的局面,工作效率有了很大提高,如图9-3所示。

营运车辆检测合格证、检测报告单等实现了计算机管理;车辆检测数据实现了电子化采集与汇总,管理部门通过互联网络随时调用和抽查。通过视频系统和网络平台,综合性能检测站的检测工作实现了远程配置与管理。

2.门户网站建设和应用不断深化

电子政务建设是提升道路运输服务质量、创新行业管理的重要渠道之一。湖北省运物网站经过重新改版,开辟了客货运输、综合运输、物流发展、站场建设、文明创建、科技信息、公共服务、城市公交等专栏,提供新闻发布、政务动态、公示公告,公众互动、曝光台、领导信箱、工作信箱等多种服务，服务功能得到新的提升。目前网站点击率已超过1300万次。

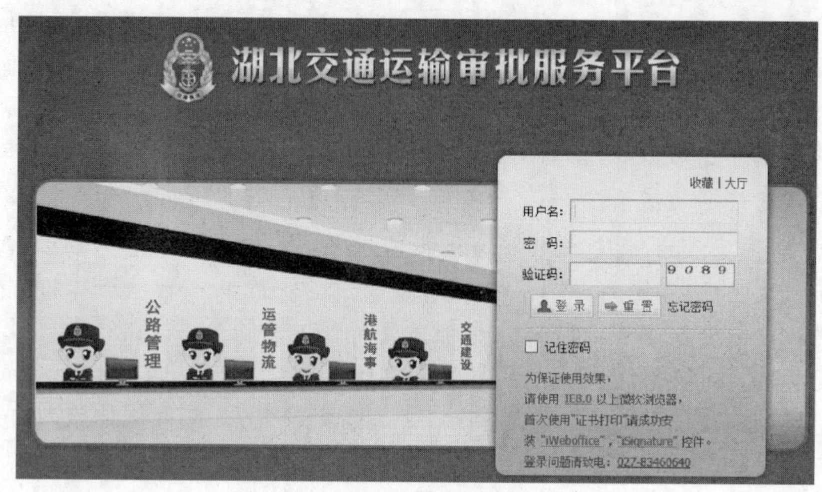


图9-3　湖北省运政审批服务平台

湖北省交通运输厅政府门户网站系统于2013年1月由湖北省交通运输厅通信信息中心立项，2013年9月系统上线运行，如图9-4所示。目前该系统由湖北省交通运输厅通信信息中心负责运行维护，厅通信信息中心信息科是该信息系统业务的主管部门。

系统主要实现了网上信息公开、网上办事服务、网上公众参与等业务需求。系统主要包含政府信息中心、网上办事和公众参与等功能模块。

交通运输行政执法人员及政法证件管理系统于2012年11月上线运行，系统由中国交通信息中心有限公司研发。目前该系统由中国交通运输中心有限公司负责运行维护，湖北省交通运输厅政策法规处是该信息系统业务的主管部门。系统主要实现对交通运输行政执法人员信息、执法证件信息、执法单位结构进行相关管理。系统主要包含访问控制、基础信息、人员管理、证件管理、证件维护、人员统计、证件统计等功能模块。

图9-4　湖北省交通运输厅门户网站

3.公众出行信息服务系统功能不断升级

公众出行系统主要功能有:交通地图、动态路况、交通视频、规费信息查询、信用信息查询、出行策划、交通旅游、投诉建议等。可以通过电脑或手机、平板电脑等各种终端设备浏览,为公众提供全方位、多层次的出行服务。湖北省交通公众出行服务网与便民服务网页如图9-5、图9-6所示。该系统由北京中交通信科技有限公司研发,由湖北省交通运输厅通信信息中心负责运行维护。该系统的具体功能结构如图9-7所示。

图9-5 湖北省交通公众出行服务网

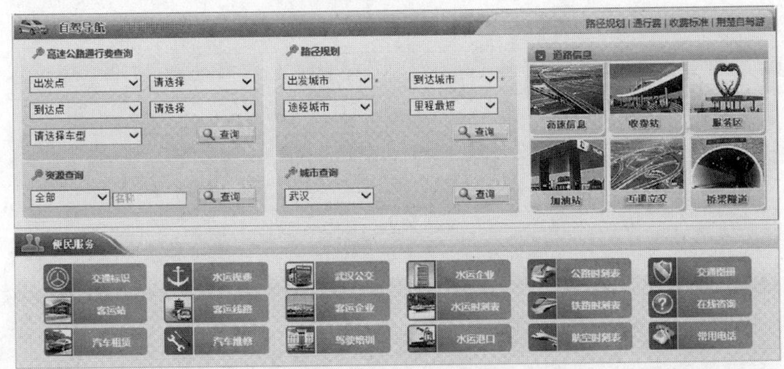


图9-6 便民服务网站

开通了“96595”(“12328”)服务热线,开通了短信服务平台,服务社会手段得到增强,畅通了社会公众沟通渠道。

4.“办公自动化”应用延伸到市县

运输管理部门OA办公自动化系统使用用户全省已达350多个,覆盖了省、市二级运政管理机构并与省厅互联互通,形成了上联省厅、下接市(县)运管物流机构,覆盖全省的办公系统。省局机关处室和各市州县运(客)管、物流系统实现了无纸化办公。

省市运管物流系统视频会议系统全面建成,目前已建成的系统视频会议系统已成功召开各类视频会议10余次,参会人员达4000余人次,改变了会议模式,节省了会议经费,提高了工作效率。武汉城市圈客运市场视频监控和鄂西生态文化旅游圈电子会议综合视频网已基本建成。

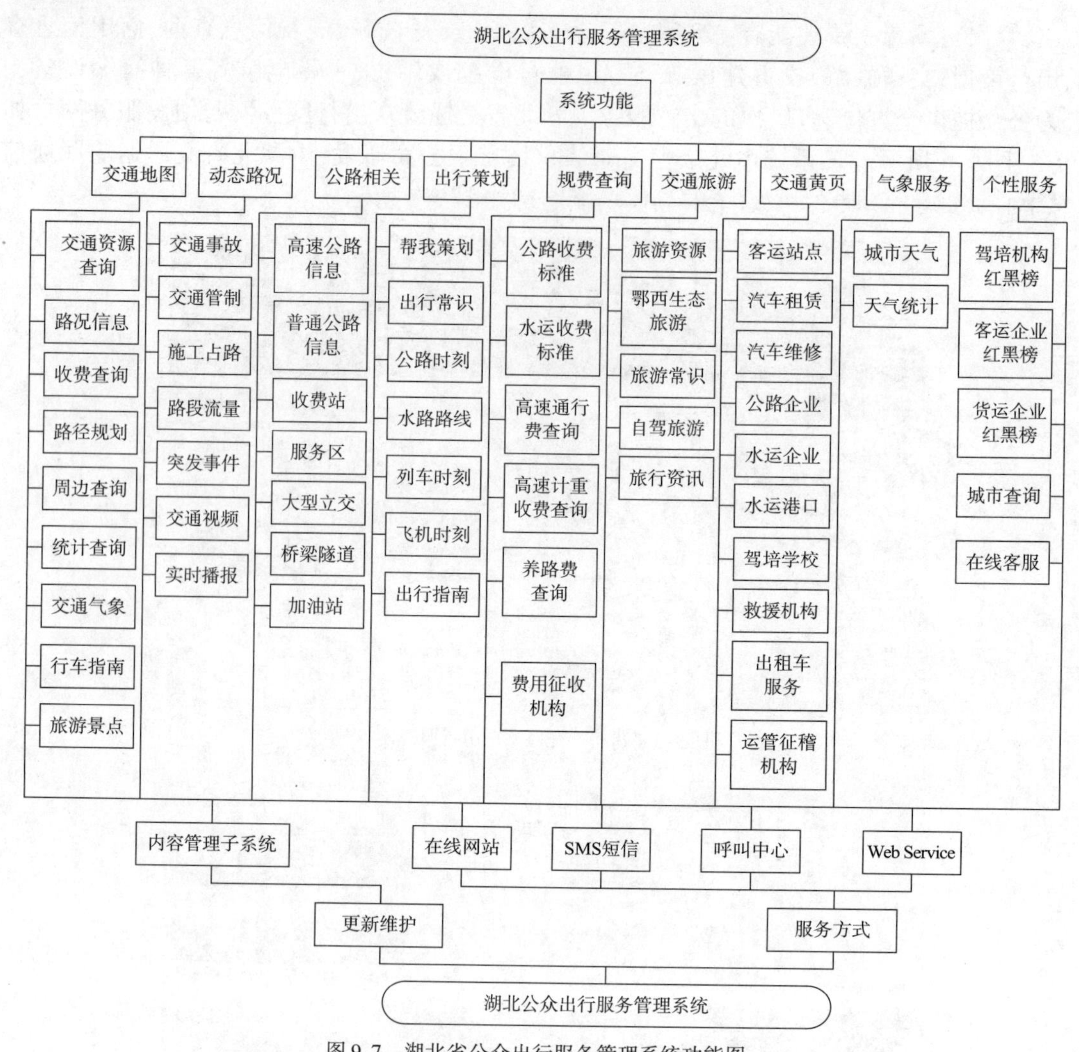


图9-7 湖北省公众出行服务管理系统功能图

5. 营运车辆管理实现部省对接、联网联控

通过建设湖北省机动车维修检测行业管理及营运车辆技术管理信息系统，做到维修检测企业能够及时接受管理部门发布的管理要求，按照国家的政策法规，规范生产经营管理，提高生产效率，道路运输管理部门能够实时掌握维修检测企业的生产经营动态、营运车辆技术状况，为科学决策和行政执法提供技术支撑，强化了对维修检测市场的监管手段。

通过湖北省联网联控系统省级平台建设，实现了对全省“二客一危”重点营运车辆全程卫星定位动态服务和管理，改变了过去人工监管模式，静态监管转为动态监管，监管效率得到极大提升。该系统与全国重点营运车辆联网联控平台对接，成为第一批与全国重点营运车辆联网联控平台接通并调试通过的省市之一。

6. 各专项管理信息平台实现广泛运用

湖北省交通重点工程管理平台信息系统于 2011 年 11 月由湖北省交通运输厅重点办公室立项,2012 年 2 月系统上线运行。湖北省交通运输厅重点办公室是该信息系统业务的主管部门。

湖北省交通重点工程管理平台信息系统,是以科技手段、信息技术、网络管理为支撑,将湖北省所有交通运输重点工程项目的质量、安全、进度、投资、关键施工点视频监控等内容纳入统一的信息系统,并制定系统标准规范,实现厅领导指令统一下达、各重点工程项目信息集中上传,以信息技术的手段提高重点工程项目建设管理能力,保证工程建设质量,规范建设市场管理,使行业管理部门能及时高效地获取、处理信息,提高宏观调控能力,确保所有重点工程项目有条不紊地进行,提高湖北省重点工程项目的管理水平。系统主要功能包含政策法规、项目基本信息、计划进度、造价管理、招投标管理、变更管理、试验管理、质量管理、安全管理、视频监控、诚信体系、竣工文件等模块。

湖北省交通运输资金管理监控专用系统于 2011 年 9 月由湖北省交通运输厅财务处立项,2012 年 9 月系统上线运行,由湖北省交通运输厅财务处主管信息系统业务。

系统主要实行省、市、县三级财务独立核算体制,实现省、市、县网络管理体系,实现各项财务系统集成化管理。系统主要包含预算编制管理子系统、预算执行管理子系统、项目库管理子系统、账务处理子系统、出纳管理子系统、财务报表管理子系统、决算报表管理子系统、固定资产管理子系统、政府性债务管理系统、转移支付专项管理子系统、交通规费收入管理子系统、资金管理子系统、单位账户管理子系统、交通会计人员管理子系统、财务信息门户子系统、财务基础数据库管理子系统、领导查询子系统、分级预警子系统、财务分析子系统、决策支持子系统、系统接口平台子系统等功能模块。

7. 道路运输管理基础专网全面扩容

湖北省道路运输管理信息化基础专网基本建成。湖北省道路运输管理基础专网拓扑结构如图 9-8 所示。在省厅及相关技术部门的支持下,利用先进的通信技术和网络技术,在全省交通行业率先建成了以专线和计算机网络为基础、以业务应用为导向、以信息管理和服务为核心,覆盖省、市、县三级 130 多个运管机构、140 多个物流网点及政府行政服务中心的“一站一线五系统”[运管物流网站、“96595”(“12328”)热线、办公自动化系统、运政管理信息系统、湖北省交通物流信息系统、湖北省营运车辆卫星定位中心信息系统、综合视频系统]综合电子政务平台。2013 年又对基础网络进行了全面扩容,提高了数据传输速度,确保了信息传输质量。基础专网的建成不仅满足了湖北省电子政务工作需要,还有效推进了全省“一站一线五系统”的建设和应用,有力保障了各类数据信息的稳定传输。

8. 其他在建系统

除上述系统外,湖北省交通运输厅“十二五”期间已启动“湖北省公路水路安全畅通与应急处置系统”“湖北省交通运输统计分析和投资计划管理信息系统”以及“湖北省公路水路建设与运输市场信用信息服务系统”三个部重大信息化工程的建设,重大工程的建设将极大提升湖北省交通运输行业的监管与服务能力。

(1)湖北省公路水路安全畅通与应急处置系统。湖北省公路水路安全畅通与应急处置系统的主要目标是实现对公路路网、内河高等级航道、客运站、重点运输装备等重点目标的监测,同时实现应急事件发生后的应急指挥调度与协调联动,从而提升湖北省交通运输行业的监测与应急指挥能力。其主要包括普通公路运行监测与应急处置系统、高速公路运行监测与应急处置系统、港航海事运行监测与应急处置系统、道路运输运行监测与应急处置系统、工程安全监督管理系统等多个系统。

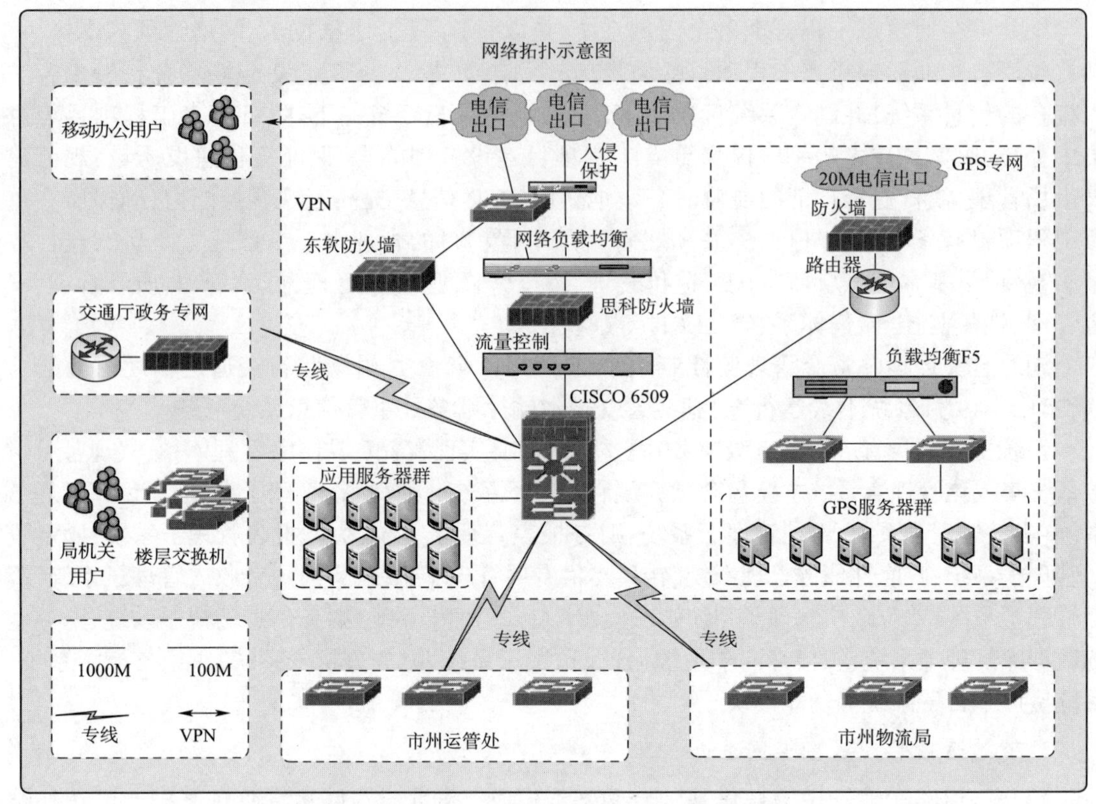

图 9-8　湖北省道路运输管理基础专网拓扑结构图

(2)湖北省交通运输统计分析和投资计划管理信息系统。湖北省交通运输统计分析和投资计划管理信息系统的主要目标是实现9项统计业务在统一的统计报表管理平台下三级联网报送;实现报部及报省投资计划的网络化管理;实现全省管高速公路通行量和主要客运站发送量的动态监测;实现对统计、投资计划及动态监测数据的综合分析利用;实现交通运输统计数据的对内共享与对外发布;实现湖北省级工程与部级工程之间统计报表管理系统与投资计划管理系统有效衔接,统计成果与动态监测结果的充分共享。其主要包括省级统计报表管理系统、省级投资计划管理系统、省级动态信息监测系统、省级综合分析系统、省级统计信息共享服务系统以及省级统计信息公共服务系统等众多建设内容。

(3)湖北省公路水路建设与运输市场信用信息服务系统。湖北省公路水路建设与运输市场信用信息服务系统的建设可提升湖北省交通运输行业对于从业企业和人员在生产经营过程中各类信用信息的采集和披露服务能力,完善市场退出机制,推动信用奖惩体系建设,培育“诚实守信,处处受益;一处失信,处处受制”的行业信用市场,提高企业和人员的诚信意识,形成遵章守法、诚信经营的行业风尚,提升交通运输行业公信力和服务质量,提高社会满意度,保障行业健康快速发展。其主要包括公路水运建设市场信用信息系统、道路运输市场信用信息系统、水路运输市场信用信息系统以及湖北省交通运输行业信用信息服务网站等诸多建设内容。

## 四、湖北省道路运输存在的问题

1. 业务问题分析

(1)市场主体多、流动性强,管理难度大。

道路运输行业管理部门需对从业人员、运营车辆、经营业户进行全面的管理,市场主体规模极为庞大,且具有明显的跨区域流动性特征,绝大多数企业为个体经营业户,数量多、较分散、流动性强,给人力有限的行业管理部门带来较大管理难度。因此道路运输行业市场管理与主体流动性、网络化经营特征之间的矛盾一直未能得到有效解决,跨区域业务协同等问题较为突出。在道路运输行业,由于跨区域协同水平不高导致市场监管存在漏洞:由于运输车辆在异地的违章信息不能交换到车籍所在地所属地,造成部分档案数据缺失;经营企业或驾驶员由于严重违规被吊销证照后,到异地重新申领证件造成管理漏洞等。

(2)行业管理手段少,社会监督未发挥其应有效用。

驾驶员培训与维修检测业务在道路运输行业管理职能中占据极其重要的地位,长期以来,由于驾驶员培训与维修检测行业管理手段缺乏、管理部门执法力量不足等问题,这些行业一直存在一些乱象。当前,内部通报、信用评价等依然是行业管理的主要手段,处罚结果往往无关痛痒,无法有效引起有关企业重视;同时,受处罚的企业信息,或者是信用评价较低的企业信息等,社会公众的知晓范围非常有限。上述问题导致无法真正从源头解决乱象。在此情况下,如何引入社会监督力量,发挥社会公众的参与热情,将社会监督引入市场监管,依托社会监督力量加大对违法、违规企业的打击力度显得极为重要。

(3)平台结构各异,跨区域、跨部门行业监管协同能力差。

由于当前部分系统的建立是以地市为单位(例如驾驶员培训监管系统),其系统承建单位不同,系统架构各异,不能进行有效互联,特别是支持全省范围的互联互通难以实现,形成了各类信息孤岛。因此,道路运输行业监管"纵向到底、横向到边"的一体化协同业务能力较差,涉及协同业务各地域间缺乏有效的沟通处理机制。而地域经济发展的不平衡性,导致各个区域、部门或单位为保护自身的利益,采取种种非公平的竞争手段,省际、市际、县际之间道路运输相互封锁的现象非常严重,例如:省际客运班线的经营权审批缺少车辆对开管理机构的双向业务协同;跨区域营运车辆、从业人员转籍难;在运政执法过程中,异地车辆、企业资质真实性难以保证,同时存在多头处罚现象严重。

近年来,随着社会经济的快速发展,部分地市由于业务需要在内部建立了独立的信息系统,这些系统不仅较大地方便了社会公众办理业务,同时也使行业管理部门更好地掌握了行业运行状况,为道路运输行业项目的规划与建设、重大问题和项目建设的决策提供了支持。但这些系统的独立性,影响了信息资源在省域范围内的整合与应用,更是影响了多部门业务协同的发展。

(4)服务手段单一、内容单调,难以满足行业转型需要。

行业管理与服务是政府部门永恒的话题,经过多年的发展,湖北省道路运输行业社会服务能力提升速度较快,但总体而言,信息资源缺乏有效的信息整合与共享、信息无法及时更新、实用信息少、服务方式单一、服务内容欠丰富、服务缺乏创新性和灵活性等问题依然存在。随着人民生活水平的不断提升，社会对一站式驾培服务、网络化汽车维修救援等汽车后市场信息服务需求也越来越旺盛，而目前管理部门向社会提供的服务大多以静态信息发布，信息的准确性、及时性无法有效满足公众需求，在移动互联网大行其道的今天，政府部门应深入考虑如何依托行业基础数据平台，借助移动 APP、微信等新型交换手段迎合公众需求，从而提升服务能力，打造服务型政府。

2. 问题根源分析

上述业务问题主要体现在非信息化与信息化两个方面，相应的该问题产生的根源也来源于业务与信息化两个方面。

(1)原有运政系统功能、架构不适应当前运政管理需求。

作为道路运输行业核心系统，湖北省现有运政管理信息系统开发时间较早，最初的设计大多是满足管理部门实现行政许可、证件打印、规费征收、年审年检等基本需要。但随着运政管理业务的不断增加和改变，特别是“费改税”后，道路运输行业管理职能由原来的许可打证、规费征收、年审年检向规范市场、安全监管、应急处置和社会服务等方向转变。这些对信息系统提出了更多的功能要求，如全国联网共享、公共服务、综合分析等。而湖北省现有的运政信息系统由于设计上不完善，缺乏整体考虑，造成系统在适应新变化和新需求的过程中，只能采用“打补丁”方式，系统扩展较为困难。

(2)信息采集手段落后，数据质量不高。

目前湖北省道路运输信息化相关的数据采集主要通过从业企业手工填报(或报送纸质材料)、管理机构审核录入的方式执行，而系统在数据录入后的自动校验工作较少或根本无校验功能等问题，未能实现信用信息的自动化、电子化采集，使得信息的真实性、完整性、及时性不够。例如：在运输市场信用管理工作中，现有数据采集手段不尽完善。除了违反数据整合“一数一源”原则的重复采集问题较为严重外，企业在日常经营活动中(例如在站场、运输过程等)中违规行为大多通过客货运站书面报告、公安等部门抄告等方式采集录入，采集手段落后，信用信息的完整性、真实性、及时性难以得到保障。车辆、人员证件目前仍是纸质证件，容易伪造、不便于查验、不利于信息采集。

(3)系统建设标准规范不统一，信息综合利用难度大。

为保证信息化建设的统一性与协调性，交通运输行业各级管理部门都已制定了各种标准规范，这些标准规范对于系统建设的规范性起到了一定的作用。但一方面由于这些标准规范在制定过程中缺乏统筹，细则与配套措施不尽完善，标准体系不够健全；另一方面由于标准规范执行落实力度不够，很多标准规范依然流于形式，在工程建设过程中未得到真正落实。因此当前各地标准相互之间不统一、系统数据传输接口不一致的现象依然较为严重，影响了信息系统建设进程与应用效果。

信息化系统的建设要从全省道路运输行业整体和全局视角出发对各个系统建设的不同方面、不同层次和不同角色等因素进行统筹考虑，理解和分析影响各个系统之间的各种关系，对各个系统建设的基本问题进行总体的、全面的分析，确定各个系统建设目标，并提出体制、规范和业务的构架及改进建议，从而尽量规避规划的缺陷和不足，从根本上减少信息化建设风险。而当前湖北省道路运输行业部分业务系统的建设是根据自身需求建立的，由于缺乏顶层设计，没有统一的建设规划指导和标准规范约束，系统建设和管理方式各异，难以予以整合和互联互通，极大地制约了现阶段对系统的整合需求以及跨部门、跨行业的业务协同需求。

(4)管理手段较为落后,管理力量较为不足。

一直以来,道路运输市场主体呈现出一种"数量多、较分散、流动性强"的特征,而由于业务协同与业务数据应用闭环未实现,当前道路运输行业管理部门只能依靠传统执法手段进行执法,其管理手段较为落后、管理力量较为不足,这些特点给道路运输行业管理部门带来了较大的管理难度,也客观地降低了道路运输行业管理部门的服务水平。

(5)信息系统建设投入差异大,发展不均衡。

相比于北京、浙江、江苏等经济发达地区,湖北省信息化总体发展水平不高。而在湖北省境内,经济发展较快、信息化发展程度较高的地市,由于其投资较大,其也已经先期建立了相对较完善的道路运输信息化基础设施,道路运输行业管理部门也已依据业务需要建立了众多应用系统,而经济发展较慢、信息化发展水平较低的地市发展较为缓慢,总体呈现出一种发展极不平衡、缺乏政府规划引导的现状。道路运输区域信息化水平的差异造成了跨区域道路运输信息化资源的整合困难,迫切需要从省级层面予以合理的规划和引导,在鼓励各地市完善自身道路运输信息化系统的同时,协调区域发展不平衡的问题,促进全省道路运输信息化水平的均衡发展。

各市州经济发展水平和管理水平不同,由此带来了在建设和维护资金投入方面的巨大差异。经济发达市州还可以有一定资金用于系统建设,欠发达市州在建设资金上的投入相对困难。总体上全国各省均存在"有钱建设,无钱维护"的情况,也未形成长期良性循环的运维机制,导致系统建成后疏于管理。

(6)配套机制不够健全,行业处罚影响范围有限。

当前湖北省道路运输行业主管部门的管理手段仅限于内部通报、信用评价等,其他有效的奖惩措施的实施都缺乏法律法规等配套机制的支撑,其管理手段覆盖面窄、奖惩力度不够等问题较为突出,而丰富的管理手段是行业管理得以有效落实的重要保障,因此建立完善的配套机制,充分引入社会监督与参与机制,从而保障奖惩措施能够做到"有据可依、实时有效",最终实现"一处违规、处处受限"的管理目标显得极其重要。

(7)维护质量不高,缺乏长期运维队伍。

湖北省道路运输行业各类信息系统的维护工作量大,但缺乏稳定的维护队伍。由于社会与行业的不断发展,出于符合业务需求的目的,道路运输行业主管部门需对业务系统频繁调整,造成系统建成后的维护工作量很大。软件企业出于自身利润的考虑,对于后期的运行维护和产品升级难以保证提供优质服务。

## 第三节 建设目标和思路

### 一、建设目标

开展湖北省道路运输四级协同管理与服务信息系统建设,构建行业数据交换共享平台,建设形成覆盖全省客运、货运与物流、站场、维修、检测、驾培、出租、公交等全业务领域的基础数据平台,全面整合道路运输经营业户、营运车辆、客运线路、从业人员、运政执法信息。实现部、省、市、县四级道路运输机构、驾培企业以及检测企业等各类企业间的业务协同及信息交换与共享,提供面向社会公众、从业人员、经营业户以及各级行业管理部门的公共信息网络化服务体系，全面提升湖北省道路运输管理信息化水平和管理服务效率。

## 二、业务目标

依托该项目，湖北省一方面将在全省范围内实现对道路运输行业信息的汇总管理，为业务信息综合利用奠定基础，另一方面将实现全省行政审批、行政执法等业务的统一化、标准化、流程化，从而为业务闭环以及业务数据应用闭环奠定基础。相应地，其业务目标如下。

1. 实现道路运输数据大集中管理

通过该项目对全省运管系统原有三级网络实行扩容改造，打通部、省、市、县数据交换共享渠道，依托该渠道建立覆盖全省的道路运政管理系统，实现全省道路运输数据的大集中管理，为行业决策、业务创新提供支撑。

2. 丰富公众信息服务手段

结合“互联网+道路运输服务”发展思路，大力提升行业服务水平，推广综合信息服务平台提供的运输物流网、一站式 APP、微信以及运政终端等公众服务手段，推动网络预约与网络业务办理量占比逐步提升，进而推动公众服务能力和水平的显著提升。

3. 增强行业监管能力

在数据大集中的基础上，深入挖掘业务数据价值，创新业务数据应用，深层次实现道路运政管理系统、从业人员管理系统、道路运输安全监管系统等业务系统的融合，最终实现业务闭环与业务数据应用闭环，提升行业监管效率。

4. 提升数据综合利用水平

依托该项目建设的基础数据平台，利用大数据分析技术，加强对湖北道路运输数据资源的综合利用，有效掌握道路运输行业动态、发展趋势，为行业管理部门开展道路运输发展规划、企业质量信誉考核、开展重点时段运输组织保障等业务提供数据支撑，提升行业综合分析与决策能力，显著提升行业管理部门的数据综合利用水平。

## 三、总体思路

根据交通运输部、湖北省交通运输厅的总体规划与相关要求，结合湖北省道路运输行业信息化现状，在分析当前湖北道路运输行业存在的主要问题及其原因的基础上，确定该项目总体的建设思路为：充分调动各参与方积极性，分析运政管理、驾培管理、从业人员管理、安全监管、机动车检测管理“五大部分”的用户以及各自的业务需求，有针对性地开展工程建设，有效整合道路运输行业静态信息和动态信息，实现道路运输信息的开放共享和部、省、市、县四级业务应用协同，丰富行业管理和服务手段，提高全行业信息资源整合应用和服务水平，加快行业监管和社会服务的网络化应用，更好地发挥该项目对行业监管、企业经营以及公众服务的支撑作用。在项目建设的同时，加强配套制度和长效运维机制建设，保障系统长期可持续发展。

# 第四节　建设任务

为实现各级用户的功能需求，实现业务目标，确定湖北省道路运输四级协同项目的建设任务为“依托一个中心，完善一套网络、打造三个平台、建设五个系统、实现四个对接”（图 9-

9)。一套网络是指省、市、县三级运管机构现有三级专线网络改造,改造完成后该网络将承载运政数据、驾培数据、检测数据、安全监管数据的传输;三个平台是指搭建基础数据平台、应用支撑平台以及综合信息服务平台,其中,基础数据平台、应用支撑平台是五大系统正常运行的基础,一方面可为五大系统运行提供数据和系统运行支撑,另一方面可为五大系统提供数据与服务共享渠道,而综合信息服务平台则是对外服务窗口。五大系统则是指新建道路运政管理系统、从业人员管理系统、道路运输安全监管系统、驾驶员培训机构联网监管与服务系统、机动车综合性能检测站联网监管与服务系统五大系统。

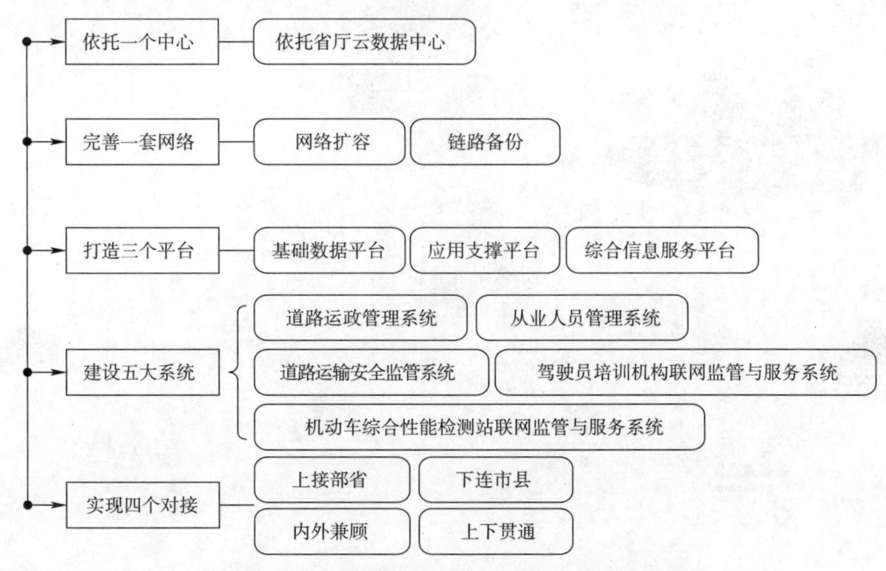


图 9-9 湖北省道路运输四级协同信息系统建设任务图

## 一、依托一个中心

按照湖北省交通运输信息化的总体规划与部署,湖北省交通运输信息化建设须充分考虑现有资源的利用,切实做到资源集约化。因此,该项目将以湖北省交通运输厅云数据中心的现有基础设施为基础进行工程建设,省厅云数据中心如图 9-10 所示。

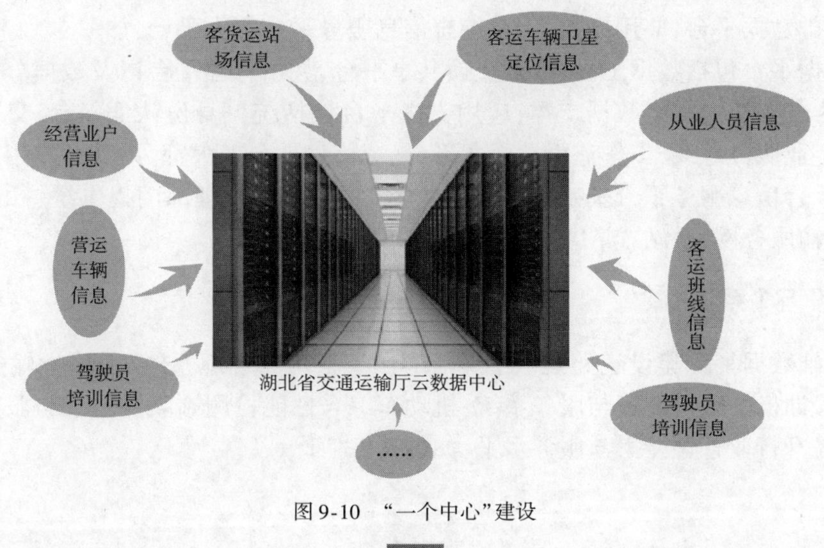


图 9-10 “一个中心”建设

## 二、完善一套网络

以现有的湖北省运管系统所覆盖的省、市、县三级专线网络为基础，充分分析考虑大集中模式下各级用户的业务需求，对现有网络带宽进行扩容，形成上接交通运输部、湖北省交通运输厅，下连市（州）行业管理部门，外接行业外相关管理部门的网络资源，为实现业务四级协同提供网络支撑，如图9-11所示。

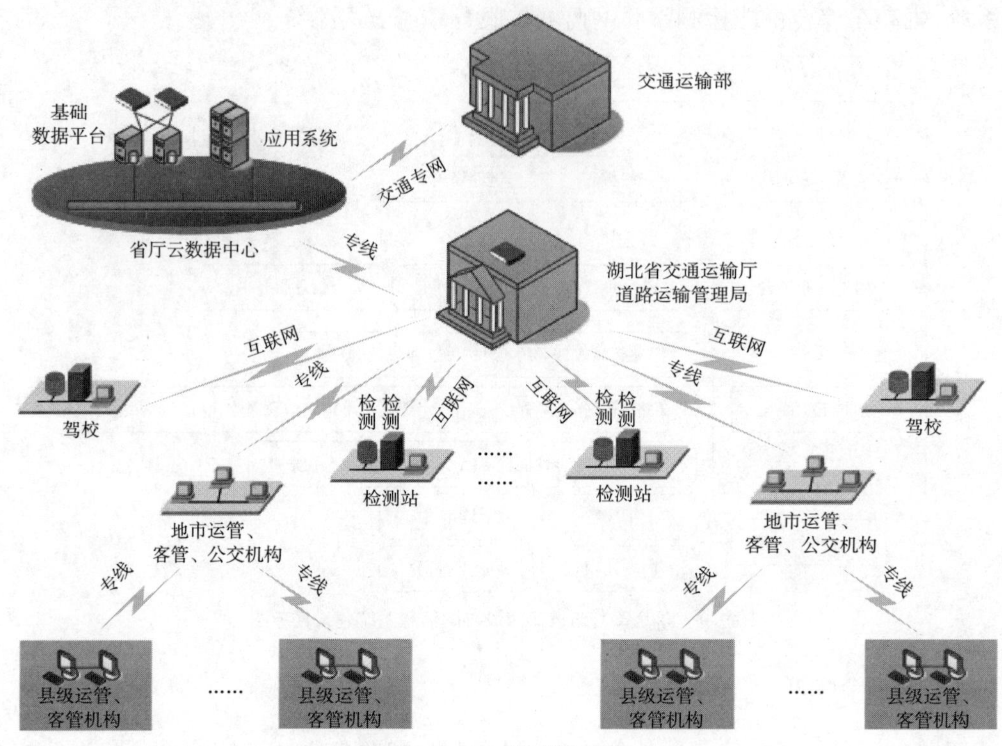


图9-11 “一套网络”建设

## 三、打造三个平台

建设基础数据平台、应用支撑平台、综合信息服务平台三大平台，如图9-12所示。

基础数据平台包括数据工程、数据交换共享平台、数据管理平台以及数据分析平台四大部分，其可为各类应用提供数据支撑；应用支撑平台包括统一身份认证平台、交通基础地理信息服务、企业服务总线、工作流引擎服务平台、短信息平台五大部分，其是应用系统正常运行的基础；综合信息服务平台基础数据平台可为公众、行业管理部门提供统一的服务窗口，其包括有运输服务网、一站式APP等建设内容。

## 四、建设五个系统

依托基础数据平台建设道路运政管理系统、从业人员管理系统、道路运输安全监管系统、驾驶员培训机构联网监管与服务系统、机动车综合性能检测站联网监管与服务系统五大应用系统，提升行业管理能力与服务水平，如图9-13所示。

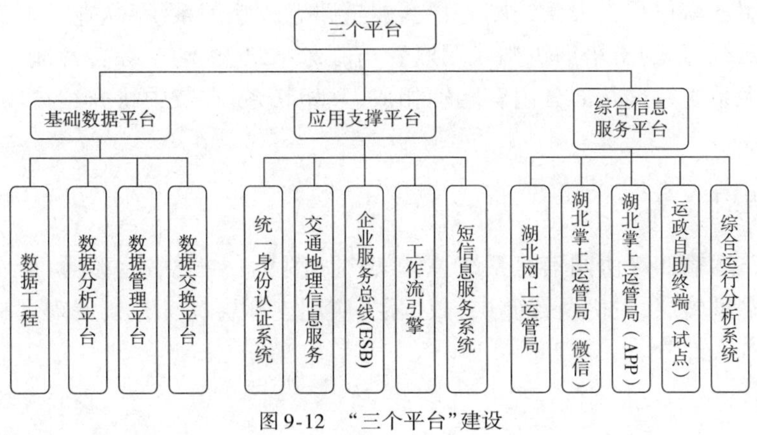


图 9-12 “三个平台”建设

## 五、实现四个对接

依照对接对象所处位置的不同，四个对接可以分为纵向对接与横向对接两类。在纵向上实现与上级交通运输主管部门（交通运输部与交通运输厅）以及下级道路运输主管部门（地市州运管、客管、公交管理机构以及县级运管、客管机构等）的对接，实现道路运政、“两客一危”车辆监管以及货运车辆监管等信息的四级共享；在横向上实现与交通行业内兄弟单位（公路局、高管局等）以及行业外单位（公安、工商等政府主管部门以及金融保险等企业）的数据对接，如图 9-14 所示。

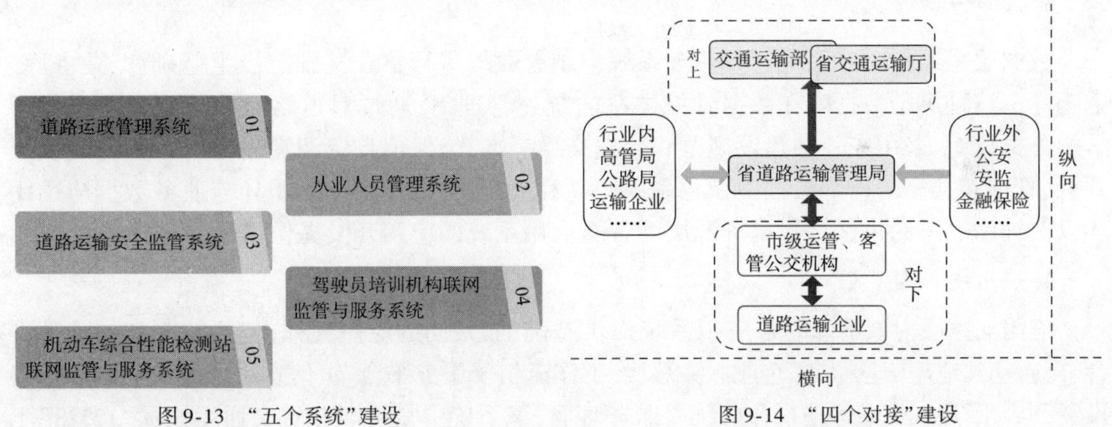


图 9-13 “五个系统”建设

图 9-14 “四个对接”建设

# 第五节 总体构架

按照湖北省道路运输四级协同管理与服务信息系统工程可行性研究报告要求，该项目建设内容包括一套网络、三个平台、五个系统三大部分。一套网络是指省、市、县三级运管机构现有三级专线网络改造，改造完成后该网络将承载运政数据、驾培数据、检测数据、安全监管数据的传输；三个平台是指搭建基础数据平台、应用支撑平台以及综合信息服务平台，其中，基础数据平台、应用支撑平台是五大系统正常运行的基础，一方面可为五大系统运行提供数据和系统运行支撑，另一方面可为五大系统提供数据与服务共享渠道；而综合信息服务平台则是对外服务窗口。五大系统则是指新建道路运政管理系统、从业人员管理系统、道路运输安全监管系统、驾驶员培训机构联网监管与服务系统、机动车综合性能检测站联网监管与服务系统五大系统。这几部分内容相辅相成、互相联系,本节中将介绍该项目的业务协同以及数据流向。

## 一、总体架构

湖北省道路运输四级协同信息系统总体架构如图9-15(见书后彩插)所示,该系统从逻辑上可分为基础设施层、主机及存储层、数据层、应用支撑层、应用层、展现层、服务层以及三大保障体系共八大部分。

### 1. 基础设施层

基础设施层主要包含该系统建设提供配套的物理场所以及网络、安全系统等基础设施。按照湖北省交通运输信息化总体规划与部署,该系统将依托湖北省交通运输厅现有云数据中心开展工程建设,省厅云数据中心将为该系统提供完备的机房配套设施以及较完备的网络系统与安全系统,该系统需在现有网络以及安全系统基础上进行完善即可满足相关需求。

### 2. 主机及存储层

主机及存储层是应用系统运行的基础,其部署在湖北省交通运输厅云数据中心机房,省厅云数据中心完全依托云计算技术进行搭建,其已具备了较好的虚拟化基础,该系统将在此数据中心基础上按照需求对虚拟化资源池进行扩容。

### 3. 数据层

数据层是通过对该系统建设业务系统中现有数据进行整合基础上产生基础库、业务库、主题库。三种类型数据库在数据管控体系的统一管理下,通过对道路运输信息资源进行科学的分类组织,采用统一的建设规范和数据交换标准,确保信息资源在采集、处理、传输以及分析、管理和共享的整个流程中在各系统间顺利地交换,以实现业务闭环与业务数据应用闭环以及辅助决策的目标。数据资源层为各类应用系统的应用开发提供了数据支撑。

### 4. 应用支撑层

应用支撑层为该系统的各应用系统提供基础的、共同的应用支撑,包括统一省份认证平台、交通基础地理信息服务、企业服务总线、工作流引擎服务平台、短信息平台等。为减少重复投资,也为了体现交通运输行业的统一服务理念,该系统中复用湖北省交通运输厅“12328”工程中建设的短信息服务平台以及省厅四大工程建设的交通基础地理信息服务与企业服务总线。

### 5. 应用层

在数据资源层的基础之上,通过对省、市、县三级行业管理部门、经营业户、从业人员以及社会公众的需求进行深入分析,基于先进的技术架构,设计开发该项目各类应用系统。开发道路运政管理系统、从业人员管理系统、道路运输安全监管系统、驾驶员培训机构联网监管与服务系统、机动车综合性能检测站联网监管与服务系统、综合信息服务平台等。作为该系统中的统一对外服务平台,综合信息服务平台依托企业服务总线实现了与其他五大系统的服务共享,公众与行业管理部门可通过该平台按需调用五大系统提供的各类服务。

6. 展现层

紧跟移动互联网的发展趋势，通过浏览器、大屏、移动 APP、微信等多种服务手段为省、市、县三级行业管理部门、经营业户、从业人员以及社会公众提供信息服务。

7. 服务层

依托服务层可对外提供数据服务接口，各外部系统可按数据服务接口要求提供相应接口，从而实现数据层面的对接。

8. 三大保障体系

三大保障体系包括信息安全保障体系、标准规范体系、建设与运行保障体系。三大保障体系是该系统顺利建设与运行的重要条件。

## 二、业务框架

根据道路运输管理机构的职能，以及道路运输业务的分析，湖北省道路运输四级协同信息系统的业务架构如图 9-16 所示。

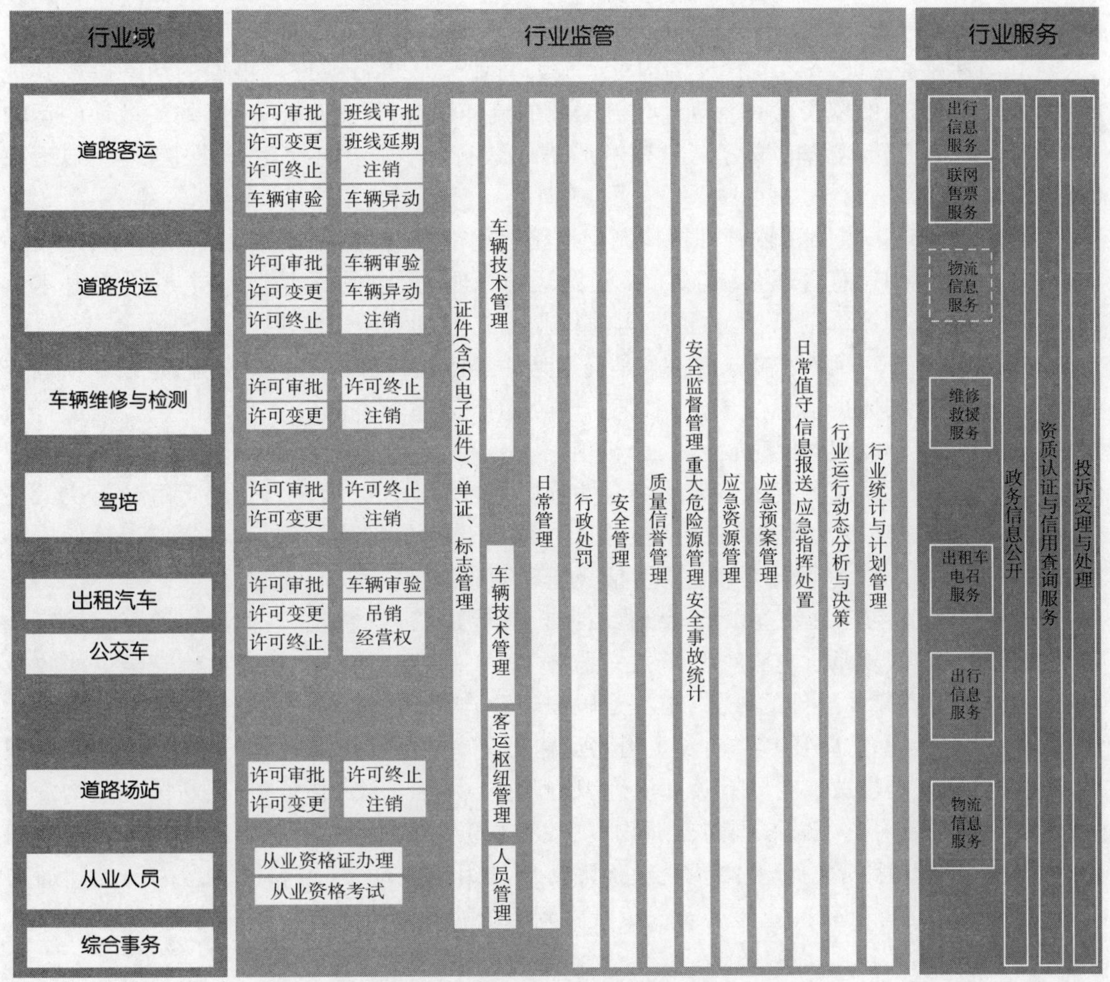

图 9-16 湖北省道路运输四级协同信息系统业务架构

从整体上,道路运输管理体现行业监管与行业服务两个主要内容,从行业领域分为道路客运、道路货运、车辆维修与检测、驾培、道路站场、从业人员管理等。

1. 行业监管

该系统的行业监管包括:行使对道路客货运输、运输站场、机动车维修、驾驶员培训、从业人员、营运车辆等管理工作;贯彻执行国家和省有关法规、规章、行业政策,准入制度、技术标准和运营规范并监督实施,行使道路运输行业的行政许可、行政执法、行业运行监督管理和行业分析决策等职能;制订道路运输的行业政策、管理制度、技术标准、经营行为规范和服务质量标准并组织实施和监督;制订道路运输应急预案,组织实施道路运输应急调度与指挥。

根据对各领域行业监管的梳理,行业监管具体包括:前置许可、许可管理、行政稽查、信用管理、分析决策、安全监管与应急处置。

(1)前置许可。前置许可是指当事人在办理当前许可事项时,必须持有的上一环节的许可证件,主要包括从业人员培训、考试、车辆检测等。

(2)许可管理。道路运输运输管理机构对运输业户、运输车辆、客运线路、运输站场、从业人员的培训、考试、受理、审验、评定、验收、发证、考核、变更等管理工作。

(3)行政稽查。道路运输管理机构对运输经营业户从事行政许可事项的活动以及其他经营活动过程实施的监督检查管理。实施必要的流动检查,对重点旅客、货物集散地的运输现场管理,维护道路运输市场经营秩序。严格依法行政,按法定程序查处违章,办结运政案件。

(4)信用管理。道路运输管理机构制定道路运输市场信用信息管理的规章制度;建立和完善运输市场信用信息管理系统,发布由道路运输管理机构许可的从业人员、企业的基本情况、奖惩记录、信用评价结果;建立道路运输从业人员、企业的信用信息档案。

(5)分析决策。道路运输分析决策是交通运输经济运行分析的组成部分,是以专项调查和信息系统获得的数据信息为依据,对某一时期道路运输管理和经济活动的全过程进行监测,并以深入分析和科学加工为手段,分析道路运输行业受到内外部环境变化的影响、发现问题、找出解决方案、预测发展趋势的综合性分析判断活动。开展全省道路运输分析决策工作,提出促进运输经济发展的建议、措施;拟订全省道路运输发展规划;编制道路运输发展等相关专项政策和规划。分析决策主要包括交通运输监测预警和分析预测。

(6)安全监管与应急处置。负责督促、检查、指导道路运输企业贯彻落实道路运输安全生产的法律、法规、规章,严格落实“三关一监督”相关制度与措施。拟定运输安全生产政策和应急预案,负责突发事件的处置;组织运输安全生产管理目标考核工作;制定全省道路运输安全生产发展规划并组织实施;负责道路运输安全事故的行业统计和分析工作;协助处理道路运输生产安全事故。会同有关部门组织协调重点物资、大宗物资、重点站场集散物资的运输工作,根据政府指令做好国防交通物资、救灾物资、抢险物资和大批量旅客运输的组织指挥工作。承担道路运输行业国防交通保障队伍的组织及动员、道路国防运力动员和运力征用、国防交通运输知识的宣传普及。负责协调组织战备、应急、抢险救灾物资运输工作。

2. 行业服务

行业服务是道路运管机构对社会、公众、道路运输企业客户提供的服务,根据道路运输行业的特点，具体可分为公共信息服务、公众出行信息服务、从业人员服务、道路运输企业。

（1）公共信息服务。具有广泛性、权威性、公益性，是行业管理机构向广大社会公众提供的，不以营利为目的的基本信息服务，具体包括政务公开、政务信息服务。

①政务公开，是指行政机关公开其行政事务，强调的是行政机关要公开其执法依据、执法程序和执法结果，属于办事制度层面的公开。包括各级管理机构职责、规范性文件（如法律、法规、规章）、行政许可、行政处罚、规划计划、工程建设、统计报告、财务管理、交通规费、应急管理、科研技改、重大政策等信息的公示和查询。

②政务信息服务的内涵和外延要比政务公开广阔，不仅要求政府事务公开，而且，要求政府公开其所掌握的其他信息。

（2）公众出行信息服务。指道路运输管理机构充分利用所掌握的道路运输信息，以及道路运输管理机构的职能，为公众出行提供信息服务。如网上售票服务、班线信息等内容。

（3）道路运输从业人员服务。通过外部门户网站，为道路运输从业人员的从业资格申请、培训、考试、发证、继续教育等提供网上信息服务，以及投诉等。行业服务为道路运输从业人员提供一个互动的平台。

（4）道路运输企业服务。指向道路运输企业、道路运输相关企业或者某一特定需求群体提供的基于道路运输行业相关信息的信息服务和增值信息服务。包括道路运输企业各类行政许可的网上申请、审批，以及各类企业的信息报送、自评、自查，以及道路运输行业信息的查询，包括从业人员信息查询、从业人员服务查询，以及企业经营过程的各类违法、违章信息查询等。

## 三、业务协同

该项目建设的系统中，道路运政管理系统、从业人员管理系统将实现与交通运输部全国道路运政管理信息系统的对接，其主要为全省各级道路运输行业管理部门业务人员办理业务提供支撑；道路运输安全监管系统则是行业管理部门监管手段的丰富，行业管理部门也是其主要用户对象；驾驶员培训机构联网监管与服务系统以及机动车性能检测站联网监管与服务系统在做好信息抽取共享的同时，将同时为行业管理部门以及社会公众提供相关服务，图 9-17 体现了该项目各部分建设内容之间的关系。

从图 9-17 可以看出，五大系统中，道路运政管理系统将为行业管理部门提供行政许可、日常管理以及行政执法等功能；从业人员管理系统则可为行业管理部门提供人员资格申请、从业人员日常管理、诚信考核等功能；道路运输安全监管则为源头监管、包车运单安全监管、客运线路安全监管等安全监管提供支撑；驾驶员培训机构联网监管与服务系统以及机动车综合性能检测站联网监管与服务系统可极大地丰富行业管理部门对驾驶员培训、检测站的监管手段，从结果监管过渡到过程监管。

综合信息服务平台作为对外服务门户，其将分别为公众与行业管理部门提供信息服务，为增强用户体验，实现社会公众、经营业户的一站式服务，综合信息服务平台将依托企业服务总线实现对上述五大系统的服务汇总，从而最终对社会公众、经营业户以及行业管理部门全方位服务。

总体而言，基于该工程的建设，五大系统以及综合信息服务平台内部将完全实现工程内部的协同，而在外部，依托企业服务总线与数据交换平台，该工程所建内容将在纵向和横向两个层面实现业务协同。

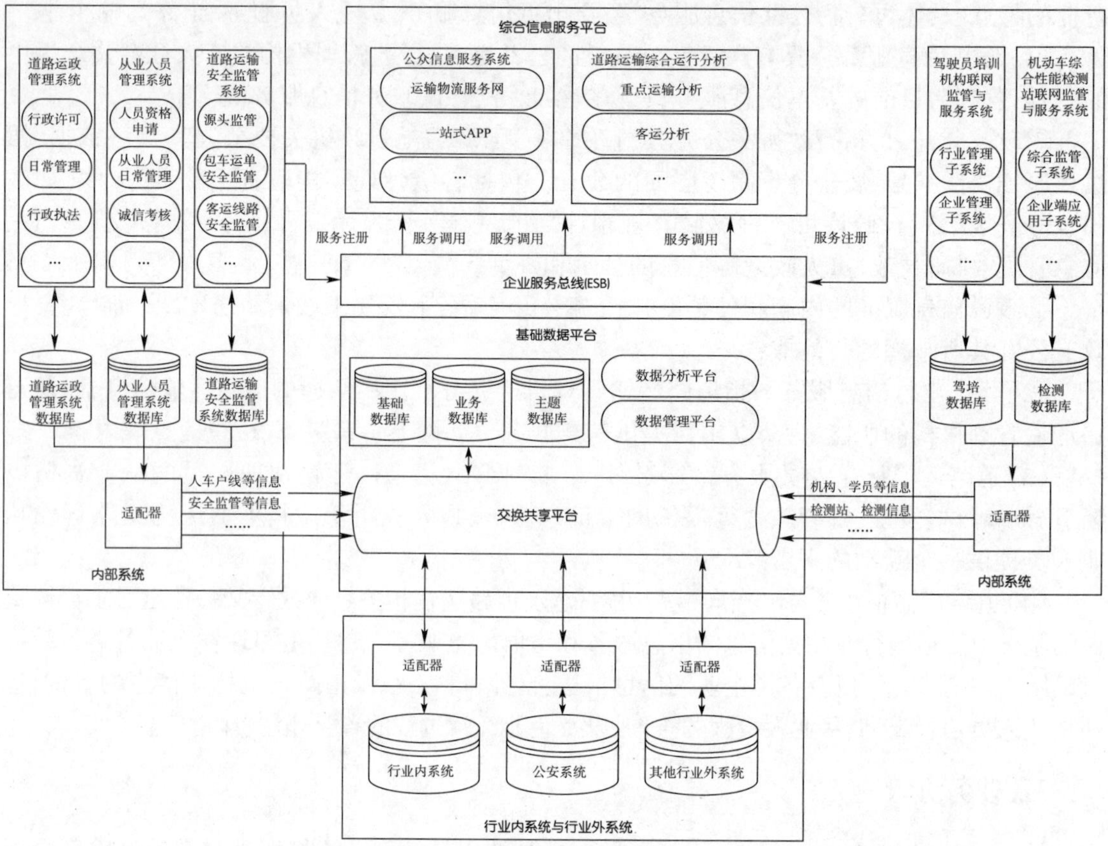

图 9-17　应用系统总体框架图

1. 纵向业务协同服务

纵向业务协同是在道路运输行业内部，在部、省、市、县各级道路运管机构，以及运管机构与企业之间的业务协同。

(1)部省市县四级业务协同。

通过部级建立的道路运政管理系统及行业数据中心向湖北省各市县级交通管理部门提供相关交通行业数据统计信息，行业的运行情况，交通运输部道路运输有关的法律法规和相关规定信息，全国运政基础信息查询，本省在外省车辆、人员行政执法信息抄送信息，实现省与部级的业务协同与联动，同时通过省级道路运政管理系统上传相关省级道路运政信息，促进交通运输部建立起全国的道路运输基础信息联网。

省级道路运输管理部门与地市县三级道路运输管理部门通过四级协同管理与服务系统，实现本省的道路运输行政审批、日常管理、行政执法等业务管理流程需要，同时通过省级建设的应用支撑平台、基础数据平台、综合信息服务平台等省级道路运输信息资源向全省各级交通管理部门及行业企业、社会公众提供统一、权威、全面的行业数据统计、行业业务规范同步、运政行政执法信息抄告、资质查询、业务信息交换与共享、公众信息发布等业务协同及信息服务。

(2)与省厅业务协同。

与省厅的业务协同包括：与省交通运输厅数据中心、运输市场信用信息服务系统、网上审批系统等系统间的业务协同服务。

依托省交通运输厅数据中心，道路运政管理系统可获取治超数据与高速公路收费卡口数据，依托此类数据道路运政系统可实现信息比对，从而实现部分业务数据应用闭环，同时运政管理系统与从业人员管理系统可为省厅信息中心提供基础人员、车辆、业户以及线路牌信息，为厅层面数据综合分析利用奠定基础。

运输市场信用信息服务系统可从该项目建设的五大系统中获取各类考核依据信息，而运输市场信用信息服务系统的考核结果信息可作为行政审批以及行政执法的重要参考依据。

道路运输行政许可需要通过交通运输厅的网上审批系统办理，许可结果推送到道路运政管理系统，道路运输管理机构可根据审批结果发放证件、打印许可文书等。

(3)与道路运输企业协同。

道路运输管理机构与道路运输企业是紧密相关的，通过该项目建设的综合信息服务平台、道路运政管理系统实现行业管理部门与道路运输企业的业务协同，包括行政许可申请审批协同、换发证件协同、从业人员管理协同、车辆管理协同、安全管理协同等内容。

(4)与交通运输部相关系统的业务协同。

省级道路运输执行交通运输部道路运输有关的法律法规和相关规定，并将道路运输的运行情况、本省行政执法等信息及时报送交通运输部，并由交通运输部建立起全国的道路运输基础信息联网。主要的业务协同包括：全国营运业户、从业人员资格信息、车辆基础信息、运营线路信息查询、运政执法信息抄送等。

2. 横向业务协同服务

横向业务协同是指道路运输内部细分业务板块后，各业务板块之间的协同，以及道路运输与行业外相关系统之间的协同。主要包括道路运输内部各板块之间，道路运输与公安交警、安监、保险等部门之间的业务协同。

(1)道路运输各业务板块之间的协同。行政许可审批是各业务板块的业务集中点，驾培、从业人员资质管理、安全管理、站场管理、车辆管理、维修和检测管理、行政执法等业务，都与行政许可审批关联，行政许可审批过程中，均需要调用行政许可的结果，根据业务流程与各业务板块数据交换，逐一完成各环节的各项业务审批要求。除行政审批许可外，运政的日常监管以及检测等其他系统也都需要实现业务闭环，在运政的日常监管中，日常管理的结果(例如车辆违章处罚、车辆检测、黑名单监管等)在日常业务办理(例如人员的考核、质量信誉考核、运力新增、包车的申请、车辆年审、证件补换等)等环节都需要进行调用，形成闭环制约，而检测站联网监管系统也需要调用运政系统与从业人员系统相关数据实现业务闭环。

(2)与公安交警相关系统的协同。在道路运输四级协同系统中，需要将公安交警对营运车辆、营运驾驶人员的违法违章信息、交通安全重大事故信息相结合，在道路运政管理系统进行日常管理子系统的企业质量信誉考核业务模块、从业人员的诚信考核业务模块中，与公安交警的相关数据信息进行信息共享同步，完成业务办理、行业监管管理的闭环。同时，公安交警在进行行政执法时，也需要与运政系统中的营运车辆、营运驾驶人员、驾培机构信息进行结合完成其相关业务的办理操作及执法查询。

(3)与安监相关系统的协同。安监部门提供危险品生产、储存、经营和充装企业的基本信息，并联合交通部门对危险品企业运输进行安全监管。道路运输部门将危险品电子运单信息抄报给安监部门，交通和安监通过网上电子运单查询、路检路查、户检户查等手段进行监管，加强对危险品货物运输的实时监控，预防交通事故的发生，并为开展有针对性的监督检查提供线索。

（4）与保险行业相关系统的协同。通过与保险行业相关系统的数据交换共享服务，实现车辆承运人责任险、第三者责任险的保险状况的信息协同，实现在道路运输管理系统在新增车辆的行政许可审批、行政执法过程中的业务协同。

（5）与其他行业相关系统的协同。通过统一的数据交换平台及相关的数据交换规范，在未来业务变更时，四级协同系统支持与其他相关系统的数据同步、业务协同。

## 四、数据流向

湖北省道路运输四级协同项目所建设的各个应用系统之间都存在着千丝万缕的联系，为了提高数据交换效率，项目建设的应用系统将采用大集中的模式进行部署，其数据流向图如图 9-18 所示。

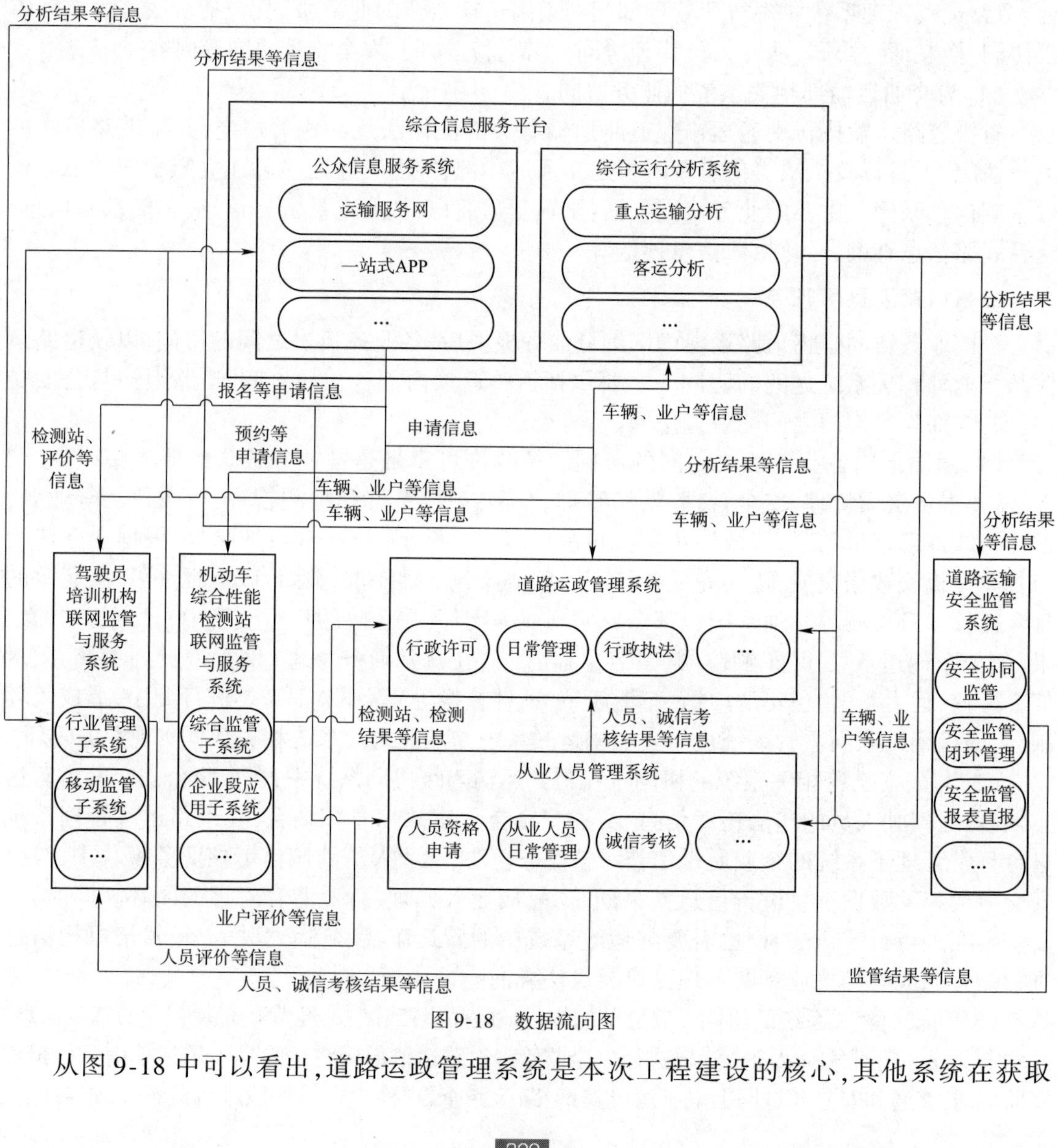

图 9-18　数据流向图

从图 9-18 中可以看出，道路运政管理系统是本次工程建设的核心，其他系统在获取道路运政管理系统所包含相关数据的同时,也在对道路运政系统的数据进一步完善与丰富。

综合信息服务平台是对外展现的窗口,其主要服务于社会公众以及行业管理部门等多类用户。其中公众信息服务平台是道路运输行业的对社会公众的服务窗口,其可从道路运政管理系统、驾驶员培训机构联网监管与服务系统、机动车综合性能监测站联网监管与服务系统分别获取各类对外服务信息(包括许可办理流程、驾校评价、检测站预约情况等),同时其还可以向其他系统提供业务申请、受理等信息。而行业综合运行分析系统则是在汇聚各类业务系统相关数据的基础上,依托大数据分析平台与传统的多维分析平台向社会公众提供相关服务。

## 第六节　系统布局

为更好地了解利用现有业务资源数据,从而为行业分析辅助决策以及实现两个闭环提供支撑,综合考虑工程投资规模、系统可扩展程度、实施难度以及维护难度等多方面因素,该项目采用系统集中、数据集中的模式开展工程建设,工程总体布局如图9-19所示。

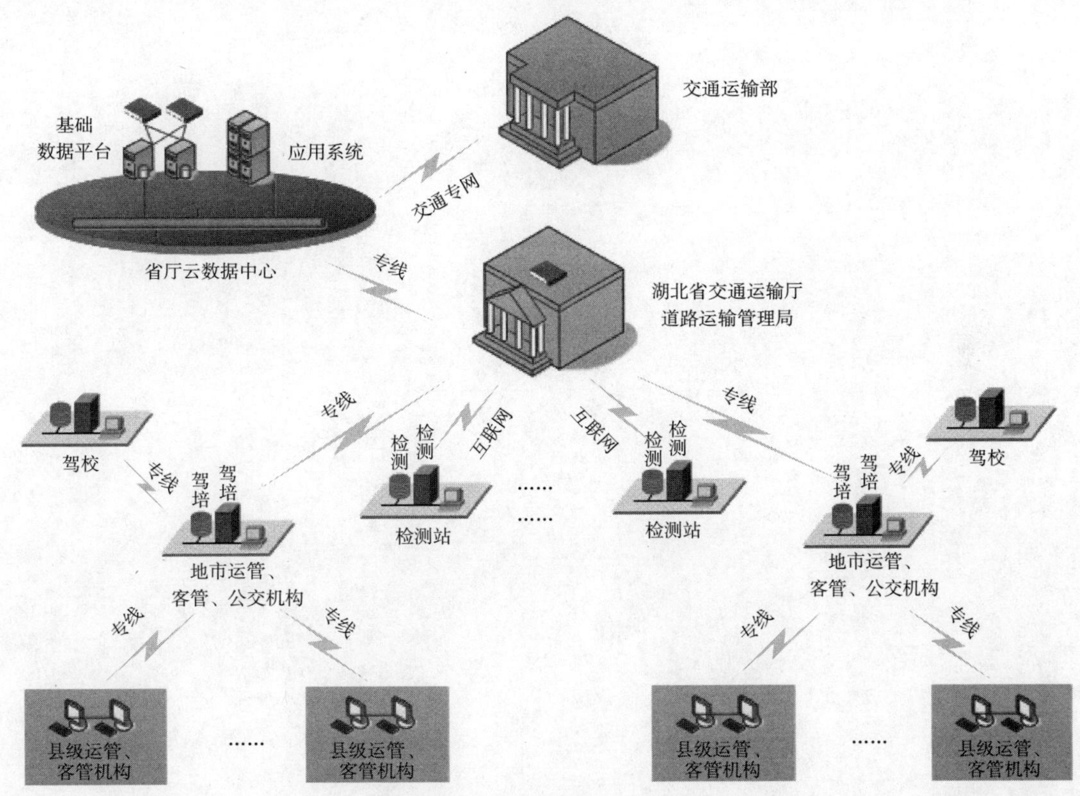


图9-19　系统总体布局图

从图9-19中可以看出,考虑到湖北省交通运输信息化总体规划以及建设运维力量现状等多方面因素,该项目建设的应用系统将统一部署到省厅云数据中心机房,省局作为交换节点承担着网络汇聚的功能,但本身不部署应用系统。市级运管、客管、公交机构与县级运管、客管机构将不部署应用系统,市级以及县级部门将通过专线网络对系统进行访问,为适应系统结构的变化,在综合计算网络带宽的基础上,该项目计划将带宽扩展到20M。

机动车驾驶员培训机构、综合性能检测站的联网方式仍然采用原先的方式不变:机动车驾驶员培训机构通过专线接入市(州)运管机构的监管平台,进而通过专线接入省数据中心;机动车综合性能检测站通过互联网的方式接入省数据中心。

# 第十章　建设方案

## 第一节　建设五大系统

湖北省道路运输四级协同信息系统的主要建设任务，是依托基础数据平台建设道路运政管理系统、从业人员管理系统、道路运输安全监管系统、驾驶员培训机构联网监管与服务系统、机动车综合性能检测站联网监管与服务系统五大应用系统，提升行业管理能力与服务水平，如图10-1所示。

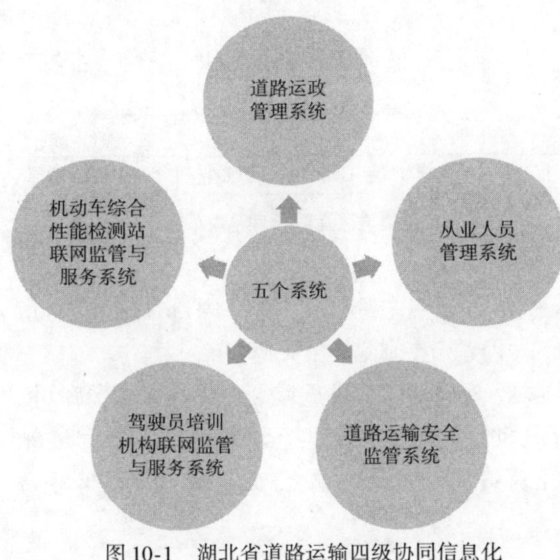


图10-1　湖北省道路运输四级协同信息化系统的五个系统

### 一、道路运政管理系统

在简政放权、转变职能、创新管理的新形势要求下，建立统一开放的道路运政管理信息系统，实现跨区域、跨部门数据共享与业务协同，对于发挥信息系统的整体效能和规模效应、全面提升道路运输行业市场监管水平和服务能力具有重要意义。

道路运政管理系统是道路运输行业管理的核心业务系统，其包括道路运输行业车、户、线的业务审批、变更、撤销等多项核心业务。道路运政管理系统实现了全国部、省、市、县四级运政系统业务的全面协调联动，实现跨区域、跨部门数据共享与业务协同，更好提升道路运输行业的服务、监管和决策水平，为构建"省际联动、行业协同、资源共享、互联互通"的道路运输行业信息化体系奠定基础，如图10-2所示。

道路运政管理系统主要提供行业监管和行业服务两大功能类别。

在行业监管方面，省、市、县各级道路运输行业管理机构负责贯彻落实国家级、省级相关政策、制度和标准，指导道路运输市场监督管理，综合考虑湖北省道路运输行业发展现状，道路运政管理系统可以为省级道路运输行业管理机构提供的主要功能包括：掌握全省、市、县道路运输市场宏观运行态势；道路普通货运企业、客运企业、客货运站场行政审批管理；外商投资道路行政审批管理；机动车维修企业行政审批管理；出租汽车管理等。

在行业服务方面，道路运政管理系统可以为道路运输行业的经营业户、道路运输企业、道路运输从业人员以及社会公众提供各种类型的服务功能。

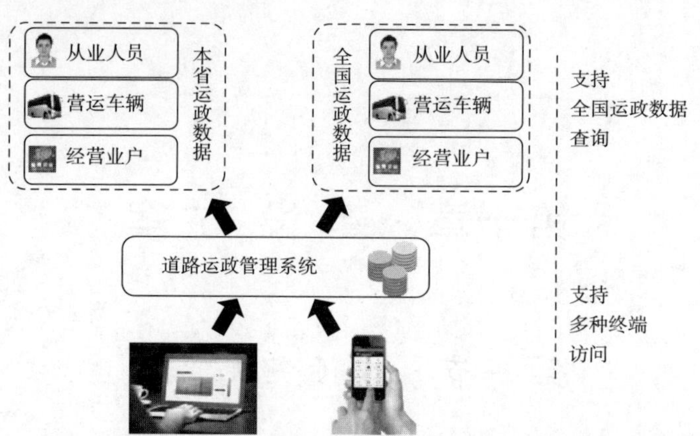

图 10-2　道路运政管理信息化

道路运政管理系统在结构上分为行政许可子系统、日常管理子系统、行政执法子系统三大部分，如图 10-3 所示。

1. 行政许可子系统

行政许可子系统主要是为满足省、市、县各级道路运政管理需要而建设的业务系统。通过系统的建设，实现对运输行业市场的经营业户、营运车辆、经营线路的许可申请、许可审批、许可查询、证件发放等业务处理功能。

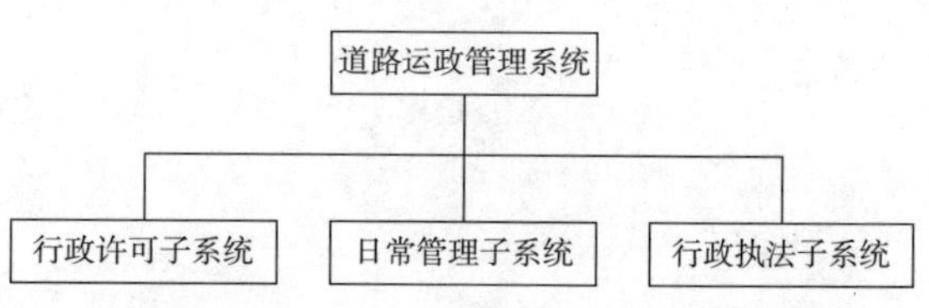

图 10-3　道路运政管理系统的结构

行政许可的一般程序包括：申请→材料预审和相关设备核验→受理→内部工作机构审核→集体行政审批→许可前公示→许可（或不予许可）决定→核发相关牌证。

行政许可子系统包括以下功能：道路货物运输经营许可、道路危险货物运输经营许可、道路旅客运输经营许可、机动车维修经营许可、机动车驾驶员培训经营许可、道路货运站（场）经营许可、道路客运站经营许可、外商投资经营许可、出租运输、公交运输、机动车综合性能检测站许可等，如图 10-4 所示。

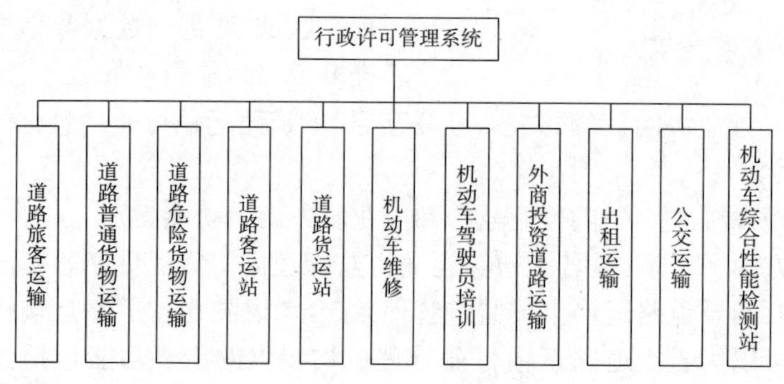

图 10-4　行政许可子系统功能结构图

四级协同管理中的行政许可子系统，面对省级运管机构、市运管机构、县运管机构三个层面的使用者，系统提供略有区别的功能，形成省级道路运输行政许可子系统、市级道路运输行政许可子系统和县级道路运输行政子系统。行政许可子系统业务功能见表10-1。

行政许可子系统业务功能表　　表10-1

| 许可项 | 许可功能描述 | 用户对象 |
|---|---|---|
| 道路旅客运输 | 实现省际、市际、县际、县内道路旅客运输业户的开业许可、线路审批、车辆审批以及车辆异动、证件补证、证件换证 | 省级、市级、县级道路运输管理机构 |
| 道路普通货物运输 | 实现普通货物运输业户开业许可、车辆审批以及车辆异动、证件换证、证件补证 | 市级、县级道路运输管理机构 |
| 道路危险货物运输 | 实现危险货物运输业户开业许可、车辆审批以及车辆异动、证件换证、证件补证 | 市级道路运输管理机构 |
| 道路客运站 | 实现道路客运站开业许可、证件换证、证件补证 | 省、市级、县级道路运输管理机构 |
| 道路货运站 | 实现道路货运站开业许可、证件换证、证件补证 | 市级、县级道路运输管理机构 |
| 机动车维修 | 实现机动车维修业户开业许可、证件换证、证件补证 | 市级、县级道路运输管理机构 |
| 机动车驾驶员培训 | 实现驾驶员培训学校开业许可、证件换证、证件补证 | 市级、县级道路运输管理机构 |
| 外商投资道路运输 | 实现外商投资的货运、客运运输企业开业许可、证件换证、证件补证管理 | 省际道路运输管理机构 |
| 出租运输 | 实现出租运输业户开业许可、证件换证、证件补证 | 省级、市级、县级道路运输管理机构 |
| 公交运输 | 实现公交运输业户开业许可、证件换证、证件补证 | 省级、市级、县级道路运输管理机构 |
| 机动车综合性能检测站 | 实现机动车综合性能检测站业户开业许可、证件换证、证件补证 | 省级、市级、县级道路运输管理机构 |

2. 日常管理子系统

日常管理子系统包括以下功能：道路旅客运输日常管理、道路普通货物运输日常管理、道路危险货物运输日常管理、道路客运站日常管理、道路货运站(场)日常管理、机动车维修日常管理、机动车驾驶员培训日常管理、机动车综合性能检测站许可、外商投资经营许可等，如图10-5所示。

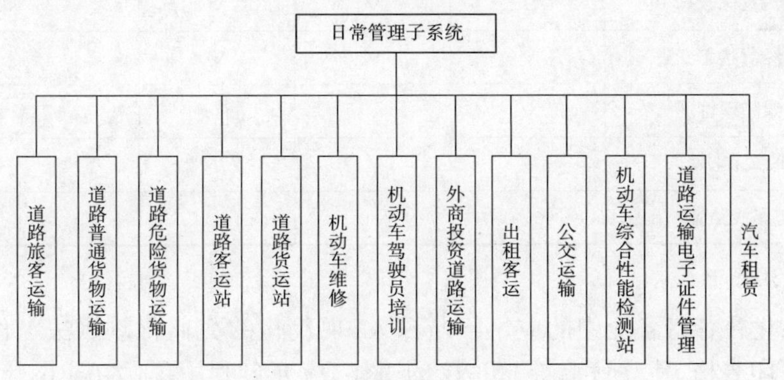

图10-5　日常管理子系统功能结构图

业务的日常办理需要调用到日常监管产生的结果，例如车辆的年审需要调用到车辆检测的结果、违章处罚的结果、卫星定位情况、是否在黑名单等相关信息，这些信息会在车辆检查、违章处罚等业务管理模块产生。根据业务办理的实际情况和要求，系统会将每个业务之间开展协同的信息进行自动关联与交互，从而实现数据共享、业务协同、闭环管理。

道路运政日常管理主要包括业户日常管理、车辆管理、客运线路管理等多个方面。道路运输业户包括：旅客运输、货物运输、危险货物运输、机动车维修、机动车驾驶员培训、站场服务、驾培等企业；车辆管理主要针对车辆档案管理、车辆技术等级评定、车辆违章情况、车辆交通事故等信息管理；客运线路管理包括班线物理维护、班线标志牌等信息管理。详细内容见表10-2。

**道路运政日常管理业务功能表** 表10-2

| 对象 | 功能 \ 业务行业 | 客运 | 普通货运 | 危险货运 | 机动车维修 | 驾培 |
|---|---|---|---|---|---|---|
| 经营业户 | 档案管理 | √ | √ | √ | √ | √ |
| | 补证换证管理 | √ | √ | √ | √ | √ |
| | 质量信誉考核 | √ | √ | √ | √ | √ |
| | 投诉情况管理 | √ | √ | √ | √ | √ |
| | 服务质量管理 | √ | √ | √ | √ | √ |
| | 违章情况管理 | √ | √ | √ | √ | √ |
| 车辆 | 电子档案补录 | √ | √ | √ | | √ |
| | 道路运输电子证件管理 | √ | √ | √ | √ | √ |
| | 车辆年度审验 | √ | √ | √ | | √ |
| | 车辆违章情况管理 | √ | √ | √ | | √ |
| | 车辆技术等级评定 | √ | √ | √ | | √ |
| | 客运车辆等级评定 | √ | | | | |
| | 交通事故登记 | √ | | √ | | √ |
| | 车辆投保数据 | √ | √ | √ | | √ |
| | 车辆经营状态变更 | √ | √ | √ | | √ |
| 班线 | 班线物理管理 | √ | | | | |
| | 班线标志牌 | √ | | | | |
| | 包车线路牌 | √ | | | | |

3. 行政执法子系统

随着信息化在各行各业中的应用不断深入，现代化的交通行政执法工作已不局限于使用计算机打印表格、建立台账等“初级”的工作，应充分利用现代互联网技术、高新多媒体通信技术使交通行政执法工作实现科学化、现代化、人性化和规范化管理，达到规范执法行为、实现网络执法监管、杜绝暗箱操作的管理目标。构建全国道路运输行业统一的行政执法管理信息平台，实现各级执法单位的业务办公现代化、信息资源化、传输网络化和决策科学化，以科学的管理模式替代传统的管理模式，满足各级运政执法部门事务处理、决策分析等执法信息一体化管理的需要，是当前道路运输行政执法管理工作的一项重要内容。行政执法信息化如图 10-6 所示。

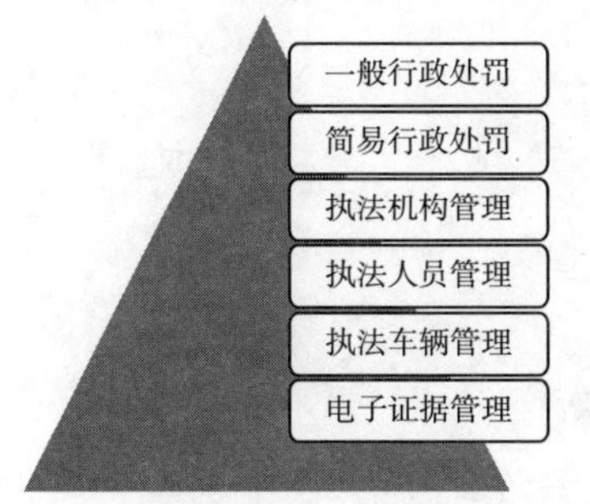

图 10-6　行政执法信息化

行政执法子系统包括部门管理、处罚管理、案件复议、案件诉讼、执法依据、统计分析六大模块。其中部门管理主要指执法机构、执法人员、执法车辆、执法证件的信息管理，处罚管理包括：案件登记、执法立案、调查取证、听证处理、处罚决定、处罚执行、结案处理，详细的功能结构如图 10-7 所示。

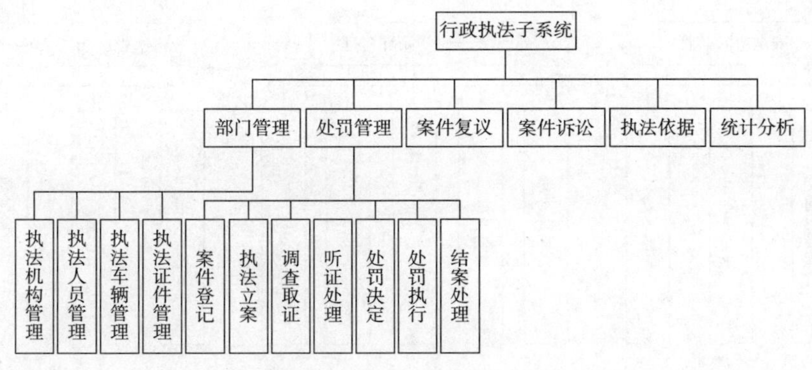


图 10-7　行政执法子系统功能结构图

## 二、道路运输安全监管系统

道路运输安全监管系统是从道路交通事故发生的几个要素出发，应用技术手段，科学、严格地按照相关的规章制度、流程来实施监管。真正把安全相关的规章制度通过计算机系统从墙上搬到实际的工作流程上来，让安全管理工作制度化、规范化、程序化，运管部门形成对各种业务安全的综合监管，驾驶人安全意识普遍提高，道路运输安全形势明确好转。

道路运输安全监管系统，实现了对交通、公安、安监等多方资源的整合和分析功能，通过对实时采集的各业务管理、车辆运行、现场执法等过程静动态信息的对比分析，形成安全监管闭环管理，能为各部门、各企业（个人）提供服务。随着信息化监管措施的逐步完善，系统实现两个动态安全监管闭环管理。通过监管过程与监管结果应用的闭环，强化了安全监管与企业经营、市场资源配置的关联，如图 10-8 所示。

道路运输安全监管系统的功能包括：安全协同监管、安全监管闭环管理、安全监管报表直报等。系统总体功能结构和业务功能如图 10-9 和表 10-3 所示。

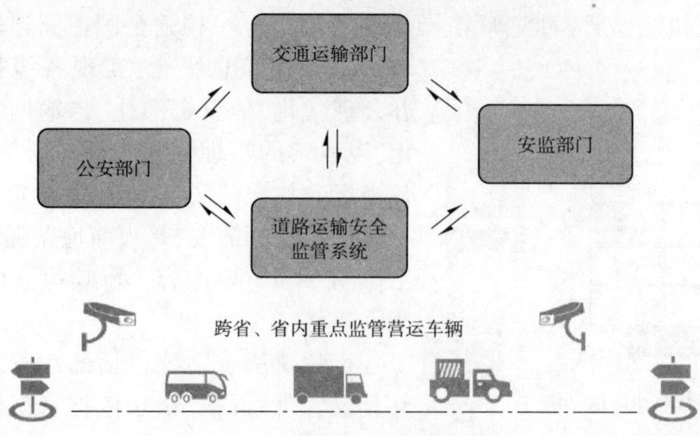


图 10-8　道路运输安全监管信息化

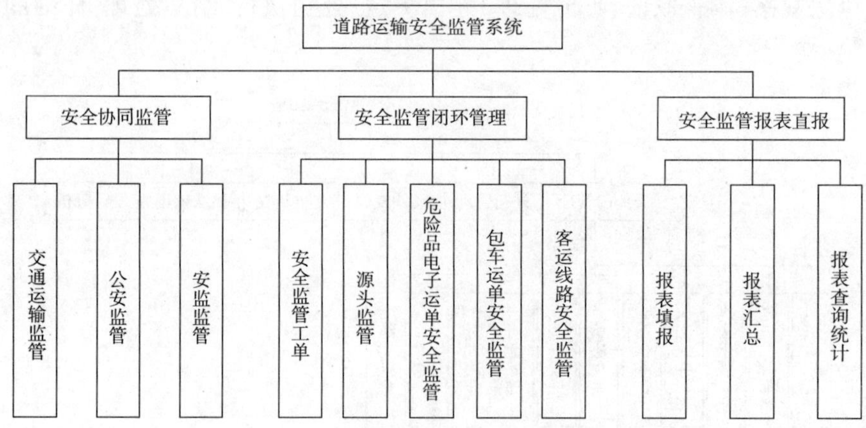


图 10-9　道路运输安全监管系统功能结构图

**道路运输安全监管系统业务功能**　　　　表 10-3

| 功 能 模 块 | 功 能 描 述 | 用 户 对 象 |
|---|---|---|
| 安全协同监管 | 交通、公安、安监通过数据抄报和信息共享实现动静态数据交换，并开展数据挖掘分析工作，提高业务管理和应急指挥状态下的决策调度指挥能力 | 省级、市级、县级道路运输管理机构 |
| 安全监管闭环管理 | 通过监管过程与监管结果应用的闭环，强化了安全监管与企业经营、市场资源配置的关联 | 省级、市级、县级道路运输管理机构 |
| 安全监管报表直报 | 汇总安全监管数据并对其分析，提升管理部门对行业安全的管理能力 | 省级、市级、县级道路运输管理机构 |

1. 安全协同监管

安全协同监管是指交通、公安、安监三部门进行协同监管。信息共享是基础。依托交通、公安、安监现有信息资源，开展全省交通、公安、安监监控视频、基础地理信息、卫星定位车辆监控管理、公安车辆管理、违章处罚等信息共享工程建设，提高信息共享程度，在数据交换基础上开展数据挖掘分析工作，提高业务管理和应急指挥状态下的决策调度指挥能力。

交通运输监管是对全省各市（州）监管情况进行统一的管理和考核，接收全省重点营运车辆动态监管信息，同时接收部级平台下发的外省跨域进入湖北省的重点营运车辆动态监管信息。通过后台云计算自动比对出违规线索（例如凌晨02～05时禁行时段行驶的车辆等），并将这些数据抄报给公安部门，从而实现多部门协同监管。

公安部门给交通部门提供营运车辆的交通违法信息、交通事故信息、营运车辆卡口信息，从而对交通违法事故信息进行数据分析，提高查处交通违法行为、处理交通事故、侦破治安和刑事案件等警务效能。

道路运输安全监管系统实时对接联网联控动态监管平台，将重点营运车辆的卫星定位数据与公安提供的营运车辆卡口信息进行比对，对有异常行驶情况的车辆进行重点监管和研判，可以有效地规范营运车辆的运营行为。

安监部门提供危险品生产、储存、经营和充装企业的基本信息，并联合交通部门对危险品企业运输进行安全监管。道路运输部门将危险品电子运单信息抄报给安监部门，交通和安监通过网上电子运单查询、路检路查、户检户查等手段进行监管，加强对危险品货物运输的实时监控，预防交通事故的发生，并为开展有针对性的监督检查提供线索。

安全协同监管功能见图10-10和表10-4。

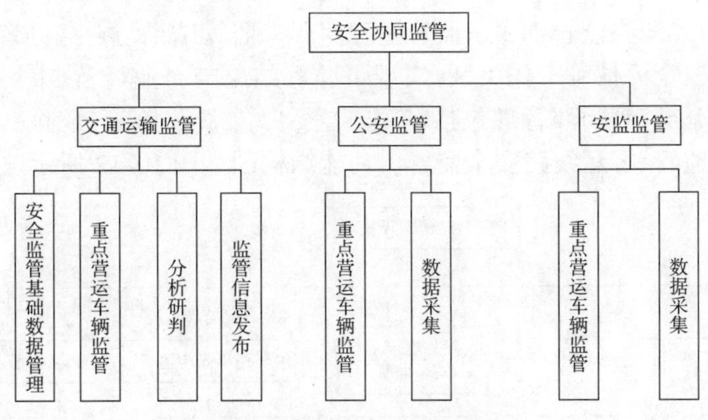


图10-10　安全协同监管功能结构图

**安全监管工单功能点列表**　　表10-4

| 功能模块 | 功 能 点 | 功 能 描 述 | 用 户 对 象 |
|---|---|---|---|
| 交通运输监管 | 安全监管基础数据管理 | 建立全市安全监管的基础数据库 | 省市县各级管理人员 |
| | 重点营运车辆监管 | 重点营运车辆交通行业的监管 | 省市县各级管理人员 |
| | 分析研判 | 对监管中的异常情况分析研判产生研判结果 | 省市县各级管理人员 |
| | 监管信息发布 | 监管信息的发布 | 省市县各级管理人员 |
| 公安监管 | 重点营运车辆监管 | 重点营运车辆公安行业的监管 | 省市县各级管理人员 |
| | 数据采集 | 对于公安数据的采集汇总 | 省市县各级管理人员 |
| 安监监管 | 重点营运车辆监管 | 重点营运车辆安监行业的监管 | 省市县各级管理人员 |
| | 数据采集 | 对于安监数据的采集汇总 | 省市县各级管理人员 |

2. 安全监管闭环管理

安全监管闭环管理分为两个闭环：监管过程闭环和监管结果应用闭环。强化动态安全监管工作的协调，将综合监管、动态监管、源头监管和现场监管相结合，形成监管过程闭环，如图 10-11 所示。

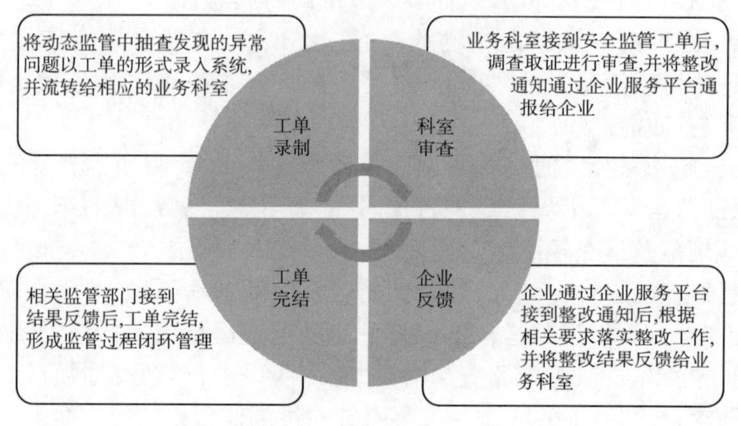


图 10-11　监管过程闭环

安全监管工单和源头监管都属于监管过程闭环。监管结果与业务办理、班线招标、运力发展、年度审验和安全评估等工作关联，实现了监管结果与企业经营、市场资源配置的监管结果应用闭环。安全监管闭环管理包括：安全监管工单、源头监管、危险品电子运单安全监管、包车路单安全监管、客运线路安全监管。功能结构图如图 10-12 所示。

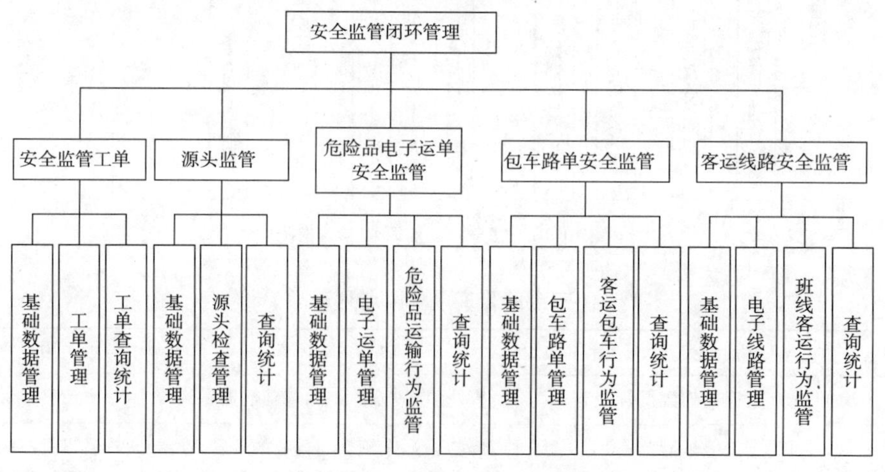


图 10-12　安全监管闭环管理功能结构图

3. 安全监管报表直报

报表直报系统为省市县三级道路运输管理机构提供报表填报功能，并按机构自动汇总和报表展现。目前安全监管主要有两大类的报表：“打非治违”行动情况统计表和安全监管工作进展情况表，如图 10-13 所示。

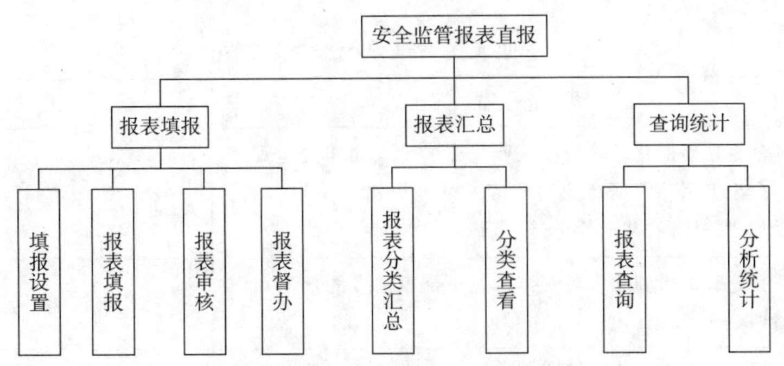


图 10-13　安全监管报表直报功能结构图

## 三、从业人员管理系统

从业人员管理系统将资格申请、证件管理、日常管理、继续教育、诚信考核等内容实现了在线服务和移动客户端服务，简化了业务流程，提高了办事效率，节省了企业成本，为广大社会公众和行业企业提供了透明、快捷、便利的管理与服务平台。

从业人员管理系统的建设适用于省、市、县各级道路运输管理的需要。系统实现管理部门对道路运输驾驶员从业资格的申请、培训、考试、发证、异动的流程化管理和证件的管理，为从业人员和经营企业提供业务申请平台，为管理部门提供业务审批平台，如图 10-14 所示。

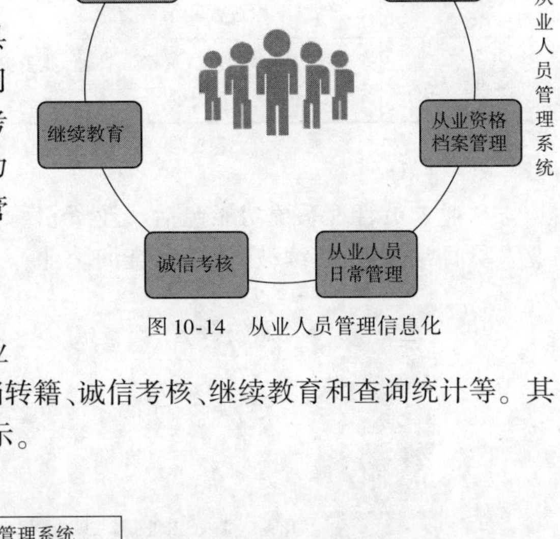


图 10-14　从业人员管理信息化

1. 系统结构

从业人员管理子系统包括以下功能：从业资格申请、培训、考试、从业人员日常管理、转档转籍、诚信考核、继续教育和查询统计等。其系统结构和业务功能如图 10-15 和表 10-5 所示。

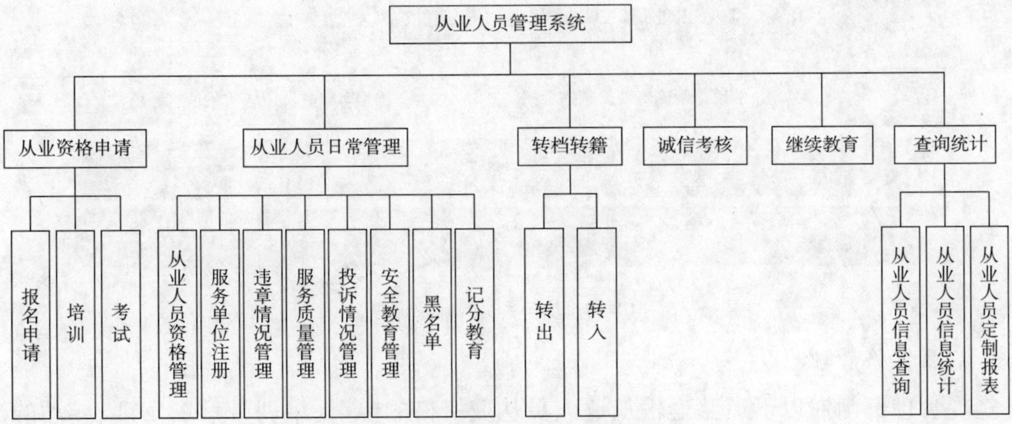

从业人员管理系统
从业资格申请：报名申请、培训、考试
从业人员日常管理：从业人员资格管理、服务单位注册、违章情况管理、服务质量管理、投诉情况管理、安全教育管理、黑名单、记分教育
转档转籍：转出、转入
诚信考核
继续教育
查询统计：从业人员信息查询、从业人员信息统计、从业人员定制报表

图 10-15　从业人员管理系统功能结构图

从业人员管理系统业务功能　　表 10-5

| 功能模块 | 功 能 描 述 | 用 户 对 象 |
|---|---|---|
| 从业资格申请 | 计划从事道路运输行业从业资格的个人向相关运管部门提出申请。申请者填写相应的从业资格考试申请表，参加相关培训，并进行考试 | 省级、市级道路运输管理机构 |
| 培训 | 自愿参加培训的人员安排从业资格申请者的理论知识培训 | 省级、市级道路运输管理机构 |
| 考试 | 设区的市级道路运输管理机构对符合申请条件的申请人安排考试 | 省级、市级道路运输管理机构 |
| 从业人员日常管理 | 对资格证件的制作发放管理，以及从业人员日常经营活动的工作行为、奖惩记录(从业过程中的奖励与处罚)、服务单位备案、投诉、安全教育和黑名单等资料管理 | 省级、市级、县级道路运输管理机构 |
| 转档转籍 | 实现从业人员的转档转籍 | 市级、县级道路运输管理机构 |
| 诚信考核 | 实现从业人员诚信考核管理 | 省级、市级、县级道路运输管理机构 |
| 继续教育 | 对从业人员的每年脱产学习或者在多次违规后再学习的形式、学习过程和结果的管理 | 省级、市级、县级道路运输管理机构 |
| 查询统计 | 对人员报名考试、资格证管理、业务办理等情况进行查询统计 | 省级、市级、县级道路运输管理机构 |

2. 功能设计

从业人员管理系统功能包括从业资格管理、从业资格证件管理、从业人员诚信管理、从业人员日常管理、继续教育管理、查询统计等几个方面，如图 10-16 所示。

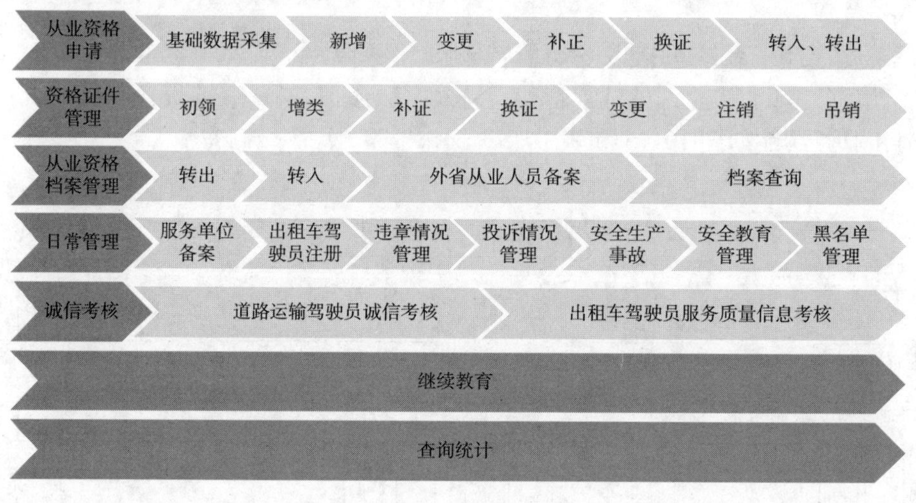


图 10-16　从业人员管理系统功能

3. 从业资格管理

实现管理部门对以下道路运输从业人员从业资格的申请、培训、考试、发证、异动的流程化管理，主要包括：从业人员管理、从业资格证件管理、从业人员诚信管理、从业人员日常管理以及继续教育管理等,具体的管理项目及功能见表10-6。

从业资格管理的项目及功能表 表10-6

| 管理类别 | 管理项目 | 功能 |
|---|---|---|
| 从业人员管理 | 机动车驾驶员管理 | 基础信息采集变更、培训信息采集、考试信息采集、核发证件、证件换证、证件补办、从业资格撤销、IC卡发放、IC卡信息变更、IC卡回收等 |
| | 机动车辆维修与检测技术人员管理 | |
| | 机动车驾驶教练员管理 | |
| | 高级经理人管理 | |
| | 道路危险货物运输从业人员 | |
| | 其他从业人员管理 | |
| 从业资格证件管理 | 从业资格证件变更 | 实现从业人员服务单位变更或是服务区域发生变更时,证件需要进行变更 |
| | 从业资格证件换发 | 从业人员证件遗失、毁损或是由于其他原因引起证件的变化,需要进行证件换发 |
| | 从业资格证件注销 | 从业人员由于个人申请、年龄、死亡、超过有效期等原因,对证件注销 |
| | 从业资格证件吊销 | 从业人员不具备相应从业安全条件的,需要吊销其从业证件 |
| | IC卡管理 | 从业资格IC卡的变更、换发、注销、回收 |
| 从业人员诚信管理 | 教练员诚信考核 | 通过多个指标,对教练员进行诚信考核,并将考核结果记录到教练员的从业行为记录中。诚信内容,包括基本情况、安全生产记录、遵守法规情况、服务质量、投诉情况等 |
| | 道路运输驾驶员诚信考核 | 通过多个指标,对道路运输驾驶员的诚信进行考核,并将结果记录到其从业行为记录中。包括基本情况、安全生产记录、遵守法规情况、服务质量、投诉情况等 |
| 从业人员日常管理 | 从业行为管理 | 从业行为管理是从业人员日常经营活动的工作行为、奖惩记录(从业过程中的奖励与处罚)、教育培训记录等资料管理 |
| | 服务单位备案管理 | 对道路运输从业人员服务单位登记备案的管理,包括:服务单位名称、入职、离职等信息,为道路运输经营业户的许可业务提供数据支撑 |
| | 投诉情况管理 | 实现针对道路运输从业人员的投诉情况管理,为从业人员的诚信考核及日常业务办理提供数据支持 |
| | 安全教育管理 | 实现对道路旅客运输行业在安全教育中的形式(培训或考试)、培训内容、培训单位、培训地点及培训人员等信息的管理 |
| | 违章情况管理 | 实现道路运输从业人员的违章情况管理 |

续上表

| 管理类别 | 管 理 项 目 | 功　能 |
| --- | --- | --- |
| 继续教育管理 | 教育对象管理 | 教育对象包括：运管执法人员、企业管理人员、从业人员 |
| | 学习管理 | 对从业人员的每年脱产学习或者在多次违规后再学习的形式、学习过程和结果的管理 |
| | 培训教育管理 | 从业人员自己所需的各类考试，以及按规范要求需进行的各类继续教育。继续教育完成包括报名、学习培训、考试等内容，并将考试成绩记录档案 |
| | 培训任务管理 | 实现培训任务下达、培训任务执行、培训考核、培训结果统计等功能。并与从业资格考试系统结合，实现培训效果考试 |
| | 教育记录管理 | 从业人员完成继续教育后，将继续教育的信息写入从业人员 IC 卡中 |

4. 查询统计

随着道路运输管理行业的高速发展，从业人员的队伍越来越壮大，主管部门面临着很大的管理难题。在政府职能向服务型政府转型的过程中，相关政策法规的制定、行业运行状况的监测、市场引导和领导决策，均需要有准确、真实、全面、科学的行业统计信息作为基础。

从业人员的统计分析的业务包括：

(1)从业人员信息查询。根据所属机构查询从业人员的相关信息。包括报名考试的信息、档案信息、业务办理信息、附件材料信息、诚信考核信息、继续教育信息、违法违规信息等。可以根据时间、机构等多种条件进行筛选，并可以根据实际需求自定义查询条件。

(2)从业人员信息统计。对从业人员进行多种方式的统计。根据不同的时间段、不同的机构、不同的从业资格类别等对从业人员的报名考试、业务办理(证件发放、补换证、转档转籍等多种业务)、诚信考核、继续教育、档案信息等进行统计。

(3)从业人员定制报表。除了日常的查询和统计，还可以结合湖北省道路运输管理情况，定制相关报表，可以将定期申报、管理中常用的统计等做成固定报表格式，方便行业管理部门查看，并可以支持导出。

## 四、驾驶员培训机构联网监管与服务系统

湖北省部分地市已按照各自业务需求建立了驾培管理子系统，此系统较大地提升了地市行业管理部门对驾培行业的监管能力，但站在全省角度看，全省并未建成相应的驾培管理系统，其对驾培行业的监管手段也较为匮乏，在此情况下，省级行业管理部门对驾培行业的管理需求显得越发迫切。驾驶员培训机构联网监管与服务系统将全省驾校实时信息、全省学员、教练员实时信息、全省学员培训情况实时信息、全省教练车实时信息进行联网，将驾驶员培训、考试、审核、监督、管理有效地统一于一个系统平台，真正实现驾驶员培训的监管的严格化高效化。

结合驾驶员培训制度改革，建设培训机构联网监管与服务系统，实现全省驾驶员培训机构联网服务，建设全省统一的驾驶员培训服务门户，建设学员教学过程监管系统、教练员动

态管理系统、驾驶员培训机构日常监管系统、驾驶员培训机构诚信考核系统，并实现与公安系统的信息互联互通和业务协同。通过分析检验驾驶员计时计程学习质量，实现驾驶员考核评价分析，动态监管驾驶员培训机构的培训过程，对教练员的日常教学效果进行跟踪评价，如图10-17所示。

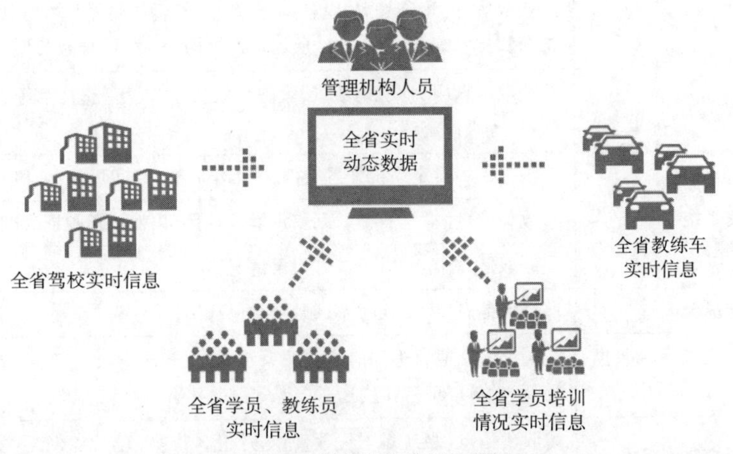


图10-17　驾驶员培训机构联网

驾驶员培训机构联网监管与服务系统通过对现有驾培机构的联网，实现驾校信息、驾培的报名、培训、日常管理所有信息的联网，建立了集驾校的驾驶员培训、主管部门行业管理和监督、面向社会公众服务于一体的系统平台。该系统可以有效避免各个地市之间的标准混乱、驾培行业管理和公安驾考管理之间的各自为政，为持续提高交通安全提供有力保障。此外，可为公安交警管理系统、各级地市的异构计时培训系统等外部系统提供无缝对接接口实现行业内外业务协同，该系统与其他系统的数据流图和协同关系如图10-18和表10-7所示。

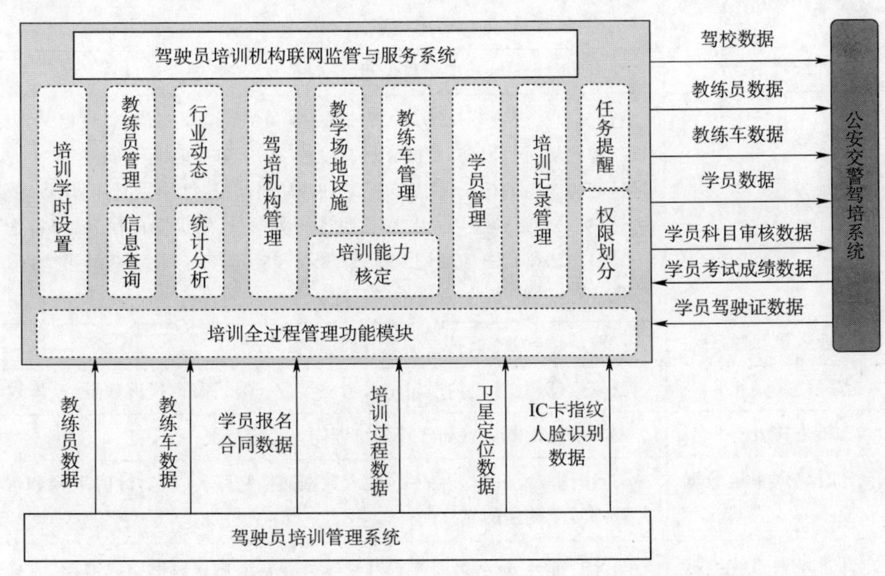


图10-18　驾驶员培训机构联网监管与服务系统与其他系统的数据流图

驾驶员培训机构联网监管与服务系统与其他系统的协同关系　表10-7

| 类型 | 协同系统 | 协同信息 |
| --- | --- | --- |
| 外部 | 运政系统 | 获取信息(全省驾培机构的名称、注册地址、法人代表、联系方式、驾校级别、经营范围等基础信息,查行政许可信息,教练车数量、教练员数量) |
| 外部 | 运政系统 | 获取信息(车牌号码、设备编号、车型、车辆年限等基本信息,教练车定期维护、检测和技术等级评定信息、所属培训机构、车牌号、准教类型) |
| 外部 | 运政系统 | 获取信息(培训机构数量、教练车数量、车况情况、技术等级评定情况;教练员数量、等级评定情况) |
| 外部 | 公安系统 | 根据大纲设定系统配置文件,大纲学时要求的匹配结果和公安考试科目对接 |
| 外部 | 公安系统 | 收集信息[截至自然时间培训学员数量(以发放驾驶证为准)] |
| 外部 | 公安系统 | 获取信息(全省学员考试报名情况) |
| 外部 | 公安系统 | 获取信息(考试通过率、领证学员数量) |
| 外部 | 公安业务系统数据交互 | 与公安交通管理部门的相关系统对接,实现学员约考、考试通过情况、教练员违章、学员取证三年内违章情况等数据共享 |
| 外部 | 企业级驾培系统 | 收集信息(教练车上线数量、本月报名数、当天报名数、违规教学数、年培训学员数量) |
| 外部 | 企业级驾培系统 | 获取企业级驾培管理系统中驾驶培训机构基础数据 |
| 外部 | 企业级驾培系统 | 获取信息(培训机构数量、教练车数量、教练员数量、在学学员数量、培训过程情况、学员评价、投诉数量、违规教学、考试通过率、领证学员数量) |
| 外部 | 企业级驾培系统 | 根据核定的驾驶培训企业培训规模进行招生培训能力预警 |
| 外部 | 企业级驾培系统 | 获取信息(SIM卡号、培训教学实时监控、GPS定位教练车所在位置、实时车内培训照片、培训轨迹、某一时间段的详细行驶轨迹) |
| 外部 | 企业级驾培系统 | 获取信息(教练员档案信息、综合信息、教时信息、培训教学时长、信誉质量考核情况、违规教学、黑名单信息) |
| 外部 | 企业级驾培系统 | 获取信息(学员基本信息信息、学时信息、驾考进度信息) |
| 外部 | 企业级驾培系统 | 获取信息(全省学员培训过程信息,学员的综合学时信息、科目一理论学时、科目二理论学时、科目二实操学时、科目三理论学时、科目三实操学时,全省学员分科目的每次培训记录情况,包括培训开始时间、培训结束时间、培训时长、培训教练员、实操培训轨迹以及实操拍照等相关信息,培训阶段信息,全省学员的科目一、科目二、科目三培训记录审核情况,包括审核时间、审核结果情况、审核人等信息、结业考核情况、考试报名情况) |
| 外部 | 从业人员管理系统 | 获取信息(教练员基本信息、继续教育情况) |
| 外部 | 省级公共服务平台 | 获取信息(培训机构质量信誉考核情况、学员评价、投诉数量、违规教学数量) |
| 外部 | 省级公共服务平台 | 发布市场供需信息和驾校的培训能力核定情况 |
| 外部 | 计时培训系统数据交换 | 与计时平台、远程教育平台建立数据交换链路,实现对计时平台和远程教育平台管理所需数据的交换 |
| 外部 | 计时培训系统数据交换 | 与计时平台、远程教育平台和继续教育系统建立数据交换链路,实现学员报名数据、培训过程数据、评价监督信息和教练员职业资格信息等数据的交换 |

续上表

| 类型 | 协同系统 | 协同信息 |
| --- | --- | --- |
| 外部 | 全国驾驶培训数据交换与服务平台数据交换 | 与全国驾培平台对接，实现行业基础资料信息、培训记录信息、跨省驾培机构学员信息、服务质量监督情况等信息的交换 |
| 外部 | 行业相关系统数据交互 | 具备与道路运输行业相关信息系统的信息交互接口，实现业务数据、统计数据和诚信考核数据等数据的交换 |

省级行业管理部门对驾培行业的管理需求主要体现在培训机构资格条件管理、培训能力管理、教练员管理、教学大纲管理、科目阶段对应关系设定、培训记录管理、学时管理、监督管理、统计分析、信息发布以及综合评价等方面。

驾驶员培训机构联网监管与服务系统可以为培训机构提供学员登记、注销、学员培训学时付费、学员培训学时退费、退学管理功能；学员培训信息采集、学员培训记录单的签订报审、结业报审、教练日志报审、教练车辆的报废申请、教练车辆新增申请管理功能；培训记录单、结业证件的管理二维码加密打印功能；各类分析统计报表的查询(如招生年度趋势分析图、学员统计结业考试通过率年度比较图、教练员带教合格率统计报表)等培训机构日常管理功能，并且有教练员预约培训的排班管理、培训黑名单的管理、员工与车辆的管理以及培训机构内部财务管理的功能。

从业人员应可以通过驾驶员培训机构联网监管与服务系统查询本人各类基本信息，包括但不限于从业资格证号、所属业户编号、姓名、性别、身份证号、驾驶证号、服务大类、服务细类、从业状态、技术登记、从业资格有效期等，同时也应可以将本人诚信考核以及继续教育情况等审批信息通过联网监管与服务系统上传到当地行业管理部门审批。

驾驶员培训机构联网监管与服务系统是政府管理部门、驾校教练、驾校学员和公众互联互通的基础。在驾驶员培训机构联网监管与服务系统的建设中应充分考虑引入社会监督机制，社会公众一方面应可以使用新闻动态、行业政策、记录查询等功能，另一方面还可使用预约培训、预约考试以及服务评价等功能。

驾驶员培训机构联网监管与服务系统分为驾驶培训机构监管子系统、驾培移动端服务子系统、综合信息服务子系统3个模块，其系统结构和业务功能如图10-19和表10-8所示。

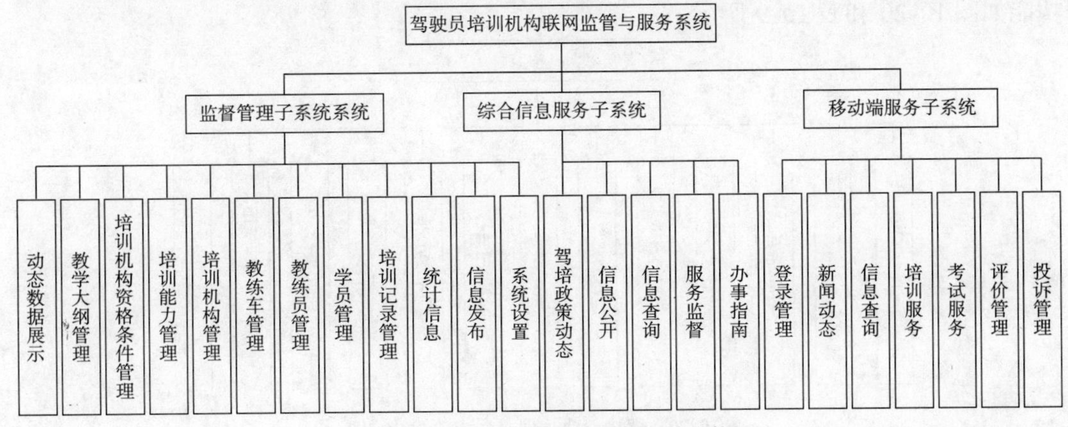


图10-19 驾驶员培训机构联网系统结构

驾驶员培训机构联网系统业务功能表

表 10-8

| 业务功能项 \ 使用对象 | 省级运管 | 市(州)运管 | 县级运管 | 驾校 |
|---|---|---|---|---|
| 培训学时设置 | ✓ | | | |
| 驾培机构管理 | ✓ | ✓ | ✓ | ✓ |
| 学员管理 | | ✓ | ✓ | ✓ |
| 教练员管理 | ✓ | ✓ | ✓ | ✓ |
| 教练车管理 | ✓ | ✓ | ✓ | ✓ |
| 教学场地管理 | ✓ | ✓ | ✓ | ✓ |
| 培训能力核定 | ✓ | ✓ | ✓ | ✓ |
| 培训管理 | | ✓ | ✓ | ✓ |
| 招生管理 | | ✓ | ✓ | ✓ |
| 信息查询 | ✓ | ✓ | ✓ | ✓ |
| 统计分析 | ✓ | ✓ | ✓ | ✓ |
| 信息发布 | ✓ | | | |
| 卫星定位监管 | | | | ✓ |

1. 驾驶培训机构监管子系统

驾驶培训机构监管子系统主要实现培训管理、综合评价、教练员管理、信息发布等行业管理业务。使用驾驶培训机构监管子系统,可以有效避免各个地市之间的标准混乱、驾培行业管理和公安驾考管理之间的各自为政,为持续提高交通安全提供有力保障。同时,可为公安交警管理系统、各级地市的异构计时培训系统等外部系统提供无缝对接接口实现行业内外业务协同。

驾驶培训机构监管子系统的功能包括:培训机构资格条件管理、培训能力管理、教练员管理、教学大纲管理、培训机构管理、教练车管理、学员管理、培训记录管理、行业信息统计分析、运营平台信息管理、系统数据交换管理、信息查询与发布、系统设置等。其功能结构与业务功能如图 10-20 和表 10-9 所示。

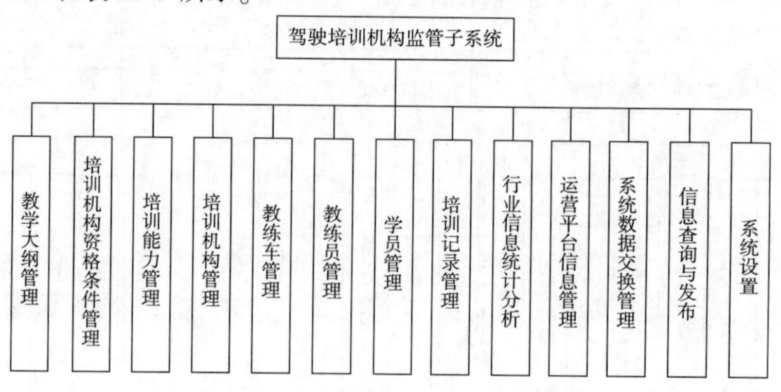


图 10-20　驾培行业管理子系统功能结构图

驾培行业管理子系统业务功能表 表10-9

| 业务功能项 | 功能描述 |
|---|---|
| 培训机构资格条件管理 | 实现对驾校基本信息、教练场地、教练员等情况进行管理,对驾校行政许可情况进行监督和管理 |
| 培训机构管理 | 对驾校基本信息(驾培机构名称、注册地址、法人代表、联系方式、经济类型、驾校级别、经营范围、许可信息)、教练场地、教练员、教练车等情况进行管理,对驾校行政许可情况进行监督和管理,对驾校进行网报备案,对驾校下发整改督办通知 |
| 培训能力管理 | 实现对各级地市运管处核定的培训能力进行监管,对驾校培训计划进行监管 |
| 教练员管理 | 实现对全省所有教练员档案信息管理,包括教练证、IC卡信息等 |
| 教练车管理 | 省局管理人员可以实时掌握教练车的综合信息、基本信息、实时监控、行车轨迹、维护及检测、技术等级评定的相关信息,满足对教练车的监管需求 |
| 教学大纲管理 | 实现对全省机动车驾驶员培训教学大纲进行设定 |
| 学员管理 | 省局管理人员可以查询学员的基本信息、考试结果的相关情况,管理学员的转籍、结业考核、考试报名与约考情况,满足对学员的管理需求 |
| 运营平台 | 应能对在管辖范围内运营的计时平台和远程教育平台信息进行管理,确保驾校使用符合全国统一标准规范的计算机计时培训管理系统和网络远程教育系统,确保符合数据规范的驾培相关系统才能正常接入省级驾培平台,并且需要强化对计时平台及远程教育平台的数据传输质量考核管理 |
| 系统数据交换管理 | 需要满足数据集中采集与分析的功能需求,满足跨省进行分学时、跨培训机构培训需要,实现培训信息传输、储存、监管一体化。需要实现与驾校计时平台、远程网络教育平台、全国驾培平台、公安考试系统等驾培信息化相关系统的数据交换,并且能够动态监控各个平台的数据传输状态 |
| 系统设置 | 省局管理人员可以监督管理平台账号、权限功能的分配,还可查询统计系统用户账号的登入和登出记录以及显示系统版本相关信息,满足对系统用户的监督和管理需求 |
| 培训记录 | 实现各级运管部门按权限对全省机动车驾驶培训机构的培训记录审核和管理 |
| 信息查询与发布 | 实现对所有机动车驾驶员培训机构的基本信息、培训过程信息等相关信息进行查询 |
| 行业信息统计分析 | 实现对全省机动车驾驶员培训的学员报名、培训、毕业、结业考核情况以及教练员、教练车情况等相关数据进行统计 |
| 综合评价功能 | 实现监管部门对全省机动车驾驶员培训机构质量信誉考核,教练员教学质量情况综合评价 |

2. 驾培移动端服务子系统

驾培移动端服务子系统是将驾培业务和移动互联网相结合产生的可以让监管部门随时随地对驾培行业进行监督管理的系统。系统与驾培行业管理子系统进行数据对接,智能整合数据并以不同图表形式在移动端呈现各类信息,包括驾校信息、教练员信息、学员信息、培训信息等,信息能实时更新并统计成报表,方便监管部门及时掌握所辖地区驾培相关情况,为行业决策提供依据。

驾培移动监管子系统的功能包括:线上资格信息审查、移动掌上信息库、实时培训信息监管、培训学时审核管理、基础数据统计分析等。其系统结构和业务功能如图10-21和

表10-10所示。

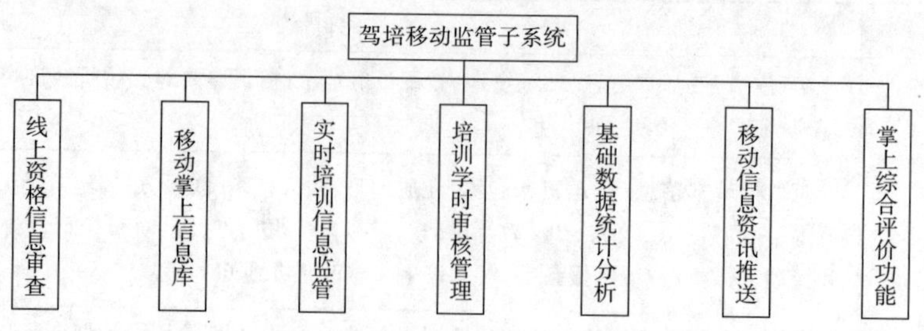


图10-21　驾培移动监管子系统功能结构图

**驾培移动监管子系统业务功能表**

表10-10

| 业务功能项 | 功 能 描 述 | 用户对象 |
|---|---|---|
| 线上资格信息审查 | 实现手机移动端对驾校进行资格审查，包括驾培机构名称、注册地址、法人代表、联系方式、经济类型、驾校级别、经营范围等驾校相关信息，并决定该驾校是否通过教学行政许可 | 各级运管机构 |
| 移动掌上信息库 | 监管部门可以随时随地通过手机端调用驾培信息库，查询驾培相关资料信息，实时掌控有关驾培的相关资料 | 各级运管机构 |
| 实时培训信息监管 | 监管部门可在线监控学员培训动态，实现移动执法和信息执法 | 各级运管机构 |
| 培训学时审核管理 | 监管部门对培训产生的学时的有效性，进行监督审核把关，不符合培训要求的学时不予通过 | 各级运管机构 |
| 基础数据统计分析 | 移动端可以查看各类统计报表，对所辖地区学员报名情况、培训情况、培训数量、教练员数量、教练车数量等相关信息进行统计，为行业管理提供科学依据 | 各级运管机构 |
| 移动信息资讯推送 | 监管部门可第一时间将行业政策法规、违规信息推送出去，确保消息的时效性 | 各级运管机构 |
| 掌上综合评价功能 | 通过手机移动端，可对培训机构质量信誉考核和等级评定、教练员教学质量信誉考核情况进行综合评价，实现综合评价管理和查询 | 各级运管机构 |

3. 综合信息服务子系统

综合信息服务子系统主要实现社会公众对驾培相关信息的查阅，主要包括：政策动态模块、信息公开模块、信息查询模块、服务监督模块、办事指南模块，如图10-22所示。

(1)政策动态模块：社会公众可以查阅相关法规、热点新闻、驾培资讯相关内容，满足发布最新驾培政策动态的业务需求。

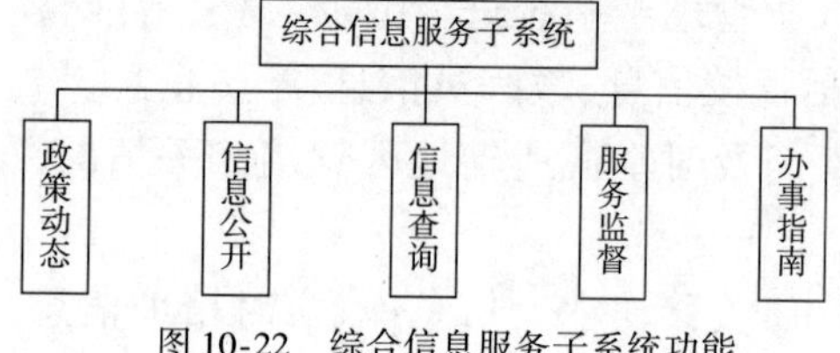


图10-22　综合信息服务子系统功能

(2)信息公开模块：社会公众可以公布所在地市州的培训机构、大客车培训基地、教练车、教练员、学员的基本信息，还可公布招生计划、招生情况、自学直考、供需分布的相关信息，满足省局管理人员公布驾培行业的相关信息的业务需求。

(3)信息查询模块:社会公众可以查询培训机构名称、大客车培训基地、教练车信息、教练员信息、学员信息、招生计划公布、招生情况公布、供需分布信息等,满足查阅驾培相关信息的需求。

(4)服务监督模块:社会公众可以通报相关培训机构违规违纪情况,公布培训机构投诉率、质量信誉等级考核评定结果、考试合格率、不同培训机构投诉与建议,满足对培训机构的监管与服务需求。

(5)办事指南模块:社会公众可以下载驾培相关资料,查询驾培相关问题、培训相关指南,满足社会公众学驾需求。

## 五、机动车综合性能检测站联网监管与服务系统

与驾培行业类似,当前省级行业管理部门对检测行业的监管手段也较为匮乏。由于当前检测站联网系统侧重于结果监管,因此在缺少监管手段的情况下,检测行业买卖检测单的现象时有发生,在此情况下,为避免行业乱象愈演愈烈,依托信息化手段实现对检测行业的检测全过程和检测结果的实时监管显得极为迫切。机动车综合性能检测站联网监管与服务系统的建设,贯彻落实了交通运输部《道路运输车辆技术管理规定》(2016 年第 1 号令)有关要求,标志着全省汽车综合性能检测联网监管与服务系统全面启动,营运车辆综合性能检测信息监管和服务正式进入互联网时代,扎实推进了湖北省道路运输四级协同信息化建设。

1. 系统概述

在现有的湖北省机动车维修检测行业管理及营运车辆技术管理信息系统基础上,建设完善机动车综合性能检测站联网监管与服务系统,实现道路运输管理机构对各检测企业的维修竣工出厂检测、技术等级评定检测、营运客车类型划分及等级评定检测和道路运输车辆燃料消耗核查等检测过程和检测结果信息的实时监管,并将检测数据接入四级协同道路运政管理信息系统,如图 10-23 所示。

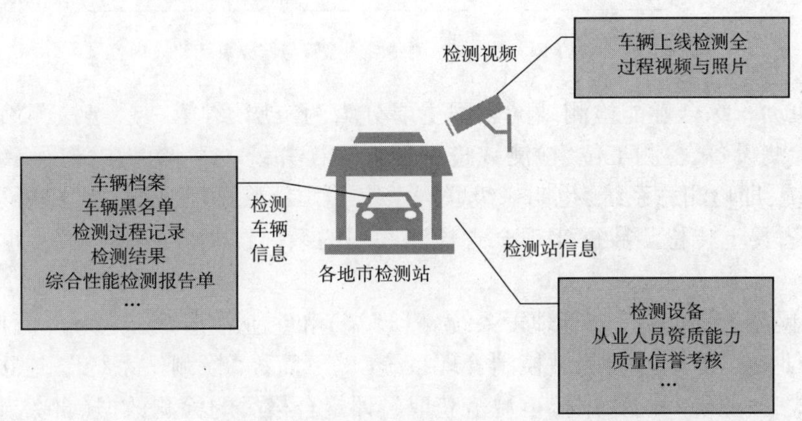


图 10-23　机动车综合性能检测信息化

作为企业用户,从企业业务出发,机动车综合性能检测站联网监管与服务系统可以提供基本的业务受理与登记备案、检测设备检定备案、检测过程记录并上传、检测数据记录并上传、单证打印等需求。

从业人员应可以通过驾驶员培训机构联网监管与服务系统查询本人各类基本信息，包括但不限于从业资格证号、所属业户编号、姓名、性别、身份证号、驾驶证号、服务大类、服务细类、从业状态、技术登记、从业资格有效期等，同时也应可以将本人诚信考核以及继续教育情况等审批信息通过联网监管与服务系统上传到当地行业管理部门审批。

作为监管力量的重要组成部分，社会监督力量一直是一股不可或缺的力量，在机动车综合性能检测站联网监管与服务系统建设中也应高度重视社会监督的力量，该系统应为社会公众提供综合信息查询、网上预约、服务评价等功能。

2. 系统结构

2016 年 1 月 22 日，交通运输部修订颁布《道路运输车辆技术管理规定》（2016 年第 1 号令）。1 号部令对车辆维护制度进行了重点改革，一是由经营者组织实施车辆二级维护，无须进行二级维护检测；二是重新划分了道路运输车辆技术等级，调整了客车、危货运输车综合性能检测和技术等级评定周期和频次。1 号令要求汽车综合性能检测机构应当建立车辆检测档案，车辆检测档案保存期不少于两年。1 号部令还提出道路运输管理机构应当积极推广使用现代信息技术，逐步实现道路运输车辆技术管理信息资源共享。

根据前期需求调研和系统试点运行情况，湖北省机动车综合性能检测站联网监管与服务系统，将紧密结合交通运输部 1 号部令，在现有的机动车维修检测行业管理及营运车辆技术管理信息系统基础上重新设计完善，实现道路运输管理机构对各机动车综合性能检测企业的道路运输车辆技术等级评定检测、道路运输客车春运检测、维修质量监督抽查检测等检测过程和检测结果信息的实时监管，并将检测数据接入四级协同道路运政管理信息系统。整个系统项目建设内容如图 10-24 所示。

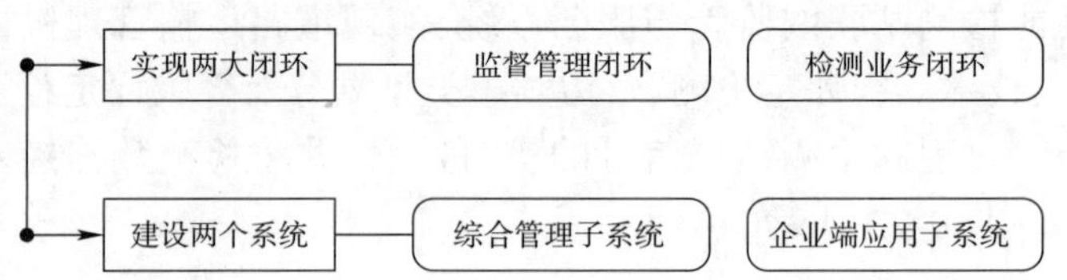


图 10-24 机动车综合性能检测站联网监管与服务系统建设内容

目前各机动车综合性能检测站的联网主要分为两个层级：第一层是检测站内部由总控系统将各个检测设备、检测工位、检测线进行数据交换并统一存储的内部网络结构，类似于企业 ERP 系统，即检测站系统，也叫一级联网系统；第二层是检测站通过互联网与省局数据中心互联，向省局上传检测数据实现全省检测联网的系统，即综检联网系统，也叫二级联网系统。

“综检联网系统”包括综合管理子系统（管理端）和企业端应用子系统（企业端），“综检联网系统”企业端一方面与检测站控制管理系统（以下简称“检测站系统”）连接，采用 WebService 的方式，按照统一的数据接口规范获取经评定合格后的检测数据（含关键工位照片以及检测过程视频资源路径）；另一方面与管理端连接，为检测站分配唯一检测流水号的同时，实时上传检测数据。

“综检联网系统”一方面与运政系统进行数据交互，主要包括检测站业户信息、在用营运车辆信息的获取，以及检测结果信息的推送；另一方面，“综检联网系统”与综合信息服务平台进行数据交互,主要包括综合评价信息的共享,以及预约信息的获取。"综检联网系统"与其他系统间的逻辑结构如图 10-25 所示。

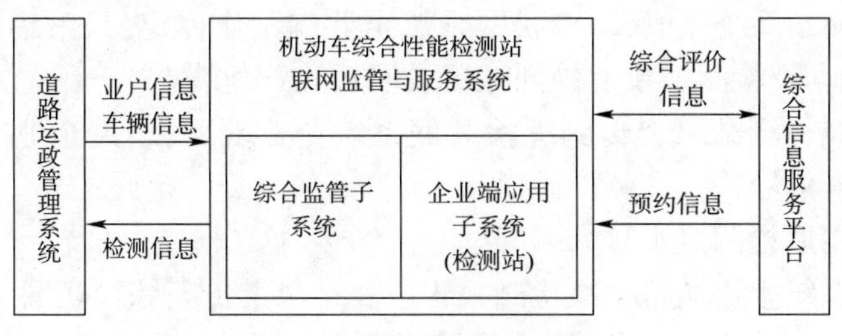


图 10-25　各系统逻辑结构图

"综检联网系统"业务流程如图 10-26 所示。

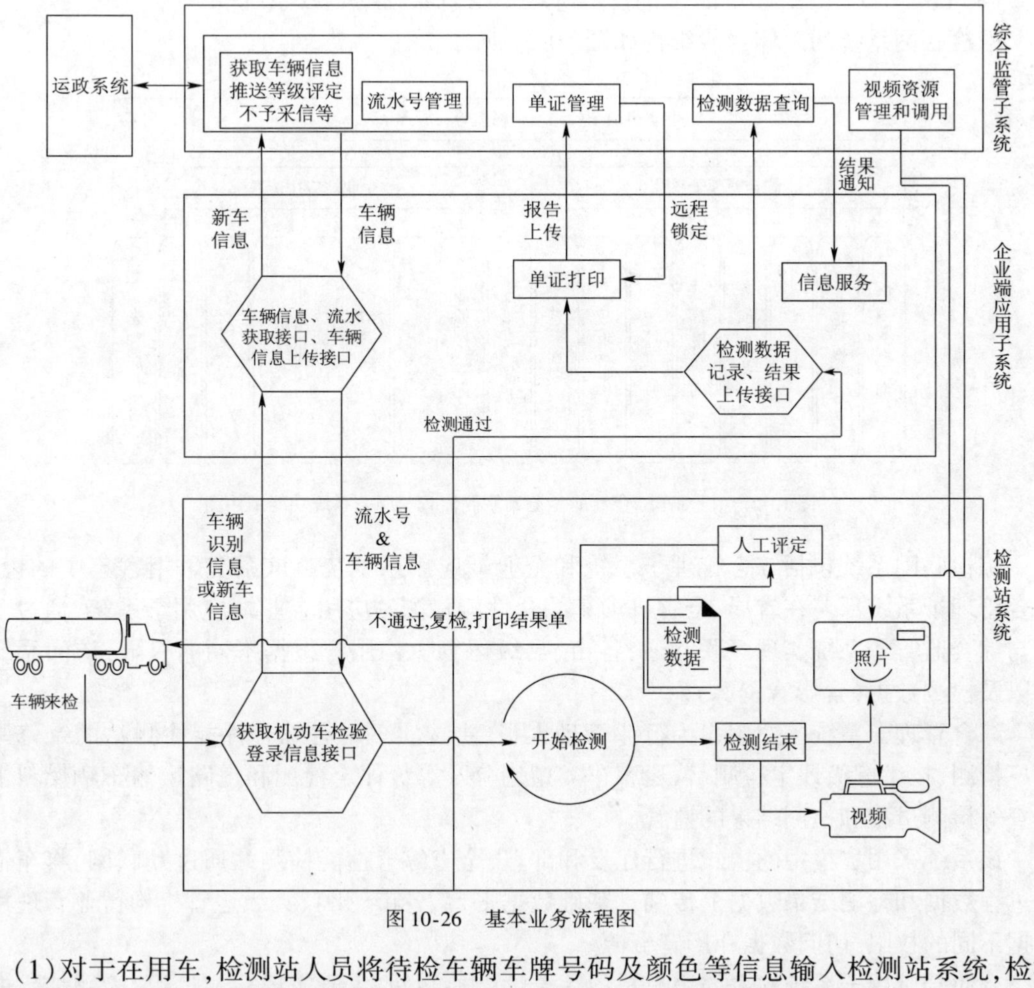

图 10-26　基本业务流程图

(1)对于在用车,检测站人员将待检车辆车牌号码及颜色等信息输入检测站系统,检测站系统通过接口从综检联网系统企业端获取待检车辆基础信息和检测流水号(企业端通过管理端,从运政系统获取车辆基础信息,并生成流水号);对于新车,检测站人员将新车信息输入检测站系统,检测站系统通过接口将新车信息上传至总监联网系统企业端,企业端通过管理端将车辆信息上传到运政系统,然后检测站系统通过接口从综检联网系统企业端获取车辆基础信息和检测流水号。

(2)检测站系统获取到检测流水号后,开始检测车辆。

(3)综检联网系统企业端接收检测站系统上传的经人工评定合格的检测数据及检测结果(评定操作由检测站系统完成,综检联网系统企业端不作评定,只采集评定合格后的检测数据),并将检测数据及检测结果上传到综检联网系统管理端。

(4)检测数据及检测结果上传到综检联网系统企业端后,通过企业端打印检测报告单(检测流水号即报告单号)。

(5)复检时使用原检测流水号。

(6)综检联网系统企业端将本次检测报告以及结果上传至综检联网系统管理端。

(7)检测合格并打印报告单后流水号随即失效;超过一定时限不复检的流水号也将失效。

(8)报告单入库后,相应的车辆技术等级等信息共享给运政系统。

综检联网系统的总体功能结构如图10-27所示。

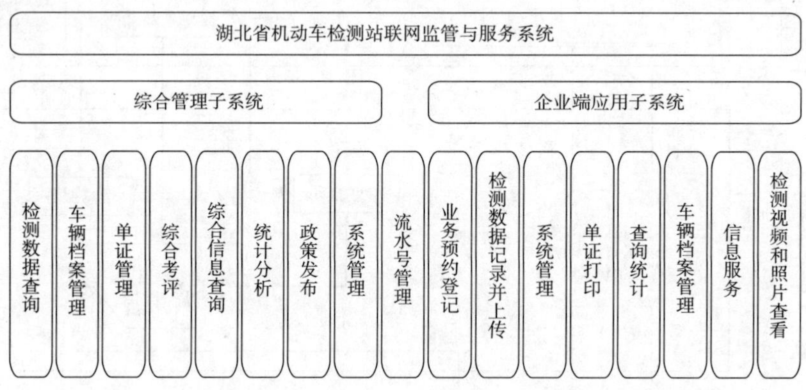


图10-27 机动车综合性能检测站联网监管与服务系统功能结构图

综检联网系统包括综合管理子系统和企业端应用系子统。该系统采用省集中的模式,综合管理子系统部署在省局;全省机动车综合性能检测站应用企业端应用子系统,通过互联网与综合监管子系统实现互联互通;各市、县级运管机构用户根据不同的权限,访问系统功能以及检测数据(含影音资源)。

综合管理子系统主要用户为行业管理人员,主要实现对各综合性能检测站的维修竣工出厂检测、技术等级评定检测、营运客车类型划分及等级评定检测和道路运输车辆燃料消耗核查等检测过程和检测结果的监管。

该系统采用省集中的模式进行建设和部署,全省综合性能检测站通过互联网,将车辆检测过程数据和检测结果数据上传到省基础数据平台,各市(州)、县级运管机构行业管理用户根据不同的权限,访问数据和影音资源。

企业端应用子系统的主要用户是各综合性能检测站,主要实现检测过程、检测结果的记录并实时上传。机动车综合性能检测站可根据实际情况,使用该系统作为本企业的信息化系统,也可按照相关数据接口规范与自身的业务信息系统进行对接。相应的视频监控设备和存储服务器、应用服务器等硬件设备由检测站配套解决。

综检联网系统功能结构见表10-11。

机动车综合性能检测站联网监管与服务系统功能结构 表10-11

| 子系统 | 功能 | 功能描述 | 用户对象 |
|---|---|---|---|
| 综合管理子系统 | 检测数据实时监测 | 对检测站上传的检测过程记录和检测结果进行实时跟踪和监测 | 市(州)、县级运管机构 |
| | 车辆档案管理 | 实现检测站上传的检测过程记录和检测结果与车辆档案的关联,并归档管理;实现检测数据的自动备案 | 省、市(州)、县级运管机构 |
| | 单证管理 | 实现检测报告单等单证、单据的全省统一资源分配和核注核销管理 | 省、市(州)、县级运管机构 |
| | 综合考评 | 现对综合性能检测站的社会评价进行综合考评,并将综合考评的结果通过综合信息服务平台向全社会发布 | 省、市(州)、县级运管机构 |
| | 质量信誉考核与信息发布 | 实现对检测站的运营和服务质量的综合评价和考核,并将结果通过综合信息服务平台向全社会发布 | 省、市(州)、县级运管机构 |
| | 综合信息查询 | 查询检测站的相关检测能力、从业人员资质能力、检测设备等信息 | 省、市(州)、县级运管机构 |
| | 统计分析 | 根据不同的条件、维度综合统计分析检测站的检测能力和检测量、从业人员、车辆档案、单据凭证等信息 | 省、市(州)、县级运管机构 |
| | 政策发布 | 向各检测站及时发布综合性能检测行业的政策法规、管理要求 | 省、市(州)、县级运管机构 |
| | 系统管理 | 实现各级运管机构使用用户的权限分配和基本信息管理 | 省级运管机构 |
| | 流水号管理 | 跟踪整个检测过程真实情况、复检情况、报告单核定情况,形成检测业务完整的数据链 | 省、市(州)、县级运管机构 |
| 企业端应用子系统 | 业务预约登记 | 预约信息发布——将可预约的检测时间信息发送给综合信息服务系统,综合信息服务系统将信息在网上对外发布供用户预约;<br>业务预约登记——网上预约信息处理。业务受理后,在本地建立车辆检测的电子档案,用于记录本次检测的检测数据和检测结果;<br>流水号获取——提供流水号获取功能,系统在后台自动按照统一的报告单号规则,为“检测站系统”提供唯一编号的检测流水号 | 检测站 |
| | 检测视频照片记录并上传 | 对整个检测过程采用时间点记录,形成一条完整的时间链条,对每个检测项目进行图像抓拍,与相应的时间点关联,并上传至省数据中心 | 检测站 |
| | 检测数据记录并上传 | 实现对检测结果数据的记录,并上传至省数据中心 | 检测站 |
| | 检测设备检定备案 | 实现检测站在其检测设备经过专业机构检定合格后,在综合监管子系统进行备案登记 | 检测站 |
| | 单证打印 | 打印检测报告单等单证 | 检测站 |

续上表

| 子系统 | 功　能 | 功　能　描　述 | 用户对象 |
|---|---|---|---|
| 企业端应用子系统 | 查询统计 | 根据不同的条件、维度统计分析综合性能检测业务接待记录、检测能力和检测量的匹配情况、检测用户分布情况等 | 检测站 |
| | 政策法规 | 接收并提醒各检测站及时了解和掌握综合性能检测行业的政策法规、管理要求 | 检测站 |
| | 系统管理 | 主要用于检测站基础信息维护、检测站人员信息维护、检测站设备信息维护与上传 | 检测站 |
| | 车辆档案管理 | 车辆档案主要是指车辆检测档案。主要实现对来站检测的车辆基础信息、检测历史数据等信息进行综合管理和查询 | 检测站 |
| | 信息服务模块 | 接收并提醒各综合性能检测站及时了解和掌握国家、交通运输部以及各级道路运输管理机构发布的政策法规、管理要求，方便企业及时掌握管理动态 | 检测站 |

## 第二节　打造三个平台

### 一、综合信息服务平台

综合信息服务平台是湖北省道路运输对外服务的主要窗口，它整合现有业务系统的建设成果，基于“互联网＋”的思想，以移动应用服务系统、微信平台、门户网站、自助终端等多种方式提供信息查询、网上报名、服务预约、业务申请、评价打分等道路运输业务相关的服务，以及行业运行相关的主题分析服务，方便行业管理者、行业从业者以及社会公众随时访问系统，获取信息支持，如图10-28所示。

综合信息服务平台丰富了服务方式，让用户能够足不出户就能获取所需的查询和业务服务，节约了时间成本，提高了社会效率。此外，通过建设基于行业人员和公众的评价打分服务，能够有效促进行业服务水平的提高，提高企业的市场竞争力，促进市场的健康发展。

综合信息服务平台包括公共信息服务系统和道路运输综合运行分析系统，其中公共信息服务系统的使用对象主要是行业从业者以及社会公众，道路运输综合运行分析系统的使用对象主要是道路运输管理机构。

1. 公共信息服务系统

公共信息服务系统可以提供多样化、个性化的服务方式，主要包括湖北网上运管局（网站）、湖北掌上运管局公众服务APP、湖北掌上运管局政务APP、湖北道路运输服务微信、运政自助终端，如图10-29所示，行业企业、从业人员、驾校、驾培学员、社会公众可以根据自身需求随时随地关注服务信息，真正将“互联网＋道路运输”融入公众生活。

（1）湖北网上运管局子系统。

湖北网上运管局是以互联网载体为道路运输企业、道路运输从业人员、社会大众提供道路运输行业服务的网站，集管理与服务为一体，包括运政信息服务，驾培信息服务，机动车检测信息服务、个人中心以及企业中心，如图10-30和表10-12所示。用户在注册时必须与手机号进行绑定并注册成功后，才能进行办理相关业务。

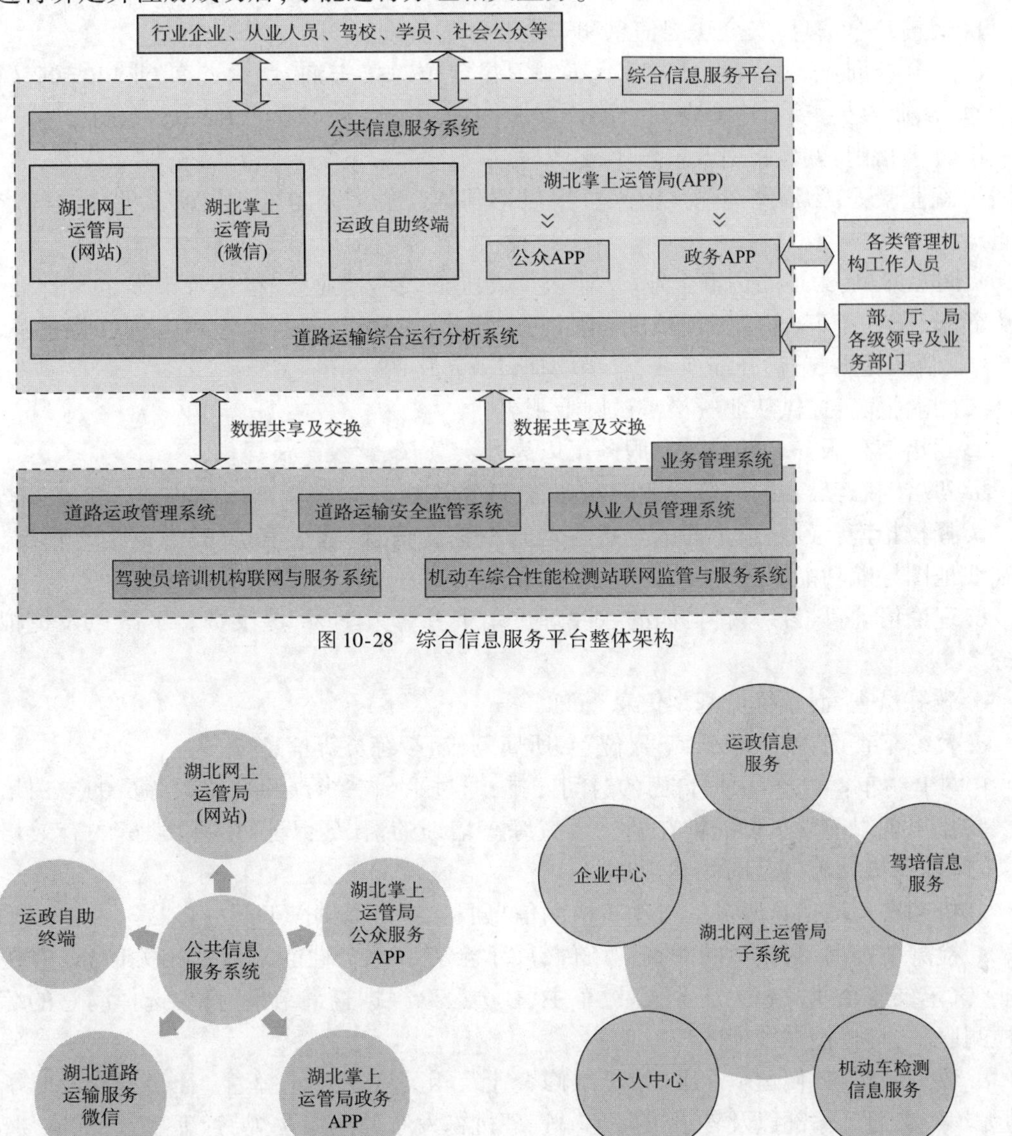


图10-28　综合信息服务平台整体架构



图10-29　公共信息服务系统

图10-30　湖北网上运管局子系统功能

**湖北网上运管局子系统服务内容**　　表10-12

| 系统功能 | 具体服务内容 |
|---|---|
| 运政信息服务 | 运政信息、运输安全信息、综合查询、办事指南、就业服务、网上办事、网上报名等 |
| 驾培信息服务 | 驾培动态、择校指南、理论培训、教练员查询、教练车查询、网上约车等 |
| 机动车检测信息服务 | 检测站查询、政策法规、行业通报、预约检测、综合评价等 |
| 个人中心 | 个人求职、基本信息、车辆信息、违章信息、记分信息、我的业务、综合分析、提醒服务等 |
| 企业中心 | 运政服务、驾培服务、机动车检测服务、企业综合服务、提醒服务、我的业务等 |

①运政信息服务。运政信息服务可以为社会公众、道路运输企业、道路运输从业人员提供：

a. 运政信息：新闻动态、通知公告、许可公示、法律法规信息的查询。

b. 运输安全信息：安全法规信息和安全教育的查询。

c. 综合查询：车辆位置信息查询、车辆卫星定位对接查询、违章查询、业户查询、营运车辆查询、从业人员查询、违章查询和记分查询。

d. 办事指南：办事指南及资料下载。

e. 就业服务：为道路运输从业人员提供招聘信息查询。为企业提供就业人员需求信息查询。

f. 网上办事：为道路运输企业、从业人员提供在线申请业务，包括省市际包车管理、车辆运力新增、车辆年审、车辆新增核准、车辆过户核准、车辆更新核准、承运人责任险报备、制证变更、非制证变更、车辆补证换证、车辆增加经营范围等。

g. 网上报名：提供从业资格考试网上报名。

②驾培信息服务。驾培信息服务可以为社会公众、驾校学员提供：

a. 驾培动态：最新的驾培行业新闻动态、政策法规。

b. 择校指南：最新、最全面的全省各地驾校综合信息、基本信息、教学场地等情况，并提供在线地图导航功能服务。

c. 理论培训：科目一、科目四的在线理论培训并算入学时，提供资料下载以及模拟考试服务。

d. 教练员查询：教练员基本信息查询。

e. 教练车查询：教练车车牌号、位置、所属驾校、教练员等信息。

f. 网上约车：学员可根据自己的时间安排，通过平台在线预约某位教练员的空白培训时间。防止出现以前学员们扎堆在同一台教练车培训的情况，保证每一位学员的有效培训时间，方便教练员计算自己的教学学时。

③机动车检测信息服务。机动车检测信息服务可以提供以下服务：

a. 检测站查询：根据不同的查询条件，展示全省的综合性能检测站相关信息，方便运输企业、汽车维修企业及相关从业人员、车主、社会公众根据查询结果，自主选择满意的综合性能检测服务，且提供在线地图导航功能。

b. 政策法规：方便运输企业、汽车维修企业及相关从业人员、车主、社会公众及时了解和掌握国家、交通运输部以及各级道路运输管理机构发布的法律法规、管理规定、标准规范等，使广大的社会公众清楚地知道接受检测服务时应该享受的权利和义务。

c. 行业通报：方便运输企业、汽车维修企业及相关从业人员、车主、社会公众及时了解行业通报情况，使广大的社会公众清楚地知道检测通报信息。

d. 预约检测：机动车综合性能检测送检人通过互联网服务方式，远程申请并预约车辆综合性能检测业务。

e. 综合评价：车辆综合性能检测业务完成后，对本次检测服务进行综合评价和打分。

④个人中心。个人中心可以为个人用户提供以下服务：

a. 个人求职：个人可以查看和修改当前状态和求职类型，当状态为求职时，招聘企业可搜索到本人。

b. 基本信息：个人和企业可以注册登录，填写并查看列出个人所获得的证件相关信息，可展开查看详情、诚信考核计分等信息。

c. 车辆信息：个人可以查看车辆信息，且支持查看多车辆的信息。

d. 违章信息：个人可以查看个人违章信息。

e. 记分信息：可以查看个人记分信息。

f. 我的业务：个人可以查看所有通过网上、现场办理业务的情况及进度等信息。

g. 综合分析：针对个人的违章情况按违章类别、违章时间段、违章地点等和根据就业情况在职时间、企业类型等进行综合分析。

h. 提醒服务：提供从业人员和车辆的违章和记分、从业资格证到期、诚信考核到期、车辆年审、线上检测和业务办理等的提醒服务。

⑤企业中心。企业中心可以为企业用户提供以下服务：

a. 运政服务：企业可以根据对车辆、从业人员备案的文件模板进行下载、录入和备案；人员转入转出时需要填写原因和人员评价，供其他企业聘用前参考；还有针对企业所有的车辆按类型、年限等进行分析；从业人员分析，按年龄、驾龄、从业资格类型等进行分析；违章信息分析，按违章时间、违章地点（省内、省外、市内、市外）、处罚状态、处罚金额等进行分析。

b. 运政信息：企业可以查看自己所有的违章信息、记分信息和整改信息，同时整改信息会有反馈，与运政形成业务闭环。

c. 驾培服务：企业提供教练员管理，教练车管理，为网上约车提供服务；同时根据驾校培训情况分析，按已结业、培训中、培训类别等进行分析；对学员进行分析，按年龄、性别、户口所在地等进行分析；对教练员进行分析，按年龄、性别、教学时长、准教类型等进行分析。

d. 机动车检测服务：提供在线查询检测站已检测的车辆信息；同时对检测量进行分析，按检测类别、平均检测时长等进行分析和对车辆的检测通过率进行分析，按每个未通过项的占比进行分析。

e. 企业综合服务：企业可以查看所获得的证件相关信息，可展开查看详情、证件办理进度、年审进度等信息；同时企业内部从业人员查询，通过姓名、身份证号等查询；企业内部车辆情况查询，通过车牌号、类型等查询；发布招聘信息，可搜索状态为求职的个人，并可查看个人在运政系统中的证件、违章、转入转出记录等信息供招聘企业参考。

f. 提醒服务：提供车辆年审、营运驾驶员记分、运营车辆违章、资格证到期、车辆等级评定到期、业务办理、整改、标志牌到期等的提醒服务。

g. 我的业务：企业可以查看所有通过网上、现场办理业务的情况及进度信息。

（2）湖北掌上运管局公众服务 APP 子系统。

智能手机和平板电脑等移动终端设备早已经普及，人们逐渐习惯了使用移动应用客户端（手机 APP）上网和办理业务的方式。该系统紧随信息化发展方向，建设移动应用服务 APP 子系统，丰富系统的访问方式，便于经营企业和从业人员能够随时随地访问系统，提高信息查询和业务办理的效率。

湖北掌上运管局公众服务 APP 子系统分为个人服务和企业服务两大类别，其服务功能如图 10-31 所示。

（3）湖北掌上运管局政务 APP 子系统。

湖北掌上运管局政务 APP 子系统主要为各类管理机构工作人员提供服务，主要包括数据查询、运政稽查、统计分析等功能，如图 10-32 所示。

数据查询功能为管理人员提供运输企业、营运车辆、从业人员、线路查询、违章处罚、法律法规、案件信息、危险品电子运单信息、危险品的查询，提供在线与离线两种查询模式。

运政稽查功能可以为稽查人员提供违法案件的基本信息录入、新建简易流程案件、现场取证、行政处罚和案件结案功能。对于简易流程案件，提供违法案件的基本信息录入、新建简易流程案件、现场取证、行政处罚和案件结案功能。对于一般流程案件，提供违法案件的基本信息录入、违章登记、立案审批、立案审批处理、调查取证、案件处理意见书、违法行为通知书、陈述申辩书、处罚决定及送达和文书送达回证功能。如果在特殊情况下，执法人员无时间完成一套案件时，可以提供快速取证功能，将一些基本信息及证据先录入系统，并上传至服务器，等回到单位后详细完整地操作案件。

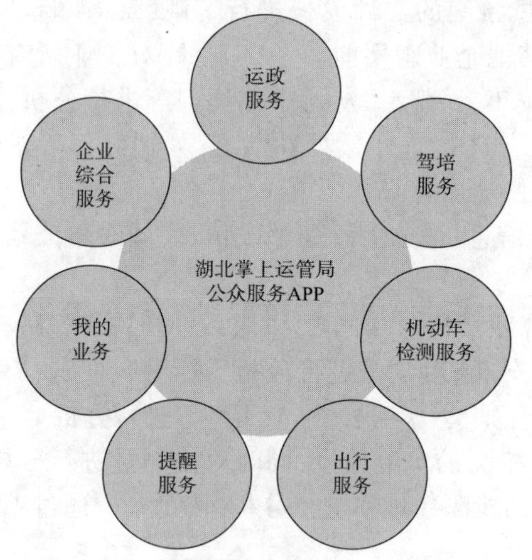


图 10-31　湖北掌上运管局公众服务 APP 功能

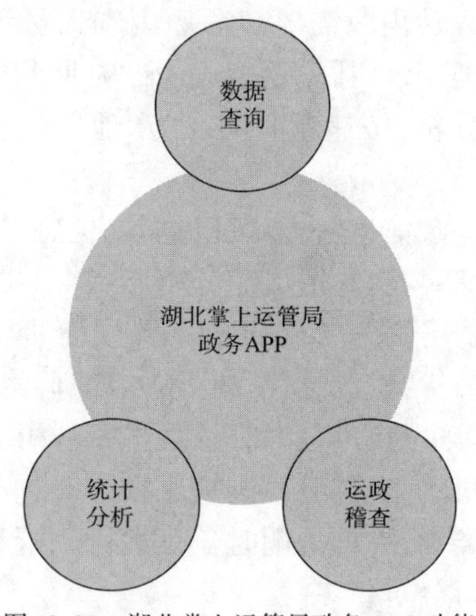


图 10-32　湖北掌上运管局政务 APP 功能

统计分析功能可以按管理人员所在地，以饼状图、柱状图等方式提供该辖区内企业、车辆、从业人员等主题进行不同类别的统计及分析情况。

(4)湖北道路运输服务微信子系统。

随着微信的发展与普及，当前微信的覆盖已经相当广泛，公众接受并乐于使用微信软件。随着微信推出了公众服务号的体系，政府机关借助微信公众服务号平台，经过二次开发将一些业务分拓到微信端，可以很大程度地提高办事双方的效率，并且通过这种方式能够进一步提高政府机关的亲民便民的服务宗旨。

湖北道路运输服务微信子系统可以提供个人服务和企业服务，针对个人、企业提供掌上运管局账号绑定；新用户在线注册，老用户账号绑定。其主要功能包括：运政服务、驾培信息服务、机动车检测信息服务、提醒服务、企业综合服务、个人业务等。系统结构和业务功能如图 10-33 所示。

(5)运政自助终端。

针对现在个别运政网点业务办理繁多的情况，可以借鉴银行 ATM 的自助终端解决方案，建设运政自助终端，实现一些常用的、密集的运政业务的自助办理。将运政自助终端放置在办事大厅,可以有效地缓解办事窗口的压力,并且随着用户对自助终端使用上的熟悉,可以很好地提高用户的办事效率。

运政自助终端的服务对象包括从业人员、企业、运输车辆所有人或使用人。其功能主要包括:查询信息、消息公告、业务办理、业务导办,如图 10-34 和表 10-13 所示。

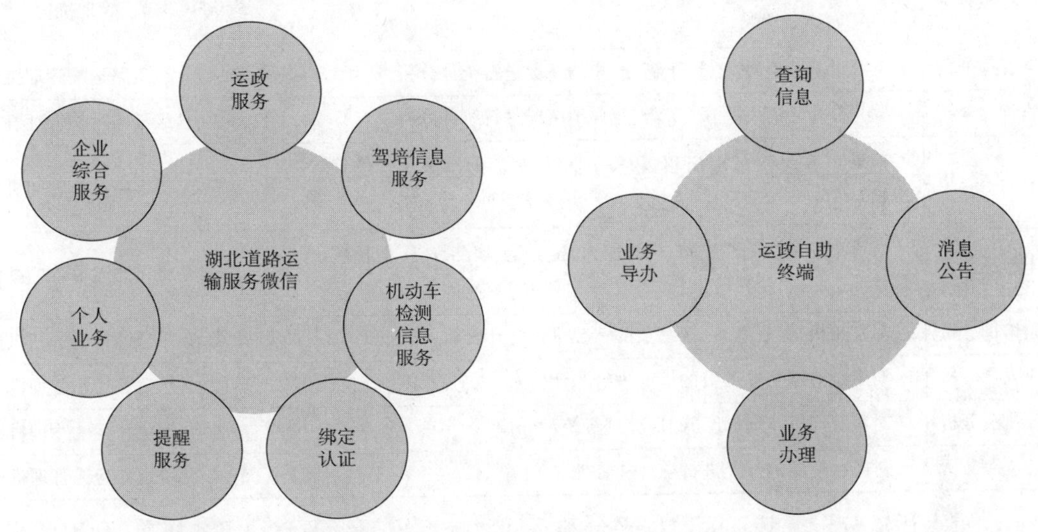


图 10-33 湖北道路运输服务微信功能

图 10-34 运政自助终端功能结构图

**运政自助终端业务功能**

表 10-13

| 功能模块 | 功能描述 | 用户对象 |
|---|---|---|
| 查询信息 | 查询车辆、从业人员、企业相关信息 | 从业人员、企业、运输车辆所有人或使用人 |
| 业务办理 | 实现车辆年审和人员诚信考核功能 | 从业人员、企业、运输车辆所有人或使用人 |
| 消息公告 | 显示政府重要消息或公告 | 从业人员、企业、运输车辆所有人或使用人 |
| 业务导办 | 显示各业务办理流程图,包含各流程所需提供资料的说明,方便用户对象快速办理业务 | 从业人员、企业、运输车辆所有人或使用人 |

2. 道路运输综合运行分析系统

道路运输综合运行分析系统主要为部、厅、局各级领导及业务部门服务,提供综合数据与决策支持,以安全、监管、服务为出发点,以培育统一、开放、竞争、有序的运输市场为目标,对获取到的信息资源进行整理和挖掘分析,提高行业综合数据服务和决策支持能力,为行业和社会经济发展提供更多的价值。其系统结构和业务功能如图 10-35 和表 10-14 所示。

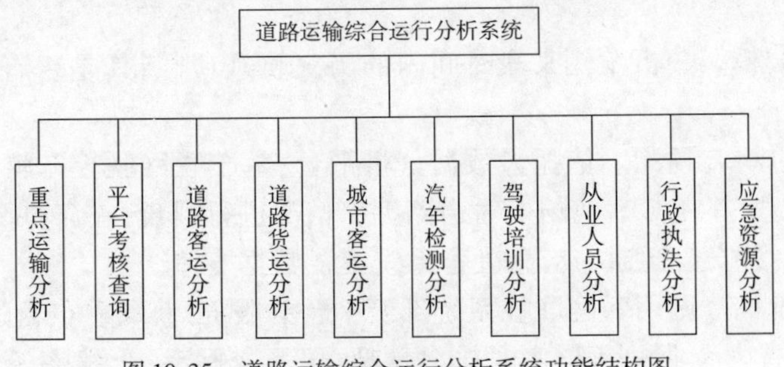


图 10-35 道路运输综合运行分析系统功能结构图

道路运输综合运行分析系统业务功能　表 10-14

| 功能模块 | 功能描述 | 用户对象 |
| --- | --- | --- |
| 重点运输分析 | 对旅客运输和危险品货物运输的运行特征进行统计分析 | 省级道路运输管理机构 |
| 平台考核查询 | 获取重点营运车辆联网联控系统湖北省级平台及省内企业的考核实时排名情况 | 省级道路运输管理机构 |
| 道路客运分析 | 对道路客运行业人员、车辆、业户的情况进行统计分析 | 省级、市级、县级道路运输管理机构 |
| 道路货运分析 | 对道路货运行业人员、车辆、业户的情况进行统计分析 | 省级、市级、县级道路运输管理机构 |
| 城市客运分析 | 对城市客运（公交、出租、租赁）业户、车辆的情况进行统计分析 | 省级、市级、县级道路运输管理机构 |
| 汽车检测分析 | 对汽车综合性能检测站、检测能力、检测量、检测设备、假检测等情况进行统计分析 | 省级、市级、县级道路运输管理机构 |
| 驾驶培训分析 | 对驾培机构、教练车、教练员的情况进行统计分析 | 省级、市级、县级道路运输管理机构 |
| 从业人员分析 | 对道路运输从业人员的情况进行统计分析 | 省级、市级、县级道路运输管理机构 |
| 行政执法分析 | 对行政许可、行政处罚的情况进行统计分析 | 省级、市级、县级道路运输管理机构 |
| 应急资源分析 | 对应急资源的情况进行统计和管理 | 省级、市级、县级道路运输管理机构 |

（1）重点运输分析。基于大数据平台和联网联控系统部级平台的服务接口，利用班线客车、旅游包车、危险品运输车辆的卫星定位数据，结合运政基础数据、电子运单信息以及客运站场、综合枢纽、港口、机场、旅游景区等基础设施分布，对旅客运输和危险品货物运输的运行特征进行统计分析，从交通经济运行、道路运输规律等多个角度进行数据挖掘，提高数据服务能力，为行业和社会经济发展提供更多的价值。

（2）线路特征分析。对湖北省道路运输的主要运输大通道进行统计分析，总结每天、每月、每年以及实时的道路运输线路分布特征，并通过电子地图等形式进行展示。

（3）时段特征分析。基于重点营运车辆的卫星定位数据、运政基础数据，任意时间段内的行驶车辆数量、车辆有效运行时间等指标进行统计分析，总结时段运行特征，并通过图表、电子地图等形式进行展示。

（4）运输区域特征分析。基于全省人口分布特征、区域经济发展水平等社会经济指标，对道路旅客运输和危险品运输的区域分布特征进行统计分析，并通过电子地图等形式进行展示。

（5）道路运输跨域特征分析。利用地理信息系统服务分析车辆的动态位置信息，得出车辆所在的行政区域，从而能够根据车辆所属地判断车辆是否有跨域行为，并且总结跨域规律。

（6）异地经营分析。分析车辆某段时间内的历史轨迹，判断其是否有异地经营行为，总结异地经营规律。

（7）道路流量分析与预测。依托大数据分析平台，基于联网联控车辆位置、速度信息分析道路当前流量信息，并在 GIS 地图上对道路拥堵情况进行展现，在条件具备情况下对部分路段流量进行预测，为安全畅通与应急处置系统提供数据支撑。

（8）平台考核查询。调用联网联控系统部级平台的服务，获取重点营运车辆联网联控系统湖北省级平台及省内企业的考核实时排名情况，以及入网率、上线率等情况，根据排名情况，进一步加强重点营运车辆动态监管工作，从而规范湖北省道路运输车辆动态监督管理行为，落实企业监控主体责任，提升道路运输安全管理水平。

(9)道路客运分析。道路客运专题对道路客运行业的人员、车辆、业户的数量、规模，客运班线的发送量、实载率，以及节假日加班线路以及发送旅客数量等进行数据分析。

通过对客运班线的发送量、实载率，以及节假日加班线路以及发送旅客数量等信息的检测，对客运运力进行调控监测。对于年平均实载率低于一定比率的客运班线，限制新增运力投入；同时优化与现有班线大幅度重复里程的客运班线，严格控制新增班线和运力，保障客运运力的供需平衡。

(10)道路货运分析。道路货运专题分析普货业户、个体户、危货业户、普货车辆、危货车辆的数量及占比。通过对全省货运行业运行进行统计分析，对货运运力进行调控监测。

(11)城市客运分析。包括出租运行和租赁运行两部分。出租运行分析全省范围内出租业户、出租车辆、出租车驾驶员等信息，为行业管理提供依据。租赁运行分析全省范围内租赁业户、租赁车辆等信息，为行业管理提供依据。

(12)汽车检测分析。实现对机动车综合性能检测行业相关的检测站的分布，质量信誉考核和综合评价情况，以及检测站的检测能力、检测量、检测设备、假检测等情况进行统计分析。结合统计分析数据，实现对全省机动车综合性能检测的行业监管，并结合检测站当前的实际业务情况，评定检测站的综合信用等级，重点监测异常信息变化情况，为精细化管理提供支撑，为社会公众提供综合性能检测服务选择的推荐。

(13)驾驶培训分析。对全省驾培机构的规模、教练车的数量分布、教练员的数量分布及驾驶培训情况进行统计和分析，结合驾校服务及行业管理信息，评定驾校综合信用等级，向社会公众进行发布并重点关注企业信用异常变化情况。

(14)从业人员分析。通过分析各行业从业人员的数量、诚信考核的完成情况、继续教育的学习情况，实时了解全省从业人员的从业水平。通过业务数据库提供的从业人员业务数据，可以分析从业人员证件的发放情况及IC的发放情况。

(15)行政执法分析。通过分析行政执法的过程与结果数据，实时展现交通事件的执法步骤，分析执法效率与投诉情况。总结历史行政执法数据，生成相关行政执行评价报表。结合行政执法相关系统数据，对不同执法部门、执法数量等进行综合监测，及时发现执法趋势并分析原因，为决策提供参考。

(16)应急资源分析。利用GIS展现应急资源库的分布、危化品企业的分布、应急事件发生地的分布等。

## 二、应用支撑平台建设方案

应用支撑平台是应用系统正常运行的基础，该项目中，应用支撑平台的建设包括统一身份认证平台、交通基础地理信息服务、企业服务总线、工作流引擎服务平台以及短信息平台五大部分的建设。

### 1.统一身份认证平台

统一身份认证平台负责集中管理所有与该项目应用系统相关人员的主账号信息、主账号使用应用系统时的认证策略等。该平台用于四级协同项目，简化各管理部门多个应用系统账户管理难度，在提高系统应用层安全性的同时实现单点登录，方便用户使用系统。

统一身份认证平台一方面对指定用户访问指定系统权限进行统一管理和分配;另一方面当用户进行单点登录时,统一身份认证平台对系统进行权限的认证和授权,从而确定用户等级和使用权限。通过平台的统一管理配置,实现账号、认证、授权等管理功能的统一。

平台功能包括:

(1)统一账号管理。

①主账号管理。主账号管理负责对内部职工和外部工作人员的主账号及相关的身份信息、组织信息以及其他信息的增加、同步、修改、冻结、删除等管理和维护操作。主账号是在统一身份认证平台中创建的代表自然人的唯一标识。

②从账号管理。从账号管理支持从账号增加、同步、修改、冻结、删除等管理操作、从账号批量操作、孤立从账号、过期从账号的状态检测、提供对特殊账号(系统账号、程序账号)的密码修改策略的管理以及从账号密码的自动更新策略管理。系统可以根据从账号所属资源的情况,设置不同的密码策略满足资源的需求,同时能够在资源满足的前提下,采用最高安全度的密码策略,产生从账号的密码或对其进行检验。

③认证方式管理。平台需要对被管资源的全部认证过程进行管理,主要包括:对用户在安全门户的认证过程中使用的强认证手段及认证策略进行定义;对关键资源认证级别进行定义;将认证策略发布至认证门户。统一认证管理对账号认证支持基于用户名/静态密码的认证、基于短信随机认证、基于数字证书的认证。针对不同用户身份和不同被管资源,统一认证管理可以设定不同的身份认证方式、用户在线时间和最大空操作时间。平台具备较强兼容性和可扩展性,只做最小改动或者是不改动的情况下就可以集成新的认证方式。

④认证管理的强度。统一认证管理认证强度支持以下 0 级到 3 级的级别,即无认证需求可以匿名访问、用户名/密码的认证、短信随机认证以及数字证书或数字签名认证。根据事先定义的策略,结合用户实际登录环境,支持多种认证级别的用户账号认证方式。例如:在单位内部登录非关键系统时可以采用用户名/密码认证方式。

(2)统一授权管理。

①授权管理的资源。所有需要认证才能使用的应用系统,即该项目所建的应用系统。

②授权管理的内容。授权管理负责对授权管理资源(应用系统)和资源中角色的管理。每个授权管理资源拥有各自独立的权限管理功能。平台可以对各资源的管理对象进行授权,而不需要进入每一个管理对象进行授权。

(3)统一角色管理。

角色是一系列权限(资源)的集合。通过角色的定义,可以简化授权操作,降低用户与权限之间的耦合程度,提高授权的灵活性。

①授权管理。授权管理就是把相应的角色授予用户或用户组的一系列维护管理操作。对用户授权后,用户即拥有相应的访问权限。

②从账号授权。用户获得应用系统授权权限后,还需相应系统的账号信息,才能正常访问应用系统。

③角色授权。应用系统的实体级授权,即应用系统的账号开通,需要在业务系统中创建从账号并在统一身份认证平台中进行从账号与主账号关联操作;应用系统的实体内授权,即应用系统的账号开通和明确用户角色,除进行实体级授权,还需要在统一身份认证平台中保

留业务系统的角色配置。

(4)数据同步接口。

四级协同项目建设应用系统需要从统一身份认证平台进行数据交互以完成授权操作,因此平台的数据同步接口的制定应符合SOA规范标准,并支持传输数据安全加密功能。平台与应用系统交换数据内容包括人员、岗位、职位、组织等相关基础信息,以及账户和角色配置信息。

(5)日志记录。

日志记录负责记录人员、岗位、职位、组织等相关基础信息的更改信息,为其他接入应用系统提供同步数据的依据。

2. 交通基础地理信息服务

该系统要求使用高性能的交通基础地理信息服务来实现电子地图相关应用功能。交通基础地理信息服务应使用最新的全国电子地图数据,拥有最新、完善的路网和POI信息,道路信息应可精确到城区小路,配备高性能GIS-T服务引擎,可以进行扩展以满足该系统有关功能需求。GIS以云服务方式提供,可以在任何时间、任何地点使用浏览器或移动客户端接入。交通基础地理信息服务具有如下特性:

(1)电子地图配色美观,分级显示,切图外观样式以及比例尺与通用的电子地图配图方式一致。

(2)将多种信息(包括基础地理信息、POI信息,以及客户自定义分类信息)进行关联整合,提供一个有效收集、整合、关联、发布各种地理信息和相关信息的服务。

(3)能够提供多种地图形式(包括矢量、影像、交通图和用户特定叠加层),能够支持用户开展形式多样的地图服务的需求。

(4)地图经过脱密处理,能够合法通过互联网访问,支持PC端访问和移动端访问。

(5)提供简单易用、功能丰富的API、二次开发接口,支持Javascript形式的接口调用,能够完全支持用户扩展位置服务和丰富展现方式的需求。

(6)性能好,加载速度快,运行稳定。

(7)支持大数据量的查询、范围分析、叠加分析、轨迹分析、聚合分析、专题分析、统计提取、标绘渲染、时态分析,以及其他空间分析功能。

考虑到"湖北省公路水路安全畅通与应急处置系统工程"已建设有湖北省交通基础地理信息服务平台,并且该平台可对外提供地理信息服务,所以四级协同系统建设将依托该平台提供的地理信息服务实现与GIS相关功能。

3. 企业服务总线

企业服务总线是为软件集成而服务的,全面支持SOA体系架构,实现了技术和架构的完全分离,消除了软件服务集成的所有障碍,该软件是建立IT基础技术架构的必用软件。从功能上看,企业服务总线提供了事件驱动和文档导向的处理模式,以及分布式的运行管理机制,它支持基于内容的路由和过滤,具备了复杂数据的传输能力,并可以提供一系列的标准接口。

为更好地支撑服务级共享,该项目中对企业服务总线的功能要求如下。

(1)全面支持SOA体系架构,支持在J2EE运行环境,所有集成系统架构组件支持Web

Service 开发、运行和部署。

(2)提供统一的监控环境,对于 ESB 可以实现对服务状态、服务调用次数、服务调用响应时间等的监控。

(3)提供基于 Web 方式图形化的服务配置环境,实现服务的即配即用。

(4)适配器支持多种服务集成方式,比如 JCA、Web 服务、Messaging、Adaptor。

(5)包括各类技术适配器,支持主流通信协议,包括 Socket、HTTP/HTTPS、Email(POP3、SMTP、IMAP)、FTP/FTP-S、SOAP、Flat File、JMS。

(6)包括多协议消息处理总线,包含了对 JMS、SOAP、HTTP、JDBC、HTTP 和 FTP 的支持。

(7)支持多种消息传递形式,支持点对点、发布/订阅、请求/回复等不同的消息模式。

(8)支持多种协议转换,用于当服务的请求者与服务提供者基于不同协议时的消息转换情形。

(9)支持基于配置的内容的智能路由功能,能够图形化定义数据路由规则。

(10)支持服务匹配模式,用于需要动态选择服务提供者的情形,例如可以根据消息的内容,或负载情况,或服务级别约定(SLA),来为服务请求者选择合适的服务。

(11)对 Web 服务提供强有力的支持,提供可视化的开发工具,能够实现异步、会话、安全性、可靠消息传递等特性。

(12)支持将业务流程发布为 Web 服务,步骤简便。

(13)支持 Web 服务的相应标准,能够提供安全性、可靠性方面的特性。

(14)能够与采用其他工具构建的 Web 服务进行互操纵。

(15)支持 Web 服务的查找,提供工具用于发布已构建的 Web 服务。

(16)支持在总线范畴内对服务的注册命名及寻址管理。

(17)服务日志:必须记录服务的执行过程,如记录服务内容、服务调用是否成功、服务执行时间等。

(18)注册发布:必须提供服务组件的服务注册和服务发布功能,实现服务接口、服务运行与服务参数等各种服务信息的注册和发布。

(19)服务增强:能通过服务端点选择、服务可用性管理以及策略实施,实现动态的、高效与安全的服务信息访问。通过动态服务调用,可真正实现应用系统故障的无缝切换和无缝升级。

4. 工作流引擎服务平台

工作流将工作流程中的工作如何前后组织在一起的逻辑和规则在计算机中以恰当的模型进行表示并对其实施计算。工作流主要解决:为实现某个业务目标,在多个参与者之间,利用计算机,按某种预定规则自动传递文档、信息或者任务。工作流引擎服务平台的主要功能是通过计算机技术的支持去定义、执行和管理工作流,协调工作流执行过程中工作之间以及群体成员之间的信息交互。工作流引擎服务平台的功能要求如下:

(1)支持多层架构,表示层、业务层和数据层分开。

(2)支持多种数据库。

(3)支持多种操作系统。

(4)支持 B/S 结构。

(5)支持可视化进行业务流程分析、定义、组装。

(6)具备跟踪和监控流程的能力。

(7)可灵活配置,适应业务逻辑、机构人员的调整。

5. 短信息平台

短信息平台以服务封装的方式为系统提供短信发送服务,短信息平台包括系统短信和手机短信 2 种形式,功能包括:

(1)短信通信录。支持各应用系统设定通讯录,并支持自定义短信群组等功能。

(2)短信发送和接收。支持用户单一或批量发送、定时发送、发送失败重新发送,以及获取用户回复信息内容等功能。

(3)短信统计监控功能。能够对各应用系统短信发送情况进行统计监控,查询发送短信详细信息,并支持短信记录批量导出。为避免重复投资,考虑到"12328"工程将新建短信平台,四级协同系统建设复用"12328"短信平台。

## 三、基础数据平台建设方案

道路运输基础数据平台,实现运管行业信息资源的采集、管理、交换、共享功能,形成全省道路运输行业数据中心,并实现与交通行业其他系统、交通行业相关的外部系统的数据交换与共享。

建设基础数据平台主要目的在于实现对各类应用数据资源的共享访问和有机融合,打破现有不同部门,实现数据的无缝交换、共享访问和综合利用。基础数据平台建设包括数据需求分析、数据采集、数据库建设、数据交换共享、数据互联互通、数据分析平台建设、数据管理平台建设几个方面。

1. 数据需求分析

根据应用系统建设方案,分析各类业务应用的数据需求,确定各应用系统所需数据资源,主要内容见表 10-15。

**应用系统数据需求表**　　表 10-15

| 系　统 | 数 据 需 求 |
| --- | --- |
| 道路运政管理系统 | 道路运输管理机构信息、道路运输经营业户信息、道路运输车辆基础信息、道路运输客货运站场信息、道路运输客运班线信息、道路运输行政许可信息、道路运输经营业户管理信息、道路运输车辆管理信息、道路运输证件管理信息、道路客运班线管理信息、道路运输档案管理信息、道路运输信誉考核信息、道路运输行政处罚执行信息、公众网上办事申请材料信息、从业人员网上报名信息、公安行驶证数据、交通违法数据、交通事故数据、安监危险品企业基础数据、危险品运输电子运单数据、安全监管工单、源头监管数据、包车运单监管数据、维修技术人员信息、车辆年审信息、车辆检测信息、车辆照片信息、客车等级评定信息、车辆技术档案信息、车辆维修档案相关信息、车辆投保信息、营运驾驶员信息、从业人员信息、从业人员证件信息等 |
| 从业人员管理系统 | 从业人员基础数据、从业人员违章数据、从业人员考试数据、从业人员电子证件数据、继续教育信息、诚信考核信息、从业资格信息、经营业户信息、营运车辆、营运车辆基本属性信息、道路运输证信息、交通事故信息、车辆技术档案信息、车辆年审信息、道路运输管理机构信息、道路运输管理人员信息、经营线路信息、行政执法信息、营运驾驶员信息、教练员信息、站场服务人员信息、维修技术人员信息、考核员信息、诚信考核记录信息、违规计分信息、照片信息、从业资格信息、从业资格类别属性信息、归属服务单位信息等 |

续上表

| 系　统 | 数　据　需　求 |
| --- | --- |
| 道路运输安全监管系统 | 公安行驶证数据、交通违法数据、交通事故数据、安监危险品企业基础数据、危险品运输电子运单数据、安全监管工单、源头监管数据、包车运单监管数据、客运线路监管数据、从业人员基本属性信息、经营业户信息、经营线路信息、营运驾驶员信息、教练员信息、站场服务人员信息、维修技术人员信息、考核员信息、诚信考核记录信息、违规计分信息、照片信息、从业资格信息、从业资格类别属性信息、归属服务单位信息等 |
| 综合信息服务平台 | 从业人员信息、经营业户信息、营运车辆基本信息及年审信息、道路运输管理机构信息、道路运输管理人员信息、经营线路信息、行政执法信息、网上业务申请数据、运政业务基础数据、从业人员网上报名数据、从业人员驾驶证信息、从业人员诚信信息、企业信誉考核信息、就业服务信息、数据分析、公示信息、行业监测信息、行业分析信息、驾校信息、教练员信息、检测站信息、检测人员信息、检测信息、评价信息、政策信息、课程信息、公安行驶证数据、交通违法数据、交通事故数据、安监危险品企业基础数据、危险品运输电子运单数据、安全监管工单、源头监管数据、包车运单监管数据、客运线路监管数据等 |
| 驾驶员培训机构联网监管与服务系统 | 从业人员基本信息、培训机构从业人员业务信息、经营业户信息、车辆行政许可信息、经营线路信息、教练员从业资格信息、教练车维修、投诉信息、网上报名信息、预约信息、等级评定信息 |
| 机动车综合性能检测站联网监管与服务系统 | 经营业户基本信息、营运车辆基本信息、车辆年审信息、车辆检测过程记录信息、车辆检测结果信息、从业人员基本信息、“12328”服务电话系统投诉信息、社会评价信息、检测预约信息、车辆等级评定信息等 |

通过以上数据需求内容分析，发现大部分数据为两个或两个以上的系统所共享使用。为使信息资源系统化、有序化，便于共享、检索与扩展，采用面分类方法，按照物理对象和事件对象进行重新归类，并进行汇总和融合，得出该项目所需数据资源共5类，分别为：运政基础数据、驾培基础数据、检测基础数据、出租汽车基础数据、公交车基础数据；运政业务数据、业务审批信息、车辆维修数据、车辆检测数据、公交业务数据、出租汽车业务数据、驾培业务数据、治超信息、卡口信息、诚信考核信息、站务票务信息、网上业务办理信息、投诉评价信息、政策文件数据、新闻公告数据、统计报表数据；公安数据、安监数据、工商注册信息、保险信息、公众评价打分信息；车辆动态数据、车辆历史轨迹数据；行政区划数据。对这5类数据进行总结，归纳为行业基础数据、业务管理数据、行业外业务数据、车辆位置数据、通用基础数据。

2. 数据采集方案

运政数据采集按照《交通运输部办公厅关于开展全国道路运政管理信息系统互联互通工作的通知》交办运2015年63号文的要求进行上传实施，满足关于发布《道路运政管理信息系统数据资源采集接口规范》的通知实现数据的清理上传工作。对于需要交换的数据，采用交换共享平台实现与外部系统的单向或双向共享交换。

3. 数据采集流程

鉴于湖北省道路运输管理局原来已有应用系统，新系统和老系统切换将是一个重要的课题，一般按三个阶段来实施。

(1)第一阶段：数据迁移。

主要包括对现有业务数据的校验过滤,向新系统的数据迁移,对部分业务数据的接续处理以及对许可登记、日常管理、行政执法等相关信息的整合处理。必须保证原系统中所有信息安全移植到新系统,并且新系统能有效地识别老数据,以保证应用的连续性。

在新系统上线运行之前,必须保证原系统核心数据无缝切换到目标系统,以保证系统的正常运行和日常业务的正常运作。根据运政信息系统建设的现状,数据整合迁移主要解决以下几方面的工作:

①对现有业务数据的校验过滤;

②对人、车、业户基本信息,监管信息,行政执法信息等的整合合并、统一;

③对业务历史、当前数据的接续,确保业务操作的连续性;

④对统计分析、历史永久信息的合并计算与导入;

⑤对异常数据的特殊处理,设计业务操作的变通处理方法等。

(2)第二阶段:联调测试。

此阶段进行的工作是验证迁移好的数据在业务操作环节的正确性。即此时所使用的业务数据来源于部分的日常操作的业务数据作为测试实例。所产生的结果只作为进行新老系统比对、检验在新系统中正确性的依据。

(3)第三阶段:系统切换。

在确认新系统运行正常和数据迁移正确的基础上,将选择合适的时机,将老系统数据迁移到新系统,并将老系统切换到新系统。

4. 数据库建设方案

四级协同信息系统的建设将进一步完善运政系统的基本框架,通过省厅数据中心,为道路运输信息化发展提供统一的数据资源平台。

根据各项应用所需数据资源的属性和应用数据库群使用要求,确定该系统将建设道路运输行业业务数据库,完善省交通运输基础数据库及主题数据库三大类数据库,完善省交通运输数据中心统一的数据交换系统实现数据资源的交换共享。按照总体部署与安排,该系统三大类数据库的建设工作将严格遵循厅数据中心的总体规划开展,后续各局可在此基础上对相关内容进行扩充,从而逐步完善湖北省交通运输数据中心数据资源的建设。

数据库总体结构如图 10-36 所示。

该系统工程中,五大应用系统的业务数据,以及行业内外系统的其他数据通过交换共享平台将数据采集抽取到基础数据管理平台,经过清洗整合后,根据类型分为基础数据库、业务数据库、主题数据库。基础数据库存储人车户线证等基本信息,业务数据库存储业务办理和审批信息,主题数据库存储系统生成的查询结果和各类报表数据。存储的数据可以通过数据管理平台查询展示,通过数据分析平台实现决策分析功能。

后续各局在信息系统建设中可按照需求对三大类数据库、数据交换共享平台、数据分析平台以及数据管理平台不断补充完善,从而最终形成湖北省交通运输数据中心。

5. 数据交换共享方案

数据交换平台负责定义交换存储策略、基础数据标准;调度、监控所有业务管理的信息流转,根据需要为各业务系统之间提供数据存储与交换;从各级业务系统中抽取整合数据,建成基础性、战略性数据资源库,为应用系统提供数据支持,同时实现道路运输信息资源的集中管理;获取、流转、发布各类数据,提升数据共享服务能力。

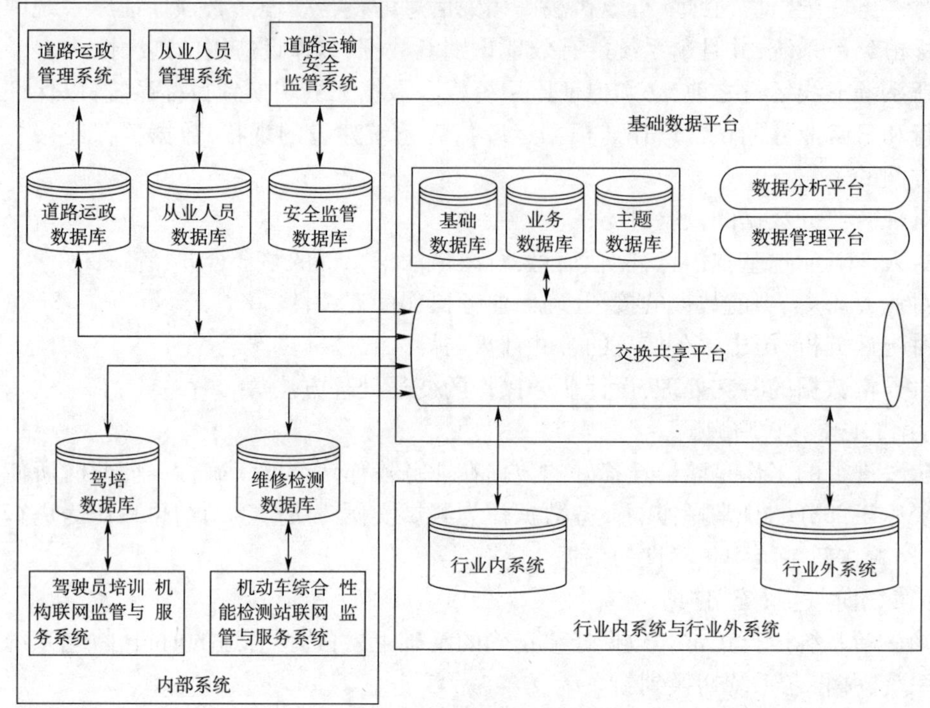


图 10-36　数据库总体架构图

湖北道路运输四级协同管理与服务信息系统数据交换共享主要用于保证五大应用系统、综合信息服务平台、市州驾培与出租汽车监管系统、出租汽车综合监管与服务系统、行业内其他业务系统以及与行业外的数据交换共享服务要求。交换的信息具有分布式特点,要进行透明的信息交换要解决一系列技术问题,如信息的格式、信息的安全、信息的封装与解码、信息的语义统一解释等。归纳起来,在进行数据交换时,要解决以下问题:

(1)信息交换的语义识别。数据格式、语法所描述的信息应该有效,各种系统在传递、读取、解析和使用文档中的信息时不会产生二义性。表达的内容、格式能满足所有政府部门各项业务的要求。

(2)传输的要求。数据格式易于传输,能够实现各个应用系统之间的同步/异步信息交换。格式技术兼容各种网络系统和通信协议。

(3)安全方面的要求。交换的数据文档需要基于应用系统之间约定的规则进行验证。要能建立数据格式、数据内容、网络传输等不同层面的安全防护机制。

(4)非功能性要求。稳定性高,易于管理,有良好的可扩展性和可增长性。可降低政府部门的运作成本或减少人力资源。

交换共享平台实现四级协同信息系统数据资源的采集、抽取和共享服务,在项目内部,从道路运政管理系统、道路运输安全监管系统、从业人员管理系统、驾驶员培训机构联网监管与服务系统、机动车综合性能检测站联网监管与服务系统各自的数据库中抽取人车户线证、安全监管、驾培、检测维修等相关的基础信息和业务信息,存入基础数据平台建设的基础库和业务库中,供综合信息服务平台使用,以及对外共享。

在项目外部,交换共享平台通过接口获取交通行业其他信息系统以及工商、公安、保险、安监等相关系统的数据,并且基于基础库、业务库和主题库提供对外共享服务,数据交换的对象和内容可以作为参考。

6. 交换共享平台逻辑架构

交换共享平台提供的基本信息服务应包括:数据传输、数据适配、身份认证、访问控制、流程管理、数据抽取和装载、数据存取等服务,为上层各类跨部门应用提供公共的系统间信息传输和共享信息存取服务。

通过交换共享平台,在数据交换的源点和目标点之间建立源数据和目标数据之间的映射关系,通过清洗、抽取数据节点数据,并根据相应的数据转换规则,实现与行业内外各业务系统之间的自动数据交换和共享任务。

数据交换及各数据源之间的相互关系如图 10-37 所示,其中,五大应用系统的数据库可作为基础数据库和生产库的数据源,也根据自身需要,从基础数据库中提取其所需的数据,同时可以通过数据交换的方式,为综合应用数据库提供数据。综合应用数据库可以为综合信息服务平台以及对外服务提供数据支持。

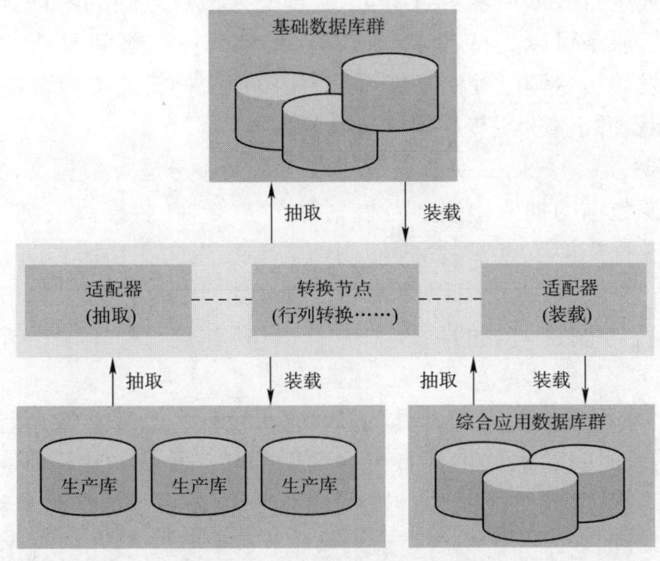


图 10-37　交换平台逻辑示意图

7. 平台实现功能

交换共享平台的主要目的是完成系统之间的数据交换,所以从功能上来说,平台包括节点管理(源数据库与目的数据库)、交换任务管理、数据抽取和装载(包含抽取规则定义)等模块。

(1)数据交换节点注册管理。各交换节点(适配器)要接入数据交换系统需要首先进行注册。交换服务端实现下面功能:

①交换节点(适配器)管理。首先在交换服务端新建一个交换节点(适配器)信息,主要包括 ID、验证账号/密码。新建适配器状态为“未注册”。

②交换节点(适配器)注册服务接口。交换服务需要提供一个注册接口供交换节点(适配器)安装后进行注册。该接口调用的结果是将交换节点(适配器)的状态改写为“注册成

功”。交换节点(适配器)注册服务接口同时还需要提供登录名、密码的修改功能,以及注销功能。

(2)数据目录管理。数据交换服务提供接口用来接收各交换节点(适配器)报送上来的数据源结构定义文件(以数据目录方式进行描述),然后把这些备案文件统一存放到数据交换服务的备案库中;上报时,交换节点(适配器)需要提供登录名和密码。在进行实际的数据整合交换过程中,有必要在数据交换平台中以数据规范为依据进行数据目录的管理,对应数据规范反映整合数据资源库或业务数据库的数据组织索引,为配置数据抽取、加载规则及转换影射规则提供依据。数据目录以树状结构对参与交换整合的全局数据对象进行层次化组织,可以划分为类、集、子集、表、字段几个组织层次。

(3)交换服务支持。主要提供路由支持、消息服务等。

①路由支持:交换任务启动后在各数据节点间按次序执行,交换服务提供各目标节点的通信传输地址;各节点地址可以动态改变。

②不同的交换任务可以串接成一个工作流,交换服务提供运行时的流程控制和管理。

③消息服务:各交换节点之间可以进行直接的点对点数据传输,也可以通过交换服务端提供的中心消息服务进行数据传输,这样可以实现交换节点之间的松耦合,提高整个分布式系统的可靠性。消息服务可以支持各个交换节点的消息队列之间对消息包进行解析、存储和转发以及失败重发等后台调度控制功能,其作用类似交换机的交换背板。

④其他服务:如资源下载、各节点间信息共享等。

(4)数据抽取和装载。数据交换节点运行在与交换服务进行数据交换的对端业务系统,数据交换节点实现源数据的抽取(包括清洗、过滤等)、转换、装载以及与底层的消息服务器进行通信的作用。数据交换节点安装后,使用前需要首先向交换服务进行注册。在部署模式上,通常一个参与交换的数据源可以部署一个数据交换节点(适配器),这个数据交换节点(适配器)同时实现针对该数据源的抽取和装载工作,并且可以部署多个抽取任务和装载任务。

(5)数据转换。数据交换节点同时具备多种强大实用的数据转换功能,这些功能是可扩展的和可注册的;随着时间的推移将会有更多实用的功能加入。由于业务系统的开发一般有一个较长的时间跨度,这就造成同一种数据在业务系统中可能会有多种完全不同的存储格式,甚至还有许多数据仓库分析中所要求的数据在业务系统中并不直接存在,而是需要根据某些公式对各部分数据进行计算才能得到。因此,这就要求转换工具必须对抽取到的数据能进行灵活的计算、合并、拆分等转换操作。

(6)交换任务设计和整合部署。交换任务设计和整合部署具体包含如下内容:

①交换任务元描述:包括任务编号、类型、描述、版本号等。

②源表结构和目标表结构的引用,可以从表结构库中引用多个源表结构和一个目标表结构。

③针对一个或多个源表结构,定义好数据抽取步骤的规则,例如指定一个或关联两个以上 schema,给出关联字段、过滤条件、抽取哪些字段以及相应的映射规则、增量抽取规则等信息。这些信息可以引导交换节点(适配器)如何构造 sql 语句来抽取数据。

④定义中间转换步骤的定义:选择系统支持的转换步骤类型,定义出多个转换步骤及其相关参数;连接好各步骤(包括抽取和装载)之间的前后顺序。

⑤针对一个目标表结构,定义好数据装载步骤的规则;这些信息可以引导交换节点(适配器)如何构造 sql 语句来装载数据。

⑥交换参数的定义:用于传递给交换节点(适配器)的参数(不是必需的,有的场景中适配器在工作时可能需要传递一些参数)。

⑦定义任务的触发模式:包括定时触发、手工触发、事件触发等。

⑧任务激活设置:此项交换任务是否启动,激活后,任务设置信息才能被允许下载到交换节点(适配器)端。

⑨最后,定义好的交换任务可以共享、重用,既可以在本地使用,又可以迁移到别的节点供二次定义使用,以尽可能减少重复劳动。

⑩交换任务整合部署:交换任务在设计好之后,还需要对其进行整合部署,指定该交换任务的参与各方,具体来说,即需要指定交换任务中定义的每个步骤分别在哪个节点执行。

8. 运政数据互联互通方案

为加快推动全国道路运政管理信息系统建设,尽快实现跨区域、跨部门数据共享与业务协同,更好提升道路运输行业的服务、监管和决策水平,交通运输部决定启动全国道路运政管理信息系统互联互通工作,自 2015 年 5 月起,全面启动各地运政系统建设和联网工作,在 2015 年度内全面实现全国道路运政基础数据的共享交换,基本实现运政业务跨区域、跨部门的业务协同。

为准确、及时、全面了解全国道路运输业发展情况,满足各级政府及交通主管部门制定行业政策和发展规划的需要,交通运输部拟建立全国道路运政管理信息系统部级数据中心。数据中心的数据范围以全国营运车辆、营业性驾驶员和所有从事道路运输(道路旅客运输、道路货物运输)以及道路运输相关业务(包括站场经营、机动车维修经营、汽车综合性能检测、机动车驾驶员培训、汽车租赁等)的经营业户为核心。部级系统将在此数据基础上实现全国范围内营运车辆、驾驶员异地执法信息跨地区、跨部门的交换和经营业户的身份、信用查询,分析统计全国道路运输市场运行状况。

全国运政数据对接架构如图 10-38 所示。

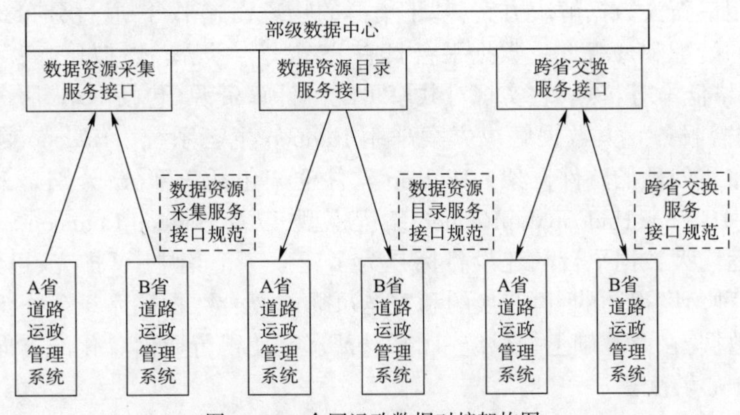


图 10-38 全国运政数据对接架构图

接口协议使用 SOAP 协议,使用 HTTP POST 方法发送请求报文并得到应答报文。省运政系统作为 SOAP 客户端,是服务的发起方。数据资源采集系统作为 SOAP 服务器。数据资源采集系统为各省提供访问的 WSDL 文件。省运政系统调用数据资源采集系统的服务接口。

为加快实现数据的互联互通,减少重复开发,提高工作效率,拟借助现有成熟的经验来开展部省对接,对接方案如图 10-39 所示。

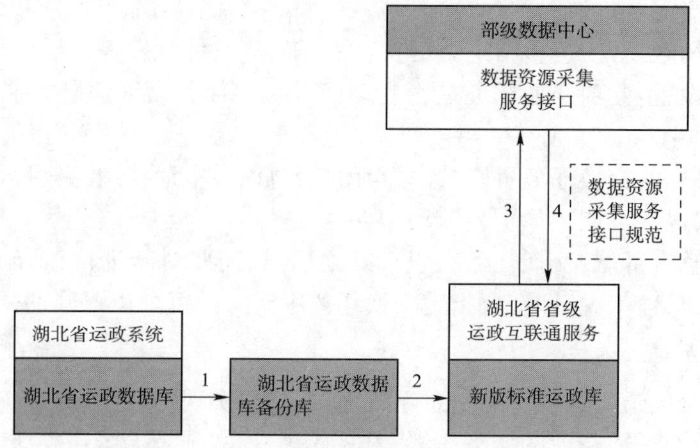


图 10-39　部省运政数据对接示意图

(1)为不影响现有运政系统的正常运行,数据对接工作以运政备份数据库为工作基础。

(2)对湖北省道路运政系统数据库相关表结构进行数据分析,开发相应软件进行数据转换和清洗,转换到标准的运政数据库中。

(3)部署省级运政互联互通服务软件,与部级平台的对接,实现数据的上报和外省运政信息查询。

9. 数据分析平台建设方案

四级协同信息系统的数据分析平台主要是指大数据分析。大量的卫星定位数据会对传统数据库造成极大的负载,造成系统无法高效使用数据源,从而会在数据分析方面形成一些技术上的瓶颈,基于以上问题将车辆动态位置数据存入大数据平台,利用大数据平台对其进行分析。

该系统利用最新大数据解决方案,基于集群的物理设施平台,通过分布式处理系统来实现对海量数据的处理和分析。大数据平台具有分布式、大规模、虚拟化、高可靠性、通用性、高可扩展性、价格低廉等特点,它实现对共享可配置计算资源(包括网络、服务器、存储、应用和服务等)的按需服务。大数据解决方案采用 Hadoop 生态系统。Hadoop 是一个能够对大量数据进行分布式处理的软件框架。Hadoop 软件框架包括 3 部分,分别是 Hadoop Distributed File System(HDFS)、HadoopMapReduce 编程模型,以及 Hadoop Common。

湖北道路运输大数据平台的建设目标是为了建立一个集中、可扩充、可集成、有统一数据模型的、有多种角度视图的、可交换的和安全可靠的复合数据库系统。它汇集了全省重点营运车辆动态数据,在此基础上提供统一的分析服务,使得行业信息化的方向从以技术为中心向以数据为中心转变。

利用大数据平台的分布式并行处理能力,对动态数据(“两客一危”车辆动态数据、重载普货车辆动态数据等)进行装载、清洗、转换。湖北省道路运输四级协同系统充分利用大数据分布式计算分析的数据处理能力,通过数据挖掘方法,如关联分析、聚类分析、分类分析、异常分析、特异群组分析和演变分析等挖掘算法,结合人工智能、模式识别和机器学习的搜索算法、建模技术和学习理论进行数据挖掘分析,从而掌握挖掘线路状况、车辆流向和分布状态、疲劳驾驶、凌晨2点到5点长途运输等潜在道路安全防范和预测,扩展系统数据价值,为智能交通运输行业宏观决策分析提供智能化支持,为制定相关政策措施提供辅助前瞻决策支持。

10. 数据管理平台建设方案

数据在任何业务系统中都是第一位的。数据如人体的血液,是系统运行的支撑和前提,基础数据则是系统信息的根源,由此构筑统一的信息共享平台。数据管理平台实现了对数据的统一建设和集中管理,保证安全生产数据的统一性和安全性,提高了信息服务能力和各部门的信息交换、资源共享能力,为相关部门提供了业务办理、行业监管、统计分析、决策支持的数据依据。数据管理平台具有以下特点:

(1)采用B/S结构技术实现系统总体设计,并充分利用Internet/Intranet技术,实现基于Web浏览操作方式,操作简单方便。

(2)采用最新国家、行业标准代码进行规范设计,方便与其他相关系统链接,具有高扩展性。

(3)开放性的系统架构,预留与相关职能部门的互联接口。

(4)充分利用网络与通信技术,坚持"一数一源"和数据信息查询一致性原则,实现全省范围内的运政数据异地查询功能。

(5)采用字典式选择输入技术,数据输入快、操作快捷、减少对键盘输入依赖性,以及减少操作人员计算机操作要求水平。

(6)采用功能实现自定义技术,可根据用户应用需求的变动,随即改变系统操作实现方式和功能实现结果。

(7)整合了分散的道路运输信息资源,为业务管理和科学决策提供服务。

(8)对数据的可访问性进行权限控制,采用行政区域地理树结构技术,实现了省、市州、县(区)道路运输管理机构的网络互联,管理信息的纵向共享,层层监督,层层管理。

## 第三节 完善基础设施

### 一、网络系统建设方案

1. 总体要求

湖北省道路运输四级协同网络系统利用先进的计算机技术和网络通信技术,在全省(自治区、直辖市)级交通运输管理机构建成一个安全、稳定和可管理的网络基础平台;以满足道路运输信息管理与服务的数据互联互通,确保各相关单位部门横向系统的数据共享,并满足面向各类用户提供数据服务的基本技术要求。

(1)线路资源选择。

①内网线路资源。内网可以依托全省(自治区、直辖市)的电子政务内网通信链路,或者租用全省(自治区、直辖市)电信营运商的通信链路,也可以采用全省(自治区、直辖市)级交通运输管理机构自建的通信链路,建立起全省(自治区、直辖市)级交通运输管理机构与所辖

部门内网的网络连接。根据国家发展改革委员会的相关要求,各省(自治区、直辖市)的政府机构,在满足自身通信需求的情况下,应依托本省(自治区、直辖市)由国家投资建设的电子政务内网建立本机构的内网通信链路,以免重复建设。

②外网线路资源。外网可以依托全省(自治区、直辖市)的电子政务外网通信链路,或者租用全省(自治区、直辖市)电信营运商的通信链路,也可以采用全省(自治区、直辖市)级道路运输管理机构自建的通信链路,建立起全省(自治区、直辖市)级道路运输管理机构与所辖部门外网的网络连接。根据国家发展改革委员会的相关要求,各省(自治区、直辖市)的政府机构,在满足自身通信需求的情况下,应依托本省(自治区、直辖市)由国家投资建设的电子政务外网建立本机构的外网通信链路,以免重复建设。

(2)网络部署。依据国家关于信息化网络的相关要求,内外网之间物理隔离,各网络域之间采用逻辑隔离。

(3)建设规范。省(自治区、直辖市)级道路运输管理机构建设统一的数据中心,内网按照国家电子政务内网标准,外网按照等级保护三级以及信息系统安全等级保护基本要求建设。

(4)设备选用。考虑到省(自治区、直辖市)级道路运输管理机构作为政府行业部门的特殊性,应尽量采用具有自主知识产权的优良国产网络产品。

2. 设计原则

(1)高可靠性。在系统整体设计中应选用高可靠性设备产品,设备充分考虑冗余、容错能力和备份,同时合理设计总体架构,制订可靠的 QOS 质量保证策略,最大限度保障系统正常运行。

(2)可扩展性。根据未来业务的增长和变化,系统可平滑扩充和升级,避免在系统扩展时对网络架构的大幅度调整。

(3)可管理性。支持集中监控、分权管理,以便统一分配网络资源。支持故障自动报警。

(4)高性能。设计必须保障网络及设备的高吞吐能力,保证数据的高质量传输,预留出一定的流量增长的范围,保证在可预见的将来满足流量要求,避免网络瓶颈影响整体的系统应用。

(5)先进性和成熟性。网络设备采用先进的技术和制造工艺,对于路由协议支持、数据流量分配,抵御网络攻击、高性能方面保持技术领先,网络结构和路由协议采用成熟的、普遍应用的并被证明是可靠的结构模型和技术。

(6)标准开放性。支持国际上通用标准的网络协议、国际标准的应用与大型网络规模的动态路由协议等开放协议,保证与其他网络之间的平滑连接互通,保证与其他主流网络产品的兼容性,以及将来网络的扩展性。

(7)成功应用。为保证系统关键业务应用,所选择的设备必须要经过长时间的成功应用检验,具有非常高的市场占有率。

网络系统设计要点包括:

(1)交通网络系统的网络秉承"网络分层、功能分区、服务器分级"和前后端网络隔离的设计理念,将交通信息整合服务体系的前端业务与后端维护进行隔离。在业务部署上,采用灵活的旁挂和控制策略,可为用户提供一站式的可定制服务,满足用户全方位高安全、高性能需求。

(2)交通网络系统的网络产品和架构必须具有非常高的可靠性。完全排除网络设备的单点故障,实现双链路可靠冗余连接。

(3)交通网络系统业务应用会产生大量的网络流量,必须考虑对网络流量的控制和合理分配,达到均衡网络流量的目的。

(4)交通网络系统提供多种不同层次的服务,网络设计必须具备多种网络结构,从而按照用户的需求,由网络的不同层面向用户提供不同层次的服务。

(5)交通网络系统所选择的网络产品必须支持网络管理功能,具有一定的智能化故障处理功能;要充分考虑网络管理的重要性,更多地突出管理而不是干预。

(6)交通网络系统的网络必须实现质量服务保证,满足用户服务等级要求,并提供可信的网络服务分析报告。

3.需求分析

通过对湖北省交通运输厅,湖北省道路运输管理局,市级运管、客管、公交机构,县级运管、客管机构,各自网络链路上已有业务系统和该系统新建业务系统进行带宽需求分析,估算各线路上所需要的带宽。根据估算结果与现有网络带宽进行比较,对于现有带宽不能满足需求的网络链路,提出扩展带宽的规划。

湖北省道路运输管理局,通过光纤专线网络与湖北省交通运输厅在武汉市互联。全省专线网络覆盖至各市州、县运输管理单位和物流发展单位。湖北省道路运输管理局至地市州运管处和市物流处各有一条4M带宽的二级长途专线。地市州业务局至县级运管、客管机构有一条4M带宽的三级传输专线。湖北省道路运输管理局与互联网之间光纤宽带线路带宽为100M。

湖北省交通运输厅与运管局数字电路SDH线路,为四级协同管理与信息服务系统提供网络基础条件,为厅云数据中心四级协同项目新建设备与各市州、各对接平台和企业提供网络支持。

湖北省道路运输管局与各市州运管处之间的专线网络,为道路运政管理系统、从业人员管理系统、驾驶员培训机构联网监管与服务系统、机动车综合性能检测站联网监管与服务系统、视频会议系统等提供网络基础条件。实现道路运政/执法业务协同、从业人员数据采集上报、驾培机构及学员数据上报、视频会议等应用。

各市运管处与行业企业网络,为从业人员管理及企业经营信息系统提供网络基础条件,实现从业人员管理与行业企业数据上报应用。

各市运管处与县运管所之间网络,为道路运政管理系统、道路运政执法管理系统、从业人员管理系统、维修检测系统、驾培联网监管与服务系统、道路运输信用信息管理系统提供网络基础条件,实现道路运政/执法业务协同、从业人员数据采集上报、驾培机构及学员数据上报、道路运输市场信用管理等应用。

湖北省运输管理局连接互联网,为湖北省道路运输四级协同管理与服务信息系统提供互联网网络基础条件。

根据以上数据传输业务需求梳理,对系统网络带宽估算如下:

(1)湖北省交通运输厅与运管局横向网。湖北省交通运输厅与湖北省道路运输运管局横向专线网负责传输道路运政管理系统、从业人员管理系统、驾驶员培训机构联网监管与服务系统、机动车综合性能检测站联网监管与服务系统、综合信息服务平台、视频会议等业务的数据传输。属于骨干传输线路,目前线路可支持OTN技术,升级相关传输设备后,带宽可达到40Gbit/s以上。设备升级改造后可以满足业务运行需求。目前省厅至厅直单位已有622M自愈环网,满足线路的备份需求。

(2)湖北省道路运输管理局与各市运管、客管、公交机构。湖北省道路运输管理局与各市州运管处之间,网络传输数据主要为道路运政/执法业务数据、从业人员审批数据、维修检测数据、驾培管理数据、公众访问数据,考虑数据传输协议开销、需要保障视频会议的4Mbit/s带宽以及电信专线业务可满足的带宽规格,湖北省道路运输管理局与各市州运管处网络数据传输带宽应不少于20Mbit/s。目前已有的4M专线线路不能满足业务需求。

(3)各市运管处与县运管所网络。市州运管处与县运管所网络传输数据主要为道路运政业务数据、从业人员管理数据、道路运输市场信用管理数据等,数据传输带宽应不少于0.3Mbit/s。综合考虑视频会议业务所需的带宽,目前已有的4Mbit/s专线线路,可以满足使用需求。

(4)公众服务网络。公众服务网络传输数据主要为行政许可信息报批、公众服务信息查询、驾驶理论在线培训等,数据传输带宽应不少于30Mbit/s。

目前湖北省交通运输厅已有三条互联网专线接入,带宽分别为电信100Mb、移动100Mb、联通80Mb,并部署了入侵检测、流控、防火墙等安全设备。目前整体的带宽使用率在50%左右。

综合目前云数据中心机房条件、建设规划和现有互联网接入资源的现状,项目规划共用湖北省交通运输厅互联网接入资源。为保证项目对外服务的质量,并考虑可能出现网络访问量的爆炸式增长对网络带宽的需求,计划将现有电信和联通的互联网接口各扩容100M带宽。

4. 网络架构

通过对湖北省道路运输四级协同管理与服务信息系统进行网络需求总结,依据湖北省交通运输厅数据中心和省道路运输管理局现有的机房、传输和网络资源,进行该系统整体网络架构规划。

规划在湖北省交通运输厅汉阳机房部署系统网络、安全、服务器和存储等软硬件设备,各终端运管机构通过省运管局(省局、市处、县所)网络及湖北省交通运输厅数据中心网络,与系统服务器进行系统数据交互。详情如图10-40所示。

5. 总体部署

湖北省道路运输四级协同管理与服务信息系统项目,新建业务系统采取了大集中的整体构架,需要和各市州频繁交互数据,对传输线路的带宽和质量要求比较高。现网中省市之间传输网络使用的4M专线,已不能满足本期项目预估的20M带宽的需求,成为整体业务网络的瓶颈。根据项目完善一套网络的建设目标,结合湖北省四级协同项目建设对网络带宽容量需要,该项目网络部署包括如下内容:

(1)升级改造湖北省交通运输厅到湖北省道路运输管理局之间的光传输设备,使之支持OTN技术,扩容业务容量到40Gbit/s。

(2)升级改造湖北省道路运输管理局内部核心组网设备,提高省运输管理局内部组网的处理能力和可靠性。

(3)对省市之间的业务传输网线路进行容量扩容建设，并对市级专线线路配置进行优化，县市之间的专线线路状况保持不变。

调整后网络结构如图 10-41 所示。

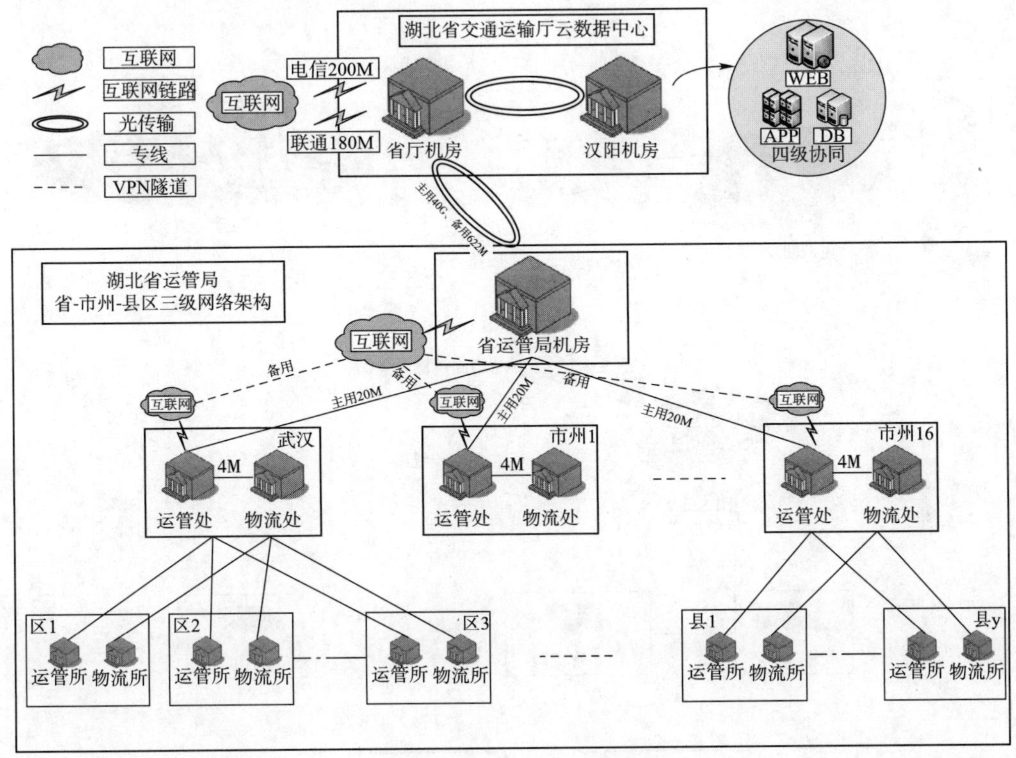


图 10-40 整体组网结构规划

6. 建设方案

(1)省厅数据中心网络升级。

四级协同信息系统依托三大工程在湖北省交通运输厅云数据中心规划建设的网络资源。同时在原外网资源池建设使用的网络设备基础上，进行对应的扩容。在厅云数据中心对外服务器区，部署项目虚拟化资源池计算单元、数据库服务器、大数据分析服务器。通过增加防火墙设备保护对外服务服务器区内设备。

将湖北省交通运输厅数据中心联通、电信互联网接口各扩容 100M 带宽，以满足项目互联网资源接入的需要。

根据省厅对数据中心初步规划，核心交换机使用虚拟化技术，每台核心交换机虚拟三台特定功能的网络接入交换机，分别对不同服务器提供网络接入。该系统在汉阳机房部署服务器、存储、安全设备等设施，业务系统互联网出口使用省厅机房的电信和联通互联网链路，专线出口使用省厅和省运管局的专线线路。该系统 Web 类服务器和应用类服务器使用服务器虚拟资源池，规划部署上联对外应用虚拟交换机；该系统 DB 类服务器规划部署上联数据应用虚拟交换机。部署规划如图 10-42 所示。

目前省交通运输厅有三条互联网链路，分别为电信 100M、联通 80M 和移动 100M，当前整体带宽使用率在 50% 左右，考虑网络访问量的逐年正常增长和爆炸式增长，该系统规划使用省厅的电信和联通互联网链路，为互联网用户提供公众服务，并将电信和联通互联网链路各扩容 100M 带宽，即电信互联网链路 200M、联通互联网链路 180M。

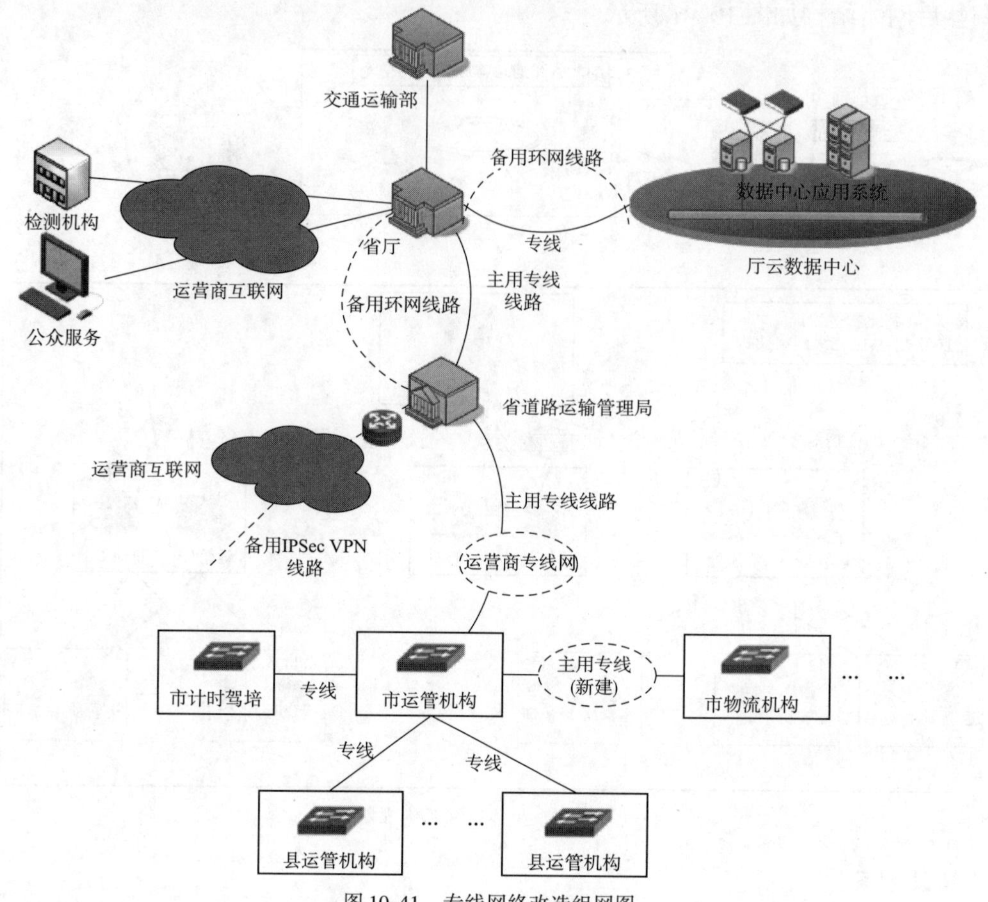


图 10-41　专线网络改造组网图

(2)省运管局网络升级。

该系统对省运管局局域网络进行升级改造，在满足稳定转发各市州业务系统流量需求的同时，提升省运管局内部局域网络的健壮性和可用性。

省运管局机房网络升级改造规划如图 10-43(见书后彩插)所示。

(3)省厅与省运管部门数据交换网。

目前省交通运输厅到省运管局是骨干传输线路，根据总体优化计划，对该线路进行 OTN 技术改造。在省运管局机房部署 OTN 传输设备，同时扩容省厅侧 OTN 设备配置响应的业务板卡。规划省厅和省局之间的传输带宽达到 40Gbit/s，备用传输带宽达到 622Mbit/s。

(4)省运管部门与地市运管处互联网络。

该系统依据省局运管现有的省局、市州处、县所三级网络架构，省运管局通过三级网络接收并汇聚各级运管机构的相关数据，最终与省厅内的四级协同系统服务器交互数据。详情如图 10-44(见书后彩插)所示。

目前省运管局到各市州运管、客管、物流机构，使用 4M 专线线路传输业务数据。在考虑运政业务在 8h 工作时段内的平均每秒网络流量约为 10.3 Mbit 的要求，同时另外考虑现有视频会议所需预留的4Mbit/s带宽、传输协议开销、网络协议开销等因素。规划调整省运管局到各市州运管、客管、物流机构的专线带宽达20Mbit/s，共17条，武汉市内1条，省市16条。

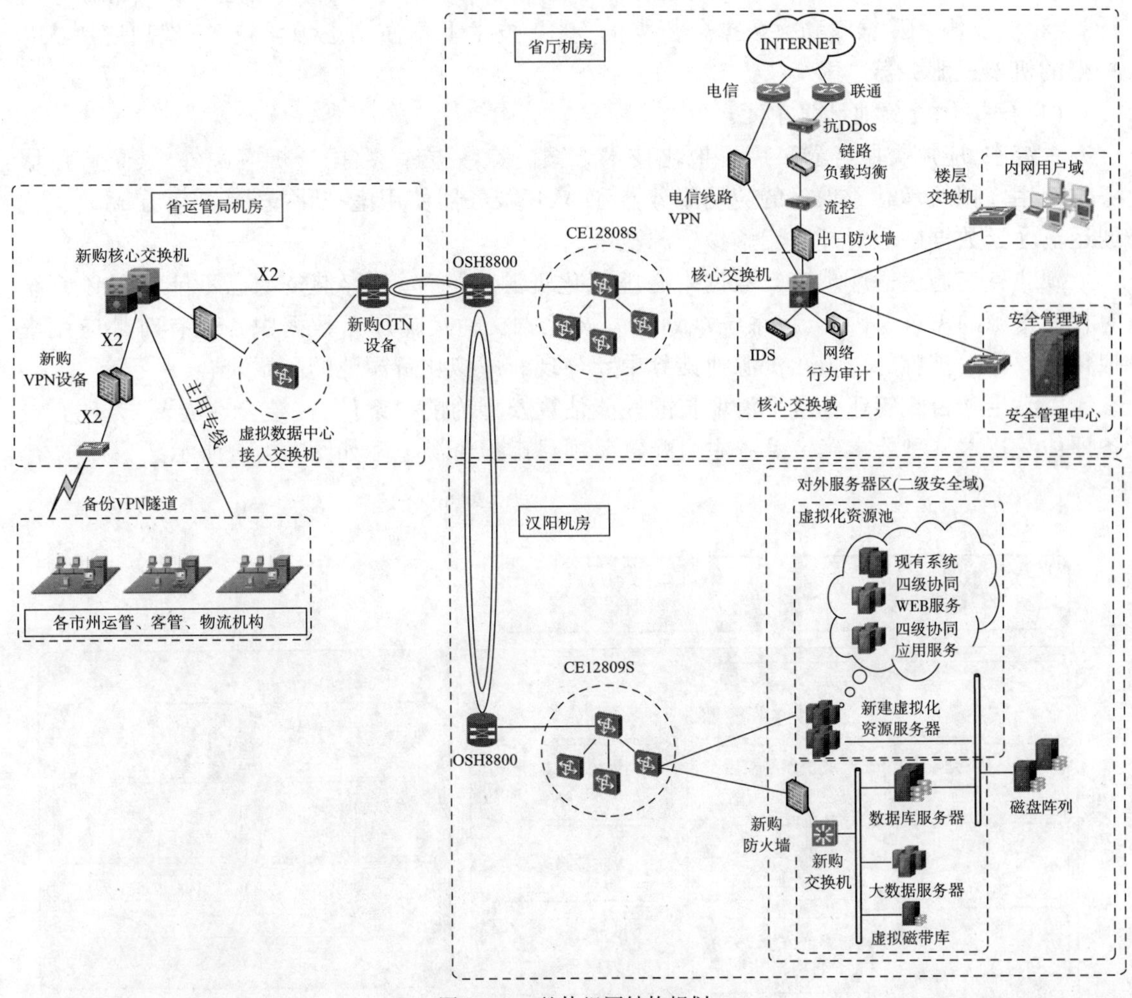


图10-42 整体组网结构规划

(5)地市运管处与地市物流处互联网络。

目前各市州物流处分别使用4M专线直接上联省运管局，本着节约网络租用费用的原则，项目规划将这条专线线路进行改造。在市州新建1条同城MSTP 4M专线连接市州运管处，经本市运管处访问省运管局，待网络和业务稳定运行一段时间后，最后撤销各市物流处直联省运管局的14条4M专线。

## 二、硬件系统建设方案

在建设湖北省道路运输四级协同信息系统的过程中，硬件系统作为成本较高的基础设施，也是需要先期完成建设与升级的。硬件系统的质量好坏直接决定了整个系统的可靠性、安全性、稳定性；因此，必须要精心组织，抓好硬件系统建设的每一个环节。

基础支撑硬件系统主要包括主机与存储系统、网络系统、终端系统等。

1. 主机及存储系统

主机及存储系统依托湖北省交通运输厅运输局中心的现有的虚拟化资源构架。遵循共享化、集约化的总体要求。各系统应用类服务器均采用虚拟化技术,使用虚拟化资源池中的计算、存储资源。数据库和大数据分析类的应用,技术上不使用虚拟化技术,规划使用 X86 构架的机架式服务器。

(1)虚拟化资源池计算单元。

系统中,应用类服务器采用虚拟化技术方案。除数据库、数据分析应用外,其余应用服务均使用虚拟机承载。项目的应用服务器和 Web 服务器使用虚拟化技术,部署在湖北省交通运输厅云数据中心对外应用虚拟资源池中。

湖北省交通运输厅现有云数据中心虚拟化资源池的计算、存储资源已不能满足该系统对相关资源的需求。因此,该系统规划扩容湖北省交通运输厅云数据中心现有对外应用虚拟化资源池。扩容的虚拟化资源池计算单元与现有虚拟化资源池的配置兼容、一致。

以满足项目 5 年业务量平滑增长的性能估算模型为前提条件,并结合性能要求、现有设备评估及技术选型要求确定系统主机配置。项目虚拟资源分配如图 10-45 所示。

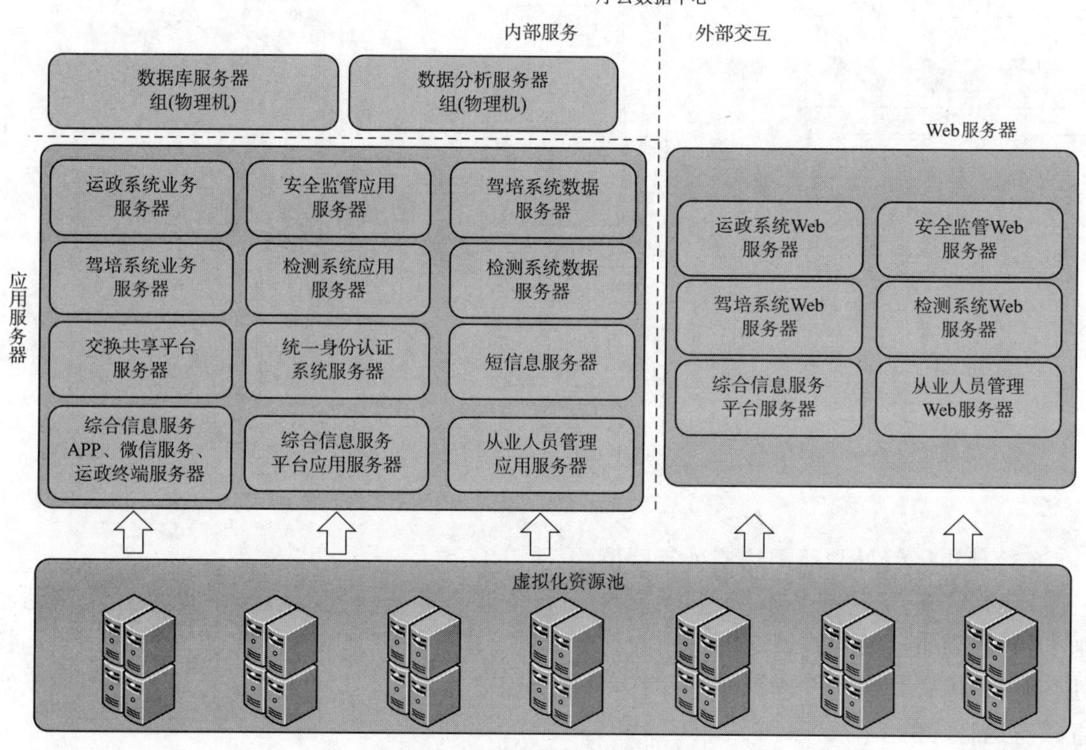


图 10-45　虚拟化资源池节点分配图

(2)数据库服务器。

根据估算和规划,数据库服务器需配置两台高性能 X86 构架服务。道路运政管理系统、从业人员管理系统、驾驶员培训机构联网监管与服务系统、机动车综合性能检测站联网监管与服务系统、综合信息服务平台共用这套数据库服务器。数据库服务器使用独立物理机进行部署。为了保证整体数据库应用的性能和安全性,数据库应用采取双主 RAC 方式。

(3)数据分析服务器。

数据分析服务器 Namenode 配置 2 台高性能 4 路服务器,数据分析服务器 Datanode 配置 3 台 2 路高数据存储量服务器。数据分析服务器 Namenode 和数据分析服务器 Datanode 不使用虚拟化技术。

(4)存储系统。

湖北省交通运输厅云数据中心现使用 FC SAN 技术构建数据存储系统。磁盘阵列设备规格参数可满足项目对存储设备选型需求,但空间已不足以支撑本期项目。根据性能要求和现状,系统将扩容厅云数据中心的 FC SAN 交换机接入端口许可和 EMC 磁盘阵列存储空间。

磁盘阵列、光纤交换机和数据库服务器一同构建高可靠的光纤 SAN 存储系统。考虑新扩容的虚拟化资源池计算单元和备份虚拟带库设备的接入需求,并预留后续扩容资源,需扩容现网 FC-SAN 交换机 24 端口/台接入许可。

现有磁盘阵列已配置双控制器,同时支持 8Gbit/s FC 主机接口,配置 SAS 硬盘,单盘容量在 4TB。根据前期存储量估算,单磁盘阵列存储容量扩容不小于 42TB。考虑 Raid1、Raid5 对磁盘冗余、热盘等磁盘阵列配置损耗、盘阵镜像的要求,该系统规划扩容满配 15 × 4TB 磁盘扩展柜 2 台。

(5)系统部署。

根据湖北省交通运输厅的统一规划和部署,该系统设备部署在汉阳厅云数据中心机房。

①部署 2 台机架式服务器承载关系型数据库程序,供道路运政管理系统、从业人员管理系统、驾驶员培训机构联网监管与服务系统、机动车综合性能检测站联网监管与服务系统、综合信息服务平台使用。

②部署 5 台机架式服务器,供数据分析平台部署分布式数据分析程序。

③部署 6 台机架式服务器,作为虚拟化资源池计算单元服务器,扩容现有对外应用虚拟化池计算资源。承载该系统的应用服务器和 Web 服务器。

主要设备部署图如图 10-46 所示。

2. 终端系统

终端系统的建设主要是紧贴系统应用,如信息发布与预警系统终端、车载卫星终端、图像采集终端、自助服务终端设备等。系统应预留丰富接口可与外部系统对接,对外提供一致的数据服务,发布在网站、交通频道、车载终端、手机等,用户可以随时查阅相关信息。

(1)高拍仪。

为了提高县级办事机构柜台业务处理的准确性和效率,并为后续系统新功能提供基础设备支撑。该系统将为 138 个县级机构部署业务办理终端——高拍仪设备,同时预留 12 台作为备用设备。

高拍仪设备主要为运政业务和从业人员管理等业务办理服务。在电子档案的采集、身份证信息读取、信息录入等业务处理流程中使用。高拍仪设备的使用可以提高县级机构办事柜台的整体业务处理效率和准确性。

(2)运政自助终端。

针对现在个别运政网点业务办理繁多的情况,借鉴银行 ATM 的自助终端解决方案,开发建设运政自助终端。实现一些常用的、密集的运政业务的自助办理。规划将运政自助终端放置在办事大厅,可以有效地缓解办事窗口的压力,并且随着用户对自助终端使用上的熟悉,可以很好地提高用户的办事效率。

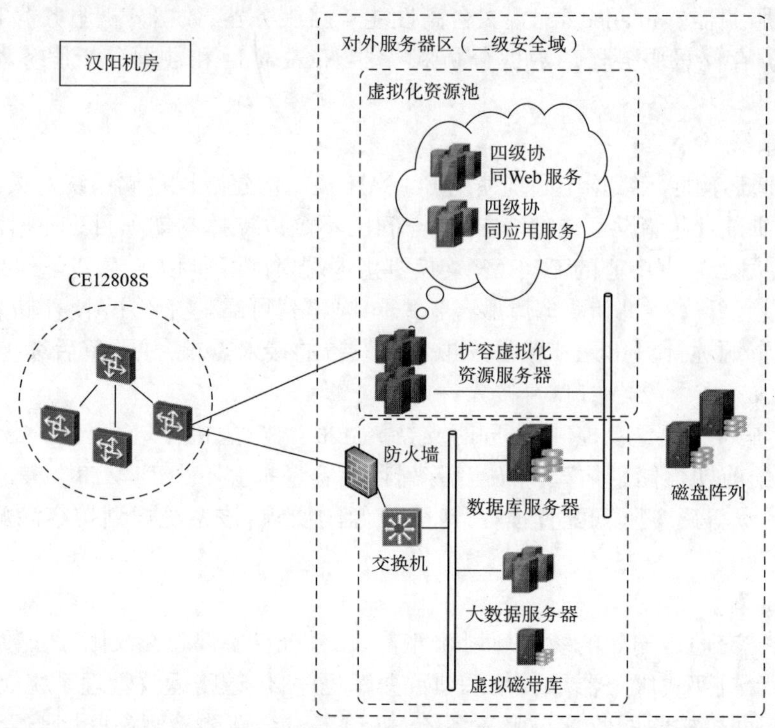

图10-46　主要设备部署图

该系统自助终端的建设采用试点的方式,首批部署5套,选取湖北省具有代表性的运管服务大厅或者检测站,以后根据使用情况进行增减。运政自助终端的服务对象包括从业人员、企业、运输车辆所有人或使用人。自助终端设备包含主机、打印机、读卡器3部分。

3. 网络设备

网络系统的建设与升级,应考虑湖北省交通运输系统现有网络架构的情况、特点及设备使用情况,充分考虑升级改造的平稳性、安全性及接口兼容性等问题。网络系统的硬件选择主要包括云数据中心机房的接入设备、光传送设备和核心交换机等。

(1)云数据中心机房接入交换机。

该项目将新建专线汇聚交换机和数据中心接入交换机,为新业务上线和后续与湖北省交通运输厅机房设备对接提供网络条件。

云数据中心机房接入交换机计划采用S5720-EI系列下一代增强型千兆以太网交换机提供灵活的全千兆接入以及增强的万兆上行端口扩展能力,并采用先进的前后风道及电源冗余设计。该系列交换机基于新一代高性能处理器和统一的VRP(Versatile Routing Platform)软件平台,提供更大的表项规格、更高的硬件处理能力,可集成无线控制器功能,可扩展支持MACSec功能,具备更加完善的业务处理能力、增强的安全控制、灵活的以太组网、成熟的IPv6特性、智能iStack堆叠、方便的运行维护等特点。

(2)光传送设备。

鉴于湖北省交通运输厅信息中心机房与湖北省运管局机房物理上处于不同位置,本项目计划采用光传输设备(OTN设备)实现厅信息中心机房与运管局机房的传输线路对接。

在 OTN 设备的选项上,计划选择 OptiX OSN 8800T16 作为项目的 OTN 设备。OptiX OSN 8800 以大容量 OTN 调度能力和长途波分特性为基本特征,集成了 ROADM、T-bit 电交叉、100M~100G 全颗粒调度、光电联动智能、10G/40G/100G、丰富的管理和保护等功能。为客户构建端到端 OTN/WDM 骨干传送解决方案,实现多业务、大容量、全透明的传输功能。

OptiX OSN 8800 智能光传送平台(简称 OptiX OSN 8800),是根据以 IP 为核心的城域网发展趋势而推出的面向未来的产品,采用全新的架构设计,可实现动态的光层调度和灵活的电层调度,并具有高集成度、高可靠性和多业务等特点。可应用于长途干线、区域干线、本地网、城域汇聚层和城域核心层。OptiX OSN 8800 采用密集波分复用技术 DWDM(Dense Wavelength Division Multiplexing)和稀疏波分复用技术 CWDM(Coarse Wavelength Division Multiplexing),实现多业务、大容量、全透明的传输功能。

(3)核心交换机。

核心交换机是放在核心层(网络主干部分称)的交换机,其主要功能是完成机房内数据的快速交换,具有速度快、效率高的特点。

本项目计划在省运管局机房采用 CE12808 核心交换机,实现机房内服务器的互联。CloudEngine 12800(以下简称 CE12800)系列交换机,在提供稳定、可靠、安全的高性能 L2/L3 层交换服务基础上,实现弹性、虚拟和高品质的网络。

CloudEngine 12800 系列采用先进的硬件架构设计,是目前全球最高配置的核心交换机。整机最大支持 160Tbit/s 交换容量,最高支持 576 个 100GE、576 个 40GE、2304 个 25GE 或 2304 个 10GE 全线速接口,并支持全面的虚拟化能力和丰富的数据中心特性。此外,CloudEngine 12800 作为新一代核心交换机采用了多种绿色节能创新技术,大幅度降低设备能源消耗。

# 第十一章　运行实施

## 第一节　实施保障

组织领导、技术支撑、政策法规、标准体系是湖北省道路运输四级协同信息系统建设实施的基本保障。

### 一、组织领导保障

湖北省道路运输四级协同信息系统工程建设周期较长，建设内容较多，涉及湖北省交通运输厅，湖北省道路运输管理局，各地市州、县级交通运输主管部门，检测以及驾培企业。涉及部门多、覆盖范围广，工程组织和实施具有一定的难度和风险。客观上要求有一个完善的、独立的组织机构来主管建设和运行，能协调、指导、组织、实施统一建设，加强对系统建设的统一领导、统一思想，明确责任，上下配合，确保项目建设顺利实施。基于湖北省交通运输行业信息化现状，组织领导架构如图11-1所示。

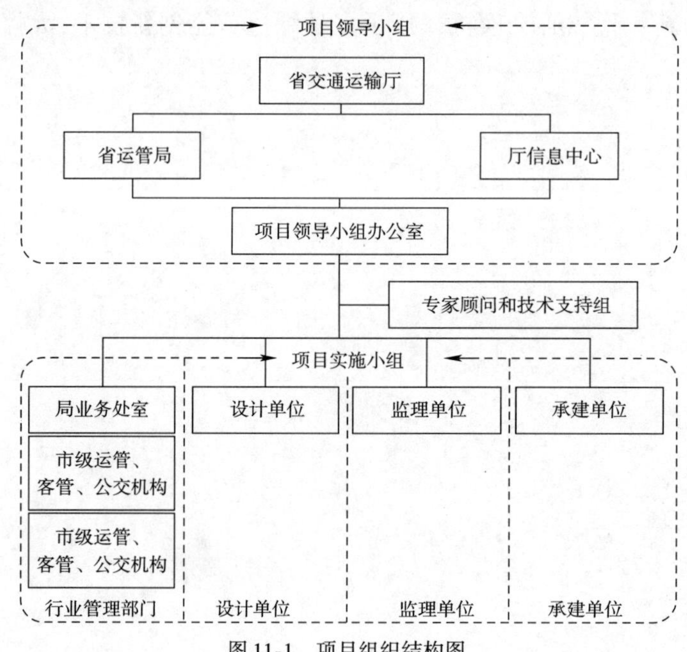


图11-1　项目组织结构图

项目领导小组的成员由湖北省交通运输厅、湖北省道路运输管理局以及湖北省交通运输厅通信信息中心相关领导组成，负责统筹研究、安排部署项目的整体实施；指导、监督工程项目建设；配合与联动各方资源，包括人力、物力、财力资源的统一协调。项目领导小组下设项目领导小组办公室由湖北省道路运输管理局相关人员组成，负责审核工程建设方案，组织、协调、监督和检查方案的实施；制定工程年度建设工作计划；监督指导工程建设，组织信息化工程建设和推广工作。专家顾问和技术支持组的成员可以由特聘的应用系统、通信技术、网络技术以及熟悉湖北省道路运输行业业务的专家共同组成，负责提供工程技术咨询与顾问服务，对工程质量进行总体把关。工程实施小组将由行业管理部门、设计单位、监理单位以及承建单位四类组织构成。

## 二、政策法规保障

政策和法规是湖北省道路运输四级协同信息系统建设的重要保障，进行道路运输四级协同系统建设需要在遵循国家有关法律、法规的基础上，建立和健全日常事务、项目建设实施、信息共享服务、数据交换与更新、数据库运行、项目组织等管理办法和制度。

近年来，随着信息化建设的不断推进，交通运输部发布了《交通运输信息化"十三五"发展规划》《交通运输标准化"十三五"发展规划》《机动车驾驶员计时培训系统平台技术规范》《危险货物道路运输安全管理办法》《城市公共交通"十三五"发展纲要》《全国公路水路交通运输环境监测网总体规划》等；各省（自治区、直辖市）道路运输管理机构也先后制定了各类道路运输信息化建设、管理等方面的制度和规范。这些文件在推动交通信息化的发展、促进交通信息整合服务体系的建设中发挥了重要的作用。

## 三、技术支撑保障

道路运输四级协同信息化建设所涉及的技术都是当代国际先进、成熟、符合主流发展方向的高新科技，整个过程必须注重技术的支撑保障。在建设的规划期，配合建设的需要，优先研究和制定一批具有自主知识产权的交通信息标准，通过标准的贯彻，规范道路运输信息化建设，加强与科研院所的合作，对即将使用的技术方案进行多方比较。

在道路运输信息化建设期，充分利用已有的项目实施管理经验和综合技术能力，在交通信息化的应用系统引入物联网、云计算、大数据、车路协同等前沿技术，以保障道路运输信息化建设的先进性。在信息资源采集、信息资源整合、信息交换和共享、知识挖掘、辅助决策等系统采用国际先进、成熟、符合主流发展方向的地理空间信息技术、海量数据管理技术、信息交换技术、可视化技术、工作流技术、安全访问控制技术等核心技术，充分发挥高新科技对促进道路运输信息化建设的支撑和引领作用。

## 四、标准体系保障

标准规范体系建设是道路运输信息化建设的基础性工作。在道路运输四级协同建设和运行管理的全过程中，制定并遵循统一的标准、规范和其他各类相关技术规定，对保障信息资源有效地开发和利用、计算机网络和其他设施高效运行、系统的互联、数据的共享有着极为重要的意义。

为规范和促进湖北省道路运输四级协同信息化建设，实现人、车、户、线各类信息资源共享和整合，推动交通运输信息化的深入发展，根据国家和交通运输部信息化建设相关标准，结合交通信息化建设的实际，需制定一系列的标准规范，旨在解决从交通信息采集、处理、分析、发布和使用的统一性问题，成为交通信息采集、加工与数据管理和应用的桥梁，保障道路运输行业信息化建设规范有序,支撑信息资源共享和交换,全面提升信息化服务效能。

## 第二节 安全保障

伴随着信息系统的快速发展,信息系统所面临的安全威胁日益复杂,对信息安全系统的需求与日俱增。从外部环境来看,信息安全已经成为近几年信息化建设的热点话题,如何保障信息系统的安全已经成为国家关注的焦点,国家陆续出台了一系列的安全政策和标准,提出了以"适度安全、分级保护"为核心的等级保护建设思路,公安部、保密局、国密办以及国信办陆续出台政策,要求国内重要的信息系统应按照等级保护的办法和要求,进行相关安全防护系统的建设,并启动了等级保护的定级备案工作。等级保护针对信息安全系统建设的过程,提出了具体的管理办法和实施指南,并对信息安全系统提出了技术和管理方面的建设要求。

考虑到四级协同信息系统工程所建设系统将统一部署到湖北省交通运输云数据中心中,因此该工程安全体系的建设将完全依托云数据中心现有安全体系进行实施。系统将在现有条件基础上针对网络环境、应用系统以及当前的安全措施,分析省厅的安全建设需求,结合国家等级保护的建设规范和技术要求而编制,一方面对信息安全建设起到指导作用;另一方面可形成省级信息系统安全防护系统建设方案,为行业进行安全建设起到建议作用;还可通过将等级保护基本要求在省厅的实际网络环境中落地,形成多系统复杂环境的等级保护建设方法,指导用户落实等级保护的制度和要求。

### 一、安全等级保护要求

根据《信息安全等级保护管理办法》(公通字〔2007〕43 号)、《信息系统安全保护等级定级指南》(GB/T 22240—2008)的要求对系统进行定级。

根据公安部下发的《信息系统安全保护等级定级指南》,信息系统的安全保护等级分为五级:

第一级,信息系统受到破坏后,会对公民、法人和其他组织的合法权益受到损害,但不损害国家安全、社会秩序和公共利益。

第二级,信息系统受到破坏后,会对公民、法人和其他组织的合法权益产生严重损害,或者对社会秩序和公共利益造成损害,但不损害国家安全。

第三级,信息系统受到破坏后,会对社会秩序和公共利益造成严重损害,或者对国家安全造成损害。

第四级,信息系统受到破坏后,会对社会秩序和公共利益造成特别严重损害,或者对国家安全造成严重损害。

第五级,信息系统受到破坏后,会对国家安全造成特别严重损害。

信息系统的安全保护等级由两个定级要素决定:等级保护对象受到破坏时,所侵害的客体和对客体造成侵害的程度。

受侵害的客体包括 3 个方面:

(1)公民、法人和其他组织的合法权益。

(2)社会秩序、公共利益。

(3)国家安全。

等级保护对象受到破坏后,对客体造成损害的程度归结为以下3种:

(1)造成一般损害。

(2)造成严重损害。

(3)造成特别严重损害。

定级要素与信息系统安全保护等级的关系见表11-1。

定级要素与信息系统安全保护等级关系表　　表11-1

| 受侵害的客体 | 对客体的侵害程度 | | |
|---|---|---|---|
| | 一般损害 | 严重损害 | 特别严重损害 |
| 公民、法人和其他组织的合法权益 | 第一级 | 第二级 | 第二级 |
| 社会秩序、公共利益 | 第二级 | 第三级 | 第四级 |
| 国家安全 | 第三级 | 第四级 | 第五级 |

道路运输四级协同管理与服务信息系统需要为行业管理部门和公众提供服务,涉及行业经营数据和道路运输信息,一旦信息泄露或者系统被破坏,会对公民、法人和其他组织的合法权益造成严重损害,也有可能对社会秩序和公共利益造成一般性损害。因此,该系统在信息安全上应满足国家信息安全等级保护二级要求。

## 二、安全系统设计原则

等级保护是国家信息安全建设的重要政策,其核心是对信息系统分等级、按标准进行建设、管理和监督。对于省厅信息安全建设,应当以适度风险为核心,以重点保护为原则,从业务的角度出发,重点保护重要的业务、研发类信息系统,在方案设计中应当遵循以下的原则。

1.适度安全原则

任何信息系统都不能做到绝对的安全,在进行信息安全等级保护规划中,要在安全需求、安全风险和安全成本之间进行平衡和折中,过多的安全要求必将造成安全成本的迅速增加和运行的复杂性。

适度安全也是等级保护建设的初衷,因此在进行等级保护设计的过程中,一方面要严格遵循基本要求,从网络、主机、应用、数据等层面加强防护措施,保障信息系统的机密性、完整性和可用性,另外也要从综合成本的角度,针对省厅信息系统的实际风险,提出对应的保护强度,并按照保护强度进行安全防护系统的设计和建设,从而有效控制成本。

2.重点保护原则

根据信息系统的重要程度、业务特点,通过划分不同安全保护等级的信息系统,实现不同强度的安全保护,集中资源优先保护涉及核心业务或关键信息资产的信息系统;系统在设计中将重点保护省厅涉及生产、运营等关键业务的信息系统,对其他信息系统则降低保护等级,进行一般性设计和防护。

3.技术管理并重原则

信息安全问题从来就不是单纯的技术问题,把防范黑客入侵和病毒感染理解为信息安全问题的全部是片面的,仅仅通过部署安全产品很难完全覆盖所有的信息安全问题,因此必须要把技术措施和管理措施结合起来,更有效地保障信息系统的整体安全性,形成技术和管理两个部分的建设方案。

4. 分区分域建设原则

对信息系统进行安全保护的有效方法就是分区分域,由于信息系统中各个信息资产的重要性是不同的,并且访问特点也不尽相同,因此需要把具有相似特点的信息资产集合起来,进行总体防护,从而可更好地保障安全策略的有效性和一致性,比如把业务服务器集中起来单独隔离,然后根据各业务部门的访问需求进行隔离和访问控制;另外分区分域还有助于对网络系统进行集中管理,一旦其中某些安全区域内发生安全事件,可通过严格的边界安全防护限制事件在整网蔓延。

5. 标准性原则

信息安全保护体系应当同时考虑与其他标准的符合性,在方案中的技术部分将参考 IATF 安全体系框架进行设计,在管理方面同时参考 27001 安全管理指南,使建成后的等级保护体系更具有广泛的实用性。

6. 动态调整原则

信息安全问题不是静态的,它总是随着管理相关的组织策略、组织架构、信息系统和操作流程的改变而改变,因此必须要跟踪信息系统的变化情况,调整安全保护措施。

7. 标准性原则

信息安全建设是非常复杂的过程,在设计信息安全系统、进行安全体系规划中单纯依赖经验,无法对抗未知的威胁和攻击。因此需要遵循相应的安全标准,从更全面的角度进行差异性分析,这是系统重点强调的设计原则。

8. 成熟性原则

设计采取的安全措施和产品,在技术上是成熟的,是被检验确实能够解决安全问题并在很多项目中有成功应用的。

9. 科学性原则

安全系统的设计是建立在对省厅进行安全评估基础上的,在威胁分析、弱点分析和风险分析方面,是建立在客观评价的基础上而展开分析的结果,因此方案设计的措施和策略一方面能够符合国家等级保护的相关要求,另一方面也能够很好地解决省厅信息网络中存在的安全问题,满足特性需求。

## 三、现有环境安全评估

湖北省道路运输四级协同管理与服务信息系统硬件设施部署厅云数据中心,厅云数据中心设计为等保二级机房,部署有 VPN 网关、IPS 入侵防御系统、网络防病毒、漏洞扫描、网络准入系统、安全审计系统、网闸、外网安全审计系统、运维管理堡垒等安全防护设备。

经过对现有湖北省交通运输厅云数据中心机房和该系统建设情况的综合分析,安全风险主要存在以下几个方面:

1. 网络层安全隐患

该系统网站由于业务需求将开放互联网的接口,随着互联网接口的开放,对外提供服务的公网IP地址、网络链路和网络设备将成为潜在的攻击目标。攻击者可能是为了获取整个网络内的数据流量、IP地址分配等重要信息。

2. 系统层安全隐患

该系统网站由于业务需求将开放互联网的接口，随着互联网接口的开放，对外提供的Web服务器还将成为攻击者的目标。攻击者的目标可能是为了获取Web服务器的直接访问、改变网站内容或使Web服务器拒绝用户访问。

其次随着该系统的设备越来越多，业务却越来越重要，因此对整个系统的可用性及保障提出了更高的要求，一旦业务出现故障，如果采用传统的手工排查手段，随之而来的业务中断时间风险将大大提高。

3. 应用层安全隐患

该系统工程的应用系统需要进行开发，在满足该系统的业务功能需要外，需要考虑应用安全的同步开发，否则从应用系统本身带来的安全风险将直接对该系统带来安全风险。

4. 数据层安全隐患

该系统需要对数据进行收集和汇总，存在地市到省、到部的远程数据传输需要，远程数据传输存在数据泄漏、被篡改等的风险；该系统的收集后的数据访问控制需要加强并重点保护数据的可用性、完整性和保密性。

在安全管理方面，应参考国家等级保护二级安全管理方面的基本要求，并参照湖北省的相应管理规定和规范，在参考和借鉴原有成果的基础上，制定和完善针对该系统的信息安全策略，对该系统进行安全管理。安全风险通常主要存在管理制度、管理机构、人员管理、系统建设和系统维护五个方面。

## 四、安全保障系统建设

1. 总体思路

道路运输四级协同管理与服务信息系统需要为行业管理部门和公众提供服务，涉及行业经营数据和道路运输信息，在信息系统定级基础上，从安全技术体系和安全管理体系上进行安全系统同步设计规划与建设，其中技术类安全要求分为物理、网络、主机、应用和数据5个层面的要求；管理类安全要求分为安全管理机构、安全管理制度、人员安全管理、系统建设管理和系统运维管理5个层面要求，如图11-2所示。

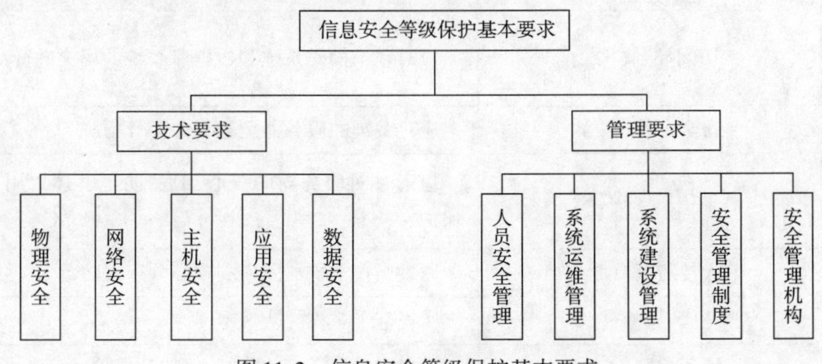


图11-2　信息安全等级保护基本要求

根据《信息安全技术信息系统等级保护安全建设技术方案设计规范》,对信息系统进行安全防护系统规划的过程中,必须按照分域、分级的办法进行规划和设计,要划分具体的安全计算环境、安全区域边界、安全通信网络,并根据信息系统的等级来确定不同环节的保护等级,实现分级的保护;同时通过集中的安全管理中心,实现对计算环境、区域边界、通信网络实施集中的管理,并确保上述环节执行统一的安全防护策略。等级保护建设的要求见表11-2。

等级保护建设要求表　　表11-2

| 防护层面 | 要求选择 | 差异性需求 |
|---|---|---|
| 物理安全 | 物理位置的选择(G2) | 按照B级机房标准或达到《计算机场地安全要求》(GB/T 9361—2011)中的B类机房的指标建设和租用IDC机房 |
| | 物理访问控制(G2) | |
| | 防盗窃和防破坏(G2) | |
| | 防雷击(G2) | |
| | 防火(G2) | |
| | 防水和防潮(G2) | |
| | 防静电(G2) | |
| | 温湿度控制(G2) | |
| | 电力供应(A2) | |
| | 电磁防护(S2) | |
| 网络安全 | 结构安全(G2) | 确保网络能够更好地支撑应用系统的运行 |
| | 访问控制(G2) | 利用防火墙实现基于网络IP地址、协议、端口的强访问控制,并支持针对用户的访问控制 |
| | 安全审计(G2) | 应实现对网络设备的运行状况日志审计、流量审计等,应实现对日志信息的集中记录 |
| | 边界完整性检查(S2) | 应防范非法的内联和外联 |
| | 入侵防范(G2) | 内网与其他网络考虑网络入侵防范 |
| | 恶意代码防范(G2) | 内网与其他网络考虑网络层面的病毒过滤 |
| | 网络设备防护(G2) | 网络设备应采取加固措施 |
| 主机安全 | 身份鉴别(S2) | 操作系统和数据库应采取加固技术 |
| | 访问控制(S2) | 应对登录操作系统和数据库系统的用户进行身份标识和鉴别 |
| | 安全审计(G2) | 应对关键的服务器配置日志审计措施 |
| | 剩余信息保护(S2) | 应通过对服务器的核心加固,防范客体重用,实现剩余信息保护 |
| | 入侵防范(G2) | 通过操作系统加固来实现部分入侵防范 |
| | 恶意代码防范(G2) | 实现基于主机的防病毒 |
| | 资源控制(A2) | 实现对主机资源的限制、监控和保护 |

续上表

| 防护层面 | 要求选择 | 差异性需求 |
| --- | --- | --- |
| 应用安全 | 身份鉴别(S2) | 应实现高强度的身份认证技术 |
| | 访问控制(S2) | 应实现针对应用系统的授权和访问控制 |
| | 安全审计(G2) | 应对应用系统实现有效安全审计,以防范审计记录被非法修改和删除 |
| | 通信保密性(S2) | 应采用 VPN 协议来实现通信数据的保密性保护 |
| | 抗抵赖(G2) | 应在应用系统中设计实现防范操作抵赖行为 |
| | 软件容错(A2) | 应用软件对错误的输入有控制 |
| | 资源控制(A2) | 应针对应用服务器进行连接数的限制,应对服务的优先级进行控制 |
| 数据安全 | 数据完整性(S2) | 应当保障业务数据在存储和传输过程中的保密性 |
| | 数据保密性(S2) | 应当保障业务数据在存储和传输过程中的完整性 |
| | 备份和恢复(A2) | 磁盘备份(数据备份)、关键网络设备、通信线路和数据处理系统应有冗余设计,目前应当加强关键网络设备的冗余设计 |

根据以上二级等保建设要求,该系统中安全部分分为如下几个部分建设:

(1)安全计算环境:计算环境是信息系统中位于物理上受保护的边界内部,一般包括完成信息处理与存储的主机、操作系统、数据库管理系统、外部设备及其连接部件,也可以是某个移动用户的主机平台。安全计算环境是具有确定安全等级保护能力的计算环境。该项目中安全计算环境主要是网络中心内部服务器、主机。

(2)安全区域边界:区域边界是信息系统中计算环境之间以及计算环境与通信网络之间完成连接的部件。安全区域边界是具有确定安全等级保护能力的区域边界,该项目中安全区域边界主要是网络中心内部安全域之间的边界,以及公众信息服务平台与互联网等网络连接边界。

(3)安全通信网络:通信网络是信息系统中完成计算环境之间信息传输的部件。安全通信网络是具有确定安全等级保护能力的通信网络,针对外部 DMZ 接入该系统网络连接,部署防火墙。

(4)安全管理中心:安全管理中心是对部署在计算环境、通信网络和区域边界上的安全策略与机制实施集中管理的设施。二级以上的信息系统都需要设置安全管理中心。该项目中也同步考虑为道路运输四级协同管理建设统一的安全管理中心。

完整的信息安全等级保护建设,将充分遵照国内、国际的信息安全规范、标准、政策要求以及信息化实际需求,对整体信息系统进行统一咨询、规划、设计、建设和运维。建设的主要内容包含两个大方面:安全技术体系建设和安全管理体系建设。

*2. 安全技术要求*

(1)物理安全。

物理安全防范是网络整体安全架构的基础,对保障网络系统正常运行具有重要的作用。根据信息安全等级保护要求,信息平台机房应符合相关的标准规范,并具备防盗、防火、防雷、防水、防静电等条件，配备 UPS、空调、门禁等相关措施。

①场地安全。任何计算机，不论是桌面工作站还是机房的服务器，都需要防备火灾、电源事故。

计算机服务器应置于用耐火和不易燃材料构建的建筑中。计算机设施应使用耐火的隔板、墙、门同邻近区域隔开。所有备份磁带、磁盘都应放在计算机房之外的单独、安全、耐火区域。应检查地板与天花板，看是否由不易燃材料建成。所有计算机房人员都应接受基本消防技能训练，以及人身安全和疏散方法训练。

电子元件偶尔会发热、融化及着火，应保持系统清凉要求，保证计算机或主机放置于通风良好、有空调的区域。应检查设备中的风扇及通风孔，看看它们是否被墙壁、橱柜、其他设备或灰尘阻塞。灭火器应放置在触手可及的位置，或至少是离工作站几步之内。

垫高的地板应有合适的排水系统，在地面装有排水装置使水不接近硬件。电子中继盒应该避免与地板接触，以防水从邻近区域流过来而触及。应时常准备可覆盖设备的大块塑料布以防漏水或洒水器意外流水。

服务器的电源应有合适的起伏、峰值、持续及突然停电的保护，还应备有不间断电源以便在电源出故障时使设备继续运行。

②设备安全。磁盘等储存设备应妥加保管，应能抵抗火灾和水灾的保险箱等。

对于设备周围环境的考虑，应尽量保证合适的温度和湿度，避免热源，并给予设备充分的空气流通。决不能把机器安置在有潜在水、烟或火患的地方。

关于电源，用户应确保设备正确接地，并防止高电流对设备内部部件的损坏，应配置 UPS（不间断电源）。

（2）网络安全。

在网络边界配置网络防火墙系统，通过有效的安全访问控制策略、有效的隔离网络，阻挡非法用户的接入和非授权访问行为，保障内部网络和服务器的安全。从该系统网络结构分析，最主要的边界包括主系统与专网、互联网等边界，互联网查询服务器与核心服务器之间的边界。上述边界分别配置硬件防火墙系统进行安全隔离和防护，其中查询服务器可利用防火墙 DMZ 区功能实现隔离。

互联网边界是对该系统威胁最大的来源，来自互联网的恶意攻击、蠕虫病毒、好奇者等的威胁很难在网络层面进行隔离或消除，只能通过深层防御机制解决。入侵防御系统是目前发展迅速的有效边界防护措施，它通过重组网络数据，识别并阻断各类攻击行为实现对信息系统的保护，在互联网边界部署网络入侵防御系统，可有效地防止黑客、蠕虫病毒等的入侵和破坏。

网络安全审计是指直接从网络中收集各种会话信息，从网络传输的数据和行为中提取审计信息，其主要内容包括会话标志、源目的地址和端口、协议、日期和时间、成功与失败、摘要。对第二级安全等级的信息系统，审计是最重要的基础要求之一。分散在服务器、网络安全设备上的审计记录并不足以解决用户的安全需求，配备必要的集中审计系统，完整地记录各类网络访问行为，对系统的规范运行、查询非法操作用户、追查违法入侵者均有显著的帮助。该系统在主系统的网络核心区域部署网络安全审计，收集并记录网络访问行为并加以分析，可回放网络行为，并可用于非法行为的取证，加强信息系统的内控机制。

该系统建设中，用户采用专用网络接入，由于代理、异地用户等不具备专网接入的条件，而为了保障核心系统的安全性，信息平台核心系统并不直接对公众网络开放。为解决安全接入的问题，必须引进 VPN 技术，构建基于互联网的虚拟专网。

①病毒防护。对业务区的服务器、工作站和办公 PC 机均安装防病毒软件，防止病毒入侵主机并扩散到全网，实现全网的病毒安全防护，来确保整个系统的业务数据不受到病毒的破坏，日常工作不受病毒的侵扰。由于新病毒的出现比较快，所以要求防病毒系统的病毒代码库的更新周期必须比较短。该系统需根据新建设备的数量，在交通运输厅云数据中心原有病毒防护软件基础上增配使用许可。

②安全审计。对网络进行全面综合的审计，综合审计系统从防御到事后取证，从主机到网络，从数据库到应用审计，全面地对整个网络和主机进行保护与审计，可以有力地抵御入侵，把试图窃取资源的行为进行完整的记录，作为一种有力的证据。更有效地防御外部的入侵和内部的非法违规操作，最终起到保护机密信息和资源的作用。

③访问控制。防火墙是网络安全最基本、最经济、最有效地手段之一。防火墙可以实现内部、外部网或不同信任域网络之间的隔离，达到有效地控制对网络访问的作用。

④入侵检测。入侵检测系统主要通过检测和记录网络中的安全违规行为，惩罚网络犯罪，防止网络入侵事件的发生；检测其他安全措施未能阻止的攻击或安全违规行为；检测黑客在攻击前的探测行为，预先给管理员发出警报；报告计算机系统或网络中存在的安全威胁，提供有关攻击的信息，帮助管理员诊断网络中存在的安全弱点，利于其进行修补；对进出网络的所有访问进行很好的监测、响应并作记录。

⑤漏洞扫描。部署漏洞扫描系统，它能主动检测本地主机系统安全性弱点的程序，采用模仿黑客入侵的手法对目标网络中的工作站、服务器、数据库等各种系统以及路由器、交换机、防火墙等网络设备可能存在的安全漏洞进行逐项检查，测试该系统上有没有安全漏洞存在，然后将扫描结果向系统管理员提供周密可靠的安全性分析报告，从而让管理人员从扫描出来的安全漏洞报告中了解网络中服务器提供的各种服务及这些服务呈现在网络上的安全漏洞，在系统安全防护中做到“有的放矢”，及时修补漏洞，从根本上解决网络安全问题，有效地阻止入侵事件的发生。

⑥Anti-DDOS 系统。在互联网四级协同管理系统互联网出口路由器之后，部署 Anti-DDOS 系统防御来自互联网的 DDOS 攻击行为，对 DDOS 攻击行为进行过滤，对互联网四级协同管理系统进行防护，保障互联网四级协同管理系统的高可用性。

⑦入侵防御系统。在互联网出口 Anti-DDOS 系统之后，部署入侵防御系统（双机冗余部署）对来自互联网的攻击行为进行防御，对攻击数据包进行过滤和屏蔽，确保互联网四级协同管理系统的安全性。

⑧安全管理。使用先进网络管理软件和安全管理软件，对单位所有的网络设备和计算机进行集中管理、配置，保证整个系统的配置安全。加强网络安全管理规范的建设，包括设立专门的管理机构、制定全面的管理制度，确保制定的管理策略能够得到正确执行，所有安全技术措施能够发挥作用。

（3）系统安全。

系统安全包括漏洞管理系统和防病毒系统两个部分。

①漏洞管理系统。漏洞管理系统应用目的：由于业务需要，湖北省道路运输四级协同管理与服务信息系统网络需要连接互联网，道路运输数据在网络上传输，而网络设备、主机系

统都可能不同程度存在一些安全漏洞，攻击者可以利用存在的漏洞进行破坏，可能引起数据破坏、中断甚至系统宕机，若更为严重将直接影响正常运输。

②防病毒系统。计算机病毒的防范是应用与数据安全防范体系的基础环节，该系统需对所有服务器安装防病毒软件。防病毒系统不仅是检测和清除病毒，还应加强对病毒的防护工作，在网络中不仅要部署被动防御体系（防病毒系统），还要采用主动防御机制（防火墙、安全策略、漏洞修复等），将病毒隔离在网络大门之外。通过管理控制台统一部署防病毒系统，保证不出现防病毒漏洞。

在跨区域的广域网内，要保证整个广域网安全无毒，首先要保证每一个局域网的安全无毒。也就是说，湖北省道路运输四级协同管理与服务信息系统是建立在每个局域网的防病毒系统上的。应该根据每个局域网的防病毒要求，建立局域网防病毒控制系统，分别设置有针对性的防病毒策略。由上到下，各个局域网的防病毒系统相结合，最终形成一个立体的、完整的企业网病毒防护体系。

(4)应用安全。

应用系统的安全和其自身的设计和实现技术密切相关，其存在的漏洞也会给系统的安全带来严重的隐患，因此通过应用安全技术和应用系统相结合是防护应用层安全的重要手段。应用安全部分包括：日志监控、审计与监督和接口安全性三个部分。

①日志监控。日志监控是系统安全的重要措施之一。作为应用系统提供的日志监控功能，该系统的日志监控功能仅针对应用操作，只实现到应用功能级的监控。日志监控的完整体系结构如图 11-3 所示。

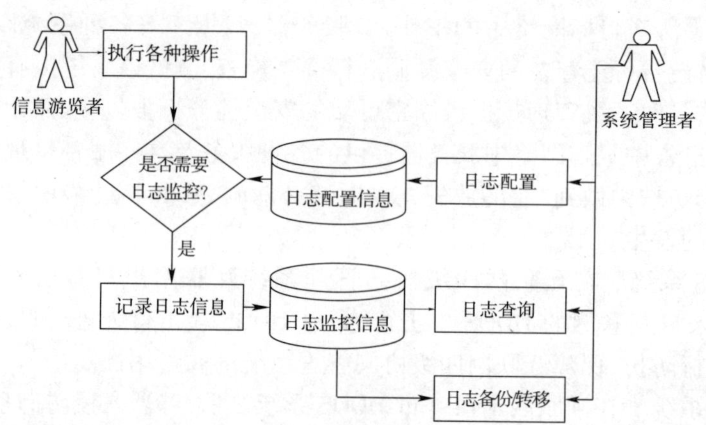


图 11-3　日志监控流程图

从流程上看，日志监控包括以下几个关键功能：

a. 日志记录：将需要进行日志监控的应用操作进行日志记录，此功能由应用程序完成，具体记录的内容包括：IP 地址、用户名、时间、功能编号等。

b. 日志配置：对日志监控所需要的参数进行配置。

c. 日志查询：查询已经保存的日志记录。

d. 日志备份/转移：进行日志的备份和转移工作。

②审计与监督。系统中每一项与安全相关的操作都要有记录，记录下操作的人、时间、操作对象、操作结果（成功、失败）等属性，形成审计记录，保留必要的时限以供审查。审计记录用于分析系统的安全状态，在没有发生事故时可及时发现安全隐患，采取补救措施。发生

事故时可用于追查责任人,防止责任人抵赖应负的责任。对于要修改的数据,修改前要记录历史,以便在误操作后可以从历史数据得到恢复。

③接口安全性。对外接口一定要约定双方认可的安全协议,安全协议中的参数采用DES或MD5的方式加密,安全协议参数中一定要有时间戳,并在一定范围内失效,以防止以某个链接频繁发起对系统的恶意攻击。接口中必须要有安全头参数,认证通过后才允许连接。

(5)数据安全。

数据安全部分包括:数据存储安全、数据传输安全和数据访问安全。

①数据存储安全。数据存储安全通过硬件和软件两方面得以保证。硬件的安全性通过采用高可用的存储结构来实现,软件的安全性通过数据加密和数据备份来实现。

a.数据存储结构。数据存储可通过存储局域网(SAN)来完成。SAN是一种通过光纤集线器、光纤路由器、光纤交换机等连接设备,将磁盘阵列设备与相关服务器连接起来的高速专用子网。SAN一方面可以实现大容量存储设备数据共享,另一方面也可以实现高速计算机与高速存储设备的互联,从而提高数据的可靠性和安全性。

b.数据加密。对于密码数据或敏感数据,采用先加密后存储的策略。对于可逆的数据加密,采用AES或DES算法;对于非可逆的数据加密,采用SHA或MD5算法。无论采用哪种算法,最重要的是保证加密密钥的安全,加密密钥本身必须经过加密,然后保存在数据库中,在系统启动后直接加载进来。加密密钥如果需要在网络中传输,必须采用SSL安全传输协议。

对于登录密码这样的数据,采用MD5加密方式,直接将MD5摘要与数据库中保存的内容进行匹配。对于整个文档这样的大量数据,通过DES的加密方式,将整个文档进行加密,接收到加密数据后,使用加密密钥进行解密。

除以上的加密方式以外,对于非公开的汇总数据,也采用不可逆的MD5算法进行加密,基于MD5算法的完备性、可靠性、不可逆性,充分保证非公开数据的安全。

c.数据备份和恢复。数据备份内容包括:应用系统文件、操作系统文件和数据库文件。数据备份策略分为完全备份、增量备份和差异备份。完全备份就是拷贝指定计算机或文件系统上的所有文件,而不管它是否被改变。增量备份就是只备份在上一次备份后增加、改动的部分数据。增量备份可分为多级,每一次增量都源自上一次备份后的改动部分。差异备份就是只备份在上一次完全备份后有变化的部分数据。如果只存在两次备份,则增量备份和差异备份内容一样。一般在使用过程中,这三种策略常结合使用,常用的方法有:完全备份、完全备份加增量备份、完全备份加差异备份。

应用系统文件:在第一次系统部署时,进行全量备份,以后每次应用程序更新时,先对上次的应用进行全量备份,然后对本次更新的内容进行增量备份或差异备份。

操作系统文件:在操作系统安装完成以及各种系统软件安全完成后,进行全量备份,以后每当对操作系统配置进行修改时,直接备份修改的内容,即进行差异备份。

数据库备份:通过数据备份软件,根据需要设置为完全备份、增量备份和差异备份。在数据库系统安装完成并将初始数据导入到数据库后,进行一次全量的数据备份,然后每小时进行一次差异备份,每天进行一次增量备份。

系统投入运营后,需要建立一个备份时间表,定期对系统进行备份,这样可以在系统发生问题时将损失减为最小。为了减少备份中人为操作的失误,备份通过自动脚本的方式,按照备份时间表自动备份。当系统发生问题时,可以根据已备份的数据,找出最近的全量备份数据和增量备份数据,按顺序恢复到发生问题前一刻的状态。

②数据传输安全。

a. 安全套接层(SSL)。SSL 协议位于 TCP/IP 协议与各种应用层协议之间,为数据通信提供安全支持。SSL 协议可分为两层:SSL 记录协议(SSL Record Protocol),建立在可靠的传输协议(如 TCP)之上,为高层协议提供数据封装、压缩、加密等基本功能的支持;SSL 握手协议(SSL Handshake Protocol),建立在 SSL 记录协议之上,用于在实际的数据传输开始前,通信双方进行身份认证、协商加密算法、交换加密密钥等。

b. 通过 SSL 协议传输数据。数据传输安全通过安全传输协议(SSL)、数据加密等技术来保证。利用 SSL 协议可以有效加强数据传输的保密性、完整性和真实性,能够防止数据在传输过程中被非法窃取或篡改,从而保证数据的传输安全。

③数据访问安全。数据访问安全通过基于角色的访问控制(RBAC)来保证,数据访问以角色为核心,对资源的访问严格按照角色来控制。

系统根据访问控制策略划分出不同的角色,资源访问许可被封装在角色中,同时为用户指派不同的角色,用户通过角色间接地访问资源。

访问控制策略可以统一设置基本的角色,也可根据应用系统的特殊需求设置专有的角色,以适应不同系统的特殊需要。

3. 安全管理要求

(1)安全管理制度。

在信息安全中,最活跃的因素是人,对人的管理包括法律、法规与政策的约束,安全指南的帮助,安全意识的提高,安全技能的培训,人力资源管理措施。这些功能的实现都是以完备的安全管理政策和制度为前提。这里所说的安全管理制度包括信息安全工作的总体方针、策略、规范,各种安全管理活动的管理制度以及管理人员或操作人员日常的操作规程。

安全管理制度主要包括:管理制度、制定和发布、评审和修订。要求形成信息安全管理制度体系,对管理制度的制定要求和发布过程进一步严格和规范。对安全制度的评审和修订要求领导小组负责。

(2)安全管理机构。

要建立一个健全、务实、有效、统一指挥、统一步调的完善的安全管理机构,明确机构成员的安全职责,这是信息安全管理得以实施、推广的基础。在单位的内部结构上必须建立一整套从单位最高管理层到执行管理层以及业务运营层的管理结构,来约束和保证各项安全管理措施的执行。其主要工作内容包括对机构内重要的信息安全工作进行授权和审批、内部相关业务部门和安全管理部门之间的沟通协调以及与机构外部各类单位的合作、定期对系统的安全措施落实情况进行检查,以发现问题进行改进。

安全管理机构主要包括:岗位设置、人员配备、授权和审批、沟通和合作以及审核和检查等。对于岗位设置,不仅要求设置信息安全的职能部门,而且机构上层应有一定的领导小组全面负责机构的信息安全全局工作。授权审批方面加强了授权流程控制以及阶段性审查。沟通与合作方面加强了与外部组织的沟通和合作,并聘用安全顾问。同时对审核和检查工作进一步规范。

(3)人员安全管理。

很多重要的信息系统安全问题都涉及用户、设计人员、实施人员以及管理人员。如果这些与人员有关的安全问题没有得到很好地解决,任何一个信息系统都不可能达到真正的安全。只有对人员进行正确完善的管理,才有可能降低人为错误、盗窃、诈骗和误用设备的风险,从而减小信息系统遭受人员错误造成损失的概率。

对人员安全的管理,主要涉及两方面:对内部人员的安全管理和对外部人员的安全管理。具体包括:人员录用、人员离岗、人员考核、安全意识教育和培训和外部人员访问管理等。增强对关键岗位人员的录用、离岗和考核要求,对人员的培训教育更具有针对性,外部人员访问要求更具体。

(4)系统建设管理。

信息系统的安全管理贯穿系统的整个生命周期,系统建设管理主要关注的是生命周期中的前三个阶段(即初始、采购、实施)中各项安全管理活动。

系统建设管理分别从工程实施建设前、建设过程以及建设完毕交付 3 方面考虑,具体包括:系统定级、安全方案设计、产品采购和使用、自行软件开发、外包软件开发、工程实施、测试验收、系统交付、系统备案、等级测评和安全服务商选择等。对建设过程的各项活动都要求进行制度化规范,按照制度要求进行活动的开展。对建设前的安全方案提出体系化要求,并加强了对其的论证工作。

(5)系统运维管理。

系统运行涉及很多管理方面,例如对环境的管理、介质的管理、资产的管理等。同时,还要监控系统由于一些原因发生的重大变化,安全措施也要进行相应的修改,以维护系统始终处于相应安全等级保护的安全状态中。

等保二级的系统运维管理,主要对机房运行环境、资产的隶属管理、介质的保存、设备维护使用管理等方面加强了管理要求,另外在控制点上增加了密码管理、变更管理、应急预案管理。

4. 安全保障体系

信息系统安全保障建设的基本思路是:以保护信息系统为核心,严格参考等级保护的思路和标准,从多个层面进行建设,满足信息系统在物理层面、网络层面、系统层面、应用层面和管理层面的安全需求,建成后的保障体系将充分符合国家标准,能够为业务的开展提供有力保障。

安全保障体系建设的要点包括:

(1)构建分域的控制体系。信息安全等级保护解决方案,在总体架构上将按照分域保护思路进行,系统建设参考 IATF 信息安全技术框架,将信息系统从结构上划分为不同的安全区域,各个安全区域内部的网络设备、服务器、终端、应用系统形成单独的计算环境,各个安全区域之间的访问关心形成边界,各个安全区域之间的连接链路和网络设备构成了网络基础设施;因此方案将从保护计算环境、保护边界、保护网络基础设施 3 个层面进行设计,并通过统一的基础支撑平台(这里将采用安全信息管理平台)来实现对基础安全设施的集中管理,构建分域的控制体系。

(2)构建纵深的防御体系。安全建设方案包括技术和管理两个部分,针对信息系统的通信网络、区域边界、计算环境,综合采用访问控制、入侵检测、恶意代码法防范、安全审计、防病毒、传输加密、集中数据备份等多种技术和措施,实现省厅业务应用的可用性、完整性和保密性保护,并在此基础上实现综合集中的安全管理,并充分考虑各种技术的组合和功能的互补性,合理利用措施,从外到内形成一个纵深的安全防御体系,保障信息系统整体的安全保护能力。

(3)保证一致的安全强度。信息系统应采用分级的办法,采取强度一致的安全措施,并采取统一的防护策略,使各安全措施在作用和功能上相互补充,形成动态的防护体系。因此在建设手段上,采取“大平台”的方式进行建设,在平台上实现各个级别信息系统的基本保护,比如统一的防病毒系统、统一的审计系统,然后在基本保护的基础上,再根据各个信息系统的重要程度,采取高强度的保护措施。

(4)实现集中的安全管理。信息安全管理的目标就是通过采取适当的控制措施来保障信息的保密性、完整性、可用性,从而确保信息系统内不发生安全事件、少发生安全事件、即使发生安全事件也能有效控制事件造成的影响。通过建设集中的安全管理平台,实现对信息资产、安全事件、安全风险、访问行为等的统一分析与监管,通过关联分析技术,使系统管理人员能够迅速发现问题,定位问题,有效应对安全事件的发生。

5.安全技术方案

参考等级保护技术方案设计规范,从信息系统安全涉及角度,安全信息系统可以看成是由安全应用支撑平台和在其上运行的应用软件系统两部分组成,而安全应用支撑平台又是由信息安全机制和信息安全基础技术支持来实现的,其中信息安全基础技术包括密码基础、系统安全技术、网络安全技术以及其他安全技术;这些基础提供了身份认证、访问控制、安全审计、可用性保护、机密性保护、完整性保护、监控、隔离、过滤等安全机制,用以形成覆盖计算环境、区域边界、通信网络的等级保护技术方案,同时通过引入多级互联机制以及安全管理中心,则构成了多级的安全信息系统。

按照分区保护的原则,对信息系统进行安全区域的划分,并确定要保护的计算环境、区域边界和通信网络,并根据安全区域内保护对象来分别确定各个环节的保护强度,并根据保护强度来设计不同的安全防护系统。然后在实现基础性保护措施的基础上,利用省厅的安全信息管理平台来进行总体安全管理中心的设计,实现对省厅整体信息系统的统一安全管理。

(1)确定保护对象。

对信息系统进行安全防护系统规划的过程中,必须按照分域、分级的办法进行规划和设计,要划分具体的安全计算环境、安全区域边界、安全通信网络,并根据信息系统的等级来确定不同环节的保护等级,实现分级的保护;同时通过集中的安全管理中心,实现对计算环境、区域边界、通信网络实施集中的管理,并确保上述环节执行统一的安全防护策略。设计规范中对各个环节的定义如下:

①安全计算环境:计算环境是信息系统中位于物理上受保护的边界内部,一般包括完成信息处理与存储的主机、操作系统、数据库管理系统、外部设备及其连接部件,也可以是某个移动用户的主机平台。安全计算环境是具有确定安全等级保护能力的计算环境,分别称为一级安全计算环境、二级安全计算环境、三级安全计算环境、四级安全计算环境和五级安全计算环境。

②安全区域边界:区域边界是信息系统中计算环境之间以及计算环境与通信网络之间完成连接的部件。安全区域边界是具有确定安全等级保护能力的区域边界,分别称为一级安全区域边界、二级安全区域边界、三级安全区域边界、四级安全区域边界和五级安全区域边界。

③安全通信网络:通信网络是信息系统中完成计算环境之间信息传输的部件。安全通信网络是具有确定安全等级保护能力的通信网络,分别称为一级安全通信网络、二级安全通信网络、三级安全通信网络、四级安全通信网络和五级安全通信网络。

④安全管理中心:安全管理中心是对部署在计算环境、通信网络和区域边界上的安全策略与机制实施集中管理的设施。二级以上的信息系统都需要设置安全管理中心,分别称为二级安全管理中心、三级安全管理中心、四级安全管理中心和五级安全管理中心。

对于省厅,可以将其信息网络先从资产属性上,划分为服务器区域、终端区域,然后从功能上划分为二级安全区域、核心交换区域、互联发布区域以及内网用户区域;然后将负责安全运行维护的系统单独抽取出来,形成单独的安全管理区域。

(2)保护计算环境。

二级安全区域内主要运行了承载湖北省道路运输四级协同管理与服务信息系统的应用服务器和数据服务器,根据运行维护系统的定级情况,可确定应当按照二级强度进行保护。根据技术方案设计规范,二级计算环境应当实现强身份鉴别、自主访问控制、用户数据库的机密性和完整性保护、有效的系统安全审计、防范客体安全重用、系统恶意代码查杀以及系统备份与恢复措施。针对二级安全区域的保护采取以下的措施进行。

①采取操作系统加固措施。针对湖北省道路运输四级协同管理与服务信息系统的服务器,可通过对操作系统人工加固的方式,来提升服务器的抗攻击能力,保障服务器的安全性,建议对操作系统采取的加固方式包括:身份认证加固措施、访问控制加固措施、资源限制措施、服务器抗攻击加固。

②采取集中的安全审计措施。针对主机系统的安全审计要求,可通过开启操作系统、数据库自身的审计模块来实现,同时利用数据库审计系统,集中将操作系统、数据库的日志信息传递到该平台,即使本地日志信息被恶意删除,也可在统一的远程日志审计系统中恢复该记录。

③实现操作系统防病毒。在二级安全区域内也通过操作系统防病毒软件来实现主机恶意代码防范,操作系统防病毒软件作用于应用服务器,防止恶意代码的传播,进行保护并满足二级系统主机安全的要求。可选择适用于 Windows、Linux 的杀毒软件,并在安全管理域部署病毒控管中心,实现统一的升级。

④数据备份与故障恢复。应用服务器内主要存储的信息就是全省道路运政管理系统的运政数据、车辆数据、人员数据等,当前的运政管理系统通过大数据分布式存储方式和普通数据库方式存放。大数据分布式存储采用 Hadoop 方式进行存储,由于本身就具备数据冗余备份功能,因此不需要单独考虑备份措施;而普通数据库服务器存储的数据考虑到其数据完整性问题,故部署一台备份服务器进行数据备份。

另外,当前应用服务器和数据库服务器均为双服务器架构,一旦其中的一台设备出现故障,另外一台也能够很好地支撑外部服务业务,从而保障了系统的可靠性和容错能力。

⑤计算环境保护部署。构建一个安全计算环境,应当考虑依照保护等级的不同,分别进

行加强用户身份鉴别、自主访问控制、标记和强制访问控制、系统安全审计、用户数据完整性保护、用户数据保密性保护、客体安全重用、系统安全监测等措施，在技术上通过操作系统核心加固、安全数据库、数据库安全加固模块、操作系统人工安全加固、数据库人工安全加固、安全审计、主机入侵检测、主机防病毒、终端安全管理、数据备份等措施来实现整体的保护。

(3)保护区域边界。

根据信息系统的定级说明，二级安全区域边界应当按照二级强度进行保护，并按照S2A2G2进行安全要求的选择，采取相应的措施选择和保护，具体包括：

①实现边界访问控制。针对二级安全区域的边界，可通过已有的核心防火墙来实现隔离与访问控制，该防火墙型号为千兆防火墙，能够根据数据包的源地址、目的地址、传输层协议、端口(对应请求的服务类型)、时间、用户名等信息执行访问控制规则。具体的访问控制规则包括：限制只有内网区域内的需要使用二级应用业务的部门IP段等可以访问二级安全区域；互联发布区域可以访问二级安全区域；市运管局可以通过专线或VPN来访问二级安全区域；移动办公用户可以通过SSLVPN来访问二级安全区域；其他任何访问均被禁止。

②实现边界安全监测。通过在核心交换机部署入侵防护系统来实现对网络攻击的防范，入侵防护系统往往以串联的方式部署在网络中，提供主动的、实时的防护，具备对2～7层网络的线速、深度检测能力，同时配合以精心研究、及时更新的攻击特征库，既可以有效检测并实时阻断隐藏在海量网络中的病毒、攻击与滥用行为，也可以对分布在网络中的各种流量进行有效管理，从而达到对网络架构防护、网络性能保护和核心应用防护的目的。

针对核心交换区域边界，入侵防护系统将执行以下的安全策略：防范网络攻击事件，防范拒绝服务攻击，审计、查询策略，网络检测策略，监控管理策略，异常报警策略，阻断策略，防范网络攻击事件，防范拒绝服务攻击，实现边界完整性保护。

根据等级保护技术要求，二级信息系统的边界应当能够有效监测非法外联和非法接入的行为，考虑到该区域内的主机设备均为服务器，不会主动对外发起访问，因此为实现边界完整性保护的要点就是要杜绝非法接入。

在二级安全区域的接入交换机端口上绑定MAC地址，对于接入的非许可终端，由于其MAC不会被交换机识别，而有效防止了接入。

③区域边界保护部署。根据“技术方案设计规范”，构建一个安全区域边界应当考虑依照保护等级的不同，分别进行区域边界包过滤、区域边界安全监测、区域边界恶意代码防护以及区域边界完整性保护等措施，在技术上通过防火墙、入侵防护、防病毒网关、终端安全管理等措施来实现保护。在产品选择上，既可以选择单独的防火墙、入侵防护以及防病毒网关产品，也可以选择下一代防火墙产品，集中实现防火墙、入侵防护、防病毒网关以及VPN技术，从而在部署上降低总体成本。

针对二级安全区域边界，可部署千兆下一代防火墙设备，同时实现防火墙、入侵防护以及病毒过滤网关的功能，以提供强大的边界保护；在核心交换区域边界分别部署入侵防护系统和网络行为审计，对边界实现全面的保护；在互联网出口区域边界部署抗DDos系统、链路负载均衡、流控、千兆防火墙，在骨干链路边界对边界进行保护。

(4)保护通信网络。

骨干网包括了核心的防火墙设备、联通及电信出口的防火墙、链路负载均衡以及边界出口路由器部分，其中通过核心防火墙实现了各个安全区域之间的连接和信息交换；通过出口防火墙以及 VPN 实现与分支机构和移动办公人员的连接和信息交换。根据最高保护原则，可确定应当按照二级通信网络进行保护。

根据技术方案设计规范，二级通信网络应当有网络安全监控、网络审计、网络备份/冗余与故障恢复、网络应急处理、网络数据传输安全性保护以及可信网络连接设备，方案将采取以下的安全措施来进行有效保障。

①实现网络安全监控。可通过在区域边界部署的入侵防护系统来实现，入侵防护系统在骨干网的关键节点上抓取访问数据包，并进行深度分析，从而有效识别存在攻击行为的数据包，并给予阻断，有效地保护了通信网络的安全性。

②实现网络安全审计。网络安全审计包括两个部分，一是在骨干网的核心防火墙、联通出口防火墙以及电信出口防火墙设备上开启审计功能，从而有效记录经过防火墙的所有访问行为，同时在运维中心通过集中的日志审计系统，将防火墙日志收集起来，以便系统管理员能够对骨干网的活动状态进行分析，并发现深层次的安全问题；二是关键的核心交换区域核心交换机上部署网络审计系统，网络审计系统是根据跟踪检测、协议还原技术开发的功能强大的系统，为网上信息的监测和审查提供完备的解决方案。系统以旁路、透明的方式实时高速地对进出信息网络的传输信息进行数据截取和还原，并可根据用户需求对通信内容进行审计，提供高速的敏感关键词检索和标记功能，从而为完整的记录各种信息的起始地址和使用者、保障关键应用系统、实现对应用访问的全面监控提供依据。

③实现远程安全传输。对于市运管局和移动办公用户，需要通过互联网对总部信息网络进行访问，并且需要访问核心的系统，当文件以明文的方式在互联网上传播，很容易造成泄密和篡改，对应用系统的正常运行带来威胁。

因此可利用系统部署的 IPSEC VPN 和 SSL VPN 来实现对传输数据的安全性保护，IPSec (IP Security)是一组开放协议的总称，特定的通信方之间在 IP 层通过加密与数据源进行验证，以保证数据包在 Internet 网上传输时的保密性、完整性和真实性。它通过 AH( Authentication Header)和 ESP( Encapsulating Security Payload)两个安全协议来实现，而且此实现不会对用户、主机或其他网络组件造成影响；用户也可以选择不同的硬件和软件加密算法，而不会影响其他部分的实现。

④网络设备自身防护。根据前面的网络结构分析，在骨干网采用防火墙作为核心交换设备，实现各个安全区域的连接。对于防火墙，应进行以下的安全加固：设备登录控制策略，经认证通过后，方可配置防火墙；登录地址控制策略，只有属于指定地址的设备方可管理防火墙；保证用户身份唯一性；远程管理策略，禁止远程管理核心防火墙；失败处理策略，应配置核心防火墙的“限制非法登录次数”；防火墙日志审计策略，集中收集防火墙日志信息，并单独存储，保障安全审计的全面性。

⑤实现网络安全管理。办公业务对网络的依赖程度很高，各类业务都需要通过骨干网来完成，但随着省厅业务的发展、网络规模的扩张，网络设备、主干链路、安全设备的数量日益增多，对信息网络的整体管理成为难点，同时根据等级保护技术要求，应实现网络的应急处理和可信网络设备连接，因此对全网的安全管理应当被高度重视起来。

引入专业网管系统，并实现以下的管理功能：拓扑管理策略、防止网络设备的非法接入、配置管理策略、资产管理策略、故障管理策略、流量管理策略、性能管理策略等。

⑥骨干网络保护部署。依据技术方案设计规范，二级通信网络应当有网络安全监控、网

络审计、网络备份/冗余与故障恢复、网络应急处理、网络数据传输安全性保护以及可信网络设备接入,在方案中分别通过网络安全监测、网络安全审计、网络结构优化、防火墙设备加固、VPN 技术以及网络安全管理系统来完成。

对于通信网络的保护措施汇总如下:

首先应对原有的信息网络进行安全改造,将原有的单核心防火墙更改为单双核心防火墙,并启用双机热备的工作模式,防范单点故障;利用原有的入侵防护系统以及下一代防火墙在关键的计算环境边界,进行安全监控,防止非法的访问;对骨干网中的防火墙设备进行配置,启用安全审计功能,将经过防火墙的关键访问数据进行记录,同时利用部署在运行维护区域内的日志审计系统,统一收集各个防火墙的日志信息,进行汇总后提交给系统管理员实现集中查询;同时,在信息网络的重要区域(业务服务器区域和研发服务器区域)内部署网络审计系统,该系统将侦听口部署在接入交换机上,实时抓取访问数据包进行记录,并将结果汇总到运行维护区域的日志审计系统内;此外,针对分支机构的远程访问,在分支机构出口防火墙上启用 IPSEC VPN 模块,然后分别在网通互联网出口和电信互联网出口的防火墙上也启用 IPSEC VPN 模块,相互配合形成 VPN 加密隧道,对远程访问数据进行传输的机密性和完整性保护,确保信息通过互联网传递过程中的安全性;另外,针对移动办公分布广、管理困难的特点,则利用 SSL VPN 来实现对远程传输数据的安全性保护,办法是分别在移动办公终端频繁访问的业务服务器区域和外部服务器区域,部署支持二合一的 VPN,然后尽可能启用数字证书认证的方式,通过 SSL VPN 隧道保障信息通过互联网传递过程中的安全性;在运行维护区域被部署网络安全管理系统,对全网的拓扑、网络资产进行统一管理,并自动扫描网络中的接入设备,发现异常给予报警;另外对网络的流量进行实时在线监控,出现异常给予及时的响应,保障骨干网络的持续运行。

(5)安全管理平台。

对于信息网络,在实现针对计算环境、区域边界和通信网络的安全防护后,基本形成了全面的安全防护体系,符合等级保护的技术安全要求和技术方案设计规范,但是随着安全体系的建设,各种安全设备以及安全服务手段的引入,给安全管理带来极大的挑战,系统需要一套有效的网络安全保障体系,来对全网进行统一的安全管理,确保信息网络内部不发生安全事件、少发生安全事件或者发生安全事件时能够及时处理减少由于安全事件带来的损失。

此外根据等级保护的相关政策,信息系统的安全管理也是一个非常重要的方面,系统必须具备相当的安全运维能力,能够有效进行资产管理、介质管理、网络安全管理、系统安全管理以及恶意代码防范管理等内容,从信息系统整体保护能力方面,要求信息系统能够实现统一安全策略、统一安全管理等技术,而安全管理平台则是以事件为核心,能够很好解决以上问题的有效措施。

根据等级保护相关政策和标准要求,应通过安全管理中心实现统一集中的系统管理、安全管理和审计管理,在方案中按照等级保护二级要求进行设计。

(6)安全系统部署。

按照湖北省交通运输厅的统一规划与部署,为保证投资集约性,该项目建设、使用的设备将部署在厅云数据中心。厅云数据中心设计为等保二级机房,按照规划,该机房建设完成后将部署有 VPN 网关、IPS 入侵防御系统、网络防病毒、漏洞扫描、网络准入系统、安全审计系统、网闸、外网安全审计系统、运维管理堡垒等安全防护设备。

该项目安全系统建设工作将依托厅云数据中心的整体规划进行开展。除复用已有的安全设备意外,在厅云数据中心核心交换设备处新建入侵检测设备。并按照内外网分离的原则,将与互联网有交互的设备与内网设备通过 VLAN 和 vmware 的虚拟交换机进行隔离。按照二级等保要求新增日志审计设备。为新增服务器节点配备网络版防病毒软件。

项目建设完成后,对该项目建设系统进行系统安全等级评测工作,针对评测结果中的不足进行对应的修补、改造。保证上线后项目符合安全等级保护二级的要求。

6. 容灾备份保障

(1)系统备份等级。

系统容灾备份等级一般划分为以下 4 个等级:

第 0 级:本地备份、本地保存的冷备份。这一级容灾备份,实际上就是所指的数据备份。它的容灾恢复能力最弱,它只在本地进行数据备份,并且被备份的数据磁带只在本地保存,没有送往异地。

第 1 级:本地备份、异地保存的冷备份。在本地将关键数据备份,然后送到异地保存。灾难发生后,按预定数据恢复程序恢复系统和数据。

第 2 级:热备份站点备份。在异地建立一个热备份点,通过网络进行数据备份。也就是通过网络以同步或异步方式,把主站点的数据备份到备份站点。备份站点一般只备份数据,不承担业务。当出现灾难时,备份站点接替主站点的业务,从而维护业务运行的连续性。

第 3 级:活动互援备份。主、从系统不再是固定的,而是互为对方的备份系统。这两个数据中心系统分别在相隔较远的地方建立,它们都处于工作状态,并进行相互数据备份。当某个数据中心发生灾难时,另一个数据中心接替其工作任务。

根据湖北省道路运输四级协调管理与服务信息系统特点和建设条件,该项目长远规划采用第 2 级备份,当前实现第 0 级备份可满足业务需求。

(2)备份系统建设原则。

①先进性。尽量采用新设备,确保未来建设完整的容灾系统时可重复利用。

②高可靠性保障。业务数据容灾之后必须保证容灾数据的正确性和完整性,以保障在灾难发生时,能够快速提供完整的业务数据,为尽快恢复业务系统服务提供必要的保障。除了数据的可靠性以外,还必须考虑应用系统本身的可靠性,当系统出现异常后,能够快速恢复应用也是备份系统的考虑重点。

③高扩展性。系统数据量在未来会有不断增长,因此要求提供的存储设备具有容量以及处理能力上无缝的扩展能力。

④高效易管理性。建立灵活高效的灾难恢复技术,降低管理的复杂度。

(3)设备选型及集成方案。

按照湖北省交通运输厅的统一规划与部署,保证投资集约性,该项目建设、使用的设备均部署在厅云数据中心。从长远规划看,厅云数据中心将采用双活数据中心技术,可满足系统备份第 2 级:热备份站点备份的要求。为符合整体工作部署,规划该项目的远期备份方案为双活数据中心方式。

目前湖北省交通运输厅云数据中心的双活建设尚未开始实施,因此本期工程计划先使用虚拟磁带库的方式进行数据备份。根据应用需求,系统针对四级协同项目的业务需要,为防止因工作人员误操作、程序异常等因素引起的数据丢失，提供将建设基于虚拟磁带库和第三方备份系统结合的数据备份系统。虚拟磁带库的容量需要能够完成数据库2次完整数据备份和1个月的增量备份，根据数据量估算情况，实际配置容量应不小于30T。通过虚拟磁带库设备的冷备份，满足系统备份第0级：本地备份、本地保存的冷备份的要求。

## 第三节　质量控制

在湖北省道路运输四级协同系统工程的建设中，质量管理和控制将是工程好坏与成败的重要环节。要建立一套规范有序的质量控制管理方法，使四级协同系统稳定、可靠、安全、高效地运行。

### 一、硬件设施的质量控制

质量是工程的生命，必须从严要求。湖北省道路运输四级协同信息系统硬件设施的质量控制贯穿于工程建设的全过程的各阶段和各个方面。每个阶段、每个分部及分项工程，甚至每道工序，都要进行规范有序和严格的检查与验收。

1. 工程承建者审查

设计单位、设备或材料的制造者或供应厂商以及施工承建单位都是工程任务的具体建设者，他们的资格与素质会直接影响到工作质量的好坏。因此，工程质量控制的首要任务是需要在招标时，通过对投标者的资格审查、评标时的条件评比等途径，把好资格审查关。

2. 管督承建者建立完善的质量保证体系

在确定了承建方后，在工程实施之前，就应要求承建方根据所承担任务的特点及质量要求，建立或完善自身的质量保证体系。一般要设有专门的质量工程师及有关组织机构，必要时还可以要求设置项目质量的负责人或经理，要有明确的质量管理目标、职责分工以及完善的质量管理制度、程序和方法。这个体系应与我国的信息与通信工程质量管理体系有良好的衔接与配合关系。当前，我国推行的国际标准化组织发布的ISO9000质量管理和质量保证标准系列的国家标准GB/T 19000系列，是建立质量管理和质量保证体系应遵循的指导性文件。

3. 工程设计质量的管理

(1)明确工程设计质量的要求与标准。

(2)做好工程设计成果的审查，尤其是做好方案审查和图纸审查。

(3)做好协调工作，包括设计与外部有关方面(设备、材料供应等)的协调，以及设计内部各专业之间的协调。

(4)在施工阶段的管理过程中，进行施工图的审核，对设计图纸中的质量或功能缺陷等问题提出质疑，并要求有关单位修改。

(5)对于在施工阶段提出的设计变更必须进行审核。

4. 施工材料、设备、配件的质量把关

施工准备阶段的质量控制，材料、设备、配件等的质量如果不符合要求，会直接影响工程的质量。湖北省道路运输四级协同信息系统建设中应当严格管督有关部门按照合同规定和设计要求的质量标准组织采购、订货、包装与运输;材料、设备、配件进场时要严格按标准进行检查和验收;进场后应严格管督,按要求储存、保管;在使用前还应经湖北省道路运输四级协同信息系统建设的管理组织对其可用性加以确认。

5. 施工过程中的质量管理

施工过程中的质量控制是交通信息整合服务体系工程建设的业主控制质量的工作重点,应当做到:

(1)根据质量目标,加强对施工工艺的管理。

(2)管督承建单位严格按工艺标准和施工规范、操作规程进行生产。

(3)加强工序控制,严格执行检查认证制度,严格控制每道工序的质量,对重要环节还要进行现场管督、中间检查和技术复核,尤其要加强对隐蔽工程和各环节结合点的控制,以防止质量隐患。

(4)对于不符合质量标准的,应及时加以处理。

6. 工程质量验收

(1)隐蔽、分项与分部工程质量验收。

①隐蔽工程验收。隐蔽工程是指那些在施工过程中,上一道工序结束后,被下一道工序所掩盖,而无法进行复查的部位。例如,直埋电缆、电线暗管等。

②分项工程验收。对重要的分项工程,交通信息整合服务体系工程建设的业主应按合同的质量要求,根据该分项工程施工的实际情况,参照质量评定标准进行验收。

③分部工程验收。根据分项工程质量验收结论,参照分部工程质量标准可得出该分部工程的质量等级,以便决定可否验收。

(2)工程资料验收。

工程资料是工程竣工验收的重要依据之一,承建单位应按合同要求提供全套竣工验收所必需的工程资料,经交通信息整合服务体系工程建设的业主审核、确认无误后,才能同意竣工验收。

## 二、应用软件的质量控制

应用软件是交通信息整合服务体系的灵魂,它对系统的控制与管理起着核心的作用。其质量是工程的生命保证,必须从严要求。

1. 设计质量控制

(1)审查需求分析说明书。交通信息整合服务体系工程的需求说明书是为了使用户和软件开发者双方对该软件的初始规定有一个共同的理解而编制成的说明书,需求说明书是整个开发工作的基础。在需求分析阶段内,由系统分析人员对被设计的系统进行系统分析,确定对该软件的各项功能、性能需求和设计约束,确定对软件需求说明书编制的要求,作为该阶段工作的结果。

(2)审查软件设计说明书。要审查交通信息整合服务体系软件系统设计说明书的内容是否符合国家标准《计算机软件产品开发文件编制指南》中关于概要设计说明书、详细设计说明书和数据库设计说明书的编写标准,审查概要设计说明书、详细设计说明书和数据库设计说明书是否符合软件需求说明书及需求补充说明书中的有关内容,是否基本满足系统的业务需求。

2. 开发质量控制

开发质量主要指交通信息整合服务体系工程软件开发过程的质量。承建单位必须制订软件质量保证计划,确立质量体系,保证开发的质量。审查是否符合国家标准《计算机软件质量保证计划规范》关于软件质量保证计划的编写标准,审查软件质量保证计划是否满足系统软件对质量的需求。

3. 测试质量控制

测试是对软件产品质量的检验和评价。它一方面检查软件产品质量中存在的质量问题,同时对产品质量进行客观的评价。测试的最终目的是确保最终交给用户的产品的功能符合用户的需求,把尽可能多的问题在产品交给用户之前发现并改正。

4. 系统验收质量控制

系统验收的目的是检验软件系统是否达到设计要求,作为软件工程中比较靠后的阶段,系统验收能在交付用户使用前对软件进行最后一次全面的确认和验证。要组织好由业主、承建单位和监理单位共同对软件系统按照相关国家标准和技术规范进行验收,以确认软件系统达到上线试运行的基本要求。

# 第十二章　总 结 展 望

## 第一节　主 要 特 色

### 一、顶层设计，四级协同

湖北省道路运输四级协同信息系统围绕道路运输业务体系，依托一个中心、完善一套网络、打造三个平台、建设五个系统、实现四个对接。以标准体系、技术体系、安全运维体系为支撑，构建数据资源体系和应用系统体系。四级协同信息系统实现了纵向业务协同和横向业务协同，纵向业务协同是在道路运输行业内部，在部、省、市、县各级道路运管机构，以及运管机构与企业之间的业务协同。横向业务协同是指道路运输内部细分业务板块后，各业务板块之间的协同，以及道路运输与行业外相关系统之间的协同。其主要包括道路运输内部各板块之间，道路运输与公安交警、安监、保险等部门之间的业务协同。

### 二、动静结合，业务闭环

湖北省道路运输四级协同信息系统实现了道路运输静态信息与动态信息的全面融合，道路运输行业管理中的业务闭环与业务数据应用闭环，强化动态安全监管工作的协调，将综合监管、动态监管、源头监管和现场监管相结合，形成监管过程闭环，从而较大程度地减少业务人员工作强度，较大地提升行业管理效率，降低政府的行业管理成本。

### 三、整合资源，融合发展

湖北省道路运输四级协同信息系统充分利用已有资源，以业务管理为主线，加强交通行业各类政务办公和业务应用信息的整合，实行统一的标准和技术规范，避免信息孤岛，保证信息资源网络的互通、互联，实现不同业务信息、不同部门之间信息资源的交流与共享。在实现数据整合、业务协同的同时，探索低成本、高效率的发展模式，提高资源整合的质量和效益。

实现对交通、公安、安监等多方资源的整合和分析功能，通过对实时采集的各业务管理、车辆运行、现场执法等过程静动态信息的对比分析，形成安全监管闭环管理，能为道路运输管理部门、经营企业、从业人员提供服务。

### 四、信息全方位，服务多样化

湖北省道路运输四级协同信息系统通过建设完善公众出行服务系统，使得交通信息覆盖全方位立体化。依托综合信息服务平台的建设，充分利用移动互联技术，以运输物流网、手机APP、微信、呼叫中心、短信平台,交通广播等多种渠道方式提供服务,建设一站式道路运输行业综合服务平台,提供为行业管理人员的一站式管理服务,提供为社会公众的一站式信息服务。这些方式的采用可以使出行者不受互联网约束,随时随地获取需要的出行信息,较好地满足了公众出行前、出行中的交通信息需求,为社会公众提供了更准确、更全面的出行信息,打破了以往行业间信息共享的壁垒。作为道路运输行业对外服务窗口,其服务内容包含道路运输行业可受理的各类业务。对于道路运输企业而言,综合信息服务平台实现管理业务办理的自动化,为行业管理移动办公提供便捷手段。整合全省公路、道路运输、物流、驾培、出租、城市交通等交通板块信息,形成为政府、行业监管部门、企业、公众、信息服务商等提供多赢的互动平台,为社会公众提供便捷、高效、畅达、安全、环保的交通运输服务和信息服务。

### 五、跨部门数据共享,跨部门数据交换

实现部、省、市、县四级道路运输的数据与信息统一与共享,发挥数据中心作为一个数据枢纽的作用,有效提高资源的利用率。通过交换和共享服务进行数据的交换和共享,在各个“信息孤岛”间建立起沟通的桥梁和纽带,充分发挥网络的功效,实现各部门之间的信息资源共享。通过共享与交换服务,实现跨部门、跨业务、跨地域数据交换,实现相关业务系统的互联、互通和互操作,提高数据的利用率。

按照共享数据的采集和使用标准,开发共享数据管理服务,建立共享资源目录体系,维护共享数据的完整性和一致性,避免或减少共享数据使用和更新的冲突。建立共享数据的使用规则,通过安全认证手段,保证数据不被非法使用。

根据各部门对共享数据的需求,统筹规划数据中心的共享资源库,建立共享数据的标准存储格式,制定标准规范体系,管理运作体系,分层、分角色、分权限对数据进行存储、共享和交换,保证数据的安全性,提高数据的利用率。

## 第二节　应用效果

### 一、经济效益

湖北省道路运输四级协同信息系统的经济效益主要体现在降低公众出行成本、企业运营成本,创造有利于企业做大做强的市场环境,节约政府管理成本等多个方面,具体体现如下。

1. 丰富公众服务手段,降低公众业务办理成本

城市交通的拥堵给公众出行办理业务造成了诸多不便,办理业务的时间成本与金钱成本都大大增加。湖北省道路运输四级协同管理与服务信息系统在方便公众查询业务信息和提供网上办理业务的同时,减少公众往返办事地点的时间及路费成本,实现节能减排,从战略上贯彻落实国家关于发展低碳经济的号召,为企业及个人节约成本。力争工程建设完成后五年内,实现查询业务1000万人次,业务网上申请数量占业务申请总数量比例达到50%。

2. 加强运输行业监测,创造条件促进企业发展

依托湖北省道路运输四级协同管理与服务信息系统,行业管理部门可以实现对道路运

输行业发展状况的监测,能有效掌握道路运输企业的运营动态,从而为更科学地制定有利于道路运输企业发展的政策提供数据支持,以便于为道路运输企业创造较好的政策环境,从而最终鼓励道路运输企业做大做强。

3. 实现两个业务闭环,降低政府行业管理成本

湖北省道路运输四级协同管理与服务信息系统实现了道路运输信息的全面融合,该项目建设系统的全面应用可实现道路运输行业管理中的业务闭环与业务数据应用闭环,从而较大程度地减少业务人员工作强度,较大地提升行业管理效率,降低政府的行业管理成本。力争系统建成后五年内,普通年审业务办理时间减少30%。

## 二、社会效益

通过建设湖北省道路运输四级协同信息系统,其社会效益主要体现在以下几个方面。

1. 丰富服务方式类型,提高道路运输综合服务质量

湖北省道路运输四级协同管理与服务信息系统的建设与应用,更好地满足了广大社会公众以及经营业户对互联网信息服务理念的需求,网上申请、手机查询、电话预约等多元化服务方式将极大提高社会公众办事效率。通过该系统的建设,结合不断发展的信息化服务方式,该项目建设的系统将为社会公众以及经营业户提供全方位、立体化的信息化服务,将较大地提升湖北省道路运输行业的综合服务质量。

2. 强化资源互联互通,实现部省市县四级业务协同

湖北省道路运输四级协同信息系统的建设将打破道路运输行业各信息系统之间的壁垒,极大地促进现有道路运输信息资源的整合。在纵向上,该项目建设的系统一方面将实现与交通运输部全国道路运政系统、全国联网联控平台的对接,另一方面也会实现与地市驾培管理系统等业务系统的对接;在横向上,该项目建设的系统将实现与交通运输行业内外有关系统的对接,从而实现业务在不同层级、不同行业的协同,极大地提升业务效率,为建设"四个交通"奠定基础。

(1)提升资源利用水平,促进综合交通运输体系发展。湖北省道路运输四级协同信息系统的推广使用,可为行业管理部门的从业人员、运营车辆以及经营业户的监管与服务提供科学依据。提高资源利用效率,减少重复的运输资源投入运营,充分发挥道路运输在综合运输网络中的基础性和先导性作用,从而为推进综合运输体系打下坚实基础。

(2)规范道路运输业务,树立行业管理部门良好形象。湖北省道路运输四级协同管理与服务信息系统的建设将完全遵循国家与行业相关政策法规与标准规范进行,因此该项目建设的系统全面应用后,将可较大地规范湖北省道路运输行业业务,达到全省业务统一的效果,从而树立行业管理部门的良好形象,最终为全面实现业务闭环以及业务数据应用闭环奠定基础,提升行业管理水平。

3. 启动"互联网+运输",提升行业监管水平

依托"互联网+"思想,基于云计算、大数据,以及虚拟化等新型技术,建设道路运政管理系统、从业人员管理系统、道路运输安全监管系统、驾驶员培训机构联网监管与服务系统、机动车综合性能检测站联网监管与服务系统,加强客流、货流、车流、运输量与运输强度、服务质量、安全水平等重点运行指标的动态监测分析,强化大数据分析在行业预测预警、监控指

挥、安全监管和科学决策方面的应用，更好实现行业的精准化监管。

## 第三节 经验体会

湖北省道路运输四级协同信息系统在建设实施过程中，有一些经验值得总结，并可在今后的信息化建设中加以利用和推广。

### 一、注重基础建设，推动整体发展

在湖北省道路运输四级协同管理与服务信息系统工程建设过程中，始终注重建立良好的基础，首先实现了与交通运输部的运政数据互联互通，并完善网络，保障数据大集中。然后搭建了基础数据平台、应用支撑平台、综合服务平台，接着建设道路运政系统、驾驶员培训机构联网监管与服务系统、安全监管与服务系统、从业人员管理系统、机动车综合性能检测站联网监管与服务系统，实现相关对接。这一系列的基础工作，一方面为湖北省道路运输信息整合工程的持续发展打下扎实的基础，同时，为交通信息化建立了完整的基础架构，推动了交通信息化的整体发展。

### 二、注重数据建设，累积数据资产

数据是信息化建设的主要成果和价值体现，也是信息部门最重要的资产。湖北省道路运政系统建设较早，大量基础数据格式与现有行业技术标准差距较大，为落实道路运政数据互联互通的要求，尽快实现跨区域、跨部门数据共享与业务协同，湖北省启动运政数据互联互通工作，并取得了实质性进展。为了提高数据质量，为真正实现业务协同奠定基础，湖北省运管部门在通信信息中心支持下组织开展了数据清洗工作，面对庞大而复杂的数据清洗工作，在全省各市州县运管机构的积极配合下，各级运管人员上下一心共同努力取得了可喜的成绩。湖北省数据互联互通进度排名也一跃进入上游。在系统建设过程中，始终将数据资源建设作为核心工作来看待，并将数据资源提升到资产的高度进行积累、管理和增值，从而有效保障数据在业务管理、领导决策和公众服务中得到充分应用。

### 三、依托资源整合，推动业务应用

通过对基础数据资源的整合，在深入挖掘信息资源需求的同时，一方面注重信息资源来源于基层的业务应用，确保信息资源的原始性、可靠性和可信度，同时，注重信息资源整合后的应用实效，引发新的业务需求和应用成果。湖北省道路运输四级协同信息系统在一个网络、三个平台、五个系统的建设基础上，发展新的业务需求，欲建立一套规则模型，包含动态数据分析模型、辅助决策模型、行业规则管理模型、行政审批时效监控模型；建设道路运输行业决策支持系统、道路运输管理电子监察系统、道路危险货物运输电子路单系统、道路运输经营行为分析系统、公交智能监控调度管理系统、道路运输经营行为分析系统，面向社会公众、从业人员、经营业户以及各级行业管理部门提供全方位信息服务，保障湖北省道路运输行业又好又快地发展。

### 四、加强组织管理，保障长效运行

湖北省道路运输四级协同信息系统工程建立统一的项目管理体系，加强部门间的合作与协调,完善信息化管理运行机制。信息中心负责对数据资源的统一管理,通过数据管理与交换平台,严格按照资源库数据标准,依照数据交换规范,保证数据资源的完整性、及时性和有效性;业务部门负责引发业务需求、建立业务模型,确保数据的采集、分析和发布源自业务需求,从而更加科学准确地辅助领导决策和面向社会服务。通过完善的项目管理体系、信息化管理运行机制以及资源的优化配置,确保系统工程可以长效运行。

## 第四节　发展展望

“十二五”时期是湖北省发展史上极不平凡的时期,“十三五”时期是湖北省大有可为的黄金机遇期。未来10年将是湖北省道路运输建设事业快速发展的10年。湖北省道路运输信息化在“十三五”期间要达到通过资源整合,最大限度地实现信息资源共享和利用,交通主管部门基本实现主要业务管理的数字化、网络化和集成化,向社会提供优质、规范、透明的管理服务,促进政府职能向社会管理和公共服务的转变,为构建和谐社会而全面提升交通行业的监督、管理能力,交通安全生产能力和公共信息服务能力。所以要充分利用市场机制和全社会力量,促进交通综合信息平台的长期运行维护和交通综合信息服务,加快交通信息产业链的形成。

湖北省“十三五”时期交通运输发展的重点任务包括:

(1)在农村地区和贫困地区道路运输建设方面。

①重点打造农村地区和贫困地区交通基础网。加快推进县乡公路改造及旅游公路、旅游航道等建设。积极推进农村地区运输站场改造完善工程。

②巩固提升农村地区和贫困地区客运服务网。继续发展农村客运,扩大覆盖范围,完善长效发展机制,实现村村通客车保通率100%。加快推进城乡客运一体化、农村客运公交化进程。对城镇化水平较高和居民出行密度较大地区,实行农村客运公交化改造。

③积极构建农村地区和贫困地区交通物流网。继续完善县级物流中心、乡镇农村配送站、农村货运网三级物流服务体系,重点推进农村综合运输服务站建设。统筹交通、邮政、商务、供销等农村物流资源,重点加强交邮共建、“交通+电商快递”发展,共同打造“一点多能、多站合一、一网多用、深度融合”的农村物流体系。

(2)在运输服务品质效率提升工程方面。

①推进运输枢纽协同发展。推进武汉、襄阳、宜昌重要综合交通枢纽建设。积极主动与机场、铁路站场对接,促进多种运输方式的高效换乘;积极引导货运枢纽(物流园区)建设;积极推进港口建设,创新港城、港园、港运综合立体开发新机制,形成以主要港口核心港区为枢纽、铁水公空有机衔接的多式联运体系。加强重要港区、机场、重要枢纽和物流园区的集疏运通道建设,有效解决“最后一公里”问题。

②推进客运转型发展。创新城市公交、城乡一体客运均等化服务新机制。发展长途接驳和节点运输,推动城际客运公交化改造,完成长江中游城市群公交化改造试点。对接高铁、机场等站点,加强多种运输方式衔接。全面推进公交优先战略,分类推进城市公共交通发展。引导城市出租汽车行业规范有序发展。

③推进现代物流发展。推动交通运输与现代物流融合发展,建设全国重要物流基地。积极引导货运装备优化升级,大力发展先进运输组织方式,培育市场主体,推进城乡物流发

展，有效提升物流效率、降低物流成本。

(3)在智慧绿色平安交通建设方面。

①加快智慧交通建设。强化科技创新及应用，推动交通运输各领域协同开展工程建设与养护、运输装备与运输组织、安全应急等技术的研发和应用。加快"互联网+"交通发展，推进信息资源的整合与共享。重点建设统一的交通建设与运输市场信用信息服务系统、道路安全畅通与应急处置平台和应急指挥平台，进一步完善公众出行信息服务系统。

②加快绿色交通建设。着力推进节能减排，加强环保监管和资源利用，促进交通运输低碳绿色可持续发展。

③加快平安交通建设。牢固树立以人为本、安全第一的理念，督促落实企业安全生产主体责任和行业管理部门监管责任。全面推进安全生产隐患排查治理"标准化、数字化"建设，加强安全风险管理和安全诚信体系建设，建立健全重大隐患排查、重大危险源监控制度和预警、预报、预防制度。强化重点行业、领域和人员的安全监管，全力推进安全应急信息化、智能化建设，强化远程动态监测防范和突发事件预警处置。大力实施交通安全应急保障工程，加快推进公路安全生命防护工程建设和危桥改造力度，建立完善公路水路应急基地(中心)，积极推动省交通运输应急指挥中心建设，切实提升交通运输突发事件应急救援处置能力水平。

面对"十三五"时期交通运输发展的各项任务，结合多年来湖北省在道路运输信息化建设方面的经验和教训，在此要切实做好：

(1)设定目标，立足当前，兼顾长远。道路运输信息化建设是一项长期工程，在各项系统工程建设时，立足当前，兼顾长远，充分考虑了系统的扩充性和兼容性，为后续工程建设奠定了良好的基础。

(2)开拓创新，技术先行，实现智能交通跨越发展。在道路运输实现数字化、网络化、信息化管理与服务，在公众对交通基础设施的利用、建设参与方面起到重要促进作用；通过多种形式、多种渠道的网络辐射，将更多的交通信息资源传播到全市各级各类用户手中，满足公众用户在社会生活中的信息资源应用需求，交通行政管理部门将建设为知识型和服务型组织。

(3)跨行业整合信息资源，提升资源效率。重视对跨行业资源的合作与共享。通过与公安、路政、消防、旅游、气象、电信等各部门信息共享，充分体现智能化、信息化和"以人为本""可持续发展"的现代交通管理理念，提高交通整体服务功能，实现交通系统各行业之间信息协调整合和资源共享。

(4)建立科学、高效的行业决策机制。道路运输行业的快节奏发展也越来越要求交通行业的管理决策者们快速、科学、准确地做出决策。而科学、准确的决策离不开对历史数据的分析，同时依据分析结果，借助相关模型对未来情况进行预测。探索一条高效的辅助决策之路，降低决策成本、提高决策效率、增加决策收益。

站在"十三五"的新起点上，湖北省道路运输信息化发展建设任重而道远。为此必须做到立足当前，兼顾长远，改革创新，扎实推进，携手共创道路运输更美好的未来！

# 参考文献


[1] 交通运输部. 交通运输信息化“十三五”发展规划[R]. 2016.

[2] 交通运输部. 交通运输标准化“十三五”发展规划[R]. 2016.

[3] 交通运输部. 城市公共交通“十三五”发展纲要[R]. 2016.

[4]《中国交通年鉴》[J]. 北京:《中国交通年鉴》社, 2015.

[5] 王劼耘,刘昕,岑春. 公路水路交通信息资源整合与服务体系建设[M]. 北京: 科学出版社,2013.

[6] 杜敬民,庞雪松. 数字港航建设与发展[M]. 北京: 科学出版社,2015.

[7] 交通运输部运输服务司. 道路运输管理工作规范[M]. 北京: 人民交通出版社股份有限公司,2015.

[8] 交通运输部运输服务司. 危险货物道路运输行业管理工作指南[M]. 北京: 人民交通出版社股份有限公司,2015.

[9] 交通运输部公路科学研究院 . 道路运输企业车辆技术管理[M]. 北京: 人民交通出版社股份有限公司,2016.

[10] 交通运输部运输服务司. 城市公交安全和应急手册[M]. 北京: 人民交通出版社,2011.

[11] 道路运输业的未来发展趋势[OL]. 中国产业信息网,http://www.chyxx.com/industry/201509/342128.html.

[12] 刘小明. 打造综合运输服务升级版,为经济社会发展提供更好服务保障[N]. 中国交通报,2016,3.

[13] 张毅,姚丹亚. 基于车路协同的智能交通系统体系框架[M]. 北京: 电子工业出版社,2015.

[14] 蒋新华,周复民. 交通运输行业物联网与云计算技术[M]. 北京: 中国铁道出版社,2013.

[15] 严新平,吴超仲. 智能运输系统: 原理、方法及应用[M]. 武汉: 武汉工业大学出版社,2006.

[16] 邹力. 物联网与智能交通[M]. 北京:电子工业出版社,2012.

[17] 陈才君. 智慧交通[M]. 北京: 清华大学出版社,2015.

[18] 何蔚. 面向物联网时代的车联网研究与实践[M]. 北京: 科学出版社,2013.

[19] 李蔚田,神会存. 智能物流[M]. 北京: 北京大学出版社,2013.

[20] 魏凤,刘志硕. 物联网与现代物流[M]. 北京: 电子工业出版社,2012.

[21] 张翼英. 智能物流[M]. 北京: 中国水利水电出版社,2012.

[22] 张云鹏. 智能交通云:智能交通与云计算结合[J]. 中国移动通信,2010,3.

[23] 彭力. 物联网技术概论[M]. 北京:北京航空航天大学出版社,2012.
[24] 何承,朱扬勇. 城市交通大数据[M]. 上海: 上海科学技术出版社,2015.
[25] 周广亮. 道路交通物流运输管理[M]. 郑州: 郑州大学出版社,2006.
[26] 武方方. 基于大数据的物流配送中心选址优化研究[D]. 合肥:合肥工业大学,2015.
[27] 韩欢. 基于大数据的智能交通运输平台的研究[D]. 成都:成都理工大学,2014.
[28] 程豪. 基于 Hadoop 的交通大数据计算应用研究[D]. 西安:长安大学,2014.
[29] 林鑫. 城市道路交通流数据的挖掘[D]. 天津:天津理工大学,2010.
[30] 钱超. 高速公路 ETC 数据挖掘研究与应用[D]. 西安:长安大学,2013.
[31] 王焕博. 基于交通的数据挖掘技术在道路旅客运输的应用研究[D]. 成都:电子科技大学,2010.
[32] 赵栓成. 基于复杂网络的交通定位数据挖掘和交通流模型的研究[D]. 哈尔滨:哈尔滨工业大学,2011.
[33] 陈娇娜. 省域高速公路网车辆行驶线路分布数据的挖掘及应用研究[D]. 西安:长安大学,2013.
[34] 李京. 第三方物流企业危险货物运输安全管理研究[D]. 北京:北京交通大学,2015.
[35] 李博. 高速公路客运及危险品运输车辆运行监控系统研究[D]. 西安:长安大学,2013.
[36] 张秀珍. 基于区域协同的危险品运输应急管理研究[D]. 南京:东南大学,2010.
[37] 陈利. 基于物联网的产品追溯系统关键技术研究[D]. 武汉:武汉理工大学,2012.
[38] 崔东. 基于物联网的危险品运输监控系统研究[D]. 西安:长安大学,2015.
[39] 李珺. 基于物联网的危险品运输智能监控系统的研究与设计[D]. 西安:长安大学,2014.
[40] 童静静. 基于物联网技术的道路危险货物运输监控研究[D]. 长沙:长沙理工大学,2012.
[41] 徐红梅. 物流信息平台系统设计及关键技术研究[D]. 长春:吉林大学,2008.
[42] 于磊. 陕西物流公共信息平台的设计与实现[D]. 西安:长安大学,2011.
[43] 刘翠翠. 物流公共信息平台风险预警及控制研究[D]. 武汉:武汉理工大学,2012.
[44] 王瑞. 物流公共信息平台构建及运作模式研究[D]. 西安:长安大学,2012.
[45] 张森. 城市应急物流救援物资运输优化方法研究[D]. 沈阳:沈阳大学,2015.
[46] 易峰峰. 道路危险品运输事故应急决策支持系统研究[D]. 成都:西南交通大学,2008.
[47] 水冰峰. 基于 GIS 的公路危险品运输重大事故应急疏散决策支持系统设计[D]. 南京:南京理工大学,2009.
[48] 黄德启. 面向区域路网的应急资源布局与调度方法研究[D]. 武汉:武汉理工大学,2012.
[49] 刘艳. 山东省交通应急平台体系框架与预案体系数字化研究[D]. 天津:天津大学,2009.
[50] 姚建兴. 四级运政管理信息平台构建[D]. 上海:复旦大学,2007.
[51] 李小娟. 突发事件下道路运输应急管理系统研究[D]. 西安:长安大学,2010.

[52] 王丛丛. 车路协同系统中信息交互性能优化方法研究[D]. 北京:北京交通大学,2015.
[53] 李珣. 车路协同下多车道微观交通诱导与控制研究[D]. 西安:西北工业大学,2014.
[54] 雷杏. 出租车调度系统中数据处理技术研究与应用[D]. 重庆:重庆邮电大学,2013.
[55] 赵新萍. 动态车辆智能调度研究[D]. 天津:河北工业大学,2009.
[56] 陈继林. 面向智能公共交通调度的通信系统的设计与实现[D]. 天津:河北工业大学,2008.
[57] 陈少杰. 智能出租车调度系统的设计与实现[D]. 合肥:中国科学技术大学,2011.
[58] 安徽皖通科技股份有限公司. 车联网路侧信息采集与服务平台解决方案[R].
[59] 王川. 车路协同环境下的交通控制与诱导协同研究[D]. 兰州:兰州理工大学,2014.
[60] 郑子茹. 车路协同系统中无信号交叉口优化控制方法研究[D]. 北京:北京交通大学,2015.
[61] 吴涛. 车路协同智能路侧系统关键技术研究[D]. 淄博:山东理工大学,2012.
[62] 范中华. 高速公路智慧交通平台与初步应用研究[D]. 重庆:重庆交通大学,2015.
[63] 于立勇. 基于车路协同安全距离模型的车速引导系统研究[D]. 北京:北京交通大学,2014.
[64] 罗超. 基于车路协同的城市交通姿态预警及调控技术研究[D]. 重庆:重庆交通大学,2014.
[65] 黄锋. 基于车路协同的单交叉口公交优先方法研究[D]. 上海:上海应用技术学院,2015.
[66] 王勤龙. 基于路侧设备的车辆定位和交叉口防撞预警方法研究[D]. 北京:北京交通大学,2013.
[67] 史文慧. 城市出租车交通服务资源的信息可视化框架研究[D]. 武汉:武汉理工大学,2013.
[68] 夏洋. 城市智能交通系统的设计研究以及发展策略[D]. 西安:长安大学,2012.
[69] 姚学恒. 基于“3S”的实时交通信息系统关键技术研究[D]. 长沙:中南大学,2011.
[70] 陈源. 基于 Cloud Foundry 的智慧交通云计算平台设计与实现[D]. 成都:电子科技大学,2014.
[71] 朱萍. 基于车载电子标签的交通状态判别研究[D]. 上海:上海应用技术学院,2015.
[72] 包慧丽. 基于汽车产业链平台的零配件协同物流系统研究与实现[D]. 成都:西南交通大学,2012.
[73] 王亚杰. 面向云运输服务中心的服务组合技术及系统设计与实现[D]. 哈尔滨:哈尔滨工业大学,2015.
[74] 赵鹏. 省级道路运输管理信息系统设计与开发[D]. 西安:长安大学,2012.
[75] 贺大胜. 智能交通发展现状及在我国的应用研究[D]. 西安:长安大学,2013.
[76] 彭小红. 综合运输体系下道路运输信息化发展研究[D]. 成都:西南交通大学,2012.
[77] 北京交科公路勘察设计研究院有限公司. 全国道路运政管理信息系统工程初步设计[R]. 2014.
[78] 北京中交通信科技有限公司. 广西交通信息资源整合与运行监测服务系统工程业务

模型研究[R]. 2016

[79] 交通运输部. 道路运政管理信息系统建设指南[R]. 2014.

[80] 交通运输部规划研究院,中国交通通信信息中心. 全国重点营运车辆联网联控系统部级平台升级改造工程可行性研究报告[R]. 2016.

[81] 中交水运规划设计院有限公司. 重点营运车辆动态信息公共交换平台工程初步设计[R]. 2010.

[82] 北京交科公路勘察设计研究院有限公司. 湖北省道路运输四级协同管理与服务信息系统初步设计[R]. 2016.

[83] 湖南省道路运输管理局. 湖南省道路运输三级协同管理与服务信息系统工程初步设计[R]. 2013.

[84] 湖北省交通运输厅道路运输管理局物流发展局. 2015 年湖北省道路运输统计资料汇编[R]. 2016.

[85] 湖北省交通运输厅道路运输管理局物流发展局. 2015 年湖北省公路运输统计主要指标汇编[R]. 2016.

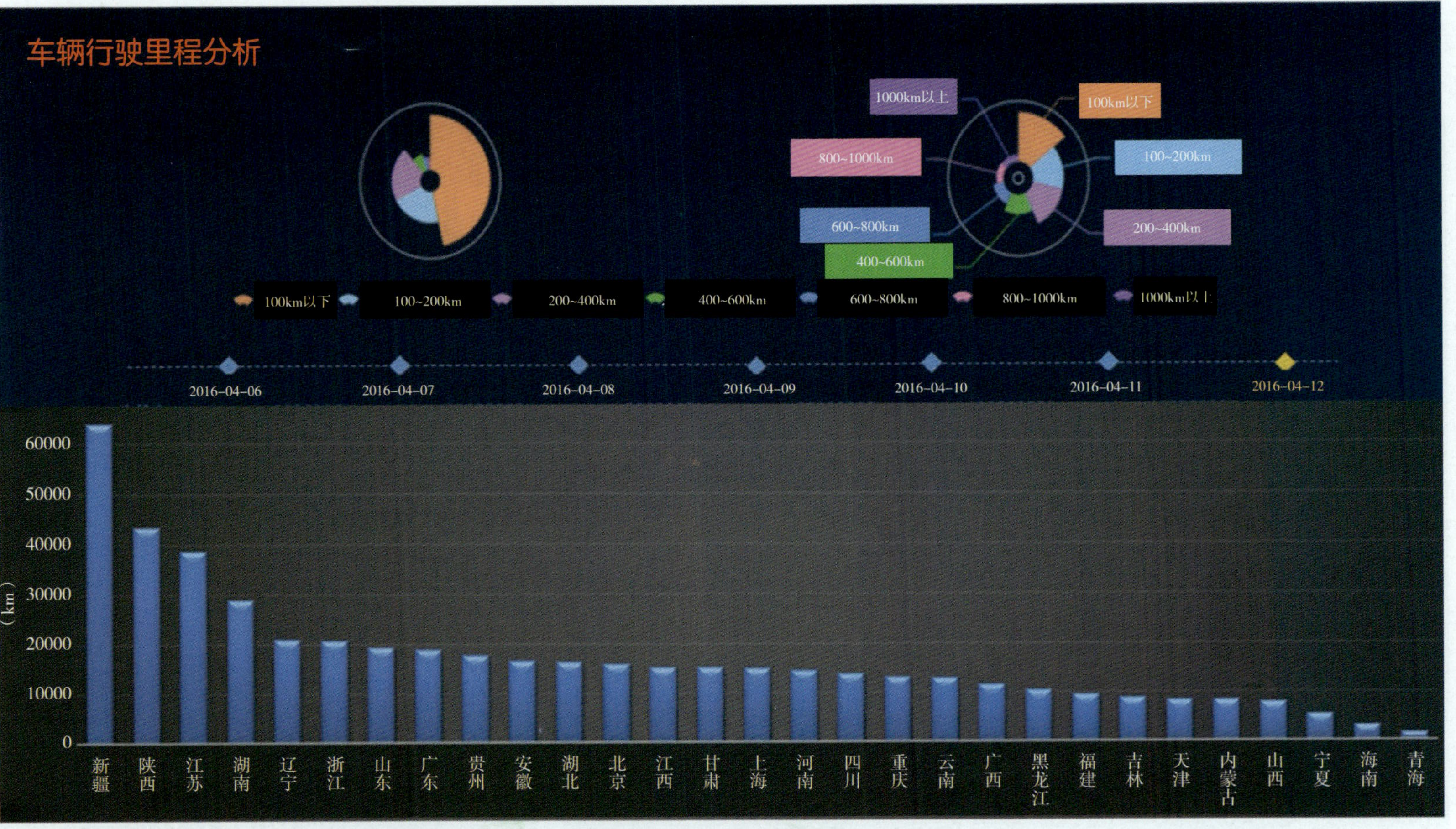


图 7-15　车辆行驶里程分析

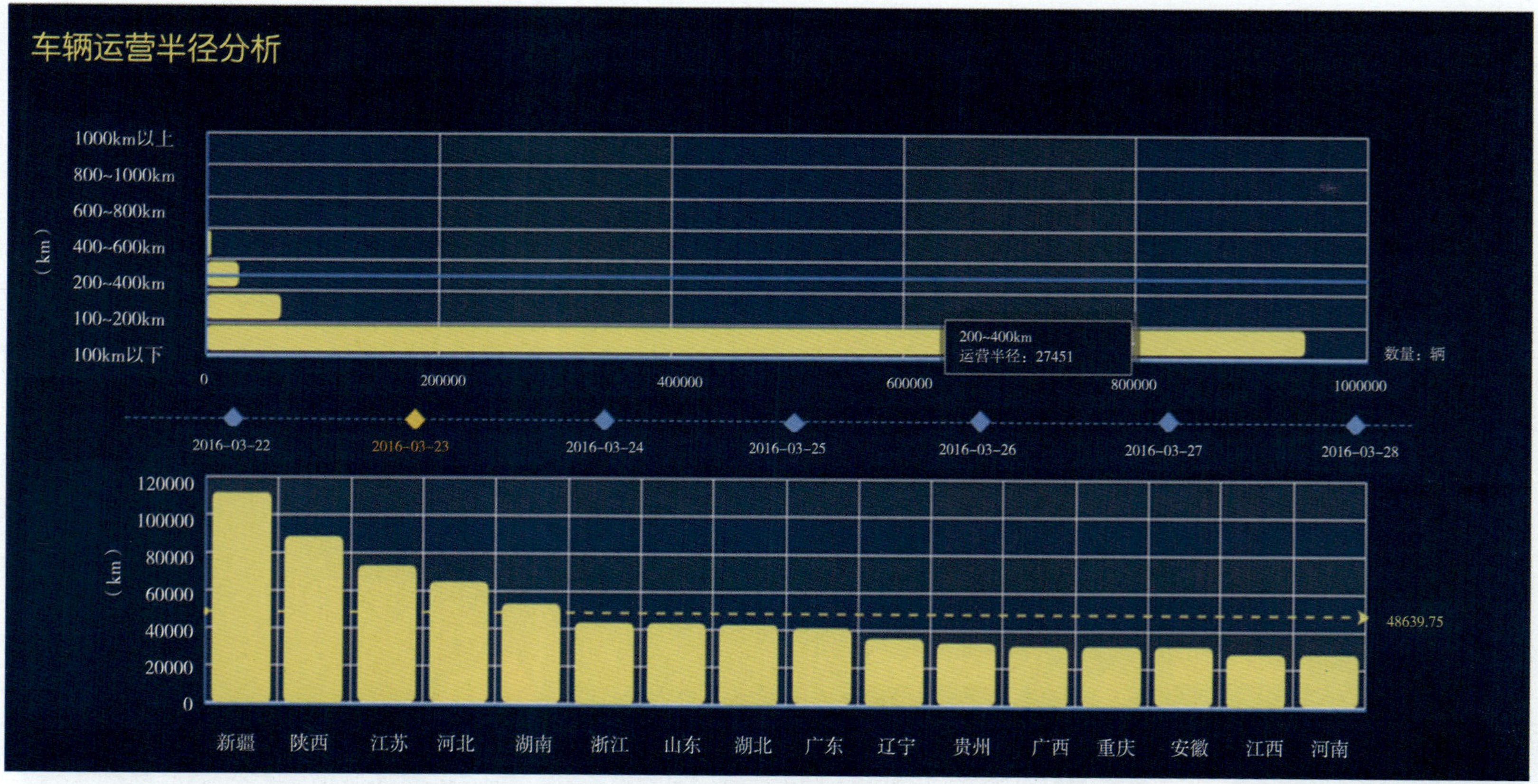

图 7-16　车辆运营半径分析

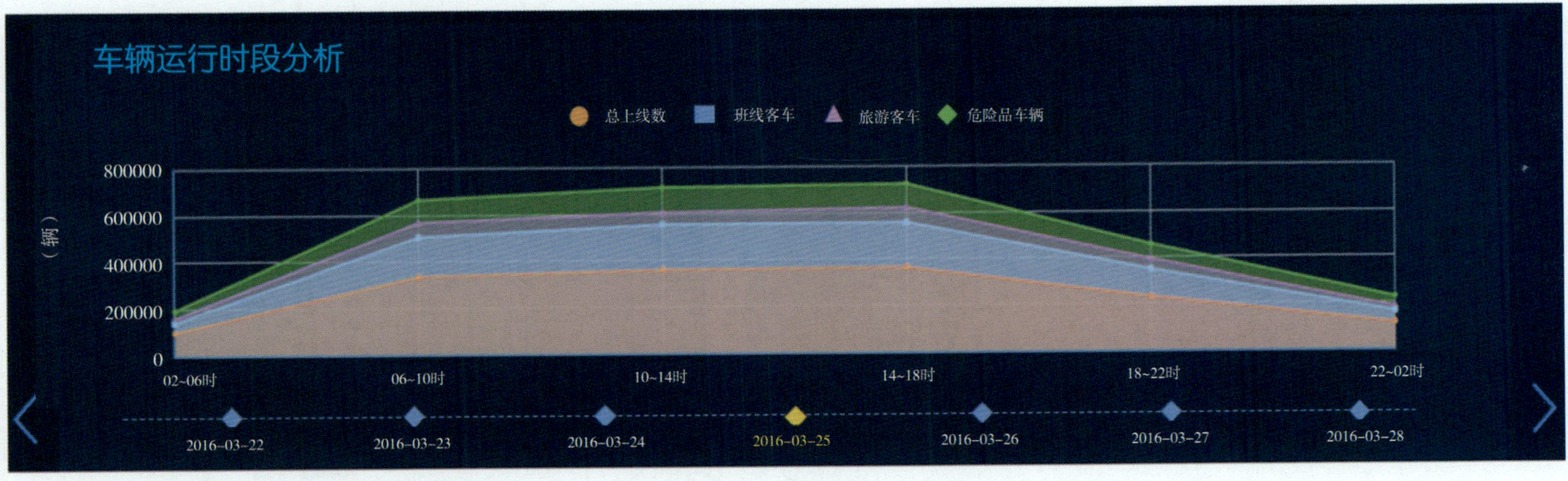


图 7-17　车辆运行时段分析

行驶区域：39.00%在省内，55.00%跨省运行

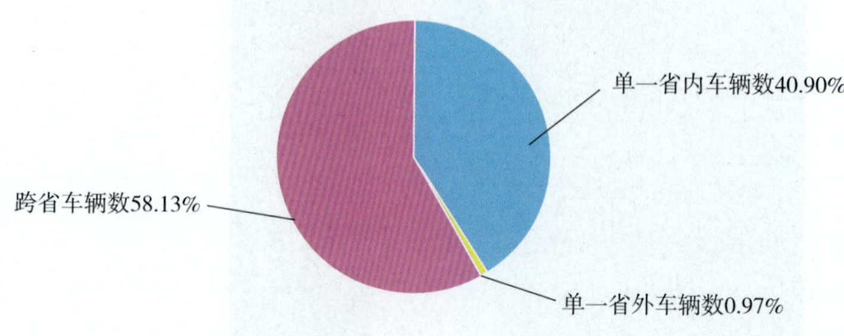


跨省运行区域：广东、福建、重庆

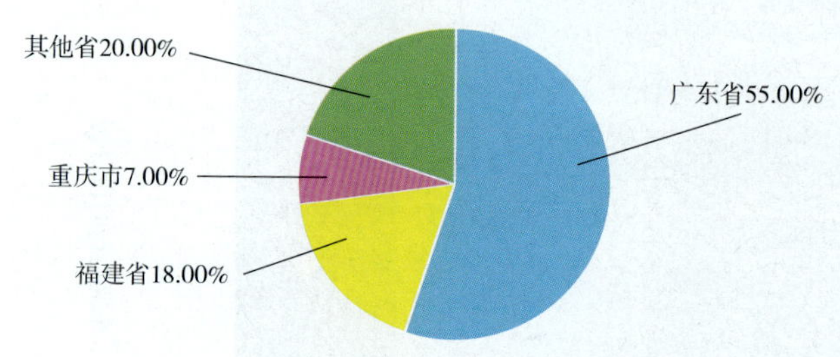


途经湖北省车辆：11月共计147330辆，主要集中在河南、安徽、山东，占总途经车数的52.00%

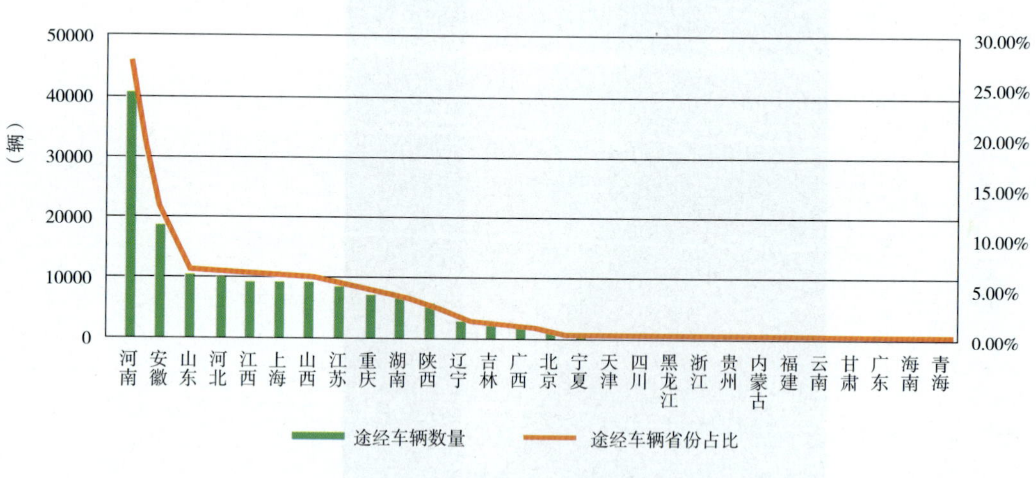


图 7-20　货车运行区域分析

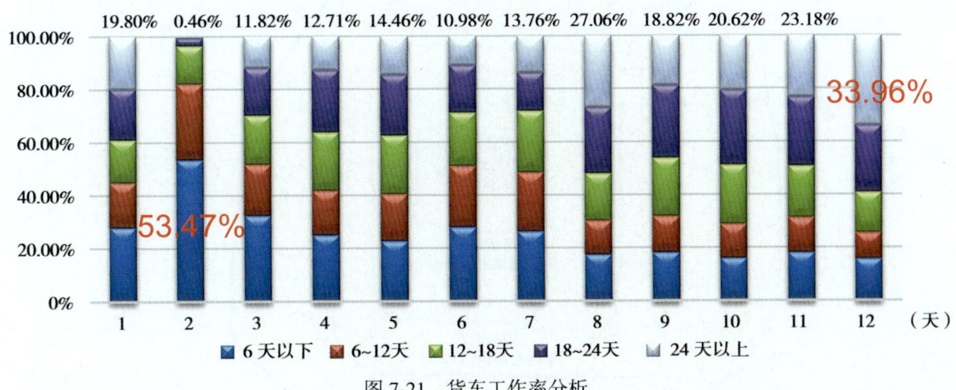


图 7-21 货车工作率分析

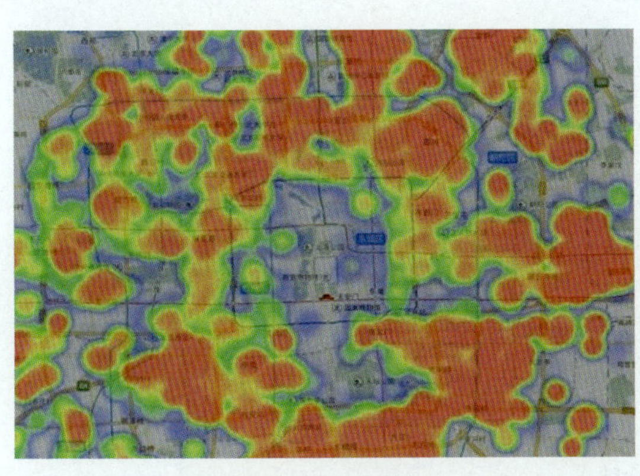

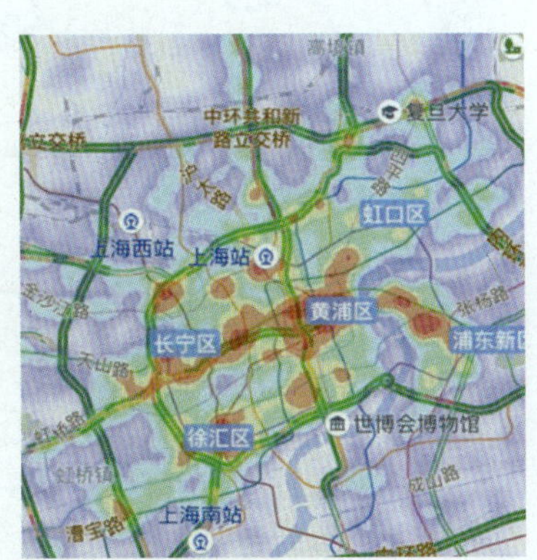


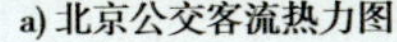
a) 北京公交客流热力图

b) 上海公交客流热力图

图 7-23 公交客流热力图

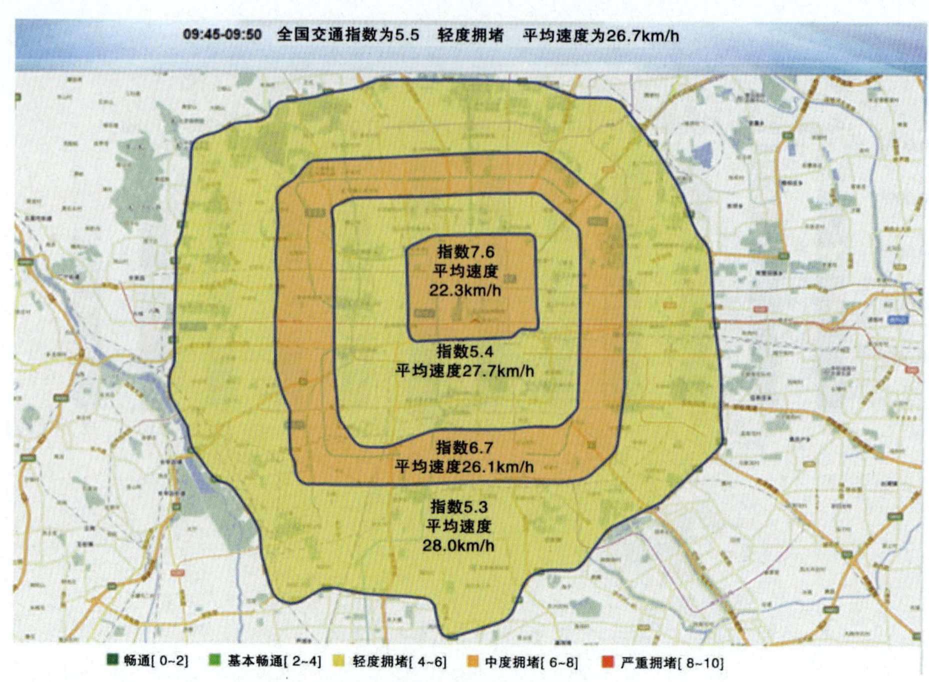


图 7-25 北京市某时段路网指数分析

图 7-31 北京市某时段城六区交通指数分析

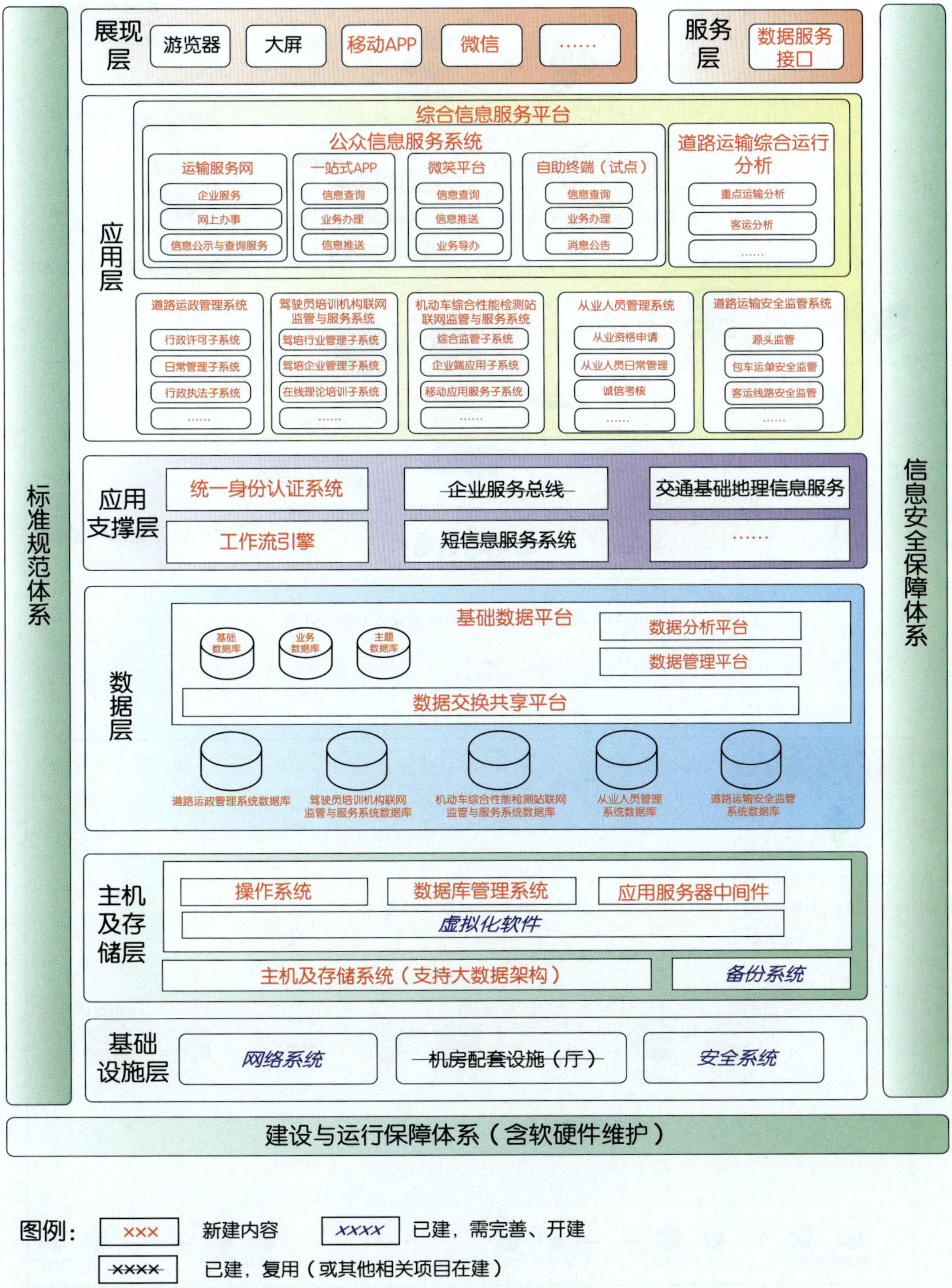

标准规范体系

展现层
游览器
大屏
移动APP
微信
……

服务层
数据服务接口

应用层
综合信息服务平台
公众信息服务系统
运输服务网
企业服务
网上办事
信息公示与查询服务
一站式APP
信息查询
业务办理
信息推送
微笑平台
信息查询
信息推送
业务导办
自助终端（试点）
信息查询
业务办理
消息公告
道路运输综合运行分析
重点运输分析
客运分析
……

道路运政管理系统
行政许可子系统
日常管理子系统
行政执法子系统
……
驾驶员培训机构联网监管与服务系统
驾培行业管理子系统
驾培企业管理子系统
在线理论培训子系统
……
机动车综合性能检测站联网监管与服务系统
综合监管子系统
企业端应用子系统
移动应用服务子系统
……
从业人员管理系统
从业资格申请
从业人员日常管理
诚信考核
……
道路运输安全监管系统
源头监管
包车运单安全监管
客运线路安全监管
……

应用支撑层
统一身份认证系统
企业服务总线
交通基础地理信息服务
工作流引擎
短信息服务系统
……

数据层
基础数据平台
基础数据库
业务数据库
主题数据库
数据分析平台
数据管理平台
数据交换共享平台
道路运政管理系统数据库
驾驶员培训机构联网监管与服务系统数据库
机动车综合性能检测站联网监管与服务系统数据库
从业人员管理系统数据库
道路运输安全监管系统数据库

主机及存储层
操作系统
数据库管理系统
应用服务器中间件
虚拟化软件
主机及存储系统（支持大数据架构）
备份系统

基础设施层
网络系统
机房配套设施（厅）
安全系统

信息安全保障体系

建设与运行保障体系（含软硬件维护）

图例：
xxx 新建内容
xxxx 已建，需完善、开建
xxxx 已建，复用（或其他相关项目在建）

图 9-15　湖北省道路运输四级协同信息系统总体框

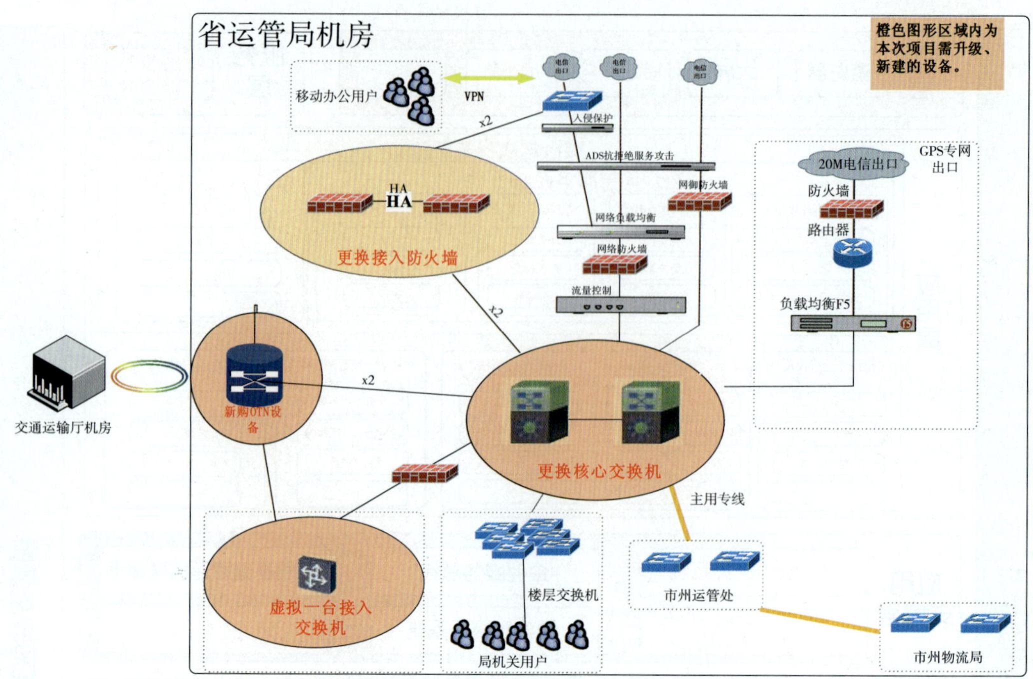


图 10-43　湖北省运输管理局机房设备升级设计图

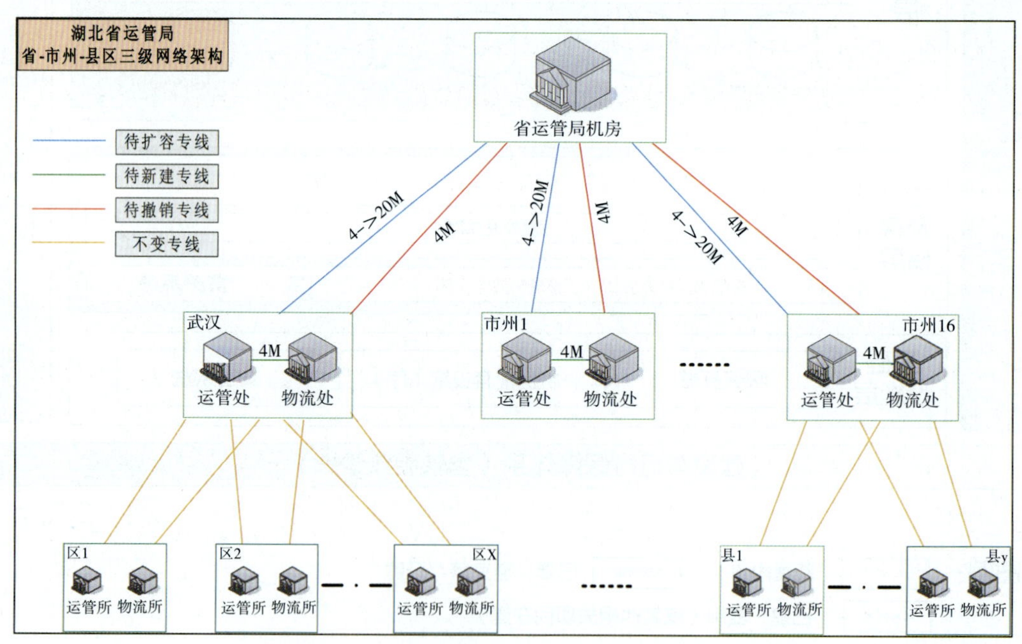


图 10-44　湖北省运管局三级网络构架规划